科学出版社"十三五"普通高等教育研究生规划教材

创新型农林院校研究生系列教材

兽医寄生虫病学

李祥瑞　严若峰　主编

科 学 出 版 社

北 京

内 容 简 介

本书以严重危害动物和人类健康的寄生虫病为核心，在介绍寄生虫病学基础知识的前提下，分别介绍我国法定人兽共患寄生虫病，多种动物共患寄生虫病，猪寄生虫病，牛、羊、骆驼寄生虫病，马寄生虫病，禽寄生虫病，犬、猫寄生虫病，兔寄生虫病，以及家蚕和蜂寄生虫病的病原形态、流行病学、症状和病理变化、诊断及防治等内容，以期为读者全面认识和了解兽医寄生虫病提供帮助。

本书可作为动物医学专业本科生、研究生教材，也可供官方兽医、执业兽医及公共卫生从业者参考，宠物主人和社会大众也可从中受益。

图书在版编目（CIP）数据

兽医寄生虫病学 / 李祥瑞，严若峰主编. -- 北京：科学出版社，2025.4. -- (科学出版社"十三五"普通高等教育研究生规划教材) (创新型现代农林院校研究生系列教材). -- ISBN 978-7-03-080998-8

Ⅰ. S855.9

中国国家版本馆 CIP 数据核字第 2025ES4090 号

责任编辑：刘　丹　赵萌萌/ 责任校对：严　娜
责任印制：肖　兴/ 封面设计：金舵手世纪

科学出版社 出版
北京东黄城根北街 16 号
邮政编码：100717
http://www.sciencep.com

北京华宇信诺印刷有限公司印刷
科学出版社发行　各地新华书店经销

*

2025 年 4 月第 一 版　开本：889×1194　1/16
2025 年 4 月第 一 版　印张：20 1/4
字数：636 000
定价：98.00 元
（如有印装质量问题，我社负责调换）

《兽医寄生虫病学》编委会

前　言

据不完全统计，可感染动物引起寄生虫病的寄生虫有 900 余种，其中，至少有 65 种为人兽共患寄生虫病病原。随着经济和社会的发展，动物养殖规模不断扩大，养殖方式更加趋向集约化，宠物饲养数量急剧增加，寄生虫病对动物健康、人类健康和生态环境健康的威胁也与日俱增。因此，加强对寄生虫病的研究与学习，提高寄生虫病的防控水平，对切实保障养殖业安全、动物源食品安全、公共卫生安全及生态环境安全具有重要意义，"人病兽防，关口前移"已成为人兽共患病防控的大势。鉴于此，我们组织有关单位的专家学者，编写了这本《兽医寄生虫病学》，以期为动物医学专业的本科生、研究生，以及兽医行业、医学行业的从业者和公众提供有益的知识和帮助。

在学术界，有关兽医寄生虫病的经典教材，多按照寄生虫的系统分类进行编排，常常将同一分类阶元的寄生虫放在一起。其结果是，感染某种动物的寄生虫病分散在不同的章节中。在行业中，则常常将某种动物的不同疾病集中在一起，按动物种类进行编排。世界动物卫生组织（WOAH）《陆生动物卫生法典》中发布的"通报疫病、感染和侵袭名录"（2023 年版）将动物疫病分为多种动物共患病、蜂病、禽病、牛病、马病、兔病、羊病、猪病和骆驼病等，中华人民共和国农业农村部 2022 年发布的《一、二、三类动物疫病病种名录》（修订版）也按动物种类进行组织。这一体系更加适用于不同专科的兽医从业人员学习和使用，对不同养殖场动物疫病的防控更具针对性。

为了更加贴近生产实际，本教材采用按动物种类编排的体系，分为多种动物共患寄生虫病，猪寄生虫病，牛、羊、骆驼寄生虫病，马寄生虫病，禽寄生虫病，犬、猫寄生虫病，兔寄生虫病等章。

近年来，人兽共患病引起高度重视。农业农村部 2022 年 6 月发布的《人畜共患传染病名录》列入人兽共患寄生虫病 8 种。2022 年 9 月，农业农村部发布的《全国畜间人兽共患病防治规划（2022—2030 年）》将上述 8 种寄生虫病全部列为实施防治防范的主要畜间人兽共患病。为此，我们将这 8 种人兽共患寄生虫病集中，单独列为一章，置于多种动物共患寄生虫病之前，并称其为人兽共患寄生虫病。

为了强化理论基础，我们编写了寄生虫病学基础知识一章，作为本教材的开篇，以便读者掌握足够的基础知识，更好地学习和认识寄生虫病。

本教材的 30 位编者，来自全国 21 家农业院校、医学院校、研究院所、医院和疾病预防控制机构，分别是南京农业大学（李祥瑞、严若峰、宋小凯、徐立新、陆明敏、沈永林）、安徽科技学院（刘欣超、顾有方）、安徽农业大学（徐前明）、广东省农业科学院动物卫生研究所（戚南山）、河南科技学院（朱惠丽、韩艳辉）、河南牧业经济学院（陈益）、江苏农林职业技术学院（卜永谦）、江苏农牧科技职业学院（袁橙、刘剑华）、江苏省疾病预防控制中心（焦永军）、江苏省农业科学院（黄欣梅）、内蒙古农业大学（格日勒图）、山东农业大学（李宏梅）、西南大学（赵光伟）、新疆农垦科学院（薄新文）、新疆农业大学（巴音查汗）、新疆医科大学第一附属医院（卡力比夏提·艾木拉江）、新乡医学院（王帅、张振超）、扬州大学（陶建平）、云南大学（胡俊杰）、中国动物卫生与流行病学中心（南文龙）和中国疾病预防控制中心寄生虫病预防控制所（洪炀）。

全书由沈永林、李祥瑞、严若峰、宋小凯、徐立新、陆明敏、陶建平、顾有方、薄新文统稿审校。

虽然我们尽了最大努力，力求系统、完整、准确，但由于水平所限，难免存在各种不足，恳请读者不吝指正。

李祥瑞

2025 年 3 月

目　录

《兽医寄生虫病学》教学课件申请单

凡使用本书作为授课教材的高校主讲教师，可获赠教学课件一份。欢迎通过以下两种方式之一与我们联系。

1. 关注微信公众号"科学 EDU"索取教学课件

扫码关注→"样书课件"→"科学教育平台"

2. 填写以下表格，扫描或拍照后发送至联系人邮箱

姓名：	职称：	职务：
手机：	邮箱：	学校及院系：
本门课程名称：		本门课程选课人数：
您对本书的评价及修改建议：		

联系人：刘丹 编辑　　　电话：010-64004576　　　邮箱：liudan@mail.sciencep.com

第一章 寄生虫病学基础知识

第一节 寄生虫学与寄生虫分类

一、寄生虫学

寄生虫学（parasitology）是以寄生虫为研究对象的一门学科，可以分为医学寄生虫学（medical parasitology）和兽医寄生虫学（veterinary parasitology），前者主要研究感染人类的寄生虫，后者以感染陆生动物和水生动物的寄生虫为研究对象。兽医寄生虫病学以寄生虫病（parasitic disease）为研究重点，以寄生虫形态学、分类学、生物学和生态学及兽医学的有关内容为基础，主要研究寄生虫病的病原学、流行病学、症状学、病理学、诊断学、治疗学、药物药理学、免疫学和预防控制等内容，是一门综合性学科。

寄生（parasitism）或寄生生活是自然界许多种生物所采取的一种生活方式，或者说是生物间相互关系的一种类型。在这一关系中，包括寄生物（parasite）和宿主（host）两个方面。寄生物暂时地或永久地寄生在宿主的体内或体表，并从宿主中获得所需要的营养物质，同时对宿主产生不同程度的危害。营寄生生活的生物种类很多，包括动物、植物、微生物及病毒等。根据学科的分工，将营寄生生活的动物称为寄生虫。根据传统分类，寄生虫包括原虫（protozoan）（原生动物）、吸虫（trematode）（扁形动物门吸虫纲）、绦虫（cestode）（扁形动物门绦虫纲）、线虫（nematode）（线形动物门）、棘头虫（acanthocephalan）（棘头动物门棘头虫纲）和节肢动物（arthropod）（节肢动物门蜘蛛纲、昆虫纲）等。吸虫、绦虫、线虫和棘头虫又统称为蠕虫（helminth）。寄生虫的命名遵从动植物命名规则，即双名制命名法。

二、寄生虫病

感染动物的寄生虫有 900 多种。世界动物卫生组织（World Organization for Animal Health，WOAH）编制的《陆生动物卫生法典》中"通报疫病、感染和侵袭名录"（Diseases，Infections and Infestations Listed by WOAH）（2023 年版）列入陆生动物和水生动物寄生虫病 30 种，WOAH 还高度关注非通报重要寄生虫病 4 种。我国农业农村部 2022 年 6 月发布的《一、二、三类动物疫病病种名录》（修订版）列入陆生动物和水生动物寄生虫病共计 31 种。人兽共患的寄生虫病至少有 65 种。我国农业农村部 2022 年 6 月对原来由农业部（现农业农村部）和卫生部（现国家卫生健康委员会）共同制定的《人畜共患传染病名录》进行了修订，列入人畜共患寄生虫病 8 种。2022 年 9 月，农业农村部发布的《全国畜间人兽共患病防治规划（2022—2030年）》，列入《人畜共患传染病名录》的 8 种寄生虫病全部列为实施防治防范的主要畜间人兽共患病。本章所指的人兽共患寄生虫病即列入《人畜共患传染病名录》的寄生虫病，并将其称为人兽共患寄生虫病。

三、寄生虫分类

寄生虫的传统分类主要以虫体形态特征为依据。2012 年，国际原生生物学家学会分类与进化委员会（Committee on Systematics and Evolution of the International Society of Protistologists）领衔发表了新的真核生物分类系统。该系统采纳了大量真核生物系统发生与进化的基因水平研究成果，提出了以真核生物系统发生为核心的分类体系。该系统弃用了传统的界（kingdom）、门（phylum）、纲（class）、目（order）等分类高级阶元，但保留了科（family）、属（genus）、种（species）等低级阶元。该系统将真核生物归类为变形虫类（amoebozoa），后鞭毛类（opisthokonta），食槽沟类（excavata），有孔类、囊泡类和不等鞭毛类（SAR），泛植物类（archaeplastida）5 个超级分类阶元及一些分类地位未定种。根据这一分类系统，吸虫、绦虫、线虫、棘头虫和蜘蛛昆虫隶属于后鞭毛类下的泛动物（holozoa）一级分类单元、后生动物（metazoan）二级分类单元、动物类（animalia）三级分类单元。而原虫则分属于 SAR、excavata 和 amoebozoa。与此相对应，原来的名词原生动物（protozoan）失去了分类意义，而变成普通名词，取而代之的是原生生物（protist），它指细胞不分化为组织的单细胞真核生物。目前，在教科书和相关文献中，protozoan 和 protist 均有使用，后者使用的频率在不断增加。也有人把原生动物定义为原生生物的一个亚群。这一定义在传统与现代知识的衔接上具有意义，但分类体系并不支持这一定义。这一新的分类系统反映的主要是物种间的种系发生关系。然而，从疾病的角度考虑，以形态特征为核心的传统分类体系依然有其特有的价值。

第二节　寄生虫与宿主的类型

一、寄生虫类型

寄生虫种类繁多。不同的寄生虫与宿主相互适应程度不同，所处的特定生态环境各有差别，因此寄生虫可分为不同的类型。

1. 内寄生虫（endoparasite）　　寄生于宿主的内部器官。宿主各个系统均有虫体寄生，其中以消化系统虫体最多。绝大多数吸虫、绦虫、线虫、棘头虫和原虫均为内寄生虫。

2. 外寄生虫（ectoparasite）　　寄生于宿主的体表和皮肤内。蜱、螨和昆虫是主要的外寄生虫。

3. 单宿主寄生虫（monoxenous parasite）　　对宿主有严格的选择性，只寄生于一种特定的宿主。例如，马尖尾线虫只寄生于马属动物，鸡球虫只寄生于鸡等。

4. 多宿主寄生虫（heteroxenous parasite）　　也称泛宿主寄生虫（euryxenous parasite），寄生于多种宿主。例如，肝片吸虫既可寄生于绵羊、山羊、牛等多种反刍动物，也可寄生于猪、马、犬、猫和人等。

5. 固须性寄生虫（obligate parasite）　　生活史中必须有一个阶段进行寄生。很多固须性寄生虫生活史中具有在外界环境中的自由生活阶段，以虫卵或包囊形式存在，如多数吸虫、绦虫和线虫。

6. 兼性寄生虫（facultative parasite）　　可以寄生也可以不寄生。例如，绿蝇、丽蝇、金蝇等的幼虫，即伤口蛆，可以生活在活体动物的伤口中，也可以生活于动物的尸体上。生活在活体动物伤口中为寄生，生活于尸体上为非寄生。例如，一些阿米巴原虫可以自由生活，也可以感染人，并造成严重后果。

7. 暂时性寄生虫（temporary parasite）　　只在宿主体表短暂寄生。例如，蚊子吸食宿主血液时为寄生，离开宿主后为自由生活。

8. 定期寄生虫（intermittent parasite）　　只在生活史的某个时期寄生。例如，马胃蝇成虫为自由生活。成虫产卵于马被毛上。幼虫寄生于马胃内。成熟幼虫随马粪排出，在土壤中化蛹，再羽化为成虫。其幼虫寄生时间长，从宿主获取并储备营养，成虫寿命甚短，不摄食，与蚊子等暂时性寄生虫有明显不同。

9. 永久性寄生虫（permanent parasite）　　终生不离开宿主。例如，旋毛虫幼虫寄生于宿主肌肉内。肌肉幼虫被另一个宿主食入后，在宿主肠道发育为成虫，直接产幼虫，幼虫随血液循环进入横纹肌，形成肌肉幼虫。如此反复，从无间隔。

10. 意外寄生虫（accidental parasite 或 incidental parasite）　　寄生虫进入一个与正常宿主完全不同的宿主体内时，称为意外寄生虫。意外寄生虫在错误宿主体内一般不能发育生存，但可以严重致病。例如，广州管圆线虫和异尖线虫感染人类后，虫体一般不能生存，但可以引起人类广州管圆线虫病和异尖线虫病。

二、宿主类型

多数寄生虫发育过程复杂。吸虫、绦虫、线虫、棘头虫及蜘蛛、昆虫等均有成虫和幼虫之分。成虫一般指性成熟阶段的虫体，可以产生虫卵或幼虫。幼虫则指性成熟之前的虫体。原虫个体小，难以区分成虫和幼虫，但具有有性繁殖阶段和无性繁殖阶段。虫体的成虫和幼虫或有性繁殖阶段和无性繁殖阶段的虫体可以分别寄生于不同的宿主，有的甚至需要 3 个宿主。

1. 终末宿主（final host 或 definitive host）　　寄生虫成虫或有性繁殖阶段虫体寄生的宿主。例如，肝片吸虫成虫寄生于牛羊等反刍动物的肝胆管，产生虫卵随粪便排出体外。虫卵在外界环境中孵出幼虫，幼虫侵入淡水螺，在螺的体内发育成为尾蚴。尾蚴从螺体释出，在水草上形成囊蚴。牛羊等食入囊蚴而感染。因此牛、羊等是肝片吸虫的终末宿主。

2. 中间宿主（intermediate host）　　幼虫或无性繁殖阶段虫体寄生的宿主。如上所述，肝片吸虫的幼虫在淡水螺体内发育，淡水螺是肝片吸虫的中间宿主。有些寄生虫在发育过程中需要 2 个中间宿主。按寄生的先后顺序，先寄生的称为第一中间宿主，后寄生的称为第二中间宿主。例如，华支睾吸虫成虫寄生于人和犬、猫、猪等动物的胆管，产生虫卵随粪便排出至外界环境。虫卵孵出幼虫侵入某些螺的体内，发育形成尾蚴。尾蚴自螺体释出，进入某些鱼类的体内，成为囊蚴。终末宿主因吃鱼而遭受感染。螺是华支睾吸虫的第一中间宿主，鱼是第二中间宿主。第二中间宿主也称补充宿主。

　　3. 保虫宿主（reservoir host）　　多宿主寄生虫可以感染多种动物，那些不是主要研究对象的宿主称为保虫宿主。例如，肝片吸虫可寄生于牛、羊和多种野生反刍动物。从牛、羊肝片吸虫病防控的角度看，野生反刍动物起到了在自然界保存虫体的作用，是牛、羊肝片吸虫病的感染来源。因此，被称为肝片吸虫的保虫宿主。又如，日本血吸虫（日本分体吸虫）可寄生于人和牛。从医学寄生虫学角度看，耕牛是日本血吸虫的保虫宿主。保虫宿主一词是相对观念，并不反映寄生虫宿主关系的实质。

　　4. 转续宿主（paratenic host 或 transport host）　　也称为贮藏宿主。寄生虫的幼虫转入一个并非生理上所需要的动物体内，不在动物体内发育，但保持着对终末宿主的感染力。这种动物被称为转续宿主。例如，寄生于禽类的气管比翼线虫的感染性虫卵可以直接感染禽类，也可以被蚯蚓、昆虫或软体动物吞食，并在蚯蚓等体内存活。禽类啄食蚯蚓、昆虫或软体动物后同样可以遭受感染。蚯蚓等称为转续宿主。

　　5. 意外宿主（accidental host 或 incidental host）　　寄生虫进入一个与正常宿主完全不同的宿主体内，不能发育生存，但可以严重致病。该宿主称为意外宿主。例如，广州管圆线虫和异尖线虫感染人类后一般不能生存，但引起的人类广州管圆线虫病和异尖线虫病危害严重。也有学者称这种情况为通过寄生现象。

　　6. 带虫者（carrier）　　体内含有寄生虫但不表现临床症状的宿主。这种情况往往出现于自行康复或治愈之后，或处于隐性感染之时。宿主对寄生虫保持着一定的免疫力，但也保留着一定量的虫体感染。这种现象称为带虫现象。带虫者体内虫体可以排出体外，是重要的寄生虫感染来源，在寄生虫病发生中具有重要作用，不可忽视。

　　7. 媒介（vector）　　在脊椎动物间传播寄生虫的低等动物，常指传播血液原虫的吸血节肢动物。机械性媒介（mechanical vector）指那些在虫体生活史中非必需的媒介，去除这些媒介，寄生虫可以正常完成生活史。生物媒介（biologic vector）指那些在寄生虫生活史中必需的媒介，去除这些媒介，寄生虫无法完成生活史。例如，虻及吸血蝇类吸血时可以在动物间传播伊氏锥虫。伊氏锥虫在虻等体内不进行任何发育，生存时间也较短暂。虻为伊氏锥虫的机械性媒介。蜱在牛之间传播巴贝斯虫。巴贝斯虫在蜱体内进行有性繁殖。蜱为巴贝斯虫的生物媒介。媒介是为了方便而使用的名词，并不完全反映寄生虫与宿主关系的实质。

第三节　寄生虫病的流行特点与危害

一、寄生虫病的感染来源与感染途径

（一）寄生虫病的感染来源

　　寄生虫种类繁多，广泛存在于终末宿主和中间宿主体内。然而，从能够直接造成动物感染引起寄生虫病的角度分析，寄生虫病的感染来源主要有以下几类。

　　1. 土壤　　一些寄生虫随宿主粪便或尿液排出虫卵至外界环境，虫卵在外界环境中发育到感染阶段形成感染性虫卵或感染性幼虫，动物在啃食土壤时摄入感染性虫卵或感染性幼虫而被感染。例如，猪蛔虫虫卵随宿主粪便排出体外、冠尾线虫虫卵随尿液排出体外，污染土壤，在自然界适宜条件下，发育为感染性虫卵，猪吞食感染性虫卵而被感染。鸡球虫、弓形虫等与此相似，卵囊随粪便排出，在自然界完成孢子化发育过程形成孢子化卵囊，动物食入土壤中的孢子化卵囊而感染。主要由土壤污染而造成的感染有时也称为土源性或土传性寄生虫病。

　　2. 水与水草　　土壤中的感染性虫卵和感染性幼虫均可以在污染土壤的同时污染水源，动物通过饮水而被感染。一些吸虫的中间宿主可以释放出幼虫至水中，幼虫可以直接钻入动物皮肤造成动物感染。例如，日本血吸虫中间宿主钉螺释出幼虫尾蚴于浅水中，尾蚴可以直接钻入动物皮肤造成感染，也可以因饮入尾蚴经口腔黏膜而感染。而肝片吸虫和姜片吸虫的感染阶段囊蚴可以附着在水草或水生植物上，动物食入水草或水生植物而被感染。主要通过饮水而引起感染的有时也称为水源性寄生虫病。

3. 饲料与牧草　　土壤中的感染性虫卵和感染性幼虫均可污染饲料而造成动物感染。另外，一些寄生虫在感染阶段可以附着在牧草上，动物因食入被污染的饲料或牧草而被感染。例如，马圆线虫感染性幼虫具有背地性和弱光向光性，往往在清晨、傍晚或阴天时爬上草叶，在日光强烈的白昼和夜晚爬回地面。马属动物食入牧草上的感染性幼虫被感染。

4. 中间宿主、转续宿主和媒介　　一些吸虫、绦虫、棘头虫的感染阶段虫体往往存在于中间宿主内，动物因食入中间宿主而被感染。例如，华支睾吸虫的感染阶段囊蚴存在于第二中间宿主鱼类等体内，歧腔吸虫的囊蚴存在于第二中间宿主蚂蚁体内，前殖吸虫的囊蚴存在于蜻蜓体内。莫尼茨绦虫的感染阶段似囊尾蚴存在于中间宿主地螨体内，鸡四角赖利绦虫和棘沟赖利绦虫的似囊尾蚴存在于中间宿主蚂蚁体内。猪大棘头虫的感染阶段棘头囊存在于中间宿主金龟子等甲虫体内。异刺线虫是火鸡组织滴虫的转续宿主。动物食入这些中间宿主或转续宿主而被感染。蚊子是疟原虫和丝虫的生物媒介，蜱是梨形虫的生物媒介，白蛉是利什曼原虫的生物媒介，蚋和蠓是禽住白细胞虫的生物媒介，虻和吸血蝇类是伊氏锥虫的机械性媒介。这些媒介在吸血时将寄生虫传给动物造成感染。

5. 动物组织器官与尸体　　一些寄生虫存在于动物肌肉或组织器官中，动物食入这些感染动物的尸体或组织器官等而被感染。例如，旋毛虫幼虫存在于宿主肌肉中，在感染猪的同时也可以感染鼠等。猪吞食了鼠的尸体、组织器官，或屠宰场的污水，或下脚料可以造成感染。人食入生肉或不熟的肉而被感染。弓形虫主要存在于动物的脑组织及各个器官组织。动物和人食入生肉，或不熟的肉，或屠宰场的下脚料造成感染。猪囊尾蚴主要寄生于肌肉和各个脏器，终末宿主人食入生的或不熟的猪肉造成感染，幼虫发育为成虫引起人的绦虫病，一些绦虫的幼虫，如棘球蚴主要寄生于动物的肝和肺，终末宿主犬食入这些动物组织而被感染，幼虫在犬的体内发育为成虫，完成生活史。

6. 感染动物　　一些寄生虫感染动物后，不经过中间环节可以直接传染给其他动物。例如，螨虽然可以通过污染场地、笼具、饲料、水源等造成其他动物感染，但动物之间的直接接触也是造成其他动物感染的重要方式。一些寄生虫，如滴虫，则主要通过动物的交配传播。另一些寄生虫可以通过胎盘传给胎儿，如牛弓首蛔虫、弓形虫、伊氏锥虫等。还有一些寄生虫可以通过自身感染。例如，人的猪囊虫病，人感染猪带绦虫后，成虫的孕卵节片可以通过胃肠道的逆蠕动进入胃，释放出虫卵，使人感染猪囊虫病。

就某种寄生虫病而言，感染来源可以是上述来源中的一种，也可以是多种并存。

（二）寄生虫病的感染途径

由于寄生虫病的感染来源不同，寄生虫病的感染途径也有多种，主要有以下几种。

1. 经口感染　　寄生虫通过采食、饮水等方式经口腔进入动物体内。土壤来源、水与水草来源、饲料与牧草来源、部分中间宿主和转续宿主来源、动物组织器官与尸体来源的寄生虫均可通过口而感染。

2. 经皮肤感染　　寄生虫经过皮肤进入动物体内。其有两种形式，一种是虫体主动钻入动物皮肤内，如日本血吸虫、钩虫等；另一种是虫体被动地由媒介注入动物体内，如梨形虫等。

3. 接触感染　　寄生虫经过动物之间的直接接触，以及与场地、用具等接触而感染。主要的有螨、虱子等。

4. 经媒介吸血感染　　媒介在吸血过程中把寄生虫注入动物体内导致感染，如巴贝斯虫和丝虫。

5. 经交配感染　　寄生虫通过动物间的交配而感染。例如，马媾疫和胎儿三毛滴虫，虫体主要寄生于生殖器官，在交配过程中传染。

6. 经胎盘感染　　寄生虫通过胎盘由母体传染给胎儿，如牛弓首蛔虫、弓形虫、伊氏锥虫等。

7. 自身感染　　寄生虫的虫卵或幼虫不排出动物体外，使动物再次遭受感染。例如，猪带绦虫患者肠道逆蠕动或呕吐时，使孕卵节片或虫卵从小肠逆行进入胃，使患者感染猪囊尾蚴病。隐孢子虫薄壁卵囊在动物肠道内破裂，释出子孢子，侵入肠上皮细胞，造成动物再次感染。

二、寄生虫病的流行特点

寄生虫病病原种类多，不同病原具有不同的生活史和生物学特性，因而使寄生虫病表现出不同的流行特点。寄生虫病的流行主要表现出如下特点。

1．普遍性　　多数寄生虫，特别是土壤来源的寄生虫，分布极为广泛，往往呈全球分布。同群动物也表现出普遍感染。例如，弓形虫病几乎各个国家均有发生；猪蛔虫病、牛羊消化道线虫病、马圆线虫病等也几乎呈全球分布。

2．区域性　　一些媒介来源的寄生虫病受到媒介分布的影响，往往呈现出明显的区域性。例如，非洲布氏锥虫病等，虫体需要采采蝇为媒介，因而该病的分布与采采蝇的分布一致。我国至今没有该病的发生。日本血吸虫病（日本分体吸虫病），需要以钉螺为中间宿主，受钉螺分布的影响，该病主要流行于我国长江流域及长江以南地区，淮河以北地区未见该病的发生。

3．季节性　　土壤来源的寄生虫病，由于虫卵或幼虫在外界环境中发育，因而，受气温的影响明显，表现出明显的季节性。冬天环境气温低，虫卵或幼虫难以越冬。夏季气温较高，对虫卵和幼虫发育不利。因此，此类寄生虫病多在初春和秋季流行。一些需要中间宿主和媒介的寄生虫病，由于中间宿主或媒介的发育同样受到气温的影响，因此，疾病的发生往往与中间宿主或媒介的出没一致。

4．暴发性　　以土壤、水、饲料和中间宿主或媒介为主要感染来源的寄生虫，一旦进入动物群体，往往造成群体大多数成员在短时间内同时感染，集中出现大量病例或感染者，引起疾病的暴发。例如，鸡球虫病的感染率可以达到 80% 以上，往往在短时间内造成鸡群大批死亡。隐孢子虫一旦污染水源，可以引起人类或动物隐孢子虫病的暴发，危害严重。羊肝片吸虫往往引起在同一牧场放牧的羊群同时感染，造成羔羊集中发病，甚至引起大量死亡。

5．慢性消耗性　　一些寄生虫病可以导致动物大批死亡，造成巨大的经济损失，如鸡球虫病。但大多数寄生虫病呈现慢性消耗性疾病，动物感染后并不出现大批死亡，而是严重影响动物的营养代谢和生长发育，导致动物体重增加缓慢，奶产量降低，造成巨大经济损失。多数原虫、吸虫、绦虫、线虫和外寄生虫均表现出这一特性。例如，环形泰勒虫病发病导致的损失普遍占到总损失的 50% 以上。在非洲一些国家，蜱侵袭所导致的经济损失可以占到整个牧场经济损失的 79% 以上。

6．对幼龄动物危害严重　　多数寄生虫可以同时感染幼龄动物和成年动物，但对幼龄动物的危害严重，症状明显，病程发展快，致死率高；而成年动物多呈慢性经过，症状不明显，死亡率低。例如，鸡球虫对雏鸡危害严重，致死率可以达到 80% 以上，甚至导致全群覆没，成年鸡则多为带虫者。猪蛔虫病、牛羊消化道线虫病、隐孢子虫病等也表现出同样的特点。

三、影响寄生虫病流行的主要因素

影响寄生虫病流行的因素非常复杂，主要涉及寄生虫虫体、动物、中间宿主和媒介、环境及人类活动等多个方面。

1．虫体因素　　虫体因素中对寄生虫病流行影响比较大的是虫株。不同虫株的致病力可能不同，所引起的寄生虫病的严重程度也可能不同。然而，有关动物寄生虫虫株的研究相对滞后。大多数蠕虫和外寄生虫尚未鉴定出致病力明显不同的虫株。有关原虫虫株的研究取得了一些进展，但也很少鉴定出致病力明显不同的天然虫株。为了进行疫苗研究，通过人工方法获得了一些弱毒虫株，如鸡球虫早熟株等。

2．动物因素　　影响寄生虫病流行的动物因素包括动物的遗传抗性、品系、年龄及生理状态等。

遗传抗性与动物的遗传特点有关。目前，尚未有确切证据表明动物哪些遗传特点与抗性相关，同种动物的不同品系也未显现出对寄生虫病敏感性具有明显差异。

动物的年龄对寄生虫病的流行具有明显影响，一般幼龄动物对寄生虫病更加敏感，感染更加普遍，发病更加严重。

动物的生理状态对寄生虫病的流行也具有较为明显的影响。生理状态异常的动物比正常动物对寄生虫病更加敏感。动物处于应激、免疫抑制、营养不良等状态都会促进寄生虫病的发生与流行。高温、低温、长途运输等会造成动物应激。服用抗炎药物、感染病原微生物、食入饲料霉菌毒素等造成动物免疫抑制。营养不均衡或营养缺乏会造成动物营养不良。这些因素均可促进寄生虫病的发生。

3．中间宿主和媒介因素　　中间宿主和媒介因素对寄生虫病的流行具有明显影响。中间宿主和媒介的地理分布、出没季节等是造成寄生虫病区域性和季节性的主要因素。

4．环境因素　　多种环境因素可以影响寄生虫病的流行，其中重要的包括气候、动物群体密度和饲养管理等。

气候因素对寄生虫病的流行影响较大，是造成寄生虫病季节性及区域性的重要因素。

动物群体密度也可严重影响寄生虫病的流行。群体密度过高，会造成动物生理状况异常，导致对寄生虫病更加敏感，更容易发病。

饲养管理涉及多个方面，主要包括营养、饮水、环境卫生等。营养全面、饮水充足可以保持动物正常的生理状态，有利于动物对寄生虫病的抵抗，减少寄生虫病的发生与危害程度。及时清理粪便并采取无害化处理和消毒等环境卫生措施可以减少寄生虫卵及幼虫的存在，降低寄生虫病感染的概率。

5. 人类活动因素　　人类活动对动物寄生虫病的流行具有重要影响。主要的影响因素包括动物疫病防控规划与实施、大型工程、动物引进及人类自身的生活卫生习惯等。

动物疫病防控规划与实施包括国家规划和养殖场规划与实施。合理完善的规划与精心实施对寄生虫病的流行具有关键影响，可以极大降低寄生虫病的发生与流行。例如，我国通过多年对日本血吸虫病的防控，取得了显著效果。而养殖场的疫病防控规划与实施直接关系到本养殖场寄生虫病的防控，对寄生虫病的控制极为重要。

大型工程，特别是大型水利工程，可以改变寄生虫的滋生地及中间宿主和媒介的分布，进而影响寄生虫病的流行。因此，在进行大型工程建设之前，应该进行科学论证与评估，防止因工程建设而增加寄生虫病的流行。

动物引进也是影响动物寄生虫病流行的重要因素。在引进动物的同时，有可能引入寄生虫及其媒介。因此，在引进动物前应该进行风险分析，减少引入寄生虫及其媒介的可能性，杜绝因引入动物而引起寄生虫病的发生与流行。

人类自身的生活卫生习惯对于人类感染人兽共患寄生虫病具有关键影响。养成良好的卫生习惯、不食生的或半生不熟的肉类和蔬菜等，可以极大降低人类被感染的风险。

四、寄生虫病的主要危害

寄生虫病病原种类繁多，据粗略统计，感染动物的各种寄生虫有 908 种。虫体寄生于动物的各个器官系统，危害严重。

1. 导致动物大批死亡　　一些寄生虫致病力很强，感染后可以引起严重疾病，导致动物大批死亡。例如，鸡球虫病，所有品种鸡都对球虫病敏感，感染极为普遍，如不加处置，死亡率可高达 80%，甚至造成全群覆没。据研究，按 2016 年市场价格计算，鸡球虫病每年给全球养鸡业造成的经济损失约为 104 亿英镑，其中，因为死亡而导致的经济损失占疾病所致总经济损失的 0.9%～30.2%，往往与防控措施是否到位密切相关。弓形虫病对牛、羊等动物通常为慢性感染，但对猪可以引起疾病暴发，使猪群全体发病，死亡率高达 60% 以上。20 世纪 70 年代，弓形虫病在我国猪群中流行，死亡率极高，当时称为"高热病"。一些品种牛感染环形泰勒虫病后，死亡率可以达到 22%。一些国家环形泰勒虫病因死亡而导致的经济损失占整个疾病所致总损失的 22.84%，还有一些国家则占 70%。

2. 导致慢性消耗性疾病　　大多数寄生虫感染并不引起动物大批死亡，而是导致其慢性消耗性疾病，严重影响动物的营养代谢和生长发育，导致动物体重增加缓慢，奶产量降低，造成巨大经济损失。多数原虫、吸虫、绦虫、线虫和外寄生虫均表现出这一特性。例如，鸡球虫病，虽然死亡导致的损失可以达到总经济损失的 30% 以上，但因为发病而导致的经济损失所占比例普遍在 50% 以上，高的可达近 90%，其中还不包括防控费用。环形泰勒虫病发病导致的损失普遍占到总损失的 50% 以上。在非洲一些国家，蜱侵袭所导致的经济损失可以占到整个牧场经济损失的 79% 以上。

3. 导致动物产品数量和质量下降　　寄生虫寄生于动物的各个脏器，在导致动物产品数量降低的同时，也引起动物产品质量下降。例如，肝片吸虫主要寄生于动物的肝，猪囊尾蚴寄生于猪的肌肉组织和多种脏器。虫体的感染，使感染组织和脏器利用率低下或不能利用。旋毛虫肌肉幼虫和弓形虫包囊寄生于横纹肌和脏器，导致肉产品质量降低的同时，也对肉品安全带来威胁。螨寄生于动物皮肤表面，导致皮肤发生病变，而一些蝇类的幼虫蝇蛆寄生于皮下，可以穿透皮肤，使皮肤形成孔洞，进而降低皮张的质量。鸡的前殖吸虫寄生于输卵管等部位，引起输卵管炎症，病禽产畸形蛋和薄壳蛋，使蛋的品质明显降低。研究表明，肝片吸虫病因为奶产量降低和质量下降所造成的经济损失占到整个牧场经济损失的 7%，而脏器废弃的损失可以占到 12% 以上。蜱侵袭所导致的奶产量与质量降低损失占到总损失的 14%，皮张损失占比更高，达 25%。

4．产生昂贵的药物防治费用　　目前，寄生虫病疫苗仍不普遍，药物预防和治疗依然是防控寄生虫病的主要手段。药物费用在寄生虫病所致经济损失中占有相当大的比例。例如，鸡球虫病药物费用在美国占到球虫病总损失的 13.5%，英国占到 16%，新西兰占到 19.6%，而危地马拉占到 44.6%。巴西的研究显示，微小牛蜱的防控药物费用占到 38.4%～48.2%。

5．导致动物对其他病原体更加敏感　　寄生虫感染动物后，通常抑制宿主免疫系统，导致宿主免疫缺陷。免疫缺陷可以使动物对疫苗反应能力降低，引起疫苗免疫效果不佳或免疫失败，同时导致动物对其他病原体更加敏感，增加其他疾病发生的风险及发病的程度。例如，弓形虫、旋毛虫等的感染能降低动物的抗体反应和细胞反应。蛔虫感染能抑制人体接种伤寒和副伤寒疫苗后的抗体反应。夏氏疟原虫感染可以促进鼠肺炎病毒在肺中扩散，增强鼠多回类卷体线虫的感染。曼氏血吸虫感染可以促进淋巴细胞脉络丛脑膜炎病毒（lymphocytic choriomeningitis virus，LCMV）在鼠肝内的增殖。巨型艾美耳球虫感染可以促进坏死性肠炎的发生。马来丝虫感染则可能不利于肺结核的预后。

6．威胁人类健康　　很多寄生虫在感染动物的同时可以感染人类，引起人兽共患寄生虫病，严重威胁人类健康。能够引起人兽共患病的寄生虫最少有 65 种，包括原虫、吸虫、绦虫和节肢动物外寄生虫。2022年，我国农业农村部对原来由农业部和卫生部共同发布的《人畜共患传染病名录》进行了修订，规定了 8 种我国法定人兽共患寄生虫病，分别是弓形虫病、棘球蚴病、日本血吸虫病、旋毛虫病、猪囊尾蚴病、片形吸虫病、利什曼原虫病和华支睾吸虫病。弓形虫病对动物和人类影响同样巨大，除可以造成人类急性感染外，更重要的是可以通过胎盘传播，导致流产和胎儿畸形，是优生优育的重要威胁，也是人类精神疾患的重要病原。棘球蚴病长期在我国牧区流行，是危害严重的地方病。日本血吸虫病曾给我国社会造成严重危害，目前仍有部分地区未得到有效控制。旋毛虫病和猪囊尾蚴病虽然已经很少暴发，但人的感染仍不断有所发生。片形吸虫病寄生于肝，发现与治疗较为困难。人和动物的利什曼原虫病在我国已经基本得到控制，但近年来又有死灰复燃的趋势。华支睾吸虫病主要感染犬、猫和人类，其直接感染来源是鱼等，近年来由于人们生活方式和生活习惯的改变，以及犬、猫等伴侣动物饲养量明显增加，犬、猫感染普遍，人类感染的病例明显增多。

7．对动物源食品安全造成威胁　　目前，肉、蛋、奶已经成为人类重要的蛋白质来源，肉、蛋、奶人均消费水平也成为一个国家人们生活水平的指标之一。一些寄生虫病可以通过肉、蛋、奶传播给人类，成为动物源食品安全的重要威胁。弓形虫包囊、猪囊尾蚴和旋毛虫肌肉幼虫存在于横纹肌中，如果肉品卫生检疫不严或缺失，可能造成含有这些病原的肉品进入人类消费市场，对动物源食品安全和人类健康造成威胁。据报道，世界各国市场销售的冷鲜猪肉、牛肉、羊肉及兔肉中均可分离出活的弓形虫。在一些国家，弓形虫病已经成为人类的重要食传性致死性疾病，每年导致的人类死亡数量位于食传性疾病引起死亡的第二位，仅次于沙门氏菌病。

寄生虫病对动物源食品安全的威胁还来自药物的残留。一些抗寄生虫药物，特别是抗球虫药物，可以在肉、蛋、奶中残留，随食物进入人体后对人类健康产生危害。世界各国对此高度重视，对抗寄生虫药物，特别是抗鸡球虫药物的使用种类及在肉、蛋、奶中的残留量，均制定了严格限量标准。

8．对生态环境安全造成威胁　　寄生虫病对生态环境的威胁主要来自两个方面。

一是感染野生动物，造成野生动物死亡，导致动物多样性和生态链破坏。例如，弓形虫病可以感染几乎所有温血动物，野生动物感染普遍，死亡率高。据挪威报道，野生鹿科动物弓形虫血清学阳性率为 1%～33%，北极狐的阳性率为 43%。美国曾经报道，弓形虫病引起加利福尼亚海獭大批死亡。

二是抗寄生虫药物对生态环境的影响，特别是一些化学杀虫药物对生态环境影响较大。用于灭蜱的药物，如溴氰菊酯类、有机磷类等，进入环境后可以造成水体和土壤污染，导致鱼类死亡及水体和土壤生态平衡破坏。用于消灭钉螺控制日本血吸虫病的化学药物，如氯硝柳胺等，进入水体后也可以导致鱼类死亡。

五、寄生虫病的主要致病机制

寄生虫感染宿主之后，通过多种途径导致宿主发病，大多表现为慢性疾病，严重的则出现明显临床症状，甚至引起动物死亡。在慢性疾病中，宿主有可能不表现明显临床症状，但各种病理变化始终存在。寄生虫对宿主的致病机制通常表现在以下几个方面。

1. 夺取宿主的营养　　营养关系是寄生虫-宿主最本质的关系。寄生虫寄生于宿主体内或体表，其营养完全从宿主获得。此外，寄生虫导致宿主各个脏器功能异常，特别是消化道寄生虫对宿主消化道功能的影响更加明显，从而严重影响宿主对营养物质的消化吸收，导致营养物质的流失和浪费，进而造成宿主营养不良、生长发育缓慢，生产效率降低。寄生虫对宿主某种或某类营养物质的吸收，可以引起宿主发病。例如，人阔节双叶槽绦虫感染，可以夺取宿主大量维生素 B_{12}，造成恶性贫血。

2. 吸取宿主的血液　　多种寄生虫吸食宿主的血液。例如，犬钩虫虫体把宿主部分小肠黏膜纳入口囊中，然后借助于食道的收缩和舒张，连续吸血。每一条犬钩虫所吸的血液，连同从虫口腔和伤口处溢出的加在一起，24h 可达 0.36ml，最多可达 0.7ml。一条健壮的虫体，吸血可达 0.84ml。犬钩虫不仅吸收血液的液体部分，也消化红细胞和组织碎片。通常认为，犬钩虫和人的十二指肠钩虫等吸血虫体，借助吸血从氧化血红蛋白中取得氧的生理需求远远超过其对营养的需求。除钩虫外，捻转血矛线虫等多种线虫、多种吸虫也吸食宿主血液。外寄生虫节肢动物中的吸血虱、蛀、厩蝇、虻蝇、蚤、蜱和刺皮螨等都直接从宿主的皮肤吸食血液。

3. 消化吞咽或破坏宿主组织细胞　　某些吸虫可以分泌消化酶于宿主组织上，使组织变性溶解为营养液，然后吸入体内，作为食物。枭形科吸虫就主要采取这种方式获取营养。旋尾线虫常常用它们发达的口囊牢固地吸着在宿主的消化管壁上，或者生活在管壁上所形成的肿瘤中，引起周围组织发炎和坏死，并吞食渗出物和分解的组织。寄生于马的普通圆线虫，除吸血外，也吞食组织碎片。夏伯特线虫也是将宿主的肠黏膜纳入口囊，吞食宿主的组织。有些原生动物为细胞内寄生，使寄生的细胞遭受破坏，如球虫破坏肠上皮细胞、双芽巴贝斯虫破坏红细胞等。

4. 引起宿主组织细胞产生异常反应　　寄生虫的代谢产物、毒性分泌物、溶血酶、消化酶、抗凝血物质和对抗宿主消化酶的特殊物质，以及虫体对邻近组织的压迫、拥挤堵塞所造成的血管或组织的损伤等，都可以作为诱因而导致宿主组织细胞产生异常反应，这些反应多属于免疫病理反应。

多种寄生虫能够引起宿主局部出现细胞异常增生。例如，肝片吸虫感染时的胆管上皮、血吸虫感染时的肠黏膜等，细胞均出现明显增生，引起管壁变厚。旋毛虫感染时，幼虫进入宿主肌纤维内，刺激肌纤维在虫体周围形成包囊。

许多器官感染寄生虫以后，常发生血管壁增厚现象，导致器官功能障碍。例如，脑部有蠕虫时，可以造成神智混乱；肝感染吸虫时，引起肝功能异常，出现代谢紊乱等。

寄生虫的机械性压迫或损伤可以诱发炎症，导致结缔组织增生，或出现瘤型增生。例如，斯氏艾美耳球虫导致感染兔肝出现肝硬化，食道口线虫幼虫导致牛、羊、猪肠壁出现大量结节，大口柔线虫引起马胃壁形成肿瘤，致瘤筒线虫（*Gongylonema neoplasticum*）导致大鼠食道壁上形成肿瘤等。

5. 引起过敏反应　　寄生虫感染后，可以引起多种类型的过敏反应。这些过敏反应，有些对驱除虫体发挥作用，而另外一些则对宿主有害，与致病密切相关。例如，杜氏利什曼原虫引起的红细胞溶解，血吸虫引起的肝肉芽肿，旋毛虫引起的皮疹，棘球蚴包囊破裂引起的过敏性休克，犬恶丝虫、疟原虫引起的肾病，吸血昆虫叮咬引起的皮肤瘙痒和荨麻疹等，均属于不同类型的过敏反应，与虫体的致病性密切相关。

6. 诱导免疫抑制或免疫缺陷　　寄生虫感染动物后，首先面临的是宿主免疫系统的攻击，寄生虫必须抵抗或逃避这种攻击才能生存。对宿主免疫功能进行抑制，是寄生虫免疫逃避的重要措施之一。其结果不仅有利于虫体在宿主体内的生存和致病，也导致宿主产生免疫缺陷，对其他病原更加敏感。因此，诱导宿主产生免疫抑制或免疫缺陷，既是寄生虫的危害，也是虫体的重要致病机制。疟原虫、曼氏血吸虫对病毒和线虫感染的增强作用、艾美耳球虫对坏死性肠炎的促进作用等均与虫体抑制宿主 γ-干扰素（IFN-γ）的产生及抑制其他免疫功能直接相关。

7. 机械性障碍　　寄生于宿主腔道内的寄生虫，如果虫体个体过大、数量过多，往往会堵塞腔道，造成严重危害。例如，大量猪蛔虫聚集在小肠，可以造成肠堵塞，导致腹痛、排便困难等，严重的引起死亡。有时许多虫体团集在肠管某一局部，引起肠蠕动不平衡，导致肠扭转或套叠，造成严重后果。个别蛔虫误入人或猪胆管中造成胆管堵塞，诊断、治疗都较为困难。网尾线虫寄生于牛、羊的细支气管，多量时造成堵塞，引起严重呼吸困难和肺气肿等。猪冠尾线虫寄生于猪肾，可以导致肾小管堵塞，危害严重。

8. 引入其他病原体　许多种寄生虫在宿主的皮肤或黏膜等处造成损伤，给其他病原体的侵入创造条件。还有一些寄生虫，自身就是另一些微生物或寄生虫的传播者。例如，某些蚊虫传播能感染人、猪、马等的日本乙型脑炎病毒，某些蚤传播鼠疫耶尔森菌，某些蜱传播无浆体和梨形虫，异刺线虫传播火鸡组织滴虫，某些蚊虫传播能感染人和家畜的丝虫等。也有一些寄生虫并非另一些病原体的必然固定传播者，但偶尔可以将某种病原带入宿主体内。有报道显示，猪长刺后圆线虫的幼虫可传播猪流感病毒，旋毛虫幼虫可以将淋巴细胞脉络丛脑膜炎病毒引进豚鼠体内等。

第四节　寄生虫病的免疫

寄生虫在宿主体内寄生生活的建立，是虫体与宿主免疫系统相互作用的结果。宿主试图通过免疫应答阻止寄生虫感染，而寄生虫则通过各种免疫逃避机制，逃避宿主免疫系统的攻击。双方作用的结果，决定了寄生虫是被宿主驱除还是在宿主体内存活。

一、寄生虫的抗原特性

寄生虫种类繁多，在动物体内寄生的有成虫和幼虫，抗原成分极为复杂，表现出一些与众不同的特性。

1. 表膜与体壁抗原　表膜与体壁抗原（surface and somatic antigen）位于虫体的最表层，直接与宿主免疫系统接触。原虫的表膜抗原具有简单化的趋势，也就是它们的氨基酸组成相对简单。抗原简单化可以减少对宿主免疫系统的刺激，有利于虫体的免疫逃避和生存。蠕虫的体壁抗原主要位于虫体身体的表层及可以与宿主液体接触的孔道表面，如口孔、肛门等。此类抗原也具有一定简单化的趋势。表膜与体壁抗原的另外一个特点是变异。原虫的表膜抗原变异明显，如锥虫表膜糖蛋白抗原可以自发地不断进行变异。不同阶段虫体的表膜与体壁抗原也具有明显不同。表膜与体壁抗原的简单化与变异是虫体免疫逃避的机制之一。

2. 排泄分泌抗原　排泄分泌抗原（excretory secretory antigen，ESA）是虫体寄生过程中或在体外培养过程中产生的排泄分泌物。几乎所有的寄生虫都可以产生 ESA。ESA 可以直接分泌或排泄出虫体进入宿主血液循环系统，也可以胞外囊泡（extracellular vesicle，EV）的形式排出体外。胞外囊泡有细胞微囊泡（microvesicle）和外泌体（exosome）两种形式。ESA 的成分极为复杂。日本血吸虫 EV 含有 403 种虫体蛋白，肝片吸虫 EV 含有 180 种虫体蛋白。捻转血矛线虫 ESA 中有 406 种蛋白质可以在寄生过程中与宿主外周血单个核细胞（peripheral blood mononuclear cell，PBMC）结合，其中与 T 细胞结合的有 114 种，与单核细胞结合的有 108 种。弓形虫外泌体中含有 346 种虫体蛋白。阴道毛滴虫 EV 含有 215 种虫体蛋白。除蛋白质外，EV 还含有一定量的脂类、mRNA 和微 RNA（miRNA）。ESA 分子的功能十分复杂，含有各种毒力因子、免疫调节分子、免疫细胞功能抑制分子、细胞因子功能拮抗分子及药物靶标分子等，与虫体致病力、免疫应答、免疫逃避、免疫病理反应、药物抗性与敏感性等密切相关。一些 ESA 分子是优良的疫苗候选抗原，另一些 ESA 分子则可以作为早期诊断的分子标识和药物的靶标。

3. 隐蔽抗原　隐蔽抗原（hidden antigen）多位于蠕虫和外寄生虫的消化道，正常情况下不与宿主免疫系统接触。将这些抗原注入动物体内，可以产生高水平的抗体应答。这些抗体与虫体消化道上皮细胞接触后，可以吸附于肠道上皮细胞上，破坏肠上皮细胞的消化吸收功能，进而导致虫体的排出。隐蔽抗原是优良的疫苗候选抗原。例如，微小牛蜱（*Boophilus microplus*）肠上皮隐蔽抗原基因 *Bm86* 已经用于商品化抗微小牛蜱疫苗，取得了明显效果。纹皮蝇三期幼虫含有大量脂肪颗粒，用这些脂肪颗粒的可溶性提取物免疫牛，可以对纹皮蝇幼虫感染产生良好的免疫效果，感染幼虫死亡率达到 90% 以上。捻转血矛线虫的隐蔽抗原 H11 和 H-gal-GP 也已用于商品化疫苗。

二、寄生虫病的天然免疫

天然免疫（natural immunity 或 innate immunity）是宿主抵抗寄生虫感染的第一道防线，主要在获得性免疫（adaptive immunity 或 acquired immunity）产生之前的感染早期发挥作用，具有反应快、持续时间短、免疫不完全等特点，具有杀伤虫体、诱导炎症反应和启动获得性免疫应答的作用。

天然免疫的模式识别：参与天然免疫的细胞首先通过模式识别受体（pattern recognition receptor，PRR）对虫体或虫体组分进行识别。被 PRR 识别并结合的分子称为病原体相关分子模式（pathogen associated molecular pattern，PAMP）或损伤相关分子模式（damage associated molecular pattern，DAMP）。PAMP 是病原产生的分子，而 DAMP 是应激或组织损伤情况下释放的分子。

PRR 种类较多，主要的有以下几种。

Toll 样受体（Toll-like receptor），已经证明的有 10 种，属于 1-型跨膜蛋白，含有分散的亮氨酸富集重复基序，可以识别多种 PAMP。

补体受体（complement receptor），是最古老的 PRR，在吞噬细胞黏附、识别、移动、活化和病原杀灭等过程中起作用。

胶原凝集素（collectin）和纤胶凝蛋白（ficolin），是非常重要的两种模式识别受体，与虫体表面的寡糖结合，引起补体活化和吞噬作用。

清道夫受体（scavenger receptor），属于细胞表面糖蛋白，可以与一系列配体结合，特别是与脂多糖（LPS）和低密度脂蛋白结合能力强。

C 型凝集素（C-type lectin），表达在巨噬细胞和树突状细胞（dendritic cell，DC）上，调节吞噬作用和抗原提呈。

C 反应蛋白（C-reactive protein，CRP）和血清淀粉样蛋白（serum amyloid protein，SAP），与破裂细胞表面的磷酰胆碱和催化磷脂酰乙醇胺结合。

核苷酸结合寡聚结构域（nucleotide-binding oligomerization domain，NOD）受体，是一类胞内模式识别受体，包括 NOD1、NOD2 等成员，它们能够识别特定的细胞内 PAMP，并介导胞内寄生虫的天然免疫应答。

被 PRR 识别的 PAMP 和 DAMP 主要有 LPS、寡聚糖、脂磷壁酸、磷脂、糖基磷脂酰肌醇、脂蛋白、糖蛋白、核酸（包括 DNA 和 RNA）和鞭毛蛋白等。

参与天然免疫的细胞：参与天然免疫的细胞有多种，包括单核细胞、巨噬细胞、DC、天然淋巴细胞（innate lymphoid cell，ILC）、天然 B 细胞（innate B cell，IBC），以及中性粒细胞、嗜酸性粒细胞、嗜碱性粒细胞等。ILC 有 3 个亚类，包括传统的 NK 细胞、类辅助细胞（helper-like ILC）和淋巴样 T 细胞诱导细胞（lymphoid T inducer，LTi）。类辅助细胞包括 ILC1、ILC2 和 ILC3 三种，各自产生不同类型的细胞因子。ILC1 产生 IFN-γ，ILC2 产生 IL-5 和 IL-13，ILC3 产生 IL-17 和 IL-22。IBC 有 2 个亚类，分别是 B1 细胞（B-1 cell）和边缘区 B 细胞（marginal zone B cell，MZB）。

天然免疫的效应：天然免疫细胞进行模式识别后，通过吞噬作用，把虫体或虫体组分吞入细胞内，溶酶体释放各种消化酶及活性氧中间物质（如过氧化氢等）将虫体裂解杀灭。多数原虫能够成功逃避天然免疫，如弓形虫、巴贝斯虫等胞内寄生虫。也有报道指出，天然免疫在隐孢子虫病中具有重要作用。大多数蠕虫由于虫体个体较大，天然免疫一般难以杀灭。

各种天然免疫细胞还可以释放炎性细胞因子，如肿瘤坏死因子 α（TNF-α）、IL-6 及活性氧类（reactive oxygen species，ROS）诱导炎症反应。炎症反应在寄生虫病中的作用具有两面性，因虫体而不同。

在天然免疫和炎症反应的同时，获得性免疫被启动。DC 在获得性免疫应答启动中发挥重要作用，具有决定获得性免疫类型和强度的作用。

三、寄生虫病的获得性免疫

获得性免疫是宿主抵抗寄生虫感染的第二道防线，往往在天然免疫之后产生。获得性免疫具有抗原特异性，分为细胞免疫（cellular immunity）和体液免疫（humoral immunity）两大分支，也分别称 T 细胞免疫和 B 细胞免疫。

1. 获得性免疫的启动　目前的研究表明，获得性免疫依赖于天然免疫来启动。

1）T 细胞免疫的启动　T 细胞免疫的启动涉及 4 类信号。第一类是抗原识别（antigen recognition），由抗原提呈细胞（antigen presenting cell，APC）的主要组织相容性复合体（MHC）Ⅰ/Ⅱ分子提呈的抗原多肽与 T 细胞表面的特异性 T 细胞受体（T cell receptor，TCR）结合而产生，决定细胞免疫的特异性。第二类是免疫检查点（immune checkpoint），由细胞表面分子与抗原分子配对产生，有刺激性免疫检查点和抑制性免疫检查点两种类型。刺激性免疫检查点可以刺激免疫应答，抑制性免疫检查点可以抑制免疫应答。这一信号原称共刺激。第三类是细胞因子。APC 分泌不同类型的细胞因子促进 T 细胞克隆扩增和分化。第四类是代谢相关危险信号（metabolism-associated danger signal，MADS）识别，它是一种新发现的信号传递系统，是指糖、脂肪、氨基酸、核苷酸、激素及其他新陈代谢产物可以被免疫细胞的代谢传感器（metabolic sensor，MS）以非受体依赖方式识别，具有促进免疫检查点诱导 APC 炎症反应的作用。

2）B 细胞免疫的启动　　B 细胞免疫有 2 种类型，一种为 T 细胞依赖性，另一种为非 T 细胞依赖性。

T 细胞依赖性 B 细胞免疫是指 B2 细胞在滤泡辅助性 T 细胞（follicular helper T cell，Tfh）辅助下产生抗体应答，其启动涉及 3 种信号：第一种为抗原识别，B 细胞受体识别特定抗原，决定 B 细胞免疫的特异性。第二种为免疫检查点（CD40 与 CD40L 结合），主要影响 B 细胞活化、亚型转换和亲和力成熟。第三种为细胞因子刺激，主要强化 B 细胞免疫应答。

非 T 细胞依赖性 B 细胞免疫是指天然 B1 细胞对各种 PAMP/DAMP 的天然防御。在没有刺激的情况下，B1 细胞自发产生天然抗体 IgM 以维持体内静止免疫球蛋白水平。受到刺激后，B1 细胞产生 IgM 及免疫调节分子 IL-10、IL-35 和集落刺激因子，调节急性和慢性炎症。B1 细胞产生的天然抗体与 B2 细胞产生的获得性抗体不同，其亲和性和多反应性更低。

2. 获得性免疫的调节　　抗原提呈是获得性免疫应答的第一步。典型的 APC 有 DC、巨噬细胞、B 细胞及 ILC、嗜碱性粒细胞等。APC 吞噬抗原后，经过降解，抗原分子与 APC 的 MHC 分子结合，提呈给淋巴细胞。外源性抗原通常与 MHC II 分子结合，提呈给 $CD4^+T$ 细胞和 B 细胞。内生性抗原和细胞内寄生的病原抗原通常与 MHC I 分子结合，提呈给 $CD8^+T$ 细胞。

$CD4^+T$ 细胞和 $CD8^+T$ 细胞识别 APC 提呈的抗原，进行克隆扩增，细胞数目明显增加，同时进行分化，产生具有辅助功能的 T 细胞亚类和细胞毒性 T（Tc）细胞。

Th 细胞亚类：主要的辅助性 $CD4^+T$ 细胞（Th）亚类有 Th1、Th2、Th17、Th9、Th22、Treg、Tfh、Tfr 等。

Th1 主要产生 IFN-γ、IL-12、IL-2、TNF-β 和 IL-18 等细胞因子，调节 T 细胞、B 细胞、巨噬细胞和 DC，促进巨噬细胞和 DC 的吞噬等功能，促进 B 细胞 IgA、IgG2、IgG3 等的产生与转换，对 Th2 的克隆扩增具有抑制作用。

Th2 主要分泌 IL-4、IL-5、IL-6、IL-10、IL-13 和 IL-33 等，主要调节 B 细胞、嗜酸性粒细胞和浆细胞等，促进 IgM、IgA、IgG1、IgE 和 IgG4 的产生与转换等，对 Th1 的克隆扩增具有抑制作用。

Th17 主要产生 IL-17、IL-21、IL-22 等细胞因子，主要调节 T 细胞、B 细胞、中性粒细胞和上皮细胞等，促进炎症反应。

Th9 主要产生 IL-9 和 IL-10 等，调节肥大细胞、嗜酸性粒细胞、上皮细胞和 $CD8^+T$ 细胞等，促进抗寄生虫侵入和抗肿瘤防御。

Th22 主要产生 IL-22、IL-13、TNF-β 等，主要调节 T 细胞、B 细胞、上皮细胞、成纤维细胞、肝细胞和神经细胞等。

Treg 主要产生 TGF-β、IL-10 和 IL-35 等细胞因子，可以抑制效应 T 细胞、B 细胞的活化和扩增，具有广泛免疫抑制作用。

Tfh 产生 IL-6 和 IL-21，主要作用于生发中心的 B 细胞，促进抗体转换，促进浆细胞发育、抗体产生及长期记忆浆细胞的产生。

Tfr 是新发现的一类调节细胞，主要产生 IL-10，限制生发中心 B 细胞的发育。

Th 细胞的分化与 DC 密切相关。不同类型的 DC 决定了不同类型的 Th 细胞亚类。

Tc 细胞亚类：在 $CD4^+$ T 细胞分化出 Th 细胞的同时，$CD8^+$ T 细胞也分化出不同的 $CD8^+$ T 亚类（Tc），主要的有 Tc1、Tc2、Tc9、Tc17、Tc22 等。Tc1 分泌 IFN-γ 和 TNF-α，是典型的细胞毒性 T 细胞。Tc2 分泌 IL-4、IL-5 和 IL-13，主要调节过敏反应，具有细胞毒性活性。Tc9 分泌 IL-9 及少量的 IFN-γ。Tc17 分泌 IL-17A、IL-17F 和 IL-22。Tc22 主要分泌 IL-22、IL-2 及 TNF-α，具有细胞毒活性。

NK 细胞的分化：NK 细胞经分化产生淋巴因子激活的杀伤细胞（lymphokine-activated killer cell，LAK cell）、细胞因子诱导的杀伤细胞（cytokine-induced killer cell，CIK cell）等。

3. 获得性免疫的效应因子　　在上述各种 Th 和 Tc 的调节下，NK 细胞、巨噬细胞、DC、中性粒细胞等具有吞噬活性的细胞功能被活化或加强，成为细胞免疫的主要效应细胞。细胞免疫由于主要由 Th1 细胞调节，因此也称为 Th1 免疫应答。一般细胞内寄生虫诱导 Th1 应答。

B 细胞则分化为产生抗体的浆细胞，产生各类抗体，成为体液免疫的主要效应分子。由于体液免疫主要由 Th2 细胞调节，也称为 Th2 免疫应答。一般肠道蠕虫诱导 Th2 应答。

4. 获得性免疫的效应机制　　获得性免疫对寄生虫所产生的效应在多数情况下是抗体与细胞两者协同发挥作用。其主要机制有以下几种。

（1）抗体的中和作用。虫体致病往往与虫体产生的各种毒素、毒力因子、致病因子、免疫抑制因子、过敏反应原等密切相关。抗体可以与这些致病相关的因子结合，使其失去作用，阻断或减轻疾病的发生。

（2）抗体的封闭和阻断作用。寄生虫侵入宿主往往与某个或某些分子密切相关。虫体生长发育与繁殖过程中，也有一些关键分子起作用。抗体可以与这些关键分子结合，从而封闭或阻断虫体的侵入与生长发育和繁殖，减少虫体的侵入和体内虫体的数量。

（3）补体介导的抗体依赖性细胞溶解作用。抗体活化补体的经典途径与游离的虫体结合，直接导致虫体裂解。

（4）抗体依赖性细胞介导的细胞毒作用（antibody dependent cell mediated cytotoxicity，ADCC）。抗体的 Fab 片段与虫体感染细胞的抗原表位结合，Fc 片段与杀伤细胞 NK 细胞、巨噬细胞等表面的 FcR 结合，介导杀伤细胞直接杀伤靶细胞及其内部虫体。

（5）抗体依赖性细胞吞噬作用（antibody-dependent cellular phagocytosis）。抗体与抗原结合形成免疫复合物。这种免疫复合物更有利于具有吞噬功能的单核细胞、巨噬细胞、DC，以及中性粒细胞、嗜酸性粒细胞、嗜碱性粒细胞和肥大细胞等的吞噬，促进对虫体或虫体产物的清除。

（6）细胞吞噬作用（phagocytosis）。其是细胞免疫的效应方式。具有细胞毒作用的细胞，包括 CTL、Tc、巨噬细胞、LAK 和 NK 细胞等，吞噬虫体后可以通过溶酶体释放颗粒溶解素、穿孔素和颗粒酶等多种消化酶及活性氧中间物质，如过氧化氢等，将虫体裂解杀灭。

（7）细胞蚕食作用（trogocytosis）。细胞蚕食作用是新发现的一种降解虫体的机制。细胞快速把虫体围绕，然后以"咬"的方式，一口一口蚕食虫体，导致虫体死亡。已经发现中性粒细胞、人 Jurkat 细胞系可以此种方式杀灭阴道毛滴虫和溶组织内阿米巴。

（8）胞外陷阱（extracellular trap，ET）。胞外陷阱也是一种新发现的降解虫体的机制。胞外陷阱由 DNA 纤维、组蛋白、颗粒酶和抗菌肽等组成。陷阱可以缠绕虫体，进而降低虫体活性或导致虫体降解。可以产生胞外陷阱的细胞有中性粒细胞、巨噬细胞等。已在多种原虫和线虫中发现这一机制，如弓形虫、新孢子虫、艾美耳球虫、锥虫、利什曼原虫、阿米巴等，以及类圆线虫、日本血吸虫、旋毛虫、捻转血矛线虫等。

5. 获得性免疫的类型　　宿主感染寄生虫以后，大多可以产生获得性免疫。由于宿主种类、寄生虫虫种不同，获得性免疫所产生的结果并不完全相同。根据是否对再次感染产生抵抗力，获得性免疫大致分为 3 种类型。

（1）缺少有效的获得性免疫。虫体感染宿主后，宿主不能依靠自身诱导的免疫排除虫体，只有在用药物治愈以后，获得性免疫才明显出现，对再次感染产生一定的抵抗力。例如，人体感染杜氏利什曼原虫时，虫体在巨噬细胞内繁殖和传播，很少出现自愈。

（2）非消除性免疫（non-sterilizing immunity）。非消除性免疫是寄生虫感染中最常见的一种类型。寄生虫感染常引起宿主对再次感染产生抵抗力，但这种抵抗力是依靠体内存在少量虫体维持的，如用药物清除宿主体内残留的虫体，免疫力随即消失，通常称这种免疫状态为带虫免疫（premunition）。例如，牛双芽巴贝斯虫病痊愈以后，通常仍有少量虫体存在于红细胞内，此时对重复感染具有一定的免疫力。例如，虫体完全被清除，免疫力也随之消失。这也是很多寄生虫活疫苗依赖的机制之一。

（3）消除性免疫（sterilizing immunity）。这是寄生虫感染中少见的一种免疫类型，即动物感染某种寄生虫并获得虫体特异性免疫力，临床症状消失，虫体完全被清除，并对再感染具有长期特异性抵抗力。例如，大鼠感染路氏锥虫（*Trypanosoma lewisi*）后，只出现短时间的虫血症，接着虫体完全被消灭，出现持久的特异性免疫。

四、寄生虫病的变态反应

变态反应也称超敏反应，是处于免疫状态的机体再次接触相应抗原或变应原时出现的异常反应，在增强宿主抵抗力的同时，常导致组织损伤，产生免疫病理变化，是寄生虫感染的重要致病机制。

1. 过敏反应型　　也称为Ⅰ型超敏反应（hypersensitivity typeⅠ）。IgE 与肥大细胞、嗜碱性粒细胞等细胞表面结合，导致细胞释放组胺、5-羟色胺等活性介质，引起局部或全身反应，具有发生快、消退也快的特点。一般不引起组织损伤，仅导致生理功能紊乱。该反应引起平滑肌收缩、腺体分泌增加、毛细血管扩张等变化。羊胃肠道线虫，尤其是捻转血矛线虫的自愈现象就是局部 I 型超敏反应。在自愈过程中，肠平滑肌剧烈收缩，肠毛细血管通透性增加，多量渗出液进入肠腔，从而导致大部分虫体被驱逐并排出体外。犊牛肝片吸虫病也能自愈。旋毛虫病、棘球蚴病、牛皮蝇幼虫和螨侵袭等都可以引起过敏反应。

2. 细胞毒型　　也称为 II 型超敏反应（hypersensitivity type II）。由抗体与附着在宿主细胞膜上的抗原结合，活化补体而导致细胞溶解。巴贝斯虫、杜氏利什曼原虫感染中的细胞毒型变态反应可以引起红细胞溶解，造成严重贫血。

3. 免疫复合物型　　也称为 III 型超敏反应（hypersensitivity type III）。此型变态反应是抗原与抗体在血液内结合，形成抗原-抗体复合物，复合物沉积于血管壁，激活补体，产生白细胞趋化因子，引起中性粒细胞在局部积聚，释放蛋白溶解酶，损伤血管壁及邻近组织，引起血管炎。犬恶丝虫病、疟疾和血吸虫病出现的肾病属于免疫复合物型变态反应。

4. T 细胞型　　也称为迟发型超敏反应（delayed type hypersensitivity），由 Th1 细胞介导。发生初期，Th1 细胞被 APC 活化，再次接触抗原时，Th1 细胞活化巨噬细胞，使其释放前炎性细胞因子、水解酶及一氧化氮等，并转化为多核巨大细胞，招募其他细胞，引起炎症，对组织产生损伤，同时引起肉芽肿形成。血吸虫虫卵肉芽肿和皮肤利什曼病的局部结节，以及犬蠕形螨和蚤引起的皮炎都属于此类变态反应。

五、寄生虫的免疫逃避

寄生虫能在具有免疫力的宿主体内逃脱宿主免疫系统的攻击而生存，这种现象称为免疫逃避（immune evasion）。寄生虫的免疫逃避机制非常复杂，涉及虫体和宿主双方的多个方面。

1. 解剖位置隔离　　将虫体与宿主免疫系统隔离开来，是寄生虫逃避宿主免疫系统攻击的重要方式。常见的隔离方式有 2 种。一是进入宿主细胞内寄生，常见于原虫，如球虫、巴贝斯虫、弓形虫等多种细胞内寄生虫。二是在虫体周围形成包囊，常见于绦虫中绦期虫体和线虫，如细粒棘球蚴、猪囊尾蚴、旋毛虫肌肉幼虫等。由于虫体在细胞内寄生或在周围形成包囊，大大降低了虫体直接与宿主免疫效应因子的接触，避免了虫体受到免疫效应因子的攻击，提高了虫体在宿主体内的生存概率。

2. 表面抗原简单化　　抗原对宿主免疫系统的刺激能力与抗原组分的复杂程度密切相关。抗原组分越简单，对免疫系统的刺激能力越小。寄生虫充分利用了这一自然法则，其表面与宿主免疫系统接触的表膜抗原成分趋向于简单。例如，疟原虫的环子孢子蛋白（circumsporozoite protein，CSP）、锥虫的表膜抗原［如表面可变糖蛋白（variable surface glucoprotein，VSG）］及吸虫的表膜抗原都呈现出简单化趋势，从而降低了对宿主免疫系统的刺激，减弱了宿主免疫系统对虫体的攻击。

3. 抗原变异　　寄生虫生活史复杂，不同阶段的虫体抗原组分各不相同，呈现出明显的阶段性，原虫、吸虫、绦虫和线虫均有这种现象。另外一些寄生虫，如布氏锥虫和伊氏锥虫的表面抗原呈现出不断的随机变异，不断形成新的变异体。前一阶段虫体或变异体诱导的免疫应答难以有效作用于后一阶段虫体或变异体，虫体因而能在宿主体内长时间存活。

4. 模仿宿主抗原或获得宿主抗原成分　　一些寄生虫可以通过模仿宿主抗原来实现免疫逃避。日本血吸虫表面分子与宿主 α2-巨球蛋白有交叉反应，鸡球虫子孢子表面与鸡小肠有共同成分。另外一些寄生虫则可以获得宿主抗原成分。血吸虫尾蚴经皮肤进入宿主几小时后，即可将宿主 A、B 血型抗原和糖蛋白吸附到虫体表膜上。寄生虫这些宿主抗原共同成分的存在或对宿主抗原成分的获得，使宿主免疫系统难以对虫体进行有效识别。

5. 修饰免疫效应因子　　寄生虫可以利用自身的酶类，对宿主的免疫效应因子进行修饰，从而达到免疫逃避的目的。例如，日本血吸虫尾蚴表面有 IgG 的 Fc 受体，当 IgG 与 Fc 受体结合后，在很短时间内，寄生虫的蛋白酶，主要是丝氨酸蛋白酶和亚胺肽酶即切割结合的 IgG 分子，释放出多肽。这些多肽可以显著降低巨噬细胞的许多功能，如溶酶体释放、过氧化阴离子产生和吞噬等，同时抑制巨噬细胞 IL-1 的产生。这种虫体蛋白酶对抗体的切割也存在于山羊棘口吸虫中。

6. 诱导免疫应答向非保护性方向偏离　　体液免疫和细胞免疫是获得性免疫的两大效应分支，在寄生虫免疫保护中的作用各不相同，一些寄生虫的保护性免疫以体液免疫为主，一些以细胞免疫为主。寄生感染后，总是利用各种机制，使免疫应答向非保护性方向发展，而保护性免疫应答受到一定程度抑制。鸡球虫感染后，抗体水平非常高，但通常认为体液免疫在鸡球虫病中保护作用有限。其确切机制还不够清楚，需要深入研究。

7. 释放免疫抑制分子　　在寄生过程中，寄生虫释放出大量成分复杂的排泄分泌蛋白（ESP）。例如，捻转血矛线虫 ESP 中有 406 种蛋白质可以在寄生过程中与宿主外周血单个核细胞（PBMC）结合，其中与 T 细胞结合的有 114 种，与单核细胞结合的有 108 种。这些结合蛋白可以显著抑制 PBMC、T 细胞等的增殖与活力，降低单核细胞的吞噬能力及 MHCⅡ分子的表达，抑制免疫调控细胞因子 IL-2、IL-4 和 IFN-γ 等的产生，促进免疫抑制细胞因子 IL-10 的产生，呈现出明显的免疫抑制功能。在锥虫病、犬恶丝虫病及血吸虫病中，ESP 抗原能阻断由特异性抗体介导的、作用于虫体的免疫效应，或者与抗体形成免疫复合物，从而抑制免疫应答。

8. 产生封闭抗体　　虫体感染后，可以诱导宿主产生多种类型的抗体，这些抗体并不都是保护性抗体，一些抗体对保护性抗体的功能具有阻断作用，称为封闭抗体（blocking antibody）。例如，血吸虫尾蚴的主要表面糖蛋白 gp38 可诱导产生两种亚型的抗体。在大鼠中，一种为 IgG2a，一种为 IgG2c。被动免疫注射 IgG2a，可产生保护作用，同时注射两种抗体，保护作用消失，表明 IgG2c 可以阻断 IgG2a 的保护作用，是封闭抗体。

9. 诱导产生抑制性 T 细胞　　抑制性 T 细胞是 T 细胞的一个亚群，主要分泌 IL-10 和 TGF-β 等免疫抑制细胞因子，同时受到 TGF-β 的调控。寄生于鼠的多回类卷体线虫（*Heligmosomoides polygyrus*）可以产生一种与 TGF-β 结构类似的蛋白质分子，与 TGF-β 受体结合，传递 TGF-β 信号，诱导 Treg 细胞增殖和 TGF-β 分泌增加，产生免疫抑制。

10. 产生细胞因子及其受体模仿分子或细胞因子功能抑制分子　　免疫应答受到 Th 细胞及其分泌细胞因子的严格调控。一般认为 Th1 类细胞主要分泌 IFN-γ，调控细胞免疫；Th2 类细胞分泌 IL-4，调控体液免疫；Th17 细胞分泌 IL-17，调控炎症反应；Treg 细胞分泌 IL-10 和 TGF-β，产生免疫抑制。细胞因子需与靶细胞表面的细胞因子受体结合，才能传递细胞因子信号，发挥生物学功能。寄生虫可以产生一些蛋白质分子，模仿细胞因子或细胞因子受体，分别与细胞因子受体或细胞因子结合，结合后并不传递细胞因子信号，从而阻断细胞因子对免疫应答的调控。例如，肝片吸虫可以产生 IL-5 类似分子，旋盘尾丝虫可以产生 C-C 趋化因子类似分子。另外，寄生虫还可以产生细胞因子功能抑制分子，直接与细胞因子结合，抑制细胞因子的功能。例如，捻转血矛线虫蛋白 HC8 可以与 IL-2 结合，阻断 IL-2 对细胞的促增殖作用，以及 IL-2 激活的信号通路关键基因的表达。而 TTR 和 ENO 可以分别与 IL-4 和 IL-17A 结合，阻断 IL-4 和 IL-17A 的生物学功能及信号通路活化作用。

11. 补体逃避　　补体系统在宿主抵抗寄生虫感染中发挥重要作用，可以与虫体表膜结合，形成表膜裂解复合体，促使虫体裂解。寄生虫可以通过多种机制逃避补体的攻击。主要机制：一是招募补体调控分子，抑制补体活化；二是表达补体活化因子模仿分子，抑制补体活化；三是表达补体结合蛋白，抑制补体功能及表膜裂解复合体的形成。补体逃避可以出现于多种虫体感染过程中。

寄生虫的免疫逃避机制十分复杂，涉及宿主、虫体、免疫应答及免疫应答调控的各个环节。近年来，一些更加精细和复杂的免疫逃避机制逐渐被认识，如钩虫的中性粒细胞胞外陷阱等。随着研究的深入，还会有更多机制被发现或认识。

六、寄生虫病疫苗的特点及其存在的问题

传统的寄生虫病防控主要手段是使用抗寄生虫药，但随着药物的长期和普遍使用，产生了一系列问题。一是耐药虫株的产生。耐药虫株的产生导致药物效果不佳，起不到应有的防控作用，同时，使药物过早退出市场，挫伤了新药开发的积极性，导致高效、低毒、广谱抗虫新药研发速度减缓，数量减少。二是药物残留成为动物源食品安全、人类健康和环境安全的威胁。因此，以疫苗预防寄生虫病，减少药物使用或取代药物使用，成为寄生虫病防控的大趋势。

（一）商品化的寄生虫病疫苗

目前，已经有 10 多种寄生虫病疫苗得到商品化应用或取得证书。其中最多的为原虫病疫苗。

1. 原虫病疫苗

（1）鸡球虫病疫苗：国际上已经商品化的鸡球虫病疫苗有 10 余种。有强毒活疫苗、弱毒活疫苗和亚单位疫苗 3 种类型。

强毒活疫苗主要有 Coccivac B、Coccivac D、Immucox C1 和 Immucox C2 4 种商品。①Coccivac B 含有柔嫩艾美耳球虫、堆型艾美耳球虫、巨型艾美耳球虫和变位艾美耳球虫 4 种球虫。②Coccivac D 含有堆型艾美耳球虫、布氏艾美耳球虫、哈氏艾美耳球虫、巨型艾美耳球虫、变位艾美耳球虫、毒害艾美耳球虫、早熟艾美耳球虫和柔嫩艾美耳球虫 8 种球虫。③Immucox C1 含有堆型艾美耳球虫、巨型艾美耳球虫、毒害艾美耳球虫和柔嫩艾美耳球虫 4 种球虫。④Immucox C2 含有堆型艾美耳球虫、布氏艾美耳球虫、巨型艾美耳球虫、毒害艾美耳球虫和柔嫩艾美耳球虫 5 种球虫。上述 4 种商品均为球虫野生型虫株孢子化卵囊的混合物，对抗球虫药物敏感，均通过饮水喷雾口服免疫，主要用于肉仔鸡或蛋种鸡。

除上述主要的强毒活疫苗外，鸡球虫病还有一个强毒活疫苗 Nobilis COX A™，为耐药虫株，含有堆型艾美耳球虫、巨型艾美耳球虫 2 种球虫和柔嫩艾美耳球虫，用于肉仔鸡，饮水免疫。

弱毒活疫苗主要有 Livacox Q、Livacox T、Paracox 8 和 Paracox 5 等商品。①Livacox Q 含有堆型艾美耳球虫、巨型艾美耳球虫、毒害艾美耳球虫和柔嫩艾美耳球虫 4 种球虫。②Livacox T 含有堆型艾美耳球虫、巨型艾美耳球虫和柔嫩艾美耳球虫 3 种球虫。它们均为球虫致弱虫株孢子化卵囊的混合物，其中柔嫩艾美耳球虫为鸡胚培养致弱虫株，其他为早熟虫株，对抗球虫药物敏感。Livacox Q 主要用于蛋种鸡，Livacox T 主要用于肉仔鸡，均通过饮水口服免疫。③Paracox 8 含有堆型艾美耳球虫、布氏艾美耳球虫、巨型艾美耳球虫、和缓艾美耳球虫、毒害艾美耳球虫、早熟艾美耳球虫和柔嫩艾美耳球虫 7 种球虫，其中巨型艾美耳球虫有 2 个虫株。④Paracox 5 含有堆型艾美耳球虫、巨型艾美耳球虫、和缓艾美耳球虫和柔嫩艾美耳球虫，巨型艾美耳球虫也有 2 个虫株，均为球虫早熟虫株孢子化卵囊的混合物，对抗球虫药物敏感。Paracox 8 主要用于蛋种鸡，Paracox 5 主要用于肉仔鸡，均通过饮水免疫。

亚单位疫苗商品名为 CoxAbic®，抗原为用亲和层析方法纯化的巨型艾美耳球虫大配子体囊壁形成的颗粒抗原，为糖蛋白。它的主要成分为巨型艾美耳球虫抗原 Gam56 和 Gam82，以油水乳剂为佐剂，主要用于种鸡。种鸡免疫后，产生卵黄抗体，卵黄抗体对下代雏鸡具有保护作用，保护期 4~6 周，并对堆型艾美耳球虫、柔嫩艾美耳球虫具有交叉保护作用。生产中，肉仔鸡饲养周期通常为 3~5 周，因而可以满足生产实际需求。该疫苗的优点是，只要免疫一只蛋种鸡，即可使其所有后代仔鸡获得保护。缺点是生产过程复杂，成本较高。重组 Gam56 和 Gam82 抗原与天然抗原具有相似的免疫效果。

我国农业农村部也先后批准注册了多种鸡球虫弱毒活疫苗，分别含有 3~4 种球虫，均为早熟虫株孢子化卵囊混合物。国外公司的两种分别用于肉鸡和蛋鸡的活疫苗也获得注册。

（2）弓形虫病疫苗：为生活史不完整虫株活疫苗，称为弓形虫 S48 株。虫体分离于羊，经小鼠传代致弱，生活史不完整，不感染猫，不产生卵囊。绵羊体内不形成持续感染，不形成组织包囊，仅用于母羊免疫。免疫后，羔羊数量平均提高 3%，不泌乳母羊数量降低。

（3）犬新孢子虫病疫苗：为速殖子灭活疫苗，用于预防牛的犬新孢子虫病，可以减少流产。2001 年在新西兰获得注册，后来退出销售，可能原因是效果不确实或不明显。

（4）犬巴贝斯虫病疫苗：有两种。一种为犬巴贝斯虫（*Babesia canis*）ESP 抗原；另一种为犬巴贝斯虫和罗氏巴贝斯虫（*Babesia rossi*）ESP 抗原混合物，均以 Quil A 为佐剂。犬巴贝斯虫病疫苗是抗病理反应疫苗，而非抗感染疫苗。免疫后，虫体感染数量并未明显减少，但发病程度降低。主要原因是 ESP 抗体中和了虫体 ESP 中的致病因子，从而降低了发病程度。犬巴贝斯虫病疫苗已在欧盟注册。

（5）牛巴贝斯虫/双芽巴贝斯虫病疫苗：为传代致弱虫株活疫苗，含有牛巴贝斯虫（*Babesia bovis*）和双芽巴贝斯虫（*Babesia bigemina*）虫体体外培养致弱虫株，或还含有边缘无浆体（*Anaplasma marginale*）致弱虫株，以 Quil A 为佐剂。其主要用于牛，可以明显降低发病，效益与成本比达到 43：1，在澳大利亚注册。

（6）环形泰勒虫病疫苗：为牛环形泰勒虫转化淋巴巨噬细胞体外培养致弱虫株，主要用于牛，明显降低发病。该疫苗制造方法公开，不少国家都有自己生产的产品。

（7）小泰勒虫病疫苗：为强毒虫株活疫苗，含 3 株小泰勒虫（*Theileria parva*），分别为来自牛的 Muguga 株、Kiambu 5 株和来自水牛的 Serengeti 转化株。其主要用于牛，在非洲国家广泛使用。

（8）贾第虫病疫苗：抗原为体外培养的十二指肠贾第虫（*Giardia duodenalis*）速殖子的破碎物。其主要用于犬和猫，可以预防临床症状出现，降低包囊排出，在美国上市。

（9）犬利什曼原虫病疫苗：抗原为婴儿利什曼原虫（*Leishmania infantum*）体外培养虫体的 ESP，以 Quil A 为佐剂。用于犬，保护率 87%以上。

（10）胎儿三毛滴虫病疫苗：有 2 个商品上市。一个为 TriGuard，抗原为胎儿三毛滴虫（*Tritrichomonas foetus*）灭活虫体，不含佐剂。另一个为 Trichguard V5L，抗原为胎儿三毛滴虫、胎儿弯曲杆菌（*Campylobacter fetus*）和 5 种钩端螺旋体（*Leptospira canicola*、*L. grippotyphosa*、*L. bardjo*、*L. icterohaemorrhagiae*、*L. pomona*）灭活虫体的混合物。疫苗以油水乳浊剂为佐剂，主要用于牛，可以减少流产，提高受孕率。

2. 绦虫及绦虫蚴病疫苗　有 2 个绦虫蚴病疫苗注册和上市，均为重组亚单位疫苗。

（1）绵羊囊尾蚴病重组亚单位疫苗：是第一个成功的绦虫蚴病基因工程疫苗。抗原基因为羊带绦虫（*Taenia ovis*）体外培养的虫卵六钩蚴抗原基因 *45W*，用作疫苗的重组抗原为在原核表达系统大肠杆菌（*Escherichia coli*）中表达的谷胱甘肽 *S*-转移酶（glutathione *S*-transferase，GST）融合蛋白，以皂素为佐剂。对绵羊囊尾蚴的保护率可以达到 90%以上。该产品在新西兰获得了注册，但没有上市。

（2）细粒棘球蚴病重组亚单位疫苗：抗原基因为细粒棘球绦虫（*Echinococcus granulosus*）虫卵六钩蚴抗原基因 *EG95*，疫苗抗原为在 *E. coli* 中表达的 GST 融合蛋白，以 Quil A 为佐剂。其主要用于羊，对细粒棘球蚴病的保护率在 90%以上。我国区域试验证明保护率在 85%左右。在阿根廷和我国注册。我国已经在棘球蚴病高发地区广泛使用。

3. 线虫病疫苗　已经有 2 种线虫病疫苗注册上市。

（1）网尾线虫病疫苗：商品化的为牛胎生网尾线虫（*Dictyocaulus viviparus*）病疫苗，为牛胎生网尾线虫第 3 期幼虫经放射线照射致弱的活疫苗。主要用于牛，具有一定的保护性，仅在欧洲使用。

（2）捻转血矛线虫病亚单位疫苗：抗原为从捻转血矛线虫虫体中纯化的 H11 抗原和肠道膜糖蛋白（H-gal-GP）抗原的混合物，以 Quil A 为佐剂。羊免疫后虫卵排出量和成虫荷虫量均减少 80%左右。疫苗在澳大利亚和南非注册上市。

4. 抗外寄生虫侵袭疫苗　已经有 2 种抗外寄生虫侵袭疫苗获得注册或上市。

（1）抗蜱侵袭疫苗：有 2 种商品，均为重组亚单位疫苗。抗原基因为微小牛蜱（微小扇头蜱，*Boophilus microplus*）肠上皮抗原基因 *Bm86*，是一种隐蔽抗原。TickGard™ 和 TickGard Plus™ 以该基因在 *E. coli* 中的表达产物为抗原，而另一个产品 Gavac™ 以该基因的酵母表达产物为抗原。TickGard™ 和 TickGard Plus™ 使用的佐剂不清楚，而 Gavac™ 的佐剂为以天然矿物油制成的油包水乳剂 Montanide 888。疫苗免疫牛后，产生的抗体破坏吸血蜱肠上皮细胞，使其裂解，进而影响蜱的采食和生殖，使蜱的产卵数降低 70%～90%，蜱后代数目明显下降。古巴 8 年期的研究表明，疫苗的使用，使灭蜱杀虫剂的使用降低了 87%，全国杀虫剂的使用数量整体减少了 82%，极大减轻了杀虫剂对环境的影响和破坏，收到了显著的生态效益，同时，也明显减少了蜱传巴贝斯虫病的发生。TickGard™ 和 TickGard Plus™ 曾在澳大利亚注册上市，目前已停止生产。Gavac™ 在古巴注册上市，目前仍在销售。

（2）抗蝇幼虫侵袭疫苗：获得注册的是抗纹皮蝇（*Hypoderma lineatum*）幼虫疫苗，为重组亚单位疫苗。抗原基因为纹皮蝇幼虫蛋白酶基因。表达系统和佐剂不详。已经在加拿大获得了注册证书。

（二）寄生虫病疫苗的特点

目前，在全球范围内，虽然寄生虫病疫苗获得注册或上市的不多，但表现出鲜明的特点。

1. 种类多样　在已经上市的寄生虫病疫苗中，有强毒活疫苗、弱毒活疫苗、灭活疫苗、排泄分泌蛋白（ESP）疫苗、亚单位疫苗、重组亚单位疫苗等多种。

（1）强毒活疫苗：用寄生虫野毒株不加任何减毒处理，直接用作疫苗。多数寄生虫感染后呈现带虫免疫，该类疫苗充分利用了寄生虫这一生物学现象，将单一的或多种混合的寄生虫野毒株少量感染宿主，可以产生较好的免疫保护。例如，已经上市的鸡球虫病疫苗。

（2）弱毒活疫苗：虽然强毒活疫苗可以获得较好的免疫保护，但由于使用野毒株，其安全性不高，使用中时有疾病发生的情况。因此，通过处理，减弱疫苗虫株的毒性，对于提高疫苗的安全性和免疫效果作用明显。

致弱虫体的主要方法有传代培养、早熟株选育、生活史不完整虫株的筛选、辐射照射等多种。

传代培养是将虫体在鸡胚或细胞内连续传代培养，达到一定代次后，虫体对靶宿主的致病力降低，如鸡球虫病疫苗的鸡胚传代致弱株、牛巴贝斯虫的细胞培养传代致弱株等。

早熟株选育主要用于鸡球虫的致弱。方法是将球虫感染鸡，收集最早排出的卵囊，再次接种鸡，再收集最早排出的卵囊。如此反复，经 20 次传代后，球虫的生活史时间缩短，形成的裂殖体数量减少，体积变小，致病力明显降低。

生活史不完整虫株的筛选主要用于弓形虫。弓形虫为人兽共患寄生虫，其包囊主要寄生于宿主脑和神经组织，对脑和神经组织造成压迫，是虫体致病的主要方式之一。如果弓形虫病活疫苗依然能够形成包囊，则潜在危险极大。

辐射照射是利用放射线对寄生虫幼虫进行照射，经过筛选，获得致病力降低的虫株。这种方法主要用于蠕虫，并在网尾线虫中取得了成功，制备了网尾线虫病疫苗。

（3）灭活疫苗：利用各种方法将寄生虫灭活，使其失去生命力。该方法已经用于犬新孢子虫病疫苗研究，但效果不甚理想。

（4）ESP 疫苗：蠕虫和原虫在寄生过程中释放出大量 ESP，内含多种抗原和致病因子。以 ESP 为抗原制备疫苗，可以有效抵抗虫体的感染和致病。例如，犬巴贝斯虫病 ESP 疫苗，效果良好。

（5）亚单位疫苗：以纯化的虫体某种或某几种组织天然组分为抗原，制备疫苗。例如，用捻转血矛线虫中纯化的 H11 抗原和肠道膜糖蛋白（H-gal-GP）制备的亚单位疫苗，免疫保护效果良好。用鸡巨型艾美耳球虫大配子体囊壁形成颗粒纯化抗原制备的亚单位疫苗成功商品化。

（6）重组亚单位疫苗：将虫体某种保护性抗原的基因克隆，体外表达，获得重组蛋白，以重组蛋白为抗原，制备疫苗。利用这种方法制备的细粒棘球蚴 EG95 重组亚单位疫苗获得了成功。

2. 效力标准多样　　寄生虫种类繁多，致病机制复杂，免疫逃避方式繁复，要想获得完全的抗感染免疫难度较大。因此，在评价寄生虫病疫苗过程中，不能以抗感染为唯一效力标准，而应以经济效益、社会效益和生态效益为核心，从多维度建立寄生虫病疫苗的效力标准。

（1）抗感染效力：寄生虫致病往往与虫体感染数量有着直接关系。因此，抗感染效力能够有效减少宿主虫体的感染数量，减弱发病的程度，依然是寄生虫病疫苗的首选效力标准。

（2）抗病理反应效力：有些寄生虫的危害主要与其引起的病理变化密切相关。例如，血吸虫引起的肝肉芽肿病理反应，是其致病的主要方式之一。而犬巴贝斯虫的致病主要与其排泄分泌物密切相关。疫苗如果能够有效预防病理反应的产生或减弱其反应程度，则可收到较好的免疫保护效果。这一点已经在犬巴贝斯虫病疫苗得到证明。

（3）提高生产效益效力：不少寄生虫感染后往往呈慢性经过，宿主并不表现明显的临床症状，但生产效益明显降低，增重放缓，饲料转化率降低，产品质量下降。因此，寄生虫病疫苗只要能明显提高生产效益，依然是有价值的选择。

（4）生态效益效力：就外寄生虫而言，其危害不仅体现在虫体本身，也体现在化学杀虫药物残留对环境的破坏和威胁。因此，抗外寄生虫感染或侵袭疫苗，能够有效减少杀虫药的使用，减少药物残留对环境的破坏和威胁，收到明显的生态效益。例如，抗蜱疫苗，在减少蜱出没、降低蜱后代数量的同时，减少了灭蜱化学药物的使用，降低了化学药物残留对生态环境的破坏和威胁，收到明显生态效益。

（三）寄生虫病疫苗存在的问题

虽然经过多年的研究，寄生虫病疫苗已经取得了极大进展，一些疫苗已经上市使用，但不可否认的是，由于寄生虫本身的复杂多样，目前的寄生虫病疫苗还存在一些问题。主要有以下问题。

1. 安全性问题　　目前上市的寄生虫病疫苗主要为活疫苗，无论是强毒活疫苗还是弱毒活疫苗，在特定的情况下，仍然存在安全性问题。疫苗使用过程中，摄入过多的个体可能因为疫苗本身而导致发病，摄入过少的个体则可能难以诱导有效的免疫保护，导致免疫失败。此外，动物处在应激状态、使用具有免疫抑制作用的药物、饲料被有害物质污染等情况下，动物对疫苗的应答能力有可能降低，导致免疫效果不佳，甚至引起发病。

2. 免疫保护效果问题　　一些寄生虫可以感染多种动物，相应疫苗往往对某种动物保护效果较好，对另外一种动物效果较差，或者对不同年龄的动物保护效果不一致，导致免疫保护效果低下。例如，辐射照射网尾线虫疫苗，对成年动物保护效果优良，对幼龄动物保护效果不佳。

3. 经济效益问题   尽管有些寄生虫病疫苗免疫保护效果优良,但生产过程复杂,生产成本高,导致疫苗成本过高,经济效益不明显,从而限制了疫苗的使用与推广。例如,辐射照射网尾线虫疫苗,生产过程中需要饲养本体动物,收集虫卵,孵化出第 3 期(L3)幼虫,还需要放射源及防辐射设施。这些因素均推高了疫苗成本,降低了疫苗的经济效益和养殖场使用疫苗的积极性。

4. 提高寄生虫病疫苗免疫效果的措施与途径   目前,虽然已有寄生虫病疫苗上市使用,并取得了一定效果,但总体而言,寄生虫病疫苗种类少,免疫保护效果还有待提高,不能完全满足生产实际需求。随着科学的进步,特别是分子生物学和免疫学的快速发展,对寄生虫病的认识在不断加深,新技术的不断出现,也为寄生虫病疫苗的研发注入了新动力,提供了新手段。

1) 高效保护性抗原的发现与筛选   抗原的免疫保护能力是研发高效疫苗的关键。寄生虫的隐蔽抗原,以及生长发育、代谢、繁殖、侵入、毒力、致病、免疫应答、免疫逃避等关键基因与分子具有成为高效保护性抗原的潜力。而共同抗原和人工设计多价抗原则可以为构建多价疫苗奠定基础。

寄生虫隐蔽抗原:正常情况下不与宿主免疫系统接触,不产生免疫应答与免疫逃避。以此类抗原制备疫苗,可以取得较好的免疫保护效果。以隐蔽抗原制备的疫苗已经在捻转血矛线虫病和外寄生虫病中应用并取得良好效果。发现更多的隐蔽抗原,将会有力促进寄生虫病疫苗的研究。

生长发育、代谢关键基因:寄生虫生长发育过程中,不同的发育阶段均具有各自特有的生长发育与代谢关键基因,这些基因在虫体的生长发育、发育阶段转换及营养维持等方面发挥重要作用。以这些基因为抗原,往往能够阻断虫体的生长发育,从而起到良好的免疫保护作用。

繁殖关键基因:无论是原虫还是蠕虫均存在有性繁殖。血吸虫还存在雌雄合抱的特殊生物学现象。虽然有关虫体繁殖和吸虫雌雄合抱的机制还不完全清楚,但如能发现在这些过程中发挥关键作用的基因,用作疫苗抗原,无疑能够阻断寄生虫的繁殖,减少虫体后代产生的数量,起到良好的免疫保护作用。

侵入、毒力、致病关键基因:宿主体内寄生的虫体,其寄生生活建立的第一步是侵入宿主,特别是一些细胞内寄生原虫,侵入细胞是其生存的关键。在虫体侵入过程中离不开一些关键基因的作用,特别是胞内寄生虫体更和一些关键分子首先与宿主细胞结合密切相关。而毒力和致病基因在虫体对宿主的危害及致病中发挥关键作用。以这些基因为抗原构建疫苗,往往能够阻断虫体的侵入及致病,发挥有效免疫保护作用。一些虫体的侵入关键分子、毒力因子和致病关键基因已经被确认。

免疫应答、免疫逃避关键基因:虫体侵入宿主后,一些抗原刺激宿主免疫系统产生免疫应答,导致对虫体寄生不利的结果。另一些抗原或分子则对宿主免疫系统产生抑制作用,导致免疫逃避,有利于虫体的寄生。以免疫应答基因或分子为抗原,构建疫苗,可以强化免疫应答,克服免疫抑制分子的作用,产生有效的免疫保护作用。根据虫体的不同和保护性免疫应答的不同,这些抗原可以是特异性抗体刺激性抗原、T细胞刺激性抗原或 DC 刺激性抗原。同样,以免疫逃避分子为抗原构建疫苗,所产生的抗体可以中和免疫逃避分子的抑制作用,产生有效的免疫保护。一些虫体的免疫抑制分子已经被发现。

共同抗原和人工设计多价抗原:虽然寄生虫发育的不同阶段具有各自特有的抗原,但不同阶段虫体也存在着共同抗原。同样,同属不同种虫体也存在共同抗原。筛选这些共同抗原,可以为构建更加有效的疫苗或广谱疫苗提供有力支撑。几种危害较大的鸡艾美耳球虫的共同抗原已经被发现并用于疫苗研究。同样,将几种不同保护性抗原的保护性表位通过基因工程手段融合到一起成为多价抗原,也可以起到共同抗原的作用,成为多价疫苗的有效候选抗原。来自 4 种鸡艾美耳球虫不同保护性抗原的保护性表位已经被融合成多价多表位抗原,并用于构建 DNA 疫苗和重组亚单位疫苗,取得了良好效果。

2) 构建新型疫苗   随着免疫学和疫苗研究的快速发展,一些新型疫苗不断出现。这些新型疫苗有可能成为寄生虫病疫苗的未来发展方向,主要有 DNA 疫苗、DC 疫苗及活载体疫苗。

DNA 疫苗:也称为第三代疫苗,是将含有编码外源蛋白基因的质粒 DNA 直接导入动物组织,外源基因在体细胞中表达后,表达产物被提呈,刺激机体产生相应的体液免疫和细胞免疫。DNA 疫苗具有诱导平衡的体液免疫和细胞免疫、免疫时间长、成本低、稳定、便于储存和运输、对免疫功能低下者效果较好、可以构建多价疫苗等特点。DNA 疫苗已经在鸡球虫、弓形虫、疟原虫、日本血吸虫、捻转血矛线虫等多种虫体上进行了研究,显示出良好的应用前景。

DC 疫苗:DC 是重要抗原提呈细胞,也是免疫效应细胞,广泛分布于全身各个组织器官,在非特异性免疫和特异性免疫的启动与效应中发挥关键作用。以抗原处理 DC,使其成熟,然后以细胞为疫苗免疫动物,可以诱导有效的免疫应答。此类疫苗已经在利什曼原虫、疟原虫、枯氏锥虫中进行了研究。

活载体疫苗：以病毒、细菌等弱毒疫苗株为载体，将寄生虫保护性抗原基因克隆入载体，构建活载体疫苗，具有抗原表达时间长等特点，也可以将多个抗原基因或表位同时克隆入载体，构建多价疫苗，提高疫苗的保护谱。可以用作载体的主要有新城疫病毒、痘病毒、致弱沙门氏菌等。该类疫苗已经在球虫等中进行了研究。

3）使用新型佐剂　　佐剂是疫苗的重要组成部分，具有增强抗原免疫应答的能力，还可以改变免疫应答的类型。传统的油类乳浊剂等佐剂，由于局部刺激作用强和佐剂效果低等，并不适合作为寄生虫病疫苗的佐剂。一些新佐剂的发现，为提高寄生虫病疫苗的免疫效果提供了新的契机。主要的新佐剂有 Quil A、细胞因子和纳米材料等。

Quil A：Quil A 是从皂角树种子皂角内提取的脂类混合物，具有刺激免疫系统的能力。在制备疫苗的过程中，可以形成脂质小泡，扩大抗原的吸附面积，延长抗原在体内的释放时间。该佐剂已经在上市的寄生虫病亚单位疫苗中得到应用，效果明显。

细胞因子：细胞因子是多种细胞释放的调节因子，各种细胞借助自己释放的细胞因子完成各自的功能。其中 IL-4 主要促进 Th2 细胞增殖，调节体液免疫。IFN-γ 主要促进 Th1 类细胞增殖，调节细胞免疫。而 IL-2 对细胞免疫和体液免疫具有增强作用。以这些细胞因子为佐剂，可以定向增强体液免疫、细胞免疫或两者都增强。以细胞因子基因或重组细胞因子为佐剂，提高 DNA 疫苗、重组亚单位疫苗的免疫保护作用已经在鸡球虫、弓形虫、捻转血矛线虫等多种虫体进行了研究，效果明显。

纳米材料：以纳米材料为疫苗佐剂，是一个新兴的领域，具有极大发展潜力。能够用作疫苗佐剂的材料很多，但从食品安全角度考虑，用作食品动物的纳米材料佐剂应该能够生物降解。聚乙丙交酯（PLGA）和壳聚糖（chitosan）具有良好的组织相容性和生物降解性。美国食品药品监督管理局（Food and Drug Administration，FDA）批准将两者用于人类医疗和饮食。PLGA 和壳聚糖纳米颗粒递送抗原，可有效防止抗原在体内的化学降解和酶降解，保持抗原缓慢持续释放，增强机体对抗原的吸收，促使抗原靶向特定细胞，增强抗原的免疫原性和增强机体免疫反应。这些优点弥补了寄生虫重组亚单位疫苗免疫原性弱的不足，具有极大发展潜力。以 PLGA 和壳聚糖纳米颗粒为疫苗递送系统，已经在鸡球虫病、弓形虫病、捻转血矛线虫病等多种寄生虫病中开展了研究，取得了良好结果。

第五节　寄生虫的主要形态特征和分类

传统的寄生虫分类主要以虫体形态特征为主要依据，同时考虑虫体生活史、感染宿主种类和致病特性等因素。近年来，随着分子生物学技术的快速发展，以虫体系统进化为主要依据的分类体系不断出现，形成了寄生虫的分子分类体系。比较传统分类和分子分类，可以发现，两种分类体系在高阶元差别较大，甚至出现颠覆性的变化。然而，在科、属、种等分类的低阶元，两种分类相互补充，相互融合，具有统一的趋势。一些过去传统分类不能解决的虫体鉴别等问题，利用分子技术得到了很好的解决，使虫体的种、属划分更加科学准确。可以说，目前在寄生虫分类的高阶元，存在传统分类与分子分类两种分类体系，在低阶元，则是传统分类与分子分类的有机结合，融合了两种分类技术的共同研究成果。

鉴于我国的习惯和传统，本书仍以传统分类为主干。

一、吸虫

（一）复殖吸虫的形态特征

感染动物和人类的吸虫主要为复殖目的吸虫。

该目虫体多为背腹扁平，呈叶状或舌状，有的似圆形或圆柱状，血吸虫为线状。虫体随种类不同，大小为 0.3～75mm。体表常由具皮棘的外皮层覆盖，体色一般为乳白色、淡红色或棕色。通常具有两个肌肉质杯状吸盘，一个为环绕口的口吸盘（oral sucker），另一个为位于虫体腹部某处的腹吸盘（ventral sucker）。腹吸盘的位置前后不定或缺失。生殖孔（genital pore）通常位于腹吸盘的前缘或后缘处。排泄孔位于虫体的末端。无肛门（anus）。虫体背面常有劳氏管的开口。只有口吸盘的种类有时称为单盘类，具有口吸盘和

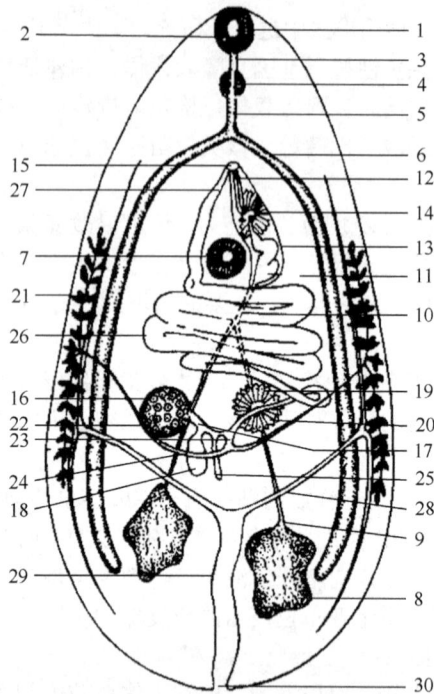

图 1-1　复殖吸虫成虫形态结构（仿陈心陶，1985）

1. 口；2. 口吸盘；3. 前咽；4. 咽；5. 食道；6. 盲肠；
7. 腹吸盘；8. 睾丸；9. 输出管；10. 输精管；
11. 贮精囊；12. 雄茎；13. 雄茎囊；14. 前列腺；
15. 生殖孔；16. 卵巢；17. 输卵管；18. 受精囊；
19. 梅氏腺；20. 卵模；21. 卵黄腺；22. 卵黄管；
23. 卵黄囊；24. 卵黄总管；25. 劳氏管；26. 子宫；
27. 子宫颈；28. 排泄管；29. 排泄囊；30. 排泄孔

腹吸盘且腹吸盘位于虫体后端的有时称为对盘类。

复殖吸虫（图1-1）无表皮（epidermis），体壁由皮层和肌层所组成，又称皮肌囊。无体腔，囊内含有大量的网状组织实质（parenchyma），各系统的器官位居其中。有消化系统、生殖系统、排泄系统、淋巴系统、神经系统。

消化系统一般包括口、前咽（prepharynx）、咽（pharynx）、食道及肠管。生殖系统发达，除血吸虫外，皆雌雄同体；雄性生殖系统包括睾丸（testis）、输出管（vasa efferentia）、输精管（vas deferens）、贮精囊（seminal vesicle）、射精管（ejaculatory duct）、前列腺、雄茎（cirrus）、雄茎囊（cirrus pouch）和生殖孔（genital pore）等；雌性生殖系统包括卵巢（ovary）、输卵管（oviduct）、卵模（ootype）、受精囊（seminal receptacle）、梅氏腺（Mehlis's gland）、卵黄腺（vitelline gland）、子宫（uterus）及生殖孔（genital pore）等。排泄系统由焰细胞（flame cell）、毛细管、集合管、排泄管、排泄总管、排泄囊和排泄孔等部分组成。淋巴系统在单盘类及对盘类等吸虫中有类似淋巴系统的构造。神经系统在咽两侧各有一个神经节，相当于神经中枢；从两个神经节各发出前后3对神经干，分布于背、腹和侧面；向后延伸的神经干，在几个不同的水平上皆有神经环相连。

（二）复殖目吸虫的发育

寄生性的复殖吸虫生活史为间接发育型，需一个或两个中间宿主，中间宿主的种类和数目因种类而异。第一中间宿主为淡水螺或陆地螺，第二中间宿主多为鱼、蛙、螺或昆虫等。发育过程包括虫卵（egg）、毛蚴（miracidium）、胞蚴（sporocyst）、雷蚴（redia）、尾蚴（cercaria）、囊蚴（metacercaria）和成虫（adult）各期。

虫卵多呈椭圆形或卵圆形，除血吸虫外都有卵盖，颜色为灰白、淡黄至棕色。卵在子宫成熟后排出体外。有的虫卵在产出时仅含胚细胞和卵黄细胞，有的已有毛蚴，有的在子宫内已孵化，有的必须被中间宿主吞食后才孵化，但多数虫卵需在宿主体外孵化。

毛蚴体形近似等边三角形，多被纤毛，不食，但运动活泼。前部宽，有头腺，有1对眼点。后端狭小，体内有简单的消化道和胚细胞及神经与排泄系统。排泄孔多为1对。当卵在水中完成发育时，成熟的毛蚴即破盖而出，游于水中；无卵盖的虫卵，毛蚴则破壳而出。游于水中的毛蚴，在1～2d内遇到适宜的中间宿主，即利用其头腺钻入螺体内，脱去被有的纤毛，移行至淋巴腔内，发育为胞蚴。

胞蚴呈包囊状，营无性繁殖，内含胚细胞、胚团及简单的排泄器，逐渐发育，在体内生成雷蚴。

雷蚴呈包囊状，营无性繁殖，有咽和一袋状盲肠，还有胚细胞和排泄器，有些吸虫的雷蚴有产孔（birth pore）和1～2对足突，有的吸虫仅有一代雷蚴，有的则存在母雷蚴和子雷蚴两期。雷蚴逐渐发育为尾蚴，尾蚴由产孔排出。缺产孔的雷蚴，尾蚴由母体破裂而出。尾蚴在螺体内停留一定时间，成熟后即逸出螺体，游于水中。

尾蚴由体部和尾部构成。不同种类吸虫尾蚴形态不完全一致。尾蚴能在水中活跃地运动。体表具棘，有1～2个吸盘。消化道包括口、咽、食道和肠管，还有排泄器、神经细胞、分泌腺和未分化的原始的生殖器官。尾蚴可在某些物体上形成囊蚴而感染终末宿主，或直接经皮肤钻入终末宿主体内，脱去尾部，移行到寄生部位，发育为成虫。但有些吸虫尾蚴需进入第二中间宿主体内或附着在水草等物品上发育为囊蚴，才能感染终末宿主。

囊蚴是尾蚴脱去尾部，形成包囊后发育而成，体呈圆形或卵圆形。囊内虫体体表常有小棘，有口、腹吸盘，还有口、咽、肠管和排泄囊等构造。生殖系统的发育不尽相同，有的只有简单的生殖原基细胞，有的则有完整的雌、雄器官。囊蚴通过其附着物或第二中间宿主进入终末宿主的消化道内，囊壁被宿主胃肠的消化液溶解，幼虫即破囊而出，经移行，到达寄生部位，发育为成虫。

（三）吸虫的分类

吸虫属扁形动物门（Platyhelminthes）吸虫纲（Trematoda），下分单殖目（Monogenea）、盾腹目（Aspidogastrea）和复殖目（Digenea）。单殖目吸虫直接发育，寄生于鱼类或两栖动物体表，多为体外寄生虫。盾腹目吸虫直接发育或需更换宿主，多寄生于软体动物和鱼类及龟鳖类。复殖目吸虫发育过程中无性世代和有性世代需要更换宿主，无性世代通常在软体动物体内完成，有性世代出现于脊椎动物体内，寄生于动物和人。吸虫纲常见如下 19 科。

1. 片形科（Fasciolidae） 　　大型虫体，体扁叶状，具皮棘。口、腹吸盘紧靠。有咽，食道短。卵巢分支，位于睾丸之前。睾丸前后排列，分叶或分支。生殖孔居体中线上，开口于腹吸盘前。卵黄腺位于体两侧。缺受精囊，子宫位于睾丸前方。该科有姜片属（*Fasciolopsis*）和片形属（*Fasciola*）。

2. 歧腔科（Dicrocoeliidae） 　　中、小型虫体，体细长。扁平，半透明。体表光滑。具口、腹吸盘。有咽和食道，肠支简单。通常不抵达体末端。排泄囊简单，呈管状。睾丸呈圆形或椭圆形，并列、斜列或前后排列，位于腹吸盘后。卵巢圆形，常居睾丸之后。生殖孔居中位，开口于腹吸盘前。卵黄腺位于肠管中部两侧。子宫由许多上、下行的子宫圈组成，几乎充满生殖腺后的大部空间，内含大量小型、深褐色卵。常见属有歧腔属（*Dicrocoelium*）、阔盘属（*Eurytrema*）和扁体属（*Platynosoma*）。

3. 前殖科（Prosthogonimidae） 　　小型虫体，前端稍尖，后端稍圆。具皮棘。口吸盘和咽发育良好，有食道，肠支简单，不抵达后端。腹吸盘位于体前半部。睾丸对称，在腹吸盘之后。卵巢位于睾丸的正前方。生殖孔在口吸盘附近。卵黄腺呈葡萄状，位于体两侧。该科中有前殖属（*Prosthogonimus*）。

4. 并殖科（Paragonimidae） 　　中型虫体，类卵圆形，肥厚。具体棘。口吸盘在亚前端腹面，腹吸盘位于体中部，生殖孔在其直后，肠管弯曲，抵达体后端。睾丸分支，位于体后半部。卵巢分叶，在睾丸前与子宫相对，卵黄腺分布广泛。成虫寄生于肺部。该科有并殖属（*Paragonimus*）。

5. 后睾科（Opisthorchiidae） 　　中、小型吸虫，虫体扁平，前部较窄，透明。口、腹吸盘不甚发达，相距较近。具咽和食道，肠支抵达体后端。生殖孔开口于腹吸盘前，缺雄茎囊。睾丸呈球形或分支、分叶，斜列或纵列于体后部。卵巢通常在睾丸之前。卵黄腺位于体两侧。子宫弯曲于卵巢与生殖孔之间，很少延伸至卵巢之后。该科有支睾属（*Clonorchis*）、微口属（*Microtrema*）、对体属（*Amphinerus*）、次睾属（*Metorchis*）、后睾属（*Opisthorchis*）等。

6. 双士科（Hasstilesiidae） 　　虫体极小。口、腹吸盘几乎相等。具咽和食道，肠支抵达体后端。睾丸斜列于体后部。生殖孔位于亚中央或亚边缘。卵巢在睾丸的侧方。子宫位于体前部。卵黄腺位于体前半部两侧。该科有双士属（*Hasstilesia*）。

7. 棘口科（Echinostomatidae） 　　中、小型虫体，呈长叶形。体前端具头冠（头领），上有 1～2 行头棘。体表被有鳞或棘。腹吸盘发达，位于较小口吸盘的近处。具咽、食道和肠支，肠支抵达体末端。生殖孔开口于腹吸盘之前。睾丸完整或分叶。纵列或斜列于体后半部。具雄茎囊。卵巢在睾丸之前，偏于右侧，缺受精囊。卵黄腺由粗颗粒组成，位于体两侧并常延伸至体中央睾丸之后。子宫在卵巢的前方，含有薄壳的虫卵。该科有低颈属（*Hypoderaeum*）、棘隙属（*Echinochasmus*）、棘缘属（*Echinoparyphium*）、棘口属（*Echinostoma*）、真缘属（*Euparyphium*）。

8. 前后盘科（Paramphistomatidae） 　　虫体肥厚，呈圆锥形，腹吸盘位于虫体末端，睾丸 2 个，前后或斜列于虫体后部。常见属有殖盘属（*Cotylophoron*）、杯殖属（*Calicophoron*）、巨盘属（*Gigantocotyle*）、前后盘属（*Paramphistomum*）、巨咽属（*Macropharynx*）、盘腔属（*Chenocoelium*）、锡叶属（*Ceylonocotyle*）。

9. 腹袋科（Gastrothylacidae） 　　虫体圆柱状，前端较尖，后端钝圆。有腹袋（ventral pouch）。生殖孔开口于腹袋内，睾丸左右或背腹排列于虫体后端。该科包括菲策属（*Fischoederius*）、卡妙属（*Carmyerius*）、腹袋属（*Gastrothylax*）。

10. 腹盘科（Gastrodiscidae） 　　虫体扁平，体后部宽大，腹面有许多小乳突，口吸盘后有一对支囊，有食道球，睾丸前后排列或斜列。该科有平腹属（*Homalogaster*）、腹盘属（*Gastrodiscus*）、拟腹盘属（*Gastrodiscoides*）。

11. 枭形科（Strigeidae） 　　虫体分前体、后体两部分，前部扁平或呈杯状，有吸盘，后部为圆柱状，含有生殖器官。腹吸盘不发达或付缺。在腹吸盘后具有一特殊的黏着器（adhesive organ）。有口吸盘、咽，食道短，肠管简单，抵达体后端。生殖孔开口于体后端的凹陷处或交合伞（copulatory bursa）内。睾丸前后排列于体后部，卵巢通常在睾丸之前。缺雄茎囊。子宫内含有大的虫卵。卵黄腺为颗粒状，分布于前、后两体，或局限于后体。该科有异幻属（Apatemon）。

12. 双穴科（Diplostomatidae）　　虫体通常分为两个部分。前体呈叶片状、匙形或萼状。有或无腹吸盘。在其前侧方有耳状突起。黏着器粗大，其下有密集的腺体。后体常呈圆柱状，具口吸盘和咽。食道短。肠支末端到达或靠近体后端。睾丸前后排列或并列于体后部。卵巢在睾丸之前。卵黄腺呈颗粒状，分布于前、后体部。叉尾型尾蚴，囊蚴在鱼类及两栖类寄生；成虫寄生于鸟类和哺乳动物。该科中有翼形属（Alaria）、双穴属（Diplostomum）及茎双穴属（Posthodiplstomum）。

13. 背孔科（Notocotylidae）　　小型虫体，腹吸盘付缺。虫体腹面有 3 或 5 行纵列的腹腺。体表前侧方被有细刺。缺咽，食道短，肠支简单，延伸至体末端。生殖孔开口于口吸盘的直后。雄茎囊发达，细长。睾丸并列，位于体末端肠支的外侧。卵巢位于两睾丸之间，或前或后。卵黄腺占据体后部的侧方，睾丸之前。子宫环褶横贯于肠管之间，从睾丸延伸至雄茎囊的后方。虫卵两端各具有一细长的极丝。该科有槽盘属（Ogmocotyle）、同口属（Paramonostomum）、下殖属（Catatropis）、背孔属（Notocotylus）。

14. 异形科（Heterophyidae）　　小型虫体，一般不超过 2mm。体后部宽于前部，体表被鳞棘。腹吸盘发育不良或付缺。有口吸盘和咽，食道长，肠支几乎达体后端。生殖孔开口于腹吸盘附近，经常被包于生殖吸盘内。睾丸呈卵圆形或稍分叶，并列或前后排列，位于体后部。贮精囊发达。缺雄茎囊。卵巢为卵圆形或稍分叶，位于睾丸之前的中央或偏右。卵黄腺位于体后的两侧。弯曲的子宫位于体后半部，内含少数虫卵。该科有异形属（Heterophyes）和后殖属（Metagonimus）。

15. 环肠科（Cyclocoelidae）　　大、中型虫体，背腹扁平。口吸盘付缺，也常没有腹吸盘。口孔在体前端，咽发达，肠支在后部联合，简单或有盲囊。生殖孔开口于口之后近处。睾丸完整或分叶，斜列于虫体后部两肠管之间。卵巢不分叶，居于两睾丸之间，或在其前方。卵黄腺分布于体两侧。环肠科有嗜气管属（Tracheophilus）、盲腔属（Typhlocoelum）、环肠属（Cyclocoelum）、噬眼属（Ophthalmophagus）。

16. 分体科（Schistosomatidae）　　雌雄异体，一般雌虫较雄虫细，有些种的雌虫，特别在交配期间，被雄虫抱在"抱雌沟"（gynecophoric canal）内。两个吸盘不发达，或紧靠或付缺。缺咽。肠支在体后部联合成单管，抵达体后端。生殖孔开口于腹吸盘之后。睾丸形成 4 个或 4 个以上的叶，居于肠联合之前或后；有些种的睾丸数量很多，呈颗粒状。卵巢伸长、致密，位于肠联合之前。卵黄腺占据卵巢后部。虫卵壳薄，无卵盖，有的有侧棘或端棘，内有毛蚴，寄生于宿主的血管中。该科有毛毕属（Trichobilharzia）和分体属（Schistosoma），原东毕属（Orientobilharzia）已确定为分体属。

17. 血居科（Sanguinicolidae）　　体细长，呈矛形。吸盘退化。无咽。食道狭长。肠呈"X"状或"H"形，不达体后部。睾丸数对，位于卵巢之前。雌、雄生殖孔分开，卵巢分叶或为翼状。卵黄腺发达，分布在肠叉之前。子宫弯曲。卵无盖。寄生于鱼类循环系统。该科中血居虫属（Sanguinicola）可引起鱼病。

18. 弯口科（Clinostomidae）　　虫体中型到大型，平滑，口吸盘小。食道短，肠支长。腹吸盘在体前部。睾丸边缘分裂，在体后。卵巢在两睾丸之间，亚中位。子宫分布至肠支内侧腹吸盘与前睾丸之间。卵黄腺滤泡状，很发达。该科中扁弯口虫属（Clinostomum）的囊蚴寄生于鱼类。

19. 独睾科（Monorchiidae）　　虫体细长，体表具棘。口吸盘发达。肠简单，长短不一。腹吸盘较小，在体前部或中部。卵巢一般在睾丸之前。睾丸 1～2 个，位于后部。卵黄腺常位于体两侧，可为块状、管状或形成分支。子宫大多数在体后部。寄生于淡水和海水鱼类的消化道。该科有侧殖虫属（Asymphylodora）。

二、绦虫

（一）绦虫的形态特征

绦虫虫体呈带状、扁平，大小自数毫米至 10m 以上。虫体分为头节（scolex）、颈（neck）与链体（strobila）三部分。

头节为吸着器官，一般分为三种类型：①吸盘型头节（acetabulate type of holdfast），具有 4 个圆形吸盘，对称地排列在头节的四面。有的绦虫头节顶端中央有顶突（rostellum），能回缩或不能回缩，其上还有一排或数排小钩，也具吸附作用。②吸槽型头节（bothriate type of holdfast），在背腹面各具有一沟样的吸槽。③吸叶型头节（bothridial type of holdfast），为长形吸着器官，其前端具有 4 个叶状结构，分别附在可弯曲的小柄上或直接长在头节上。

颈节较纤细，链体的节片系由此向后生出；但也有缺颈节者，其生长带则位于头节后缘。

链体由节片（proglottid 或 segment）组成，数目可由数个至数千个，各节片间有明显的界线。少数绦虫这个界限不明显或甚至没有。节片因发育程度不同可分为三类：接颈节的节片由于生殖器官尚未发育形成，所以名为"未成熟节片"，简称"幼节"；幼节逐渐成长，至生殖器官发育完成就成为"成熟节片"，简称"成节"；至最后子宫内充满虫卵形成"孕卵节片"，简称"孕节"。因此，最老的节片距头节最远。老的节片逐节或逐段从虫体后端脱离，新的节片不断形成。所以，绦虫能保持每个种别的固有长度与一定的节片数目。

绦虫体壁（body wall）的最外层是皮层（tegument），皮层覆盖着链体各个节片，其下为肌肉系统，由皮下肌层和实质肌组成。绦虫无消化道，靠体壁吸收营养物质，还能合成并输送蛋白质，并能防止虫体被宿主所消化，且具有吸附作用。

绦虫无体腔，由体壁围成一个囊状结构，称为皮肤肌肉囊。囊内充满着海绵样的实质，也称为髓质区，各器官均埋藏在此区内。绦虫有生殖系统、神经系统、排泄系统。绦虫无循环系统和呼吸系统，进行厌氧呼吸。

绦虫除个别虫种外，均为雌雄同体。绦虫生殖器官特别发达，链体由一连串的生殖器官所构成。每个节片中都具有雄性和雌性生殖系统各一组或两组。生殖器官的发育从紧接颈节的幼节开始分化，最初节片尚未出现雌、雄的性别特征，继后逐渐发育，开始先见到节片中出现雄性生殖系统，雄性生殖系统逐步发育完成后，接着出现雌性生殖系统的发育，再后形成成节。圆叶目绦虫节片受精后，雄性生殖系统渐趋萎缩随后消失，雌性生殖系统则加快发育，至子宫扩大充满虫卵时，雌性器官中的其他部分也逐渐萎缩消失，至此即成为孕节，充满虫卵的子宫占有了整个节片。假叶目绦虫，由于虫卵成熟后可由子宫孔排出，子宫不如圆叶目绦虫发达。由于圆叶目绦虫的子宫为盲囊，不向外开口，虫卵不能自动排出，故必须等到孕节脱落破裂时才散出虫卵。

（二）绦虫的发育

绦虫生活史较复杂，除个别寄生在人类和啮齿动物的绦虫可以不需要中间宿主外，寄生于家畜的各种绦虫的发育都需要一个或两个中间宿主。绦虫在终末宿主体内的受精方式有异体受精或异体节受精，但大部分绦虫也都能自体受精。绦虫发育过程包括虫卵—中绦期—成虫。

绦虫虫卵因种类不同，形态上差异很大。假叶目绦虫虫卵卵壳颇厚，其一端常有卵盖；圆叶目绦虫的卵壳不但脆弱，还缺卵盖，卵壳多在未离母体前脱落，常见的所谓"卵壳"实际上是胚膜。假叶目绦虫的虫卵产出后，在水中经过发育变成具有 3 对小钩的胚胎，由于外面有着密布纤毛的胚膜，因此又称为钩毛蚴或钩球蚴（coracidium）；圆叶目绦虫卵是在母体内进行发育的，卵由母体释出时，成熟的六钩胚已经形成。

中绦期（metacestode）即绦虫蚴期。六钩蚴被中间宿主吞食后，它们立即钻入组织，当到达目的地后，即发育进入具有某种特征性的中绦期。中绦期大致有以下几类：体为实心结构的有原尾蚴（procercoid）及实尾蚴（plerocercoid），体为囊状结构的有囊尾蚴（cysticercus）与似囊尾蚴（cysticercoid）。在中绦期，其因发育程度或状态的不同，在结构上也有差异（图 1-2）。

在带科绦虫里，有的囊壁上可以产生一个以上的似头节样的原头蚴（protoscolex），这种囊体称为共囊尾蚴或多头蚴（coenurus），为多头绦虫（*Multiceps multiceps*）的幼虫。还有的囊体可以产生无数生发囊，每个生发囊又产生许多原头蚴，称为棘球蚴（echinococcus，hydatid cyst），为细粒棘球绦虫（*Echinococcus granulosus*）的幼虫。另外，还有链状囊尾蚴（strobilocercus），头节在体的前端，一个小囊泡在体末端，头节与囊泡之间有很长并且分成许多节但无性器官的链体，这是猫带状泡尾绦虫（*Hydatigera taeniaeformis*）的幼虫。以上 3 种中绦期基本上与囊尾蚴相似，所以仍归在囊尾蚴里。

实尾蚴、似囊尾蚴及囊尾蚴被终末宿主吞食后，在胃肠内经消化液作用，蚴体逸出，头节外翻，并用附着器吸着肠壁，发育为成虫。

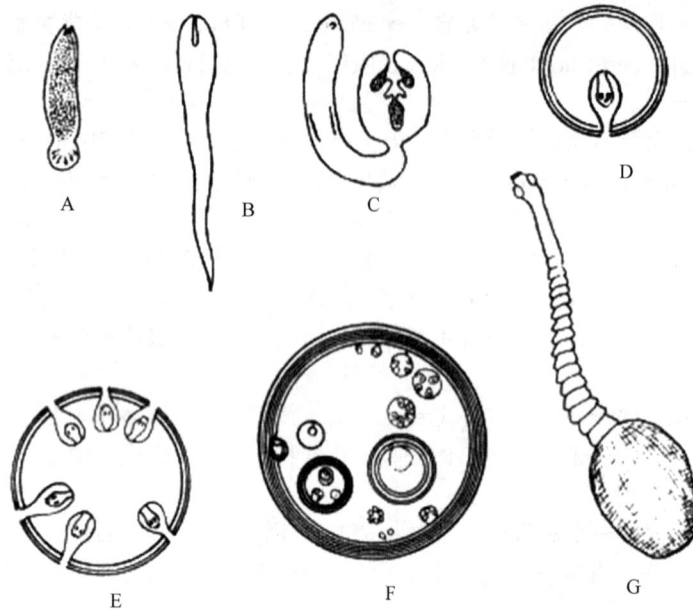

图 1-2　绦虫中绦期模式图（仿孔繁瑶，2010）
A. 原尾蚴；B. 裂头蚴；C. 似囊尾蚴；D. 囊尾蚴；E. 多头蚴；F. 棘球蚴；G. 链状囊尾蚴

（三）绦虫的分类

绦虫属扁形动物门绦虫纲（Cestoidea），与人畜关系较大的有假叶目（Pseudophyllidea）和圆叶目（Cyclophyllidea）。

1. 假叶目　　假叶目绦虫头节一般为双槽型，有时双槽不明显或付缺。分节明显或不明显。生殖孔位于体节中间或边缘；生殖器官每节常有一套，偶有两套者。睾丸众多，分散排列。卵黄腺为许多泡状体分散在皮质区。孕节的子宫常呈弯曲管状。子宫孔位于腹面。卵通常有盖，在第一中间宿主体内发育为原尾蚴，在第二中间宿主体内发育为实尾蚴，成虫大多数寄生于鱼类。该目与兽医有关的主要为双叶槽科（Diphyllobothriidae），该科为大、中型虫体，头节上有吸槽，分节明显。生殖孔和子宫孔同在腹面。卵巢位于体后部的髓质区内。卵黄腺小而多，位于皮质区。子宫是螺旋状的管子，在阴道孔后向外开口。卵有盖，产出后孵化。成虫主要寄生于鱼类，有的也见于爬行类、鸟类和哺乳动物。该科有双叶槽属（*Diphyllobothrium*）、迭宫属（*Spirometra*）、舌形绦属（*Ligula*）。

2. 圆叶目　　圆叶目绦虫头节上有 4 个吸盘，最前端常有顶突。生殖孔在体节侧缘，无子宫孔。缺卵盖。卵巢为扇形分叶或哑铃状。卵黄腺为一个致密体，在卵巢的后面。与人畜有关的圆叶目的分科如下所述。

1）裸头科（Anoplocephalidae）　　大、中型虫体，头节上有吸盘，无顶突和小钩。每体节有生殖器官一套或两套。睾丸数目众多。子宫为横管状或网管状。中间宿主为甲螨科（Oribatidae）的地螨，幼虫为似囊尾蚴，成虫寄生于哺乳动物。该科有莫尼茨属（*Moniezia*）、裸头属（*Anoplocephala*）、副裸头属（*Paranoplocephala*）、无卵黄腺属（*Avitellina*）、曲子宫属（*Helictometra*）等。

2）带科（Taeniidae）　　大、中、小型虫体，头节上有 4 个吸盘，其上无小棘。顶突不能回缩，上有两行钩（牛带吻绦虫除外）。生殖孔明显，不规则地交替排列。睾丸数目众多。卵巢双叶，子宫为管状，孕节子宫有主干和许多侧分支。幼虫为囊尾蚴、多头蚴或棘球蚴，寄生于草食动物或杂食动物（包括人）；成虫寄生于食肉动物或人。该科有带属（*Taenia*）、带吻属（*Taeniarhynchus*）、多头属（*Multiceps*）、棘球属（*Echinococcus*）、泡尾带属（*Hydatigera*）等。

3）戴文科（Davaineidae）　　中、小型虫体，头节顶突上有 2 或 3 排斧形小钩，吸盘上有细小的小棘。每节有一套生殖器官，偶尔也有两套的。卵袋（egg pouch）取代孕节的子宫。成虫一般寄生于鸟类，也有寄生于哺乳动物的。幼虫寄生于无脊椎动物。常见有戴文属（*Davainea*）和赖利属（*Raillietina*）。

4）双壳科（Dilepididae）　　中、小型虫体，头节上有 4 个吸盘，其上有或无小棘。有可伸缩的顶突，极少数无顶突；有顶突的其上通常有 1 行、2 行或多行小钩。每节有生殖器官一套或两套。睾丸数目通常很多。孕节子宫为横的袋状或分叶，或为副子宫器或卵囊（egg capsule）所替代，卵囊含 1 个或多个虫卵。为鸟类和哺乳动物寄生虫。主要有复孔属（Dipylidium）。

5）膜壳科（Hymenolepididae）　　中、小型虫体，头节上有可伸缩的顶突，具有 8～10 个小钩，呈单行排列。节片通常宽大于长，有一套生殖系统，生殖孔为单侧。睾丸大，经常不超过 4 个。孕节子宫为横管。成虫寄生于脊椎动物，通常以无脊椎动物为中间宿主，个别虫种可以不需要中间宿主而能直接发育。该科有膜壳属（Hymenolepis）、伪膜壳属（Pseudohymenolepis）、剑带属（Drepanidotaenia）、皱褶属（Fimbriaria）等。

6）中绦科（Mesocestoididae）　　中、小型虫体，头节上有 4 个突出的吸盘，但无顶突。生殖孔位于腹面的中线上。虫卵居于厚壁的副子宫器内。成虫寄生于鸟类和哺乳动物。主要有中绦属（Mesocestoides）。

三、线虫

（一）线虫的形态特征

线虫通常为细长的圆柱形或纺锤形，有的呈线状或毛发状。虫体分为头端、尾端、腹面、背面和侧面。天然孔有口孔（oral pore）、排泄孔（excretory pore）、肛门（anus）和生殖孔（genital pore）。雄虫的肛门和生殖孔合为泄殖孔（cloacal pore）。活体通常为乳白色或淡黄色，吸血的虫体常呈淡红色。虫体大小随种类不同差别很大。寄生线虫均为雌雄异体，雄虫一般较小，后端不同程度地弯曲，有一些与生殖有关的辅助构造，显著地与雌虫有别。雌虫稍粗大，尾部较直。

线虫体壁由无色透明的角皮（cuticle）即角质层（cuticular layer）、皮下组织（hypodermis）和肌层（muscular layer）构成。角皮覆盖体表，由皮下组织分泌形成，光滑或有横纹、纵线等。角皮还可延续为口囊（buccal capsule）、食道（oesophagus）、直肠（rectum）、排泄孔和生殖管末端的衬里。某些线虫虫体外表还常有一些由角皮参与形成的特殊构造，如头泡（cephalic vesicle）、唇片（lip）、叶冠（leaf crown）、颈翼（cervical alae）、侧翼（lateral alae）、尾翼（caudal alae）、乳突（papillae）、交合伞（bursa）、刺（bristle, spine）、嵴（ridge）等，有附着、感觉和辅助交配等功能。皮下组织紧贴在角皮基底膜之下，由一层合胞体（syncytium）细胞组成。在虫体背面、腹面和两侧中央部的皮下组织增厚，形成 4 条纵索（longitudinal chord），分别称为背索（dorsal chord）、腹索（ventral chord）和侧索（lateral chord）。排泄管和侧神经干穿行于侧索中，主神经干穿行于背、腹索中。肌层在皮下组织下面，由单层肌细胞组成；肌层被 4 条纵索分割成 4 个区，不同种线虫肌层的结构和肌细胞的形态不同，线虫的体肌仅有纵肌而无环肌，肌纤维的收缩和舒张使虫体发生运动。在食道和生殖器等内脏器官还有特殊机能的肌纤维，即辐射排列的环肌型（circomyarian type）肌纤维。

体壁包围着一个充满液体的腔，此腔没有源于内胚层的浆膜作衬里，故称为假体腔（pseudocoel），内有液体和各种组织、器官、系统。线虫有消化系统、生殖系统、排泄系统和神经系统。消化系统包括口孔、口腔、食道、肠、直肠和肛门。雄虫生殖器官由睾丸（testis）、输精管（vas deferens）、贮精囊（seminal vesicle）和通到泄殖腔（cloaca）的射精管（ejaculatory duct）组成，雄性器官的末端部分常有交合刺（spicule）、引器（gubernaculum）、副引器（telamon）等辅助交配器官，其形态具分类意义。雄虫尾部有两型：一型表现为尾翼不发达，其上有排列对称或不对称的性乳突（具柄或不具柄），其大小、数目和形状因线虫种类而不同；另一型见于圆线目，尾翼发达，演化为交合伞（bursa），在交配时起固定雌虫的功能。雌虫生殖器官由卵巢、输卵管、子宫、受精囊、阴道和阴门组成，有些线虫在阴道与子宫之间还有肌质的排卵器，控制虫卵的排出，有些线虫的阴门口被有由表皮形成的阴门盖。线虫没有呼吸器官和循环系统。图 1-3 为线虫的内部器官。

（二）线虫的发育

线虫有三种生殖方式。①在蛔虫类和毛首线虫类，雌虫产出的卵尚未卵裂，处于单细胞期；在圆线虫类，雌虫产出的卵处于桑葚胚期。此两种情况称为卵生（oviparous）。②在后圆线虫类、类圆线虫类和多数

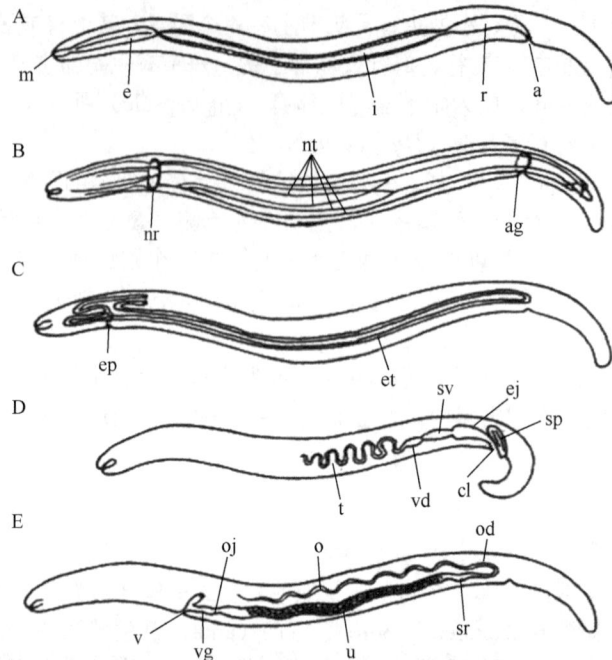

图 1-3　线虫内部器官（仿孔繁瑶，2010）

A. 消化系统；B. 神经系统；C. 排泄系统；D. 雄性生殖系统；E. 雌性生殖系统。

a. 肛门；ag. 肛神经结；cl. 泄殖腔；e. 食道；ej. 射精管；ep. 排泄孔；et. 排泄管；i. 肠；m. 口；nr. 神经环；
nt. 神经干；o. 卵巢；od. 输卵管；oj. 排卵器；r. 直肠；sp. 交合刺；sr. 受精囊；sv. 贮精囊；t. 睾丸；u. 子宫；
v. 阴门；vd. 输精管；vg. 阴道

旋尾线虫类，雌虫产出的卵内已形成早期幼虫，称为卵胎生（ovoviviparous）。③在旋毛虫类和恶丝虫类，雌虫产出的是早期幼虫（prelarvae），称为胎生（viviparous）。虫卵进一步发育，形成对宿主具有感染能力的幼虫，但幼虫并不从卵壳内孵出，依然留在卵壳内，称为感染性虫卵。宿主吞食感染性虫卵而受到感染。有些虫卵内的幼虫从卵壳内孵出，进一步发育为对宿主具有感染能力的幼虫，称为感染性幼虫。胎生幼虫也需要进一步发育为感染性幼虫才能对宿主具有感染能力。感染性虫卵和感染性幼虫可在外界环境中或中间宿主体内发育形成，具体情况因虫种而异。

线虫发育一般经过虫卵—5 个幼虫期（经 4 次蜕皮）—成虫等阶段。根据线虫在发育过程中需不需要中间宿主，分为无中间宿主的线虫和有中间宿主的线虫。前者指幼虫在外界环境中如粪便和土壤中直接发育到感染阶段，故又称直接发育型线虫或土源性线虫；后者的幼虫需在中间宿主如昆虫和软体动物等的体内才能发育到感染阶段，故又称间接发育型线虫或生物源性线虫。

1. 无中间宿主线虫的发育

（1）蛲虫型。雌虫在终末宿主的肛门周围和会阴部产卵，感染性虫卵在该处发育形成。宿主经口感染后，幼虫在小肠内孵化，到大肠发育为成虫。

（2）毛尾线虫型。虫卵随宿主粪便排至外界，在粪便或土壤中发育为感染性虫卵。宿主经口感染后，幼虫在小肠内孵化，到大肠发育为成虫。

（3）蛔虫型。虫卵随宿主粪便排至外界，在粪便或土壤中发育为感染性虫卵。宿主经口感染后，幼虫在小肠内孵化，多数种类幼虫需在宿主体内经复杂移行，再到小肠内发育为成虫。

（4）圆线虫型。虫卵随宿主粪便排至外界，在外界发育为第 1 期幼虫，从卵壳内孵出，再经两次蜕皮发育为感染性幼虫，即第 3 期幼虫，其在土壤和牧草上活动。宿主经口感染后，幼虫在终末宿主体内经复杂移行或直接到达寄生部位发育为成虫。

（5）钩虫型。虫卵随宿主粪便排出，在外界发育孵化出第 1 期幼虫，之后，经两次蜕皮发育为感染性幼虫。其主要通过宿主的皮肤感染，幼虫随血流经复杂移行最后到小肠发育为成虫。但该类型虫体也能经口感染。

2．有中间宿主线虫的发育

（1）旋尾线虫型。雌虫产出含幼虫的卵或幼虫，排入外界环境中被中间宿主摄食，或当中间宿主舐食终末宿主的分泌物或渗出物时一同将卵或幼虫摄入体内，幼虫在中间宿主（节肢动物）体内发育到感染阶段。终末宿主因吞食带感染性幼虫的中间宿主或中间宿主将幼虫直接输入终末宿主体内而感染。以后随虫种的不同而在不同部位发育为成虫。

（2）原圆线虫型。雌虫在终末宿主体内产含幼虫的卵，随即孵出第1期幼虫。第1期幼虫随粪便排至外界后主动钻入中间宿主螺体内发育到感染阶段。终末宿主吞食了带有感染性幼虫的螺而受感染。幼虫在终末宿主肠内逸出，移行到寄生部位，发育为成虫。例如，寄生于绵羊呼吸道的原圆线虫。寄生于猪呼吸道的后圆线虫的发育史与此相似，中间宿主为蚯蚓。

（3）丝虫型。雌虫产幼虫，进入终末宿主的血液循环中，中间宿主吸血时将幼虫摄入；幼虫在中间宿主体内发育到感染阶段。当带有感染性幼虫的中间宿主吸食易感动物血液时，即将感染性幼虫注入健畜体内。幼虫移行到寄生部位，发育为成虫。

（4）龙线虫型。雌虫寄生在终末宿主的皮下结缔组织中，通过一个与外界相通的小孔将幼虫产入水中。幼虫以剑水蚤为中间宿主，在其体内发育到感染期。终末宿主吞食了带感染性幼虫的剑水蚤而感染，幼虫移行到皮下结缔组织中发育为成虫。

（5）旋毛虫型。旋毛虫的发育史比较特殊，同一宿主既是（先是）终末宿主，又是（后是）中间宿主。旋毛虫的雌虫在宿主肠壁淋巴间隙中产幼虫，后者转入血液循环，其后进入横纹肌纤维中发育，形成幼虫包囊，此时被感染动物已由终末宿主转变为中间宿主。终末宿主是由于吞食了含有幼虫的肌肉而遭受感染的，肌肉被消化之后，释放出的幼虫在小肠中发育为成虫。

（三）线虫的分类

线虫属线形动物门（Nematoda），分无尾感器纲（Aphasmidia）和尾感器纲（Phasmidia）。无尾感器纲有毛尾目（Trichurata）和膨结目（Dioctophymata），尾感器纲有杆形目（Rhabditida）、圆线目（Strongylata）、蛔目（Ascaridida）、尖尾目（Oxyurida）、旋尾目（Spirurida）、丝虫目（Filariata）和驼形目（Camallanata）。

1．毛尾目 虫体前端很细，后端很粗；具典型的毛尾线虫型食道（捻珠状，中间为细管腔）；有杆状带（bacillary band）；雄虫1根交合刺或无；卵两端有塞，毛形科产幼虫；几乎寄生于所有纲的脊椎动物的消化道和肌肉组织等部位。与兽医有关的3个科为毛尾科（Trichuridae）、毛细科（Capillariidae）和毛形科（Trichinellidae）。

2．膨结目 粗大型虫体；有些种虫体前端角皮上多刺；唇和口囊退化，在索氏膨结科（Soboliphymatidae）代之以口吸盘；神经环靠近虫体前端；食道柱形，食道腺高度发达，多核；雌雄虫肛门均位于尾端；雄虫有一钟形交合伞，无肋，具交合刺1根；虫卵壳厚，表面有大小和形态各异的突起或小穴；鸟类与哺乳动物寄生虫。该目主要有膨结科（Dioctophymatidae）和索氏膨结科。

3．杆形目 微型至小型虫体，常具6片唇。自由生活阶段，具典型的杆线虫型食道；在狭部和体部间常见假食道球（pseudobulb）；雌雄虫尾端均呈锥形；交合刺同形等长；常具引器。寄生期常不具食道球；为丝状（柱状）食道，口囊小或无。寄生世代孤雌生殖（宿主体内只有幼虫），自由生活世代雌雄异体，两种世代交替进行；寄生于两栖类和爬行类的肺部或两栖类、爬行类、鸟类和哺乳动物的肠道。有类圆科（Strongyloididae）和小杆线虫科（Rhabditidae）。

4．圆线目 通常细长型虫体；食道呈棒状；雄虫有发达的交合伞，伞上有肌质的肋支撑；通常卵生；毛圆科、圆线科和钩口科的卵壳薄而光滑，椭圆形，大小通常为（80~100）μm×（40~50）μm，刚产出的卵很少发育到超过桑葚胚期，统称为圆线虫形虫卵（strongyle-type eggs）；寄生于脊椎动物所有纲（但鱼类少见）。圆线目下分毛圆科（Trichostrongylidae）、圆线科（Strongyloidea）、盅口科（Cyathostomidae）、毛线科（Trichonematidae）、网尾科（Dictyocaulidae）、后圆科（Metastrongylidae）、原圆科（Protostrongylidae）、比翼科（Syngamidae）、似丝科（Filaroididae）、管圆科（Angiostrongylidae）、锯体科（Crenosomatidae）、钩口科（Ancylostomatidae）、冠尾科（Stephanuridae）、裂口科（Amidostomatidae）等。

5．蛔目 粗大型线虫；具3片唇，1背唇、2亚腹唇；无口囊，食道简单，肌质柱状，雄虫尾部常弯向腹面；有些属的蛔虫有（侧）颈翼，使头部呈弓形，故有弓蛔属（*Toxascaris*）和弓首属（*Toxocara*）

之称；雌虫阴门位于体中部稍前。卵壳厚，处单细胞期。直接发育型。该目有蛔科（Ascaridae）、弓首科（Toxocaridae）、禽蛔科（Ascaridiidae）、异尖科（Anisakidae）等。

6. 尖尾目　中小型虫体，雌雄虫长度差异大。食道有后食道球，内腔有瓣或小齿或嵴，且与食道前部有狭部相连。因雌虫（有时雄虫或二者）尾部长而尖，故又称蛲虫。雄虫尾翼常很发达，上有大的乳突。某些种具泄殖孔前吸盘。雌虫阴门在体前部，虫卵壳薄，两侧不对称，有些种产出时已完全胚胎化。直接型发育。成虫寄生于宿主大肠，具严格的宿主特异性。下分尖尾科（Oxyuridae）、异刺科（Heterakidae）。

7. 旋尾目　口周有 6 片小唇，或围有 2 个侧唇（lateral pseudolabia）；具口囊，有些种类头部常有饰物；食道常分为短的前肌质部和长的后腺质部，雄虫尾部旋转卷曲；雌虫阴门位于体中部或靠前。子宫中虫卵很多，卵内含幼虫。交合刺通常异形不等长。寄生于宿主消化道、眼、鼻腔等处，需非吸血性节肢动物作为中间宿主。该目有吸吮科（Thelaziidae）、尾旋科（Spirocercidae）、柔线科（Habronematidae）、华首科（锐形科，Acuariidae）、颚口科（Gnathostomatidae）、似蛔科（Ascaropsidae）、泡翼科（Physalopteridae）、四棱科（Tetrameridae）、筒线科（Gongylonematidae）。

8. 丝虫目　唇付缺，多数种缺口囊；口孔直接通食道，食道常分为前肌质部和后腺质部；交合刺通常不等长，不同形；胎生或卵胎生。雌虫阴门开口于食道部或头端附近。寄生于陆生脊椎动物肌肉、结缔组织、循环系统、淋巴系统和体腔等与外界不相同的组织中。有中间宿主，为吸血节肢动物。在吴策丝虫属（*Wuchereria*）、布鲁格丝虫属（*Brugia*）、恶丝虫属（*Dirofilaria*）和腹腔丝虫属（*Setaria*）等，微丝蚴存在于终末宿主血液中；在盘尾丝虫属（*Onchocerca*）和血管丝虫属（*Elaeophora*），微丝蚴存在于终末宿主皮下结缔组织中。该目包括丝状科（腹腔丝虫科，Setariidae）、丝虫科（Filariidae）、盘尾科（Onchocercidae）、双瓣科（Dipetalonematidae）等。

9. 驼形目　无唇；口囊有或无，或代之是 2 个大的侧板；食道长，显著地分为前肌质部和后腺质部；交合刺不等长、不同形，或等长同形。雌虫远大于雄虫。受孕雌虫阴门和肛门可能退化；胎生。成虫寄生于水陆生脊椎动物，包括人的皮下组织、体腔、气囊、循环或消化系统。中间宿主为剑水蚤。该目有龙线科（Dracunculidae）和鳗居科（Anguillicolidae）。

四、棘头虫

（一）棘头虫的形态特征

棘头虫一般呈椭圆形、纺锤形或圆柱形等不同形态。大小为 1～65cm，多数在 25cm 左右。虫体分为细短的前体和较粗长的躯干两部分。前端为一个与身体成嵌套结构的可伸缩的吻突，其上排列有许多角质的倒钩或棘，故称棘头虫。颈部较短，无钩或棘。躯干的前部比较宽，后部较细长。体表常有环纹，有的种有小刺，有假分节现象。体表常由于吸收宿主的营养，特别是脂类物质而呈现红、橙、褐、黄或乳白色。

体壁由 5 层固有体壁和 2 层肌肉组成，各层之间均由结缔组织支持和粘连着。最外层是上角皮（epicuticle），由一层薄的酸多糖（acid polysaccharide）组成。其下为角皮，由稳定的脂蛋白（lipoprotein）构成；上有许多小孔，它们是来自第三层的许多小管的开口。第三层称条纹层（striped layer），为均质构造，那些有角质衬里的小管通过这一层延伸至第四层。第四层称覆盖层（felt layer），其中含有许多中空的纤维索，此外还有线粒体、小泡，可能是小管的延伸部分，或光滑内质网的切面，还有一些薄壁的腔隙状管道。第五层即固有体壁的最深层，称辐射层（radial layer），内含少量纤维索；有为数较多，并且较大的腔隙状管，富含线粒体；体壁的核位于此层之中。辐射层内侧的原浆膜具有许多皱襞，皱襞的盲端部分含有脂肪滴。再下为基膜和由结缔组织围绕着的环肌层和纵肌层，还有许多粗糙的内质网。肌层里面是假体腔，无体腔膜。

棘头虫为雌雄异体。雄虫含两个前后排列的圆形或椭圆形睾丸，包裹在韧带囊中，附着于韧带索上。每个睾丸连接一条输出管，两条输出管汇合成一条输精管。睾丸的后方有黏液腺、黏液囊和黏液管；黏液管与射精管相连。再下为位于虫体后端的一肌质囊状交配器官，其中包括有一个雄茎和一个可以伸缩的交合伞。雌虫的生殖器官由卵巢、子宫钟、子宫、阴道和阴门组成。卵巢在背韧带囊壁上发育，以后逐渐崩解为卵球或浮游卵巢。子宫钟呈倒置的钟形，前端为一大的开口，后端的窄口与子宫相连；在子宫钟的后端有侧孔开口于背韧带囊或假体腔（当韧带囊破裂时）。子宫后接阴道；末端为阴门。

（二）棘头虫的发育

雌雄虫交配受精，交配时雄虫以交合伞附着于雌虫后端，雄虫向阴门内射精后，黏液腺的分泌物在雌虫生殖孔部形成黏液栓，封住雌虫后部，以防止精子逸出。卵细胞从卵球破裂出来以后，进行受精；受精卵在韧带囊或假体腔内发育。虫卵被吸入子宫钟内，未成熟的虫卵，通过子宫钟的侧孔流回假体腔或韧带囊中；成熟的虫卵由子宫钟入子宫，经阴道，自阴门排出体外。成熟的卵中含有幼虫，称棘头蚴（acanthor），其一端有一圈小钩，体表有小刺，中央部为有小核的团块。棘头虫的发育需要中间宿主，中间宿主为甲壳类动物和昆虫。排到自然界的虫卵被中间宿主吞咽后，在肠内孵化，其后幼虫钻出肠壁，固着于体腔内发育，先变为棘头体（acanthella），然后变为感染性幼虫-棘头囊（cystacanth）。终末宿主因摄食含有棘头囊的节肢动物而受感染。在某些情况下，棘头虫的生活史中可能有储藏宿主，它们往往是蛙、蛇或蜥蜴等脊椎动物。

（三）棘头虫的分类

棘头虫属棘头动物门（Acanthocephala），与兽医有关的有巨吻目（Gigantorhynchida）、棘吻目（Echinorhynchida）和圆棘头目（Gyracanthocephala）。

巨吻目棘头虫为大中型虫体，吻突钩的数目多少不一，吻囊呈单层或双层膜构造，有或无原肾，黏液腺分为3个或更多的致密的小叶，卵呈椭圆形，两端不延长。棘头蚴两端有小钩，体表有小棘，成虫寄生于鸟类和哺乳动物，幼虫寄生于昆虫。

1. 少棘科（Oligacanthorhynchidae）　　大型虫体，体表有许多横皱纹。有原肾，吻突呈球形。吻囊相当短，壁单层或双层。睾丸细长，位于虫体前或后半部，8个黏液腺相当致密，为2个纵列或互相靠在一起，虫卵为卵圆形。幼虫寄生于甲虫类昆虫，成虫寄生于鸟类和哺乳动物。与兽医有关的为巨吻棘头属（Macracanthorhynchus）。

棘吻目体型小，体表有小棘或平滑，吻突呈圆柱形，有少量或很多小钩，吻囊壁双层。卵壳中层膜有棘状突起，棘头蚴一端有钩。该目为鸟类、鱼类、两栖类、爬虫类的寄生虫。

2. 多形科（Polymorphidae）　　体表有刺，吻突为卵圆形。吻囊壁双层，黏液腺2～6个，少数8个，一般为管状。寄生于脊椎动物，尤其是鸟类和哺乳动物。与兽医有关的为多形属（Polymorphus）。常见种有大多形棘头虫（Polymorphus magnus）、小多形棘头虫（P. minutus）、腊肠状多形棘头虫（P. botulus）、四川多形棘头虫（P. sichuanensis）。

3. 细颈科（Filicollidae）　　体不呈球状，但前面有刺，颈细长、黏液腺梨状或肾状至管状，卵壳中层膜无极状突起。该科为水禽类寄生虫。与兽医有关的为细颈属（Filicollis），躯干小或中等大小，具棘，吻小，圆球形，具少数螺旋排列的吻钩。

4. 四环科（Quadrigyridae）　　虫体小型至中等大小，长圆形。具少量旋列的吻钩。吻鞘壁单层。体棘环列，分布于体前1/3区域。吻腺长线状、短囊状或棒状。睾丸相接或分开。黏液腺为合胞体。卵小，圆形或椭圆形。寄生于海鱼或淡水鱼。该科中有似棘头吻虫属（Acanthocephalorhynchoides）。

五、节肢动物

（一）节肢动物的形态特征

与兽医相关的节肢动物种类繁多，主要的有蜱、螨和昆虫等。

1. 蜱

1）硬蜱　　俗称壁虱、扁虱、草爬子、狗豆子等。雌、雄蜱均能吸血，大多数寄生于哺乳动物体表，少数寄生于鸟类和爬虫类，个别寄生于两栖类。假头由假头基（basis capituli）、须肢（palp）、螯肢（chelicera）和口下板（hypostome）组成。躯体为连接在假头基后缘的扁平蜱体部分，呈卵圆形，体壁革质。饱血的硬蜱，雌、雄虫体的大小相差悬殊。躯体背面最明显的构造为盾板。多数硬蜱在盾板或躯体的后缘具方块状的结构称为缘垛（festoon），通常有11块，正中的1块有时较大，色泽较淡，称为中垛，有的种类末端突出，形成尾突。躯体腹面最明显的是有足、生殖孔、肛门、气门和几丁质板等。足共 4 对，每足由 6 节组成。

2）软蜱　宿主范围也很广泛，常侵袭鸟类、蛇类、龟类及多种哺乳动物。虫体扁平，卵圆形或长卵圆形，体前端较窄。假头从背面看不到，隐于虫体腹面前端的头窝内。躯体体表大部分为适于舒张的革质表皮，雄蜱较厚而雌蜱较薄，背腹面均无盾板和腹板。

2. 螨　螨常呈圆形、卵圆形或亚圆形，有些螨为适应在羽管毛囊等特殊部位寄生而呈蠕虫样，由颚体和躯体构成。颚体（gnathosoma）位于体前端，主要为口器，不含脑和眼，颚体由背面的螯肢、两侧的须肢及下面的口下板构成。躯体包括足体和末体，背面明显隆起，腹面略向外凸，为弹性的革状表皮构成。躯体表面局部常骨化为板。躯体及足上生有许多刚毛。有足 4 对，分 7 节。

3. 昆虫　昆虫种类多，分布广。身体一般两侧对称、分节，不同部分的体节相互愈合而形成头部、胸部和腹部。随着身体的分部，器官趋于集中，功能也相应有所分化。头部趋于摄食、感觉；胸部趋于运动和支持；腹部趋于代谢和生殖。

体被由几丁质（高分子含氮多糖）及其他无机盐沉着变硬而成。它不仅有保护内部器官及防止水分蒸发的功能，而且能与其内壁所附着的肌肉一起完成各种活动，并起支持躯体的作用。其功能与脊椎动物的内骨骼十分相似，因此称为外骨骼。由于其坚硬而不膨胀，因此每当虫体发育长大时必须蜕去旧表皮，称为蜕皮。

头部有眼、触角和口器。昆虫有复眼（compound eye）1 对，由许多六角形小眼组成。还有很多昆虫尚有单眼（ocellus）。复眼为主要视觉器官。触角由许多节组成，着生于头部前面的两侧。第一节为柄节（scape），第二节为梗节（pedicel），其余各部分统称为鞭节（flagellum）。触角的形状和节的数目随昆虫种类不同而异。触角的功能至今尚未完全明了，至少有触觉、嗅觉及湿度感觉等功能。口器是昆虫的摄食器官，由上唇（labrum）、上咽或内唇（epipharynx）、上颚（mandible）、下颚（maxilla）、下咽或小舌（hypopharynx）及下唇（labium）6 个部分组合而成。由于昆虫的采食方式不同，其口器的形态和构造也不相同。兽医昆虫主要有咀嚼式、刺吸式、刮舐式、舐吸式及刮吸式 5 种口器。

胸部分前胸（prothorax）、中胸（mesothorax）和后胸（metathorax），各胸节的腹面均有足一对，分别称前足、中足和后足。足分节，由基部起依次分为基节（coxa）、转节（trochanter）、股节（femur）、胫节（tibia）和跗节（tarsus），跗节又分 1～5 节，跗节末端有爪（claw），爪间有爪间突（empodium）和爪垫（palmula）等。多数昆虫的中胸和后胸的背侧各有翅 1 对，分别称前翅和后翅。双翅目昆虫仅有前翅，后翅退化，仅留桦状突出，称平衡棒（halter）。有些昆虫翅完全退化，如虱、蚤等。翅具翅脉（vein）和翅室（cell）。在前胸和中胸与中胸和后胸之间各有气门 1 对。

腹部由 11 节组成，但有些昆虫的腹节互相愈合，通常可见的节数没有那么多，如蝇类只有 5～6 节。腹部最后数节变为雌雄外生殖器。

（二）节肢动物的发育

与兽医有关的节肢动物多为卵生，极少数为卵胎生，发育过程中都有变态和蜕皮现象。其变态可分为完全变态和不完全变态两种。完全变态指从卵孵出幼虫，幼虫发育为若虫，再经过一个不动不食的蛹期，才能变为有翅的成虫。整个发育过程需要经历卵、若虫、蛹和成虫 4 个时期，几个时期在形态上和生活习性上彼此不同，如蚊、蝇等昆虫。不完全变态是从卵孵出幼虫，经若干次蜕皮变为若虫，若虫再经过蜕皮变为成虫。整个发育过程经历卵、幼虫和成虫 3 个时期，各个时期在形态上和习性上比较相似，如蜱、螨和虱等。

有些蜱，生活史各期均在同一宿主上度过，从幼蜱开始在宿主上吸血，后蜕变为若蜱继续吸血，再蜕变为成蜱，直到成蜱饱血后才离开宿主。此类蜱称为一宿主蜱。

有些蜱从幼蜱到若蜱的发育及吸血均在同一宿主体上进行，若蜱饱血后离开宿主，落地蜕变为成蜱，成蜱再寻找另一宿主吸血，一生中需要两个宿主。此类蜱称为二宿主蜱。

有些蜱的幼虫、若虫和成虫分别在 3 个宿主体上吸血。此类蜱称为三宿主蜱。

一些蜱的幼虫、各龄若虫、成虫及雌蜱每次产卵前均寻找宿主吸血，吸饱血后离去。此类蜱称为多宿主蜱。软蜱通常均为多宿主蜱。

蜱是重要的疾病传播媒介。一些蜱吸血后，病原体可以进入蜱的卵内，后代幼虫、若虫和成虫在吸血时传播疾病。这种传播方式称为经卵传播（transovarial transmission）。一些蜱的幼虫或若虫吸食了病原后，可以传递给其下一个发育阶段若蜱或成蜱，若蜱和成蜱在吸食动物血液时可以把病原传播给动物。此种传播方式称为期间传播（transstadial transmission）。

（三）节肢动物的分类

节肢动物属节肢动物门（Arthropoda），种类繁多。与兽医学有关的主要有蛛形纲（Arachnida）中的蜱和螨，昆虫纲（Insecta）中的蚊、蝇、虱、蚤等昆虫，五口虫纲（Pentastomida）的舌形虫。

1. 蜱螨目（Acarian）　　分 4 亚目：蜱亚目（Ixodides），主要有硬蜱科（Ixodidae）、软蜱科（Argasidae）和纳蜱科（Nuttalliellidae）等；疥螨亚目（Sarcoptiformes），有疥螨科（Sarcoptidae）和痒螨科（Psoroptidae）等；中气门亚目（Mesostigmata），主要有皮刺螨科（Dermanyssidae）等；恙螨亚目（Trombiculidae），有蠕形螨科（Demodicidae）和恙螨科（Trombiculidae）等。

1）硬蜱科　　硬蜱呈红褐色，背腹扁平，躯体呈卵圆形，背面有几丁质的盾板，眼 1 对或缺。气门板 1 对，发达，位于足基节Ⅳ后外侧。虫体芝麻至米粒大，雌虫吸饱血后可膨胀达蓖麻籽大。硬蜱头、胸、腹融合在一起，按其外部器官的功能与位置区分为假头（capitulum）和躯体（idiosoma）两部分。已报道有 14 属 707 种，其中与兽医关系密切的有硬蜱属（Ixodes）、璃眼蜱属（Hyalomma）、血蜱属（Haemaphysalis）、扇头蜱属（Rhipicephalus）、革蜱属（Dermacentor）、花蜱属（Amblyomma）、盲花蜱属（Aponomma）和异扇蜱属（Anomalohimalaya）。原牛皮属（Boophilus）纳入扇头蜱属。

2）软蜱科　　该科的种类繁多，全世界已报道 190 种。软蜱科包括 4 属，即锐缘蜱属（Argas）、钝缘蜱属（Ornithodoros）、匙喙蜱属（Antricola）和残喙蜱属（Otobius）。其中以锐缘蜱属和钝缘蜱属与畜禽关系密切。常见致病种为波斯锐缘蜱（Argas persicus）、翘缘锐缘蜱（A. reflexus）、拉合尔钝缘蜱（Ornithodoros lahorensis）、乳突钝缘蜱（O. papillipes）。

3）纳蜱科　　该科只有一个种 Nuttalliella namaqua，只在非洲南部发现。

4）疥螨科　　与兽医关系密切的有 3 属，即疥螨属（Sarcoptes）、背肛螨属（Notoedres）、膝螨属（Knemidocoptes）。

5）痒螨科　　与兽医关系密切的有 3 属，即痒螨属（Psoroptes）、足螨属（Chorioptes）和耳痒螨属（Otodectes）等。

6）皮刺螨科　　该科成螨大多数是专性吸血种类，成螨对宿主有一定的选择性，常寄生于鼠类、禽类和鸟类。皮刺螨属（Dermanyssus）在我国的常见种为鸡皮刺螨（Dermanyssus galinae），它们生活于禽类的窝巢内，不仅刺吸禽血液，有时也叮人吸血。

7）蠕形螨科　　共分 3 属，即蠕形螨属（Demodex）、口蠕螨属（Stomatodex）和鼻蠕螨属（Rhinodex）。其中以蠕形螨属与兽医关系密切，能引起各种家畜蠕形螨病。

8）恙螨科　　目前鉴定恙螨科的螨类均以幼虫的形态为依据。恙螨科的种类繁多，迄今全世界已知有 3000 种左右，我国已记载有 75 种，隶属于 2 亚科 22 属，即恙螨亚科（Trombiculidae），包括 18 属；兀螨亚科（Walchinae），包括 4 属。其中与兽医关系密切的为恙螨亚科的新棒螨属（Neoschoengastia）。

2. 双翅目（Diptera）　　胸部只有 1 对翅，后翅退化为平衡棒。口器为刺吸式或舐吸式。发育完全变态。

1）蚊科（Culicidae）　　头部球形，有 1 对大复眼，喙细长，口器刺吸式。触须 1 对，由 3～5 节组成。触角 1 对细长，由 15～16 节组成。翅上有翅脉和鳞片。

2）蠓科（Ceratopogonidae）　　虫体细小。触角分为 13～15 节。口器短。翅短宽，翅膜上常有明斑与暗斑，密布细毛。

3）毛蠓科（Psychodidae）　　又称白蛉亚科（Phlebotominae），该亚科动物体细长，全身密布细毛，灰黄色。口器刺吸式，短于头部；下颚须 5 节，第三节或第二节和第三节各有成簇的牛氏刺。胸部背面隆起，翅在静止时竖立于背面，呈 45°向上或向外展开；无鳞片或色斑，但有很多长毛。

4）蚋科（Simuliidae）　　体小而粗壮。足短。背驼。翅宽，前部脉粗，后部脉细。触角 9～11 节，每节均有短毛。口器为刺吸式。

5）虻科（Tabanidae）　　体壮而粗大，胸、腹部或翅上具有不同的色彩。触角分 3 节。口器为刮舐式。翅脉复杂。

6）狂蝇科（Oestridae）　　成虫口器退化，第 4 纵脉折向前，居翅尖之前，而第 5 纵脉折向后，连翅后缘。幼虫寄生于鼻腔内。

7）胃蝇科（Gasterophilidae）　　成虫口器退化。幼虫寄生于马属动物的消化道内，红色或淡黄色，体表有刺。仅有胃蝇属（*Gasterophilus*）。

8）皮蝇科（Hypodermatidae）　　体表被有色长绒毛，形似蜂。幼虫寄生于背部皮下。仅有皮蝇属（*Hypoderma*）。

9）蝇科（Muscidae）　　虫体呈黑色至黑灰色。触角芒呈羽毛状，翅的第四纵脉和第三纵脉在翅缘接近。

10）麻蝇科（Sarcophagidae）　　肩后鬃比沟前鬃为高，有 4 根背侧片鬃，其幼虫为尸生型，滋生在死亡后的动物尸体上，也可以兼性寄生在人畜的伤口中。常见与人畜关系较密切的麻蝇有污蝇属（*Wohlfahrtia*）。

11）虱蝇科（Hippoboscidae）　　体扁平，革质膜，触角单节，具刺吸式口器，爪强大，胎生。

12）丽蝇科（Calliphoridae）　　大中型蝇类，体表绿色或青黑色，有金属色泽。体上毛刺较多，舐吸式口器。寄生于体表或伤口组织内。

3. 虱目（Anoplura）　　体扁无翅，口器刺吸式，触角 3～5 节，复眼退化或无眼，也无单眼。胸部 3 节融合。足粗短。不完全变态。寄生于哺乳动物体表。

1）颚虱科（Linognathidae）　　有眼或无眼。腹部全为膜状，腹部的背腹面每节至少有 1 行毛，一般有多行毛。中、后腿比前腿大得多。

2）血虱科（Haematopinidae）　　无眼，仅在触角后方有一眼点。头缩入胸部。与兽医有关的仅血虱属（*Haematopinus*）。

4. 食毛目（Mallophaga）　　体扁无翅，头宽大。咀嚼式口器。触角 3～5 节。不完全变态。寄生于畜毛上或禽类羽毛上。

1）毛虱科（Trichodectidae）　　触角 3 节。各足跗节具 1 爪。寄生于哺乳动物。

2）短角羽虱科（Menoponidae）　　触角分为 4 节，多藏于触角窝内，具有触须。

3）长角羽虱科（Philopteridae）　　触角 5 节细长而伸出头外，无触须。

5. 蚤目（Siphonaptera）　　无翅。体左右扁平。刺吸式口器。足粗长。完全变态。

1）蠕形蚤科（Vermipsyllidae）　　体型较大，深棕色，3 对足发达。雌蚤体内虫卵成熟时，腹部会迅速增大，形似有条纹的蠕虫。下唇须节数特别多，其长度超过前足胫节末端，雌雄蚤均有发达的节间膜。

2）蚤科（Pulicidae）　　眼完整。眼后有触角沟，触角斜卧于沟中。腹部末端有臀板和毛。

六、原虫

（一）原虫的形态特征

原虫是单细胞原生生物，整个虫体由一个细胞构成。同高等动物的细胞一样，原虫具有细胞膜、细胞质和细胞核等主要细胞结构。

电子显微镜下，原虫细胞膜是 3 层结构的单位膜，中间层为脂质层，内外两层均为蛋白质层。原虫的细胞核也有双层单位膜，膜上有小孔。其他一些膜性细胞器（如内质网、线粒体、高尔基体）及各种膜空泡等均与真核生物相似。此外，原虫还有膜性小体，称微体。

细胞中央区的细胞质称内质，周围区的细胞质称外质。内质呈溶胶状态，承载着细胞核、线粒体、高尔基体等。外质呈凝胶状，在光学显微镜下较为透明，起着维持虫体结构刚性的作用。鞭毛、纤毛的基部及其相关纤维结构均包埋于外质中。

原虫细胞核光学显微镜下外表变化很大，除纤毛虫外，大多数均为囊泡状，其特征为染色质分布不均匀，在核液中出现明显的清亮区，染色质浓缩于核的周围区域或中央区域。有一个或多个核仁。核内体明显易见，与核仁相似，但在有丝分裂过程中不消失。

原虫有运动器官 4 种，分别是鞭毛（flagella）、纤毛（cilia）、伪足（pseudopodium）和波动嵴（undulating ridges）。

鞭毛很细，呈鞭子状。鞭毛全长的大部分可能包埋在虫体一侧延伸出来的细胞膜中，从而形成一个鳍状波动膜。整个鞭毛基部包在一个长形的盲囊中，称鞭毛囊。鞭毛轴丝起始于细胞质中的一个小颗粒，称基体（kinetosome）。纤毛的结构与鞭毛相似，但数目更多。伪足是肉足鞭毛亚门虫体的临时性器官，它们可以引起虫体运动以捕获食物。波动嵴是孢子虫定位的器官，只有在电子显微镜下才能观察到。

一些原虫还有一些特殊细胞器，即动基体（kinetoplast）和顶复合器（apical complex）。

动基体为动基体目原虫所有。光学显微镜下动基体嗜碱性，位于基体后，呈点状或杆状。福尔根（Feulgen）反应阳性。电子显微镜下可见四周为双层膜，中央是 DNA 纤维形成的高电子致密度片层样结构。与基体相邻但不相连。

顶复合器是顶复门虫体在生活史的某些阶段所具有的特殊结构，只有在电子显微镜下才能观察到。典型的顶复合器一般含有一个极环（polar ring）、多个微线体（microneme）、数个棒状体（rhoptry）、多个表膜下微管（subpellicular microtubule）、一个或多个微孔（micropore）、一个类锥体（conoid）。顶复合器与虫体侵入宿主细胞有着密切的关系。

有些原虫可以分泌一种保护性外膜，并进入静止阶段。这种静止期虫体称为包囊。包囊形成在自由生活的原虫和寄生原虫转换新宿主期间非常普遍。包囊形成有利于原虫在不利的环境中生存。促进包囊形成的条件尚不完全明了，但一般认为与环境的逆性改变有关，如食物缺乏、干燥、张力增高、氧浓度降低、pH 和温度改变等。

在包囊形成过程中，囊壁由虫体分泌形成，同时，虫体还蓄积储备一些食物，如淀粉和糖原等。运动器官的放射部位可部分或全部消失，一些其他结构，如伸缩泡也难以辨认。孢子虫的包囊阶段是卵囊（oocyst）。

不利环境条件的消失可以刺激虫体脱囊。寄生种类的脱囊有一定程度的特异性，需要与宿主肠道内一样的条件。脱囊的机制包括吸收水分，使包囊肿大，原虫分泌溶解酶，宿主消化酶对囊壁的消化作用等。脱囊必须重新活化在静止期已经关闭的酶系，细胞器和运动器官也必须进行内部重组和再分化。

（二）原虫的发育

原虫的生殖方式有无性生殖和有性生殖两种。

1. 无性生殖　　无性生殖方式有以下几种。

二分裂（binary fission）：即一个虫体分裂为两个。分裂顺序是先从基体开始，然后动基体、核，再细胞。鞭毛虫常为纵二分裂，纤毛虫为横二分裂。

裂殖生殖（schizogony）：也称复分裂，细胞核和其基本细胞器先分裂数次，然后细胞质分裂，同时产生大量子代细胞。裂殖生殖中的虫体称为裂殖体（schizont），后代称裂殖子（schizozoite 或 merozoite）。一个裂殖体内可包含数十个裂殖子。球虫常以此方式生殖。

孢子生殖（sporogony）：是在有性生殖配子生殖阶段形成合子后，合子所进行的复分裂。经孢子生殖，孢子体可以形成多个子孢子（sporozoite）。

出芽生殖（budding）：即先从母细胞边缘分裂出一个小的子个体，逐渐变大。梨形虫常以这种方法生殖。

内出芽生殖（internal budding）：又称孢内生殖（endodyogeny），即先在母细胞内形成两个子细胞，子细胞成熟后，母细胞被破坏。如果经内出芽生殖法在母体内形成 2 个以上的子细胞，则称多元内出芽（endopolygeny）。

2. 有性生殖　　有性生殖首先进行减数分裂，由双倍体转变为单倍体，然后两性融合，再恢复双倍体。有两种基本类型。

接合生殖（conjugation）：多见于纤毛虫。两个虫体并排结合，进行核质交换，核重建后分离，成为 2 个含有新核的虫体。

配子生殖（syngamy）：虫体在裂殖生殖过程中出现性分化，一部分裂殖体形成大配子体（雌性），一部分形成小配子体（雄性）。大小配子体发育成熟后，形成大、小配子。一个小配子体可以产生许多小配子，一个大配子体只产生一个大配子。小配子进入大配子内，结合形成合子（zygote）。合子可以再进行孢子生殖。

（三）原虫的分类

按照 2012 年国际原生生物学家学会分类与进化委员会新的真核生物分类系统，原虫属于 SAR（囊泡类 alveolata、有孔类 rhizaria 和不等鞭毛类 stramenopiles）、excavata（食槽沟类）和 amoebozoa（变形虫类）。与兽医有关的有如下 14 科 26 属。

1. 锥体科（Trypanosomatidae）　　　典型虫体为叶状，也可能为圆形。该科虫体一些寄生于昆虫中；另一些为异宿主型，生活史的一部分在脊椎动物中完成，另一部分在无脊椎动物中完成。在整个生活史中，可发生形态的改变，主要变化为虫体形状、基体和动基体的位置及鞭毛的发育程度。只有利什曼属（*Leishmania*）和锥虫属（*Trypanosoma*）寄生于人和脊椎动物，与兽医关系密切，其他各属均寄生于节肢动物和其他无脊椎动物。

2. 毛滴虫科（Trichomonadidae）　　　4～6 根鞭毛，一根向后与波动膜相连。有核和轴干。毛基体由一个小体和一根或多根纤丝联合组成。该科有毛滴虫属（*Trichomonas*）、三毛滴虫属（*Tritrichomonas*）。

3. 贾第科（Giardiidae）　　　该科贾第属（*Giardia*）与兽医有关。虫体有滋养体和包囊两种形态。滋养体呈梨形到椭圆形，两侧对称。前半部呈圆形，后部逐渐变尖，长 9～20μm，宽 5～10μm。腹面扁平，背面隆起。腹面有 2 个吸盘。有 2 个核。4 对鞭毛，分别称为前、中、腹、尾鞭毛。体中部有 2 个细长中体。包囊呈卵圆形，内有 2～4 个核或更多的核。

4. 双核内变形虫科（Dientamoebidae）　　　该科与兽医有关的属为组织滴虫属（*Histomonas*）。目前公认的只有一个种火鸡组织滴虫（*Histomonas meleagridis*）。

5. 艾美耳科（Eimeriidae）　　　该科虫体为单宿主寄生。裂殖生殖和配子生殖在宿主细胞内进行，孢子生殖通常在宿主体外进行。卵囊和裂殖体缺乏附着器官，卵囊含有 0、1、2、4 或更多孢子囊，每个孢子囊含 1 个或多个子孢子。小配子含有 2 或 3 根鞭毛。往往根据每个卵囊内的孢子囊数目和每个孢子囊内子孢子数目分属。该科有艾美耳属（*Eimeria*）、等孢属（*Isospora*）、温扬属（*Wenyonella*）、泰泽属（*Tyzzeria*）等。

6. 隐孢子虫科（Cryptosporidiidae）　　　该科虫体为单宿主寄生，与艾美耳科的不同点在于虫体寄生于宿主上皮细胞的细胞膜内和细胞浆膜外。此外，电子显微镜下可见其裂殖体有一球形附着器官，也称营养器（feeder organelle）。小配子缺鞭毛，卵囊含 4 个裸露的子孢子，不含孢子囊。该科只有一属，即隐孢子虫属（*Cryptosporidium*）。

7. 肉孢子虫科（Sarcocystidae）　　　该科虫体的裂殖体和裂殖子出现于被捕食动物中，卵囊出现于捕食动物中。根据种的不同，可以是哺乳动物、鸟类或蛇。就目前所知，该科虫体的卵囊内含 2 个孢子囊，每个孢子囊含 4 个子孢子。卵囊产生于捕食动物的肠上皮细胞，无性阶段出现于被捕食动物的组织中。该科有肉孢子虫属（*Sarcocystis*）、弓形虫属（*Toxoplasma*）、贝诺孢子虫属（*Besnoitia*）、新孢子虫属（*Neospora*）、囊等孢球虫属（*Cystoisospora*）等。

8. 疟原虫科（Plasmodiidae）　　　该科有疟原虫属（*Plasmodium*）、住白细胞虫属（*Leucocytozoon*）、血变原虫属（*Haemoproteus*）和肝囊原虫属（*Hepatocystis*）。疟原虫属配子体出现于红细胞中，裂殖生殖发生于红细胞和其他各种组织中，红细胞外裂殖体致密，但在大多数情况下为空泡状体，由蚊子传播，在蚊子体内进行有性繁殖。住白细胞虫主要为鸟类寄生虫，裂殖生殖出现于肝、心、肾和其他器官的实质细胞中，大配子和小配子母细胞出现于白细胞和未成熟红细胞中，孢子生殖出现于除蚊子外的吸血昆虫中。在整个生活史中不形成色素，与兽医相关的为住白细胞虫属的沙氏住白细胞虫（*L. sabrazesi*）和卡氏住白细胞虫（*L. caulleryi*），主要感染鸡。血变原虫主要为鸟类寄生虫，有性阶段出现于除蚊子外的昆虫中，红细胞外裂殖生殖发生于内皮细胞，所产生的裂殖子进入红细胞，在循环血液中变为色素性配子体，与兽医相关的为鸽血变原虫（*Haemoproteus columbae*）。肝囊原虫寄生于树栖热带哺乳动物（如松鼠、果蝠和猴子），通过库蠓传播，分布于印度亚热带地区、撒哈拉以南的非洲大陆。

9. 巴贝斯科（Babesiidae）　　　梨形、圆形或卵圆形，寄生于哺乳动物红细胞、淋巴细胞、巨噬细胞和其他细胞中，也发现于蜱的各种组织细胞中，顶复合器退化为极环、棒状体、微线体和膜下微管。该科有巴贝斯属（*Babesia*）。

10. 泰勒科（Theileriidae）　　　小型虫体，圆点状、环状、卵圆形、不规则形或杆状，出现于红细胞内，也出现于其他细胞内。裂殖生殖在淋巴细胞、组织细胞、成红细胞或其他细胞里，后侵入红细胞。红细胞内虫体不分裂。顶复合器缺类锥体，其他结构出现于不同的发育阶段。该科有泰勒属（*Theileria*）。

11. 小袋科（Balantidiidae）　　胞口在前庭的基部。有小袋虫属（*Balantidium*），该属重要的种为结肠小袋虫（*Balantidium coli*）。

12. 肠孢子虫科（Enterocytozoonidae）　　有椭圆形孢子，由外壁、孢子体、盘绕的极管和极囊组成。下有脑炎微孢子虫属（*Encephalitozoon*），兔脑原虫（*E. cuniculi*）寄生于兔子。

13. 肺孢子虫科（Pneumocystidaceae）　　该科下有肺孢子虫属（*Pneumocystis*）的卡氏肺孢子虫（*P. carinii*）。

14. 芽囊原虫科（Blastocystidae）　　该科有芽囊原虫属（*Blastocystis*），是寄生于人及多种动物（猴、猪、鸟、蛇、啮齿动物和无脊椎动物）肠道中的常见单细胞厌氧真核生物，之前被认为属酵母类。

第二章 寄生虫病诊断与防控技术

第一节 寄生虫病诊断技术

多数寄生虫病的症状缺少特异性，仅依据临床症状很难做出诊断。在寄生虫感染中，带虫现象很常见，即便是在样品中（粪便、尿液和血液等）发现虫卵或者虫体，也只能肯定是有某种寄生虫感染，还不能确定为致病原因。因此，寄生虫病应采取综合诊断的方式，根据临床症状、流行病学、病理变化、病原体检查等进行综合诊断。

一、病原学诊断方法

病原体检查是寄生虫病最可靠的诊断方法，无论是粪便中的虫卵，还是组织内不同阶段的虫体，只要能够发现其一，再结合其临床症状，便可确诊。

（一）粪便学检查

许多寄生虫，特别是寄生于消化道的虫体，其虫卵、卵囊或幼虫均可通过粪便排出体外，通过检查粪便，可以确定是否感染寄生虫或确定寄生虫的感染强度。也可以用于诊断通过消化道排出寄生虫虫卵或幼虫的其他部位寄生虫感染。例如，肺部寄生虫，可随着宿主咳嗽咽下而进入消化道，通过粪便排出体外。

1. 直接涂片法（direct smear method）   直接涂片法是取 50%甘油水溶液或普通水 1～2 滴滴于载玻片上，锇取黄豆大小的被检粪块与其混匀，将溶液涂成薄膜，透过薄膜可以模糊看出书籍上的字。剔除粗粪渣，抹薄涂匀，盖上盖玻片镜检。本法最为简便，但检出率不高。为提高阳性检出率，每个样本应检多片。

2. 漂浮集卵法（flotation method）   应用密度较虫卵大的漂浮液，使蠕虫卵、球虫卵囊等浮于液体表面，易于集中检查。漂浮集卵法对某些线虫卵、绦虫卵和原虫卵囊有很好的检出效果。缺点是高密度的漂浮液易使虫卵和卵囊变形，检查时必须迅速，也可在制片时补加一滴清水。常见寄生虫虫卵的近似密度见表 2-1。

表 2-1 常见寄生虫虫卵的近似密度

寄生虫	密度/（g/ml）
犬钩口线虫 *Ancylostoma caninum*	1.06
犬弓蛔虫 *Toxocara canis*	1.09
猫弓蛔虫 *Toxocara cati*	1.10
狐毛首线虫 *Trichuris vulpis*	1.15
带绦虫属 *Taenia*	1.23
泡翼线虫属 *Physaloptera*	1.24
副蛔属 *Parascaris*	1.09
马圆形线虫 *Equine strongyles*	1.05
叶状裸头绦虫 *Anoplocephala perfoliata*	1.06

常用方法为饱和盐水漂浮法。取 5～10g 粪便置于 200ml 烧杯中，先加入少量饱和盐水（1L 水中加食盐 400g），搅拌混合后再加入约 20 倍的漂浮液，用金属筛或纱布滤去粪渣，滤液静置 30～60min，用直径 0.5～1.0cm 的金属圈蘸取表面液膜，抖落于载玻片上，加盖玻片后镜检。

　　常用的饱和液还有硫代硫酸钠饱和液、硫酸镁饱和液、硝酸钠饱和液、硝酸铵饱和液、硝酸铅饱和液等。检查密度较大的虫卵，如棘头虫虫卵、猪肺丝虫虫卵及吸虫卵时，需用硫酸镁、硫代硫酸钠及硫酸锌等饱和溶液。也可用离心机，通过离心加速漂浮液使虫卵漂浮（400～650g 离心 3min）。常用漂浮液的组成和密度见表 2-2。

表 2-2　常用漂浮液的组成和密度

漂浮液	组成	密度/（g/ml）
糖和甲醛	$C_{12}H_{22}O_{11}$ 454g，CH_2O 溶液（40%）6ml，H_2O 355ml	1.200
氯化钠	NaCl 500g，H_2O 1000ml	1.200
硫酸锌	$ZnSO_4 \cdot 7H_2O$ 330g，H_2O 调至 1000ml	1.200
硝酸钠	$NaNO_3$ 315g，H_2O 调至 1000ml	1.200
蔗糖、碘化汞和碘化钾	溶液 A（$C_{12}H_{22}O_{11}$ 600g，H_2O 600ml）+20ml 溶液 B（KI 78g，HgI_2 100g，H_2O 63ml）	1.250
硫酸镁	$MgSO_4$ 350g，H_2O 调至 1000ml	1.280
硫酸锌	$ZnSO_4 \cdot 7H_2O$ 685g，H_2O 685ml	1.350
氯化钠和氯化锌	NaCl 210g，$ZnCl_2$ 220g，H_2O 调至 1000ml	1.350
蔗糖和硝酸钠	$C_{12}H_{22}O_{11}$ 54g，$NaNO_3$ 360g，H_2O 调至 1000ml	1.350
碘化汞和碘化钾	KI 111g，HgI_2 150g，H_2O 399ml	1.440
硝酸钠、硫代硫酸钠	$NaNO_3$ 300g，$Na_2O_3S_2 \cdot 5H_2O$ 620g，H_2O 530ml	1.450
硫酸锌、碘化汞、碘化钾	溶液 A（$ZnSO_4 \cdot 7H_2O$ 600g，H_2O 600ml）+溶液 B（KI 78g，HgI_2 100g，H_2O 63ml）	1.450
蔗糖及硝酸钠、硫代硫酸钠	$C_{12}H_{22}O_{11}$ 1200g，$NaNO_3$ 1280g，$Na_2O_3S_2 \cdot 5H_2O$ 1800g，H_2O 720ml	1.450

　　3．沉淀集卵法（sedimentation method）　　用水处理粪便，经离心或自然沉淀，使虫卵沉淀集中，更易于检查。

　　自然沉淀集卵法是取粪便 5～10g 加水混合成悬浮液，经（40～60）孔/2.54cm^2 铜筛滤去大块物质，静置 15min 后倾去上清液，如此反复操作，直至上层液体透明为止，最后弃去上层液体，置沉淀物于载玻片上，镜检虫卵。

　　离心沉淀法是取 1～2g 被检粪便于试管中，加 5 倍量的水制成悬浮液，经 40 孔/cm^2 铜筛过滤到一离心管中，以 800r/min 离心 3～5min，弃上清液，将沉渣置载玻片上，镜检虫卵。本法也适用于检查尿液内的虫卵。

　　4．锦纶筛兜集卵法　　利用虫卵直径大于 260 目的锦纶筛兜直径、小于 40 目铜丝筛直径的特性，可使虫卵富集于锦纶筛兜。取粪便 5～10g 置于烧杯中加水混匀，用 40 目筛过滤至 260 目的锦纶筛兜，在水龙头下冲洗锦纶筛兜中的滤渣 3～5min，取滤渣涂片镜检。本法适于检测直径在 60μm 以上的虫卵，在实际工作中应用于片形吸虫、日本血吸虫等。

　　5．麦氏计数法（MacMaster method）　　麦氏计数法是常用的虫卵计数方法之一。通过虫卵计数，可以估计动物感染强度。

　　取粪样 2g 放入三角烧瓶内，加饱和盐水 58ml 和玻璃珠若干，充分振荡使成混悬液，吸取混悬液注入麦氏计数室，置显微镜下计数计数室（1cm^2）内虫卵数。由于每室混悬液等于 0.15ml，结果乘以200，即每克粪便虫卵数。通常一次计数 4 室，然后按平均值计。本法只适用于可被饱和盐水漂起的各种虫卵。

　　麦氏计数板由两片载玻片制成（图 2-1）。为了使用方便，其中一片较另一片窄。在较窄的载玻片上刻有 1cm 见方的划度 2 个，两片载玻片间的距离为 1.5mm。这样，两个划度便形成了 2 个麦氏计数室。

　　6．毛蚴孵化法（hatching test）　　毛蚴孵化法是诊断日本血吸虫和东毕吸虫的方法之一。其依据是日本血吸虫卵内的毛蚴在适宜条件下能很快发育孵出，并按直线和斜线快速运动于水面下，利用这一特性检查毛蚴即可确诊。

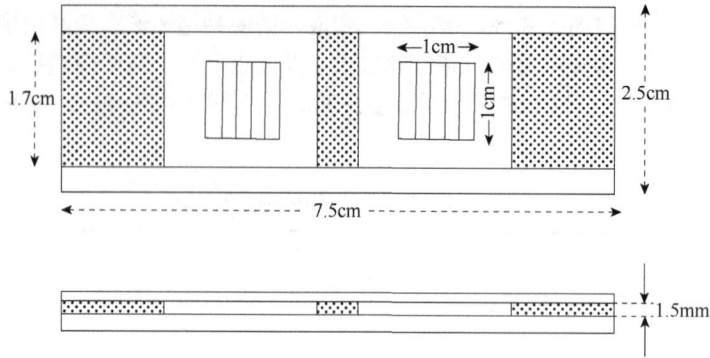

图 2-1　麦氏计数板

取被检粪便 30～100g（牛 100g）经沉淀法处理后，将沉淀倒入 500ml 三角烧瓶内，加温清水（自来水需脱氯处理）至瓶口，置 22～26℃孵化，在第 1 小时、3 小时和 5 小时用肉眼或放大镜观察并记录一次。如果见水面下有白色点状物做直线来往运动，即毛蚴，但需与水中一些原虫如草履虫、轮虫等相区别。必要时吸出在显微镜下观察。气温高时，毛蚴孵出迅速，因此，在沉淀处理时应严格掌握换水时间，以免换水时倒去毛蚴造成假阴性结果。也可用 1.0%～1.2%食盐水冲洗粪便，防止毛蚴过早孵出，但孵化时应用清水。

7. 粪便的培养与幼虫分离　　圆线虫目所属线虫种类很多，其虫卵在形态上非常相似，很难区别。有时为了区别这些线虫的种类，常将含有虫卵的粪便加以培养，待其中虫卵发育成为幼虫时，再检查幼虫，根据幼虫形态上的差异，加以鉴别。

最常用的方法是在培养皿底部加草纸或滤纸一张，然后将欲培养的粪便加水调成硬糊状，塑成半球形，放于培养皿内的纸上，并使半球形粪球的顶部略高出培养皿边沿，使加盖时与培养皿盖相接触。将此培养皿置 25℃温箱中，注意保持培养皿内湿度（应使底部的垫纸保持潮湿状态）。经 7d 后，多数虫卵即可发育成第 3 期幼虫，并集中于培养皿盖上的水滴中。将幼虫吸出置载玻片上，放显微镜下检查。

有些寄生虫（如网尾科线虫），其虫卵在新排出的粪便中已变为幼虫；类圆属线虫的卵随粪便排出后，在外界温度较高时，经 5～12h 后，即孵出幼虫。为了提高检出率，常将幼虫从粪便中分离出来进行检查。

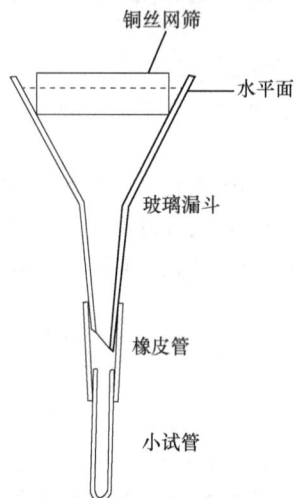

图 2-2　贝尔曼幼虫分离装置

常用的方法为漏斗幼虫分离法，也称贝尔曼法（Baermann's technique）。取粪便 15～20g，放在漏斗内的金属筛上，漏斗下接一短橡皮管，管下再接一小试管。图 2-2 为贝尔曼幼虫分离装置。

将粪便放漏斗内铜筛上，不必捣碎，加入 40℃温水到淹没粪球为止，静置 1～3h。此时大部分幼虫游走沉于试管底部。拔取底部小试管，取其沉渣，在显微镜下检查。

8. 测微技术　　各种寄生虫的虫卵、幼虫和卵囊常有恒定的大小，测量其大小，可作为确定其虫种的一种依据。虫卵和幼虫的测量需用测微器。

测微器由目镜测微尺和镜台测微尺组成。目镜测微尺是一个可放于目镜中隔环上的圆形玻璃片，其上刻有 50～100 刻度的小尺。使用时，将目镜的上端旋开，将目镜测微尺置于镜头内隔上，再将镜头旋好，此时通过此镜头即可在视野内见到有一清晰的刻度尺。此刻度并不具有绝对长度意义，而必须通过镜台测微尺换算。镜台测微尺是一载玻片，其中央封有一标准刻度尺，一般是将 1mm 均分为 100 小格，即每小格的绝对长度为 0.01mm（10μm）。

使用时将镜台测微尺放在显微镜载物台上，调整固定好测量时需要的物镜放大倍率，调节显微镜焦距能清楚地看到镜台测微尺上的刻度，移动镜台测微尺，使其与目镜测微尺重合，并使两者的起始端对齐，然后寻找下一个整数的对齐刻度。计算在此确定的物镜倍数、目镜倍数和镜筒长度的条件下，目镜测微尺中每格刻度所表示的实际长度。移去镜台测微尺，将待测量样本放在显微镜载物台上，用目镜测微尺去测量样本中虫卵、幼虫或卵囊的大小。应注意，以上计算获得的目镜测微尺的换算长度只适用于此显微镜，即一定的目镜、一定的物镜等条件，更换其中任意一个条件，其换算长度必须重新测算。

（二）体表虫体检查

寄生于动物体表的寄生虫主要有蜱、螨、虱等。对它们的检查，可采用肉眼观察和显微镜观察相结合的方法。

蜱寄生于动物体表，个体较大，通过肉眼观察即可发现。

螨和虱有些个体较小，常需刮取皮屑，于显微镜下寻找虫体或卵。

刮取皮屑的方法甚为重要，应选择患病皮肤与健康皮肤交界处，这里的螨较多。刮取时先剪毛，取凸刃小刀，在酒精灯上消毒，使刀刃与皮肤表面垂直，刮取皮屑，直到皮肤轻微出血（此点对检查寄生于皮内的疥螨尤为重要）。

在野外进行工作时，为了避免风将刮下的皮屑吹去，可根据所采用检查方法的不同，在刀上先蘸一些水或 5%甘油溶液，这样，可使皮屑黏附在刀上。将刮下的皮屑集中于培养皿或试管内，带回供检查。

蠕形螨病，可用力挤压病变部，挤出脓液，将脓液摊于载玻片上供检查。

将刮下的皮屑放于载玻片上，滴加 50%甘油溶液，覆以另一张载玻片。搓压载玻片使病料散开，分开载玻片，置显微镜下检查。

为了在较多的病料中检出其中较少的虫体，提高检出率，可采用浓集法。先取较多病料置于试管中，加入 10%氢氧化钠溶液浸泡过夜（如急待检查可在酒精灯上煮数分钟），使皮屑溶解，虫体自皮屑中分离出来。然后待其自然沉淀（或以 2000r/min 离心沉淀 5min），虫体即沉于管底，弃去上层液，吸取沉渣检查。

也可将病料浸入 40～45℃温水里，置恒温箱中，1～2h 后将其倾入表面玻璃上，解剖镜下检查。活螨在温热的作用下从皮屑内爬出，集结成团，沉于水底部。

还可将刮取到的干病料放于培养皿内，加盖。将培养皿放于盛有 40～45℃温水的杯上，经 10～15min后，将培养皿翻转，则虫体与少量皮屑黏附于皿底，大量皮屑则落于培养皿盖上。取培养皿底检查。可以反复进行如上操作。本法可在显微镜下收集到与皮屑分离的虫体，供制作玻片标本用。

（三）生殖道虫体检查

寄生于生殖道的虫体主要有牛胎儿三毛滴虫和马媾疫锥虫。

牛胎儿三毛滴虫存在于病母牛的阴道与子宫的分泌物、流产胎儿的羊水、羊膜或其第四胃内容物中，也存在于公牛的包皮鞘内，应采取以上各处的病料寻找虫体。

由于虫体的检定常以见到运动活泼的虫体为准，故在采集病料时必须尽可能避免污染，以免其他鞭毛虫混入病料造成误诊。采集用的器皿和冲洗液等应加热使其接近体温，否则虫体骤然遇冷会失去活动力或死亡。冲洗液应采用以玻璃蒸馏装置制备的蒸馏水配制的生理盐水，以保证冲洗液中不含金属离子，减少金属离子对虫体的影响。病料采集后应尽快进行检查。

从母畜采集病料是取阴道分泌的透明黏液，以直接自阴道内采取为良好，建议用一根长 45cm、直径1.0cm 的玻璃管，在距一端 12cm 处弯成 150°，然后消毒备用。使用时将管的"短臂"插入受检畜的阴道，另一端接一橡皮管并抽吸，少量阴道黏液即可吸入管内。取出玻璃管，两端塞以棉球，带回实验室检查。

收集公牛包皮冲洗液，应先准备 100～150ml 加温到 30～35℃的生理盐水，用针筒注入包皮腔。用手指将包皮口捏紧，用另一手按摩包皮后部，然后放松手指，将液体收集于广口瓶中待查。

流产胎儿，可取其第四胃内容物、胸水或腹水检查。

检查时应将收集到的病料立即放于载玻片上，并防止材料干燥。对浓稠的阴道黏液，检查前最好以生理盐水稀释 2～3 倍，羊水或包皮洗涤物最好先以 2000r/min 下离心沉淀 5min，然后以沉淀物制片检查。未染色的标本主要检查活动的虫体，在显微镜下可见其长度略大于一般的白细胞，能清楚地见到波动膜，有时尚可见到鞭毛，在虫体内部可见含有一个圆形或椭圆形的有强折光性的核。波动膜的发现，常作为该虫与其他一些非致病性鞭毛虫和纤毛虫在形态上相区别的依据。也可将标本固定，用吉姆萨染液或苏木素染色后检查。

马媾疫锥虫在末梢血中很少出现，因此血液学检查在马媾疫诊断上的用处不大。检查材料主要应采取浮肿部皮肤或丘疹的抽出液，尿道及阴道的黏膜刮取物，特别在黏膜刮取物中最易发现虫体。

采取病料时，浮肿部液和皮肤丘疹液用消毒的注射器抽取，为了防止吸入血液发生凝固，可于注射器内先吸入适量的2%柠檬酸钠生理盐水。马阴道黏膜刮取物的采取，先用阴道扩张器扩张阴道，再用长柄锐匙在其黏膜有炎症的部位刮取，刮时应稍用力，使刮取物微带血液，则其中容易检到锥虫。采取公马尿道刮取物时，应先将马保定，左手伸入包皮内，以食指插入龟头窝中，徐徐用力以牵出阴茎，用消毒的长柄锐匙插入尿道内，刮取病料。

以上所采的病料，均可加适当量的生理盐水，置载玻片上，覆以盖玻片，制成压滴标本检查；也可制成抹片，用吉姆萨染液染色后检查。

也可用灭菌纱布，以生理盐水浸湿，用敷料钳夹持，插入公马尿道或母马阴道，擦洗后，取出纱布，洗入无菌生理盐水中，将盐水离心沉淀，取沉淀物检查，方法同上。

（四）血液和组织内虫体检查

能够出现于血液中的虫体为丝虫目一些线虫的幼虫和一些原虫。它们的病料采集和检查方法大体相似。

1. 鲜血压滴标本检查　　自动物耳静脉或颈静脉采血，将采出的血液滴在洁净的载玻片上，加等量的生理盐水与其混合，覆以盖玻片，立即放显微镜下用低倍镜检查，发现有运动的可疑虫体时，可再换高倍镜检查。由于虫体未染色，检查时应使视野中的光线弱些。

2. 涂片染色标本检查　　采血，滴于载玻片的一端，按常规推制成血片，吉姆萨染液或瑞氏染液染色。后用油镜检查。

3. 虫体浓集法　　上法虽然可以查到血液中的原虫，但血液中的虫体较少时，则不易查出虫体。为此，常先进行集虫，再制片检查。其操作过程是，采病畜抗凝血 6～7ml 于离心管，500r/min 离心 5min，使其中大部分红细胞沉降；然后将含有少量红细胞、白细胞和虫体的上层血浆移入另一离心管中，补加一些生理盐水，以 2500r/min 离心 10min。取沉淀物制成抹片，按上述染色法染色检查。此法适用于伊氏锥虫病和梨形虫病。其原理是锥虫和感染有梨形虫的红细胞较正常红细胞的密度为轻，所以在第一次沉淀时，正常红细胞下降，而锥虫和感染有梨形虫的红细胞尚悬浮在血浆中。第二次离心沉淀时，则将其浓集于管底。

对于血液中的微丝蚴也可用虫体浓集法。方法是采血于离心管中，加入 5%乙酸溶液溶血，待溶血完成后离心并吸取沉淀检查。

4. 组织内虫体检查法　　有些原虫可以在动物身体的不同组织内寄生。一般在死后剖检时取一小块组织，以其切面在载玻片上做成抹片、触片，或将小块组织固定后制成组织切片，染色检查。抹片或触片可用瑞氏染液或吉姆萨染液染色。

感染泰勒虫的病畜常呈现局部体表淋巴结肿大，取淋巴结穿刺物进行显微镜检查以寻找病原体，对本病的早期诊断很有帮助。其方法是，首先将病畜保定，用右手将肿大的淋巴结稍向上方推移，并用左手固定淋巴结；局部剪毛，消毒，以 10ml 注射器和较粗的针头刺入淋巴结，抽取淋巴组织；拔出针头，将针头内容物推挤到载玻片上，涂成抹片，固定、染色、镜检，可以找到科赫氏蓝体。

家畜患弓浆虫病时，除死后可在一些组织中找到包囊和速殖子外，生前诊断可取腹水，检查其中滋养体的存在。收集腹水，猪只可采取侧卧保定，穿刺部在白线下侧脐的后方（公畜）或前方（母畜）1～2cm 处。穿刺时先局部消毒，将皮肤推向一侧，针头以略倾斜的方向向下刺入，深度 2～4cm，针头刺入腹腔后会感到阻力骤减，然后有腹水流出。取得的腹水可在载玻片上抹片，以瑞氏染液或吉姆萨染液染色后检查。

旋毛虫的幼虫寄生于横纹肌中。肌肉中旋毛虫的检查是肉品卫生检验的重要项目，世界各国使用的方法大同小异。传统的方法为镜检法，但目前欧美等多用消化法。镜检法为取膈肌肉样 0.5～1g，剪成 3mm×10mm 的小块，用厚玻片压紧，放显微镜下检查或投放到屏幕上观察。消化法为取 100g 肉样搅碎或剪碎，放入 3L 的烧瓶内，加入 10g 胃蛋白酶，溶于 2L 自来水。加入 16ml 盐酸（25%），放入一磁力搅拌棒，置于可加热的磁力搅拌器上，设温度为 44～46℃。30min 后将消化液用 180μm 的滤筛滤入一 2L 的分离漏斗，静置 30min，放出 40ml 液体于一个 50ml 量筒内，静置 10min，吸去 30ml 上清液。加入 30ml 水，摇匀。10min 后，再吸去 30ml 上清液。剩下的液体倒入一带有格线的培养皿内，用 20×～50× 显微镜观察。

（五）动物接种

有些原生动物在病畜体内用上述显微镜检查法不易查到，为了确诊常采用动物接种试验。接种用的病料、被接种的动物种类和接种的途径均依病的种类不同而异，分述如下。

1. 伊氏锥虫　　实验动物可用小鼠、大鼠、豚鼠、兔或犬，其中尤以小鼠最适用。接种材料用可疑病畜的抗凝血液，血液采取后应在 2～4h 内接种完毕。接种量 0.5～1.0ml，可接种于腹腔或皮下。接种后的动物应隔离并经常检查。当病料中含虫较多时，小鼠在接种后 1～3d 即可在其外周血液中查到锥虫。当病料内含虫量少时，发病时间可能延长，因此接种后至少观察 1 个月，也可于接种的第 3 天采接种小鼠的血液 0.5～1.0ml，接种于另一只小鼠，如此盲传 3 代，即可在接种小鼠外周血内发现虫体。

2. 马媾疫锥虫　　马媾疫锥虫不能接种于多数实验动物，但可将病畜的阴道或尿道刮取物与无菌生理盐水混合，接种于公家兔的睾丸实质中，每个睾丸的接种量为 0.2ml。如有媾疫锥虫存在，经 1～2 周后即可见家兔的阴囊、阴茎、睾丸及耳、唇周围的皮肤发生水肿，并可在水肿液内检出虫体。

3. 胎儿三毛滴虫　　取病牛阴道分泌物或包皮冲洗液为病料，接种于妊娠豚鼠的腹腔内，在接种后 1～20d 可以使妊娠豚鼠发生流产，在其流产胎儿的消化道和胎盘里可查出大量的毛滴虫。

4. 弓形虫　　弓形虫是多宿主病原原虫，多种家畜和实验动物均具有易感性，尤其是小鼠对其特别敏感，常常仅数十个虫体即可使小鼠感染发病。一般取急性死亡可疑动物的肺、淋巴结、脾、肝或脑组织，以 1∶5 的比例加入生理盐水，制成乳剂，并加少量青霉素和链霉素以控制杂菌感染。吸取乳剂 0.2ml 接种于小鼠腹腔，一般急性者在 4～5d 后发病，病鼠被毛粗乱，食欲消失，腹部膨大，有大量腹水，病程 4～5d，最后死亡。抽取病鼠或病死鼠的腹水作涂片，染色检查，可见大量游离的滋养体。

（六）动物剖检

对死亡或患病的动物进行剖检，以发现动物体内的寄生虫，是病原诊断的重要方法之一。收集刮检动物的全部寄生虫标本并进行鉴定和计数，对寄生虫病的诊断和了解寄生虫的流行情况有重要意义。根据不同的需要，有时对全身各脏器进行检查，有时只对某一器官或某一种寄生虫进行检查。

1. 全身剖检法　　在动物死亡（或捕杀）后，首先制作血片，染色检查，观察血液中有无寄生虫，然后仔细检查体表，观察有无体表寄生虫。然后剥皮，观察皮下组织中有无虫体寄生。

将各内部脏器依次取出，先收集胸水、腹水，沉淀后观察其中有无寄生虫。然后取出全部消化器官及其所附的肝、胰等腺体。取出呼吸系统、泌尿系统和生殖系统，以及心脏和大的动脉、静脉血管，分别进行检查。

（1）消化系统。先将附着其上的肝、胰取下，再将食道、胃（反刍动物应将 4 个胃分开）、小肠、大肠、盲肠分别结扎后分离。

食道应剖开，检查食道黏膜下有无虫体寄生，应注意有无筒线虫和纹皮蝇幼虫（牛）；在食道的浆膜面应检查有否肉孢子虫。

胃和各肠段均应分别置于容器内，剖开，加水将内容物洗入水中。洗净的胃、肠黏膜应仔细检查其上是否附有虫体，并用小刀刮取胃肠黏膜，将刮下物置解剖镜下检查。洗下物应多加生理盐水，反复多次洗涤、沉淀，待液体清净透明后分批取少量沉渣洗入大培养皿的清水中，先后放于白色和黑色的背景下，寻找虫体。

肝和胰用剪刀沿胆管或胰管剪开，检查其中虫体。然后将其撕成小块，用贝尔曼法分离虫体，并用手挤压组织，最后在液体沉淀中寻找虫体。

（2）呼吸器官。用剪刀将鼻、喉、气管、支气管切开，寻找虫体。用小刀刮气管黏膜，刮下物在解剖镜下检查。肺组织按肝处理方法。

（3）泌尿器官。切开肾，先对肾盂作肉眼检查，再刮取肾盂黏膜检查。最后将肾实质切成薄片，压于两玻片间，在放大镜或解剖镜下检查。剪开输尿管、膀胱和尿道，检查其黏膜，并注意黏膜下有无包囊。收集尿液，用反复沉淀法处理。

（4）生殖器官。切开并刮下黏膜，压片检查。怀疑为马媾疫和牛胎儿毛滴虫病时，应涂片染色后油镜检查。

（5）脑。先肉眼检查有无多头蚴，再切成薄片，压片检查。

（6）眼。结膜和结膜腔以括搔法处理检查。剖开眼球，将前房水收集于培养皿中，在放大镜下检查。

（7）心和主要血管。剖开将内容物洗于生理盐水中，反复用沉淀法检查（对血管内血吸虫的收集见后）。

（8）膈脚。特别是猪，应用镜检法和消化法进行检查。

2. 个别器官和个别寄生虫剖检法　　有时为了特定的目的，仅对某一器官或某一器官中的某种寄生虫进行检查。例如，调查某地某器官中寄生虫寄生的情况，或调查某地区某种寄生虫的流行情况，或考核某一药品对某种寄生虫的驱虫效果。其剖检方法同全身剖检法。但日本血吸虫的剖检需采用专门的方法，介绍如下。

动物经宰杀停止挣扎后，为防止发生血液凝固，影响虫体收集，应有 4 个人分别从 4 条腿开始从速进行剥皮。事毕，将牛头弯转至牛体左侧，使牛仰卧呈偏左倾斜姿势剖开胸腔及腹腔，除去胸骨。①分开左右肺找出暗红色的后腔静脉进行结扎。②在胸腔紧靠脊柱的部位找到白色的胸主动脉，术者左手将其托起，右手用尖头剪刀取与血管平行的方向剪一开口，然后将带有橡皮管的玻璃管以离心方向插入，并以棉线结扎固定。橡皮管的一端与压缩式喷雾器相接，以备进水。③从肾后方紧贴脊柱处，同时结扎并列的腹主动脉与后腔静脉，以避免冲洗液流向后躯其他部分。④在胆囊附近、肝门淋巴结背面分离出门静脉，向肝的一端紧靠肝处先用棉线扎紧，离肝的一端取与血管平行的方向剪一开口（应尽可能靠近肝，以免接管进入门静脉的肠支影响胃支中虫体的收集），插入带有橡皮管的玻璃接管，并固定。橡皮管的一端接以铜丝筛，以备出水收集虫体。手术结束后即可启动喷雾器注入 0.9%加温至 37~40℃的食盐水进行冲洗，虫体即随血水落入铜丝筛中，直至水液变清无虫体冲出为止。

病原检查是寄生虫病确诊的重要手段，但也应注意在有些情况下动物体内发现寄生虫，并不一定就引起寄生虫病。当寄生虫感染数量较少时，多不引起明显的临床症状，如鸡球虫，牛、羊消化道线虫等，有些条件性致病寄生虫在动物机体免疫功能正常的情况下也不致病。因此，在判断某种疾病是否由寄生虫感染引起时，除检查病原体外，还应结合临床症状、病理解剖变化等综合考虑。一般情况下，多数寄生虫病都有自己特异的或主要的临床症状，虫体寄生部位或组织系统也会发生有诊断意义的病理变化。有时也可进行治疗性诊断，即当怀疑为某种寄生虫病时，先给予特效抗寄生虫药，然后观察疾病是否好转。若临床症状渐轻或消失，体内虫体排出或不见，则可判断为该寄生虫病。

二、免疫学诊断方法

同其他病原体一样，寄生虫感染动物后，在其整个寄生过程中从生长、发育、繁殖到死亡，有分泌、有排泄、有死后虫体的崩解。这些代谢物和虫体崩解的产物在宿主体内均起着抗原的作用，诱导动物机体产生免疫应答。因此，可以利用抗原抗体反应或其他免疫反应来诊断寄生虫病。但由于寄生虫结构复杂，生活史的不同阶段有各不相同的阶段特异性抗原，加上一些寄生虫的表膜抗原不断发生变异，因此，寄生虫病的免疫诊断不如病原诊断可靠。然而，对于一些只有解剖动物或检查活组织才能发现的病原寄生虫来讲，如猪囊尾蚴病、棘球蚴病、旋毛虫病、住肉孢子虫病等，免疫学诊断仍是最有效的办法。此外，在寄生虫病的流行病学调查中，免疫学方法也有着其他方法不可替代的优越性。

随着寄生虫学和免疫学的快速发展以及学科间的交叉渗透，越来越多的免疫学方法被应用于寄生虫病的诊断。就寄生虫病而言，理想的免疫学诊断方法应具有高度的敏感性、高度的特异性，能够反映感染强度，能够区别既往感染与现有活动感染，能够考核疗效价值等。但目前采用的方法均不能完全达到上述要求。一般以检测血清抗体为主的方法虽有较好的敏感性和特异性，但患病动物经驱虫治愈后血清中抗体持续时间很久，故不能判定现有活动感染，也不能作为疗效考核的方法。检测血中的循环抗原，从理论上讲可以区别既往与活动感染，也能考核疗效。但从目前的报道看也存在不足，主要问题是血液中循环抗原的浓度时高时低，高时容易检出，低时往往出现阴性反应。所以，提高循环抗原检测的灵敏度，应是改进现有方法的重要方面。

已报道的寄生虫免疫学诊断方法很多，包括变态反应、沉淀反应、凝集反应、补体结合试验、免疫荧光技术、免疫酶标技术、放射免疫分析技术、免疫印迹法、免疫亲和层析技术等。此处仅介绍以下几种。

（一）间接血凝试验

1. 基本原理　　间接血凝试验（indirect hemagglutination assay，IHA）是凝集试验的一种。抗原与相应抗体结合形成复合物，在电解质存在下复合物相互凝集形成肉眼可见的凝集小块或沉淀物。根据是否产生凝集现象来判定相应抗原或抗体，称为凝集试验。颗粒性抗原与抗体直接结合后出现的凝集现象称直接凝集试验。将可溶性抗原或抗体先吸附于一种与免疫无关的、一定大小的载体颗粒表面，然后与相应抗体或抗原作用，在适宜条件下由于抗原抗体的特异性结合，会带动载体颗粒凝集，出现肉眼可见的凝集现象，称间接凝集试验。常用的载体颗粒有红细胞（"O"型人红细胞、羊红细胞）、聚苯乙烯胶乳颗粒、白陶土、离子交换树脂、火棉胶等。以红细胞为载体时，就称为间接血凝试验。

2．间接血凝试验的种类　　根据所用的试剂和反应方式可分为 4 类。

1）间接血凝试验　　先将抗原吸附于红细胞表面以检测标本中的抗体。将抗原或抗体吸附于红细胞表面的过程称为致敏。吸附有抗原或抗体的红细胞称为致敏红细胞。

2）反向间接血凝试验（RIHA）　　用特异性抗体致敏红细胞，以检测标本中的抗原。

3）间接血凝抑制试验（IHAI）　　该试验用抗原致敏的红细胞来检测相应的抗原。方法是先在被检样本中加入相应抗体，作用一段时间后再加入致敏红细胞。如果标本中含有相应的抗原，则抗原将先与抗体结合，再加入抗原致敏的红细胞后则不出现凝集。如果标本中不存在抗原，则出现凝集。

4）反向间接血凝抑制试验（RIHAI）　　该试验用抗体致敏的红细胞检测标本中的抗体。方法为先在待检样本中加入相应抗原，作用一段时间后再加入致敏红细胞。若标本中含有相应抗体，则不出现凝集；若不含抗体，则出现凝集。

3．间接血凝试验步骤及操作　　间接血凝试验已在许多寄生虫病诊断和流行病学调查中得到应用，如肝片吸虫、日本血吸虫、猪囊尾蚴病、棘球蚴病、旋毛虫病、弓形虫病、伊氏锥虫病等。现以弓形虫病为例加以介绍。

1）抗原制备　　用弓形虫 RH 株或其他强毒株感染小鼠 48h 后，收集腹腔洗液经 3μm 微孔多碳膜过滤，并洗 3 次，将最后沉淀虫体加 10 倍量的重蒸馏水，-20℃冻融 3 次，超声粉碎裂解 15min，低温下 10 000r/min 离心 30min，收集上清液即为纯化抗原，测抗原蛋白质含量，置-30℃储存。

2）试剂与器材　　绵羊红细胞；Alsever 液，洗涤与稀释液为 0.11mol/L pH7.2 PBS，pH7.2 的 3%丙酮醛，3%甲醛，叠氮钠，鞣酸，0.1mol/L pH 4.8 乙酸缓冲液；96 孔 V 型微量血凝反应板等。

3）操作步骤

（1）醛化固定的红细胞。国内常用双醛化法。取年轻公绵羊血 1 份，加 Alsever 液 1.0～1.5 份，用 PBS 洗 5 次，并配成 8%悬液。取 1 份红细胞悬液，滴加等量 3%丙酮醛，边加边摇，置室温连续摇动 17～18h。用 PBS 洗 5 次，仍配成 8%悬液。取 1 份丙酮醛化红细胞悬液，滴加等量 3%甲醛，摇动及洗涤同上，再用 PBS 配成 10%双醛固定红细胞悬液，加万分之一叠氮钠防腐，置 4℃保存，可使用 3～6 个月。

（2）致敏红细胞。取 10%双醛红细胞 1ml，用 PBS 洗 1 次，配成 2.5%悬液，加等量新配制的 1∶20 000 鞣酸混匀，置 37℃水浴中鞣化 15min，经 3000r/min 10min 后，弃上清液，取沉积红细胞用 PBS 洗 1 次，配成 2.5%鞣化红细胞悬液，并立即致敏。取 2.5%鞣化红细胞 4ml，注入 10ml 刻度离心管离心，弃上清液，沉积红细胞用乙酸缓冲液洗 1 次，弃上清液，加弓形虫抗原 0.25～0.3ml（视抗原浓度而定）。加乙酸缓冲液至 1ml 刻度处，混匀，在 37℃水浴中作用 1h，不时轻轻搅拌，取出后，用含 1%健康兔血清 PBS 洗 5 次，用同液配成 1%致敏红细胞，加万分之一叠氮钠，置 4℃保存。在致敏过程中若发现红细胞于 5min 左右下沉，即示致敏失败，若 10～15min 内呈混悬状态，则致敏成功率较大。

（3）对照绵羊红细胞。除用生理盐水代替抗原外，其他过程同上。被检血清置 56℃水浴中灭活 30min。必要时可用绵羊红细胞或双醛固定绵羊红细胞吸收。

（4）操作方法。用 96 孔 V 型微量血凝反应板。为排除被检血清与绵羊红细胞产生非特异性凝集，每份被检血清滴 2 行，一行作为测定血凝效价，另一行作为对照（加 1%正常红细胞）。血清倍比稀释，每孔 1 滴（0.025ml），然后每孔再加 1 滴致敏红细胞，在振荡器上振荡 2～3min，置室温 2～3h，观察结果。每次实验均有已知效价阳性和阴性血清对照。

4）结果判断　　＋＋＋＋：红细胞均匀地呈膜样沉于管底，中心无红细胞沉淀点，或有针尖大沉淀点。＋＋＋：红细胞均匀呈膜样沉着，颗粒较粗，中心沉淀点较大。＋＋：红细胞部分呈膜样沉着，周围凝集呈团点，中心沉淀点较大。＋：红细胞沉积于中心，周围仅见极少量颗粒状沉着物。－：红细胞沉积于中心，周围无沉着物。以出现＋＋的血清最高稀释倍数为血凝效价。≥1∶64 为阳性。一般认为≥1∶200 是特异性的。≥1∶64 示既往感染，≥1∶256 示最近感染，≥1∶1024 示活动性感染。

4．影响因素

（1）红细胞浓度。致敏红细胞浓度与试验的敏感性和特异性有密切关系。在一定范围内，致敏红细胞浓度与血凝效价成反比，若浓度过低，则假阳性增高，过高则不敏感，一般以 1%～2%为宜。可根据自己的实验选择适当浓度。

（2）血凝板类型。血凝试验目前多采用微量方法，国内生产血凝板主要有 U 型和 V 型两种。血凝模型在很大程度上取决于血凝板的类型。阴性沉降模型 V 型板比 U 型板更为清晰典型；而敏感性 U 型板比 V 型板高 2～3 个稀释度。

用微量稀释器稀释血清准确、快速，使用方便。

（3）血清标本。未完全凝固收缩而分离出的血清样本，吸血清时若吸入纤维蛋白块，则会明显阻止红细胞下沉，造成假阳性。

血凝板使用后用 10%过氧乙酸浸泡，常在孔底有变性蛋白质沉积而出现假阳性，用 15% NaOCl 溶液处理无假阳性。

5．间接血凝技术的优缺点　　间接血凝试验已广泛用于寄生虫病的诊断和流行病学调查，有较高的敏感性和一定的特异性。例如，对日本血吸虫病的诊断，阳性检出率可达 91.9%～100%，假阳性为 0.7%～3.2%。

致敏红细胞冷冻干燥后，在 4℃可保存 1～2 年，所用器材简单，国内均已生产，且方法简便快速，便于基层单位使用。

缺点是不同实验室制备的红细胞和不同批号制品，其敏感性和特异性可能不一致，因此试剂制品需标准化和商品化。另外，还存在一定的非特异性反应，这与致敏红细胞的质量优劣有关。必要时可用血凝抑制试验来排除非特异性反应。

（二）免疫荧光技术

免疫荧光技术（immunofluorescence technique）又称荧光抗体标记技术（fluorescent-labelled antibody technique），是指用荧光素对抗体或抗原进行标记，然后用荧光显微镜观察所标记的荧光以分析示踪相应的抗原或抗体的方法。

1．荧光素　　某些物质在光照射下吸收光能进入激发状态，而从原来的激发状态回到原来的基态时，能够从电磁辐射形式放射出所吸收的光能，这种现象叫光致发光。在光致发光现象中，如果用一波长较短的光（如紫外光）照射某种物质时，这种物质在极短的时间内能发射出波长较照射光波长长的光（如可见光），这种光称荧光。能产生荧光的物质称为荧光素或荧光色素。荧光素种类很多，用于标记抗体的荧光素必须具有下列条件：①能与免疫球蛋白共价结合，结合物稳定；②结合后不影响免疫球蛋白免疫活性，同时荧光效率无明显影响；③标记方法简单、迅速、安全无毒。目前最常用的荧光素有以下三种。

异硫氰酸荧光素（fluorescein isothiocyanate，FITC）为黄色结晶形粉末，分子量为 389，易溶于水和乙醇等溶剂，性质稳定，低温干燥可保存多年，室温也能保存 2 年以上。有 Ⅰ、Ⅱ 两种异构体，均能与蛋白质良好结合。异构体 Ⅰ 荧光效率更高，与蛋白质结合更稳定。本品的最大吸收光谱为 490～495nm，最大发射光谱为 520～600nm，呈明亮的黄绿色荧光，是最常用的一种荧光素。

四乙基罗丹明（lissamine rhodamine B200，RB200）为褐红色粉末，不溶于水，易溶于乙醇和丙酮，性质稳定，可长期保存。分子量为 580，最大吸收光谱为 570nm，最大发射光谱为 595～600nm，呈明亮的橙色荧光。本品为碘酸钠盐（—SO$_3$Na），不能直接与蛋白质结合，需在五氯化磷作用下转化为碘氯（—SO$_2$Cl）才能与蛋白质结合。

四甲基异硫氰基罗丹明（tetramethyl rhodamine isothiocyanate，TRITC）为紫红色粉末，较稳定，分子量 443，其最大吸收光谱为 550nm，最大发射波长为 620nm，荧光呈橙红色，与 FITC 的荧光对比清晰，且其本身含有异硫氰基（NCS），易与蛋白质结合，比 RB200 使用方便，近年来已较多地应用于双标记工作。

2．荧光抗体制备　　一般都直接从生物制品公司购买荧光抗体，也可自己标记。

待标记的抗体要求特异性强、纯度高，通常应用亲和层析法提纯。应用于荧光素标记的主要是 IgG。FITC 含有异硫氰基，在碱性条件下能与 IgG 的自由氨基（主要是赖氨酸的 ε 氨基）结合，形成 IgG 与荧光素的结合物。

FITC 标记的方法很多，有透析法、直接标记法等，一般以直接标记法应用最广。该法以 0.5mol/L pH9.5

碳酸盐缓冲液稀释 IgG 浓度至 2%，取相当于蛋白质量 1/150～1/100 的 FITC 溶于相当于 IgG 溶液量 1/10 的 pH 9.5 碳酸盐缓冲液中，将 FITC 溶液在磁力搅拌下缓慢加入抗体溶液。反应时间与温度的关系：2～4℃，6h；7～9℃，4h；20～25℃，1～2h。抗体标记后应立即进行纯化处理，以除去结合物中的非特异因素。

首先要除去游离荧光素，这是纯化标记试剂最基本的要求。常用的有透析法和葡聚糖凝胶过滤法两种。透析法是将结合物置透析袋内，先用自来水透析 5min，再转入 0.01mol/L pH7.1 的 PBS 或生理盐水中置 4℃ 冰箱继续透析。每天换水 3～4 次，透析 4～5d，如用玻璃纸口袋需透析 7d，直到外液无荧光为止。

凝胶过滤法利用荧光素分子与结合物分子大小差异悬殊，通过分子筛使二者分离。常用的是 Sephadex G25 或 G50。凝胶装柱后，以洗脱液（0.01mol/L pH7.1 PBS）平衡，然后加入样品，2cm×15cm 柱子一次可过滤约 20ml 样品。根据颜色收集第一带洗脱液，即标记抗体，样品大约稀释 2 倍，此法约 1h 内即可完成，有条件者应首选此法。但最好与透析法结合，先透析 4h，除去大部分游离荧光素和小分子物质，再进行凝胶过滤，以保护凝胶柱，延长其使用时间。

随后除去未标记上的和过度标记的蛋白质分子。结合物中存在未标记的和过度标记的蛋白质是降低染色效价和出现非特异性染色的主要因素。除去这些不需要的部分，最常用的方法是二乙氨乙基（DEAE）纤维素或 DEAE 葡聚糖凝胶层析。这些离子交换剂可将过量标记部分吸住，使过低或未标记的部分自由流出，从而收集荧光素与抗体蛋白结合比最适的部分。

在使用之前应对荧光抗体染色滴度进行测定。染色滴度包括特异性和非特异性两种。以对倍比稀释的荧光抗体与对应抗原标本片作系列染色，出现荧光强度的最大稀释度，即该试剂的特异性染色滴度。同样，用不含抗原的组织染色以测定非特异性染色滴度。实际应用时，应取低于特异性染色滴度而高于非特异性染色滴度的稀释度。例如，特异性滴度为 1∶46，非特异性滴度为 1∶8，则用时可用 1∶32 稀释。

如有必要，有时还需作荧光抗体的化学鉴定、特异性鉴定。

3. 免疫荧光染色　免疫荧光染色主要是检查、鉴定、定位和示踪各种抗原或抗体成分，故对标本的基本要求是维持待测抗原或抗体的完整性，即形态变化小、不溶解、不变性、所在位置不变等。

被检标本可以是涂片、融片、组织切片或培养细胞。染色之前，标本要进行固定。固定的目的是防止标本从载玻片上脱落，并易于保存，同时除去妨碍抗原抗体结合的物质，如脂质等。大多数蛋白质抗原用 95%乙醇或 100%丙酮固定（室温 3～10min，4℃ 30min）。脂多糖抗原用 10%福尔马林室温下固定 3～10min 或 4℃下 30～60min。影响固定的因素有酸碱度、温度、试剂浓度、时间等。固定后的标本在 pH 7.4 的 PBS 中浸泡洗 4 次，每次 2min，再于 pH 7.4 的蒸馏水中脱盐，晾干后进行染色。一般要求尽快进行染色，4℃ 下可放 1d，−20℃下 1 周左右。

荧光抗体染色方法种类较多，常用的为直接法和双层法。

直接法为直接滴加 2～4 个单位的标记抗体于标本区，置湿盒中，于 37℃染色 30min 左右，然后置大量 pH 7.0～7.2 的 PBS 中漂洗 15min，干燥、封片即可镜检。直接法应有以下对照：标本自发荧光对照、阳性标本对照、阴性标本对照和抑制试验对照。

双层法为标本先滴加未标记的抗血清，置湿盒内，37℃ 30min。漂洗后，用标记的抗抗体染色 37℃ 30min，漂洗、干燥、封片。对照除自发荧光、阳性和阴性对照外，首次试验时应设无中间层对照（标本加标记抗抗体）和阴性血清对照（中间层用阴性血清代替抗血清）。本法优点为制备一种标记的抗抗体即可用于多种抗原抗体系统的检测。将葡萄球菌 A 蛋白（staphylococcal protein A，SPA）标记 FITC 制成 FITC-SPA，性质稳定，可制成商品，用以代替标记的抗抗体，能用于多种动物的抗原抗体系统，应用面更广。

此外，免疫荧光染色还有夹层法、抗补体染色法、双重染色、反衬染色等。

标本滴加缓冲甘油（分析纯甘油 9 份加 PBS 1 份）后用盖玻片封片，即可在荧光显微镜下观察。

荧光显微镜不同于光学显微镜之处，为它的光源是高压汞灯或溴钨灯，并有一套位于集光器与光源之间的激发滤光片，它只让一定波段的紫外光及少量可见光（蓝紫光）通过；此外还有一套位于目镜内的屏障滤光片，只让激发的荧光通过，而不让紫外光通过，以保护眼睛并能增加反差。

观察时，首先打开高压汞灯 5～10min 后调节暗视野，观察标本。每次观察时间不宜超过 2h，否则影响高压汞灯的寿命，并且发光强度减弱。判定结果时，−为无荧光，±为极弱的可疑荧光，＋为荧光弱但清楚可见，＋＋为荧光明亮，＋＋＋～＋＋＋＋为荧光强而明亮。目前使用的荧光显微镜一般都带有自动摄影装置。需摄影时，由于荧光摄影时间长，故应用快速感光胶卷，以 24～29DIN（deutsche industric norm，感光度）为宜。

目前，荧光免疫技术已在许多寄生虫病中得到应用，如血吸虫病、锥虫病、旋毛虫病、弓形虫病、利什曼病等。

（三）免疫酶标技术

1. 基本原理　　免疫酶标技术是继免疫荧光技术之后发展起来的又一种免疫标记技术，是根据抗原与抗体特异性结合，以酶作为标记物，酶对底物具有高效催化作用的原理而建立的。酶与抗体或抗原结合后，既不改变抗体或抗原的免疫学反应特异性，也不影响酶本身的酶学活性。酶标抗体或抗原与相应的抗原或抗体结合后，形成酶标抗体-抗原复合物。复合物中的酶在遇到相应的底物时，催化底物分解，使供氢体氧化而生成有色物质。有色物质的出现，客观地反映了酶的存在。根据有色产物的有无及其浓度，即可间接推测被检抗原或抗体是否存在以及其数量，从而达到定性或定量的目的。

免疫酶标技术在方法上分为两类：一类用于组织细胞中的抗原或抗体成分检测和定位，称为免疫酶组织化学或免疫酶染色法；另一类用于检测液体中可溶性抗原或抗体成分，称为免疫酶测定法。

免疫酶染色法是标本制备后，先将内源酶抑制，然后进行免疫酶染色检查。其基本原理和方法与荧光抗体法相同，只是以酶代替荧光素作为标记物，并以底物产生有色产物为标志。常规免疫酶染色法可分为直接和间接两种方法。

直接法是用酶标记特异性抗体，直接检测寄生虫或其抗原。在含有寄生虫或其抗原的标本固定后，消除其中的内源性酶，用酶标记的抗体直接处理，使标本中的抗原与酶标抗体结合，然后加底物显色，进行镜检。

间接法是将含有寄生虫或其抗原的组织或细胞标本，用特异性抗体处理，使抗原、抗体结合，洗涤清除未结合的部分，再用酶标记的抗抗体进行处理，使其形成抗原-抗体-酶标记抗抗体复合物，最后滴加底物显色，进行镜检。

间接法虽然多一步骤，但比直接法特异性强，使用范围广。酶标记第二抗体可用 SPA 或生物素与亲和素系统等代替，已成功地用于许多抗原和抗体的检测。同时，在不同程度上提高了检测方法的特异性与敏感性。

免疫酶测定法分固相免疫酶测定法和均相免疫酶测定法两类。

固相免疫酶测定法是需用固相载体，以化学的或物理的方法将抗原或抗体连接其上，制成免疫吸附剂，随后进行免疫酶测定。酶联免疫吸附试验（enzyme linked immunosorbent assay，ELISA）是固相免疫酶测定法中应用最广泛的一种。

均相免疫酶测定法不需将游离的和结合的酶标记物分离，也不需要载体，直接在溶液中测定结果。本法主要用于激素、抗生素等小分子半抗原的检测。

2. 用于标记的酶及其底物　　用于标记的酶应具有如下一些特点：①有高度的特异活性和敏感性；②在室温下稳定；③易于获得并能商业化生产；④与底物反应后的产物易于显现。到目前为止，应用较多的有辣根过氧化物酶（horseradish peroxidase，HRP）、葡萄糖氧化酶、酸性磷酸酶、碱性磷酸酶和 β-半乳糖苷酶等，其中以 HRP 应用最广。

HRP 是由无色酶蛋白和深棕色铁卟啉构成的一种糖蛋白（含糖 18%），由多个同工酶组成，分子量约 40 000，等电点为 pI 3.9，催化的最适 pH 因供氢体不同而稍有差异，一般多在 pH 5 左右。溶于水和 50%饱和度以下硫酸铵溶液。

HRP 的作用底物为过氧化氢，催化时需要供氢体，使产生一定颜色的产物。

过氧化物酶的供氢体很多：一类为可溶性产物供氢体，产生有色的可溶性产物，可用比色法测定，如 ELISA 中的显色剂。常用的邻苯二胺（O-phenylenediamine，OPD）橙色，最大吸收波长为 490nm，可用肉眼判别。另一类为不溶性产物供氢体，最常用的是 3,3'-二氨基联苯胺（3,3'-diaminobenzidine，DAB）。反应后的氧化型中间体迅速聚合，形成不溶性棕色吩嗪衍生物。适用于各种免疫组织化学法，还用于蛋白质的免疫转印试验。

碱性磷酸酶从小牛肠黏膜和大肠杆菌中提取，由多个同工酶组成。它们的底物种类很多，常用对硝基苯磷酸盐，价廉无毒性。酶解产物呈黄色，可溶性，最大吸收波长在 400nm 处。

葡萄糖氧化酶从曲霉提取，对底物葡萄糖的作用常借过氧化物酶及其显色底物来显现。

3. 酶标抗体　　酶标抗体可直接购自生物试剂公司，也可实验室标记。抗体的酶标记中，酶的活性和纯度至关重要。抗体也要求纯化程度高，最好用亲和层析纯化，但在单抗标记中也可直接标记小鼠的腹水。理想的结合剂应具备生产率高，结合物稳定，不影响酶的活性和抗体的活性，不产生干扰物质，操作简便等条件。目前主要采用戊二醛标记法和过碘酸钠标记法。

戊二醛标记法的原理是通过它的醛基与免疫球蛋白上的氨基共价结合，即戊二醛上的两个活性醛基，一个与酶分子上的氨基结合，另一个与免疫球蛋白上的氨基结合，形成一个酶-戊二醛-免疫球蛋白结合物。标记过程可参见有关免疫学书籍。

过碘酸钠标记法主要用于 HRP 的标记。优点是标记率高，未标记的抗体量少，但结合物分子量较大，穿透细胞的能力不如用戊二醛法标记的抗体，故不适于在免疫电镜中应用。标记过程可参见有关免疫学书籍。

4. 免疫酶染色法　　以间接法为例。

抗原底片的制备同免疫荧光技术。不同的是哺乳动物的某些组织中常存在内源性过氧化物酶，对实验结果造成干扰。因此，实验前需进行阻断。方法是将抗原底片置 0.5%～2% H_2O_2-PBS 中处理 30min，再用 PBS 冲去 H_2O_2 后干燥即可。底片上加入待检血清。血清中特异性抗体与抗原底片中抗原结合。待检血清可作系列稀释，也可通过预试验决定其最适稀释度。血清应完全覆盖抗原底片，并置湿盒中 37℃保温 30min，以保证抗体与抗原充分结合。洗涤底片用 pH7.4 0.05mol/L Tris-HCl 洗涤液洗涤 5min，共 3 次，空气干燥，加入酶标记抗体。一般采用 HRP 标记的抗抗体。酶结合物工作液浓度可通过预试验确定。底片置湿盒中 37℃保温 30min。此外，酶结合物的浓度一般不宜过高，并应充分洗涤。再次洗涤，加入底物。用于免疫酶染色的底物为 DAB。其配方为：DAB 40mg，溶于 50ml 0.05mol/L pH 7.4 Tris-HCl 缓冲液中，置棕色瓶中充分搅拌，4℃保存。用前应过滤，滤液中每 10ml 加入 0.3% H_2O_2 0.1ml。抗原底片置底物溶液中，37℃保温 15min。用 0.05mol/L pH 7.4 Tris-HCl 缓冲液洗涤 30min，空气干燥后置普通显微镜下观察。寄生虫虫体呈现棕色者为阳性反应。为方便抗原定位，在酶免疫酶反应之后还可以将底片复染，以确定抗原在细胞组织中的位置。但应注意复染不可过深，以免遮盖免疫酶染色。

免疫酶染色可以用于检测抗原和抗体。若抗原底片中的抗原为已知，则可检测被检血清中的抗体。若有已知的抗体，则可检测抗原底片中的寄生虫抗原。

5. 酶联免疫吸附试验（ELISA）　　ELISA 是固相免疫酶测定法中应用最广、发展最快的一种。其基本过程是将抗原（或抗体）吸附于固相载体，在载体上进行免疫酶反应，底物显色后用肉眼或分光光度计判定结果。现以弓形虫为例加以介绍。

抗原制备同间接血凝试验。所需主要器材有微量反应板、酶标仪等。洗液为 pH 7.4 的 PBS，含 0.05%吐温-20 和 0.02% NaN_3。被检血清稀释液为上述洗液加 1%牛血清白蛋白。被检血清经 56℃ 30min 灭活。底物由磷酸-柠檬酸缓冲液 100ml、邻苯二胺 40mg、30%过氧化氢 0.15ml 组成。酶标二抗为兔抗人或猪 IgG HRP 结合物，羊抗人或猪 IgG HRP 结合物。包被抗原用 0.1mol/L pH 9.6 碳酸盐缓冲液稀释为 10μg/ml，加入微量反应板，每孔 100μl，置 4℃过夜。次日用洗液洗 3 次，每次 5min，甩干。每孔加 1：400 稀释的被检血清 100μl，37℃湿盒孵育 2h，同上法洗涤。每块板均有空白（未包被抗原）、PBS、阴性及阳性对照孔。每孔加兔抗人或猪 IgG 酶结合物 100μl。孵育及洗涤方法同上。每孔加底物 100μl。室温暗处放置 15min 后，每孔加入 4mol/L H_2SO_4 0.025ml 终止反应。读数：以空白对照孔调零，在微量板阅读仪上读取吸光度值，波长 490nm，计算 P/N 值。

$$P/N = (A_{490 标本} - A_{490PBS 对照}) / (A_{490 阴性对照血清} - A_{490PBS 对照})$$

式中，P 为待检血清；N 为阴性对照血清；A_{490} 为在 490nm 时的吸光度值。

P/N 大于 2 者，判为阴性。定量结果以终点滴度表示。将血清稀释，出现阳性的最高稀释度为该血清的 ELISA 滴度。

近年来，在 ELISA 的基础上又创建了不下 10 种新的酶免疫测定法。其中主要的有：①SPA-ELISA，用 HRP 标记 SPA，取代酶标第二抗体。②亲和素-生物素（biotin-avidin，ABC）-ELISA：将亲和素-生物素和 SPA 同时引入免疫酶标技术，用生物素标记 SPA，用 HRP 标记亲和素而建立的一种新的酶免疫技术。本法可检测抗体，也可检测抗原，测出抗原的下限为 4ng/ml，比常规 ELISA 的 30～50ng/ml 更为灵敏。③斑点（dot）-ELISA：将微量抗原点于硝酸纤维素膜圆片上，置平板微量滴定板凹孔底部进行 ELISA 检测。

可检测 IgM 与 IgG 抗体。此法可以目测，2h 即能完成反应，抗原玻片保存于-20℃ 270d 仍具有抗原性。本法价廉，适用于现场应用。④单克隆抗体（monoclonal antibody，McAb）-ELISA 等。

各种 ELISA 方法已在各种寄生虫病的诊断中得到应用。

（四）免疫层析技术

免疫层析（immunochromatography）技术出现于 20 世纪 80 年代初，是一种将免疫技术和色谱层析技术相结合的独特固相膜免疫分析方法。以多孔性微孔滤膜为固相载体，含水介质通过膜孔的毛细管作用诱导反应物向固定在膜表面的结合对象传递，从而将未结合的反应物与液-固界面上形成的复合物分离开来。利用免疫层析原理，已研制出各种快速、便捷的检验检测方法，在疾病诊断领域发挥重要作用。

常规的免疫层析试纸条由样品垫、结合垫、吸水垫及硝酸纤维素膜 4 个基本部分组成。试纸条将这 4 个部分相互重叠粘贴于聚氯乙烯底板上，其中硝酸纤维素膜上固化两条线，即检测线和质控线。免疫层析试纸条检测技术分为竞争法和夹心法。

现已开发了多种基于标记探针的免疫层析试纸条，标记探针种类多样。比色探针一般用胶体金、胶体碳、胶体硒等标记，荧光探针常用量子点、荧光微球、上转换荧光、镧系元素等标记，化学发光探针用纳米酶等标记。此外，还有磁纳米粒子探针、拉曼探针等。

胶体金免疫层析技术操作简单，不需要辅助仪器设备，无须专业人员，可通过肉眼直接观察结果，最为常用，已在隐孢子虫、锥虫、巴贝斯虫、弓形虫、血矛线虫、丝虫、血吸虫等寄生虫的感染检测中应用。

三、分子生物学诊断技术

随着分子生物学的飞速发展和学科间的交叉渗透，许多分子生物学技术已应用于寄生虫病的诊断和流行病学调查。这些技术具有更高的灵敏性和特异性，同时，也为探索寄生虫的系统进化过程，以及亚种和虫株鉴别、虫株的标准化提供了新的更可靠的手段。

已在寄生虫上得到应用的分子生物学技术很多，如核型分析、DNA 限制性内切酶酶切图谱分析、限制性 DNA 片段长度多态性分析、DNA 探针（DNA probe）技术、DNA 指纹分析、DNA 聚合酶链反应（polymerase chain reaction，PCR）、随机扩增多态性 DNA（RAPD）、核酸序列分析等。这些技术的应用，极大地推动了寄生虫诊断及寄生虫分类的研究。本节仅介绍 DNA 探针技术和聚合酶链反应（PCR）技术。

（一）DNA 探针技术

1. 基本原理 DNA 探针是带有标记物的已知序列的 DNA 片段。DNA 探针技术的基本原理是碱基配对。在变性而成为单链的被检 DNA 中加入变性的探针，随着温度降低，探针便可与被检 DNA 中的互补序列形成双链，这一过程称为杂交。通过捕捉探针标记物释放出的信号，便可知被检 DNA 中有无与探针序列相同的 DNA。每一种病原体都具有独特的 DNA 片段，通过分离和标记这些片段，就可制备出探针，用于疾病的诊断等研究。

2. DNA 探针的种类 按 DNA 探针的来源可分为 cDNA 探针、基因组 DNA 探针和动质体 DNA（kDNA）探针三大类。

cDNA 探针是将病原的 mRNA 反转录为 DNA 后获得的。其检测的对象往往是在生命活动中可以被激活并进行表达的基因组 DNA。

基因组 DNA 探针来源于基因组。在寄生虫上常用基因组重复序列作为探针。这些重组序列在基因中高度重复，拷贝数很多，便于检出。但这些重复序列并不一定表达。

kDNA 探针是较特殊的一类。在动基体目原生动物中存在动基体，内含大量环状 DNA，分大环和小环两种。其中小环拷贝数占绝对多数。故往往以克隆的小环或小环片段作为探针。

近年来，人们往往根据已知的序列，人工合成寡聚 DNA 片段作为 DNA 探针。

3. DNA 探针的标记物及标记 用于 DNA 探针标记的有放射性同位素和非放射性标记物。

常用的放射性同位素有 ^{32}P、^{35}S、^{14}C、^{125}I 等。^{32}P 能量强，是制备高比活放射性探针和大多数放射自显影方法优先选用的同位素；^{35}S 能量低，不引起核酸损伤，多用于 DNA 序列测定；^{3}H 能量低，多用于原位杂交；^{14}C 和 ^{125}I 在个别情况下使用。

目前应用较多的非放射性标记物是生物素（biotin）和地高辛（digoxigenin），二者都是半抗原。生物素是一种小分子水溶性维生素，对亲和素有独特的亲和力，两者能形成稳定的复合物，通过连接在亲和素或抗生物素蛋白上的显色物质（如酶、荧光素等）进行检测。地高辛是一种类固醇半抗原分子，可利用其抗体进行免疫检测，原理类似于生物素的检测。地高辛标记核酸探针的检测灵敏度可与放射性同位素标记的相当，而特异性优于生物素标记，其应用日趋广泛。

DNA 探针的放射性同位素标记常将放射性同位素连接到某种脱氧核苷三磷酸（deoxyribonucleoside triphosphate，dNTP）上作为标记物，然后进行标记。常用的标记方法为切口平移法（nick translation）和随机引物法（random priming）。这些标记方法，可使探针的全长均得到标记，所得标记探针的比活高。切口平移法和随机引物法的详细操作过程可参见各种分子生物学实验技术书籍或标记试剂盒使用指南。

非放射性标记法可将生物素、地高辛连接在 dNTP 上，然后像放射性标记一样掺入核酸链中制备标记探针。也可让生物素、地高辛等直接与核酸进行化学反应而连接上核酸链。其中，生物素的光化学标记法较为常用。其原理是利用能被可见光激活的生物素衍生物——光敏生物素（photobiotin）。光敏生物素与核酸探针混合后，在强的可见光照射下，可与核酸共价相连，形成生物素标记的核酸探针。可适用于单、双链 DNA 的标记，探针可在-20℃下保存 8～10 个月或以上。

具体操作方法如下：将双链 DNA 变性或用 NaOH 处理形成缺口，单链 DNA 无须处理，将核酸样品溶于水。暗室下在微量离心管中加入 10μg DNA、1mg/ml 光敏生物素 20μl，加水至 50μl，混匀。冰浴中打开离心管盖，在 300～500W 灯下照射 10min（液面距灯泡 10cm）。

加入 100μl 0.1mol/L Tris-HCl（pH 8.0），用 100μl 2-丁醇抽提两次，离心，弃上层。乙醇沉淀核酸探针；用 70%乙醇漂洗后真空抽干，备用。

除上述标记法外，探针的制备和标记还可通过 PCR 直接完成。

4. DNA 杂交　　杂交技术有固相杂交和液相杂交之分。固相杂交技术目前较为常用，先将待测核酸结合到一定的固相支持物上，再与液相中的标记探针进行杂交。固相支持物常用硝酸纤维素膜（nitrocellulose filter membrane，NC 膜）或尼龙膜（nylon membrane）。

固相杂交包括膜上印迹杂交和原位杂交。前者包括三个基本过程：①通过印迹技术将核酸片段转移到固相支持物上；②用标记探针与支持物上的核酸片段进行杂交；③杂交信号的检测。

用探针对细胞或组织切片中的核酸杂交并进行检测的方法称为核酸原位杂交。其特点是靶分子固定在细胞中，细胞固定在载玻片上，以固定的细胞代替纯化的核酸，然后将载玻片浸入溶有探针的溶液里，探针进入组织细胞与靶分子杂交，而靶分子仍固定在细胞内，以确定有无该病原体的感染。原位杂交无须从组织中提取核酸，对组织中含量极低的靶序列有极高的敏感性，在临床应用上有独特的意义。

杂交的第一步是将 DNA 或 RNA 转移到膜上。

将待测核酸样品变性后直接点样在膜上，称为斑点印迹（dot-blot）。为使核酸牢固结合在膜上，通常还将点样后的膜于 80℃真空烘烤 2h。

应用斑点印迹技术，可在一张膜上同时进行多个样品的检测，操作简便、快速，在临床诊断中应用较广，适合进行特定基因的定性及定量研究，但不能鉴定所测基因的分子量。

DNA 印迹（Southern blot）是指将 DNA 片段经琼脂糖凝胶电泳分离后转移到固相支持物上的过程。

常规处理如下，先用限制性内切酶对 DNA 样品进行酶切处理，经琼脂糖凝胶电泳将所得 DNA 片段按分子量大小分离，接着对凝胶进行变性处理，使双链 DNA 解离成单链，并将其转移到 NC 膜或其他固相支持物上，转移后各 DNA 片段的相对位置保持不变。DNA 印迹的方法有 3 种，分别为毛细管转移（或虹吸印迹）、电转移和真空印迹，详细操作可参阅有关书籍。

DNA 印迹后的滤膜仍需进行固定处理，对 NC 膜可用 80℃真空烘烤 2h，对尼龙膜还可用短波紫外线（波长 254nm）照射几分钟。

RNA 印迹（Northern blot）是指将 RNA 片段变性及电泳分离后，转移到固相支持物上的过程。RNA 的变性方法与 DNA 不同，RNA 不能用碱变性，因为碱会导致 RNA 水解。因此，在 RNA 印迹前，须进行 RNA 变性电泳，在电泳过程中使 RNA 解离形成单链分布在凝胶上，再进行印迹转移。转移方法与 DNA 相似。

RNA 变性电泳的原理：用一定剂量的乙二醛-二甲基亚砜，或甲醛和甲基氢氧化汞等处理 RNA 样品和凝胶，使双链 RNA 在电泳过程中变性而完全解离形成单链。

第二步为杂交反应。杂交反应包括预杂交、杂交和漂洗几步操作。

预杂交的目的是用非特异性 DNA 分子（鲑精 DNA 或小牛胸腺 DNA）及其他高分子化合物（Denhart's 溶液）将待测核酸分子中的非特异性位点封闭，以避免这些位点与探针的非特异性结合。杂交反应是使单链核酸探针与固定在膜上的待测核酸单链在一定温度和条件下进行复性反应的过程。杂交反应结束后，应进行洗膜处理以洗去非特异性杂交以及未杂交的标记探针，以避免干扰特异性杂交信号的检测。膜洗净后，继续进行杂交信号的检测。

以放射性标记探针与固定在 NC 膜上的核酸进行杂交为例，杂交反应操作步骤如下。

（1）配制所需试剂：

SSC 溶液（柠檬酸钠缓冲液）（20×）：3mol/L NaCl，0.3mol/L 柠檬酸钠。

Denhardt's 溶液（50×）：聚蔗糖 5g，聚乙烯吡咯烷酮 5g，牛血清白蛋白（bovine serum albumin，BSA）5g，加水至 500ml。

预杂交液：6×SSC，5×Denhardt's 溶液，0.5%SDS，100μg/ml 经变性或断裂成片段的鲑精 DNA。

（2）将含靶核酸的 NC 膜漂浮于 6×SSC 液面，使其由下至上完全湿润，并继续浸泡 2min。

（3）将湿润 NC 膜装入塑料袋中，按 0.2ml/cm² 的量加入预杂交液，尽可能挤出气泡，将袋封口，置 68℃ 水浴 1～2h 或过夜。

（4）将双链探针做变性处理使成单链，即于 100℃ 加热 5min，然后立即置冰浴使骤冷。

（5）从水浴中取出杂交袋，剪去一角，将单链探针加入，尽可能将袋内空气挤出去，重新封口，并将杂交袋装入另一个干净的袋内，封闭，以防放射性污染。

（6）将杂交袋浸入 68℃ 水浴锅，温育 8～16h。

（7）取出杂交袋，剪开，取出滤膜迅速浸泡于大量 2×SSC 和 0.5% SDS 中，室温振荡 5min，勿使滤膜干燥。

（8）将 NC 膜移入盛有大量 2×SSC 和 0.1%SDS 溶液的容器中，室温漂洗 15min。

（9）将 NC 膜移入一盛有大量 0.1×SSC 和 0.5%SDS 溶液的容器中，37℃漂洗 30～60min。

（10）将 NC 膜移入一盛有新配 0.1×SSC 和 0.5%SDS 溶液的容器中，68℃漂洗 30～60min。

（11）取出滤膜，用 0.1×SSC 室温稍稍漂洗，然后置滤纸上吸去大部分液体，待做杂交信号的检测。

第三步为杂交信号的检测。当探针是放射性标记时，杂交信号的检测通过放射自显影进行，即利用放射线在 X 线片上的成影作用来检测杂交信号。操作时，在暗室内将滤膜与增感屏、X 线片依序放置在暗盒中，再将暗盒置−70℃曝光适当时间，取出 X 线片，进行显影和定影处理。

对于非放射性标记的探针，则需将非放射性标记物与检测系统偶联，再经检测系统的显色反应来检测杂交信号。以地高辛的碱性磷酸酶检测反应为例，地高辛是一种半抗原，杂交反应结束后，可加入碱性磷酸酶标记的抗地高辛抗体，使之在膜上的杂交位点形成酶标抗体-地高辛复合物，再加入酶底物如氮蓝四唑（nitro-blue tetrazolium，NBT）和 5-溴-4-氯-3-吲哚磷酸对甲苯胺盐（BCIP），在酶促作用下，底物开始显蓝紫色。其基本反应程序类似 ELISA，杂交信号的强弱通过底物显色程度的深浅、有无来确定。

5. 注意事项　　放射性标记的优点是灵敏度高，可以检测到 pg 级。缺点是易造成放射性污染，同位素半衰期短、不稳定、成本高等。为了预防放射性污染，应在专门的实验室进行。实验室应密闭，所有废弃物应放入专门容器内，专门处理。操作完后，应用便携式 r-计数器对操作台、仪器、实验人员进行检测，以确定无放射性污染后方可。

（二）聚合酶链反应（PCR）技术

1. 基本原理　　PCR 技术是在模板 DNA、引物和 4 种脱氧核苷酸存在的条件下依赖于 DNA 聚合酶的酶促合成反应。PCR 技术的特异性取决于引物和模板 DNA 结合的特异性。PCR 分三步。①变性：通过加热使 DNA 双螺旋双链解离形成单链 DNA。②退火：当温度突然降低时由于模板分子结构较引物要复杂得多，而且反应体系中引物 DNA 量大大多于模板 DNA，使引物和其互补的模板在局部形成杂交链，而模板 DNA 双链之间互补的机会较少。③延伸：在 DNA 聚合酶和 4 种脱氧核苷三磷酸底物及 Mg^{2+} 存在的条件下，$5'→3'$ 的聚合酶催化以引物为起始点的 DNA 链延伸反应。以上 3 步为一个循环，每一循环的产物可以作为下一个循环的模板，数小时之后，介于两个引物之间的特异性 DNA 片段得到了大量复制，数量可达 $2\times10^6\sim2\times10^7$ 拷贝。

经过高温变性、低温退火和中温延伸 3 个温度的循环，模板上介于两个引物之间的片段不断得到扩增。每循环一次，目的 DNA 的拷贝数加倍，随着循环次数的增加，目的 DNA 以 $2n\text{-}2n$ 的形式堆积。PCR 扩增的特异性是由人工合成的一对寡核苷酸引物所决定的。在反应的最初阶段，原来的 DNA 担负着起始模板的作用，随着循环次数的递增，由引物介导延伸的片段急剧增多而成为主要模板。因此，绝大多数扩增产物将受到所加引物 5′端的限制，最终扩增产物是介于两种引物 5′端之间的 DNA 片段。

2. PCR 反应体系　根据多年的实践经验，已形成了一个标准的 PCR 反应体系。一般选用 $50\sim100\mu l$ 体系，其中含有：

KCl	50mmol
Tris·HCl（室温下 pH8.4）	10mmol
MgCl$_2$	1.5mmol
明胶或牛血清白蛋白	100μg/ml
上游引物	100pmol
下游引物	100pmol
4 种底物（dATP＋dCTP＋dGTP＋dTTP）	各 200μmol
模板 DNA	1～100μg
Taq DNA 聚合酶	2.5 单位

公司市售的 *Taq* DNA 聚合酶一般均带有缓冲液，成分为 KCl，Tris·HCl 和明胶或牛血清白蛋白，浓度为 10×，只要做 10 倍稀释即可使用。MgCl$_2$ 一般单独销售，浓度多为 25mmol/L，使用时应做相应稀释。dNTP 往往配成 10mmol/L 或 5mmol/L 的工作储备液。

3. PCR 基本操作　一个典型的 PCR 反应可按以下步骤进行。

将下列成分依序加入 PCR 反应管中并混匀：30μl 灭菌双蒸水，10μl 10×*Taq* DNA 聚合酶缓冲液，16μl 5mmol/L dNTP，5μl 上游引物（100pmol），5μl 下游引物（100pmol），2μl 模板 DNA，加灭菌双蒸水至终体积 100μl。

置 94℃加热 5min。冰浴。加入 0.5μl（2.5 单位）*Taq* DNA 聚合酶。将 100μl 轻矿物油加到混合液表面，以防水分蒸发。在 PCR 仪上进行循环反应。一般变性温度为 94℃，退火温度为 55℃，延伸温度为 72℃。各段时间依扩增的片段长短而定。一般扩增 1kb 的 DNA，延伸时间需 1min，变性和退火时间可稍短。

反应终止后取样品进行凝胶电泳，鉴定是否得到特异性扩增产物。

4. 影响 PCR 特异性的因素　影响 PCR 特异性的因素较多，主要有：①引物的特异性。引物的特异性是影响 PCR 特异性的根本因素。若引物在模板 DNA 上有多个结合位点，则特异性差。因此，应选择在模板上只有一处结合位点的引物，必要时可用计算机辅助设计引物。②Mg^{2+} 的浓度。Mg^{2+} 浓度在一定程度上可影响 PCR 特异性。一般来讲，Mg^{2+} 的浓度高，可降低特异性；Mg^{2+} 的浓度低，可提高特异性。但 *Taq* DNA 聚合酶的活性与 Mg^{2+} 的存在有关，Mg^{2+} 浓度过低，可影响 *Taq* DNA 聚合酶的活性。③退火温度。提高退火温度，可以提高 PCR 特异性；降低退火温度，促进非特异性扩增。④其他金属离子。在反应体系中加入适量的 Na$^+$ 可以帮助消除非特异性扩增。

5. PCR 衍生技术　反转录 PCR（reverse transcription PCR，RT-PCR）：提取组织或细胞中的总 RNA，以其中的 mRNA 作为模板，采用寡脱氧胸苷酸［oligo（dT）］或随机引物利用反转录酶反转录成 cDNA，再以 cDNA 为模板进行 PCR 扩增，获得目的基因或检测基因表达。

巢式 PCR（nested PCR）：使用两对 PCR 引物扩增完整的片段。第一对 PCR 引物扩增片段与普通 PCR 相似。第二对引物称为巢式引物（在第一次 PCR 扩增片段的内部），结合在第一次 PCR 产物内部，使得第二次 PCR 扩增片段短于第一次扩增。巢式 PCR 的优点在于，如果第一次扩增产生了错误片段，则第二次能在错误片段上进行引物配对并扩增的概率极低。因此，巢式 PCR 的扩增非常特异。

实时荧光定量 PCR（real time quantitative PCR）：是指在 PCR 反应体系中加入荧光基团，利用荧光信号积累实时监测整个 PCR 进程，最后通过标准曲线对未知模板进行定量分析的方法。实时荧光定量 PCR 所使用的荧光物质可分为两种，荧光探针和荧光染料。其原理如下：①TaqMan 荧光探针：PCR 扩增时在加入一对引物的同时加入一个特异性的荧光探针，该探针为一寡核苷酸，两端分别标记一个报告荧光基团和一个猝灭荧光基团。探针完整时，报告基团发射的荧光信号被猝灭荧光基团吸收；PCR 扩增时，*Taq* 酶的 5′→3′外切酶活性将探针酶切降解，使报告荧光基团和猝灭荧光基团分离，从而荧光监测系统可接收到荧光信号，即每扩增一条 DNA 链，就有一个荧光分子形成，实现了荧光信号的累积与 PCR 产物形成完全同步。而新型 TaqMan-MGB 探针使该技术既可进行基因定量分析，又可分析基因突变（即 SNP），有望成为基因诊断和个体化用药分析的首选技术平台。②SYBRGreen I 荧光染料：在 PCR 反应体系中加入过量 SYBR 荧光染料，SYBR 荧光染料非特异性地掺入 DNA 双链后发射荧光信号，而不掺入链中的 SYBR 荧光染料分子不会发射任何荧光信号，从而保证荧光信号的增加与 PCR 产物的增加完全同步。SYBR 荧光染料仅与双链 DNA 结合，因此可以通过熔解曲线，确定 PCR 是否特异。③分子信标：是一种在 5′端和 3′端自身形成一个 8 个碱基左右的发夹结构的茎环双标记寡核苷酸探针，两端的核酸序列互补配对，导致荧光基团与猝灭基团紧紧靠近，不会产生荧光。PCR 产物生成后，退火过程中，分子信标中间部分与特定 DNA 序列配对，荧光基因与猝灭基因分离产生荧光。实时荧光定量 PCR 是一种快速、灵敏、可靠的检测分子靶点的方法，它可以在比传统 PCR 更短的时间内进行。此外，该技术可以使用寄生虫特异性引物和序列特异性探针的混合物来同时检测几种寄生虫，这些探针可用不同检测波长的荧光染料标记。

RAPD：基本原理是在动物基因组中存在许多反向重复序列，以单个或以上的随机引物扩增 DNA，引物可以与这些反向重复序列结合，产生长度不等的片段，从而进行多态性分析。RAPD 在本质上与 PCR 一样，所不同的是，PCR 引物是专门设计的特异性引物，其扩增产物通常是预知的，而 RAPD 的引物是完全随机的，只有 10bp 左右，与模板的结合也是随机的，其扩增产物不可预知。PCR 为了得到特异性产物，退火温度较高，RAPD 为了得到更多的扩增条带，往往要降低退火温度，多为 35～36℃，允许适当的碱基错配。目前，RAPD 同 PCR 一样，已在许多寄生虫病的研究中得到了应用。

除了以上 PCR 衍生技术之外，尚有不对称 PCR、反向 PCR、锚定 PCR、多重 PCR、着色互补 PCR 和免疫 PCR 等。

第二节　寄生虫病防控技术

寄生虫病不仅严重危害畜牧业发展，还严重危害人类健康，对公共卫生安全造成严重威胁。因此，寄生虫病的防控是关系到人畜健康和经济发展的大事。寄生虫种类繁多，其生物学特性各有差异，宿主类型与分布也有不同，并且许多寄生虫病的流行还与自然因素和社会因素密切相关。由于寄生虫病和外界环境的联系如此密切，这就大大增加了防治工作的复杂性，使防治工作必须以流行病学的研究为基础，实施综合防治措施，才能收到较好的成效。综合防治措施包括消灭感染源、做好环境卫生、阻断传播途径、提高畜禽自身的免疫力、免疫预防以及加强立法与执法等方面。

一、消灭感染源

消灭感染源的主要手段是驱虫，通常是用药物杀灭或驱除虫体。这种措施有双重意义：一方面在宿主体内或体表杀灭或驱除寄生虫，从而使宿主得到康复；另一方面，杀灭寄生虫减少了病原体向自然界的散布，也是非寄生虫病患者的预防措施。

1. 驱虫　　根据驱虫的目的可以分为治疗性驱虫和预防性驱虫。治疗性驱虫是对出现确诊了寄生虫疾病的畜禽所采取的疾病治疗措施，从而使动物康复，起到治疗作用。但在防治寄生虫病中通常都是实施预防性驱虫，即按照寄生虫病的流行规律定时投药，不论其发病与否。例如，常在冬季给绵羊服药以驱除其消化道中的线虫，使绵羊安全越冬，消除线虫翌春对绵羊的危害和对牧场的污染。又如，在媒介蚊活跃季节，定期给犬使用伊维菌素，防治犬感染大恶丝虫病。这种预防性驱虫一方面可以保护动物健康；另一方面可以使许多寄生虫在未成熟前被杀灭，对防止环境污染很有作用。

"虫体成熟前驱虫"是利用寄生虫的生物学特性设计的积极杀虫措施，主要应用于绵羊莫尼茨绦虫。这种绦虫的中间宿主是地螨，以夏季感染为主。随地螨被摄入羊小肠的幼虫平均 30d 成熟，排出孕卵节片，成虫寿命一般仅 3 个月，因此，第二年春季的羔羊和成年羊一般都是无虫的。如果知道当地绵羊感染这种绦虫的最早时间为 6 月上旬，那么 6 月下旬至 7 月上旬之间连续两次驱虫，则绵羊感染的大部分绦虫死于幼龄阶段，这就可以阻止羔羊发病，阻断虫体的发育循环，大大减少牧场污染。这种方法又称成虫期前驱虫。

产前驱虫是指在怀孕母畜生产前一段时间对其进行驱虫，降低其荷虫量，减少其向外界排出病原体的数量，从而降低寄生虫由母畜传染给子代幼畜的概率。大多肠道寄生性蠕虫或原虫是通过粪口传播感染宿主的，外寄生虫通过接触传播感染宿主。母畜是新生幼畜感染寄生虫的主要感染来源，若没有进行产前驱虫，幼畜出生后接触母畜的皮肤或者皮屑就可能感染螨虫等体表寄生虫，接触了母猪的粪便就可能感染蛔虫等肠道蠕虫或者原虫，从而严重影响幼龄动物的生长发育，甚至造成死亡。

2. 驱虫方法　　　驱虫药传统给药方法有口服或局部注射，通常是皮下注射。口服给药通常用液体或悬浮液浸泡，或将药物加入动物的饲料或饮水中，小动物服用片剂。此外，马匹专用的糊状浇泼剂配方，已有几种化合物浇泼或点涂在皮肤上而发挥全身作用。常见的方法还有将药物直接注射到牛的瘤胃中。有许多瘤胃丸可用，主要用于牛，少量用于羊。这些驱虫剂旨在间隔提供治疗剂量的驱虫剂（脉冲释放）或长期提供低剂量的驱虫剂（持续缓释）。两者都可以抑制成熟寄生虫的分化，从而限制牧场的污染和疾病的发生。

3. 驱虫的注意事项

（1）合理选用驱虫药：选择驱虫药时要根据家畜种类、年龄、感染寄生虫的种属、寄生的部位等情况选择高效、低毒、广谱的驱虫药。

（2）进行预试验：在大批畜禽驱虫治疗，或使用多种药物驱除混合感染源或选新驱虫药时，应先用少数畜禽进行预试验，观察药物毒副作用和驱虫效果，确保安全有效后再进行全面驱虫。

（3）在专门场地进行驱虫：驱虫后的动物粪便中含有大量的虫卵或者卵囊，它们对宿主依然具有感染力，若不集中处理，会严重污染周围环境，成为重要的传染来源。因此，要在专门的场地（如在圈舍内）对畜禽进行驱虫，以方便收集粪便进行无害化处理。

（4）粪便要无害化处理：对畜禽进行驱虫后的粪便集中无害化处理。例如，牛、羊驱虫后的粪便可以进行堆积发酵，发酵过程中产生的高温可以杀死虫体。

二、做好环境卫生

环境是被寄生虫的卵、幼虫和包囊等污染的场所，也是宿主遭受感染的场所，做好环境卫生是减少或预防寄生虫感染的重要环节。环境卫生有两方面的内容：一方面尽可能地减少宿主与感染源接触的机会。例如，逐日清除粪便、打扫厩舍，便可以减少宿主与寄生虫卵或幼虫的接触机会，也减少了虫卵或幼虫污染饲料或饮水的机会。另一方面设法杀灭外界环境中的病原体。例如，把粪便集中在固定的场所，堆积发酵，利用生物热杀灭虫卵或幼虫，也包括清除各种寄生虫的中间宿主或媒介等。驱虫后排出的粪便尤应严格处理。

三、阻断传播途径

利用寄生虫的某些生物学特性可以设计防治方案。轮牧是利用寄生虫的习性设计的生物防治办法之一。例如，某些绵羊线虫的幼虫在夏季牧场上需要多长时间发育到感染阶段，如果是 7d，便可以让羊群在第 6 天时离开，转移到新的牧场；原来的牧场可以放牧马，因为绵羊的线虫不感染马。如果还知道那些绵羊线虫的感染幼虫在夏季牧场上只能保持感染力 1.5 个月，那么 1.5 个月后羊群便可返回牧场。又如，残缘璃眼蜱的成虫传播牛环形泰勒虫病，这种蜱是圈舍蜱，在内蒙古，成蜱每年 5 月份出现，与环形泰勒虫病的暴发同步，均为每年一次。了解了这个规律，使牛群于每年 4 月中、下旬离开圈舍，便可避开蜱的叮咬和疾病的暴发，又可在空圈时灭蜱。寄生虫的中间宿主和媒介较难控制，可以利用它们的习性，设法回避或加以控制。例如，羊莫尼茨绦虫和马裸头绦虫的中间宿主是地螨，地螨畏强光，怕干燥；潮湿和草高而密的地带数量多，黎明和日暮时活跃。根据它们的这些习性采取避螨措施就可以减少绦虫的感染。在小型人工牧场上应尽可能改善环境卫生，创造不利于各种寄生虫中间宿主（蚂蚁、甲虫、蚯蚓、蜗牛等）隐匿和滋生的条件。利用化学药剂防治各种无脊椎动物容易污染环境，必须在严格控制下施行。利用天敌控制无脊椎动物中间宿主尚无成功的先例。

四、提高畜禽自身抵抗力

提高畜禽自身抵抗力是有效防控寄生虫病必不可少的措施。例如，给予全价饲料，使畜禽能获得必需的氨基酸、维生素和矿物质；改善管理，减少应激因素，使动物能获得舒服而有利于健康的环境。对幼畜应给予特殊的照顾。

五、免疫预防

目前寄生虫病防控措施是使用抗寄生虫药，但抗寄生虫药物存在着一些问题，严重限制了其使用，如耐药性问题，以及药物残留引起的公共卫生问题等。寄生虫病的免疫预防可以减少甚至取代药物使用，成为寄生虫病防控的大趋势。寄生虫病的免疫预防尚不普遍，目前，已经有一些寄生虫病疫苗得到商品化应用或取得证书（本书第一章第四节寄生虫病的免疫部分已对寄生虫病疫苗的种类进行了详细描述），其中多为原虫病疫苗，如鸡球虫病、弓形虫病、犬新孢子虫病、巴贝斯虫病、泰勒虫病、犬利什曼原虫病、胎儿三毛滴虫病疫苗等，其中最多的为鸡球虫病疫苗，已经商品化的鸡球虫病疫苗有 10 余种，有强毒活疫苗、弱毒活疫苗和亚单位疫苗 3 种类型。绦虫及绦虫蚴病疫苗方面，有 2 个绦虫蚴病疫苗注册和上市，均为重组亚单位疫苗。线虫病疫苗，主要为牛肺线虫的致弱苗和捻转血矛线虫病亚单位疫苗。抗外寄生虫侵袭疫苗方面，已经有 2 种抗外寄生虫侵袭疫苗获得注册或上市。应用免疫预防可以减少化学物质对乳、肉、蛋和环境的污染，但已有的虫苗尚不够完善，可能还有潜在的危险，故应在兽医的监督下使用。

六、加强立法与执法

行政、组织和法令对寄生虫病的防控非常重要，尤其对于一些涉及面广的重要寄生虫病，如人兽共患的棘球蚴病和日本血吸虫病等，必须有各级行政组织的参与，制定防治的总体方案和相应的法令，由各级行政组织依法实施，并加强管理、监督、宣传教育和组织协调，才能收到切实的效果。有些国家还针对重要寄生虫病颁布法律，如新西兰有《棘球蚴病防治条例》；有的国家将某些寄生虫病定为"依法通报病"，如联合国《动物卫生年报》1970 年所开列的 65 项寄生虫病中有疥螨病、痒螨病、肝片吸虫病、马媾疫、牛双芽巴贝斯虫病等二十几项被不同国家列为依法通报病。

第三章　人兽共患寄生虫病

第一节　弓形虫病

弓形虫病（toxoplasmosis）是由刚地弓形虫（*Toxoplasma gondii*）寄生于人和多种动物有核细胞内而引起的一种分布范围广、危害严重的人兽共患原虫病，不仅严重影响畜牧业的发展及肉食品卫生安全，而且对人类健康造成极大危害。弓形虫能够感染几乎所有的温血动物，是引起人和动物流产的一个重要致病因素。弓形虫完成生活史需要两个宿主，猫科动物为其终末宿主，包括人在内的哺乳动物、鸟类和猫科动物都可作为中间宿主。弓形虫病是 WOAH 关注的重要非通报疫病，是我国三类动物疫病和法定人兽共患寄生虫病，也是农业农村部《全国畜间人兽共患病防治规划（2022—2030 年）》中实施防治防范的主要畜间人兽共患病。

一、病原

（一）病原形态

刚地弓形虫属肉孢子虫科（Sarcocystidae）弓形虫属（*Toxoplasma*）。虫体细胞内寄生，可以感染几乎所有类型的有核细胞。虫体主要有速殖子（tachyzoite）、组织包囊（tissue cyst）、缓殖子（bradyzoite）、裂殖体（schizont）、裂殖子（merozoite）、配子体（gamont）和卵囊（oocyst）等多个发育阶段（部分虫体形态见图 3-1）。其中速殖子、组织包囊和卵囊与弓形虫病的传播和致病相关。

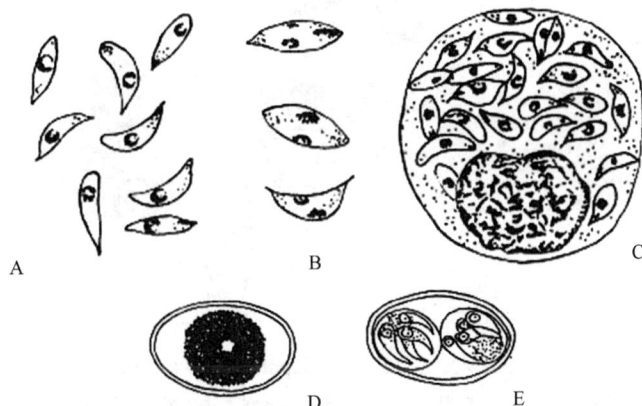

图 3-1　弓形虫（仿 Dubey，2022）

A. 速殖子；B. 分裂中的速殖子；C. 细胞内的速殖子；D. 新鲜卵囊；E. 孢子化卵囊

速殖子、组织包囊和缓殖子主要出现于中间宿主体内，虫体在终末宿主猫体内进行肠外发育时也可见到。速殖子呈新月形或香蕉形，一端较尖，一端钝圆，长 4～7μm，宽 2～4μm。经吉姆萨或瑞氏染色后虫体细胞质呈蓝色，细胞核呈紫红色，核常位于虫体中央。在急性感染期，速殖子在宿主有核细胞内以内出芽和二分裂等方式进行无性繁殖，一个宿主细胞内包纳数个至几十个速殖子，这种形态称为假包囊。游离的速殖子主要出现于疾病的急性期，常散在于腹水、脑脊液、血液及各种病理渗出液中。

组织包囊简称包囊，出现在慢性或隐性感染期，由速殖子转化而来，主要存在于宿主脑等神经组织，骨骼肌、心、肝等器官及视网膜等组织中。包囊呈圆形或椭圆形，直径 5～100μm，具有一层坚韧且富有弹性的囊壁，囊壁厚一般不超过 0.5μm。包囊内含有两个至数千个虫体，称为缓殖子。缓殖子的形态与速殖子相似。包囊可在宿主组织内长期存活，同时缓慢增殖。包囊可以引起慢性弓形虫病。在一定条件下，包囊破裂，释放的缓殖子可转化为速殖子在宿主细胞内增殖，引起急性弓形虫病。

裂殖体、裂殖子、配子体和卵囊等出现在终末宿主猫科动物体内。

卵囊在猫的小肠上皮细胞内发育形成,随粪便排出体外。新排出的卵囊尚未孢子化,形状为圆形或椭圆形,大小为(11~14)μm×(7~11)μm,有两层光滑透明的囊壁,囊内含有一团卵囊质,几乎充满整个虫卵。孢子化卵囊内含2个孢子囊(sporocyst),每个孢子囊内含4个新月形子孢子(sporozoite)。

裂殖体、裂殖子、配子体等出现于虫体在猫体内进行有性生殖过程中。

(二)生活史

弓形虫完成全部发育过程需要终末宿主和中间宿主两个宿主。猫或猫科动物既是弓形虫的终末宿主又是中间宿主。弓形虫的中间宿主极其广泛,包括各种哺乳动物(包括人)、禽类和爬行动物等。弓形虫在终末宿主的小肠上皮细胞内进行有性繁殖,在中间宿主的有核细胞内进行无性繁殖。弓形虫生活史见图3-2。

图3-2　弓形虫生活史(仿 Nappi and Vass,2002)

A. 猫摄入孢子化卵囊或包囊;B. 肠内释放出子孢子或缓殖子;C. 子孢子或缓殖子进入肠上皮细胞发育为滋养体,进行裂殖生殖;D. 裂殖体破裂释放出裂殖子;E. 裂殖子侵入上皮细胞;F. 在猫体内进行肠外发育;G. 裂殖子发育成大配子体和小配子体;H. 小配子体(含小配子);I. 大配子体(含大配子);J. 大小配子结合,形成合子;K. 卵囊随粪便排出;L. 卵囊在外界环境中孢子化,产生两个孢子囊,每个孢子囊内有4个子孢子;M. 卵囊被猫、人或其他动物采食,进一步发育形成包囊;

N. 包囊;O. 可因食入肉品中包囊而感染;P. 胎儿可通过胎盘感染

猫或猫科动物摄入环境中的卵囊、动物组织中的包囊或假包囊后,卵囊内的子孢子、包囊内的缓殖子或假包囊内的速殖子从猫的小肠内逸出,进入小肠上皮细胞内进行裂殖繁殖,形成裂殖体。裂殖体成熟后释放出裂殖子,裂殖子重新侵入新的上皮细胞继续进行裂殖繁殖,形成第二代裂殖体,经数代裂殖生殖后,最后一代裂殖子侵入上皮细胞分别发育为雌配子体和雄配子体,进而发育为雌配子和雄配子。雌雄配子受精形成合子(zygote),进一步发育成卵囊,卵囊破坏上皮细胞,进入肠腔,随粪便排出体外。从感染到排出卵囊,一般需要3~7d。卵囊在外界适宜的环境条件下经2~4d 发育,形成对宿主具有感染能力的孢子化卵囊。弓形虫在猫肠道进行的发育有时也称为肠内发育。

中间宿主摄入了被孢子化卵囊污染的食物和饮水,或摄入含有组织包囊的动物组织后,卵囊内的子孢子和包囊内的缓殖子在胃液的作用下释放出来,侵入肠壁,经淋巴和血液循环进入单核吞噬细胞内寄生,随后扩散至全身各组织器官，如脑、淋巴结、心、肝、肺、肌肉等，并在各种有核细胞内以出芽和二分裂进行无性繁殖，生成大量速殖子，形成假包囊。假包囊破裂释放出的速殖子重新侵入新的组织细胞，继续分裂繁殖。该阶段虫体的大量繁殖，可以引起急性弓形虫病。在宿主免疫功能正常时，部分速殖子侵入宿主细胞后，特别是侵入脑、眼、骨骼肌的虫体增殖速率逐渐减慢，并发生发育转换，形成包囊和缓殖子，包囊可在宿主体内存活数月、数年，甚至终身不等。有关速殖子转换为缓殖子的机制还不十分清楚，但目前认为和宿主的免疫功能状态有关。包囊可以导致慢性弓形虫病。

当宿主免疫功能低下或长期使用免疫抑制剂时，或在某些因素的作用下，组织内包囊可破裂并释放出缓殖子，此过程称为释出（egress）。释出的缓殖子随后进入血液和其他组织细胞内，转换为速殖子，继续大量发育繁殖，并可引起急性弓形虫病。该阶段缓殖子转换为速殖子的确切机制也同样不完全清楚。

在猫体内，弓形虫除进行肠内发育外，在其他组织细胞内也可以进行如同在其他中间宿主体内一样的发育，常称为肠外发育。猫体内的肠外发育很少引起猫弓形虫病。

二、流行病学

（一）感染来源

有 200 多种动物可以感染弓形虫，包括猫、猪、牛、羊、马、犬、兔、骆驼、鸡等畜禽和猩猩、狼、狐狸、野猪、熊等野生动物。人群普遍易感，胎儿和婴儿易感性比成人高，免疫功能缺陷或免疫受损患者比正常人更易感。患弓形虫病的动物及隐性感染带虫者均是该病的主要传染源。随猫科动物粪便排出的卵囊常常引起饲料、水源、土壤和牧草的污染，是引起弓形虫感染的重要来源。感染动物组织内的包囊是引起弓形虫感染的另一重要来源。此外，流产胎儿体内、胎盘和羊水中均有大量速殖子存在，也可能成为传染源。

（二）传播途径

弓形虫有水平传播和垂直传播两种传播途径。

1. 水平传播　经口感染是弓形虫水平传播的主要方式。人或动物摄入被猫粪便污染的食物、饮水或土壤中的孢子化卵囊，或者摄入含有包囊的动物肌肉、组织等，均可感染弓形虫。人和动物经受损的皮肤及黏膜感染弓形虫速殖子也是水平传播方式之一。另外，国内外均有经输血或器官移植传播弓形虫病的报道。

2. 垂直传播　人和动物妊娠后感染弓形虫，虫体随血液循环进入胎盘和胎儿，导致孕妇或妊娠动物发生流产、早产及死胎，或产下畸形儿和先天性感染新生儿。这种先天性感染途径即为垂直传播。

（三）流行情况

动物和人普遍感染弓形虫。近年来，通过大数据分析，对全球人和动物弓形虫感染有了更深入的了解。

1. 人　据估算，全球约有 1/3 的人口感染弓形虫。在中美洲、南美洲和欧洲大陆，人的感染率为 30%～90%。在美国，弓形虫病对人的致死性在食源性疾病中位居第二，仅次于沙门菌病。联合国粮食及农业组织（FAO）/世界卫生组织（WHO）认为弓形虫是全球最重要的寄生虫之一，排列第四位。人感染弓形虫后，可以发生急性和慢性弓形虫病，也可以出现暴发。据统计，1966～2022 年，全球共出现 34 起人类弓形虫病暴发事件，其中 16 起因食入肉类而引起，15 起因食入弓形虫卵囊而引起。肉类感染和卵囊感染在临床症状的类型和严重程度方面没有明显差别。急性弓形虫病发病较少，多数为慢性弓形虫感染。慢性弓形虫感染对人类危害巨大，可以导致流产、精神疾病、眼睛疾病、有自杀倾向及车祸增加等，同时与肝疾病、肺疾病、心脏疾病甚至胰疾病等多种疾病相关。

我国没有人弓形虫病暴发的报道。2001～2004 年第二次全国寄生虫调查结果显示，人的弓形虫平均感染率为 7.88 %，低于世界平均水平，但呈逐年上升趋势。目前，估计我国人群弓形虫感染率为 10%左右，一些民族地区感染率可能更高。

2. 猪　分析发现，全球猪弓形虫感染普遍，各个国家猪的血清学阳性率不一，高的可以达到 96.6%，低的 1%，多数在 10%～50%。猪的饲养方式对弓形虫感染具有明显影响，集约化饲养猪群的感染率明显低于饲养管理不良的猪群。年龄也是影响猪群弓形虫感染的重要因素，母猪的感染率明显高于育肥猪。其他一些因素，如鼠类控制、气候、季节、区域、管理体系、养猪场规模及猪的品种等都对弓形虫感染有或多或少的影响。我国猪的弓形虫感染率为4.6%～71.9%。

3．羊　全球山羊和绵羊同样弓形虫感染普遍。全球山羊血清学阳性率平均为27.49%，中美洲阳性率最高，为62.15%，欧洲阳性率为31.53%，南美洲为29.76%，亚洲为20.74%。绵羊的感染情况与山羊类似。研究发现，影响羊弓形虫感染的主要因素包括猫、年龄、性别、饲养方式等。一般而言，饲养区内猫的数量越多，羊的感染率越高，一岁以上的羊感染率明显升高，母羊感染率高，放养和半集约化饲养感染率比集约化饲养高。羊的品种及其他动物如牛、猪和禽类的存在与羊的弓形虫感染率无关。我国山羊弓形虫感染率为1.4%～29.86%，绵羊弓形虫感染率为3.0%～21.3%。

4．牛　牛的感染率相对较低。对全球已经发表的文献进行分析发现，全球牛的血清学阳性率平均为17.91%，其中牦牛的阳性率为23%，水牛22.26%，黄牛为16.9%，北美野牛为8.1%。公牛的阳性率比母牛稍高。牛的血清学阳性率具有明显区域性，其中欧洲和美洲阳性率最高，分别为22.2%和21.93%，而澳大利亚/大洋洲的感染率最低，为1.36%，亚洲的阳性率为10%～20%。我国牛的阳性率，因区域和调查时间的不同而出现明显差异，阳性率在0%～52.50%。

5．马属动物　在大多数国家，马属动物已经退出役用，更多的是用于运动、演艺和观赏。全球多个国家均有马感染弓形虫的报道，其中一些国家血清学阳性率较高，如美国，可以达到73%，巴西可以达到47%，其他国家多在10%～30%。有关驴和骡感染弓形虫的报道比较少，感染情况和马相似。我国马、驴弓形虫感染率在5%～30%。

6．骆驼　全球骆驼普遍感染弓形虫，平均血清学阳性率为28.16%，其中欧洲49.64%、非洲为37.63%、美洲为21.76%、亚洲为17.58%，雌性感染率高于雄性，分别为22%和15%。我国只有一篇骆驼感染弓形虫的报道，感染率为2.99%。

7．鸡　鸡感染弓形虫较为普遍。非洲一些国家的血清学阳性率可以达到100%，南美洲巴西的可以达到88.4%，横跨亚洲和非洲的埃及一些地区接近70%，东南亚泰国为64%，澳大利亚达到100%。我国鸡群的感染率不同地区差别较大，低的在10%以下，高的可以达到67%。不同的饲养方式对鸡群弓形虫感染率有明显影响，散养鸡群明显高于笼养鸡群。

8．鸭和鹅　鸭和鹅的弓形虫感染也较为普遍。埃及、伊拉克和伊朗等国的血清学阳性率较高，在50%～100%，美国在7%左右，我国在1%～17%。

9．兔　兔肉受到很多人的喜爱，因此，国际上很多国家都在大力发展养兔业。有关兔弓形虫感染的情况同样受到人们的重视。对近10多年有关兔弓形虫感染情况报道的分析表明，兔的血清学阳性率在0.9%～37.5%，大多数在10%～15%。感染率最高的是家养兔，澳大利亚野兔、欧洲野兔感染率均较低。我国对兔的弓形虫感染情况研究较少，血清学阳性率在4.5%～23.4%。

10．犬　犬作为伴侣动物，其弓形虫感染受到人们的高度重视。大数据分析发现，世界很多国家犬都可以感染弓形虫。其中巴西犬的血清学阳性率高的可以达到71%，埃及可以到达98%，土耳其可以达到97%，美国为42%。农村地区犬的感染率明显高于城市犬。患病犬的感染率明显高于正常犬。我国犬弓形虫感染率高的可以达到51.9%，低的为1%。

11．猫　猫是弓形虫的终末宿主，是极为重要的感染来源。对发表的文献分析表明，猫弓形虫感染极为普遍，高的地区血清学阳性率可以到达100%，低的在20%以下，极少有不感染的报道。通常，随着年龄的增加，猫弓形虫感染率上升，流浪猫的感染率明显高于家养猫，国家间、区域间和同一个城市不同地区间，猫的感染率可以发生较大的变化。猫的品种似乎对弓形虫感染没有影响。巴尔通体、利什曼原虫、猫免疫缺陷病毒（feline immunodeficiency virus，FIV）、猫白血病病毒和犬恶丝虫感染似乎也不影响猫弓形虫血清学阳性率。我国猫的弓形虫感染率为3.9%～79.4%。

12．食用水生动物　鱼、虾、贝类等水生动物是人类重要的食品。水生动物感染或污染弓形虫的问题近年来引起了人们的高度重视。国内外均有水生动物感染或污染弓形虫的报道。我国曾在鲢、虾和小龙虾中检出弓形虫，但检出率很低。

13．野生动物和观赏动物　野生肉食动物、草食动物、啮齿动物、鸟类以及海洋哺乳动物和动物园观赏动物等均不同程度感染弓形虫。特别是肉食动物，弓形虫感染率可以达到100%。

（四）流行影响因素

影响弓形虫流行的因素很多，主要有以下几点。

1. 虫株及其基因型　　传统上，根据弓形虫的系统发生，人们把弓形虫分为 3 个主要基因型，随着研究的深入，人们发现了更多的基因型。目前认为，国际上弓形虫的主要基因型有基因 1 型（type Ⅰ）、基因 2 型（type Ⅱ，包括传统基因型和变异型）、基因 3 型（type Ⅲ）、基因 12 型（type 12，包括 type X 和 type A）、中国 1 型（Chinese 1），以及巴西 1 型（type Br Ⅰ）、巴西 2 型（type Br Ⅱ）、巴西 3 型（type Br Ⅲ）、巴西 4 型（type BrⅣ）。

各种基因型的区域分布明显不同。基因 2 型和 3 型主要流行于欧洲和北非，基因 2 型、基因 3 型和基因 12 型主要流行于北美洲，几个巴西基因型主要流行于巴西，中国 1 型主要流行于亚洲。基因 1 型在全球分布较少。除了这些主要基因型外，世界各地还分离出了大量的非典型性基因型虫体。

这些基因型对小鼠表现出不同的致病力。基因 1 型、巴西 1 型、中国 1 型对小鼠具有高致病性，基因 2 型、基因 12 型、巴西 2 型、巴西 4 型具有中等致病性，基因 3 型和巴西 3 型为低致病性或不致病。

一般认为，弓形虫基因型对小鼠的致病力与其对人的致病力一致，可以用于人类疾病的预测。但近年来这一说法受到越来越多的挑战。在动物中，虫体对小鼠的致病力与对动物的致病力并不完全一致。最近有人使用大数据对弓形虫在人类和家养动物以及野生动物中的分布进行了统计分析。结果发现，人群中分离的虫株对小鼠具有高致病性的占 53%，中等致病性的占 42%，低致病性的只占 5%；家养动物中，对小鼠具有高致病性的占 25%、中等致病性的占 33%、低致病性的占 44%，而野生动物中，三种虫株占比几乎相等。

2. 动物品种　　不同种类的动物均普遍感染弓形虫。人们往往习惯用感染后是否出现弓形虫病临床症状来判断动物和人对弓形虫的敏感性。

一般认为，猪对弓形虫高度敏感，感染后可以出现严重的临床症状，甚至导致大批死亡。

山羊和绵羊高度敏感，感染普遍，感染后可以出现明显的临床症状，导致流产。

牛和水牛对弓形虫不敏感，感染后很少出现临床症状，但可在流产胎儿中检出弓形虫。

马属动物对弓形虫具有抗性，至今尚无马属动物感染弓形虫发病的报道，但也有在流产胎儿中检出弓形虫的报道。

骆驼对弓形虫感染表现出中度敏感，可以出现中度临床症状。

鸡等禽类一般认为对弓形虫具有抗性，但也有临床发病的报道。

犬对弓形虫似乎不敏感。感染后可以出现临床症状，但多与免疫抑制疾病相关。

猫一般认为对弓形虫感染不敏感，感染后多不出现临床症状，但近年来出现临床症状的病例逐年增多。

海洋哺乳动物对弓形虫敏感，海獭感染可以引起大批死亡。

动物的不同品系之间对弓形虫的敏感性没有明显差别。

人类对弓形虫高度敏感，感染后可以引起急性和慢性弓形虫病，甚至出现暴发。

虽然根据是否出现临床症状来区分动物的敏感性对于弓形虫病的诊断具有一定意义，但如果从是否能够感染和虫体是否在体内长期存在来看，人、各种动物均普遍感染，敏感性差异并不明显。一些草食动物感染率较低，似乎和它们的饲养方式和习性有关。真正对弓形虫不敏感的可能只有马属动物。

3. 猫和猫科动物　　猫和猫科动物是弓形虫的终末宿主，粪便中含有大量弓形虫卵囊，造成环境的污染，是人和动物弓形虫感染的主要来源。猫在初次感染后，可以在感染后连续 10d 左右排出卵囊，每克粪便卵囊数可以超过百万。一般猫一生只排一次卵囊，但当猫免疫力下降，或感染等孢球虫囊后，可以再次排卵。最近的研究表明，非洲流浪猫中，排卵囊猫比例最高，为 18.8%，亚洲、欧洲、北美洲和南美洲排卵囊猫比例为 0.7%～3.4%。野生猫科动物美洲狮、山猫、豹猫、非洲狮、豹和老虎均可排弓形虫卵囊，排卵动物比例最高达 15.4%。美国的研究表明，7284 只宠物猫和 2046 只流浪猫每年分别排出粪便 76.4t 和 29.5t，共 105.9t。平均每只猫每年排出粪便 11.35kg，对环境造成极大污染。

我国尚缺少对排卵囊猫所占比例的详细研究。《2021 年中国宠物行业白皮书》数据显示，2021 年全国城镇宠物猫数量约为 5806 万只。流浪猫的数量尚不明确。但据上海某小区调查，该小区饲养宠物猫 35 只，而流浪猫有 50 只。可见，我国流浪猫的数量不低于宠物猫。如果按宠物猫和流浪猫等量计算，我国宠物猫和流浪猫的数量应该过亿，猫排出粪便的数量几乎是天文数字，对环境的污染压力巨大。

4. 环境污染　环境中弓形虫卵囊的主要来源是猫的粪便。据美国研究，宠物猫有 70% 以上的时间在室外活动，排粪也多在室外。流浪猫有掩盖粪便的习性。猫的粪便可以随着雨水进入土壤、河流等，造成土壤和水源等弓形虫卵囊的污染。

1）土壤　世界很多国家土壤中均检出弓形虫卵囊，高的阳性率可以达到 70%。美国的研究表明，土壤弓形虫卵囊污染可以达到每平方米 36 个卵囊。我国也有土壤污染弓形虫卵囊的报道，公园和其他公共区域土壤阳性率为 16%～23%，猪场土壤阳性率为 21%～100%，散养鸡场不同部位土壤阳性率为 2%，集约化养鸡场土壤中未检出。弓形虫孢子化卵囊对环境具有很强的抵抗力，在 -6.5～37℃ 的条件下可以在猫粪便中存活 410d 以上，在 -20～35℃ 的条件下可以存活 548d 以上。在 45℃ 的水中，3d 不能杀死卵囊。在 50℃ 的水中，1h 也不能杀死卵囊。55℃ 以上的水中，需要 2min 才能杀死卵囊。超强的抵抗力极大增加了卵囊在外界环境中的生存概率，增加了对人和动物的感染能力。

2）水源　水污染是造成人类和动物弓形虫感染及疾病暴发的重要原因。世界各国对水弓形虫污染高度重视。世界上一些国家水污染相对较为严重。例如，巴西饮用水弓形虫检出阳性样本比例可以到达 100%。一些发达国家，如德国、法国，未处理的地表水和公共饮用水的检出率在 8% 左右。我国未见有关水源中检出弓形虫卵囊的报道。但我国曾在淡水养殖的食用水生动物中检出弓形虫，说明我国地表水也存在弓形虫的污染。水中的弓形虫卵囊同样具有较强的抵抗力。在 4℃ 下，弓形虫卵囊可以在 2% 硫酸中存活最少 18 个月，并且对次氯酸钠等消毒剂具有抵抗力。因此，单纯用加氯消毒的公共饮水中可能含有具有感染能力的弓形虫卵囊。

5. 食品污染　食品和食物污染是人和动物感染弓形虫的重要来源。食传性弓形虫病越来越受到人们的重视。

1）冷鲜肉　由于食品动物弓形虫感染普遍，活的弓形虫可以以包囊、缓殖子和速殖子的方式存在于冷鲜肉中。世界很多国家市售动物鲜肉和脏器中可以检出弓形虫抗体、弓形虫核酸或分离出活的弓形虫。绵羊肉和脏器阳性率为 1.7%～34.9%，山羊肉和脏器为 1.3%～54.7%，牛肉为 10.4%～25%，猪肉和脏器为 1.9%～44.7%，鸡肉和脏器为 2.3%～19.4%，鸭鹅肉为 4.8%～7.8%，多种野生动物肌肉和脏器中也存在数量不等的弓形虫。

我国不少动物肉和脏器中也可以检出弓形虫。绵羊、山羊、驴和猪肉及脏器检出率为 10% 左右；鸡、鸭和鹅检出率为 4.8%～7.8%；兔脑和心脏为 2.8%；人工饲养的鹌鹑、野兔、野猪肉和脏器中也能检出弓形虫，阳性率均低于 10%。

肌肉中的弓形虫包囊在 4℃ 可以存活 30d 以上，温度达到 64℃ 可以完全杀死弓形虫包囊，而低温 -18℃ 以下也可以杀死包囊。因此，应该高度重视市售冷鲜肉的风险。

2）奶　不少国家报道动物奶中可以检出弓形虫速殖子，检出率较高的为山羊奶和骆驼奶，高的可以达到 90% 左右，绵羊奶可高达 60%，牛奶中检出率较低为 5.4%。我国曾经在驴奶中检出弓形虫，检出率为 9.2%。因此，直接食用不加任何处理的鲜奶，是弓形虫感染的一个风险因素。

3）新鲜蔬菜　新鲜蔬菜弓形虫污染的主要来源是土壤和水中的弓形虫卵囊。国际上不少国家均在多种新鲜蔬菜中检出弓形虫污染。我国也曾经在红球甘蓝、莴笋、小白菜和油菜花等中检出弓形虫。因此，食用不加洗涤的生菜具有感染弓形虫的风险。

6. 媒介生物　弓形虫感染如此普遍，使人们怀疑是否在典型的水平传播和垂直传播之外，还存在媒介生物的作用。早期有研究证明，一些蜱可以通过叮咬传播弓形虫，但近年来一直没有重复成功。可以肯定的是，在全球不同地区的多种蜱体内，包括幼蜱、若蜱和成蜱，可以检出弓形虫。弓形虫在蜱体内可存活 10d 左右。动物食入含有弓形虫的蜱可以获得弓形虫感染。但蜱是否通过叮咬传播弓形虫还需要进一步研究。鸟类携带的蜱的体内也可以检出弓形虫。鸟类的迁徙，可以把蜱传播到其他地区。鸟类的迁徙，可能有利于弓形虫的传播。

三、症状与病理变化

弓形虫的致病作用与感染虫株的毒力以及宿主的免疫状态密切相关。强毒株侵入机体后繁殖迅速，可引起急性弓形虫病和死亡。弱毒株侵入机体后缓慢增殖，在脑或其他组织形成包囊，引起慢性感染。当宿主免疫功能低下或受损时，慢性感染可转为急性感染。

（一）症状

1. 人　　人感染弓形虫后可以发生急性弓形虫病，主要表现为各个脏器炎症，包括淋巴结、脑、心肌、肺、肝、肠、骨骼肌、扁桃体、脉管、胎盘、视网膜脉络膜等，同时可出现贫血。患者有发热、头痛、乏力、肌肉疼痛和淋巴结肿大等症状，肌肉疼痛严重，可持续 1 月或更久。正常成年人感染弓形虫后多呈隐性感染状态，不表现出明显临床症状。孕妇感染后可经胎盘垂直传播给胎儿，导致胎儿脑和眼等部位病变，引起流产、早产、死胎、畸形和视网膜脉络膜炎等先天性弓形虫病；艾滋病（acquired immune deficiency syndrome，AIDS）、结核病、肿瘤和器官移植患者等免疫缺陷人群感染弓形虫后能使隐性感染转为急性感染，常引起弓形虫脑炎，严重者危及生命。此外，弓形虫感染会导致患者神经系统的功能异常，引发精神疾病，已证实弓形虫感染与精神分裂症、抑郁症、狂躁症等多种精神疾病的发病有关。

2. 猪　　猪感染弓形虫后可急性发病。我国较为常见。20 世纪 70 年代我国曾广泛流行，被称为"无名高热"。猪急性弓形虫病可见高热稽留，精神沉郁，食欲减退或废绝，便秘或腹泻，呕吐，呼吸困难、咳嗽，肌肉强直，体表淋巴结肿大，耳尖、鼻端、四肢、腹股内侧和腹下有淤血斑或较大面积发绀。死前步态不稳，突然倒地不起，四肢呈划水状，病程 3～5d，以仔猪症状较为严重。孕猪流产或产死胎。慢性感染猪生长缓慢。

3. 羊　　妊娠母羊感染弓形虫后可出现流产、产死胎、弱胎或畸形胎儿等。少数病例呈急性感染，主要表现为发热、食欲不振或废绝、呼吸困难、咳嗽、腹泻、有鼻液，有时出现转圈运动等中枢神经障碍。

4. 牛　　牛感染弓形虫后可以引起流产。严重感染者体温升高，呼吸困难，咳嗽，初便秘后腹泻，淋巴结肿大，体表有紫斑等。

5. 犬　　幼犬严重感染弓形虫可出现发热，精神萎靡，厌食，咳嗽，呼吸困难，严重者便血、麻痹。孕犬流产或早产。多与其他免疫抑制性疾病共感染。

6. 鸡　　近年我国不断有鸡群发生弓形虫病的报道。感染鸡精神沉郁、食欲不振、形体消瘦、跛行、拉稀等，严重的角弓反张、运动失调、震颤等，可以出现死亡。

7. 猫　　猫作为弓形虫的终末宿主，感染后只有少数出现明显临床症状，大多数呈隐性或亚临床型经过而成为带虫者。幼龄猫或成年猫处于应激状态时可引起急性发作，临床表现主要为体温升高、呼吸困难、肺炎和下痢，部分病猫出现神经症状。

（二）病理变化

急性弓形虫病和慢性弓形虫病最基本的病理变化为以单核细胞浸润为主的炎症反应以及局部组织形成的坏死病灶。对于炎症的确切机制还不完全了解，目前认为 IL-12 起主要作用。

急性病例病理剖检的主要特征是全身淋巴结、肺、肝和心脏等器官肿大，并伴有大量出血点和坏死灶，肠道重度充血，肠黏膜上常见扁豆大小的坏死灶，肠腔和腹腔内常有大量渗出液。病理组织学变化为网状内皮细胞和血管结缔组织细胞坏死，偶有肿胀细胞浸润。弓形虫速殖子位于细胞内或细胞外。

慢性病例主要表现为各脏器的水肿，并有散在的坏死灶。病理组织学变化为明显的网状内皮细胞增生，在淋巴结、肾、肝和中枢神经系统等处更为明显，但较难查到虫体。隐性感染的病理变化主要在中枢神经系统，特别是脑组织内可见包囊，伴有神经胶质增生和肉芽肿性脑炎。

四、诊断

根据主要临床症状及流行病学资料可以做出初步判断，确诊需要进行实验室诊断。弓形虫的实验室诊断方法主要包括病原学诊断、血清学诊断和分子生物学诊断。

（一）病原学诊断

病原学检查具有确诊意义，主要用于个体病例的检查。主要的方法有组织涂片染色法、组织切片染色法、病原分离法等。对于猫和猫科动物粪便，可以用直接涂片法和饱和盐水浓集法进行卵囊检查。

1. 组织涂片染色法　　取急性感染期的患者或动物的体液、血液、脑脊液、羊水、骨髓、胸腔积液以及淋巴结穿刺液或病理剖检时的组织，直接涂片或经离心后取沉淀物作涂片，涂片经吉姆萨或瑞氏染色后，显微镜下用油镜观察，发现弓形虫速殖子、假包囊或包囊/缓殖子即可确诊。该法操作简便，但阳性率不高，易漏检。

2. 组织切片染色法　　取病理剖检组织，常规切片，经苏木精-伊红（HE）染色，显微镜下观察，发现速殖子、假包囊或包囊/缓殖子即可确诊。该法与组织涂片染色法一样，检出率不高。

3. 病原分离法　　病原分离法包括动物接种分离法和细胞培养分离法。

动物接种分离法：将待检病料经研磨制成组织悬液，无菌接种于小鼠腹腔内，一周后剖杀小鼠取腹水镜检，发现弓形虫速殖子或假包囊即可确诊。阴性则需盲传至少 3 代，并检查小鼠脑内有无弓形虫包囊存在。

细胞培养分离法：将病料组织悬液接种于体外培养的单层有核细胞，接种后逐日观察细胞病变以及培养物中的虫体，发现虫体即可确诊。如未发现虫体，继续盲传 3 代后检查。该法是目前常用的病原诊断方法，但受实验条件和场地限制，而且检测周期较长。

（二）血清学诊断

血清学诊断主要是检查人和动物体内的弓形虫抗体或循环抗原。由于目前人和动物几乎没有弓形虫病疫苗，因此，检查出抗体即意味着人和动物受到弓形虫感染。血清学检查方法既可用于个体病例的确诊，也适用于群体流行病学调查。常见的血清学诊断方法有染色试验（dye test，DT）、乳胶凝集试验（latex agglutination test，LAT）、间接血凝试验（indirect hemagglutination assay，IHA）、直接凝集试验（direct agglutination test，DTA）、改良凝集试验（modified agglutination test，MAT）、间接免疫荧光抗体试验（indirect immunofluorescent antibody test，IFAT）和酶联免疫吸附试验（enzyme linked immunosorbent assay，ELISA）等。

1. 染色试验　　该方法是检测血清中特异性弓形虫抗体的经典方法。其原理是弓形虫虫体与阴性血清作用后仍能被碱性美蓝深染，但与阳性血清作用后虫体不着色或着色较淡。该法特异性强、敏感性高，缺点是所用抗原为活的虫体，生物安全性差，所以目前较少使用。

2. 乳胶凝集试验　　LAT 是将乳胶颗粒包被弓形虫可溶性抗原，并加入待检血清中，阳性血清会出现凝集现象。

3. 间接血凝试验　　IHA 的原理是将可溶性抗原致敏于红细胞表面，用以检测相应抗体，在与相应抗体反应时出现肉眼可见凝集。该方法操作简单、灵敏度高，适用于弓形虫的流行病学调查和辅助诊断，但重复性较差。

4. 直接凝集试验　　以甲醛固定的弓形虫速殖子悬液作为抗原，与被检血清直接进行反应。在玻片上滴加不同稀释比的待检血清，轻轻混匀，几分钟后在显微镜下观察，如发生凝集，则待检血清为弓形虫抗体阳性。DTA 操作简便、快速，阳性反应出现时间比 IHA 早，但因其特异性和敏感性不高而未得到广泛应用。

5. 改良凝集试验　　为在 DTA 的基础上改进而来。用甲醛、碱性缓冲液等处理速殖子抗原，巯基乙醇处理待检血清。该方法是弓形虫抗体检测的金标准，广泛用于人和动物弓形虫病的流行病学调查。

6. 间接免疫荧光抗体试验　　该方法以福尔马林固定的弓形虫速殖子为抗原，加入待检血清，再加荧光标记的二抗，荧光显微镜下观察。阳性血清的虫体周围发出明亮的荧光，阴性血清虫体周围无特异性荧光。该方法广泛用于人和动物弓形虫抗体的检测。

7. 酶联免疫吸附试验　　其原理是借助酶的催化作用以及底物的放大效应，大大提高了特异性抗原、抗体反应的灵敏性。目前已开发出大量的弓形虫病 ELISA 诊断试剂盒，主要检测弓形虫循环抗原（CAg）和特异性抗体（IgG 和 IgM）。ELISA 在弓形虫病诊断中广泛使用。

（三）分子生物学诊断

WOAH 推荐的用于弓形虫病的分子生物学检测方法主要为多种 PCR 方法。其原理是，以弓形虫特有基因为靶标，通过对靶基因片段的放大扩增，使少量或微量的核酸片段成为可视的或可定量的产物。在检测样品中检出弓形虫核酸即可判断为弓形虫感染或弓形虫病，具有敏感性高、特异性强、检测快速等优点，而且能直接反映现症感染。分子生物学检测方法主要适用于个体病例确诊，也可用于胎盘、神经系统、心脏、横纹肌和血液样品的检测以及存在于猫及猫科动物粪便、水源、土壤和污染的蔬菜中卵囊的检测。

目前，检测弓形虫感染常用目的基因包括 *B1* 基因重复序列、P30（*SAG1* 基因）529bp 片段、核糖体内在转录间隔区 1（*ITS-1*）和 18S rDNA 序列等。检测方法主要包括普通 PCR、实时定量 PCR（real-time quantitative PCR）、巢氏 PCR 等。

普通 PCR 方法的灵敏度因靶标的不同而不同。P30 可以检出 1 个拷贝。*B1* 基因可检出 35 个拷贝，而 18S rDNA 可检出 110 个拷贝。

实时定量 PCR 以 *B1* 基因为靶标，具有高度灵敏性和特异性，可以定量组织或液体中的弓形虫数量。

巢氏 PCR 也以 *B1* 基因为靶标。首轮扩增产生 193bp 扩增片段，第二轮扩增产生的产物为 94bp。

对于猫和猫科动物粪便，也可以用前述 PCR 方法进行检查。土壤、水和蔬菜中的卵囊，需要对样品进行浓集等处理后，用上述 PCR 方法进行弓形虫卵囊污染情况的检测。国内建立的以 *ITS-1* 为靶标的 PCR 方法的灵敏度为每克土壤中 100 个速殖子，相当于 12.5 个弓形虫卵囊。

五、防治

（一）治疗

用于治疗弓形虫病的主要药物有乙胺嘧啶（pyrimethamine）、磺胺嘧啶（sulfadiazine）、甲氧苄胺嘧啶（trimethoprim）、磺胺六甲氧嘧啶（sulfadimethoxine）、磺胺甲氧吡嗪（sulfamethoxypyrazine）、磺胺氯吡嗪钠（sodium sulfanillopyrazine）、复方新诺明（sulfamethoxazole）、克林霉素（clindamycin）、螺旋霉素（spiramycin）、克拉霉素（clarithromycin）、妥曲珠利（toltrazuril）或妥曲珠利砜（ponazuril）、阿托伐醌（atovaquone）、氨苯砜（dapsone）等。其中联合用药效果比单独用药效果好。磺胺类药物效果比其他药物效果好。

磺胺嘧啶和乙胺嘧啶是治疗人弓形虫病的首选药物，但乙胺嘧啶能透过胎盘屏障，干扰胎儿的叶酸代谢，导致胎儿畸形，因此孕妇需严格遵照医嘱用药。螺旋霉素和乙酰螺旋霉素具有毒性小、器官分布浓度高、口服吸收迅速、维持时间长、不良反应少等优点，适用于孕妇患者。乙胺嘧啶与阿奇霉素、克拉霉素等均可配伍使用来治疗 AIDS 合并弓形虫脑炎患者。

（二）预防

鉴于弓形虫病流行的广泛性和危害严重性，应采取综合防控措施。

1. 加强宣传教育　　通过宣传，使人们确立"同一个健康"理念，认识到弓形虫病不仅危害动物健康，也严重危害人类健康和生态环境安全，同时了解弓形虫病的有关知识，积极参与到弓形虫病防控的行动中来。

2. 科学养猫　　猫是弓形虫病的传染来源。尽可能不养猫，特别是备孕妇女和体弱多病者以及老年人。不用生的或未煮熟的肉类喂猫。养猫不遗弃，减少流浪猫的数量。搞好猫粪便的处理，主动把宠物猫的粪便收集起来，集中处理。不与猫亲密接触。

3. 防止水源和食物污染　　搞好环境卫生，防止猫粪便污染水源和食物以及饲料等。

4. 搞好肉品卫生　　冷鲜肉是人和动物感染弓形虫病的重要来源。因此加强肉品卫生是防控弓形虫病的重要措施。对疑似患有弓形虫病的动物不屠宰，对病死动物按国家有关法律进行无害化处理。对上市的冷鲜肉进行冷冻等处理。

5. 改变人类不良生活习惯　　养成良好的生活习惯，不食生的或半生不熟的动物肉或肉制品，不食用未洗干净的水果和蔬菜。

6. 加强人类优生优育指导　　提高教育水平，定期进行孕前健康知识指导，孕前应检测弓形虫抗体，孕后定期复查和及时治疗，可有效避免先天性弓形虫病的发生。

7. 搞好养殖场环境卫生　　养殖场禁止养猫，并防止野猫进入动物圈舍。定期对圈舍及周边环境消毒，无害化处理动物粪便和圈舍污水等，净化环境中卵囊。

8. 注意防蜱灭蜱　　鉴于蜱具有通过叮咬动物传播弓形虫病的潜在可能，人应该做好自身防护，防止被蜱叮咬。养殖场应该注意灭蜱，减少蜱对动物的侵袭。

9. 免疫预防　　尽管世界各国都对抗弓形虫病疫苗进行了大量研究，但目前还没有适用于人类的弓形虫病疫苗上市。动物弓形虫病疫苗在国外上市的是一种用于羊的弱毒苗，但未在我国注册。

第二节　利什曼原虫病

利什曼原虫病（leishmaniasis）是由利什曼属（*Leishmania*）原虫寄生于人和动物单核吞噬细胞内引起的人兽共患原虫病，对人和动物危害严重。利什曼原虫整个发育过程中需要哺乳动物（包括人）和白蛉两个宿主。利什曼原虫病为 WOAH 通报疫病，是我国三类动物疫病和法定人兽共患寄生虫病，也是农业农村部《全国畜间人兽共患病防治规划（2022—2030 年）》中实施防治防范的主要畜间人兽共患病。

一、病原

（一）病原形态

利什曼原虫分类上属锥虫科（Trypanosomatidae）利什曼属。虫体可发现于各个部位的巨噬细胞和其他网状内皮系统细胞中，如皮肤、脾、肝、骨髓、淋巴结、黏膜等处，也可发现于血液白细胞和大单核细胞中，为单核吞噬细胞内的专性寄生虫。

在我国流行的主要有杜氏利什曼原虫（*Leishmania donovani*）和婴儿利什曼原虫（*L. infantum*），两种虫体形态基本相似。此外，在我国新疆还有对人和动物不致病的利什曼原虫分布。

利什曼原虫发育过程中存在无鞭毛体和前鞭毛体 2 个发育阶段（图 3-3）。其中无鞭毛体是致病阶段，前鞭毛体是感染阶段。

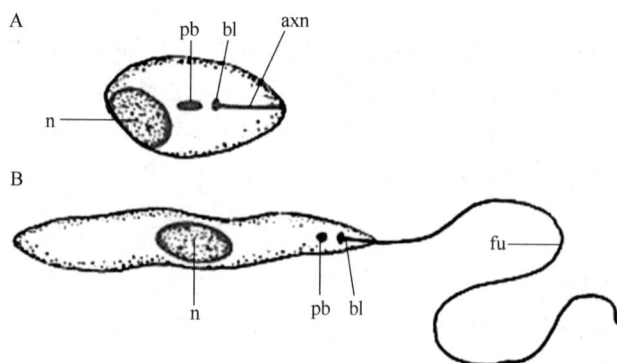

图 3-3　利什曼原虫（仿 Soulsby，1982）

A. 无鞭毛体；B. 前鞭毛体。n. 核；pb. 动基体；axn. 轴线；bl. 生毛体；fu. 鞭毛

无鞭毛体（amastigote）出现于人和哺乳动物内，又称利-杜小体，在单核巨噬细胞内，卵圆形，虫体很小，大小为（2.9～5.7）μm×（1.8～4.0）μm，圆形虫体直径为 2.4～5.2μm。经瑞氏染液染色后细胞质呈淡蓝色，内有一个较大的圆形核，呈紫红色。动基体位于核旁，着色较深，细小，呈杆状。在油镜下有时可见从前端颗粒状的基体（basal body）发出一条根丝体。基体靠近动基体，在光学显微镜下难以区别。

前鞭毛体（promastigote）出现于媒介白蛉体内。成熟的虫体呈梭形，大小为（14.3～20）μm×（1.5～1.8）μm；核位于虫体中部，前端有动基体和基体，由基体发出 1 根鞭毛，游离于虫体外。前鞭毛体运动活泼，鞭毛不停地摆动。在 NNN 培养基内常以虫体前端聚集成团，排列成菊花状。有时也可见到粗短形前鞭毛体，这与发育程度不同有关。

（二）生活史

利什曼原虫的整个发育过程需要人与哺乳动物和白蛉两个宿主。

当雌性白蛉叮吸被感染的动物或患者时，动物或患者血液或皮肤内含无鞭毛体的巨噬细胞被吸入白蛉胃内，经 24h，无鞭毛体发育为早期前鞭毛体。此时虫体呈卵圆形，鞭毛也已开始伸出体外。48h 后发育为短粗的前鞭毛体或梭形前鞭毛体。体形从卵圆形逐渐变为宽梭形或长度超过宽度 3 倍的梭形，此时鞭毛也由短变长。至第 3～4 天出现大量成熟前鞭毛体，活动力明显加强，并以纵二分裂法分裂，基体、动基体及核首先分裂，然后虫体自前向后逐渐一分为二，形成 2 个子体。原来的鞭毛留在一个基体上，另一个基体重新生出一根鞭毛。在数量急增的同时，逐渐向白蛉前胃、食道和咽部移动。1 周后成为具有感染力的前鞭毛体，大量聚集在喙。当白蛉叮吸健康动物或人时，前鞭毛体即随白蛉唾液进入动物体内或人体。

当感染有前鞭毛体的雌性白蛉叮吸哺乳动物或人体时，前鞭毛体随白蛉唾液进入其体内。一部分前鞭毛体被多形核白细胞吞噬消灭，一部分则进入巨噬细胞。前鞭毛体进入巨噬细胞后逐渐变圆，失去其鞭毛的体外部分，向无鞭毛体期转化，同时在巨噬细胞内形成纳虫泡，此时巨噬细胞的溶酶体与纳虫泡融合。无鞭毛体在巨噬细胞的纳虫泡内不但可以存活，而且进行二分裂繁殖，最终导致巨噬细胞破裂。游离的无鞭毛体又进入其他巨噬细胞，重复上述增殖过程。

前鞭毛体侵入巨噬细胞经历了黏附与吞噬两个步骤。前鞭毛体首先黏附于巨噬细胞，黏附后虫体随巨噬细胞的吞噬活动进入细胞。黏附的途径大体可分为两种，一种为配体-受体途径，一种为前鞭毛体吸附的抗体和补体与巨噬细胞表面的 Fc 或 C3b 受体结合途径。

二、流行病学

（一）感染来源

利什曼原虫病通常分为三型，分别是内脏型、皮肤型和黏膜皮肤型。内脏型又称黑热病（kala-azar）。利什曼原虫病呈世界性分布，在 100 多个国家和地区均有流行。全球每年新感染病例 70 万～100 万。被 WHO 列为危害人类最为严重的 6 种热带病之一。

我国主要为皮肤型和内脏型。利什曼原虫病曾是我国危害最为严重的寄生虫病之一，流行于长江以北，涉及 16 个省（自治区、直辖市）。自 1958 年以后，主要流行区华北、华东已基本消灭此病，但近些年来，部分地区出现少数散发患者，犬也有病例报道。

一般而言，人群普遍易感。婴幼儿和新进入疫区的外来人员易感。随着年龄的增长，敏感性逐渐降低。病愈者对再感染具有免疫力。经特效药物治愈的患者可终身免疫。犬对利什曼原虫易感，感染后常出现临床症状。猫和马也可以出现临床症状。野生啮齿动物和有袋类动物较易感染，豚鼠、兔、山羊、牛、猪以及冷血动物等不易感染。

患者，以及感染犬、猫、马和其他部分野生动物是本病的传染源。

（二）传播途径

利什曼原虫通过白蛉叮咬传播。在我国，已经证明的利什曼原虫传播媒介有 4 种，分别是中华白蛉（*Phlebotomus chinensis*）、长管白蛉（*Ph. longiductus*）、吴氏白蛉（*Ph. wui*）和亚历山大白蛉（*Ph. alexandri*）。中华白蛉是我国黑热病的主要传播媒介。在我国，中华白蛉分为家栖型和野栖型。前者出现在广大平原地区，从 5 月中下旬开始出现，至 8 月或 9 月消失，高峰大都见于 6 月。活动范围一般只限于居民点内，主要吸取人血。野栖型出现于山丘地区，活动季节较长，10 月还可见到。吸血对象较多，包括人、犬、各种牲畜和野生动物。长管白蛉分布于天山南北，叮咬人，是新疆南部利什曼原虫病的传播媒介。吴氏白蛉是我国西北地区荒漠内最常见的蛉种，属野生野栖，主要吸取野生动物血液，兼嗜人血。亚历山大白蛉主要分布于新疆吐鲁番、温宿和内蒙古阿拉善右旗等砾石戈壁地带以及甘肃酒泉的黑山湖荒漠内。

（三）流行情况

根据不同地区流行病学特点，我国利什曼原虫病大致可分为三种不同类型。

1. 人源型　　主要分布在我国华北平原和东部沿海地区，以及新疆喀什三角洲等平原地区。病原为杜氏利什曼原虫，主要是人的疾病，犬类很少感染。传播媒介为家栖型中华白蛉和近家栖的长管白蛉。华北平原和东部沿海地区已经消灭该病，但新疆地区还有病例发生。

2. 人畜共患山丘型　　分布在甘肃、青海、宁夏、四川北部、陕北、河南西部、河北东部、辽宁和北京市郊等山丘地区，病原为婴儿利什曼原虫。该病主要是犬的疾病，人的感染源大都来自病犬，比较散在。

患者多数是 10 岁以下的儿童，婴儿的发病率较高，成人很少感染。传播媒介为野栖型中华白蛉。

3．自然疫源荒漠型　　分布在新疆和内蒙古的荒漠地区，病原体为婴儿利什曼原虫。其传染来源为某些野生动物宿主。患者主要是附近的居民和进入荒漠的移民，多数是婴幼儿。传播媒介为野生野栖的吴氏白蛉和亚历山大白蛉。

目前，我国人和犬利什曼原虫病基本属于散发。据调查，上海的血清阳性率为 5.9%，四川犬血清阳性率为 10.56%，甘肃迭部和文县犬血样 PCR 阳性率为 41.15%。

三、症状与病理变化

（一）症状

1．人　　内脏型利什曼原虫病潜伏期一般为 3～6 个月，短则仅为 10d 左右，长可达 9 年之久。主要症状为发热，贫血，肝、脾、淋巴结肿大，齿龈出血等。晚期则消瘦、精神萎靡、头发脱落，面部发黄及色素沉着，静脉曲张，下肢浮肿等。如不治疗，很少自愈。常并发其他疾病而死亡。皮肤型主要在面、四肢或躯干部出现皮肤结节、丘疹和红斑，偶见褪色斑等。

2．犬　　犬感染利什曼原虫潜伏期可长达 6 周至 7 年，大部分犬感染利什曼原虫后在较长的时间内无症状。发病后症状不典型，主要表现为发热、食欲不振、体重明显下降、沉郁、咳嗽等。皮毛无光泽或脱落，眼睛周围脱毛形成特殊的"眼镜"状，体毛大量脱落。皮肤病变特征为过度角质化、增厚、皮屑以及皮肤、黏膜的溃疡。

3．猫　　猫感染利什曼原虫后也可以出现临床症状，主要是皮肤症状，表现为局部结节、溃疡、皮肤变厚、丘疹，以及皮肤发炎、脱毛、脱屑等。我国未见猫感染的报道。

4．马　　马感染利什曼原虫也可以出现临床症状，主要是皮肤出现结节和溃疡等，有时这些症状可以自行消退。我国未见马感染的报道。

（二）病理变化

无鞭毛体在巨噬细胞内繁殖，使巨噬细胞大量破坏和增生。巨噬细胞增生主要见于脾、肝、淋巴结、骨髓等器官和组织。浆细胞也大量增生。细胞增生是脾、肝、淋巴结肿大的基本原因，其中脾肿大最为常见，出现率在 95% 以上，后期则因网状纤维结缔组织增生而变硬。患者血浆内清蛋白量减少，球蛋白量增加，出现清蛋白、球蛋白比例倒置。球蛋白中 IgG 滴度升高。血液中红细胞、白细胞及血小板都减少。

四、诊断

（一）人和动物的诊断

需要根据流行病学和临床症状做出初步判断。确诊需要进行实验室检查，方法主要有病原学诊断、免疫学诊断和分子生物学诊断。

1．病原学诊断　　病原学诊断主要适用于个体病例确诊。

1）涂片法　　以骨髓、淋巴结或脾穿刺物以及皮肤病变组织刮取物作涂片，染色，镜检，发现无鞭毛体即可确诊。骨髓穿刺最为常用，原虫检出率为 80%～90%。淋巴结穿刺应选取表浅、肿大者，检出率为 46%～87%。脾穿刺检出率较高，可达 90.6%～99.3%，但不安全，少用。

2）组织切片法　　将剖检的动物组织以常规方法进行切片，HE 染色，油镜观察，发现无鞭毛体即可确诊。

3）培养法　　将上述穿刺物接种于 NNN 培养基，置 22～25℃培养。每周检查 1 次，连续培养观察 1 个月，若查到运动活泼的前鞭毛体则判为阳性。4 周后仍未观察到原虫，可判定为阴性结果。

2．免疫学诊断　　WOAH 推荐的免疫学诊断方法主要有 DAT、IFAT、ELISA 和快速免疫层析试验（rapid immunochromatographic assay）（诊断试纸条，strip-test）。其中，DAT、IFAT 和 ELISA 适用于群体、个体无利什曼原虫感染的确认、个体病例确诊及流行病学监测，而诊断试纸条主要用于个体病例的确认和流行病学监测。

1）DAT　　DAT 常用 0.4% 胰蛋白酶处理完整前鞭毛体，2% 甲醛固定，加终浓度为 0.1% 的考马斯亮蓝染色，与系列稀释的被检血清在 V 型孔板中混匀后在室温孵育过夜，第 2 天观察凝集反应。阳性反应出现典型的浅蓝色凝集，阴性反应出现边缘清晰的蓝色点。用 0.2mol/L 2-巯基乙醇处理被检血清，并在 37℃孵育，如此改良后，直接凝集反应对犬抗体具有 100%的敏感性和 98.9%的特异性。DAT 经济、操作简便。

2）IFAT　　IFAT 以前鞭毛体或无鞭毛体为抗原，加待检血清，以荧光标记的二抗识别检测血样中与利什曼原虫特异结合的抗体，于荧光显微镜下观察检测结果。阳性样本发出与荧光素颜色一致荧光，阴性样本不产生荧光。IFAT 检测具有较好的敏感性和特异性，但需要昂贵的检测设备，在基层推广应用受到局限。

3）ELISA　　ELISA 在犬利什曼原虫感染的检测中应用广泛，检测所使用的抗原包括粗抗原、纯化抗原、合成多肽和重组抗原等。其中重组抗原 rk39 检测效能最好，敏感性和特异性可以达到 99.5% 和 98.5%，应用最为广泛。

4）诊断试纸条　　诊断试纸条是以 rk39 抗原检测利什曼原虫感染犬和黑热病患者的特异抗体，对检测内脏利什曼原虫病具有较高的特异性和敏感性，敏感性可以到达 97%，特异性可以达到 100%。rk39 诊断试纸条能及时、准确地检测感染犬和现症患者，适用于基层推广。

需要注意的是，国外已经有犬利什曼原虫病疫苗上市。如果犬使用疫苗免疫，可能会对免疫学检测方法结果产生干扰。

3. 分子生物学诊断　　WOAH 推荐的分子生物学诊断方法为 PCR、巢式 PCR、实时荧光定量 PCR 和环介导等温扩增检测（loop mediated isothermal amplification，LAMP）扩增技术，适用于群体、个体无感染确诊、个体确诊和流行病学检测。

常用的分子检测靶标包括 kDNA 小环基因、*16S rDNA*、*ITS-1* 基因、小亚基核糖体核糖核酸（SSU rRNA）和剪接前导序列（spliced-leader RNA，SLRNA），但由于 kDNA 小环具有高拷贝数，使其在敏感性方面更具优势。

与传统 PCR 相比，巢式 PCR 敏感性更高，但特异性稍差。实时定量 PCR 与巢式 PCR 敏感性相当，但特异性更好。LAMP 扩增技术使用尚不普遍。

（二）媒介感染情况调查

白蛉是利什曼原虫的传播媒介。对媒介感染情况进行调查，可以确认媒介种类及其感染强度，有利于对疾病的流行做出评估与预测。

传统的媒介感染调查方法是将媒介解剖，涂片或切片，染色后镜检。目前，用于人和动物诊断的分子生物学方法大多可以用于媒介感染情况的调查，其更加灵敏和准确。

五、防治

（一）治疗

目前，常用治疗利什曼原虫病的药物有葡萄糖酸锑钠（sodium stibogluconate）、两性霉素 B（amphotericin B）、米替福新（miltefosine）、别嘌呤醇（allopurinol）等。其中别嘌呤醇临床效果很好，但很少治愈，故应与锑制剂或米替福新联合用药。

其他一些药物也有一定的抗利什曼原虫作用，包括巴龙霉素（paromomycin）、戊烷脒（pentamidine）、螺旋霉素（spiramycin）、甲硝唑（metronidazole）、喹诺酮（quinolones）及酮康唑（ketoconazole）。

（二）预防

1. 健康教育　　在流行区进行利什曼原虫病宣传教育，提高居民自我保护意识与能力。

2. 灭蛉　　在利什曼原虫病流行的地区，于白蛉出没季节，用杀虫剂喷洒人类住房屋和畜舍，以减少白蛉的出没。出现患者或患病动物后，用杀虫剂喷洒患者房屋或畜舍四周，以消灭白蛉。

3. 做好个人防护　　人类房屋装置细孔纱门、纱窗，夏季使用蚊帐、蚊香、野艾烟熏等，以驱避白蛉。夜间在野外工作的人员，应涂抹驱避剂，不露宿，防止白蛉叮咬。

4. 清除患病动物　　在流行区，清除病犬和无症状感染犬是防控人类内脏利什曼原虫病的优先策略。

对犬进行普查，发现病犬和隐性感染犬及时治疗或淘汰。在病犬较多的地区，动员群众少养或不养家犬。对野犬和流浪犬进行淘汰。同时，应注意猫和马等动物在人类利什曼原虫病中的作用，发现病例及时淘汰处理。

5. 免疫预防　　至今尚无人类利什曼原虫病疫苗上市。国外已经成功研制犬利什曼原虫病疫苗，具有一定的防控效果。但在我国尚无动物用疫苗上市。

第三节　日本血吸虫病

日本血吸虫病（schistosomiasis japonica）也称日本分体吸虫病，是由日本血吸虫（*Schistosoma japonicum*）寄生于人、牛、羊、猪、犬、啮齿动物及一些野生动物门静脉和肠系膜静脉内而引起的人兽共患吸虫病，对人和动物危害严重。日本血吸虫病是我国二类动物疫病和法定人兽共患病，也是农业农村部《全国畜间人兽共患病防治规划（2022—2030 年）》中重点实施防治的畜间人兽共患病，预期目标是在 2030 年达到全国消除标准。

一、病原

国际上报道的感染人和动物的血吸虫有 20 多种，主要的有埃及血吸虫（*Schistosoma haematobium*）、曼氏血吸虫（*Schistosoma mansoni*）、日本血吸虫等。我国流行的为日本血吸虫。

（一）病原形态

日本血吸虫属分体科（Schistosomatidae）分体属（*Schistosoma*）。虫体发育过程有虫卵、毛蚴、母胞蚴、子胞蚴、尾蚴、童虫及成虫 7 个发育阶段（图 3-4）。

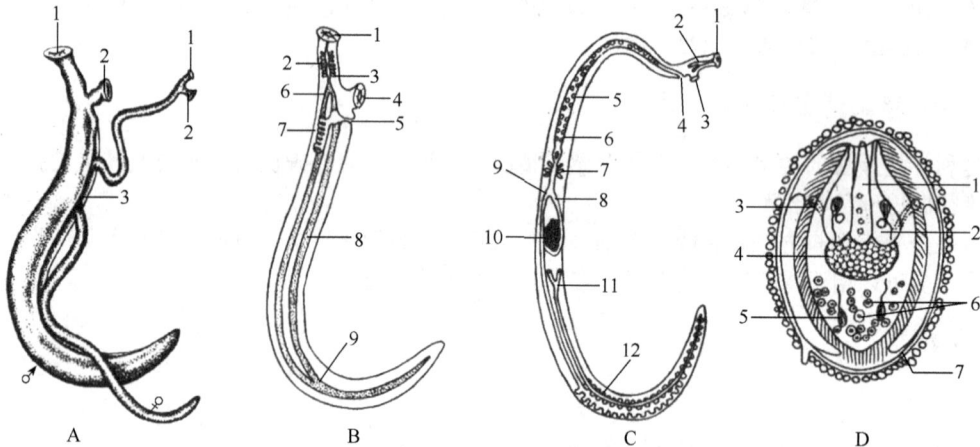

图 3-4　日本血吸虫成虫和虫卵（仿孔繁瑶，2010）

A. 雌雄虫合抱：1. 口吸盘；2. 腹吸盘；3. 抱雌沟。　B. 雄虫：1. 口吸盘；2. 食道；3. 腺群；4. 腹吸盘；5. 生殖孔；6、8. 肠管；7. 睾丸；9. 合一的肠管。C. 雌虫：1. 口吸盘；2. 肠管；3. 腹吸盘；4. 生殖孔；5、6. 虫卵与子宫；7. 梅氏腺；8. 输卵管；9. 卵黄管；10. 卵巢；11. 肠管合并处；12. 卵黄腺。D. 虫卵：1. 头腺；2. 穿刺腺；3. 神经突；4. 神经细胞；5. 焰细胞；6. 胚细胞；7. 卵模

1. 成虫　　出现于终末宿主人和动物体内。雌雄异体。雄虫乳白色，相对粗短，大小（10～20）mm×（0.50～0.55）mm。前端有较发达的口吸盘和腹吸盘。腹吸盘之前呈圆柱形，腹吸盘之后虫体背腹扁平，两侧向腹面卷曲，形成抱雌沟，故外观呈圆筒状。雌虫呈圆柱形，相对细长。前细后粗，形似线虫，大小（12～28）mm×（0.1～0.3）mm，腹吸盘大于口吸盘，由于肠管内充满消化和半消化的血液，故雌虫呈黑褐色，常生活在雄虫的抱雌沟内，呈雌雄合抱状态。

消化系统由口、食道、肠管等组成。肠管在腹吸盘背侧分为两支，向后延伸到虫体后 1/3 处汇合成一条肠管，再向后延伸并形成盲管。成虫摄食血液，肠管内充满被消化的血红蛋白，呈黑色。

雄虫生殖系统由睾丸、输出管、贮精管、贮精囊和生殖孔组成。睾丸为椭圆形，多为 7 个，呈串珠状排列，位于腹吸盘之后虫体的背侧。生殖孔开口于腹吸盘后方。

雌虫生殖系统由卵巢、卵黄腺、卵黄管、卵模、梅氏腺、子宫等组成。卵巢椭圆形，位于虫体中部。输卵管发自卵巢后端，绕过卵巢向前。卵黄腺分布于卵巢之后肠管的周围，卵黄管向前延伸，与输卵管汇合成卵模，卵模周围有梅氏腺。卵模与子宫相连接，子宫无明显弯曲，内含虫卵 50～300 个，子宫开口于腹吸盘后方的生殖孔。

2. 虫卵　　随终末宿主粪便排出体外。终末宿主粪便中检获的虫卵呈淡黄色，椭圆形，平均大小为 89μm×67μm。卵壳薄而均匀，无卵盖，卵壳外侧有一逗点状小棘。卵壳表面常吸附有宿主组织残留物。卵壳内侧有一薄层的胚膜，内含一成熟的毛蚴，毛蚴和卵壳之间常可见到大小不等的圆形或椭圆形的油滴状毛蚴头腺分泌物。电子显微镜下可见卵壳有微孔与外界相通。

3. 毛蚴　　由虫卵孵化而来，常出现于外界环境中。毛蚴在水中游动时其大小与形状随虫体伸缩而有所变化。一般呈长椭圆形，静止或固定后呈梨形，平均大小为 99μm×35μm。周身被有纤毛，纤毛为其运动器官。毛蚴前端有一锥形的顶突（也称钻孔腺）。体内前部中央有一袋状的顶腺，顶腺两侧各有 1 个长梨形的侧腺，顶腺与侧腺均开口于顶突。毛蚴的顶腺与侧腺分泌物中含有中性黏多糖、蛋白质和酶等物质，这些物质在毛蚴入侵钉螺过程中发挥重要作用。在毛蚴未孵出前，这些分泌物统称为可溶性虫卵抗原，可经卵壳的微孔释出。

4. 尾蚴　　由子胞蚴发育而来，出现在外界环境中。血吸虫的尾蚴属叉尾型尾蚴，大小为（280～360）μm×（60～95）μm，分体部和尾部，尾部又分尾干和尾叉。除特殊部位外，几乎全身体表被有小棘。体部前端为头器，内有一单细胞头腺。口孔位于虫体前端正腹面。腹吸盘位于体部后 1/3 处，由发达的肌肉组成，具有较强的吸附能力。尾蚴体部的中后部有 5 对呈左右对称排列的单细胞腺体，称钻腺。其分泌物有助于尾蚴侵入宿主组织。2 对前钻腺位于腹吸盘前，内含钙、碱性蛋白和多种酶类，具有粗大的嗜酸性分泌颗粒；3 对后钻腺位于腹吸盘后，内含丰富的糖蛋白和酶，具较细的嗜碱性分泌颗粒。前、后钻腺分别由 5 对腺管向体前端分左、右 2 束开口于头器顶端。

5. 童虫　　由尾蚴发育而来，出现在终末宿主体内。尾蚴与哺乳动物皮肤接触后立即侵入，从钻进皮肤脱掉尾部直至发育为成虫之前为童虫阶段。它在终末宿主体内一边移行一边生长发育，途经皮肤、肺、肝等脏器，经历了一系列的发育过程，最后定居于肝门静脉、肠系膜静脉系统中，并发育为成虫。

（二）生活史

日本血吸虫的生活史以人和多种哺乳动物为其终末宿主，湖北钉螺（*Oncomelania hupensis*）为其中间宿主。

成虫寄生于终末宿主的肝门静脉、肠系膜静脉系统，栖居在肠黏膜下层的小静脉末梢处，长时间地连续产卵。每条雌虫每日产卵 300～3000 个。雌虫呈阵发性地成串排出卵，虫卵在宿主肝、肠组织血管内沉积成念珠状。虫卵主要分布于肝及结肠肠壁组织，仅少部分虫卵破坏肠黏膜随粪便排出体外。约经 11d，卵内的卵细胞即可发育为毛蚴，卵内毛蚴分泌物能透过卵壳，破坏血管壁，使周围组织发炎、坏死；同时肠的蠕动、腹内压增加，致使坏死组织向肠腔破溃，虫卵便随破溃组织落入肠腔，随粪便排出体外。不能排出的虫卵沉积在局部组织中，能存活 10d 左右，随后逐渐死亡、钙化。

虫卵随粪便排出体外，进入水体，在 5～35℃水温条件下均可孵出毛蚴，一般以 25～30℃最为适宜。低渗透压的水体、光线照射、适宜 pH 等因素可以加速虫卵孵化。毛蚴孵出后，多分布在水体的浅表层，利用其体表的纤毛作直线方向的旋转前进。毛蚴能感应 CO_2 分压、O_2 分压和 pH 的变化，并具有向光性、向温性和向上性的特点。毛蚴在水中的活力、寿命与水质、水温及 pH 等有密切关系，一般能存活 1～3d。当遇到中间宿主湖北钉螺，可主动侵入螺体，在螺体内进行无性繁殖，先后经历母胞蚴和子胞蚴阶段。子胞蚴内进一步形成尾蚴，尾蚴成熟后离开子胞蚴，逸出螺体。一个毛蚴钻入钉螺体内，经无性繁殖，产生数以千万计的尾蚴。尾蚴在钉螺体内分批成熟，陆续逸出。从毛蚴侵入钉螺到尾蚴形成的全部过程所需时间与环境温度有关，至少为 44d，最长是 159d。发育成熟的尾蚴自螺体逸出并在水中游动。

尾蚴从螺体内逸出的首要条件是水，但水的多少对尾蚴的逸出并无影响，钉螺即使在只有点滴露水的草叶或潮湿的泥土上也能逸出尾蚴。水温、光照和 pH 等因素影响尾蚴从钉螺逸出。其中最主要的影响因素是水温，尾蚴逸出的最适宜温度为 20～25℃。

尾蚴逸出后，多以静止状态分布在水面，其寿命一般为 1～3d。尾蚴的存活时间及其感染力与水温及水的 pH、盐度等有关。当终末宿主与尾蚴接触时，尾蚴通过吸盘吸附在宿主的皮肤上，依靠其体内腺细胞分泌物的酶作用、头器伸缩的探查作用、体部肌肉强烈的伸缩活动和尾部的摆动钻穿宿主皮肤。在尾蚴侵入终末宿主过程中，宿主皮肤表面化学物质也发挥了刺激钻穿的作用。尾蚴的体部钻入宿主皮肤，尾部脱落在宿主皮肤外面。

尾蚴侵入宿主皮肤后，称为童虫。童虫进入皮下小血管或淋巴管内，很快随血流经右心到肺，通过肺泡小血管，再由左心入体循环，到达肠系膜上、下动脉，经毛细血管进入肝门静脉。童虫性器官初步分化，雌雄虫合抱并移行到肝门静脉、肠系膜静脉寄居发育至成虫。自尾蚴侵入宿主至成虫成熟并开始产卵约需 24d，产出的虫卵在组织内发育成熟需 11d 左右。对于不同种类的宿主，从尾蚴侵入宿主体内至发育为成虫所需的时间有所不同，通常肉牛需要 39～42d，奶牛需要 36～38d，水牛需要 46～50d。动物体内的成虫通常可存活 3～4 年，在肉牛体内可存活至少 10 年。在人体内，日本血吸虫成虫通常寿命 4～5 年，最长可存活 40 年之久。

二、流行病学

（一）感染来源

血吸虫病的易感动物有 40 种之多，除人外，有 8 种家畜和 30 多种野生动物。家畜包括黄牛、水牛、羊、猫、猪、犬及马属动物等，野生动物包括家鼠、褐家鼠、田鼠、松鼠、貉、狐、野猪、刺猬、金钱豹等。人、畜和野生动物等终末宿主因排出日本血吸虫虫卵而成为传染源，其中以人、牛、羊、猪、犬及野鼠为主要传染源。

（二）传播途径

本病的流行需要 3 个主要条件，即终末宿主粪便中的虫卵能落入水中并孵出毛蚴；有适宜的钉螺供毛蚴寄生发育；尾蚴能遇上并进入终末宿主体内发育。

人和动物接触含有毛蚴的疫水，游于水中的尾蚴可直接钻入人和动物皮肤内，使人和动物受到感染。人和动物在饮水或吃草时吞食尾蚴可经口腔黏膜感染。孕妇或怀孕的母畜也可经胎盘感染胎儿。

（三）流行情况

日本血吸虫病主要分布于亚洲的印度尼西亚、中国和菲律宾，日本也曾经流行日本血吸虫病。

远在 2100 多年前，我国已有日本血吸虫病流行。1949 年前，我国长江流域及以南的湖南、湖北、江西、安徽、江苏、云南、四川、浙江、广东、广西、上海、福建等 12 个省（自治区、直辖市）曾经广泛流行，有感染患者 1200 万余人，病牛约 120 万头，钉螺分布面积达 148 亿 m^2。1949 年后，国家高度重视血吸虫的防控，采取了积极有效的防控措施，取得了巨大成就。经过 60 多年的努力，至 2015 年，全国达到传播控制标准。截至 2018 年，曾经流行肆虐的 12 个省（自治区、直辖市）中，上海、广东、福建、广西、浙江 5 地已达到血吸虫病消除标准，四川达到传播阻断标准，云南、江苏、湖北、安徽、江西及湖南达到传播控制标准。全国 450 个流行县中，达到消除标准或传播阻断标准的有 387 个（86.0%），达到传播控制标准的有 63 个（14.0%）。

截至 2019 年，我国仍存在晚期血吸虫病患者 3 万多人，主要分布于湖北、江西、湖南、安徽、江苏等地，以腹水型和巨脾型为主。

2017 年在我国血吸虫病流行区共检查存栏耕牛 454 830 头，发现粪检阳性耕牛 1 头。在全国 457 个国家级血吸虫病监测点共检查耕牛 11 726 头，未发现血吸虫阳性牛。

按钉螺的分布及流行病学特点，我国血吸虫病流行区可分为平原水网型、山区丘陵型和湖沼型。

平原水网型主要分布在长江与钱塘江之间长江三角洲的广大平原地区。这类地区河道纵横，密如蛛网，钉螺随网状水系而分布。

山区丘陵型主要在我国西南部，如四川、云南等地，江苏、安徽、浙江、福建也有此型。此类型流行区地理环境复杂，钉螺分布单元性强，按水系分布。该型流行区一般交通闭塞，经济发展水平不高，血吸虫病的防治难度较大。

湖沼型主要分布在湖南、湖北、江西、安徽、江苏等地的长江沿岸和湖泊周围。由于有大片冬陆夏水的洲滩，钉螺分布面积大，曾经为我国血吸虫病流行的主要地区。

（四）流行影响因素

1. 中间宿主 钉螺是日本血吸虫的唯一中间宿主，在我国为湖北钉螺。有钉螺存在的地区，才可能有血吸虫病的流行。我国有钉螺分布的地区主要有江苏、浙江、安徽、江西、湖南、湖北、四川、云南、福建、广东、广西及上海等 12 个省（自治区、直辖市）。当地感染率的高低与钉螺的分布、密度及感染螺的多少有密切关系。钉螺是一种小型螺，螺壳呈褐色或淡黄色，螺壳有 6～8 个螺旋（右旋），一般以 7 个螺旋为最多。壳口呈卵圆形，周缘完整，略向外翻。钉螺能适应水、陆两种环境生活。气候温和、土壤肥沃、阴暗潮湿、杂草丛生的地方是其良好的滋生地，以腐败的植物为食物。钉螺的寿命一般为 1～2 年。钉螺主要在春季产卵，螺卵分布于近水线的潮湿泥面上，并在水中和潮湿的泥面上孵化。在自然界，幼螺出现的高峰时间多在温暖多雨的 4～6 月。

2. 易感动物和人群 耕牛和褐家鼠较为敏感，感染率最高。黄牛的感染率和感染强度一般均高于水牛。黄牛年龄越大，阳性率越高。肉牛中最易感的是 3 岁以下的幼牛，具有较高的发病率。水牛的感染率随着年龄的增长有降低的趋势，水牛还有自愈现象。

人类对日本血吸虫普遍易感，患者以农民、渔民为多，男性多于女性。在多数流行区，11～20 岁为感染血吸虫的高峰年龄段。非流行区无免疫力的人群进入疫区，以及儿童感染大量血吸虫尾蚴，常发生急性血吸虫病。集体感染后出现暴发流行。

3. 季节 日本血吸虫病一年四季均可感染，但以春夏季感染机会最多，冬季感染机会较少。春季雨水多，气温适宜，钉螺最为活跃。此时，人们生产繁忙，下水机会增多，感染机会也多。夏季气温高，下水人数远多于其他季节，如在河、湖水中游泳、洗澡及参加抗洪抢险等，急性感染多有发生。秋季温度虽然适宜钉螺生活，但雨量较春夏季为少，田中也多干涸，感染机会也相对减少。

4. 防控计划制订与实施 人类主动干预某种重大疾病，制订科学周密综合性防控计划并加以有效实施，对疾病的流行具有重大影响。我国根据血吸虫病流行的具体情况，提出了不同的综合防控计划，各个部门协同发力，历经以消灭钉螺为主的综合防治阶段、以人兽化疗为主的综合防治阶段、以传染源控制为主的综合防治阶段等，在血吸虫病防控方面取得了巨大成就，得到了国际社会的高度认可，证明了防控计划制订与实施在重大动物疫病防控中的重要作用。

5. 农田水利建设与重大水利工程 农田水利建设可以改变血吸虫中间宿主钉螺的生存环境，影响钉螺的分布。而重大水利工程，不仅可以改变区域内水资源的分布，甚至可以改变局部气候，进而影响钉螺的生态与血吸虫病的流行。我国全国达到传播控制标准，与有效实施农田水利建设和水利工程，改变钉螺的滋生地密不可分。

三、症状与病理变化

（一）症状

1. 人 日本血吸虫病患者临床表现复杂，主要取决于患者感染度、虫卵沉积部位、病理损害程度和宿主免疫状态等因素。根据病程变化及临床表现，可分为急性血吸虫病、慢性血吸虫病、晚期血吸虫病及异位血吸虫病。

1）急性血吸虫病 常见于初次大量感染尾蚴者，慢性患者再次大量感染尾蚴也可发生。多发生于夏秋季，男性青壮年与儿童居多。当尾蚴侵入皮肤后，部分患者局部出现丘疹或荨麻疹，称尾蚴性皮炎。潜伏期一般为 15～75d，当雌虫大量产卵时，患者可出现发热 38～40℃、腹痛、腹泻、咳嗽、肝脾肿大及外周血嗜酸性粒细胞增多。重症患者可出现水肿、腹水、恶病质，甚至死亡。粪便中可查见血吸虫卵或毛蚴孵化阳性。

2）慢性血吸虫病 急性症状消失后，病情逐步转向慢性期。在流行区，绝大多数的血吸虫病患者为慢性血吸虫病。这些患者大多反复接触疫水，获得对再感染的部分免疫力。大多数患者无临床症状，也可有间歇性腹泻、腹痛、粪便带黏液及脓血、伴里急后重、贫血、肝脾肿大、消瘦等症状。

3）晚期血吸虫病 一般在感染后 5 年左右，部分重度感染者开始出现干线型肝纤维化，临床上出现肝脾肿大、门静脉高压和其他综合征。根据主要临床表现，晚期血吸虫病可分巨脾型、腹水型、侏儒型及结肠增殖型四型。一个患者可同时具有多型的表现。巨脾型占多数，主要表现为脾体积增大，脾下缘可达脐平线以下，或向内侧肿大超过腹中线。腹水型是由于肝纤维化而引起，腹水程度轻重不等，可反复发作。重度腹水者可出现呼吸困难、脐疝、股疝、下肢水肿、胸水和腹壁静脉曲张等。侏儒型是患者在儿童时期反复感染血吸虫，导致慢性或晚期血吸虫病，影响内分泌功能所致。患儿身材呈比例性矮小，生殖器官与第二性征发育不全。结肠增殖型与血吸虫卵沉积及息肉形成有密切关系，患者以结肠病变为突出，可有左下腹痛，腹泻、便秘或便秘与腹泻交替出现。黏液便或血便，病变严重者可发生不完全肠梗阻。

4）异位血吸虫病　　日本血吸虫成虫在肝门静脉、肠系膜静脉系统范围以外的静脉血管内寄生称异位寄生。肝门静脉、肠系膜静脉系统以外的器官或组织内血吸虫虫卵肉芽肿产生的损伤称为异位损害或异位血吸虫病。日本血吸虫在人体最常见的异位损害部位是肺和脑，也可见于皮肤、甲状腺、心包、肾、肾上腺皮质、腰肌、疝囊、两性生殖器及脊髓等处。

2. 动物

1）黄牛和奶牛　　黄牛和奶牛较为敏感，感染后可以出现明显临床症状。按照症状的不同可以分为急性型和慢性型。

急性型：多见于重度感染小牛，偶见于成年黄牛。病牛反应迟钝，食欲不振，体温高于40℃，会出现不规律的间歇热。行动迟缓，静站不动，急性感染会在20d后出现腹泻，之后转为下痢，排出的粪便中混杂血液及黏液的团块。严重暴瘦、虚弱无力、贫血、起卧比较困难。黄牛使役力下降，奶牛产奶量下降，母畜不孕或流产。之后会转变为慢性型或恶化死亡。

慢性型：该型较为常见。表现为食欲不正常，时强时弱，精力不足，有的病牛会发生腹泻，排出的粪便中混杂血液且腥臭味较大，排便时很可能发生里急后重，有的甚至导致脱肛、肝硬化及腹水。日益消瘦、贫血，奶牛产奶量降低，母牛不发情、不易受孕，妊娠牛会导致流产。犊牛呈现的状况就是发育比较缓慢，很容易形成侏儒牛。轻度感染者可无症状。

2）绵羊和山羊　　羊感染后通常症状较轻，主要表现为食欲减退、消瘦、腹泻、下痢、贫血、精神不振。严重者致衰竭而死亡。

3）水牛、马属动物、猪和犬　　水牛、马属动物、猪和犬感染后一般没有明显临床症状。重度感染者有腹泻、下痢、贫血、消瘦、被毛粗乱等症状。

（二）病理变化

血吸虫感染过程中，尾蚴、童虫、成虫和虫卵均可对宿主造成损害。尾蚴钻入皮肤对入侵部位造成机械性损伤，使局部发生Ⅰ型（速发型）和Ⅳ型（迟发型）超敏反应，引起尾蚴性皮炎。童虫在血管内移行，成虫寄生于血管内，分别导致宿主发生一过性血管炎和静脉内膜炎。另外，成虫的代谢产物、分泌物、排泄物和更新脱落的表膜在宿主体内可形成免疫复合物，引起宿主发生Ⅲ型（复合物型）超敏反应。血吸虫卵是血吸虫病的主要致病因子。成熟雌虫产卵后，小部分虫卵会随着粪便排出体外，污染环境；大部分虫卵沉积在宿主的肝、肠壁或膀胱壁等组织。虫卵在这些组织中发育成熟后，卵内毛蚴释放的可溶性虫卵抗原经卵壳上的微孔渗透到宿主组织中，通过抗原提呈细胞（APC，如DC等）提呈给辅助性T细胞（Th细胞）。致敏的Th细胞再次受到同种抗原刺激后产生各种因子，引起淋巴细胞、巨噬细胞、嗜酸性粒细胞、中性粒细胞和浆细胞趋向、集中于虫卵周围，形成虫卵肉芽肿（Ⅳ型超敏反应），一旦疾病发展到肉芽肿阶段，损害便是不可逆转的。肉芽肿不断破坏肝、肠壁、膀胱壁等组织结构，引起慢性血吸虫病。卵内毛蚴死亡后，逐渐停止释放抗原，肉芽肿直径开始减小，虫卵逐渐消失，代之以纤维化。

剖检病死牛可见肝脾肿大，肝出现粟粒大小的黄色或灰白色沙粒状虫卵结节，大的有高粱米粒大小。腹腔内会出现大量的积液。肠壁增厚，并伴有淡黄色黄豆大小的结节，直肠最为严重，黏膜出现小溃疡、瘢痕组织及乳头样结节，其内通常出现虫卵。肠系膜淋巴结肿大，门静脉的血管增厚，在其肠系膜静脉中能够发现虫体。

四、诊断

根据临床症状和流行病学资料，可以做出初步判断，确诊需要进行实验室诊断。实验室诊断主要有病原学诊断、免疫学诊断和分子生物学诊断。

（一）人

中华人民共和国卫生部（现国家卫生健康委员会）2006 年批准制定的《血吸虫病诊断标准》仍然为现行标准。该标准规定了流行病学史、临床表现、实验室检测、药物治疗效果为一体的人急性、慢性和晚期血吸虫病综合诊断标准。该标准推荐的实验室检测技术包括 IHA、ELISA、胶体染料试纸条法（DDIA）、环卵沉淀试验（COPT）、斑点金免疫渗滤试验（DIGFA）、粪便检查找到虫卵或毛蚴、直肠活检发现血吸虫虫卵。

（二）动物

动物血吸虫病的国家诊断标准现行的为《家畜日本血吸虫病诊断技术》（GB/T 18640—2017）。根据这一标准，动物日本血吸虫病的诊断可以分为活体诊断和剖检诊断。

1．活体诊断　　活体诊断的方法主要有病原学诊断、免疫学诊断及分子生物学诊断。

1）病原学诊断　　病原学诊断推荐方法为粪便毛蚴孵化法。清晨从家畜直肠中采取粪样或采取新排出的粪便，以尼龙筛兜或铜筛淘洗浓集虫卵后，直接镜检粪便沉渣或进行毛蚴孵化，发现虫卵或毛蚴即可确诊。检查时所用水的 pH 为 6.8～7.2，无水虫和化学物质污染（包括氯气）。采粪季节宜于春秋两季，其次是夏季，不宜于冬季。

2）免疫学诊断　　免疫学诊断推荐的方法是间接血凝试验。被检血清 10 倍和 20 倍稀释孔出现（＋）以上凝集现象时，判为阳性。

此外，用于人类的免疫学诊断方法 ELISA、胶体染料试纸条法、环卵沉淀试验、斑点金免疫渗滤试验等也可用于动物。

3）分子生物学诊断　　虽然我国各项标准中尚无推荐分子生物学诊断技术，但一些研究表明，分子生物学技术具有自身的优点，可以用于血吸虫病的诊断。主要检测终末宿主粪便中虫卵内的 DNA 和血液中少量虫体 DNA 或 RNA。

目前运用到血吸虫病诊断和检测的分子生物学方法包括 PCR、LAMP、指数富集配体系统进化技术（systematic evolution of ligand by exponential enrichment，SELEX）、重组酶聚合酶扩增（recombinase polymerase amplification，RPA）技术、重组酶介导扩增（recombinase aided amplification，RAA）的核酸等温扩增及微流控盒技术（microfluidic cassette）等。

2．剖检诊断　　对动物进行剖检的目的是发现成虫和虫卵。

1）成虫剖检　　家畜宰杀后，采用专门用于血吸虫病的剖检方法，收集血液冲洗液中的虫体，如果发现虫体，即可确诊。

2）肝组织虫卵压片检查　　取出家畜肝，肉眼观察，如发现肝表面有白色结节，用眼科剪剪取结节，置载玻片上，每片可置 4～5 个结节；取一载玻片置结节之上，压紧，用胶布或橡皮筋固定，将压好的载玻片置于显微镜下检查，发现虫卵即可确诊。

3）肝虫卵毛蚴孵化检查　　取家畜肝组织 10～20g，剪碎，加入 20ml 孵化用水，用组织捣碎机（或高速分散均质机）粉碎，加入 100ml 孵化用水，混匀，均匀分成 4 份，分别进行毛蚴孵化。发现毛蚴即可确诊。如有怀疑，可用滴管将毛蚴吸出，置显微镜下进一步观察。

（三）螺和外界环境中的虫体检测

钉螺感染情况的调查和水环境中虫体的发现，是血吸虫病流行病学调查的重要内容，有助于中间宿主种类的鉴定和疾病的预测。

传统钉螺感染情况的调查是对钉螺进行解剖，然后在显微镜下观察螺体内胞蚴或尾蚴。但这种方法检出率低，费时费工。目前，一些分子生物学检测方法已经用于螺体内虫体的检测，也用于环境水中尾蚴的检测，灵敏性高。

五、防治

（一）治疗

目前，吡喹酮为推荐的用于人和动物血吸虫病治疗的首选药物。

吡喹酮可有效杀灭日本血吸虫成虫，但对童虫无效，单剂量使用难以完全治愈体内有不同发育期虫体的患者，且单独使用吡喹酮不能逆转与感染相关的不良病理损害。

有报道，将蒿甲醚和青蒿琥酯与吡喹酮联合使用，可以增加疗效。

历史上，我国还用硝硫氰胺（amoscanate）、六氯对二甲苯（hexachloroparaxylene，血防 846）治疗牛的血吸虫病。

（二）防控

2016 年，中共中央、国务院印发了《"健康中国 2030"规划纲要》，提出 2030 年达到消除目标。2019 年，国务院对《血吸虫病防治条例》进行了修订。2022 年，农业农村部发布了《全国畜间人兽共患病防治规划（2022—2030 年)》，将动物日本血吸虫病列为重点防治的 8 种畜间人兽共患病，在 2030 年达到消除目标。

根据这些规划和条例，目前国家对血吸虫病防治实行预防为主的方针，坚持防治结合、分类管理、综合治理、联防联控，人与家畜同步防治，重点加强对传染源的管理。

提出的主要预防措施有以下几方面。

（1）血吸虫病防治地区根据血吸虫病预防控制标准，划分为重点防治地区和一般防治地区。

（2）实行卫生、农业、水利、林业等多部门联防联控。

（3）积极开展宣传教育，包括公众教育、学校教育和单位教育。

（4）在农业、兽医、水利、林业等工程项目中采取与血吸虫病防治有关的工程措施。相关措施应当符合相关血吸虫病防治技术规范的要求。

（5）进行人和家畜的血吸虫病筛查、治疗和管理。国家对农民免费提供血吸虫基本预防药物，对经济困难农民的血吸虫病治疗费用予以减免。每年按照国家动物疫病监测与流行病学调查计划进行家畜查治，控制家畜感染，实行网络化和信息化管理，掌握疫情动态。

（6）开展流行病学调查和疫情监测。目的是通过调查、收集监测点疫情信息，分析疫情动态，预测疫情趋势，为拟订血吸虫病防治计划、对策和评价防治效果提供依据。监测的主要内容有人群病情、家畜病情等。

（7）调查钉螺分布，实施药物杀灭钉螺。杀灭钉螺严禁使用国家明令禁止使用的药物。在有钉螺分布的低洼沼泽地带（非基本农田）开挖池塘、实施标准化池塘改造，发展优质水产养殖业，实行蓄水灭螺。

（8）防止未经无害化处理的粪便直接进入水体。推行对牛、羊、猪等家畜的舍饲圈养，加强对圈养家畜粪便的无害化处理。在血吸虫病疫区实施沼气池建设，对人、畜粪便进行无害化处理，通过发酵等方式杀灭虫卵，减少直接排放污染环境，有效切断传播途径。禁止在血吸虫病防治地区施用未经无害化处理的粪便。

（9）加强家畜传染源管理。禁止在有钉螺地带放养牛、羊、猪等家畜。大力推进农业耕作机械化，逐步淘汰耕牛或以机耕代牛耕，在暂未淘汰耕牛的流行区逐步推行家畜集中圈养。鼓励有条件的流行区发展替代养殖业，减少易感动物的饲养量。

目前，国内外尚无人和动物血吸虫病疫苗上市。

第四节　片形吸虫病

片形吸虫病（fascioliasis）是由肝片吸虫（*Fasciola hepatica*）或大片形吸虫（*F. gigantica*）寄生于人和动物的肝胆管而引起的重要人兽共患吸虫病，虫体造成急慢性肝炎和胆管炎、营养吸收障碍等，给畜牧业和人类健康造成巨大的影响。该病分布广泛，在全世界 81 个国家均有报道。片形吸虫病是我国三类动物疫病和法定人兽共患寄生虫病，也是农业农村部《全国畜间人兽共患病防治规划（2022—2030 年）》中实施防治防范的主要畜间人兽共患病。

一、病原

（一）病原形态

片形吸虫属片形科（Fasciolidae）片形属（*Fasciola*）。有肝片吸虫（图 3-5）和大片形吸虫两种。两种虫体均为大型吸虫。

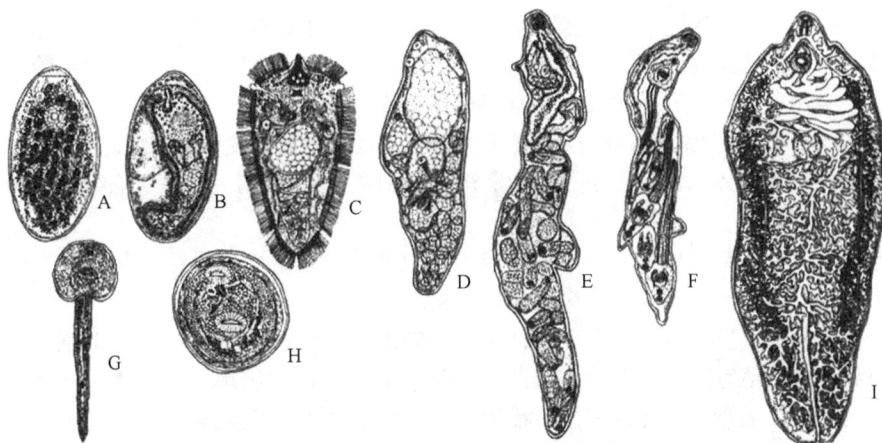

图 3-5　肝片吸虫的虫卵、各期幼虫和成虫（仿陈心陶，1985）

A. 虫卵；B. 含毛蚴虫卵；C. 毛蚴；D. 胞蚴；E. 母雷蚴；F. 子雷蚴；G. 尾蚴；H. 囊蚴；I. 成虫

1. 肝片吸虫　　背腹扁平，外观呈树叶状，活时为棕红色，固定后变为灰白色。大小为（21～41）mm×（9～14）mm，体表有小的皮棘。虫体前端有一呈三角形的锥状突，称头锥，头锥基部变宽，形似 1 对"肩"。肩部以后逐渐变窄，后端尖。口吸盘呈圆形，直径约 1.0mm，位于头锥的前端。腹吸盘比口吸盘稍大，位于口吸盘稍后方。生殖孔位于口、腹吸盘之间。消化系统由口吸盘底部的口孔开始，下接咽和食道及两条肠管，肠管末端为盲端。肠管分支，外侧支多，内侧支少而短。雄性生殖器官具有睾丸 2 个，具有多个分支，前后排列于虫体的中后部，睾丸各有一条输出管，两条输出管上行汇合成一条输精管，进入雄茎囊，囊内有贮精囊和射精管，其末端为雄茎，通过生殖孔伸出体外，在贮精囊和雄茎之间有前列腺口。雌性生殖器官有 1 个鹿角状的卵巢，位于腹吸盘后的右侧。输卵管一端连接卵巢，另一端与卵模相通，卵模位于睾丸前的体中央，卵模周围有梅氏腺。子宫位于卵模和腹吸盘之间，曲折重叠，内充满虫卵，一端与卵模相通，另一端通向生殖孔。卵黄腺由许多褐色颗粒组成，分布于体两侧，与肠管重叠。左右两侧的卵黄腺通过卵黄腺管横向中央，汇合成一个卵黄囊与卵模相通。无受精囊。体后端中央处有纵行的排泄管。

虫卵较大，（133～157）μm×（74～91）μm，呈长卵圆形，黄色或黄褐色，前端较窄，后端较钝，常有小的粗隆。卵盖不明显，卵壳薄而光滑，半透明，分两层。卵内充满卵黄细胞和一个胚细胞。

2. 大片形吸虫　　形态与肝片吸虫相似。虫体呈长叶状，大小为（25～75）mm×（5～12）mm，体长与宽之比约为 5∶1。虫体两侧缘较平行，后端钝圆。"肩"部不明显。腹吸盘约较口吸盘大 1.5 倍。肠管和睾丸的分支更多且复杂。

虫卵为黄褐色，长卵圆形，大小为（150～190）μm×（75～90）μm。

（二）生活史

片形吸虫发育过程中需要中间宿主。中间宿主为椎实螺科的淡水螺。我国已经证实的有 5 种，即小土蜗螺（*Galba pervia*）、斯氏萝卜螺（*Radix swinhoei*）、截口土蜗（*Galba truncatula*）、耳萝卜螺（*Radix auricularia*）和青海萝卜螺（*Radix cucunorica*）。大片形吸虫的主要中间宿主为耳萝卜螺，不少地区还证实小土蜗螺也可作其中间宿主。

片形吸虫的生活史包括成虫、虫卵、毛蚴、胞蚴、雷蚴、尾蚴、囊蚴、童虫 8 个生活阶段。肝片吸虫和大片形吸虫各阶段虫体形态基本相似，但发育时间有较明显的差异。

成虫寄生于宿主肝胆管内，产出虫卵随胆汁入肠腔，经粪便排出体外。产卵覆盖成虫的整个生存期，甚至能达到数百万个。虫卵在适宜的温度（25～26℃）、氧气、水分及光线条件下，经 11～12d 孵出毛蚴。虫卵只有在适宜的温度、湿度下才能迅速发育为毛蚴，干燥环境或阳光直射时，迅速死亡。毛蚴的孵出与氧气、温度、光线和水质有关，4～5℃停止孵出，12～30℃都能孵出。光照和温水均可刺激毛蚴大量孵出。

毛蚴游动于水中。形似舌状，前端较宽，向后逐渐变窄。前端有一吻突，体表有表皮细胞 5 对，左右对称。纤毛由表皮细胞长出。体前部有许多屈光性的小颗粒。有原肠，袋状，与吻突相通。原肠两侧各有 1 个穿刺腺，通向吻突。有 1 对眼点，黑褐色，呈"X"状，位于体前部的中央处。焰细胞 1 对，位于体前 2/5 的中央处，与曲折的排泄管相通，排泄孔开口于第 4、5 对表皮细胞之间。体后部的中央有大小不等的胚球，灰白色，半透明。毛蚴在外界环境通常只能生存 6～36h。

毛蚴遇到适宜的中间宿主即钻入其体内。毛蚴在螺体内，经无性繁殖发育为胞蚴、雷蚴和尾蚴几个阶段。

胞蚴呈圆形或椭圆形，体内含有大小不等的胚球，灰白色，半透明，有 6 个焰细胞。一个胞蚴体内含有 5～15 个雷蚴。

雷蚴长 1～2mm，具有口、咽和盲肠。肠内含有褐色或淡黄色的食物颗粒，咽的后方有一领状物突出于体表，后端 1/3 处有 1 对左右对称的足突。在咽的附近有产孔。

发育期的长短与外界温度、湿度与营养条件有关，如果温度适宜，在 22～28℃时需经 35～38d，从螺体逸出尾蚴。外界条件不适宜时，则发育为子雷蚴（daughter redia），出现两代雷蚴，在螺体中发育的时间更长。侵入螺体内的一个毛蚴，经无性繁殖，最后可产生百个到数百个尾蚴。

尾蚴自雷蚴的产孔逸出，游动于水中，形似蝌蚪，灰白色，半透明，由体部和尾部组成。体部前端有口吸盘，口下为咽和食道，再接两条盲肠，肠管两侧有许多屈光性的小颗粒，体两侧有暗褐色的成囊细胞，体长 0.268mm×0.261mm，近似圆形。尾部平均长为 0.802mm。尾部做左右旋转摆动，游动极其活泼。

囊蚴由尾蚴发育而来，对终末宿主具有感染性。尾蚴产出后，经 3～5min 脱掉尾部，成囊细胞分泌黏液将虫体包被起来，形成囊蚴。囊蚴黏附于水生植物的茎叶上或浮游于水中。囊蚴新鲜时为白色，后来变为灰褐色，近似圆形，直径为 0.25mm，不透明。囊蚴外有 3 层膜：最外层厚；中层为胶质，透明；内层为暗黑色，纤维质。有口吸盘、腹吸盘、咽、食道及两条盲肠，并有屈光性小颗粒。

牛、羊、人等吞食含囊蚴的水或草而遭感染。囊蚴在宿主十二指肠中各种物质的刺激下脱囊形成童虫，一部分童虫穿过肠壁到达腹腔，由肝包膜进入肝胆管。另一部分童虫钻入肠黏膜，经肠系膜静脉或经胆总管进入肝，发育为成虫。潜隐期需 2～3 个月。成虫可存活 3～5 年。

二、流行病学

（一）感染来源

目前证明，约有 50 种动物可以作为终末宿主感染片形吸虫，包括牛科、驼科、羊科、鹿科、马科、长颈鹿科、兔形目、肉食动物、有袋类、啮齿动物、猪及人，其中 36 种为野生动物。家畜中，主要感染的为黄牛、水牛、牦牛、绵羊、山羊、鹿、骆驼等反刍动物，人、猪、马、驴、兔也可感染发病。感染动物不断向外界排出虫卵，成为人和动物片形吸虫病的感染源。

（二）感染途径

食入或饮入囊蚴是片形吸虫感染的主要途径。动物长时间停留在狭小而潮湿的牧地上放牧时最易遭受严重的感染，舍饲的动物也可因用从低洼、潮湿牧地割来的牧草而被感染。

人往往是因为喝生水喝入水中囊蚴或食入受到囊蚴污染的生菜而被感染。所以，片形吸虫病也是水传和食传性疾病。

（三）流行情况

肝片吸虫全球分布，除南极洲外，各大洲均有分布。大片形吸虫主要分布于非洲和亚洲的热带、亚热带地区。片形吸虫对家畜的危害较大，据估计，全球有超过 6 亿头家养反刍动物感染片形吸虫，造成的经济损失每年高达 32 亿美元，其中大部分损失来自动物死亡和肝报废，其他损失来自奶、毛和肉产量下降。

人片形吸虫病过去只是偶尔发生，但目前，全球各个大陆有 240 万～5000 万人感染片形吸虫，受威胁者达 1.8 亿人。全球几乎每个国家都有人片形吸虫病的报道。人和动物片形吸虫病近年来呈明显上升趋势。

肝片吸虫病在我国分布最广，危害严重，遍及全国各省（自治区、直辖市），多呈地区性流行。大片形吸虫病在我国多见于南方各地，如福建、广东、广西、江西、江苏、浙江、湖南、湖北及云南等。据报道，我国广西牛片形吸虫感染率平均为 69.3%，云南宾川地区牛和羊的感染率分别为 28.63% 和 25.23%，甘肃牦牛血清学阳性率为 28.7%，黑龙江克东县牛的虫卵阳性率为 83.03%、病死率为 8.6%，河南中牟县奶牛虫卵阳性率为 5.41%。

我国人的片形吸虫病历史上多为散发，1921～2018 年共报告 306 例，但近年来发病有上升的势头。例如，云南 2011～2018 年就报告了 65 例，并出现暴发事件。云南宾川地区人片形吸虫血清抗体总阳性率为 3.0%。

（四）流行影响因素

1. 中间宿主　　中间宿主淡水螺是影响片形吸虫病流行和分布的重要因素。目前已经证明，全球最少有 30 种淡水椎实螺可以作为片形吸虫的中间宿主。小土蜗螺在池塘、缓流小溪的岸边、低洼牧地的小水湾、沼泽草地、房舍和畜舍附近的污水沟边常群栖成堆。春末、夏、秋季节，气候温暖、雨水充沛时极为活跃，大量繁殖，数目剧增。幼螺耐低温、干涸和饥饿，经常藏匿在潮湿的淤泥中或植物的茎叶上，可存活一年以上，并可越冬。螺体内肝片吸虫的各幼虫期也可随螺的越冬而越冬。

2. 温度与水　　温度和水也是片形吸虫病流行的重要因素。

虫卵的发育、毛蚴和尾蚴的游动，以及淡水螺的存活与繁殖都与温度和水有直接的关系。因此，肝片吸虫病的发生和流行及其季节动态与各地区的具体地理气候条件密切相关。试验证明 25～30℃ 时虫卵发育最适宜，经 8～12d 即可孵出毛蚴。在潮湿无光照的粪堆中可存活 8 个月以上。含毛蚴的虫卵在新鲜水和光线的刺激下可大量孵出毛蚴。尾蚴在 27～29℃ 的温度下和在新鲜水的刺激下从螺体内可大量逸出。33℃ 时则停止逸出。囊蚴对外界因素的抵抗力较强，尤其在潮湿的环境中可存活数月而不死，如在湿草上储藏 8 个月的囊蚴仍可感染豚鼠。

螺、水与温度共同决定了片形吸虫病的流行具有明显的季节性。在多雨年份，特别在久旱逢雨的温暖季节可出现暴发和流行。动物的感染，在我国北方地区多发生在气候温暖、雨量较多的夏、秋季节。在南方地区，由于雨水充沛、温暖季节较长，因而感染季节也较长，不仅在夏、秋季节感染，而且在冬季也可感染。

3. 动物饲养量　　自 1964 年以来，为了满足日益增长的人类需求，全球牛、羊养殖量不断增加。我国也如此，牛的养殖总量虽然略有下降，但羊的饲养总量明显增加，与 1996 年相比，2016 年增加了 6000 多万只。牛、羊养殖量的增加，势必引起环境虫卵污染的加重和疾病流行的增加。

4. 全球气候变暖　　全球气候变暖已经是不争的事实。气候变暖可以改变中间宿主螺的分布和在外界的存活时间，促进虫体在螺体内的发育及释放，进而加重感染。在英国和意大利南部，已经证明人片形吸虫病的暴发与气候变暖相关。

5. 虫体基因变异　　研究表明，在片形吸虫中存在与布氏姜片吸虫更接近的变异体，也存在介于肝片吸虫和大片形吸虫中间的"中间型"。虫体变异株的存在，可以使虫体适应更广泛的终末宿主或中间宿主，也可以导致虫体毒力或致病力的增强。这些变异均可导致疾病的增加。我国也存在"中间型"虫体，并且在某些局部地区成为优势虫株。

三、症状与病理变化

（一）症状

1. 人　　人感染片形吸虫所引起的损害程度取决于感染虫体的数量。体内寄生的童虫及成虫均可致病。患者临床首发症状主要为腹痛、发热、腹胀、乏力、体重下降、恶心、呕吐、皮肤损害，其余偶有厌油、腹泻、心悸、气促、头晕、头痛等。其中皮肤损害表现为双下肢散在皮下肿块，肿块最大为 5cm×2cm，质韧、无压痛、活动性差。

2. 动物　　轻度感染往往不表现症状。牛感染数量达到 250 条成虫、羊达到 50 条成虫时，即可表现症状，但幼畜即使轻度感染也可能表现症状。根据病期，一般可分为急性型和慢性型两种类型。

1）羊　　绵羊最敏感，最常发生感染，死亡率也高。

急性型：由移行期童虫引起。在短时间内吞食大量囊蚴，2000 个以上时，感染后 2～6 周内发病。多发于夏末、秋季及初冬季节，病势猛，使病畜突然倒毙。病初表现体温升高，精神沉郁，食欲减退，衰弱易疲劳，行动缓慢。迅速发生贫血。叩诊肝区半浊音界扩大，压痛敏感，腹水，严重者在几天内死亡。

慢性型：由成虫寄生于胆管引起。吞食中等量囊蚴 200～500 个后，4～5 个月内发生。此类型较多见，常见于冬末初春季节。主要症状是逐渐消瘦、贫血和低白蛋白血症，导致患畜高度消瘦，黏膜苍白，被毛粗乱，易脱落。眼睑、颌下及胸下水肿和腹水。母羊乳汁稀薄、妊娠羊往往流产，终因恶病质而死亡。有的可拖延至次年天气转暖，饲料改善后逐步恢复。

2）牛　　多呈慢性经过。犊牛症状明显，成年牛一般不明显。如果感染严重，营养状况欠佳，也可能引起死亡。病畜逐渐消瘦，被毛粗乱，易脱落。食欲减退，反刍异常，继而出现周期性瘤胃膨胀或前胃弛缓。下痢，贫血，水肿。母牛不孕或流产。乳牛产奶量减少和质量下降。如不及时治疗，终因恶病质而死亡。

（二）病理变化

片形吸虫的致病作用和病理变化常与虫体发育阶段和感染数量密切相关。感染后，囊蚴和童虫向肝实质内移行，机械地损伤和破坏肠壁、肝包膜和肝实质及微血管，引起炎症和出血，导致肝肿大，肝包膜上有纤维素沉积，出血，肝实质内有暗红色虫道，虫道内有凝血块和幼小的虫体。进而引起急性肝炎和内出血，表现为腹腔中有带血色的液体和腹膜炎变化，这是本病急性死亡的原因。

虫体进入胆管后，虫体长期的机械性刺激和代谢产物中毒性物质的作用，引起慢性胆管炎、慢性肝炎和贫血现象。早期肝肿大，以后萎缩硬化，小叶间结缔组织增生。虫体寄生数量多时，引起胆管扩张，管壁增厚，整个胆管变粗甚至堵塞，胆汁停滞而引起黄疸。剖检可见胆管如绳索样凸出于肝表面，胆管内壁有磷酸钙和磷酸镁盐类沉积，使内膜粗糙，胆囊肿大。此类变化多见于牛。在牛肺组织内可找到由虫体所致的结节，内含暗褐色半液状物质或 1～2 条虫体。虫体的代谢产物可扰乱中枢神经系统，使动物体温升高，贫血，并出现全身性中毒现象。侵害血管时，使管壁通透性增高，易于渗出，从而发生血液稀薄和水肿。片形吸虫吸食血液，是慢性病例营养障碍、贫血和消瘦的原因之一。

此外，童虫移行时从肠道带进微生物如诺维氏梭菌，引起传染性坏死性肝炎，使病势加剧。

患者进行肝穿刺活检术，病理组织切片检查见大量嗜酸性粒细胞和淋巴细胞浸润、嗜酸性脓肿及局部坏死。皮肤损害患者进行皮肤组织活检可见皮肤组织真皮层、表皮层无显著改变，皮下脂肪小叶间隔大量嗜酸性粒细胞浸润，局部小血管壁内膜增厚，符合嗜酸性脂膜炎特征。

四、诊断

（一）人

国家卫生和计划生育委员会（现国家卫生健康委员会）2017 年发布了《片形吸虫病诊断》标准，为我国现行的人片形吸虫病诊断技术规范。

该标准提出了流行病学史、临床症状和实验室诊断相结合的综合诊断依据。推荐的实验室诊断方法有虫卵检测、虫体检获、免疫学检测和外周血嗜酸性粒细胞检测等。有流行病学史、出现相应的临床表现及外周血嗜酸性粒细胞的百分比和/或绝对值增高的病例，诊断为疑似病例。疑似病例中血清免疫学阳性者为临床诊断病例。疑似病例或临床诊断病例中病原学检查阳性者为确诊病例。推荐的免疫学诊断方法为排泄分泌抗原-ELISA 方法。该方法具有早期诊断价值，可作为重要的实验室检查手段。但该方法无法区分既往感染和现症感染，应结合临床表现加以鉴别。

（二）动物

根据流行病学资料和临床症状可以做出初步判断，确诊需要进行实验室诊断。实验室诊断的主要方法有病原学诊断（粪便检查、剖检）、免疫学诊断和分子生物学诊断。

1. 粪便检查　　粪便检查发现虫卵即可确诊。粪便检查可用反复水洗沉淀法或尼龙绢袋集卵法。只见少数虫卵而无症状出现，可判断为片形吸虫感染或带虫者。急性病例时，在粪便中找不到虫卵，需要用免疫学方法和分子生物学方法进一步检查。

2. 剖检　　剖检时，急性病例可在腹腔和肝实质中发现童虫，慢性病例则可在胆管内检获成虫。发现童虫或成虫即可确诊。

3. 免疫学诊断　　免疫学诊断一是检测血清抗体，二是检测粪便抗原。

检测血清抗体的主要方法有 IHA 和 ELISA 等，对急性病例和流行病学调查有重要作用。

一种利用单克隆抗体 MM3 建立的粪抗原检测 ELISA 方法已经在国外商品化。该方法的敏感性可以达到 94%，特异性达到 98%。

4. 分子生物学诊断　　较为有价值的分子生物学诊断方法是检测动物粪便中的虫体 DNA 分子。主要的方法有 PCR、实时定量 PCR 及 LAMP 等。但一些研究发现，这些粪便分子生物学检测方法检出率并不高，这可能与粪便样品处理和操作人员技术熟练程度密切相关。

近来，人们通过扩增片形吸虫 *18S rDNA* 和 *ITS-2*，建立了 PCR 方法，具有很好的灵敏性。

（三）椎实螺感染调查

中间宿主感染情况调查，对于中间宿主种类的鉴定和疾病流行情况的预测具有重要意义。

传统椎实螺感染情况调查的方法是解剖螺，在显微镜下观察，或者观察螺释放出尾蚴的情况。这些方法，一是费时费力，二是当螺感染多种虫体的时候，难以区分。

五、防治

（一）治疗

人和动物的治疗药物基本相同。主要药物有三氯苯咪唑（triclabendazole）、阿苯达唑（albendazole）、氯舒隆（clorsulon）、氯氰碘柳胺（closantel）、硝碘酚腈（nitroxynil）、羟氯柳苯胺（oxyclozanide）、碘醚柳胺（rafoxanide）、硝氯酚（nitroclofene）、硫双二氯酚（别丁）（bithionol）等。其中三氯苯咪唑、阿苯达唑和碘醚柳胺对成虫和童虫均有效，硝氯酚、羟氯柳苯胺对童虫无效。

人类多用三氯苯咪唑。硝唑尼特（nitazoxanide）对人也有一定的治疗作用。

（二）预防

应根据流行病学特点，采取综合防治措施。

1. 加强宣传教育　　通过宣传，人们认识到片形吸虫病对人类健康的危害，了解片形吸虫病的有关知识。个人养成良好的生活卫生习惯，不喝生水、不吃生菜等。

2. 加强养殖模式改革和卫生管理　　尽可能舍饲，不放牧。在无螺区放牧，或选择在干燥处放牧。动物饮用自来水，不饮用低洼地带的水。保持水源清洁，防止污染。不从流行区或有螺区采购牧草。

3. 动物定期驱虫　　动物全群定期驱虫。驱虫的时间和次数可根据流行区的具体情况而定。每年最少应驱虫 2 次，一次在冬季，一次在春季。流行区每年可进行 3 次驱虫。

4. 做好家畜粪便无害化处理　　动物的粪便，特别是驱虫后的粪便，应集中进行无害化处理，可堆积发酵杀灭虫卵。

5. 消灭中间宿主　　灭螺是预防片形吸虫病的重要措施。可结合农田水利建设、草场改良等，填平无用的低洼沼泽地带，以改变螺的滋生条件。此外，还可用化学药物灭螺，也可饲养家鸭，消灭中间宿主。

目前，尚无人和动物片形吸虫病疫苗上市。

第五节　华支睾吸虫病

华支睾吸虫病（clonorchiasis）又称肝吸虫病，是由华支睾吸虫（*Clonorchis sinensis*）寄生于人和肉食性哺乳动物的肝胆管内而引起的人兽共患吸虫病。该病广泛分布于东亚，并且在一些地区严重流行。目前，我国 27 个省（自治区、直辖市）有该病的发生。华支睾吸虫病被世界卫生组织列为被忽视的热带病，是我国三类动物疫病和法定人兽共患寄生虫病，也是农业农村部《全国畜间人兽共患病防治规划（2022—2030 年)》中实施防治防范的主要畜间人兽共患病。

一、病原

（一）病原形态

华支睾吸虫属后睾科（Opisthorchiidae）支睾属（*Clonorchis*）。成虫呈葵花籽形状。体形狭长，背腹扁平，前窄后圆，体表光滑无棘，大小为（10～25）mm×（3～5）mm。虫体具有两个吸盘，其中口吸盘位于虫体顶端，腹吸盘位于虫体前 1/5 处，口吸盘略大于腹吸盘。消化道开口于口吸盘内，下接咽及短的食管，向下分成两肠支沿虫体两侧下行至虫体后端，其末端为盲管状。华支睾吸虫为雌雄同体，睾丸两个，呈分支状，前后排列于虫体的后 1/3 处。卵巢位于虫体中部，边缘分叶。睾丸与卵巢之间还有一囊状受精囊。卵黄腺为颗粒状，分布于腹吸盘和受精囊水平间虫体两侧。输卵管的远端为卵模。子宫为管状，与卵模相通，从卵模开始盘绕至生殖腔，内充满黄褐色的虫卵。雌雄生殖孔开口在生殖腔内，位于腹吸盘的前方（图 3-6）。

图 3-6　华支睾吸虫成虫（仿 Soulsby，1982）

虫卵形似白炽电灯泡，淡黄褐色，其大小平均为 29μm×17μm，一端较窄且有一卵盖，卵盖与壳体交接处有峰样凸起的肩峰，另一端通常可见到一小棘，卵壳厚薄均匀，内含一成熟的毛蚴。

（二）生活史

华支睾吸虫的生活史是典型的复殖吸虫生活史，发育过程中需要 2 个中间宿主，终末宿主为人或多种肉食类的哺乳动物。第一中间宿主为淡水螺，已经证明的有 10 多种，我国有 3 种，即纹沼螺（*Parafossalurus striatulus*）、长角涵螺（*Alocinma longicornis*）及赤豆螺（*Bithynia fuchsianus*）。第二中间宿主是淡水鱼、虾，已经证明的有 100 多种。我国有草鱼（*Ctenopharyngodon idellus*）、青鱼（*Mylopharyngodon piceus*）、土鲮鱼（*Labeo collaris*）和麦穗鱼（*Pseudoarsbora parva*）及细足米虾（*Caridina nilotica gracilipes*）、巨掌沼虾（*Macrobrachium superbum*）等，共计 39 种。

华支睾吸虫成虫寄生于人和肉食类哺乳动物的肝胆管内，虫较多时可移居至大的胆管、胆总管或胆囊内，也偶有虫体寄生于胰腺管内。成虫产出的虫卵随宿主的胆汁进入消化道，之后随粪便排出进入水中，虫卵在水中被第一中间宿主淡水螺吞食后，在螺的消化道内孵出毛蚴，毛蚴穿过肠壁在螺体内发育成为胞蚴，再经胚细胞分裂，形成许多雷蚴和尾蚴。成熟的尾蚴从螺体内逸出，在水中遇到适宜的第二中间宿主淡水鱼、虾则侵入第二中间宿主的肌肉等组织，经 20～35d 发育成为囊蚴。囊内幼虫运动活跃，可见口、腹吸盘，排泄囊内含黑色颗粒。囊蚴在鱼体内可存活 3 个月到 1 年。囊蚴被终末宿主吞食之后，在宿主消化液的作用下，囊壁被软化，囊内幼虫的酶系统被激活，幼虫活动加剧。幼虫在终末宿主十二指肠内破囊而出，脱囊后的幼虫循胆汁逆流而行，几小时之内部分幼虫即可到达肝内胆管，在此发育为成虫。幼虫在终末宿主体内发育为成虫的时间约为 1 个月。成虫寿命为 15～20 年。

二、流行病学

华支睾吸虫病主要分布于东亚诸国，在我国分布十分广泛。该病的流行与许多因素密切相关。例如，传染源的数量，池塘、沟渠和中间宿主的分布，犬、猫和猪的饲养管理方式，以及当地居民的饮食、卫生习惯等。

（一）感染来源

除人外，华支睾吸虫感染的动物种类很多，包括犬、猫、猪、狐狸、野猫、獾、水獭、貂、黄鼬、水灵猫、豹猫、家兔及多种鼠类。能够排出华支睾吸虫虫卵的人和动物均可作为传染源。某些地区受感染的人是主要的传染源，而另一些地区感染的病畜或病兽则为主要传染源，该病在畜或兽之间自然传播，人因偶然介入而感染。因此，华支睾吸虫病为自然疫源性疾病。该病的大多数疫区存在人、畜、兽 3 种传染源。

（二）传播途径

华支睾吸虫病的传播主要是由于终末宿主排出粪便中的虫卵能够进入水中，并且水中存在华支睾吸虫的第一、二中间宿主，以及当地人或动物生食或半生食入淡水鱼、虾等。食入含有囊蚴的第二中间宿主是感染的主要途径。

一般而言，华支睾吸虫病流行地区的人群都有生食或半生食鱼肉的习惯。成人感染方式以食生鱼为主，而儿童的感染与他们在野外食入未烧或烤熟透的鱼、虾有关。相关报道指出，将鱼肉切成约 1mm 厚的鱼肉片时，放入 60℃以上的热水中，1min 之内即可将其中的囊蚴全部杀死。烧、烤、烫或蒸全鱼时，可能因为温度、时间不够或鱼、肉过厚等原因，不能将其中的囊蚴全部杀死。

动物宿主中，犬、猫、猪均为杂食肉，都有吞食生鱼、虾的习性，人类也常用生的或未处理的鱼、虾等喂饲犬、猫和猪等，从而使这些宿主获得感染。

（三）流行情况

1. 人　人的华支睾吸虫病主要流行于亚洲国家（包括韩国、中国、越南北部），以及俄罗斯的远东地区。全球约有 2 亿人受到感染威胁，其中 1500 万人受到感染，150 万～200 万出现症状或并发症。我国共有约 1082 万人感染。大部分省（自治区、直辖市）均有发病，广东、广西、吉林、辽宁、黑龙江是重度流行地区，而西藏、青海、宁夏、内蒙古等地区少见报道。人不分年龄、性别、种族均可感染。其中男性感染多于女性，有些地区男性感染者几乎是女性感染者的 2 倍。全国不同地区华支睾吸虫病的感染率与年龄之间的关系不尽相同，平原水网型流行区以成年人为主，大多数感染者的年龄分布在 20～50 岁。山地丘陵流行地区以儿童感染率最高。年龄最小的感染者为 3 个月婴儿，最大感染者为 87 岁老人。

2. 动物　近年来的调查显示，我国不同地区犬、猫和猪等动物的华支睾吸虫感染率不一。浙江地区犬的血清学阳性率为 1.13%；江西信丰地区猫粪便虫卵阳性率为 4.63%、犬为 1.33%，而猪粪中未检出虫卵；广西南宁家养猫和流浪猫的确诊率为 64.76%；吉林汪清地区犬的血清学阳性率为 35.1%。也有报道显示，我国西南地区犬、猫和猪的感染率分别为 70%、50% 和 27%。另外一项报道显示，我国西南地区流行区域内的猫感染率为 7%～73%，犬感染率为 1%～85.7%，未见猪、牛和鼠的感染。

3. 淡水螺　淡水螺是华支睾吸虫的第一中间宿主。但我国近年有关淡水螺感染情况的报道较少。2002～2009 年进行的调查显示，我国西南地区纹沼螺、长角涵螺的感染率分别为 0.3%～20.1% 和 0.4%～8.2%。更早的研究表明，辽宁铁岭地区纹沼螺的感染率可以达到 19.2%，而湖北鄂中江汉平原和鄂东丘陵地区纹沼螺、长角涵螺的感染率分别是 3.4% 和 6.3%。赤豆螺的感染率相对较低。1981～1982 年四川内江地区赤豆螺的感染率为 1.96%。

4. 淡水鱼　鱼类作为华支睾吸虫的第二中间宿主，在人和动物疾病传播中的作用极为关键。最近我国的研究表明，39 种淡水鱼华支睾吸虫的平均感染率为 23.5%，其中东北地区淡水鱼华支睾吸虫感染率达 35.7%，华中地区为 25.9%，华南地区为 20.6%。春季淡水鱼样本的华支睾吸虫感染率最高，为 44.1%，而秋季和夏季感染率较低，分别为 6.7% 和 3.3%。来源于自然水体的淡水鱼华支睾吸虫感染率为 25.2%，来源于零售环节的为 22.2%，养殖环节的为 12.3%。个别地区的华支睾吸虫感染率更高，如桂林罗非鱼的感染率可以达到 50%。这些调查表明，中国淡水鱼华支睾吸虫感染率较高，华支睾吸虫病防控任务依然艰巨。

（四）流行影响因素

华支睾吸虫病的流行与多种因素有关。主要的因素有以下几项。

1．终末宿主数量　　除人外，犬、猫、猪是华支睾吸虫病最重要的感染来源。《2021 年中国宠物行业白皮书》数据显示，2021 年全国城镇宠物犬和宠物猫总数超过 1.12 亿只，其中宠物犬数量约为 5429 万只，宠物猫数量约为 5806 万只。这一数据，只是城镇宠物犬和猫的数量，还不包括乡村猫和流浪猫及乡村犬的数量。据上海某小区的调查，该小区有宠物猫 35 只，而流浪猫却有 50 只。可见城镇流浪猫的数量不低于宠物猫。乡村犬和猫并不被当作宠物，而是多处于自由生活或半自由生活。流浪猫、乡村猫比宠物猫有更多的机会食入生鱼和生虾。如此巨大的犬、猫数量，无形中增加了感染终末宿主的总量，使更多的虫卵排至外界环境，造成中间宿主的感染。

尽管我国猪的养殖数量也在逐年增加，但近年来，重大疫病的发生，急剧改变了我国养猪业的饲养方式，散养和个体养殖户基本全部被淘汰，规模化养殖成了主要方式，严格的生物安全措施，使猪已经难以接触到生鱼、虾等。猪的感染及其在华支睾吸虫病流行中的作用应该明显降低。

2．淡水养殖业　　据国家统计局统计，2020 年我国淡水鱼、虾产量超过 3000 万 t。而 1978 年这一数据只有 105.9 万 t。淡水鱼、虾养殖业的快速发展，急剧增加了华支睾吸虫第二中间宿主的数量。与此同时，扩大了水塘面积，为虫体第一中间宿主螺提供了更多的生存空间，也促进了华支睾吸虫病的流行。

3．人类生活方式　　随着越来越多的鱼、虾投入市场，人们有更多的机会吃到鱼、虾，但人们喜欢食用生鱼片、醉虾等习惯并没有改变，反而有发展趋势。烤鱼、烤虾等新的食用方式又不断出现，加大了人类感染华支睾吸虫的概率。

4．全球气候变暖　　全球气候变暖正在对人类和动物疾病产生深刻影响。最近的研究表明，基于 MaxEnt 模型和我国气候变化的趋势，在 2041～2060 年周期内，我国纹沼螺的高度适宜生存面积将增加 91.00 万 km^2，并有继续增加的趋势。中度适宜生存区和低度适宜生存区的面积也有不同程度的增加。用同样的模型或相似模型对我国长角涵螺、赤豆螺进行分析，未来不同程度的适宜生存面积都将扩大。螺适宜生存面积的扩大，将有利于华支睾吸虫病的流行。

三、症状与病理变化

（一）症状

1．人　　轻度感染者常无临床症状。大部分病例多表现倦怠乏力，食欲减退，腹泻时断时续，或慢性腹泻、腹痛、腹部饱胀等。60%以上的患者有肝肿大，部分患者出现水肿、夜盲及不规则发热。重度感染者除上述症状外，可出现全身水肿、腹水、脾肿大、贫血等类似肝硬化的症状，同时表现营养不良、发育障碍。少数病例一次大量感染，可出现寒战、高热、肝区疼痛及轻度黄疸、血转氨酶升高等症状。

2．动物　　犬、猫、猪等多呈隐性感染，临床症状不太明显。严重感染时，病畜表现为发热、疲乏、头晕、食欲减退、消化不良、下痢、消瘦、贫血、水肿，甚至腹水，肝区叩诊有痛感。病程多为慢性经过，可并发其他疾病而造成死亡。

（二）病理变化

2009 年，WHO 将华支睾吸虫确认为人胆管癌的一类致癌物。

华支睾吸虫主要的致病作用是损害宿主的肝组织。病变主要发生在肝的次级胆管。成虫寄生于胆管内破坏胆管上皮和黏膜下血管。虫体的分泌物、代谢产物和机械刺激可引起胆管内膜和胆管周围的超敏反应，造成胆管的局限性扩张和上皮增生。在细菌性 β-葡糖醛酸糖苷酶的作用下，胆汁中的可溶性葡萄糖醛酸胆红素可变成难溶的胆红素钙，这些物质与胆管上皮脱落的细胞、虫卵及死亡虫体的碎片可以形成胆管结石。此外，人华支睾吸虫病有 21 种之多的并发症，其常见的并发症有胆囊炎、胆管炎、胆管性肝炎、胆结石和肝胆管梗阻等。

剖检动物，可见胆管和胆囊发炎，管壁增厚，贫血、消瘦和水肿。大量寄生时，虫体阻塞胆管，使胆汁分泌障碍，出现黄疸现象。长时间寄生，可见肝结缔组织增生，肝细胞变性萎缩，毛细胆管栓塞形成，引起肝硬化。

人少数病例在虫体的长期刺激下，胆管在上皮腺瘤样增生的基础上发生癌变。胆囊中的虫体常可引起胆囊肿大和胆囊炎。偶有少数虫体可侵入胰管内，引起急性胰腺炎。

四、诊断

（一）人

我国现行的人华支睾吸虫病诊断标准为 2009 年发布的《华支睾吸虫病诊断标准》。该标准 2015 年由全国寄生虫病标准委员会审议，认为仍然适用于实际情况，继续有效。

该标准规定了根据流行病学史、临床表现和实验室检查结果进行人的华支睾吸虫病诊断的综合诊断体系。推荐的粪便虫卵检查方法是改良加藤厚涂片法、醛醚离心沉淀法，十二指肠液卵囊检查方法是胶囊拉线法。推荐的抗体检测方法是 ELISA 方法。该标准还将影像学诊断列入实验室诊断。

（二）动物

根据流行病学和临床症状可以做出初步判断，确诊需要进行实验室检查。实验室检查方法包括病原学诊断、免疫学诊断及分子生物学诊断。

1. 病原学诊断　　主要检查粪便中的虫卵，发现虫卵即可确诊。

1）涂片法　　包括直接涂片法、醛醚离心沉淀法和改良加藤厚涂片法。直接涂片法操作简便，但检出率不高。改良加藤厚涂片法检出率最高，可达 95% 以上。

2）集卵法　　包括漂浮集卵法和沉淀集卵法。两种集卵法检出效果一般。

2. 免疫学诊断　　主要是检测动物血清内华支睾吸虫抗体。主要方法是各种 ELISA 方法。

3. 分子生物学诊断　　主要用于检测粪便中的虫卵。主要方法有传统 PCR、RT-qPCR、巢式 PCR、LAMP、重组酶介导扩增（recombinase aided amplification，RAA）、重组酶聚合酶扩增（recombinase polymerase amplification，RPA）等。检测的靶基因主要有 *ITS-2*、*COX-1*、*18S rDNA* 基因等，具有很高的灵敏性和特异性。

（三）螺和鱼感染情况调查

传统用于螺和鱼感染情况调查的方法主要为直接压片法和人工消化沉淀法。

直接压片法是对螺和鱼进行解剖、压片，然后在显微镜下观察螺体内的胞蚴、雷蚴、尾蚴及鱼体内的囊蚴。

人工消化沉淀法是将鱼肉匀浆，加入消化液，消化后进行离心沉淀，在显微镜下观察囊蚴是否存在。

近年来，用于检测终末宿主粪便中虫卵的分子生物学方法也用于螺和鱼感染情况的调查，大大提高了检出率。

五、防治

（一）治疗

人和动物治疗药物基本相同。主要药物为吡喹酮、阿苯哒唑及六氯对二甲苯等，均有较好的疗效。其中，吡喹酮为首选。

（二）预防

应采取综合措施。

1. 广泛深入开展卫生宣传教育　　充分利用电视、广播、网络、宣传手册、现场解答等方式，让人们了解该病的感染方式和传播途径及危害性等。

2. 改变不良生活习惯　　建立人的自我保健意识和能力，自觉改变不良习惯，不吃半生不熟的鱼、虾等，避免感染。

3. 控制传染源　　对流行区的人、犬、猫等，有计划地分期分批开展普查，治疗查出的患者和患病动物，控制传染源。军犬应定期进行粪便检查，发现患病军犬即进行治疗。

4. 切断传播途径　　对人和动物的粪便加强管理，未经无害化处理的粪便禁止入鱼塘。杜绝在水源、塘边、渠岸建厕围圈，防止粪便入水。灭螺，清理塘泥。禁用生的或半生的鱼、虾等饲喂犬、猫等。鱼、虾养殖场禁止养猫、养犬等。

目前，尚无人和动物华支睾吸虫病疫苗上市。

第六节　猪囊尾蚴病

猪囊尾蚴病（cysticercosis）是由猪带绦虫（*Taenia solium*）的幼虫猪囊尾蚴（*Cysticercus cellulosae*）寄生于人、猪的皮下、肌肉、眼、脑等部位而引起的人兽共患绦虫蚴病。人是猪带绦虫的唯一终末宿主，同时也可作为其中间宿主，既可以发生猪囊尾蚴病，也可以发生猪带绦虫病（taeniasis）。猪囊尾蚴病对人的危害远比绦虫病严重。含有囊尾蚴的猪肉，必须按规定销毁或处理，这给养猪业带来了巨大的经济损失。猪囊尾蚴病是 WOAH 通报疫病，是我国三类动物疫病和法定人兽共患寄生虫病，也是农业农村部《全国畜间人兽共患病防治规划（2022—2030 年）》中实施防治防范的主要畜间人兽共患病。

一、病原

（一）病原形态

猪带绦虫（*Taenia solium*）（图 3-7）隶属带科（Taeniidae）带属（*Taenia*）。

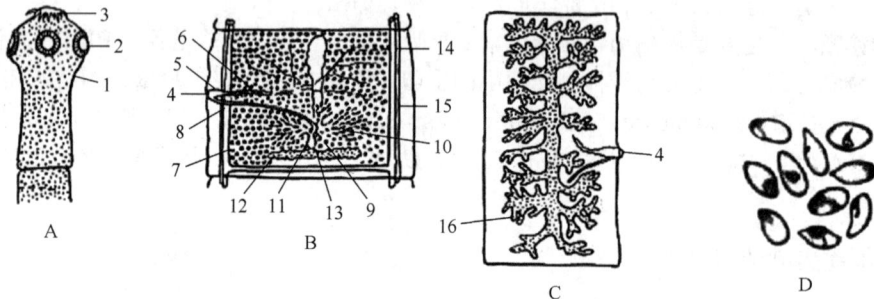

图 3-7　猪带绦虫成虫的头节、成节和孕节（仿 Olsen，1974）及猪囊尾蚴（仿 Mönnig，1947）

A. 头节；B. 成节；C. 孕节；D. 猪囊尾蚴。1. 头节；2. 吸盘；3. 顶突（上有钩）；4. 生殖孔；5. 雄茎囊；6. 输精管；7. 睾丸；8. 阴道；9. 受精囊；10. 卵巢；11. 输卵管；12. 卵黄腺；13. 卵模与梅氏腺；14. 子宫；15. 纵排泄管；16. 孕节子宫分支

1. 成虫　　为大型绦虫，整个虫体由一串链体组成，乳白色，扁长如带，长 2～4m，最长可达 8m。前端较细，向后渐扁阔，整个虫体的节片均较薄，略透明。头节近似球形，直径 0.6～1mm，不含色素，除有 4 个吸盘外，顶端还具有能伸缩的顶突，其上有 25～50 个小钩，相间排列成内外两圈，内圈的钩较大，外圈的钩稍小。

颈节纤细，长 5～10mm，直径仅约为头节的一半。链体由 700～1000 个节片组成。近颈部及链体前段的幼节细小，外形短而宽。中部的成节较大，近方形，末端的孕节最大，为窄长的长方形。每一成节具雌、雄生殖器官各一套。睾丸呈滤泡状，150～200 个，散布于节片的两侧，输精管向一侧横走，经阴茎囊开口于生殖腔。阴道在输精管的后方并与其并行，也开口于节片边缘的生殖腔。各节的生殖腔缘均略向外凸出，沿链体左右两侧不规则分布。卵巢在节片后 1/3 的中央，分为三叶，除左、右两叶外，在子宫与阴道之间另有一中央小叶。卵黄腺呈块状，位于卵巢之后。孕节中仅见充满虫卵的子宫向两侧分支，每侧 7～13 支，各分支排列不整齐，并可继续分支而呈不规则的树枝状，每一孕节内含虫卵 3 万～5 万个。

2. 猪囊尾蚴　　猪带绦虫的幼虫，俗称猪囊虫，为乳白色、半透明的囊状物，如黄豆粒大小，（8～10）mm×5mm，囊内充满透明的囊液。囊壁分两层，外为皮层，内为间质层。间质层有一处向囊内增厚形成白点，有小米粒大小，为向内翻卷收缩的虫体头节，其形态结构和成虫头节相同。在人体内寄生的囊尾蚴，其大小和形态可因寄生部位而异，在疏松结缔组织和脑室中多呈圆形，直径 5～8mm；在肌肉中略伸长；在脑底部可具分支或葡萄样突起，长 2～5cm，称其为葡萄状囊尾蚴（*Cysticercus racemosus*）。

3. 虫卵　　卵壳很薄，无色透明，易破碎，自孕节散出后卵壳多数已脱落，为不完整虫卵。脱壳虫卵呈球形或近似球形，直径为 31～43μm。胚膜较厚，棕黄色，由许多棱柱体组成，在光镜下呈放射状条纹。

胚膜内是六钩蚴（oncosphere），球形，直径为14～20μm，有3对小钩。

（二）生活史

猪带绦虫的生活史需要2个宿主。人是其唯一终末宿主，猪和野猪是主要的中间宿主（图3-8）。幼虫也可寄生于人体，人也可作为中间宿主。此外，犬、猫、羊、鹿、骆驼、猴子、兔等偶可作为中间宿主，感染猪囊尾蚴，但一般认为在疾病的传播中作用很小或无作用。

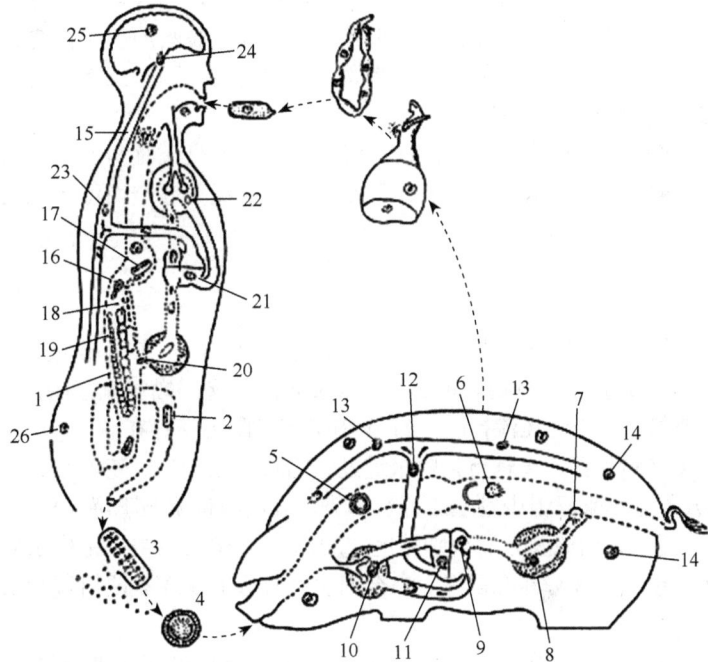

图3-8　猪带绦虫生活史（仿Olsen，1974）

1．人肠内的成虫；2．自链体脱落的孕节；3．孕节破裂释出虫卵；4．虫卵；5．被吞入消化道的虫卵；6．六钩蚴逸出；
7．六钩蚴钻进肠壁、入肝门静脉；8．通过肝；9．六钩蚴入右心；10．入肺；11．进入左心；12．入体循环；
13．至骨骼肌生长发育；14．发育为成熟的囊尾蚴；15．吃进了肌肉中的囊尾蚴；16．囊尾蚴脱离肌肉，翻出头节，吸附于小肠上，逐渐发育
为成虫；17．肠道逆蠕动使孕节进入胃中，虫卵释出；18．虫卵在肠中孵化；19．肠道中的六钩蚴；
20．六钩蚴入肝门静脉；21．入右心；22．至肺；23．进入体循环；24．入脑；25．在脑内发育为成熟的囊尾蚴；
26．肌肉中的囊尾蚴（六钩蚴也可进入眼内发育为囊尾蚴）

成虫寄生于人的小肠上段，以吸盘和小钩附着于肠壁。虫体末端的孕节从链体脱落，随粪便排出。脱离的孕节仍具有一定的活动力，可因受挤压破裂而使虫卵散出。

当虫卵或孕节被猪或野猪及人等中间宿主吞食，虫卵在其小肠内经消化液作用，24～72h后虫卵胚膜破裂，六钩蚴逸出，借其小钩和分泌物的作用，钻入肠壁血管或淋巴管，再经血液循环或淋巴系统到达猪的全身各处。在寄生部位，虫体逐渐长大，中间细胞溶解形成空腔，充满液体，经60～70d后，发育为囊尾蚴。囊尾蚴在猪体内的寄生部位主要是运动较多的肌肉，以股内侧肌多见，然后依次为深腰肌、肩胛肌、咬肌、腹内斜肌、膈肌、心肌、舌肌等，还可以寄生于脑、眼等处。被囊尾蚴寄生的猪肉俗称"米猪肉""豆猪肉""米糁肉"。成熟的囊尾蚴呈椭圆形，乳白色，半透明，位于肌纤维结缔组织内，其长径与肌纤维平行。囊尾蚴在猪体内可存活3～5年，个别可达15～17年。随着寄生时间的延长，囊尾蚴会逐渐死亡并钙化。

当人误食生的或未煮熟的含囊尾蚴的猪肉后，囊尾蚴在人的小肠受胆汁刺激而翻出头节，附着于肠壁，经2～3个月发育为成虫。成虫在人体内寿命可达25年以上。

二、流行病学

（一）感染来源

感染猪带绦虫的患者是猪囊尾蚴病的唯一感染来源。感染猪带绦虫患者的粪便不断向外界排出孕节和

虫卵，可持续排孕节和虫卵数年甚至数十年。

（二）感染途径

1. 猪　　猪感染猪囊尾蚴的途径是食入猪带绦虫节片和虫卵。患者粪便中的节片和虫卵可以污染土壤、水源及饲料，从而造成猪的感染。

2. 人　　人感染猪囊尾蚴有两种途径：一是食入节片和虫卵。猪带绦虫的虫卵污染人的手、蔬菜和食物，被误食后而造成感染。虫卵在人体内可以像在猪体内一样，发育为囊尾蚴，寄生于身体各个部位，引起猪囊虫病。二是猪带绦虫感染患者的自身感染。小肠中猪带绦虫脱落的孕节在胃肠逆蠕动时上行到胃，在胃蛋白酶等作用下，孕节内的虫卵破裂释放出六钩蚴，六钩蚴侵入肠壁血管，进入血液循环，到全身肌肉和脏器中发育为囊尾蚴，同样引起猪囊尾蚴病。

人感染猪带绦虫的途径是食入猪囊尾蚴。生食猪肉、野猪肉及烹调时间过短的肉，或加工肉制品的用具没有充分消毒而受到猪囊尾蚴的污染，再用于加工冷食食品或蔬菜等，均可造成人的感染，引起猪带绦虫病。

（三）流行情况

猪囊尾蚴病呈全球分布，主要流行于中南美洲、撒哈拉以南非洲、东南亚及墨西哥、印度和中国等。目前，全球约有 5000 万人感染猪囊尾蚴病。根据 WHO 发布的猪囊尾蚴病流行图，2022 年全球有 51 个国家属于地方流行区，14 个国家属于潜在流行区，21 个国家有风险因子存在。

历史上，我国 26 省（自治区、直辖市）曾报道过人的猪囊尾蚴病。随着社会的进步和人们生活水平的提高及科学知识的普及，近年来已很少发生流行性感染，病例数也明显下降。一般呈散发，或个别发生，主要发生在云南、四川、贵州、西藏及东北个别地区。2016 年全国人体重点寄生虫病现状调查推算，全国带绦虫感染人数约 37 万，患者主要分布在西藏，占全国病例总数的 95%。四川藏族农区学校儿童猪囊尾蚴抗体阳性率可以达到 6.03%。

猪感染猪囊尾蚴的区域分布与人的基本一致。2011 年青海海东地区猪的血清学阳性率为 1.3%。近年来，随着养殖模式的转变，散养猪已经大大减少。猪的感染率明显下降。在东部沿海地区，屠宰场猪的感染率已经下降到不到十万分之一。

（四）流行影响因素

影响猪囊尾蚴病流行的因素主要有人类卫生习惯和饮食习惯，以及猪的养殖方式和肉品卫生检疫措施等。

1. 人类卫生习惯　　人是猪带绦虫的终末宿主，是人和猪感染猪囊尾蚴的感染来源。过去在一些地区，特别是农村，厕所建造简陋，或者随地大便，或将人厕与畜圈相连，人类粪便得不到无害化处理，使散养猪有机会食入猪带绦虫虫卵，获得感染。目前，随着新农村建设，这种情况已经很少或基本消灭。

2. 人类饮食习惯　　人感染猪带绦虫主要是因为食入猪肉内的猪囊尾蚴。在一些地区，人们有吃生猪肉或半生不熟猪肉的习惯，感染率往往较高，并可呈地方性流行。此外，猪肉加工烹调时间过短、蒸煮时间不够等也可能使人获得感染。

3. 猪的养殖方式　　过去在一些地区，特别是农村，习惯散养猪，猪有更多机会食入人类粪便，从而获得感染。虽然近年来我国养猪业高度发展，生猪存栏量和出栏量明显增加，但多以集约化饲养为主，散养猪已经很少。特别是近年来猪烈性传染病的传入和暴发，急剧改变了我国生猪养殖模式，个体养殖户和散养猪基本全部被淘汰，猪群猪囊尾蚴的感染也大大减少。

4. 肉品卫生检疫措施　　猪囊尾蚴是国家《生猪屠宰检疫规程》规定的检疫对象。但由于至今仍无特别有效的技术手段，使用的方法仍然是胴体腰肌切开肉眼观察。难免会有漏检出现，特别是对于感染强度低的猪更容易漏检，导致含有猪囊尾蚴的猪肉上市，成为危险因素。

5. 虫体基因变异　　通过对线粒体基因的分析，目前已经证明，猪带绦虫存在两种基因型，一种为亚洲型（Asian genotype），另一种为非洲/美洲型（Afro/American genotype）。这种基因型的变化，可能改变虫体的宿主或中间宿主谱及其致病性。

三、症状与致病作用

（一）症状

1. 人

1）囊尾蚴病　　　人类感染的严重程度取决于囊尾蚴的寄生部位。囊尾蚴可寄生于脑、脊髓、眼、骨骼肌、心肌、肺、肠系膜、胸腺和皮下组织等，引起相应的囊尾蚴病。危害程度常因囊尾蚴感染的数量与寄生部位而异，从无明显症状至引起猝死不等。寄生于脑时，常引起癫痫，间或有头痛、眩晕、恶心、呕吐、记忆力减退和消失，严重的可致死。寄生于眼内可导致视力减弱，甚至失明。寄生于肌肉皮下组织中，局部肌肉酸痛无力。目前，人类囊尾蚴病是人类的重要疾病，特别是脑囊尾蚴病，对人类危害巨大。

2）猪带绦虫病　　　成虫寄生于人的小肠时一般无明显症状，也有患者表现衰弱无力、头痛、神经过敏、注意力不集中、劳动能力下降、失眠、头晕等。儿童患者发育迟缓。个别病例出现机体营养不良、肠壁破损、肠破裂、肠炎、腹膜炎等相应的消化道症状。

2. 猪　　　猪感染猪囊尾蚴后，由于寄生数目和寄生部位的不同，致病作用有很大的差异。一般无明显临床症状，少量感染时也不呈现明显的变化。严重感染的猪，可出现营养不良、贫血、生长缓慢、发育受阻，逐渐消瘦、水肿等症状。某些器官严重感染时则可能出现相应的症状，如猪囊尾蚴寄生在肺和喉头时，会出现呼吸困难、声音嘶哑和吞咽困难等症状。寄生在舌部，采食困难。寄生在心肌中，引起心肌无力，会出现血液循环障碍。若寄生在脑中，则出现癫痫和急性脑炎症状，甚至死亡。近年国外报道了自然感染猪发生癫痫的案例。

（二）致病作用

囊尾蚴对人和猪的致病作用基本一致，包括六钩蚴移行期和囊尾蚴寄生期。六钩蚴移行可引起组织损伤。囊尾蚴寄生期的致病作用主要是囊尾蚴压迫周围组织和释放新陈代谢物质，导致宿主的局部组织变性、坏死和毒素吸收，对宿主的危害程度取决于囊尾蚴寄生部位和数量。

猪带绦虫是大型绦虫。虫体生长发育夺取人体大量营养物质，虫体的吸盘、小钩以及体表的机械作用引起肠壁损伤，继发感染其他病原。绦虫可以绕结成团，导致肠腔阻塞。此外，虫体新陈代谢过程中排出有毒有害物质还会引起患者消化功能紊乱和神经毒性作用。

四、诊断

（一）人

1. 猪带绦虫病　　　人猪带绦虫病的主要诊断方法有病原学诊断、免疫学诊断和分子生物学诊断等。

1）病原学诊断　　　病原学诊断主要是粪便检查，发现虫卵或节片即可确诊。节片检查可以用肉眼观察。虫卵检查可以用直接涂片法、漂浮法等。

2）免疫学诊断　　　主要检查血液中的猪带绦虫抗体和粪便中的虫体抗原。检测抗体的主要方法为 ELISA。检测粪抗原的方法主要为抗原捕获 ELISA（Ag-ELISA）。

3）分子生物学诊断　　　主要用于检查粪便中的虫卵和节片内的虫体 DNA。主要方法有 DNA 探针、传统 PCR、RT-PCR、多种 PCR 和 RFLP。

2. 囊尾蚴病　　　人囊尾蚴病的诊断比较困难，主要是根据症状和免疫学诊断做出判断。免疫学诊断主要检查血液和脑脊液内的虫体抗体，主要方法为 ELISA 等。脑囊尾蚴病也可以用 CT 辅助诊断。

（二）猪

传统上，猪感染猪囊尾蚴后诊断比较困难。2020 年，国家市场监督管理总局和国家标准化管理委员会发布了《猪囊尾蚴病诊断技术》国家标准，用于猪和野猪的猪囊尾蚴病诊断，内容包括病原学诊断、免疫学诊断和分子生物学诊断。

1. 病原学诊断　　　标准规定的病原学诊断技术包括肉眼观察和显微镜压片观察。

首先解剖猪，肉眼观察舌肌、咬肌、内腰肌、膈肌、肩胛肌以及心脏、肝、肺等，如发现疑似囊尾蚴，进行分离，压片后置显微镜下观察，发现囊尾蚴即可确诊。

2. 免疫学诊断　　国家标准规定的免疫学诊断方法包括间接 ELISA 和 Dot-ABC-ELISA，主要用于检测猪血清中虫体抗体。两种 ELISA 方法所用抗原均为猪囊尾蚴 TS-CC18 重组抗原。间接 ELISA 可用于猪囊尾蚴病宰前检疫初筛和流行病学调查与监测。Dot-ABC-ELISA 可用于猪囊尾蚴活虫感染的检测和药物疗效评价。

3. 分子生物学诊断　　标准规定的分子生物诊断技术为传统 PCR 方法。靶基因为猪囊尾蚴线粒体 *ND1* 基因，其主要用于分离的囊尾蚴和肌肉中囊尾蚴的检查，扩增出 474bp 的条带即可判定为猪囊尾蚴。

（三）屠宰检疫

生猪囊尾蚴感染是国家农业农村部 2018 年发布的《生猪屠宰检疫规程》规定的检疫对象之一。该《规程》规定的检疫程序包括宰前检疫和宰后检疫。

1. 宰前检疫　　宰前检疫主要采取一听、二看、三查法进行检疫，如有需要还可配合实验室检查。一听，主要是指病猪发出嘶哑叫声，并伴有短促的咳嗽，或发出呼噜声。二看，是指可见病猪前膀肥满，臀部尖瘦，尤其是颊部咬肌明显肥大、隆起，眼睛发红，眼球突出，被毛粗乱、失去光泽。三查，包括舌部检查、眼结膜检查和膀上检查。通过开口器撬开猪嘴，可见病猪舌面、舌下以及舌头两侧、根部存在白色凸起物，呈米粒大小或者黄豆大小，用手触摸，可摸到不同大小的颗粒。眼结膜检查是用拇指和食指将眼外皮和眼结膜捏住，对眼外肌进行检查，可见病猪存在凸起物。膀上检查是对膀上、颊部及股内侧肌肉进行检查，病猪比正常猪硬，触摸有颗粒感。宰前检疫也可用前述间接 ELISA 进行。

2. 宰后检疫　　猪囊尾蚴通常在猪肩胛外侧肌、臀肌、颈肌、咬肌、深腰肌、股内侧肌、心肌及膈肌等部位寄生。《生猪屠宰检疫规程》要求屠宰检疫要将咬肌、腰肌、心肌切开进行检查，看是否存在猪囊尾蚴，如有需要还可对其他部位进行压片镜检。

五、防治

（一）治疗

人猪带绦虫病和猪囊尾蚴病的治疗药物基本相同。主要药物是吡喹酮、阿苯达唑和奥芬达唑。

猪的猪囊尾蚴病由于临床症状不明显，生前诊断困难，很少进行治疗。如要进行治疗，药物与人用药相同。

（二）预防

应采取综合性防治措施。

1. 加强宣传教育　　通过宣传，使人们了解猪囊尾蚴病的危害及传播途径，改变不良生活习惯，不随地大便。改变不良饮食习惯，不吃生的或半生的猪肉。

2. 加强环境卫生　　做到人有厕所，对人的粪便进行发酵等无害化处理。

3. 查治患者　　在疫区定期对易感人群进行监测，及时治疗猪带绦虫感染者。感染者驱虫后的粪便进行无害化处理。

4. 改变猪的养殖模式　　大力推进集约化饲养，消除散养。

5. 加强肉品卫生检疫　　大力推广定点屠宰，集中检疫。检出阳性猪肉严格按照国家规定进行无害化处理，严防流入市场和消费者手中。

6. 免疫预防　　目前，用于猪的猪囊尾蚴病疫苗 TSOL18 已在国外注册上市，但我国尚无疫苗。还无用于人的猪囊尾蚴病疫苗。

第七节　棘球蚴病

棘球蚴病（echinococcosis）是由棘球绦虫的中绦期幼虫棘球蚴（hydatid）寄生于多种哺乳动物包括人的肝、肺等而引起的人兽共患绦虫蚴病，俗称包虫病（hydatidosis）。棘球蚴寄生于牛、羊、猪、马、骆驼、多种野生动物及人的肝、肺和其他多种脏器内，严重危害人和动物健康，引起人和动物死亡。棘球绦虫成虫寄生于犬科动物的小肠。棘球蚴病呈世界性分布，是全球性公共卫生和经济问题。棘球蚴病是 WOAH 通报疫病，是我国二类动物疫病和法定人兽共患寄生虫病，也是农业农村部《全国畜间人兽共患病防治规划（2022—2030 年）》中重点实施防治的畜间人兽共患病，预期目标是 2030 年 100% 的流行县家犬及家畜病原学监测个体阳性率控制在 5% 以下。

一、病原

（一）病原形态

棘球绦虫（*Echinococcus* spp.）隶属带科（Taeniidae）棘球属（*Echinococcus*）。目前公认的棘球绦虫有 5 种，包括细粒棘球绦虫广义种（*E. granulosus sensu lato*）（s.l.）、多房棘球绦虫（*E. multilocularis*）、少节棘球绦虫（*E. oligarthrus*）、福氏棘球绦虫（*E. vogeli*）和石渠棘球绦虫（*E. shiquicus*）。我国分布的为细粒棘球绦虫、多房棘球绦虫和石渠棘球绦虫，以细粒棘球绦虫为主。少节棘球绦虫和福氏棘球绦虫未在我国发现。细粒棘球蚴引起的疾病称为囊性棘球蚴病（cystic echinococcosis，CE），多房棘球蚴引起的疾病称为泡状棘球蚴病（alveolar echinococcosis，AE）。

1. 细粒棘球绦虫广义种 传统上认为细粒棘球绦虫为一个种。根据线粒体基因组和核基因组序列以及表型特征，细粒棘球绦虫广义种可以细分为最少 5 个种，包括细粒棘球绦虫狭义种（*E. granulosus sensu stricto*）（s.s.）（基因型 G1 和 G3）、狮棘球绦虫（*E. felidis*）、马棘球绦虫（*E. equinus*）（基因型 G4）、奥氏棘球绦虫（*E. ortleppi*）（基因型 G5）和加拿大棘球绦虫（*E. canadensis*）（基因型 G6、G7、G8 和 G10），它们在形态、发育、宿主特异性、对人的感染性或致病性等方面存在差异。因此，现称为细粒棘球绦虫广义种。我国流行的主要是细粒棘球绦虫狭义种中的基因型 G1。

1）成虫 成虫寄生于犬的小肠内。成虫长 2～11mm，由头节、颈节和链体组成。一般有 2～7 个节片，平均 3～4 个节片。头节略呈梨形，顶端具有顶突和 4 个吸盘。顶突上有两圈小钩，钩的大小不同，第一圈长为 25～49μm，第二圈长为 17～31μm。颈节纤细与头节紧密相连，具有生发细胞。链体由未成熟节片、成熟节片、孕卵节片各 1 节组成。倒数第二个节片是成熟节片，成熟节片和孕卵节片的生殖孔均位于中后方。最后一个节片（孕卵节片）的长度通常是整个虫体长度的一半以上。孕卵子宫有发育良好的卵袋。

2）棘球蚴 棘球蚴（图 3-9）为虫体中绦期幼虫。寄生于人和多种动物中间宿主体内。囊状，内充满液体。典型的为单室囊，有些可以形成小室，相互连通。由囊壁和囊内含物组成。呈扩张型生长，在囊的内外可以形成新的子囊。单个囊泡的直径可达 30cm，最常出现在肝和肺，其他内脏器官较少出现。

棘球蚴的囊壁分两层，外层为角皮层，内层为生发层。角皮层乳白色、半透明，易破裂，光镜下无细胞结构而呈多层纹理状。生发层也称胚层，紧贴在角皮层内，具有细胞核。囊腔内充满囊液，也称棘球蚴液。囊液无色透明或微带黄色，内含多种蛋白质、肌醇、卵磷脂、尿素及少量糖、无机盐和酶，对动物机体有免疫原性。

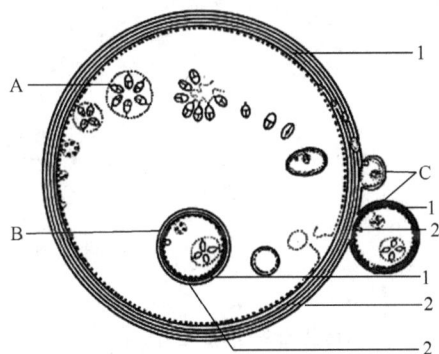

图 3-9 棘球蚴模式图（仿 Mönnig，1947）
A. 生发囊；B. 内生性子囊；C. 外生性子囊。
1. 角皮层；2. 胚层

生发层向囊内长出许多原头蚴。原头蚴圆形或椭圆形，大小为 170μm×122μm，为向内翻卷收缩的头节，其顶突和吸盘内陷，保护着数十个小钩。原头蚴与成虫头节的区别在于其体积小和缺少顶突腺。

生发囊也称为育囊，是具有一层生发层的小囊，由生发层的有核细胞发育而来。在小囊壁上生成数量不等的原头蚴，多者可达 30～40 个。原头蚴可向生发囊内生长，也可向囊外生长称为外生性原头蚴。子囊可由母囊的生发层直接长出，也可由原头蚴或生发囊进一步发育而成。子囊结构与母囊相似，其囊壁具有角皮层和生发层，囊内也可生长原头蚴、生发囊以及与子囊结构相似的小囊，称为孙囊，它们也能产生原头蚴。一个发育良好的棘球蚴内所产生的原头蚴可达 200 万个。原头蚴、生发囊和子囊可从胚层上脱落，悬浮在囊液中，称为棘球蚴砂或囊砂。

3）虫卵　　呈圆形，大小为（32～36）μm×（25～30）μm。卵壳两层，内层较厚，浅褐色，有辐射的纹理，外壳薄，易脱落。卵内含有六钩蚴。

2. 多房棘球绦虫　　多房棘球绦虫成虫虫体很小，与细粒棘球绦虫相似，长 1.2～4.5mm，由 2～6 个节片组成。头节上有吸盘，顶突上有小钩 14～34 个。成节内含睾丸 14～35 个，生殖孔开口于侧缘的前半部。孕节内子宫呈带状，无侧支。

多房棘球蚴又称泡球蚴（alveococcus），为圆形囊泡，大小由豌豆到核桃大，被膜薄，半透明，囊壁也由角质层和生发层组成，呈灰白色，囊内有原头蚴，含胶状物。泡球蚴由许多小的囊泡聚集而成。

虫卵大小为（30～38）μm×（29～34）μm。

3. 石渠棘球绦虫　　石渠棘球绦虫成虫阶段的形态学与多房棘球绦虫相似，但钩更小，节片更少，生殖孔在未成熟节片的上端，孕节内虫卵更少些。由于体长较短，孕卵子宫没有分支，生殖孔在孕节前部，与细粒棘球绦虫容易区分。成虫长 1.3～1.7mm。

中绦期主要见于鼠兔肺，是一个单房的微小囊泡，内含充分发育的生发囊，但也发现存在寡聚囊形式。其与细粒棘球蚴的主要不同是育囊中没有子囊。

（二）生活史

细粒棘球绦虫的终末宿主是犬、狼和豺等食肉动物。中间宿主是羊、牛、骆驼、猪和鹿等偶蹄类，偶可感染马、袋鼠、某些啮齿类、灵长类和人（图 3-10）。

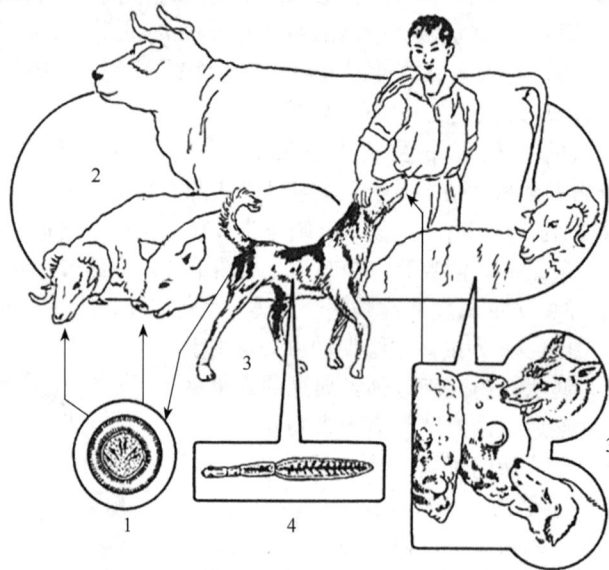

图 3-10　细粒棘球绦虫生活史（仿孔繁瑶，2010）
1. 虫卵；2. 中间宿主；3. 终末宿主；4. 成虫

成虫寄生在终末宿主小肠上段，以顶突上的小钩和吸盘固着在肠绒毛基部隐窝内，孕节或虫卵随宿主粪便排出。孕节有较强的活动能力，可沿草地或植物蠕动爬行，致使虫卵污染动物皮毛和周围环境，包括牧场、畜舍、蔬菜、土壤及水源等。当牛、羊和人等中间宿主吞食了虫卵和孕节后，六钩蚴在其肠内孵出，然后钻入肠壁，经血液循环至肝、肺等器官，经 3～5 个月发育成直径为 1～3cm 的棘球蚴。棘球蚴囊内可有数千至数万，甚至数百万个原头蚴。原头蚴在中间宿主体内播散可形成新的棘球蚴，在终末宿主体内可发育为成虫。

棘球蚴被犬、狼等终末宿主吞食后，其所含的每个原头蚴都可发育为一条成虫，故犬、狼肠道内寄生的成虫也可达数千至上万条。从感染至发育成熟排出虫卵和孕节约需 8 周。大多数成虫寿命为 5～6 个月。

多房棘球绦虫主要在野生动物终末宿主，如赤狐、沙狐、北极狐和小型啮齿动物（如田鼠和旅鼠）之间传播。多房棘球蚴寄生于啮齿动物的肝，终末宿主狐狸、犬等犬科动物吞食含有棘球蚴的肝等脏器遭受感染，经 30～33d 发育为成虫。成虫的寿命为 3～3.5 个月。啮齿动物吞食犬、狐狸等排出的孕节或虫卵而被感染。人也可以感染多房棘球蚴。

石渠棘球绦虫的终末宿主为藏狐，中间宿主为高原鼠兔。尚无感染人的报道。

二、流行病学

（一）感染来源

细粒棘球绦虫广义种的终末宿主种类较多，包括家养犬、狼、澳洲野狗、狮子，还有其他犬科动物。多房棘球绦虫的终末宿主包括所有种类的狐狸、浣熊、家养犬和猫等。所有终末宿主均可以排出虫卵或节片，成为囊性棘球蚴病和泡状棘球蚴病的感染来源。

（二）传播途径

犬、狐狸等犬科动物排出的卵囊或节片，可以黏附在犬毛上，也可以排至外界，造成土壤、水源、饲草、食物、蔬菜等的污染。中间宿主动物和人可因与终末宿主的直接或间接接触，经口感染虫卵，也可因吞食被虫卵污染的水、饲草、饲料、食物、蔬菜等而感染。猎人在处理和加工狐狸、狼等的皮毛过程中，易遭受感染。

犬或犬科其他动物主要是食入带有棘球蚴的动物内脏器官和组织而感染。

（三）流行情况

细粒棘球绦虫有较广泛的宿主适应性，除南极洲外，分布遍及世界各大洲。多房棘球绦虫主要局限于北半球，主要发生在中国、俄罗斯，以及欧洲大陆和北美洲。据 WHO 估计，人囊性棘球蚴病每年每 10 万人口中可以有 50 人发病。在阿根廷、秘鲁、东非、中亚及中国的部分地区，发病率甚至可以高达 5%～10%。在南美洲等高流行区，屠宰动物的感染率为 20%～95%，特别是农村地区感染率更高。棘球蚴感染除造成动物肝报废外，还可以引起胴体重量降低、产奶量下降和繁殖能力低下等，全球每年造成约 30 亿美元的经济损失。

我国是棘球蚴病的高发区，计有 23 个省（自治区、直辖市）发生该病。主要流行地区有新疆、内蒙古、西藏、青海、四川、云南、陕西、甘肃、宁夏，发病面积占全国总面积的 86.9%。据调查，这 9 个省（自治区）2017 年人群患病率为 0.41%，犬粪抗原阳性率为 2.71%，家畜内脏棘球蚴感染率为 1.99%，啮齿动物棘球蚴感染率为 1.70%。青藏高原地区人群患病率和犬粪棘球绦虫抗原阳性率均高于非青藏高原地区（$P<0.05$）；家畜感染率和啮齿动物感染率差异无统计学意义。说明我国棘球蚴病形势依然严峻。

多房棘球蚴在新疆、青海、宁夏、内蒙古、四川和西藏等地也有发生，宁夏为多发区。人发病率为 0.96%。

（四）流行影响因素

1. 犬　　在牧区犬的感染通常较重，犬粪中虫卵量大，虫卵可以随犬和人的活动及尘土、风、水散播在人及家畜活动场所，导致环境严重被污染。虫卵对外界低温、干燥及化学药品有很强抵抗力。在 2℃水中能活 2.5 年，在冰中可活 4 个月，经过严冬（－14～－12℃）仍保持感染力。一般化学消毒剂不能杀死虫卵。近年来，我国宠物犬和流浪犬的数量明显增加，人和犬的流动性明显增强。这些变化也可能影响棘球蚴病的区域分布变化。

2. 中间宿主　　棘球蚴病主要以在犬和偶蹄类家畜之间形成循环为特点。在我国主要是绵羊-犬循环，牦牛-犬循环仅见于青藏高原及甘肃的高山草甸和山麓地带。

棘球绦虫中间宿主种类众多。其中绵羊是畜间棘球蚴病的重点受害动物，为棘球蚴最适宜中间畜主，但流行区内其他有蹄家畜马、驴、骡、黄牛、牦牛、水牛、骆驼、山羊和猪等也有不同程度的感染。中间宿主数量和种类的增加，势必影响疾病的传播和流行。

3. 人与家畜及污染物密切接触　　牧区儿童喜欢与家犬亲昵，很易受到感染，成人可因从事剪羊毛、挤奶、加工皮毛等生产活动而引起感染。此外，通过食入被虫卵污染的水或食物也可受到感染。

4. 病畜内脏处理不当　　由于缺乏卫生知识，在流行区居民习惯用病畜内脏喂犬，或将其随地乱抛致使野犬、狼、豺等受到感染，从而又加重羊、牛感染，使流行愈趋严重。

三、症状与病理变化

（一）症状

1. 人　　人感染棘球蚴的常见部位是肝，肺次之。肝感染可以占到 77.99%，肺占 8.45%，其余分布于腹腔、脾、脑、骨、肾、纵隔、胸壁、膈肌、胰腺、乳腺、咽、盆腔、淋巴结和肌肉等部位。棘球蚴一般为单个寄生，但也有多个寄生。肝和肺中的棘球蚴如破裂，常可进入腹腔、气管等部位，引起阻塞、炎症等，导致继发多发性棘球蚴病。在感染的早期，患者通常无明显临床症状。后期，肝棘球蚴病主要表现为腹痛、恶心、呕吐等。肺棘球蚴主要表现为慢性咳嗽、胸痛、呼吸短促等。其他症状因棘球蚴寄生部位不同而不同。此外，会出现厌食、体重下降和衰弱等普通症状。

2．动物

1）羊　　棘球蚴在羊体内多寄生于肝和肺，其他部位还有脾、心脏、肾、网膜等。绵羊对棘球蚴病比较敏感，死亡率高。被严重感染的绵羊，被毛逆立，时常脱毛，发育不良，呈现消瘦、咳嗽，咳后往往卧地，不愿起立。

2）牛　　棘球蚴也主要寄生于牛的肝和肺，其他部位也有寄生。轻度感染时，患牛通常不呈明显的症状。当牛的肝被严重感染时，患牛营养失调，反刍无力，时常发生臌气，消瘦。右侧腹部增大，肝半浊音往往超越季肋，按压和触摸肝区引起疼痛。

当肺被严重寄生时，呈呼吸困难，有微弱咳嗽。强迫运动时，易引起咳嗽。病初症状不明显，逐渐呈现呼吸障碍，叩诊肺部不同部位，可以出现局限性半浊音，该病灶部的特点是肺泡呼吸音减弱或完全消失。棘球蚴破裂时，病畜全身症状明显变化，迅速衰弱而终以窒息死亡。

3）马　　棘球蚴通常寄生于马属动物肝和肺，寄生于其他部位的较少见。肝棘球蚴可使患马呈现慢性消瘦、贫血、水肿和心脏功能不全。

4）犬　　成虫对犬的致病作用不明显，一般无明显的临床症状。

（二）病理变化

棘球蚴对人和动物的致病作用均是机械性压迫、夺取营养、毒素作用及过敏反应等引起。寄生于肝导致消化失调，出现黄疸，肝区压痛明显；寄生于肺时会出现咳嗽、喘息和呼吸困难。在一些不受限制的部位，如腹腔，棘球蚴可以长得很大，而不出现症状。如果棘球蚴破裂，棘球液内的物质可以引起过敏反应，后果通常很严重，严重者可致死。剖检可见肝、肺等处有或大或小的棘球囊，挤压周围组织，周围组织产生炎症反应和组织增生。

四、诊断

（一）人

人的诊断可以依据症状做出初步判断。确诊需要实验室诊断。

实验室诊断的方法主要有 X 线造影、超声波扫描成像技术、计算机断层扫描（CT）及核磁共振成像（NMRI）技术等。抗体检测、蛋白质生物标记检测及 DNA 检测等技术也都可以作为辅助诊断手段。

（二）动物

需要强调的是，棘球蚴病对人危害严重。在进行动物诊断过程中，必须做好防护，必须戴口罩、使用一次性手套并穿围裙。污染材料必须通过焚烧或高压灭菌销毁。场所必须采取生物安全措施，防止病原体外泄造成环境污染和疾病传播。

1．中间宿主　　中间宿主牛、羊等的诊断方法主要有病原学诊断、免疫学诊断和分子生物学诊断。

1）病原学诊断　　中间宿主动物的病原学诊断方法是进行剖检。通过剖检，在肝、肺及其他器官组织发现典型棘球蚴即可确诊。如果棘球蚴不典型或无法确认，应把可疑对象分离，在显微镜下观察有无原头蚴及其特征。有些棘球蚴可能无原头蚴。可把样本经福尔马林固定后，常规组织学技术染色，显微镜下观察。在结缔组织下存在过碘酸希夫染色（PAS）阳性的无细胞薄片状层，无论是否存在有核的生发层，都可作为棘球蚴的特征性结构。剖检方法适用于群体无疫检测、根除计划效果考评、个体病例确诊和流行情况调查。

2）免疫学诊断　　免疫学诊断主要是检查动物体内的棘球蚴抗体。常用的主要方法有 ELISA、IHA 等。但在自然感染情况下，血清抗体水平差异较大，敏感性降低，并与细颈囊尾蚴病或羊囊尾蚴病产生交叉反应。该方法目前并不能取代剖检。

3）分子生物学诊断　　分子生物学诊断主要是检测样本中虫体 DNA。主要方法为传统 PCR、实时荧光定量 PCR、LAMP 等。主要靶基因有 *COX1*、*EgG1Hae III*、*12S rDNA*、*nad1* 等。一些方法可以用于虫种区分与鉴定，均可用于检测囊性棘球蚴和泡状棘球蚴。

2. 终末宿主　　终末宿主犬的诊断方法主要有病原学诊断、免疫学诊断和分子生物学诊断，但方法比中间宿主的诊断更丰富。

1）病原学诊断　　成虫检查：剖检终末宿主犬，取小肠结扎。将新鲜小肠切成数段，用放大镜对小肠壁和肠内容物进行仔细检查。也可以把肠内容物经过洗涤沉淀后检查，可以提高检出率。

槟榔碱催泄：槟榔碱催泄曾经用于犬绦虫感染调查。但槟榔碱会引起犬的不适。目前，WOAH 不推荐将该方法用于诊断。

2）免疫学诊断　　血清抗体检测：免疫学诊断检测犬类棘球绦虫感染具有良好的潜力，是检测犬类细粒棘球绦虫感染的实用方法。血清学诊断特异性很好，大于 90%，但对自然感染的敏感性通常较低，为 35%～40%。近年发现，重组 EM95 抗原 ELISA 方法结合免疫印迹效果良好，可在疾病的早期阶段检测出泡型棘球蚴病。

粪抗原检测：粪抗原检测为诊断犬等终末宿主棘球绦虫感染提供了替代方法。常用的方法为使用排泄分泌抗原多克隆血清或单抗建立的 ELISA 方法，称为 CoproELISA。用于诊断细粒棘球绦虫的敏感性为 78%～100%，特异性为 85%～95%。也可用于狐狸多房棘球绦虫感染的检查，替代费时费力的剖检法。

3）分子生物学诊断　　用于中间宿主的分子生物学技术，传统 PCR、实时荧光定量 PCR 和 LAMP 等，均可以用于终末宿主粪便中虫体 DNA 的检查。

五、防治

（一）治疗

1. 人　　人的棘球蚴病主要通过外科手术摘除，也可用吡喹酮和阿苯达唑等药物进行保守治疗。

2. 动物　　中间宿主动物因为生前诊断较为困难，所以对动物棘球蚴病较少进行治疗。如果治疗，需在早期诊断的基础上尽早用药。药物为吡喹酮和阿苯达唑。

终末宿主犬等可用吡喹酮和阿苯达唑进行驱虫。

（二）预防

需要采取综合性防控措施。

1. 加强宣传和健康教育　　通过宣传，普及棘球蚴病知识，提高全民的防病意识。

2. 注意个人卫生　　在生产和生活中加强个人防护，在人与犬等动物接触或加工狼、狐狸等毛皮时，防止误食孕节和虫卵。

3. 做好犬的管理与驱虫　　禁止用感染棘球蚴的动物肝、肺等组织器官喂犬。高强度流行区域的犬每月定期驱虫 1 次，中度流行区域的犬每犬每季度驱虫 1 次。其他区域的犬每半年驱虫 1 次。需对驱虫后的犬粪进行无害化处理，以杀灭其中的虫卵。在重点流行地区，对野外犬科动物进行驱虫。

4. 搞好环境卫生　　保持畜舍、饲草、饲料和饮水卫生，防止犬粪污染。

5. 加强肉品卫生检疫　　定点屠宰，加强检疫，检出的感染动物须严格按有关规定处理，防止感染有棘球蚴的动物组织和器官流入市场。

6. 免疫预防　　棘球蚴病 EG95 疫苗已经在我国注册上市。农业农村部连续多年把棘球蚴病免疫预防列入国家强制免疫计划，取得了较好的效果。

第八节　旋毛虫病

旋毛虫病（trichinosis）是由旋毛虫（*Trichinella* spp.）感染人和多种动物而引起的一种人兽共患线虫病。成虫寄生于小肠，称为肠旋毛虫；幼虫寄生于横纹肌，称肌旋毛虫。人、猪、犬、猫、鼠类、狐狸、狼、野猪等多种哺乳动物均可感染。人旋毛虫病可引起人死亡。旋毛虫病是 WOAH 通报疫病，是我国三类动物疫病和法定人兽共患寄生虫病，也是农业农村部《全国畜间人兽共患病防治规划（2022—2030 年）》中实施防治防范的主要畜间人兽共患病。

一、病原

（一）病原形态

旋毛虫分类上属于毛形科（Trichinellidae）毛形属（*Trichinella*）。传统上认为只有旋毛形线虫（*Trichinella spiralis*）一个种。目前，根据线粒体基因和单拷贝异种同源基因进化研究，证明旋毛虫最少有 13 个种或基因型。根据虫体幼虫是否在横纹肌内形成包囊，可以把旋毛虫分为两组，一组为形成包囊，一组为不形成包囊。各个旋毛虫的生物学特性见表 3-1。

表 3-1　旋毛虫主要生物学特性

虫种或基因型	感染宿主	区域分布	形成包囊
旋毛形线虫 *Trichinella spiralis* （T1）	家猪，深林栖息猪，小鼠，大鼠，马，肉食哺乳动物	全球	是
乡土旋毛虫 *Trichinella nativa* （T2）	肉食哺乳动物	北美洲、欧洲、亚洲	是
布氏旋毛虫 *Trichinella britovi* （T3）	野生哺乳动物，猪，马	欧洲温带、西亚、北非、西非	是
穆氏旋毛虫 *Trichinella murrelli* （T5）	肉食哺乳动物，猪，马	北美	是
基因型 6（T6）*Trichinella* T6	肉食哺乳动物	北美	是
纳氏旋毛虫 *Trichinella nelsoni* （T7）	肉食哺乳动物，野猪	东非、南非	是
基因型 8 *Trichinella* T8	肉食哺乳动物	纳米比亚、南非	是
基因型 9 *Trichinella* T9	肉食哺乳动物	日本	是
巴塔哥尼亚旋毛虫 *Trichinella patagoniensis* （T12）	美洲狮，猪，啮齿动物	阿根廷	是
铲赤伦旋毛虫 *Trichinella chanchalensis*（T13）	狼獾	加拿大	是
伪旋毛虫 *Trichinella pseudospiralis* （T4）	猛禽，野生肉食动物，杂食动物，大鼠，有袋类	亚洲、北美、欧洲、澳大利亚	否
巴布亚旋毛虫 *Trichinella papuae* （T10）	野猪，家猪，人工饲养鳄鱼	巴布亚新几内亚、泰国、澳大利亚	否
津巴布韦旋毛虫 *Trichinella zimbabwensis* （T11）	人工饲养、野生鳄鱼，蜥蜴，猪，大鼠，肉食哺乳动物，其他哺乳动物	津巴布韦、南非、埃塞俄比亚、莫桑比克	否

旋毛虫的各个种或基因型均可感染人，成为重要的公共卫生风险因素。

感染猪或野猪的主要是旋毛形线虫，其次为布氏旋毛虫、纳氏旋毛虫、伪旋毛虫、巴布亚旋毛虫和津巴布韦旋毛虫。尚未发现其他种或基因型能够感染猪。

中国感染流行的主要为旋毛形线虫，感染猪。其次为乡土旋毛虫，感染狗和猫。此外，在台湾还发现伪旋毛虫和巴布亚旋毛虫。

1. 成虫　　成虫寄生于宿主的小肠，也称为肠旋毛虫（图 3-11A、B）。成虫细小线状，白色，肉眼几乎难以辨认。头部较细，尾部较粗。雄虫大小（1.4～1.6）mm×（0.04～0.05）mm，雌虫（3.0～4.0）mm×0.06mm。前部为食道部，食道的前端无食道腺围绕，其后的全部长度均由一列相连的食道腺细胞包裹。较粗的后部占虫体一半稍多，包含着肠管和生殖器官。两性生殖器官均为单管型。雄虫尾端有泄殖孔，其外侧为一对呈耳状悬垂的交配叶，内侧有 2 对小乳突，无交合刺。雌虫阴门位于虫体食道部的中央，子宫较长，其中段含虫卵，后段和近阴道处则充满幼虫，幼虫自阴门产出。胎生。

2. 幼虫　　幼虫寄生于宿主横纹肌内，也称为肌旋毛虫（图 3-11C）。新生幼虫自成虫阴门产出，呈圆柱状，大小为124μm×6μm。幼虫在横纹肌内发育成熟，长约1mm，具有感染性，在宿主骨骼肌内成熟的幼虫卷曲于梭形包囊中，包囊大小为（0.25～0.5）mm×（0.21～0.42）mm，1个包囊内通常含1～2条幼虫，多时可达6～7条。包囊壁由内、外两层构成，内层厚而外层较薄，由成肌细胞退变及结缔组织增生形成。

图3-11　旋毛虫（仿Lapage，1962）
A. 雄虫；B. 雌虫；C. 肌旋毛虫幼虫

（二）生活史

旋毛虫生活史比较特殊，成虫和幼虫寄生于同一个宿主，宿主先是终末宿主，后又是中间宿主。成虫寄生于宿主小肠，主要在十二指肠和空肠上段，幼虫寄生在横纹肌内形成包囊，成虫和幼虫寄生于同一宿主体内，不需要在外界环境中发育，但完成生活史必须更换宿主。

宿主因食入含有活幼虫包囊的肉类及肉制品而感染。在消化酶的作用下，幼虫在胃中自包囊内逸出，并钻入十二指肠及空肠上段的肠黏膜中，经过一段时间发育再返回肠腔。在感染后48h内，幼虫经4次蜕皮发育为成虫。少数虫体可侵入腹腔或肠系膜淋巴结寄生。虫体生殖系统在感染后5d内发育成熟，雌雄虫交配，雄虫多数死亡，雌虫钻入肠黏膜内继续发育，于感染后5～7d开始产出幼虫。产幼虫期可持续4～16周或更长。每条雌虫一生可产幼虫1500～2000条，雌虫寿命一般为1～2个月，长者3～4个月。

产出的幼虫大多侵入局部肠黏膜淋巴管或小静脉，随淋巴和血液循环到达全身组织，但只有到达横纹肌内的幼虫才能继续发育。适宜幼虫发育的部位多为活动频繁、血液供应丰富的膈肌、舌肌、咽喉肌、胸肌及腓肠肌等处。在感染后1个月左右，幼虫刺激肌细胞，其周围出现炎性细胞浸润，纤维组织增生，形成梭形包囊。包囊幼虫若无机会进入新的宿主，多在半年后钙化，少数钙化包囊内的幼虫可存活数年，最长可达30年。

二、流行病学

（一）感染来源

目前已知有150多种动物可以自然感染旋毛虫。在我国，感染率较高的动物有猪、野猪、犬、鼠等10余种。动物之间的互相捕杀吞食或摄食尸肉，可以造成动物间的相互传播，使旋毛虫病成为自然疫源性疾病。动物肉或肉制品进入人类食物链，被人类吞食，成为人类的感染来源。

（二）感染途径

食入含有活幼虫的包囊是人类和动物感染旋毛虫病的主要途径。

动物间的相互传播在于动物间的相互捕杀或吞食尸体肉。啮齿动物中，鼠为杂食性，且常互相残食。一旦旋毛虫侵入鼠群，就会长期在鼠群中保持感染。鼠对旋毛虫非常敏感，两条幼虫即能造成感染。鼠-鼠循环是自然界保持旋毛虫病的一种重要方式。此外，在荒山森林，各种动物间相互捕食，特别是肉食动物，常以捕食其他动物为食物来源。所以，旋毛虫病也存在森林循环。

猪的感染主要是吞食了含包囊的肉屑、鼠类或污染的饲料。猪为杂食兽，散养猪常常吞食鼠类。猪的感染一般较为普遍，用屠宰场产生的废肉屑、洗肉水和含有生肉屑的垃圾喂猪等，都可以引起旋毛虫病流行。某些蝇蛆、步行虫吞食动物尸体后，旋毛虫可以在其体内保持活力达5d。某些动物吞食肌肉后不能完全消化，排出的粪便中含有未被消化的肌纤维和幼虫包囊。这些蝇蛆和粪便也能使猪遭受感染。

人群感染旋毛虫病与食入肉制品的方式有密切的关系。包囊抵抗力强，能耐低温，猪肉中包囊幼虫在

-15℃需20d才死亡，而在70℃时很快死亡，在腐肉中能存活2～3个月。凉拌、腌制、熏烤等烹饪方法常不能杀死幼虫，人多因生食或半生食含包囊的猪肉及肉制品感染。近年来随着人们饮食习惯的改变，已发生多起因食用羊肉、马肉及野猪肉等引起的感染，使旋毛虫病的发病率有增高趋势。此外，切生肉的刀或砧板如污染了旋毛虫包囊，也可能成为传播因素。

（三）流行情况

旋毛虫病分布于世界各地，凡是有温带气候的国家均有旋毛虫病的发生。历史上，曾有100多个国家报道人和动物旋毛虫病。据WHO资料，目前全球人类每年仍有1万多病例发生。一项基于2000～2021年发表的文献分析报告表明，最近10多年间，全球有32个国家发生了猪旋毛虫感染，全球猪平均感染率为2.02%，不同大陆之间发病率差异明显，高的达到11.8%。人类发展指数（HDI）低的国家发病率最高，为21.6%，温暖潮湿气候国家为20.9%，非集约化饲养猪的国家为6.1%。

目前，我国依然属于旋毛虫病高发区。一项分析研究表明，2009～2020年，我国西南地区是人旋毛虫病的高发区。其间共有8次暴发，发病人数到达479人，并有2人死亡。8次暴发中有7次是因为食入生的或半生的猪肉引起。11个省（自治区、直辖市）猪旋毛虫血清学阳性率最高区域的可以达到42.11%。阳性猪主要来自养殖户和散养猪。可见，我国旋毛虫病形势依然严峻。

（四）流行影响因素

影响旋毛虫病流行的因素主要有以下几点。

1. 人类传统文化和饮食习惯　　传统上，一些地区有生食猪肉或食入半生猪肉的习惯。至今，这些传统和习惯依然保留。无形中成为人类旋毛虫病发生的重要原因。我国西南地区近年不断出现人旋毛虫病暴发，就与这种传统和饮食习惯密不可分。此外，随着文化多元化，过去人类不常吃的野猪肉以及其他野生动物肉都进入了人类食物链。生食习惯也有扩展趋势，这些都影响了人类旋毛虫病的发生与流行。

2. 猪饲养方式　　研究证明，养殖户养殖的猪和散养猪旋毛虫感染比例最高，是人类旋毛虫病主要感染来源，集约化饲养猪感染率最低。在我国，一些落后地区仍然有散养猪的习惯，成为当地旋毛虫病发生的重要原因。

3. 肉品卫生检疫　　旋毛虫病是肉品卫生检疫的必检项目，也是控制旋毛虫病的有效手段。各个国家均把旋毛虫病列为生猪肉品卫生检疫的必检项目。我国农业农村部2018年发布的《生猪屠宰检疫规程》也将猪旋毛虫病列入检疫对象。但除了猪之外，野猪、马、羊，甚至犬等也可感染旋毛虫，也常被人们当作肉品消费。对这些动物肉品的检疫还没有严格规定，也会导致旋毛虫病的发生或暴发。

三、症状与病理变化

（一）症状

1. 人　　旋毛虫病对人类危害远远大于对动物的危害。人感染旋毛虫症状显著，且与感染强度密切相关。成虫侵入肠道黏膜时出现肠旋毛虫病症状，主要是肠炎，严重时有带血性腹泻。幼虫进入肌肉后出现肌型症状，其特征为急性肌炎、发热和肌肉疼痛。同时出现吞咽、咀嚼、行走和呼吸困难。脸特别是眼睑水肿，食欲不振，显著消瘦。大部分患者感染轻微，不显症状。严重感染时多因呼吸肌麻痹、心肌及其他脏器的病变和毒素的刺激等而引起死亡。轻症者肌肉中幼虫形成包囊，急性和全身症状消失，但肌肉疼痛可持续数月之久。

2. 动物　　猪等动物感染后通常不出现临床症状，或仅出现轻微的肠炎。个别感染严重的猪可能出现声音嘶哑、呼吸困难、咀嚼障碍、吞咽困难、面部水肿、神经呆滞、行动困难等，或伴有体温升高、呕吐及便血等。死亡的极少，多于4～6周后症状消失，转变为猪旋毛虫携带者。其肌肉可能发生病变，逐渐消瘦并停止发育。

（二）病理变化

猪旋毛虫病引起的病理变化主要发生在肠道和肌肉。剖检可见肠黏膜水肿、变厚、积聚较多的黏液，或者存在大小不同的出血点或者出血斑，为幼虫移行过程中破坏血管壁引起。肌肉病变主要是肌浆发生程度不同的溶解，肌纤维变厚，肌肉细胞发生坏死和崩解，肌肉细胞膜的横纹完全消失，往往发现在咬肌、胸肌、膈肌及腰肌中寄生有大量的虫体，特别是膈肌寄生更多。

另外，病猪的部分实质器官也出现某些病变，如脓肿、出血、纤维蛋白变性及脂肪变性等，常见于心脏和肺。

四、诊断

（一）人

人旋毛虫病的现行诊断标准为 2012 年发布的卫生行业标准《旋毛虫病的诊断》。该标准规定了基于流行病学史、临床表现和实验室检查结果进行综合判定的诊断体系。实验室检查包括病原学检查、血常规检查、血清学检查等。病原学检查主要是检查患者吃剩的生肉或食用的同批动物肉类，以及对患者肌肉活体检查和脑脊液检查，发现幼虫即可做出判断。血清学检查主要是检查血清中旋毛虫抗体。推荐的方法是ELISA，所用抗原为旋毛虫肌幼虫排泄分泌（ES）抗原。

（二）动物

动物感染旋毛虫后临床症状不明显，难以根据症状做出初步判断。确诊要依靠实验室诊断。WOAH 推荐的实验室诊断方法有病原学诊断、免疫学诊断和分子生物学诊断。

1. 病原学诊断 我国《生猪屠宰检疫规程》规定的是显微镜压迫检查法。取屠宰或剖杀猪的膈肌，在两侧膈肌角取 30～50g，撕掉肌膜；分别在肉样多处位置剪取麦粒般大小的肉粒，剪取数量为 24 块，然后将其排列成 2 行放置在载玻片上，再盖压另一块载玻片，置于低倍显微镜下检查，重点检查是否存在旋毛虫幼虫囊包。在实际镜检中，往往会发现不同发育阶段的旋毛虫：没有形成包囊的幼虫、已形成包囊的旋毛虫、已钙化的旋毛虫和发生机化的旋毛虫，其形状特征有所不同，需要注意鉴别。

WOAH 推荐方法为混合样本肌肉消化法。将被检动物肉样各取等量，制成 100g 混合肉样。搅碎，在HCI-胃蛋白酶消化液中于（45±2）℃消化。最后，将消化液静置，吸去上层液体，留 10ml 倒入平底培养皿中，置显微镜下检查，发现幼虫即可确诊。混合样品检出幼虫后，还要对样品的来源肌肉做进一步分批消化检查，直到确定感染动物个体。

肌肉消化法的敏感性很高。消化 1g 肌肉，可以检出的最低量是每克肌肉组织中有 3 条幼虫，如果消化5g 肌肉，则可以检出每克肌肉中 1 条幼虫。此类病原学诊断方法适用于个体病例确诊和流行病学调查与检测。

2. 免疫学诊断 免疫学诊断是检查动物体内抗旋毛虫抗体。WOAH 推荐的免疫学方法只有ELISA 和免疫印迹（Western blot）。ELISA 主要用于动物群体无旋毛虫感染的确认，也适用于个体无旋毛虫感染的确认，以及消除计划实施效果评估和流行病学调查与检测。免疫印迹主要用于 ELISA 阳性个体的进一步确认。WOAH 认为，虽然免疫学诊断技术具有很好的灵敏性，但不能取代肌肉消化法用于肉品卫生检疫。

3. 分子生物学诊断 PCR 方法也在旋毛虫检测中得到应用。但 WOAH 认为，当用于检查肉品中的旋毛虫时，敏感性很低，不适用于食品动物的日常检测，但适用于旋毛虫虫种或基因型的鉴定。推荐的方法为多重 PCR。

五、防治

（一）治疗

1. 人 主要药物为阿苯达唑和甲苯咪唑等。药物可以根除肠道内旋毛虫成虫，但对肌肉幼虫效果不明显。目前尚无有效药物可以治疗侵入横纹肌的旋毛虫。

2. 动物 阿苯达唑和甲苯咪唑也可以用于治疗动物旋毛虫病。但由于动物，特别是猪症状通常不明显，生前难以确诊，因此很少进行治疗。

对于流行区非集约化饲养猪或散养猪，可以进行药物预防，按 1t 饲料拌入阿苯达唑 250～300g，或甲苯咪唑 125g，拌匀后，连喂 10d，可以有效杀灭旋毛虫成虫。

（二）预防

旋毛虫病是人兽共患病，应当采取综合防控措施。

1. 加强宣传教育　　利用各种媒体，开展宣传，使公众了解旋毛虫病的危害及其传播途径，增强防病意识。

2. 改变不良饮食习惯　　不吃生的或未熟透的肉类，做到生、熟食刀具、砧板分开，以防止感染。

3. 加大肉类卫生检疫　　在生猪"定点屠宰、集中检疫"的基础上，加强对农户家庭屠宰猪肉的检疫。食草动物羊、牛及马等，以及野生动物野猪等的肉及肉制品也应尽可能进行旋毛虫病检疫，严防被旋毛虫感染的肉类和肉制品流入市场。此外，对邮寄或携带入境的肉类及肉制品也应加强旋毛虫检疫，被感染的肉类应销毁。建立肉类及其制品质量安全网络与质量保障体系，当旋毛虫病暴发时，可及时进行溯源及筛查。

4. 搞好灭鼠和环境卫生　　在各种公共场所和养殖场开展灭鼠工作，减少鼠类传染源。及时无害化处理各种死亡动物尸体，防止被其他动物吞食。

5. 加强养猪场管理　　实施集约化饲养，减少散养。猪舍及其周围应设置防护装置，防止猪接触到鼠和其他野生动物。生肉食品残渣不能进入猪场，更不能喂猪。做好日常防鼠灭鼠。死亡猪和其他动物尸体应该立即清理并进行无害化处理。从官方认定的猪群引进猪只。

第四章　多种动物共患寄生虫病

第一节　伊氏锥虫病

伊氏锥虫病（trypanosomosis）是伊氏锥虫（*Trypanosoma evansi*）寄生于多种家畜的血液中引起的寄生原虫病，又称"苏拉病"（surra）或"脚肿病"，主要感染牛、马、骆驼等。呈全球性分布，多发于热带和亚热带地区，可引起动物的急性死亡或隐性感染，对畜牧业造成极大危害，人也有感染的报道。伊氏锥虫病是 WOAH 通报疫病，是我国三类动物疫病。

一、病原

（一）病原形态

伊氏锥虫属于锥体科（Trypanosomatidae）锥虫属（*Trypanosoma*）。通常为单态型，虫体细长而扁平，呈卷曲的柳叶状，很少见到短粗形虫体（图 4-1）。有鞭毛一根。鞭毛伸出的方向称为前端，相对的一端称为后端。虫体前端较尖，后端较钝。虫体长度一般为 18～31μm，宽 1.8～2.5μm。细胞核呈椭圆形位于虫体中央。动基体（kinetoplast）圆形颗粒状，位于虫体后端，内含大量环状 DNA，称为动基体 DNA（kDNA）。锥体科锥虫的 kDNA 相当于线粒体 DNA，有大环和小环两种类型，大环拷贝数少，小环拷贝数极多。伊氏锥虫的 kDNA 只有小环，没有大环。电镜下，DNA 呈片层样构造。基体（basal body）位于动基体前并紧靠动基体，基体也称为生毛体。鞭毛由基体长出。波动膜呈波浪状，位于虫体边缘，鞭毛与波动膜相连，虫体运动时鞭毛旋转，波动膜摆动。吉姆萨染色后，细胞核和动基体呈嗜碱性。

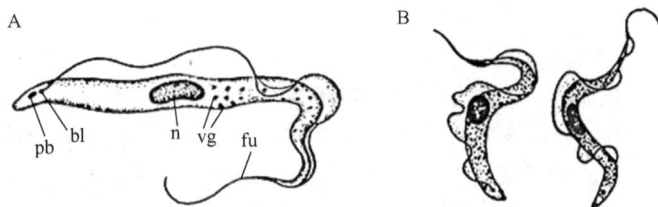

图 4-1　锥体科虫体（仿板垣四郎和板垣博，1983）

A. 锥虫型虫体；B. 伊氏锥虫。n. 核；pb. 动基体；vg. 颗粒；bl. 生毛体；fu. 鞭毛

与其他锥虫相比，伊氏锥虫 kDNA 没有大环，因此被认为是锥虫的动基体不全株（dyskinetoplastic strain）。一些伊氏锥虫可以失去所有 kDNA，成为无动基体虫株（akinetoplastic strain）。我国存在无动基体虫株。

除伊氏锥虫外，国际上还有其他锥虫分布，主要有布氏锥虫指名亚种（*Trypanosoma brucei brucei*）、布氏锥虫冈比亚亚种（*T. brucei gambiense*）、布氏锥虫罗德西亚亚种（*T. brucei rhodesiense*）。这 3 种虫体无生殖隔离，传播媒介是采采蝇（tsetse fly），并在采采蝇体内进行发育，分布于非洲，感染动物和人，引起人的睡眠病（sleeping sickness）。刚果锥虫指名亚种（*T. congolense congolense*）和活跃锥虫指名亚种（*T. vivax vivax*）也分布于非洲，引起动物疾病，而枯氏锥虫指名亚种（*T. cruzi cruzi*）则分布于美洲，感染人，引起美洲锥虫病，也称恰加斯病（Chagas disease）。我国只有伊氏锥虫，没有其他锥虫。

（二）生活史

伊氏锥虫发育过程中无须中间宿主，主要由吸血昆虫虻通过吸血机械性传播。

伊氏锥虫寄生于宿主的血液、淋巴液和造血器官内。以纵分裂法进行繁殖。通常情况下，虫体由 1 个分裂为 2 个，有时分裂为 3 或 4 个。分裂顺序按动基体、细胞核、细胞质先后进行。伊氏锥虫在外界环境中抵抗力很弱。在干燥、日光直射时很快死亡，消毒药液或水能使虫体立即崩解。在 50℃的环境中，虫体 5min 死亡。

二、流行病学

（一）感染来源

伊氏锥虫病的宿主范围极为广泛，包括家畜和野生动物，主要有黄牛、水牛、奶牛、马属动物、骆驼、猪、犬、绵羊、山羊、猫、大象、羚羊、水鹿、黑鹿、豚鹿、赤鹿、梅花鹿、狍、野绵羊、野猪、貘、兔、鼠兔、啮齿动物、红毛猩猩、狼、狐狸、豺、豹、虎、犀牛、熊及鸡、鸽子等。一些蝙蝠也可感染。这些动物感染后均可以成为其他动物的感染源。

（二）传播途径

伊氏锥虫病的传播主要是吸血昆虫在吸血的过程中把虫体吸入体内，虫体不在吸血昆虫内繁殖。当昆虫再次叮咬吸食其他动物血液时，把锥虫注入动物体内，使动物获得感染。

能够传播伊氏锥虫病的吸血昆虫主要是虻和螫蝇，29 种虻、6 种螫蝇可以传播伊氏锥虫病。锥虫在虻和螫蝇体内存活时间较短，大约 30min，但昆虫两次吸血的时间间隔更短，远小于 30min，足以完成传播。这种即时机械性传播可以发生在同群动物中，也可以发生在同一地点的不同群体或不同动物种类之间，以及野生动物和放牧家畜之间。

除虻和螫蝇外，虱蝇也有可能传播伊氏锥虫病。伊蚊、按蚊和蠓在特定情况下也可能在伊氏锥虫病的传播中发挥重要作用。一些吸吮蝇类，可以通过污染伤口传播伊氏锥虫病。

治疗时使用消毒不严的器械、注射针头等，也可以传播伊氏锥虫病。

伊氏锥虫病还可以通过胎盘传播。怀孕的动物感染后，虫体可以经过胎盘感染胎儿，导致流产。

通过口腔污染也是伊氏锥虫病传播的一种方式。特别是肉食动物，如犬和猫，在吞食动物鲜肉、血液、内脏及骨头时，如果口腔黏膜受损，鲜肉及血液等内的虫体可以侵入犬、猫等体内。

近年发现，吸血蝙蝠可以传播伊氏锥虫病，这也成为伊氏锥虫病传播的一种新方式。主要发生在拉丁美洲。

（三）流行情况

伊氏锥虫病分布广泛，在亚洲、非洲、美洲、欧洲等均有分布。其中亚洲、东南亚一带是主要的流行地区。一项对已发表文献的统计分析表明，1906～2017 年，共有 48 个国家有伊氏锥虫病的报道，主要来自非洲和亚洲国家，南美洲和欧洲国家较少。单峰骆驼感染的报道主要来自非洲和中东地区，东亚和东南亚主要是水牛、牛、犬和马，南美洲马和犬可以发生急性感染。

我国曾是伊氏锥虫病的多发地区。除了感染马、牛、骆驼、猪、犬等家畜，还感染鹿、兔、象、虎等动物，实验动物豚鼠、大鼠、小鼠等也可感染。其中马属动物和犬易感性最强。似乎主要有两个疫区，一个在新疆、甘肃、宁夏、内蒙古阿拉善盟和河北北部一带，主要以感染骆驼为主。另一个在秦岭—淮河一线以南，主要以感染黄牛、水牛、奶牛、马属动物、鹿和猪为主。目前，马属动物和牛由于基本退出役用，数量明显减少，发病情况也明显改变。在非牧区，牛、奶牛、马、犬等以散发为主。在新疆、西南地区等依然具有一定的感染率，个别地区感染率依然较高。上海地区马场的马血清学阳性率平均为 2.7%。新疆伊犁河谷地区马伊氏锥虫核酸阳性率为 3.7%，而秋季虻携带伊氏锥虫的 PCR 阳性率为 5.7%。广西百色与河池地区牛的血清学阳性率为 11.63%。

（四）流行影响因素

影响伊氏锥虫病流行的因素很多，如动物种类与品系、养殖方式与密度、传播媒介的种类与分布等。但其中一个重要因素是虫体基因变异。

与布氏锥虫相比，伊氏锥虫 kDNA 没有大环，只有小环。目前认为，大环的丢失使伊氏锥虫失去了编辑线粒体 DNA 的能力，也失去了在采采蝇体内发育的能力，但获得了更广的宿主感染范围。近期对伊氏锥虫和布氏锥虫基因组比较研究也揭示了两者之间的明显差别。kDNA 小环的有无或类型也影响伊氏锥虫的分布与致病性。在国外，伊氏锥虫无动基体株天然存在于犬体内。我国无动基体株发现于南方疫区，感染宿主范围明显比北方疫区广。根据 kDNA 小环限制性内切酶图谱，伊氏锥虫可以分为 A 型和 B 型。A 型虫株分布于非洲、亚洲和拉丁美洲，B 型虫株仅存在于肯尼亚和埃塞俄比亚的单峰骆驼体内。

（五）公共卫生意义

一般认为，伊氏锥虫不感染人，其原因在于伊氏锥虫对正常人体内溶锥虫素（trypanolytic factor，TLF）敏感，虫体一旦进入人体内，即被人血清内的 TLF 溶解，不能生存。能够感染人的锥虫，通过进化获得了抵抗 TLF 的能力。人体 TLF 的主要成分是载脂蛋白 L-1（apolipoprotein L-1，apoL-1）。如果人 apoL-1 发生变异或缺失，伊氏锥虫即可在人体内繁殖，引起人伊氏锥虫病。自从 1977 年印度报道第一例人感染伊氏锥虫病以来，印度、斯里兰卡、埃及、越南、泰国等均报道了人伊氏锥虫及路氏锥虫（Trypanosoma lewisi）感染的病例，多与 apoL-1 变异有关。因此，应该对伊氏锥虫感染人的情况予以高度重视。

三、症状与病理变化

（一）症状

1. 马　马属动物易感性较强。潜伏期 4~7d，之后体温升高到 40℃以上，呈稽留热。稽留热可反复发作，之间有 3~6d 间隔。发热期病马精神不振，呼吸急促，脉搏频数，食欲减退。间隔期体温恢复正常或微升高，症状减退或消失。病马逐渐消瘦，被毛粗乱，眼结膜初充血，后黄染，最后苍白，在结膜、瞬膜上可见有米粒大到黄豆大的出血斑，眼内常附有浆液性到脓性分泌物。疾病后期体表水肿，多见于腋下、胸前。精神沉郁逐渐加重，终至昏睡。最后共济失调，行走左右摇摆，举步困难，倒地不起。尿量减少，尿色深黄、黏稠，含蛋白质和糖。体表淋巴结轻度肿胀。血液检查红细胞数急剧下降，白细胞变化无规律。有时血液涂片中可见锥虫，在体温升高时较易检出虫体。

2. 牛　牛有较强的抵抗力，多散发，呈慢性经过，或带虫不发病。发病时体温升高，呈间歇热型。牛的症状与马基本相似，但发展较慢。水肿可由胸腹下垂部延伸到四肢下部。发生水肿后，皮肤常龟裂，并流出淋巴液或血液。牛的另一特有症状是耳、尾发生干性坏死，常出现于尾尖和耳尖，导致尾端和耳壳边缘坏死后脱落。特别是水牛，这一症状表现明显。黄牛、水牛、奶牛和肉牛均可引起流产和生产性能下降，甚至引起死亡。国外一些国家水牛死亡率可以达到 10%，流产率高达 47%。

3. 犬　大部分犬呈急性感染，感染后 3~5d 在血液中就会出现大量虫体，无明显症状，很快死亡。也有部分犬呈慢性感染，发病初期表现为食欲减退，精神沉郁，体温升高至 40℃以上，可视黏膜苍白、黄染、皮下水肿。随着病情的加重，红细胞数量和血红蛋白严重减少，红细胞沉降率（简称血沉）加快。发病后期，病犬消瘦、全身脱毛、呼吸困难、淋巴结肿胀，腹下、胸前及四肢呈游动性水肿，运动失调，出现角膜炎或虹膜炎。

4. 骆驼　骆驼一般因耐受性强而呈慢性经过，病程可达数年，如不治疗常最终死亡。骆驼感染初期症状较轻，不易发现，表现为精神不振，体温升高，呈间歇热。随着病程的发展，采食和反刍明显减少，并伴有阵发性咳嗽，同时出现眼结膜苍白、黄疸等症状，尿液呈棕色。患病骆驼身体消瘦，被毛乱而无光泽，皮肤局部区域出现水肿，常离群呆立不动，病情严重的骆驼会出现反应迟钝和运动障碍等神经症状。

（二）病理变化

伊氏锥虫在血液中迅速增殖，产生大量有毒代谢产物。虫体在宿主免疫系统作用下溶解死亡，也释放出毒素，对宿主产生各种毒性作用。伊氏锥虫体表的表面可变糖蛋白（variable surface glucoprotein，VSG）具有极强的变异性。宿主免疫应答可以消灭一部分虫体，另一部分虫体因为 VSG 变异可逃避宿主免疫效应因子抗体等的作用，在宿主体内存活下来并重新增殖，使血液中再次出现大量锥虫，如此反复致使疾病出现周期性变化。虫体毒素可以作用于中枢神经系统和各个器官系统；作用于中枢神经系统，引起体温升高和运动障碍；作用于造血器官引起贫血。红细胞溶解，出现贫血与黄疸。对血管壁通透性的损伤，导致皮下水肿。虫体对糖的大量消耗，导致低血糖症和酸中毒。

皮下水肿为该病的主要病变特征。剖检可见病畜体形瘦弱，下腹与胸前部位水肿，可视黏膜呈黄白色，血液稀薄，浆膜和皮下呈胶样浸润。心脏、肝、肾和脾出血肿大，可见出血点。心肌变性呈现煮熟肉状，心包积液，心室扩张，胃肠浆膜、腹膜和胸膜出血。肝出现淤血且难以疏通，其切面呈现灰褐色。肺门淋巴结肿大，体表淋巴结髓样肿胀。

四、诊断

依据流行病学调查、临床症状及剖检变化可对该病做出初步诊断，但要确诊，还需要结合实验室诊断。实验室诊断包括病原学诊断、免疫学诊断和分子生物学诊断。

（一）病原学诊断

病原学诊断主要用于个体病例确诊、流行病学调查与监测等。

1. 血液压滴镜检　　采集动物末梢血液，抗凝。取一滴血样滴于洁净载玻片上，再加等量的生理盐水，轻轻混匀后盖上盖玻片。置于显微镜下 400 倍放大观察。如果发现运动活泼的虫体，即可确诊。

2. 血涂片染色镜检　　按照常规步骤制作血涂片，用瑞氏和吉姆萨染色法染色，油镜镜检。发现典型虫体即可确诊。也可把血液涂成厚片，用吉姆萨染色法染色后油镜镜检。

淋巴结穿刺物和水肿穿刺液也可以涂成薄片或厚片，染色后镜检。血液压滴和血涂片法检出率均较低。

3. 离心集虫法　　采集被检动物抗凝血于离心管中，12 000r/min 离心 5min。管底为红细胞，白细胞和虫体位于红细胞沉淀的表面。用吸管吸取沉淀表层，涂片、染色、镜检，可提高虫体检出率。

4. 毛细管集虫法　　以肝素处理内径 0.8mm、长 12cm 的毛细管，吸入病畜血液插入橡皮泥中以封堵底端。12 000r/min 离心 5min，将毛细管平放于载玻片上，在 10×10 倍显微镜下检查毛细管中红细胞沉淀层的表层，即可见有活动的虫体存在。也可以将毛细管剪断，将虫体层置于载玻片上，盖盖玻片后镜检。两种集虫法均可提高检出率。

5. DE52 纤维素层析法　　以 DE52 纤维素过柱层析，红细胞可以结合到纤维素上，伊氏锥虫不与纤维素结合，可以通过纤维素柱。收集洗脱液离心，显微镜检查沉淀物中的虫体。获得的虫体依然具有活性，可以感染动物。以毛细管离心集虫产物进行层析，检出率可以提高 10 倍左右。国外一种小型层析装置已经商品化。

6. 动物接种　　采病畜血液 0.1～0.2ml，接种于小鼠腹腔。2～3d 后逐日采尾尖血进行显微镜检查。如果病畜感染伊氏锥虫，则在半个月内可在小鼠血内查到虫体，此法检出率极高。

（二）免疫学诊断

免疫学诊断主要检测动物血清中的伊氏锥虫抗体。免疫学诊断适用于动物群体、个体无伊氏锥虫感染确认，根除计划实施效果评估，个体病例确诊，以及流行病学调查与监测。主要方法有 IFAT、ELISA、玻片凝集试验（CATT）等。使用伊氏锥虫全虫可溶性抗原建立的 ELISA 方法较为灵敏。IFAT 和 CATT 需要使用伊氏锥虫全虫为抗原。IFAT 只适用于小批量样品的检测。其中 ELISA 和 CATT 为 WOAH 所推荐。

（三）分子生物学诊断

分子生物学诊断主要是检测伊氏锥虫的 DNA。适用于动物群体、个体无伊氏锥虫感染确认，根除计划实施效果评估，个体病例确诊，以及流行病学调查与监测。主要方法有传统 PCR、RT-PCR 及 LAMP 等。靶基因通常为虫体卫星 DNA（satellite DNA）、*ITS-1* 等。PCR 灵敏性很高，每毫升血液中有 1～5 个锥虫即可检出。其中检测卫星 DNA 的 PCR 方法更灵敏，为 WOAH 所推荐。

五、防治

（一）治疗

发现牲畜感染伊氏锥虫应尽早隔离并及时治疗，必要时可进行全群投药预防。在治疗过程中用药量要足，勤观察。

1. 萘磺苯酰脲　　也称苏拉明（suramin），商品名纳加诺（Naganol）或拜尔 205（Bayer 205）。在 DNA 合成过程中竞争性抑制拓扑异构酶-2。

2. 喹嘧胺（quinapyramine）　　商品名安锥赛（Antrycide）。治疗用硫酸甲基喹嘧胺。主要抑制锥虫 kDNA 合成，使其失去核糖体功能。

3. 三氮脒（diminazene）　　也称贝尼尔（berenil），国产产品名为血虫净。主要抑制锥虫 kDNA 合成。骆驼较敏感，不宜用。

4. 氯化氮胺菲啶盐酸盐（isometamidium chloride hydrochloride）　　商品名沙莫林（Samorin）。在 DNA 合成过程中抑制拓扑异构酶-2。对牛有较好的治疗效果。

5. 乙菲啶（homidium）　　在 DNA 合成过程中抑制拓扑异构酶-2。

6. 美拉索明（melarsomine）　　抑制锥虫酰还原酶。

锥虫病畜药物治疗后易产生抗药虫株。对于复发的病例，需改用与前次治疗不同的药物。

（二）预防

需采用综合防控措施。

1. 消灭传播媒介　　每周对场内环境消毒 2 次，喷洒杀虫药，尽可能消灭虻、螫蝇等传播媒介。采取物理措施，防止传播媒介接触动物。

2. 药物预防　　在临床上较实用的是药物预防。喹嘧胺预防期最长，一次注射有效期为 3～5 个月，常用制剂为氯化喹嘧胺。萘磺苯酰脲用药一次有效期为 1.5～2 个月。氯化氮胺菲啶盐酸盐预防期可达 4 个月。

3. 加强饲养管理　　做好环境卫生，对死畜进行无害化处理。提高饲料营养水平。注意气候变化，防寒保暖。

4. 防止病原传入　　引种应来自非疫区，并对引进的牲畜严格隔离饲养。实验室检测无病原感染后再混群饲养。

第二节　新孢子虫病

新孢子虫病（neosporosis）是犬新孢子虫（*Neospora caninum*）感染犬、牛、羊等而引起的寄生原虫病。它主要导致母畜流产、死胎或新生儿运动和神经系统障碍。犬是犬新孢子虫的终末宿主，中间宿主包括多种哺乳动物。新孢子虫病呈世界性分布。我国已有 10 余个省（自治区、直辖市）报道了新孢子虫病，流行区域逐渐扩大。新孢子虫病已成为严重威胁养殖业健康发展的重要疾病之一。

一、病原

犬新孢子虫属于肉孢子虫科（Sarcocystidae）新孢子虫属（*Neospora*）。新孢子虫属除犬新孢子虫外，近年还鉴定出一个新种，称为休斯新孢子虫（*N. hughesi*），仅感染马，与犬新孢子虫的主要区别体现在其抗原及氨基酸序列，以及对实验鼠致病性和病理变化方面。

（一）病原形态

在中间宿主体内可以见到的虫体为速殖子、缓殖子和组织包囊。在终末宿主犬粪便中可以见到卵囊。

1. 速殖子（tachyzoite）　　速殖子呈新月形、卵圆形或橘瓣形，大小约为 5μm×2μm（图 4-2A）。速殖子寄生于宿主细胞质内的带虫空泡中，周围有带虫空泡膜围绕。速殖子以孢内生殖方式快速增殖，经多次分裂后形成含有多个速殖子的假囊。宿主细胞死亡释放出的虫体侵入新的细胞。速殖子表面有 3 层结构的单位膜，膜下有 22 根膜下微管，前端具有 1 个极环、1 个锥体、1 个高尔基体、1 个泡状核和 1 个核仁，8～18 个棒状体，多个线粒体和内质网，微线体的数量差异较大，多的可达 150 个。几乎所有的细胞都可以感染虫体，包括神经细胞、上皮细胞、真皮细胞、视网膜细胞、巨噬细胞、肝细胞和成纤维细胞等。速殖子主要存在于胎盘或流产胎儿的脑组织或脊髓组织中，也可寄生于胎儿的肝、肾等部位。

2. 缓殖子（bradyzoite）和组织包囊（tissue cyst）　　缓殖子是缓慢增殖阶段的虫体，位于组织包囊内，以孢内生殖方式缓慢增殖。包囊呈卵圆形或圆形，初期直径可能只有 5μm，随着缓殖子的繁殖，直径可以超过 100μm，内含 200 个以上的缓殖子（图 4-2B）。包囊外壁平滑，厚度为 0.5～4.0μm，有薄壁和厚壁两种类型，通常横纹肌内包囊壁较薄，包囊较长。包囊壁具有嗜银性，但 PAS 染色阴性。包囊内含有大量细长形的缓殖子。缓殖子大小为 6.5μm×1.5μm，细胞器与速殖子相似，含有几个支链淀粉颗粒，棒状体数目比速殖子少，但微线体较多。缓殖子之间常有管泡状结构。缓殖子和组织包囊在 4℃ 可以存活 14d，但不耐低温，冷冻可以杀死缓殖子和组织包囊。

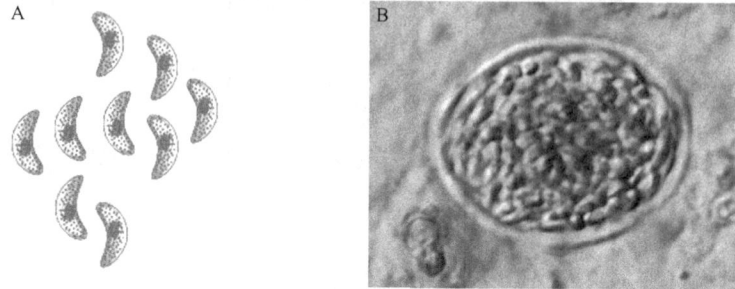

图 4-2　新孢子虫速殖子（A，仿 Khan et al.，2020）和包囊（B，仿 Roberts et al.，2013）

3. 卵囊　　　常发现于终末宿主粪便中。未孢子化卵囊无色，大小为 10μm×11μm。孢子化时间为 24h。孢子化卵囊内含有 2 个孢子囊。每个孢子囊内含 4 个子孢子，1 个孢子囊残体，子孢子无折光体。卵囊在 4℃ 保存 4 年依然具有感染性。

（二）生活史

新孢子虫生活史尚不完全明确，特别是在终末宿主体内的发育尚未完全阐明。中间宿主为牛等多种动物，终末宿主为犬及其他犬科动物。犬也可以成为中间宿主。

中间宿主食入孢子化卵囊或组织包囊而被感染。食入孢子化卵囊或组织包囊后，子孢子或缓殖子从卵囊或包囊中释出，转化为速殖子，进入肠系膜淋巴结，经淋巴循环进入血液循环，被转运到全身各器官组织。速殖子主动侵入宿主各种细胞，在细胞内进行大量增殖。大多数速殖子寄生于细胞内的带虫空泡中。细胞内的速殖子导致细胞破裂，释出的速殖子侵入新的细胞。如此反复，产生大量虫体。在宿主特异性和先天性免疫应答或其他因素的作用下，速殖子一部分被消灭，另一部分增殖变慢，转化为缓殖子，在脑、脊椎、神经和视网膜等组织中形成包囊。

终末宿主吞入组织包囊而被感染，并最终随粪便排出未孢子化卵囊。未孢子化卵囊在外界环境中约经 24h 成为具有感染性的孢子化卵囊，完成整个生活史。新孢子虫在终末宿主体内如何完成裂殖生殖、配子生殖等都还不清楚。

二、流行病学

（一）感染来源

中间宿主新孢子虫病的感染来源主要是终末宿主犬及其他犬科动物排出的卵囊。已经证明能够作为新孢子虫终末宿主的动物有犬、郊狼、澳洲野狗和苍狼。虽然认为犬是多种家畜中间宿主的主要感染来源，但犬排出的卵囊数量并不多。中间宿主食入组织包囊也可以被感染。

犬作为终末宿主的感染来源主要是食入动物组织内的包囊，作为中间宿主的感染来源与其他动物相同。

（二）感染途径

牛等中间宿主的感染途径有两种：一种是食入孢子化卵囊，也称为水平传播；另一种是母体感染后经过胎盘造成胎儿感染，称为垂直传播。垂直传播被认为是牛群中最重要的传播方式。牛食入卵囊后受到感染，可进行垂直传播，称为外源性垂直传播。怀孕期间因免疫力低下，体内原有的包囊可以被激活，也可发生垂直传播，称为内源性垂直传播。由于犬排出的卵囊数量并不多，因此，卵囊如何在养殖场内扩散还不完全被了解。可能的途径是水污染。

（三）流行情况

新孢子虫病呈全球分布，目前已有 60 多个国家和地区报道发生该病。感染率排前 4 位的分别是牛、犬、山羊和绵羊，其他动物，如马、猪、鹿、猴、猫、兔、鸡和鼠及多种野生动物和鸟类也可以被感染。据估计，全球每年新孢子虫病给养牛业造成的经济损失平均为 12.98 亿美元，其中 2/3 来自奶牛业。

中国已经有近 30 个省（自治区、直辖市）报道动物新孢子虫病。主要感染的是牛，其次是犬、猪、马、绵羊等。牛感染率最高的为华中地区，为 21.72%；最低的为西北地区，为 8.85%。犬的感染率各个地区大不相同，高的可以达到 31%。云南地区马属动物的血清学阳性率为 1.08%～7.25%，河南绵羊的血清学阳性率高达 57.25%，湖南猪的阳性率为 1.9%，河南散养鸡的阳性率为 23.26%，江苏徐州地区小家鼠的阳性率为 42.4%。

三、症状与病理变化

（一）症状

1. 牛　　新孢子虫病是奶牛和肉牛的主要疾病之一。主要临床症状是流产，大部分流产发生于妊娠中后期。怀孕期先天感染小牛可出现四肢共济失调、软弱无力、持续伸张。胎牛也可能在子宫内死亡、消溶或木乃伊化，或产下临床正常但持续感染的犊牛。胎牛木乃伊化最为常见。任何年龄的奶牛均可发生流产，但初次怀孕的小母牛最为敏感。奶牛可以在不同怀孕期连续流产，发生率为 5%左右。其他牛可以出现流行或散发。如果在 6～8 周内有 10%的牛出现流产，就可以认为发生了流行。水牛自然感染新孢子虫病的报道较少，多数数据来自实验感染。症状与奶牛和肉牛相似，可以发生流产。

2. 绵羊　　绵羊的症状与牛相似，发生流产，产死胎、木乃伊胎，或胎儿在子宫内发生溶解等。

3. 犬　　犬新孢子虫感染非常普遍，但出现临床症状的比较少见。临床新孢子虫病多见于幼龄犬、极老犬和免疫抑制犬。经胎盘感染的幼犬症状最为严重，主要表现为后肢麻痹、轻瘫、肌肉强直，进一步发展为多神经根神经炎、多肌炎，最终出现脑脊髓炎。成年犬可出现脑炎、肌肉炎。下肢轻瘫是最为常见的神经症状，还可能出现皮炎、肝炎、肺炎、腹膜炎及胎儿死亡。犬也可能因为严重的心肌炎和心力衰竭而突然死亡。其他动物感染新孢子虫后出现类似的临床症状，但均没有犬的症状严重。

（二）病理变化

新孢子虫感染动物后，巨噬细胞分泌 IL-12、IL-10 和 TNF-α 等细胞因子，在产生免疫应答的同时，也产生炎症反应。新孢子虫还可以诱导宿主细胞发生凋亡。

新孢子虫病的病理变化与虫体的寄生部位有关，病理变化可在一处或多处出现。临床上常见非化脓性脑脊髓炎、多灶性心肌炎和多灶性心内膜炎、坏死性肝炎、化脓性胰腺炎、肉芽性肺炎及肾盂肾炎的病理变化。

新孢子虫主要引起中枢神经系统病理变化，可导致脑萎缩。病变可从大脑延伸至腰部脊髓区，呈现多发性胶样变性，脊髓中灰质减少，可造成局灶性空洞，还会导致小脑发育不全，并在病变组织中可检查到包囊。骨骼肌、颞肌、咬肌、喉肌和食道肌等处发生多发性肌炎，肌肉出现黄白条纹，心肌的单核细胞中含有大量速殖子。皮肤发生化脓性皮炎。肺、肝、肾坏死，有大量浆细胞、巨噬细胞、淋巴细胞和少量嗜中粒细胞浸润，出现颗粒结节，病变组织部位可检出速殖子和包囊。肝门静脉周围单核细胞浸润，出现不同程度的坏死灶。肠系膜淋巴结肿胀、出血、坏死。胎盘绒毛坏死，出现含有虫体的病灶。

四、诊断

由于新孢子虫病临床症状不明显，应进行综合诊断。

（一）临床诊断

依据病畜的临床症状结合流行情况进行诊断。新孢子虫病一年四季均可发生，但高峰期多出现在夏季。感染的母畜之间不存在年龄差异，引起的妊娠流产呈散发或地方流行。当一群或多群母畜出现流产、产死胎、新生儿瘫痪、畸形、共济失调、肌肉萎缩、抽搐或其他运动神经系统疾病症状时，应怀疑为新孢子虫感染。

（二）病原学诊断

1. 病理组织学检查 根据新孢子虫的寄生部位，采集流产胎儿的脑、脊髓、心脏及肝等组织进行常规组织学检查，检到新孢子虫速殖子或包囊即可确诊。

2. 免疫组织化学检查 采用兔抗新孢子虫血清对福尔马林固定、石蜡包埋的组织切片进行识别，之后使用亲和素-生物素-过氧化物酶标记的二抗进行显色，显微镜下检测到新孢子虫速殖子或包囊即可确诊。

3. 病原的分离培养 虫体的分离培养是诊断新孢子虫病最确切的一种方法。分离新鲜死胎脑组织中的速殖子或缓殖子，并接种于单层 Vero 细胞。接种 29d 后，在培养板中观察到典型的新孢子虫速殖子即可确诊。新孢子虫除可以在 Vero 细胞中生长外，还可以在牛心肺主动脉内皮细胞、猴肾细胞及人包皮成纤维细胞等中生长。

（三）免疫学诊断

血清学检测对新孢子虫病的诊断、传播及流行病学调查十分重要。许多检测抗新孢子虫抗体的血清学方法已被报道，包括 IFAT、免疫印迹、凝集试验及 ELISA 等方法。其中 IFAT 和 ELISA 应用广泛，特异性和敏感性较高。与 ELISA 相比，IFAT 需要使用活的新孢子虫速殖子，因而成本较高。ELISA 多使用重组抗原，主要有 NcSRS2、NcSAG1、NcSAG4、Ncp40、NcPF、NcGRA2、NcGRA6、NcGRA7、NcSUB1、NcMIC10 和 NcMIC6 等。

（四）分子生物学诊断

目前，PCR 技术已经广泛应用于新孢子虫病的诊断。通过特异性引物对新孢子虫目的基因进行体外扩增，通过对扩增产物的检测，进而确诊隐孢子虫感染。常用的 PCR 方法有 RT-PCR、巢式 PCR 及多重 PCR 等。

常用的检测靶基因包括微卫星 DNA、*18S rDNA*、*28S rDNA*、*14-3-3* 基因、*ITS-1* 和 *Nc-5* 基因，其中 *ITS-1* 和 *Nc-5* 基因应用最为广泛。

PCR 可以用于检测流产胎儿组织和羊膜中的虫体，也可以检测感染动物脑、肺、肝、脑脊液、血液、粪便、奶及精子等样品中的虫体。

五、防治

（一）治疗

目前尚未发现治疗新孢子虫感染的特效药。在该病早期使用甲氧苄苯胺嘧啶、磺胺嘧啶和乙胺嘧啶等药物进行治疗具有一定的效果。此外，癸氧喹酯（decoquinate）、妥曲珠利砜（ponazuril）及复方妥曲珠利加磺胺嘧啶和甲氧苄苯胺嘧啶也有一定治疗效果。

（二）预防

预防的关键是阻断新孢子虫的传播。

（1）阻止犬等终末宿主接近水源和饲料，防止造成污染。养殖场不养犬。禁止使用流产胎儿的组织、胎盘及可能感染的动物内脏等喂犬。

（2）对流产组织进行清理和无害化处理。

（3）加强检测，及时淘汰阳性动物。

（4）控制鼠类及其他野生动物，加强养殖场灭鼠。

（5）进行胚胎移植。把血清学阳性动物的胚胎移植到血清学阴性动物体内，产下的胎儿不感染新孢子虫。

（6）免疫预防。国际上曾有犬新孢子虫病疫苗注册上市。该疫苗为速殖子灭活疫苗。但由于免疫保护效果差而退出市场。

第三节　隐孢子虫病

隐孢子虫病（cryptosporidiosis）是隐孢子虫寄生于人和多种动物肠道或呼吸道而引起的人兽共患寄生原虫病。哺乳动物感染后表现为持续性腹泻，禽类感染后表现为腹泻和呼吸困难，免疫力低下者和婴幼儿多发生致死性肠炎。该病对人类健康和畜牧业的发展造成严重影响。WHO 将人隐孢子虫病列为六大腹泻病之一和艾滋病的怀疑指标之一，动物隐孢子虫病是 WOAH 重点关注的非通报疫病，也是我国三类动物疫病。

一、病原

隐孢子虫属于隐孢子科（Cryptosporididae）隐孢子虫属（*Cryptosporidium*）。许多种类隐孢子虫卵囊大小相似，只能依赖分子生物学技术对各种隐孢子虫进行种类和亚型鉴别。目前，隐孢子虫最少有 44 个有效种和 120 个基因型，其中感染人和哺乳动物的有 29 种，感染鸟类的有 6 种，感染鱼类的有 4 种，感染爬行动物的有 4 种，感染两栖动物的有 1 种。人和动物可以感染 1 种或多种隐孢子虫。一项统计分析表明，人和家畜中 90% 以上的感染均为其主要寄生种类引起（表 4-1），其他一些次要种类或少见种类虽然不常感染，但在人和动物隐孢子虫病流行中具有重要作用。可以感染人的隐孢子虫共有 21 个种或基因型，感染牛的有 7 种，感染绵羊和山羊的有 4 种，感染猪和骆驼的分别有 3 种，感染马和驴的有 8 种，感染狗的有 6 种，感染猫的有 5 种。

表 4-1　不同宿主感染的主要隐孢子虫及其常见寄生部位（Feng et al., 2018）

宿主	主要种（基因型）	常见寄生部位
人	人隐孢子虫 *C. hominis*	小肠
	微小隐孢子虫 *C. parvum*	小肠
牛	微小隐孢子虫 *C. parvum*	小肠
	牛隐孢子虫 *C. bovis*	小肠
绵羊和山羊	肖氏隐孢子虫 *C. xiaoi*	消化道?
	泛在隐孢子虫 *C. ubiquitum*	小肠
猪	猪隐孢子虫 *C. suis*	小肠
	野猪隐孢子虫 *C. scrofarum*	小肠
骆驼	安氏隐孢子虫 *C. andersoni*	胃
	鼠隐孢子虫 *C. muris*	胃
马和驴	马基因型 horse genotype	消化道?
	微小隐孢子虫 *C. parvum*	小肠
	人隐孢子虫 *C. hominis*	小肠
犬	犬隐孢子虫 *C. canis*	小肠
猫	猫隐孢子虫 *C. felis*	小肠
兔	兔隐孢子虫 *C. cuniculus*	小肠
家鼠	泰泽隐孢子虫 *C. tyzzeri*	小肠
	鼠隐孢子虫 *C. muris*	胃
鸡	鸡隐孢子虫 *C. galli*	腺胃
	贝氏隐孢子虫 *C. baileyi*	上呼吸道
	火鸡隐孢子虫 *C. meleagridis*	肠道
	隐孢子虫 *C. avium*	回肠、盲肠、肾、输尿管和泄殖腔

隐孢子虫是细胞内寄生虫。与其他胞内寄生虫不同的是，隐孢子虫并不寄生于细胞质中，而是寄生于

细胞膜与细胞质之间的带虫空泡内，称为细胞表面寄生。

（一）病原形态

不同种隐孢子虫的形态和发育过程相似，发育过程包括卵囊、子孢子、滋养体、裂殖体、裂殖子、配子体、配子及合子等多种形式。各发育阶段均在细胞表面的带虫空泡内完成。

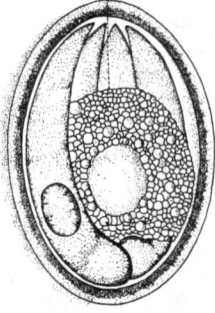

图 4-3　隐孢子虫卵囊
模式图（仿 Current and
Garcia，1991）

1. 卵囊　　卵囊呈圆形或椭圆形，内含 4 个裸露子孢子和 1 个残体（图 4-3）。成熟卵囊有厚壁和薄壁两种类型。不同种隐孢子虫卵囊的大小不同，直径一般不超过 10μm。粪便中见到的是厚壁型卵囊。子孢子呈月牙形，一个核，大小为 1.5μm×0.75μm。

2. 滋养体　　滋养体由子孢子侵入细胞后转化而来。位于细胞膜与细胞质之间的带虫空泡中。形态和大小因发育阶段的不同而不同，大小为 1～2.5μm。

3. 裂殖体　　裂殖体由滋养体发育而来。裂殖体分为两种类型。裂殖体 I 的直径为 1～2.5μm，其中含有 8 个裂殖子。裂殖子棒状。裂殖体 II 大小约为 3.5μm，明显比裂殖体 I 大，内含多个裂殖子。裂殖子圆形。

4. 配子体与合子　　大配子体卵形，大小 5.0μm×4.0μm，表面粗糙。小配子体圆形，大小 2.0μm×2.0μm，内含大量小配子。小配子进入大配子授精，形成合子。合子大小 2.9μm×1.5μm。合子进一步发育为卵囊。

（二）生活史

隐孢子虫可在一个宿主体内完成生活史。宿主因摄取了隐孢子虫孢子化卵囊而被感染。卵囊于胃肠道内在消化液的作用下脱囊并释放出具感染性的子孢子。子孢子黏附于宿主肠上皮细胞膜上，侵入肠上皮细胞，并在细胞膜和细胞质之间形成带虫空泡。虫体在带虫空泡中掠夺细胞营养发育成第一代滋养体，开始无性生殖。第一代滋养体经过 3 次细胞核分裂后发育成为含有 8 个裂殖子的裂殖体。释放出的裂殖子侵入其他上皮细胞发育成为第二代裂殖体，第二代裂殖体经过 2 次分裂发育成含有 4 个裂殖子的裂殖体。此裂殖子侵入新的肠上皮细胞后发育成为雌、雄配子体。雌、雄配子体发育成为雌、雄配子，进行有性生殖，雌、雄配子结合成为合子，合子进一步发育成为卵囊。卵囊在原位孢子化形成含 4 个子孢子的孢子化卵囊。隐孢子虫的卵囊呈 2 种形态，即薄壁型卵囊和厚壁型卵囊。薄壁型卵囊的卵囊壁在体内自行破裂，子孢子释出后重新侵入宿主上皮细胞，造成宿主自身感染。厚壁型卵囊随粪便或呼吸道分泌物排出体外，感染其他宿主。隐孢子虫完成生活史需要 5～11d。

二、流行病学

（一）感染来源

隐孢子虫的宿主范围很广，已知的宿主包括 150 多种哺乳动物、30 多种鸟类、多种淡水鱼、多种海鱼及 57 种爬行动物。有多达 20 种隐孢子虫在人体内被发现，奶牛、黄牛、水牛、猪、绵羊、山羊、马、犬、猫及鸡、鸭、鹅、火鸡、鹌鹑、鸽子、珍珠鸡等也都常感染 1 种以上隐孢子虫，野生动物和野生禽类的感染十分普遍。

患病和带虫动物或人不断地向外界排出的厚壁型卵囊，是动物和人隐孢子虫病的主要感染来源。

（二）传播途径

人和动物一般经口感染，往往因摄入隐孢子虫卵囊污染的食物和饮水遭受感染，也可以经空气传播。

水源污染是造成隐孢子虫病暴发流行的重要原因。美国、英国等国家已有数次报告因饮用水污染造成居民隐孢子虫病的暴发性流行。

（三）流行情况

隐孢子虫感染呈世界性分布，在大洋洲、北美洲、亚洲、非洲和欧洲等均有隐孢子虫流行。对人隐孢子虫病的研究表明，工业化国家和中低收入国家之间的流行存在明显不同。工业化国家流行率低，暴发案例多，无症状感染者少，风险因素主要是国际旅行、与动物和人接触及游泳。而中低收入国家流行率高，暴发案例少，无症状感染者多，风险因素主要是卫生状况差、过度拥挤及家庭出现腹泻病例。

动物的流行没有规律，往往与当地动物饲养数量及饲养方式有一定关系。

截至 2021 年，我国已经有 29 个省（自治区、直辖市）报道人感染隐孢子虫，共涉及 4975 人，报道较多的地区主要集中在长江中下游和黄河下游。非艾滋病腹泻患者隐孢子虫阳性率为 5.33%，艾滋病腹泻患者的隐孢子虫检出率为 16.27%。恶性肿瘤患者、吸毒人群、乙肝患者等隐孢子虫阳性率都明显高于当地正常人群。

动物感染在我国也普遍存在。牛的平均感染率为 11.9%，部分地区绵羊和山羊的感染率为 81.8%，猪的为 12.2%，马的为 3.1%，驴的为 14.5%，犬的为 1.6%～8.0%，猫的为 3.4%，鸡的为 0.7%～34%，部分地区宠物鸟的阳性率为 17%。动物的感染率可能因采样年代、季节等而发生变化。

（四）流行影响因素

影响隐孢子虫感染的因素比较多，主要的为动物饲养量、环境卵囊污染、卵囊抵抗力及公共卫生措施等。

1. 动物饲养量　　多种动物均感染不同种类的隐孢子虫，虽然各种动物均有各自主要的感染种，但还可以感染一些次要种或稀有种，这些次要种或稀有种可能是人或其他动物的主要种。因此，动物饲养量越大，排出卵囊数越多，造成人和动物感染的风险越高。我国畜禽养殖量高居世界前列，风险相对较大。

2. 环境卵囊污染　　对土壤和水源隐孢子虫卵囊污染情况的研究表明，北美洲、欧洲和大洋洲每年动物排至土壤和水源中的卵囊数量占全球的 1/4，其他 3/4 来自发展中国家。卵囊排出量的多少与家畜养殖量密切相关。排出卵囊量最多的是牛，其次是鸡和猪，以及山羊、水牛、绵羊和其他动物。环境卵囊污染情况的轻重直接反映了该地区动物隐孢子虫的感染情况。粪便经过高温发酵可以大大降低卵囊对环境的污染。我国环境卵囊污染风险较高。

3. 卵囊抵抗力　　随人和动物粪便排至外界的卵囊为厚壁卵囊。由于卵囊壁的存在，卵囊对外界环境有很强的抵抗力。小隐孢子虫卵囊置于 20℃ 6 个月，多数卵囊仍有感染性，置于 25～30℃ 3 个月仍具感染性；但高温可使卵囊活性迅速丧失，71.7℃ 仅几秒即可致死卵囊。干燥也会严重降低卵囊的存活时间，干燥 2h 后仅 3% 的卵囊还有活性，4h 后能使 100% 卵囊失活。卵囊对大多数消毒剂有明显的抵抗力，50% 以上的氨水和 30% 以上的福尔马林作用 30min 才能杀死隐孢子虫卵囊。

4. 公共卫生措施　　人类隐孢子虫病的一个重要传播途径是水源污染。氯等常用饮水消毒剂一般不能杀死隐孢子虫卵囊。因此，采取严格的公共卫生措施，防止卵囊对水源的污染，是有效控制隐孢子虫病暴发的重要手段。我国《生活饮用水卫生标准》自 2006 年以来，一直把隐孢子虫和贾第虫列为饮用水检测项目，这对防止隐孢子虫病的发生起到了重要作用。

三、症状与病理变化

（一）症状

1. 人　　人感染隐孢子虫后的主要临床症状为水泻，偶尔粪便中带有黏液，部分感染者伴有恶心、呕吐、腹痛和发热，少数患者不出现腹泻。免疫抑制及艾滋病患者感染隐孢子虫后出现胆道、胰管或呼吸道等胃肠道外隐孢子虫感染，表现为胆囊炎、硬化性胆管炎、胰腺炎和肺炎。

2. 动物

1）牛　　成年牛常不表现临床症状。犊牛症状明显。奶牛新生犊牛症状严重，可以导致死亡，主要表现为水样腹泻、精神沉郁、食欲不振和虚弱。感染率可以达到 100%，死亡率可以为 5%～10%。

2）绵羊　　羔羊症状明显，主要表现为中度到重度腹泻，严重者导致死亡。发病率为 37%～83%，死亡率为 2%～40%。

3）山羊　　山羊羔羊症状比较严重，表现为腹泻、脱水、食欲不振、昏睡、卧地不起等，发病率接近

100%，死亡率接近 50%。

4）猪　　成年猪症状不明显，仔猪严重感染时可出现与犊牛类似的消化道症状，主要表现为水样腹泻。当并发或继发其他细菌或病毒感染时，可出现明显腹泻症状，并可能导致死亡。

5）家禽　　家禽隐孢子虫病以鸡、火鸡和鹌鹑最为严重，主要是贝氏隐孢子虫感染引起。鸡、鸭感染后常表现为精神沉郁、张口呼吸、伸颈、胸腹起伏明显、气喘、咳嗽、腹泻，严重者出现饮食废绝，于发病后 2～3d 死亡。

6）犬、猫　　犬、猫感染隐孢子虫后通常无症状。严重感染者可出现腹泻、消化吸收不良和体重降低。

7）马和骆驼　　马和骆驼幼龄动物感染后可能出现腹泻等症状。

（二）病理变化

人和哺乳动物隐孢子虫病的主要病理变化在肠道。表现为肠绒毛萎缩、融合，微绒毛变短，肠细胞变性或脱落；隐窝扩张，内含坏死组织碎片或死淋巴细胞；固有层内出现单核细胞、中性粒细胞浸润。

禽类的隐孢子虫病可表现出呼吸道、肠道和肾的症状和相应的病理变化。上呼吸道可见气管、鼻窦和鼻腔有过量黏液分泌，气囊上可见有分泌物。肠道病变主要表现为小肠和盲肠膨胀，肠腔内充满黏液和气体。肾病变可见集合管、集合小管、远端曲小管和输尿管肥大、增生。各个病变部位组织病理学变化主要为增生和炎性细胞浸润。

四、诊断

（一）人

2016 年，国家卫生和计划生育委员会（现国家卫生健康委员会）发布了卫生行业标准《隐孢子虫病的诊断》（WS/T 487—2016）。该标准规定了依据流行病学史、临床表现和实验室检查相结合的人隐孢子虫病诊断标准。推荐的实验室检查方法包括病原学检查、免疫学检查和分子生物学检测等。

病原学检查方法有粪便卵囊改良抗酸染色法、金胺-酚染色法。染色后显微镜油镜下观察，发现卵囊，即可做出判定。

免疫学检查包括单克隆抗体快速免疫层析试纸条法和间接免疫荧光抗体试验。前者检查粪便中的隐孢子虫抗原，后者检测粪便中的隐孢子虫卵囊。

分子生物学检测方法为巢式 PCR，靶基因为 *18S rDNA* 基因，主要用于检测粪便中的卵囊。

（二）动物

动物隐孢子虫病可以根据流行病学情况和临床症状做出初步判断，确诊需要进行实验室诊断。WOAH 推荐的动物隐孢子虫病的实验室诊断技术与我国现行人的实验室诊断技术基本相同。需要强调的是，由于动物中可能还有可以感染人类的虫种或基因型，因此，整个操作过程中，包括粪便采集到实验室诊断及后续处理，工作人员均应做好个人防护，防止感染及污染环境。

1. 病原学诊断　　病原学诊断主要是检查动物粪便中的卵囊，发现卵囊即可确诊。主要用于个体病例确诊和流行病学调查。将动物粪便直接涂片，或用饱和盐水、蔗糖或硫酸锌溶液离心浓集后涂片，用改良抗酸染色法或金胺-酚染色法染色，置显微镜下用 40 倍或 100 倍物镜观察。抗酸染色后，卵囊呈现圆形或卵圆形、桃红色，卵囊内可见有 4 个子孢子。用金胺-酚染色的涂片需要在荧光显微镜下观察。隐孢子虫卵囊呈环形或卵圆形，暗背景下呈明亮苹果绿色荧光。紫外线滤光片下观察时，卵囊呈亮绿色，子孢子呈黄绿色。

2. 免疫学诊断　　有 3 种免疫学技术用于动物隐孢子虫病诊断，主要是检测粪便中的卵囊或可溶性抗原。用于个体病例确诊和流行病学调查。

1）直接免疫荧光显微镜检查（dIFM）　　该方法是以 FITC 标记的抗隐孢子虫单克隆抗体来识别粪便中的隐孢子虫卵囊。在 FITC 滤光片下，隐孢子虫卵囊呈圆形或略呈卵圆形，发出明亮的苹果绿色荧光。

2）夹心 ELISA 粪抗原检测　　该方法是使用隐孢子虫单抗或多抗或两者混合来捕获动物粪便中的隐孢子虫抗原。该方法使用 96 孔板，可快速检测大量样本。

3）免疫亲和层析（IC）法类抗原检测　　　该方法及试纸条法是将隐孢子虫抗体固定在固相载体上，遇到抗原时，抗原抗体结合，显示出颜色反应。IC法可在实验室外实施，且对操作人员资质要求较低，是一种便捷方法，但容易出现假阳性反应。

用于隐孢子虫抗体检测的方法大多数基于ELISA，使用的抗原为微小隐孢子虫卵囊的天然抗原水溶提取物或重组抗原。这些方法仅用于流行病学调查，且尚未经过充分验证。因此WOAH对此类诊断技术持谨慎态度。

3．分子生物学诊断　　　用于隐孢子虫病的分子生物学诊断技术主要是PCR。2018年，中华人民共和国国家质量监督检验检疫总局（现国家市场监督管理总局）和国家标准化管理委员会发布了《隐孢子虫套式PCR检测方法》国家标准。该标准主要用于动物隐孢子虫感染检测、流行病学调查和出入境检疫。该标准使用的PCR引物与前述卫生行业标准相同。

（三）饮水和食物中的卵囊检测

目前，国际标准化组织和一些国家已经建立了饮水中隐孢子虫卵囊检测的标准方法及绿叶蔬菜和软浆果中隐孢子虫卵囊检测的标准方法。这些方法首先进行大容量过滤，然后洗脱，再进行浓缩，进一步用免疫磁珠分离卵囊，最后用免疫荧光显微术（immunofluorescence microscopy，IFM）检查。

（四）基因型和亚型分型

由于隐孢子虫种类和基因型众多，为了准确诊断和溯源，有时需要对虫体进行基因型或亚型分析。目前，隐孢子虫基因型和亚型分型的标准方法是使用标准引物，也称为"Xiao/Jiang引物"，对隐孢子虫 *SSU rDNA* 基因或 *gp60* 基因片段进行扩增，再进行DNA序列分析，或者使用 *Ase* Ⅰ 和 *Ssp* Ⅰ 内切酶对PCR产物进行酶切，根据酶切后所产生的片段长度多态性图谱，确定基因型或亚型。

五、防治

（一）治疗

目前，硝唑尼特（nitazoxanide）是美国FDA批准的唯一用于人隐孢子虫病治疗的药物。该药使用范围有限，很多发展中国家无法获得。

对于动物隐孢子虫病，加拿大批准常山酮用于牛隐孢子虫病的治疗，但只是部分有效。其他一些药物也显示出部分治疗效果，主要药物有抗球虫药癸氧喹酯，抗蠕虫药硝唑尼特，抗生素类药物巴龙霉素、阿奇霉素、恩诺沙星、拉沙里菌素、螺旋霉素、红霉素、罗红霉素及淀粉的衍生物环糊精等。

（二）预防

对于隐孢子虫病的防控应该采取综合措施。

（1）确立同一个健康理念。隐孢子虫病不仅是动物的疾病，同时也是人的疾病，对人的危害，特别是对一些特殊人群的危害更大。应该人畜同防同治。

（2）切实管理好动物和人的粪便，减少环境污染，特别是对水源和食物的污染。对粪便进行发酵高温处理，可以明显降低粪便中卵囊的存活率。

（3）保护好公共饮用水水源，防止被污染。虽然我国把隐孢子虫和贾第虫列为《生活饮用水卫生标准》的必检项目，但多方面的原因使得生活饮用水的隐孢子虫监测系统建立较为困难，加上隐孢子虫卵囊对常用消毒剂抵抗力较强，防止水源污染就显得尤为重要。

（4）搞好养殖场环境卫生。将地面硬化、彻底清理圈舍表面、妥善处理污水均能清除卵囊、降低感染率。采用有效的消毒剂严格进行圈舍消毒，可防止隐孢子虫的交叉感染。室温下卵囊于无毒的过氧化氢中10min就能被灭活，5%的氨水和10%的福尔马林在4℃的条件下18h才可能被灭活。

（5）加强动物饲养管理。在犊牛出生后，立即将其与其他牛隔离，饲喂发酵乳。及时治疗或淘汰患病动物等。

目前，尚无人和动物隐孢子虫病疫苗上市应用。

第四节　贾 第 虫 病

贾第虫病（giardiasis）是贾第虫属（*Giardia*）的多种虫体寄生于人和动物肠道而引起的人兽共患寄生原虫病。虫体寄生于小肠，偶尔寄生于胆管和胆囊，常以腹泻为主要临床症状。该病呈全球分布，被列为全世界危害人类健康的 10 种主要寄生虫病之一。贾第虫是《生活饮用水卫生标准》主要控制的病原之一。

一、病原

贾第虫属于贾第科（Giardiidae）贾第虫属。该属虫体传统上常以感染宿主名字命名。近年来，通过分子生物学技术，人们对该属虫体重新进行了分类与命名。目前认为，贾第虫属有 9 个种，包括感染人和哺乳动物的十二指肠贾第虫（*Giardia duodenalis*），感染两栖类的长臂猿贾第虫（*G. agilis*）和巨蜥贾第虫（*G. varani*），感染鸟类的鹦鹉贾第虫（*G. psittaci*）和苍鹭贾第虫（*G. ardeae*），感染啮齿动物的鼠贾第虫（*G. muris*）、田鼠贾第虫（*G. microti*）和仓鼠贾第虫（*G. cricetidarum*），以及感染有袋动物的袋狸贾第虫（*G. peramelis*）。

十二指肠贾第虫（*Giardia duodenalis*）又称肠贾第虫（*G. intestinalis*）或蓝氏贾第虫（*G. lamblia*）。该种是一个复合种群，可以分为 9 个基因型（表 4-2），每个基因型偏好的宿主各不相同。

表 4-2　十二指肠贾第虫基因型（Adam，2021）

基因型	宿主	建议名称
A Ⅰ	人、其他哺乳动物	十二指肠贾第虫（*G. duodenalis*）
A Ⅱ	人、其他哺乳动物	十二指肠贾第虫（*G. duodenalis*）
B	人、其他哺乳动物	肠道贾第虫（*G. enterica*）
C	犬	犬贾第虫（*G. canis*）
D	犬	犬贾第虫（*G. canis*）
E	牛、绵羊、羊驼、山羊、猪	牛贾第虫（*G. bovis*）
F	猫	猫贾第虫（*G. cati*）
G	大鼠、小鼠	西蒙尼贾第虫（*G. simondi*）
H	海豹	

（一）病原形态

各种贾第虫的形态基本相同，有滋养体和包囊两种形态（图 4-4）。

1. 滋养体　呈倒置纵切为半梨形，长 9～21μm，宽 5～15μm，厚 2～4μm。虫体两侧对称，前端钝圆，后端尖细，背面隆起，腹面扁平。虫体前腹面凹陷，形成一个不对称的吸盘。有 2 个细胞核，位于虫体前 1/2 处，各有 1 个核仁。虫体前侧、后侧、腹侧和尾部各有 1 对鞭毛。4 对鞭毛均由基体发出，基体位于两细胞核间稍靠前，前鞭毛向前伸出体外，其余 3 对发出后沿轴柱分别向虫体的后侧、腹侧和尾部伸出体外。1 对平行的轴柱沿虫体中线由前向后连接尾部鞭毛，将虫体均分为两部分。1 对中体，稍微弯曲，在虫体中间位置相交。一般在腹泻的粪便中可见滋养体。

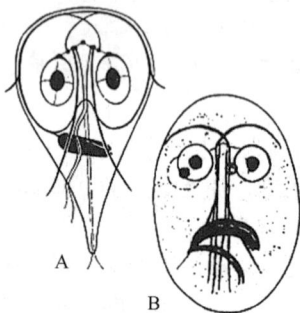

2. 包囊　呈椭圆形，长 8～14μm，宽 7～10μm。有较厚包囊壁，与虫体之间有明显的空隙。未成熟的包囊内含有 2 个细胞核，而成熟的包囊内含有 4 个细胞核。包囊的细胞质内可见中体、鞭毛和轴柱等结构。一般在正常粪便中可查到包囊。

图 4-4　贾第虫（仿 Soulsby，1982）
A. 滋养体；B. 包囊

（二）生活史

贾第虫生活史简单，包括包囊和滋养体两个阶段。包囊为其感染期，人或动物摄入含有包囊的食物和水而被感染。包囊在十二指肠内脱囊形成滋养体，滋养体借助吸盘吸附在十二指肠或小肠上段的肠绒毛表面寄生。虫体以二分裂方式进行繁殖。当外界环境不利时，滋养体分泌成囊物质包裹虫体形成包囊；虫体可在包囊内繁殖，形成4核包囊。此时的包囊具有感染性。包囊随宿主粪便排出体外，新宿主摄入后被感染。

二、流行病学

（一）感染来源

人和动物粪便中的包囊是贾第虫的感染来源。感染者一次可排出4亿个包囊。包囊对外界环境的抵抗力较强。牛、羊、猪、兔等家畜，犬、猫等宠物及河狸等野生动物均可感染。这些动物不断排出包囊，成为人和其他动物的感染来源。

（二）传播途径

贾第虫病主要通过口感染，人和动物因食入被包囊污染的水或食物而被感染。水源传播是贾第虫病的主要传播途径。感染的人或动物的粪便污染水源后，健康人或动物饮用该水就会被感染。自来水中的氯气不能够杀灭贾第虫的包囊。食物传播是贾第虫病传播的另一重要途径。贾第虫包囊可以污染各种新鲜蔬菜、水果、沙拉等。人也可以通过污染的手与口腔的直接接触而被感染。水源传播和食物传播可以引起疾病暴发。

（三）流行情况

贾第虫呈全球分布，全球人感染率为1%～20%，每年大概有2.8亿人感染。在卫生条件差、经济落后及缺乏清洁饮用水的地区发病率较高。发展中国家的感染率高于发达国家，农村的感染率高于城市。儿童、老年和免疫力低下的人群易感。动物普遍感染贾第虫。各种动物中，超过40%的种类可以感染贾第虫。

据调查，我国人群贾第虫感染率为0.16%～6.76%，每年约有2850万例人感染贾第虫。我国各种家畜普遍感染贾第虫，牛的感染率为5.43%，绵羊和山羊的为6.07%，犬的为13.64%，猫的为10.19%，猪和野猪的为3.51%，兔的为6.86%，马、驴、鹿等均有不同程度感染。

（四）流行影响因素

影响贾第虫流行的因素与隐孢子虫相似。贾第虫包囊对外界抵抗力强，坚韧的囊壁可使虫体免受化学和物理因素的影响。在冰水里可存活数月，在0.5%氯化消毒水内可存活2～3d。在粪便中可维持活力10d以上。50℃可杀死包囊，在37℃水中包囊存活率低，在21℃和8℃自来水中可分别存活20d和5周。加氯消毒饮用水和游泳池水均不能杀死包囊，而2.5%苯酚可杀死包囊。

三、症状与病理变化

（一）症状

1. 人　　贾第虫感染人的临床症状主要为发热、腹泻及恶心，并出现消化吸收不良和体重减轻。部分患者临床症状较轻，不经治疗也可自愈。少数患者感染严重且时间较长，治疗没有好转迹象。大多数患者处于这两者之间。贾第虫慢性感染的患者易产生食物过敏、关节炎、过敏性肠综合征和慢性疲劳综合征。贾第虫偶可侵入胆道系统，导致胆管炎或胆囊炎。儿童感染率高于成年人。免疫缺陷、人类免疫缺陷病毒（HIV）感染者等易感。

2. 动物

1）犬　　幼犬对贾第虫易感，感染后表现为消化不良，营养吸收障碍，呕吐、胃肠膨胀。病犬排便次数增加，腹泻，排出的粪便酸臭、呈糊状、带有黏液或血液。长时间的营养不良导致病犬体重减轻、被毛粗糙易脱、精神萎靡、生长缓慢。当与其他肠道细菌或寄生虫混合感染时，腹泻加重。感染后5d即可出现临床症状。

2）猫　　猫的贾第虫寄生于空肠和回肠，而不是十二指肠。主要表现为消化吸收障碍，持续腹泻，粪便带黏液，变软，比平常更加恶臭。

3）牛　　感染率高，几乎不发生死亡。主要症状是慢性腹泻。

4）羊　　新生羔羊感染后可以减缓生长发育速率，降低体重。有时羔羊可出现吸收不良综合征，导致体重减轻和饲料转化率下降。

（二）病理变化

大多数情况下，贾第虫滋养体不侵入小肠黏膜上皮组织，只借助其吸盘吸附于上皮细胞表面。当感染严重时，滋养体会对肠黏膜造成机械性损伤，滋养体分泌的代谢产物会对肠黏膜微绒毛造成化学刺激，这些可导致小肠黏膜呈现典型的卡他性炎病理变化，肠黏膜表现出黏膜固有层急、慢性炎性细胞浸润，肠绒毛变短、变粗，上皮细胞坏死脱落，黏膜下派伊尔小结明显增生。

四、诊断

人和动物贾第虫病可以根据症状做出初步判断，确诊需要进行实验室诊断。实验室诊断主要有病原学诊断、免疫学诊断和分子生物学诊断。

（一）人和动物

1. 病原学诊断　　主要检查粪便中的滋养体或包囊。急性患者或动物取新鲜粪便进行生理盐水涂片，镜检滋养体。亚急性或慢性患者或动物的粪便采用2%碘液直接涂片检测包囊。为提高检出率可用硫酸锌浮聚或醛-醚浓集包囊。因为包囊的排出有间断性，隔日检查，1周连检3次，可提升检出率。粪便检查被公认为是金标准。

2. 免疫学诊断　　免疫学方法主要用于检查贾第虫的包囊或粪抗原，具有特异性高、敏感性强等特点。主要包括间接荧光抗体试验、ELISA和免疫亲和层析等。其中ELISA应用最广。

3. 分子生物学诊断　　主要检查粪便中贾第虫DNA。常用的方法为传统PCR、反转录PCR、巢式PCR、实时荧光定量PCR、PCR-限制性片段多态分析及LAMP等。常用的靶基因为 SSU rDNA、ITS-1、ITS-2、β-giardin、TPI 和 GDH 等。这些分子生物学方法，有些可以用于贾第虫基因分型。

（二）饮水和食物中的包囊检测

与隐孢子虫一样，贾第虫是国家《生活饮用水卫生标准》主要控制的病原之一。需要按照标准程序进行检查。

五、防治

（一）治疗

人和动物贾第虫病治疗药物相同。目前，较为有效的药物是甲硝唑和替硝唑。其他一些药物，包括阿苯达唑、巴龙霉素、硝唑尼特等也可成功用于治疗。阿苯达唑和芬苯达唑常用于反刍动物的治疗，效果良好。犬和猫常用芬苯达唑和甲硝唑及其他人类治疗药物进行治疗。

（二）预防

贾第虫病在流行和传播方面与隐孢子虫病相似。因此，贾第虫病的防控措施与隐孢子虫病相同。核心是对人和动物粪便进行无害化处理，防止对水源和食物的污染。

此外，国外已经有贾第虫病疫苗注册上市，主要用于犬和猫。我国尚无人和动物贾第虫病疫苗注册上市。

第五节　肉孢子虫病

肉孢子虫病（sarcocystosis）是肉孢子虫属（Sarcocystis）多种虫体寄生于人和动物肌肉等组织而引起

的一种人兽共患寄生原虫病，呈世界性分布，感染率高。主要感染黄牛、水牛、绵羊、山羊、猪、马、驴、鸡等，人偶尔感染。由于其人兽共患性，近年来国际上对该病越来越重视。

一、病原

肉孢子虫属于肉孢子虫科（Sarcocystidae）肉孢子虫属。该属虫体细胞内寄生，有 200 多种。各种虫体的致病性、宿主特异性、包囊（sarcocyst）大小和结构以及寄生部分各不相同。肉孢子虫在发育过程中需要 2 个宿主，中间宿主和终末宿主各有不同。各种家养动物主要是肉孢子虫的中间宿主，终末宿主多为犬、猫及人。人偶尔可以作为中间宿主而被感染。常见的种类见表 4-3。

表 4-3　人和家养动物感染肉孢子虫种类

中间宿主	虫种	终末宿主
人	内氏肉孢子虫（S. nesbitti）	蛇
猪	米氏肉孢子虫（S. miescheriana）	犬、浣熊、狼、豺
	猪人肉孢子虫（S. suihominis）	人、灵长类
	猪猫肉孢子虫（S. porcifelis）	猫
牛	枯氏肉孢子虫（S. cruzi）	犬、郊狼、红狐狸、食蟹狐、狸猫、狼
	毛形肉孢子虫（S. hirsuta）	猫
	人肉孢子虫（S. hominis）	人、恒河猴、食蟹猴、狒狒、黑猩猩
	海氏肉孢子虫（S. heydorni）	人
	罗氏肉孢子虫（S. rommeli）	未知
水牛	莱氏肉孢子虫（S. levinei）	犬
	梭形住肉孢子虫（S. fusiformis）	猫
	水牛肉孢子虫（S. buffalonis）	
	杜氏肉孢子虫（S. dubeyi）	不明
	中华肉孢子虫（S. sinensis）	
	德宏肉孢子虫（S. dehongensis）	不明
绵羊	柔嫩肉孢子虫（S. tenella）	犬、郊狼、红狐狸
	白羊犬肉孢子虫（S. arieticanis）	犬
	米洪肉孢子虫（S. mihoensis）	
	微小肉孢子虫（S. microps）	
	巨型肉孢子虫（S. gigantea）	猫
	水母形肉孢子虫（S. medusiformis）	
山羊	山羊犬肉孢子虫（S. capracanis）	犬、郊狼、红狐狸、食蟹狐
	家山羊犬肉孢子虫（S. hircicanis）	犬
	莫雷肉孢子虫（S. moulei）	猫
马属动物	柏氏肉孢子虫（S. betrami）	犬
	法氏肉孢子虫（S. fayeri）	
	马犬肉孢子虫（S. equicanis）	
	神经肉孢子虫（S. neurona）	负鼠
骆驼	骆驼肉孢子虫（S. cameli）	犬
	伊本肉孢子虫（S. ippeni）	
羊驼	奥谢肉孢子虫（S. aucheniae）	犬
	梅氏肉孢子虫（S. masoni）	
犬	犬肉孢子虫（S. caninum）	未知
	斯瓦那肉孢子虫（S. svanai）	
猫	猫肉孢子虫（S. felis）	未知
鸡	温氏肉孢子虫（S. wenzeli）	犬、猫
	霍瓦斯肉孢子虫（S. horvathi）	未知

（一）病原形态

在肉孢子虫整个发育过程中，在中间宿主体内可以见到的虫体有裂殖体、裂殖子、肉孢子虫包囊（sarcocyst）和缓殖子等。在终末宿主体内可以出现大配子体、小配子体及大配子、小配子和卵囊。

1. 裂殖体　裂殖体是肉孢子虫在中间宿主体内的第一个阶段。感染中间宿主后，孢子囊内的子孢子等侵入宿主细胞形成裂殖体。裂殖体常见于肠系膜淋巴结。早期裂殖体卵圆形，含有一个大的细胞核，有一个核仁。然后，以内出芽方式进行增殖，逐步形成多个裂殖子。裂殖体内裂殖子莲花瓣一样排列。裂殖体位于宿主细胞质内，周围没有带虫空泡。

2. 裂殖子　裂殖子呈新月形，可运动。从裂殖体释放出来后，可以自由出现于血液内，或位于单核细胞内。单核细胞内的裂殖子可以出芽繁殖，形成 2 个裂殖子。裂殖子侵入新的细胞，形成新的裂殖体。

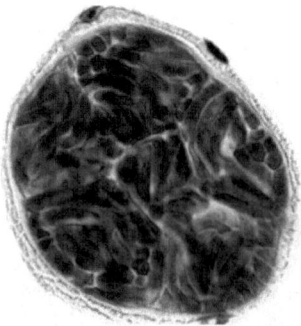

图 4-5　枯氏肉孢子虫成熟包囊
（仿 Dubey，2015）

3. 肉孢子虫包囊　肉孢子虫包囊（图 4-5）是虫体在中间宿主体内无性繁殖的最后阶段，具有典型的结构特征。通常位于骨骼肌、心肌、平滑肌或神经细胞内，由裂殖子发育而来。肉孢子虫包囊也称为米氏囊（Miescher's tube），通常为圆柱状、纺锤形或线形等，也可能为椭圆形或不规则形，与肌纤维长轴平行。大的直径达 1cm 以上，小的只有在显微镜下才能发现。肉孢子虫包囊囊壁由一层外膜和一层内膜组成。外膜可能平滑而薄，也可能很厚且含有刺突或纤毛。内层膜有细小的横隔或嵴伸入囊内，将囊分为许多小室，也有的内膜不形成小室。囊壁结构是肉孢子虫分类的一个重要特性。目前认为最少有 80 种囊壁结构类型。囊内起初只含有母细胞，为椭圆形，以胞内二分裂法不断分裂繁殖，最后形成许多香蕉状的缓殖子，也称为南雷氏小体（Rainey's corpuscle）。所以当肉孢子虫包囊完全成熟时，只含有缓殖子。

4. 母细胞和缓殖子　母细胞和缓殖子位于肉孢子虫包囊内。母细胞由裂殖子发育而来，缓殖子由母细胞发育而来。母细胞通常为卵圆形或圆形，能够快速增殖，大小常依据发育阶段的不同而发生变化，常位于包囊的周围，HE 染色淡染。缓殖子香蕉形或新月形，大小通常为 $17\mu m \times 4\mu m$，可运动，常位于包囊中央部，增殖慢，HE 染色深染。

5. 卵囊　缓殖子被终末宿主吞食后，首先侵入终末宿主小肠上皮细胞，通常为杯状细胞，发育为大、小配子体，再进一步发育为大、小配子。大、小配子结合，形成卵囊。

成熟卵囊呈长椭圆形，大小为 $9\sim16\mu m$，具有薄的卵囊壁。卵囊壁外层稍厚，内层由 $1\sim4$ 层膜组成。卵囊内含有 2 个孢子囊。孢子囊呈卵圆形或椭圆形，大小为 $10\mu m \times 15\mu m$。孢子囊壁双层透明，各含有 4 个子孢子。各个种的孢子囊区分不明显。子孢子香蕉形，大小为 $(11\sim19)\ \mu m \times (7\sim10)\ \mu m$，与缓殖子结构特征相似。卵囊在终末宿主肠上皮细胞中孢子化，随粪排出时已完成孢子化过程。卵囊壁薄而脆弱，常在肠内自行破裂，因此，在粪便中常见的虫体为含子孢子的孢子囊。

（二）生活史

肉孢子虫的发育过程需要有两个宿主（图 4-6）。中间宿主主要有猪、牛、羊、禽及爬行类等，终末宿主是人和犬、狼、狐、猫等肉食动物。中间宿主由于摄入随终末宿主粪便排出的卵囊或孢子囊而感染。终末宿主因食入中间宿主肌肉中的肉孢子囊被感染。

中间宿主摄入终末宿主粪便中的卵囊或孢子囊后，子孢子在小肠内脱囊而出，穿过肠壁进入肠系膜淋巴结血管内皮细胞内进行第一代裂殖生殖。裂殖子释放出来，进入血液循环。血液涂片中在感染后 $24\sim46d$ 可以见到裂殖子。裂殖子侵入全身小动脉和小静脉管壁上皮细胞，进一步进行裂殖生殖。一些虫体的裂殖体也可以发现于结缔组织细胞、巨噬细胞、神经细胞和各个器官的细胞中。裂殖子侵入骨骼肌细胞、平滑肌细胞、心肌细胞，特别是神经细胞后，进行最后一代裂殖生殖，并进一步在带虫空泡中发育为肉孢子包囊。在细胞内，裂殖子首先发育为母细胞，母细胞通过内出芽生殖形成 2 个子代虫体。此后，包囊壁逐渐形成，肉孢子包囊逐渐与周围组织分离。然后，母细胞停止分裂，形成缓殖子。当包囊充满缓殖子时视为成熟包囊。从感染到形成成熟包囊的时间各种虫体并不相同，一般为 2 个月。包囊可以在组织中存活数月甚至数年。缓殖子对终末宿主具有感染能力，而裂殖体和未成熟包囊不具有感染性。包囊的数量和分布受多种因素影响，包括食入孢子囊数量、肉孢子虫种类、宿主种类及动物年龄和免疫状态等。

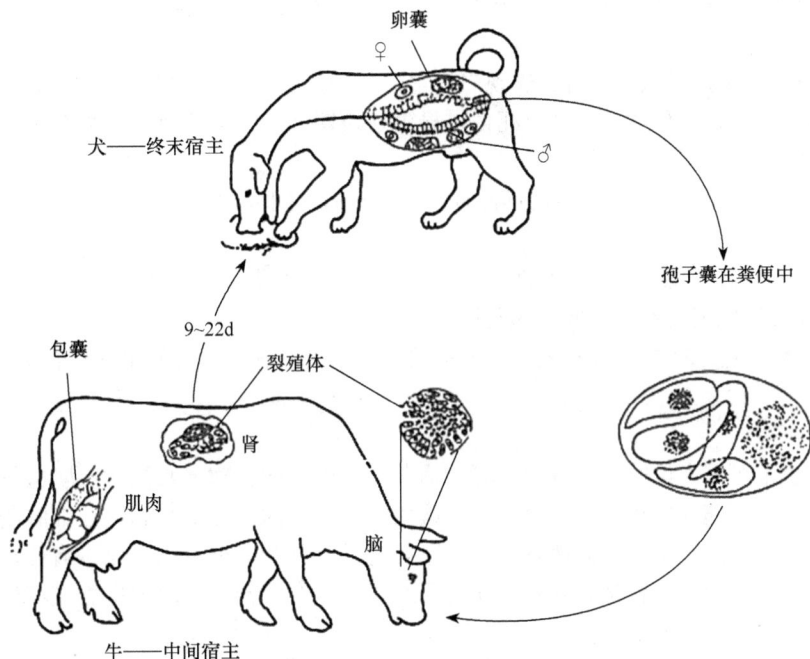

图 4-6　枯氏肉孢子虫生活史（仿 Dubey, 2015）

当含有活的肉孢子虫包囊的肉类被终末宿主吞食后，囊壁在胃和小肠内被消化，缓殖子释出，侵入小肠杯状细胞或上皮细胞，发育为大、小配子体。一个大配子体可以进一步发育为 1 个大配子。小配子体可以进一步分离发育为几个小配子。小配子移动到大配子表面，两者细胞膜融合，小配子细胞核进入大配子授精，产生合子。然后，合子周围形成薄的卵囊壁，产生卵囊。整个配子生殖和受精过程可在 1d 内完成。之后，卵囊进入肠黏膜固有层进行孢子生殖，产生 2 个孢子囊，每个孢子囊含有 4 个子孢子。从食入肉孢子虫包囊到排出孢子囊或卵囊的时间一般为 7～14d。

二、流行病学

终末宿主粪便中的孢子囊是该病流行最重要的感染来源，不仅可以通过污染草料、饮水、土壤等途径感染中间宿主，还可借助鸟类、蝇和食粪甲虫散播病原。

肉孢子虫的孢子囊对外界的抵抗力比较强，在温度适宜的条件下可以存活 1 个月以上，但是其对高温和冷冻敏感，60～70℃下 10min 或冷冻 1 周或−20℃下 3d 均可使其致死。

终末宿主主要是食入中间宿主肌肉组织中成熟的肉孢子包囊而被感染。

肉孢子虫病呈全球性分布，广泛发生于各大洲。国际上，人的病例报道较多，多为零星散发，个别国家和地区也有暴发的案例。我国人的病例很少，只有几例。

动物感染肉孢子虫普遍。各种哺乳动物、爬行动物及鱼均可感染。家养动物中主要感染的为马、牛、羊、猪、兔、鸡、鸭等。

据报道，我国一些地区黄牛的感染率为 41.5%，水牛的为 80%，牦牛的为 36.92%，马的为 15%，驴的为 37.5%，绵羊的为 52.51%，山羊的为 77.3 %，藏羊的为 78.4%，猪的为 36.8%，鸡的为 42.4%，羊驼、犬、鸭、小熊猫及海豚等具有感染的报道。此外，在我国市售羊肉、牛肉中也有检出肉孢子虫的报道。

三、症状与病理变化

（一）症状

1. 人　　人作为终末宿主被感染时，可出现厌食、恶心、腹痛和腹泻，有时还有呕吐、腹胀及呼吸困难等症状。当人作为中间宿主被感染时，其症状轻微，有时有肌肉疼痛、发热等症状。

2．动物　　在家畜中肉孢子虫病感染非常普遍，其严重程度取决于宿主感染肉孢子囊的数量。大多数患病动物没有明显的临床症状，严重感染时可出现临床症状。

1）猪　　严重感染时可出现体重下降，皮肤发绀，呼吸困难，肌肉震颤，拉稀，肌肉发炎，流产，甚至死亡。

2）牛　　感染枯氏肉孢子虫严重时会表现出发热，厌食，腹泻，肌肉痉挛，贫血，恶病质，泌乳量下降，尾掉毛，烦躁不安，乏力和虚脱，甚至死亡，母牛妊娠期后 3 个月内感染会发生流产，犊牛急性发病痊愈后会出现生长不良、恶病质从而导致死亡。

3）羊　　绵羊与山羊的症状基本相同，可出现体温升高，贫血，脱毛，衰弱卧倒，流涎，奶产量降低，神经症状，流产，甚至死亡。

4）马属动物　　马属动物可以出现共济失调，肌肉痉挛，食欲不振，衰弱，声音嘶哑及面部轻瘫等。

5）鸡　　主要出现肌肉发炎，肌肉软弱及神经症状。

6）犬、猫　　作为终末宿主一般不表现临床症状。个别犬在感染后可能出现厌食等。

（二）病理变化

病畜全身横纹肌上可见大量的白色梭形包囊，后肢、腹部、腰荐部、心脏和膈肌部位分布最多。光学显微镜检查横纹肌，可见部分包囊破裂后释放出的缓殖子及大量的淋巴细胞和巨噬细胞浸润。包囊密集的部位可发生钙化。病畜感染严重时，血液稀薄，皮下脂肪呈胶胨样，有点状出血。肩前、肠系膜、肝、肺等处淋巴结肿大。肝、脾肿大，肾呈黄褐色，在淋巴结、脾、肝、肾可发现增生性或坏死性结节，镜检可见网状内皮细胞明显增生。

四、诊断

无论是终末宿主还是中间宿主，感染后临床症状轻微，且无特异性症状，做出判断时需要格外仔细。确诊需要进行实验室诊断。

（一）终末宿主诊断

终末宿主的诊断主要有病原学诊断和分子生物学诊断。

1．病原学诊断　　病原学诊断主要是检查粪便中的卵囊或孢子囊。由于粪便中孢子囊数量可能很少，在检查之前需要浓集。浓集方法有蔗糖漂浮法、饱和盐水漂浮法和硫酸锌漂浮法。蔗糖漂浮法对孢子囊破坏较小。浓集后可以直接涂片，显微镜检查。发现卵囊或孢子囊即可确诊。也可以用加藤厚涂片法或福尔马林-乙醚法。

需要注意的是，肉孢子虫卵囊内含有 2 个孢子囊，每个孢子囊内含有 4 个子孢子，容易与囊等孢球虫及弓形虫卵囊相混淆。此外，也不能区分肉孢子虫种类。

2．分子生物学诊断　　分子生物学诊断主要是检查粪便中的肉孢子虫 DNA。常用的方法主要有传统 PCR、套式 PCR 等。主要的靶基因有 *18S rDNA*、*28S rDNA*、*CO I*、*ITS-1*、*ITS-2* 等。*18S rDNA* 基因限制性酶切片段长度多态性（RFLP）分析可以用于多数肉孢子虫种类的鉴定。

（二）中间宿主诊断

中间宿主需要进行实验室诊断。主要方法有病原学诊断、免疫学诊断和分子生物学诊断。

1．病原学诊断　　中间宿主病原学诊断主要是检查肌肉或组织器官内的肉孢子虫包囊。主要方法有肉眼观察、显微镜检查和组织消化法等。

1）肉眼观察　　肉眼观察是在动物剖检后，仔细观察肌肉和各个组织器官表面或内部是否有肉孢子虫包囊。有些肉孢子虫包囊长可以达到 1cm 以上，很容易发现。

2）显微镜检查　　一些小的包囊肉眼难以观察到，需要进行显微镜检查。显微镜检查可将肌肉直接压片，显微镜下观察，也可将肌肉等制成组织切片，HE 染色后镜下观察。发现包囊即可确诊。

3）组织消化法　　组织消化法是将 50g 组织于 10 倍容量、pH 7.4 的 1%蛋白酶溶液中或蛋白酶-盐酸溶液中消化 1～4h，然后显微镜检查消化液沉淀中的缓殖子。消化法比显微镜检查法敏感，50g 组织内有少数几个包囊即可检出。

2. 免疫学诊断　　免疫学诊断主要是检查中间宿主体内肉孢子虫抗体或抗原，适用于流行病学调查。

1）ELISA　　主要用于检测中间宿主体内的肉孢子虫抗体。使用抗原有缓殖子全虫可溶性抗原、体外培养裂殖子抗原和重组抗原。主要的重组抗原有 SAG2、SAG3 和 SAG4。

2）免疫组织化学染色法　　主要用于检查组织内的虫体。以缓殖子全虫可溶性抗原制备多克隆抗体。然后对组织切片进行免疫组织化学染色，以过氧化物酶标记的二抗进行识别，经显色，虫体可以显示出特定的颜色。

3. 分子生物学诊断　　主要用于检查组织中或血液内肉孢子虫 DNA。主要方法与终末宿主粪便 DNA 检查方法相同。血液内 DNA 检查方法适用于流行病学调查。

五、防治

（一）治疗

目前，尚无肉孢子虫病的特效治疗药物。肉孢子虫一旦形成包囊，便不再侵入新的细胞。因此，针对繁殖阶段虫体的治疗药物不能杀死包囊内的缓殖子。虽然目前报道了多种治疗方法，但疗效甚微。对出现临床症状的动物主要采用对症治疗。使用皮质激素可以减轻炎症反应，缓解全身慢性症状。在感染的早期，用磺胺甲基异恶唑治疗可以缓解少部分动物的临床症状。抗球虫药氨丙啉、癸氧喹酯、盐霉素、地克珠利、常山酮、氯苯胍及甲氧苄氨嘧啶、乙嘧啶等都可或多或少地缓解临床症状。

（二）预防

目前，肉孢子虫病没有特效药物，也没有疫苗上市。防控应以预防为主，采取综合措施。

（1）禁止用含有肉孢子虫的动物组织直接饲喂犬、猫等可疑终末宿主。防止犬、猫等进入或靠近养殖场或牧场。

（2）搞好环境卫生。防止犬、猫等粪便污染饲料和饮水。

（3）加强肉品卫生检疫。对于含有肉孢子虫的胴体进行无害化处理，防止流入市场。肉类于-20℃冷藏48h，可杀死肉内肉孢子虫。

（4）药物预防。使用抗球虫药有助于控制家畜和宠物的隐孢子虫病。

第六节　芽囊原虫感染

芽囊原虫感染（infection of blastocystis）是芽囊原虫寄生于人和哺乳动物肠道内而引起的寄生原虫感染。芽囊原虫是一种呈世界性分布的人兽共患寄生虫，除南极洲以外的各大洲均有芽囊原虫流行的相关报道。

一、病原

（一）病原形态

芽囊原虫分类上属于囊泡藻界（Chromalveolata）蛙片亚门（Opalinata）芽囊原虫纲（Blastocystidea）芽囊原虫目（Blastocystida）芽囊原虫科（Blastocystidae）芽囊原虫属（*Blastocystis*）。芽囊原虫形态多样，主要有空泡型、颗粒型、阿米巴型和包囊型。

空泡型虫体呈圆形或卵圆形，直径2～200μm，多为4～15μm，虫体中央有一透亮的大空泡，核呈月牙形或块状，数目1～4个，一般位于虫体周缘。颗粒型虫体由空泡型虫体发育而成，虫体中心内充满圆形颗粒状物质。阿米巴型虫体外型多变，有伪足突起，虫体可做缓慢移动，细胞质中含细菌或颗粒状物质。包囊型虫体圆形或卵圆形，直径3μm，细胞质中含有1～4个核，外覆一层厚的囊壁，囊壁厚5～100nm。

（二）生活史

芽囊原虫主要寄生于动物和人的大肠。动物或人摄入芽囊原虫包囊而被感染。感染后，包囊在宿主大肠内脱囊，发育为空泡型虫体。空泡型虫体以二分裂法增殖，并继续发育为阿米巴型和颗粒型虫体，阿米巴型虫体可进一步发育为包囊型虫体。随粪便排出体外的主要是包囊型和颗粒型虫体，而在腹泻水样便中可见阿米巴型虫体。阿米巴型虫体是致病期虫体，包囊型虫体则是体外传播的主要传染源。

二、流行病学

芽囊原虫传播途径主要为粪-口传播。动物或人摄入被粪便中虫体污染的食物、饮水等而被感染。

基于核糖体小亚基 RNA 基因（small subunit of the ribosomal RNA gene，*SSU rRNA*）序列，目前将芽囊原虫分为最少 32 个基因亚型（subtype，ST），其中 4 个怀疑为 PCR 人工产物，其他均为可靠的基因亚型。ST9 只感染人类，ST1~ST8、ST10、ST12、ST14 和 ST16 既感染人类也感染动物，其他亚型只感染动物。

芽囊原虫感染的宿主范围十分广泛，包括人、非人灵长类、其他哺乳动物及鸟类。发展中国家人群感染率为 27%~76%，发达国家感染率为 0.5%~23%。我国各类人群感染率为 0.007%~48.6%。我国的调查显示，103 种哺乳动物的总感染率为 22.06%，68 种鸟类的感染率为 5.24%。此外，媒介昆虫也可携带芽囊原虫。蜚蠊的检出率为 24.76%，家蝇的为 4.35%。

三、症状与病理变化

目前，对于芽囊原虫的致病性还存在争议。体外研究证明，芽囊原虫可以黏附于肠道黏蛋白并分泌蛋白酶。蛋白酶可以降解分泌型 IgA，诱导 Rho/ROCK 介导的紧密连接损害，促进 NF-κB 介导的炎性细胞因子分泌及诱导细胞凋亡。但尚不清楚这些变化是否也出现于体内。大量有关肠道菌群的研究表明，芽囊原虫是健康肠道高丰度肠道菌群的常见组成成分，长期无症状携带者非常常见。相反，也有一些研究表明，芽囊原虫可减少肠道益生菌，导致消化不良。

人和动物感染后极少出现临床症状。只有个别文献报道具有腹泻症状的动物粪便中检出大量芽囊原虫。

尽管目前还不能完全肯定芽囊原虫的致病性，但由于该虫体广泛存在于人和动物中，且感染人和动物的虫体基因亚型重叠，因此，该虫体的公共卫生意义受到人们的高度关注。

四、诊断

主要的诊断方法是直接虫体检查或虫体核酸检测。

虫体检查可用直接涂片法或体外培养法。芽囊原虫很容易在体外培养。

虫体核酸检测方法主要有传统 PCR、巢氏 PCR、实时荧光定量 PCR 等。

五、防治

目前，治疗人和动物芽囊原虫感染的推荐药物是甲硝唑，甲氧苄氨嘧啶、磺胺甲噁唑、硝唑尼特或巴龙霉素也可用于治疗。

由于芽囊原虫经粪便传播，因此，搞好粪便无害化处理，防止其污染土壤、水源等是防控的关键措施。

第七节　细颈囊尾蚴病

细颈囊尾蚴病（taenia hydatigena cysticercosis）是泡状带绦虫（*Taenia hydatigena*）的中绦期幼虫细颈囊尾蚴（*Cysticercus tenuicollis*）寄生于绵羊、山羊、猪、牛及野生动物等中间宿主的肝或肠系膜、浆膜、网膜等处而引起的寄生绦虫蚴病。成虫泡状带绦虫寄生于犬、狼和狐狸等动物的小肠内。细颈囊尾蚴病分布范围很广，世界各地均有细颈囊尾蚴病的存在。该病对幼畜具有一定的危害，可造成一定的经济损失。

一、病原

泡状带绦虫属于带科（Taeniidae）带属（*Taenia*）。目前，有关泡状带绦虫或细颈囊尾蚴基因变异的研究还不多。国内的研究表明，根据线粒体 *nad1* 和 *nad5* 基因序列分析，我国青海、甘肃、内蒙古一带最少存在 2 种基因型的虫体。这些虫体在大体形态上没有明显差别。

（一）病原形态

1. 成虫　　泡状带绦虫呈乳白色或稍带黄色，体长可达 5m，头节上有顶突和 26～46 个小钩。孕节全被虫卵充满，子宫侧支为 5～16 对。成节模式图见图 4-7A。

2. 幼虫　　幼虫细颈囊尾蚴呈乳白色，囊泡状，囊内充满透明液体，俗称水铃铛（图 4-7B）。大小如鸡蛋或更大，直径可达 8cm。囊壁薄。囊壁一端向外延伸出细长的颈，颈的末端有头节，头节白色，结节状。头节上有两行小钩。在脏器中的囊体，体外还被一层由宿主组织反应产生的厚膜包围，不透明，易与棘球蚴相混。

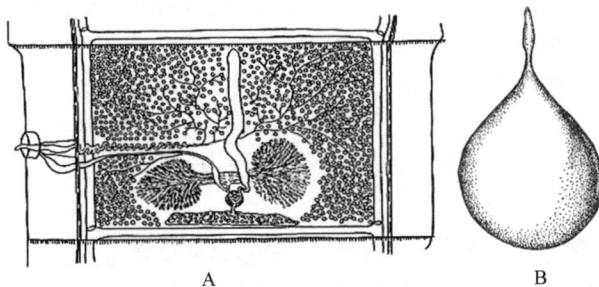

图 4-7　泡状带绦虫

A. 成节（仿 Hall and Wall，1994）；B. 幼虫（细颈囊尾蚴）（仿 Mönnig，1947）

3. 虫卵　　虫卵形状为卵圆形，无色透明，其长一般为 36～39μm，宽为 31～35μm，卵壳薄而脆弱，内有六钩蚴。

（二）生活史

成虫孕节随终末宿主犬等肉食动物粪便排出体外，破裂后内部的虫卵污染牧草、饲料和水。虫卵被猪、牛、羊等中间宿主吞食后，虫卵内的六钩蚴在消化道内逸出，转入肠壁血管，随着血流到达肝实质，然后逐渐移行到肝表面寄生，部分则进入腹腔内，寄生于大网膜、肠系膜或其他部位，有时可进入胸腔到达肺部。从食入虫卵到囊尾蚴到达腹腔需 18d～14 周。腹腔内虫体经 34～52d 发育为具有感染力的成熟细颈囊尾蚴。

终末宿主吞食了含有细颈囊尾蚴的牲畜脏器而被感染。细颈囊尾蚴在终末宿主小肠内头节外翻并吸附在肠黏膜上，发育为成虫泡状带绦虫。潜隐期为 51d，泡状带绦虫在犬体内可存活 1 年左右。

二、流行病学

细颈囊尾蚴病呈世界性分布，非洲和欧洲山羊、绵羊感染较为普遍，亚洲和美洲猪感染率更高。

家畜感染细颈囊尾蚴一般是食入受到虫卵污染的饲料和饮水。虫卵对热具有较强抵抗力，40℃处理 5min 对虫卵活力没有影响，60℃ 5min 才能杀死虫卵。室温下，虫卵可以在 31%～89% 的湿度条件下存活 1 年以上。

在一些地区，屠宰过程中常把不能食用的内脏随意丢弃在地上，被犬吞食导致犬感染泡状带绦虫。

我国目前羊的发病较多，云南、甘肃等地曾有羊群暴发的报道，江苏羊、新疆马鹿也有发病的报道。猪的发病较少，感染情况各地不一。早期的调查发现，云南大理猪感染率为 6.06%，湖南岳阳猪的感染率为 30%～70%，长沙猪的感染率为 1%～2%，福建猪的感染率为 42.43%。

三、症状与病理变化

（一）症状

1. 羊　　寄生虫体数量少时，一般无明显临床症状。严重感染时，采食量下降，体形消瘦，贫血，体温显著升高至 40～41℃，可能伴有急性腹膜炎，可见病畜腹部明显增大，腹腔出现积液，用手挤压病羊有疼痛感。疾病后期，病畜表现为不采食，黄疸，呼吸急促或困难，停止嗳气。当发生急性肝炎时，寄生在肝内的包囊压迫肝组织，可引起肝功能障碍。当寄生在肺时，引起呼吸障碍，最后由于严重衰竭而死亡。

2．猪　严重感染时出现体温升高，精神沉郁，被毛粗乱。仔猪感染后表现出肝和腹膜炎症，病猪消瘦，虚弱和出现黄疸。胸腔和肺感染表现出呼吸困难、咳嗽等。

3．牛　成年牛感染后一般没有明显临床症状。犊牛感染多表现出食欲减退，精神萎靡，行走无力，贫血，虚弱，消瘦，被毛粗乱，生长发育停滞等。

（二）病理变化

病畜解剖后可发现肺表面有大小不同的虫体包囊，在胃食道区和肝浆膜、肠系膜、网膜上也可见数量不一的虫体包囊，囊内充满黏稠的液体。包囊贴伏于器官的外黏膜上，无规律，大小不等，包囊尖端可见白色结节，为头节。肝有一定程度的肿大，呈灰褐色或暗紫红色。腹腔内有不同程度的积液。个别病畜存在弥漫性腹膜炎的病理变化。脾表面附有灰白色绒毛样纤维素性渗出物。

四、诊断

（一）中间宿主

根据临床症状和流行病学史可以做出初步判断，确诊需要实验室诊断。

目前，羊、猪、牛等中间宿主的实验室诊断主要是剖检。剖检发现细颈囊尾蚴即可确诊。

国外已经报道了竞争性 ELISA 和 ELISA 方法检测中间宿主血清抗体，但还没有经过严格的验证。一些免疫学方法往往与棘球蚴和猪囊尾蚴存在交叉反应。

一些 PCR 方法主要用于虫种的鉴定。

（二）终末宿主

犬等终末宿主感染泡状带绦虫的主要诊断方法是粪便虫卵检查和粪便虫体核酸检测。

虫卵检查可以用直接涂片法和虫卵浓集法，发现虫卵即可确诊。

粪便虫体核酸检测方法主要有 PCR 和多重 PCR。主要的靶基因有 *COX1*、*12S rDNA* 和线粒体 DNA（mtDNA）等，检出虫体 DNA 即可确诊。

多重 PCR 可以用于泡状带绦虫、多头带绦虫（*T. multiceps*）、豆状带绦虫（*T. pisiformis*）及犬复孔绦虫（*Dipylidium caninum*）同时感染的鉴别诊断。

五、防治

（一）治疗

中间宿主羊等及终末宿主犬等的治疗可用吡喹酮、阿苯达唑等，有较好的疗效。

（二）预防

目前还没有细颈囊尾蚴病疫苗上市，预防需采取综合措施。

（1）羊场等不养犬，并防止犬靠近养殖场，以杜绝犬粪便污染场地。

（2）搞好环境卫生，及时清理和无害化处理粪便，防止犬粪便污染饲料和饮水。

（3）禁止用羊、猪及牛等动物内脏等直接喂犬。

（4）定期驱虫。对羊等中间宿主及犬等终末宿主定期用吡喹酮等驱虫药进行驱虫，每年最少驱虫 2 次，以减少感染来源和疾病的发生。

第八节　类圆线虫病

类圆线虫病（strongyloidiasis）是类圆线虫属寄生于动物和人的小肠引起的寄生线虫病，是一种人兽共患病，也称为杆虫病。虫体幼虫可侵入肺、脑、肝、肾等组织器官引起病变。呈全球性分布，主要流行于热带地区，对人和幼畜危害较大，引起消瘦，生长迟缓，甚至大批死亡。

一、病原

类圆线虫属类圆科（Strongyloididae）类圆线虫属（*Strongyloides*）。该属虫体种类较多，超过 50 种。多数种寄生于动物小肠，个别种寄生于大肠。每种虫体具有各自偏好的宿主，具有较为明显的宿主特异性。主要的种类及其感染的主要宿主见表 4-4。近年来，利用分子生物学技术对感染人类的类圆线虫基因型进行了大量研究。初步结果表明，不同地区的同种虫体存在不同的基因型，特别是粪类圆线虫，可以分为 14 个基因型或更多。对感染动物虫体的基因型研究报道很少。

表 4-4　主要类圆线虫种类

虫种	主要感染宿主	其他特性
粪类圆线虫（*S. stercoralis*）	人、非人灵长类、犬、野生犬科动物、狐、猫	粪便排出一期幼虫（L1），全球分布
费氏类圆线虫（*S. fuelleborni*）	人、非人灵长类	全球分布
卷尾猴类圆线虫（*S. cebus*）	灵长类	分布于美洲
猫类圆线虫（*S. felis*）	猫	粪便排出 L1，见于印度、澳大利亚
肿胀类圆线虫（*S. tumefaciens*）	猫	粪便排出 L1，寄生于大肠，见于北美洲、印度
扁头类圆线虫（*S. planiceps*）	猫、野生犬科动物、鼬鼠	见于日本、马来西亚
乳突类圆线虫（*S. papillosus*）	牛、绵羊、山羊、兔	全球分布
牛类圆线虫（*S. vituli*）	牛	全球分布
韦氏类圆线虫（*S. westeri*）	马、其他马属动物	全球分布
兰氏类圆线虫（*S. ransomi*）	猪、野猪	全球分布
鼠类圆线虫（*S. ratti*）	鼠	全球分布
委内瑞拉类圆线虫（*S. venezuelensis*）	鼠	全球分布

（一）病原形态

类圆线虫生活史复杂，幼虫在外界环境中有直接发育和间接发育两种类型。因而虫体有寄生型虫体和自由生活虫体之分。各种虫体各期形态相似（图 4-8）。

1. 成虫　成虫有寄生型成虫和自由生活成虫两种类型。

寄生于动物体内的成虫为雌虫，尚未发现雄虫。雌虫嵌入肠黏膜下层。虫体细小，乳白色，虫体长度因种类不同而有差异，一般为 2~8mm。显著特点为口腔小，食道长，呈柱状，后部无食道球。食道约占整个虫体长度的 1/3，故也称为丝状虫体。阴门开口于体后 1/3 与中 1/3 的交界处。尾短，近似圆锥形。

自由生活的成虫比寄生的成虫稍小。食道呈杆状，前部膨大，中间有峡部，后部有食道球，也称杆状虫体。具有双子宫，阴门开口于虫体中间部位。

2. 虫卵　虫卵较小，椭圆形，长 50~58μm，宽 30~34μm，卵壳薄而透明。虫卵内含幼虫，幼虫盘曲折叠，形似折叠刀。自由生活成虫排出的虫卵与寄生成虫排出的虫卵相似。

3. 一期幼虫　一期幼虫（L1）也称为杆状幼虫。一些种类的虫卵在宿主体内孵化，L1 随宿主粪便排出体外，另一些种类的虫卵排出后在外界环境中孵化出 L1。L1 体壁

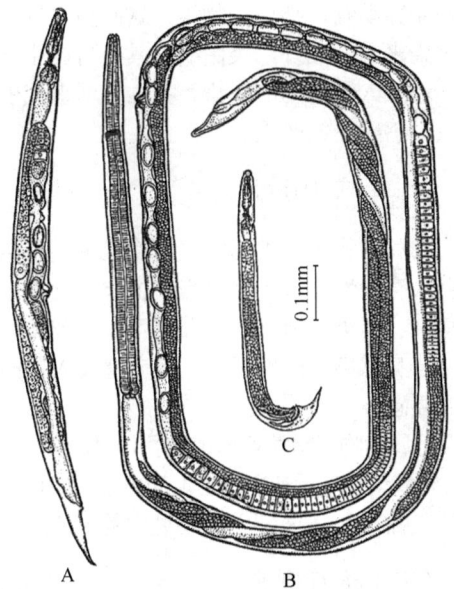

图 4-8　乳突类圆线虫（仿唐仲璋和唐崇惕，1987）

A. 自由生活的雌虫；B. 寄生型雌虫；C. 自由生活的雄虫

透明，无鞘，长 200~400μm。头部钝圆，口腔短，食道呈杆状，具有前后食道球，长度为虫体体长的 1/5~1/4。

4. 感染性幼虫　　感染性幼虫（L3）也称为丝状幼虫。虫体无色，纤细，无鞘，长 353~384μm。口腔较短，食道细长，约占虫体体长的 2/5，无食道球。

（二）生活史

粪类圆线虫生活史比其他线虫复杂，可在自由生活世代与寄生世代之间转换。

寄生雌虫在终末宿主小肠内产含有 L1 的虫卵，一部分随粪便排到外界，在外界孵化出 L1，或虫卵在宿主体内孵化，L1 随粪便排出体外。L1 为杆虫型幼虫。在不适的外界环境条件下，如当温度<25℃或营养缺乏时，L1 直接发育为对终末宿主具有感染能力的 L3。当外界环境条件适宜时，如温度在 27~30℃且食物丰富时，L1 在 48h 内发育为自由生活的雌、雄成虫。雌虫和雄虫交配后，雌虫产含 L1 的虫卵。L1 孵出，进一步发育为感染性幼虫 L3。一般自由生活只有一代，但扁头类圆线虫自由生活世代可重复进行。直接发育和间接发育可以在外界的粪便或土壤中同时进行。两种发育型的虫卵，L1 和 L3 形态相似。只有 L3 对动物有感染能力。

感染性幼虫主动钻入动物皮肤或动物经口摄入感染幼虫而遭受感染。经皮肤感染时，L3 钻入皮肤，进入小血管，通过血液循环到心、肺，然后透过肺泡到支气管、气管到咽，被吞咽后，到小肠发育为成虫。经口感染时，幼虫从胃黏膜钻入血管，以后的移行途径同前述。通常情况下，感染后 4~5d 幼虫进入小肠。潜隐期一般为 5~21d。产卵高峰一般出现于感染后第 20 天。此后产卵数量下降，但可持续产卵至感染后第 11 周。

寄生雌虫所产生的虫卵中也有一部分在肠腔中直接发育为感染性幼虫，嵌入肠黏膜或侵入肛门周围皮肤，进一步发育为成虫，开始新的感染循环。这种感染方式称为自身感染（autoinfection）。一般经几代后，自身感染停止，虫卵或 L1 排出体外继续发育。类固醇激素处理可导致超级感染，L3 移行到全身各个部位，成虫出现于气管、肺等肠外部位。

一些 L3 可以在动物体内发生滞育，即发育停止在 L3 阶段。滞育虫体可以出现于乳房脂肪组织等。在新的条件下刺激下，滞育虫体可进一步发育。

二、流行病学

（一）感染来源

类圆线虫有 50 多种，感染宿主种类也在 50 种以上，包括人类、非人灵长类、野生犬科动物、犬、猫、多种家养动物、啮齿动物等。这些宿主向外界环境中排出虫卵或幼虫，后者进一步发育为感染性幼虫，成为感染来源。此外，类圆线虫具有自由生活世代。自由生活的成虫同样可以产生虫卵，并发育为感染性幼虫，造成人和动物的感染。自由生活世代的存在，使环境中的感染性幼虫数量明显高于无自由生活世代的线虫，感染更加严重。

（二）感染途径

人和动物感染类圆线虫的途径主要有两条。一条是感染性幼虫主动钻入宿主皮肤，造成感染。另一条是食入感染性幼虫经口感染。虫卵或感染性幼虫可以造成水源、果蔬、土壤等的污染，进而造成人和动物的感染。蝇类、蟑螂等昆虫也可以携带类圆线虫，促进环境的污染和疾病的传播。

自身感染可出现于犬。当犬感染人兽共患虫种时，可发生自身感染。新生犬或类固醇激素处理犬可出现超级感染。

马属动物、猪等可出现经乳传播。在马、猪等分娩后几天内，初乳中可出现大量幼虫，造成新生动物的感染。马属动物产后初乳中出现幼虫的时间可以持续到产后第 32 天。猪产后 24h 内初乳中即可出现幼虫，并可持续到产后 24d。一般认为，初乳中的虫体来自母体内的滞育虫体，但滞育虫体被激活的机制尚不完全清楚。

（三）流行情况

类圆线虫病呈全球分布，主要发生在热带、亚热带和一些温带国家，全球 78 个国家有该病发生的报道，约有

6 亿人口受到影响。在免疫力低下的人群中，粪类圆线虫感染的致死率高达 60%～85%，而到医院就诊者的病死率可减少至 16.7%。动物的感染率因国家和地区而不同。犬、猫的感染率最高可以达到 50%，马属动物的感染率一般小于 10%，牛的感染率为 10%～53%，羊的感染率为 18%左右，猪的感染率通常较低，一般为 5%左右。

我国 1996 年的调查显示，26 个省（自治区、直辖市）有人的感染，主要流行在东南及南部地区，全国平均感染率为 0.122%，个别省份感染率可以达到 1.709%。我国缺少近年来人感染情况的系统调查研究，但从报道的发病病例看，人的感染率在增加。

我国缺乏动物感染情况的系统调查研究。早期的一些报道显示，我国猪的感染率低于 7%，一些滨湖地区水牛的感染率可以达到 40%，奶牛场的感染率为 3.6%，山羊的感染率为 3.9%～51%。犬、猫的感染情况不明。

类圆线虫病主要在幼畜中流行，生后即可感染。在夏季和雨季，畜舍卫生不良和潮湿时，感染普遍。粪便中未孵化的虫卵能在适宜的环境中保持发育能力达 6 个月以上。感染性幼虫在潮湿环境下可生存 2 个月。在流行的猪场中，生后 5～8d 的乳猪粪便中可见有虫卵。1 月龄左右仔猪感染最为严重，2～3 月龄后逐渐减少。春季产生的仔猪较秋季产生的仔猪感染严重。

三、症状与病理变化

（一）症状

粪类圆线虫病的临床症状根据感染强度、宿主免疫功能状态等而不同，既可以表现为无症状带虫者，又可以表现为重度感染。

1. 人 感染性幼虫侵入皮肤时，导致局部皮肤瘙痒和疼痛，并出现皮疹等。虫体移行至肺部时，可出现发热、咳嗽、多痰、气促甚至咳血等。大多数病例以消化道症状为主，出现腹痛、腹胀、恶心、呕吐、胃口不佳、腹泻或便秘等症状。当人患有各种重症、重度营养不良，或长期接受激素、免疫抑制剂治疗时，抵抗力下降，可出现重度自身感染，幼虫随血流移行至其他器官，引起相应脏器损害，在心、脑、胰、卵巢、肾、淋巴结、甲状腺等处均可检出幼虫。

2. 犬 一般感染无症状。大量感染时，可出现支气管肺炎及水样或黏液性腹泻。重度感染时，可出现广泛性皮肤病变和支气管肺炎，甚至导致死亡。

3. 猪 仔猪感染较为常见。临床症状常出现于出生后 2 周龄以内的新生仔猪。表现为急性肠炎，主要症状为血性腹泻、快速消瘦、厌食、贫血、发育障碍，严重者可导致突然死亡。死亡引起的经济损失远没有生长发育受阻引起的大。

4. 羊 羊群对类圆线虫的易感年龄为 6 周至 6 月龄，6～12 月龄羊也可感染。常见临床症状主要为脱水、食欲不振、虚弱、消瘦、萎靡、腹泻、贫血、呼吸急促及粪便异常等，严重感染可导致死亡。山羊感染不出现发热症状。部分羊感染 43d 后出现神经症状，大脑和脊髓出现损伤。也有少部分羊因肝破裂突然死亡。

5. 马 通常只有幼驹出现临床症状，主要表现为急性腹泻、衰弱、体重减轻及呼吸系统症状。

（二）病理变化

感染性幼虫移行至肺、支气管时，可引起肺泡出血、细支气管炎、小叶性肺炎等。X 线检查可表现为局限性或弥散性阴影。成虫及丝状幼虫寄生于小肠，轻度感染可造成肠黏膜充血、卡他性肠炎，并伴有小出血点及溃疡瘢痕。重度感染可导致水肿性肠炎或溃疡性肠炎，肠壁纤维化、增厚，增厚的肠壁内可发现虫体。严重感染可导致肠壁糜烂、消化道出血、肠穿孔等。

四、诊断

人和动物的诊断方法基本相同。根据临床症状和流行病学情况可以做出初步判断。确诊需要进行实验室诊断。实验室诊断有病原学诊断、免疫学诊断和分子生物学诊断。

（一）病原学诊断

病原学诊断主要是检查粪便或痰液中的虫卵或幼虫。由于类圆线虫幼虫具有典型的形态特征，因此，病原学诊断被认为是类圆线虫病诊断的金标准。检查方法可以用直接涂片法、饱和盐水或硫酸锌漂浮法。幼虫鉴定可以用贝尔曼法或琼脂糖平板培养法。连续进行粪便检查可以提高检出率，7 次检查，诊断率可以达到 100%。

（二）免疫学诊断

类圆线虫病的免疫诊断可以分为抗原检测和抗体检测。抗原检测的主要方法是 ELISA。使用类圆线虫排泄分泌抗原、重组抗原的多克隆抗体或单克隆抗体，可以检测血液和粪便中虫体抗原和免疫复合物，敏感性和特异性均强。

抗体检测的主要方法也是 ELISA，使用的抗原有虫体粗提抗原、重组抗原和嵌合重组抗原，特异性较好。抗体检测方法不能区分现症感染和曾经感染。

（三）分子生物学诊断

分子生物学诊断主要是检测粪便中类圆线虫的 DNA。检测的靶基因主要是 *18S rDNA*、*ITS-1*、*28S rDNA* 及 *SSU rRNA* 等。主要方法为 PCR、巢式 PCR、多重 PCR、实时定量 PCR 及 LAMP。PCR-RFLP 可以用于某些种类的鉴定。

五、防治

（一）治疗

人和动物的治疗药物相同。主要驱虫药物有伊维菌素、左旋咪唑、奥苯达唑、噻苯咪唑、阿苯达唑等。在驱虫前，应禁用激素及免疫抑制剂以避免重度自身感染发生。

（二）预防

目前，尚无用于动物和人的类圆线虫病疫苗。预防应采取综合措施。

1. 定期驱虫　　全群动物应定期驱虫。怀孕母畜和哺乳母畜应重点驱虫，以防感染幼畜。患病动物应及时治疗驱虫。

2. 搞好环境卫生　　动物圈舍和运动场应保持清洁、干燥、通风，避免阴暗潮湿，应定期打扫，及时清理粪便。对粪便等废弃物进行堆积发酵，以杀死虫卵。

3. 加强饲养管理　　幼龄动物与母畜、患病动物和健康动物均应分开饲养。防止水源和饲料被粪便及蝇类等昆虫污染。

4. 养成良好的个人卫生习惯　　避免饮用可能被污染的生水，避免直接接触可能被污染的土壤。高危人群进行免疫抑制治疗前应进行相关检查。

第九节　毛尾线虫病

毛尾线虫病（trichuriasis）是由毛尾属线虫寄生于人或家畜的肠道（主要为盲肠）而引起的一种肠道寄生线虫病，也称毛首线虫病或鞭虫病，人和猪、犬、羊、牛、猴等均可发病。目前猪毛尾线虫病是集约化养猪场常发的寄生虫病之一，危害严重。

一、病原

毛尾线虫属于毛尾科（Trichuridae）毛尾属（*Trichuris*）。

近年来，通过同工酶分析、*ITS-2 rDNA* 和 *ITS-1-5.8S-ITS-2* 等基因序列分析，证明绵羊毛尾线虫（*T. ovis*）和球鞘毛尾线虫（*T. globulosa*）为同一个种。根据分子生物学研究结果，可以将感染人和动物的主要毛尾线虫分为 3 个类群。第一个类群包括毛形毛尾线虫（*T. trichiura*）（也称毛首鞭形线虫）、猪毛尾线虫（*T. suis*）、疣猴毛尾线虫（*T. colobae*）和豚尾狒狒毛尾线虫（*T. ursinus*）。第二个类群包括绵羊毛尾线虫（*T. ovis*）、异色毛尾线虫（*T. discolor*）和斯氏毛尾线虫（*T. skrjabini*）。第三个类群包括有齿毛尾线虫（*T. serrata*）、狐毛尾线虫（*T. vulpis*）、鼠毛尾线虫（*T. muris*）和田鼠毛尾线虫（*T. arvicolae*）等。

毛尾线虫主要寄生于人和动物的大肠或盲肠。人主要感染毛形毛尾线虫，狐毛尾线虫和猪毛尾线虫也可以感染人。非人灵长类可以感染毛形毛尾线虫、疣猴毛尾线虫和豚尾狒狒毛尾线虫。

山羊、绵羊、牛、骆驼等反刍动物主要感染绵羊毛尾线虫、异色毛尾线虫和斯氏毛尾线虫等。猪和野猪主要感染猪毛尾线虫。犬和狐狸主要感染狐毛尾线虫。猫主要感染有齿毛尾线虫。鼠等啮齿动物可以感染狐毛尾线虫、鼠毛尾线虫和田鼠毛尾线虫及其他一些种类。

感染人和动物的主要毛尾线虫形态特征相似，有些种之间单靠形态无法区分。

（一）病原形态

1. 成虫　虫体乳白色，长20～80mm，分为前后两部分。前2/3～4/5细长，内含由一串单细胞围绕着的食道。后部为体部，粗短，内含生殖器和肠道。雄虫后部弯曲，泄殖腔在尾端，交合刺1根，包藏在交合刺鞘内，可自鞘内伸出。交合刺鞘表面覆有小刺。雌虫后端钝圆，阴门位于粗细部交界处。成虫形态结构见图4-9A～C。

2. 虫卵　虫卵大小为（50～80）μm×（27～40）μm，棕黄色，外观如同腰鼓（图4-9D）。卵壳厚，内为脂层，中为壳质层，外为卵黄膜。两端有卵塞。

（二）生活史

毛尾线虫为土源性线虫，生活史中不需要中间宿主的参与。雌虫成虫在人和动物大肠或盲肠产卵，虫卵随粪便排出体外。在外界环境适宜的条件下，如温度33～34℃及潮湿时，虫卵在3～4周内发育为感染性虫卵，虫卵内含有L1。人和动物食入感染性虫卵遭受感染。在小肠内，虫卵内幼虫活动加剧，幼虫分泌壳质酶，降解及破裂卵塞，幼虫自卵塞处逸出。幼虫从肠腺隐窝处钻入局部肠黏膜，摄取营养，进行发育。8d后幼虫返回肠腔，移行至盲肠结肠内，头端固着于肠黏膜上，以血液和组织液为食，发育为成虫。从感染到发育为成虫的时间一般为30～40d。成虫寿命为4～5个月。绵羊毛尾线虫在盲肠内发育为成虫需12周。也有学者认为，毛尾线虫L4直接发育为成虫。

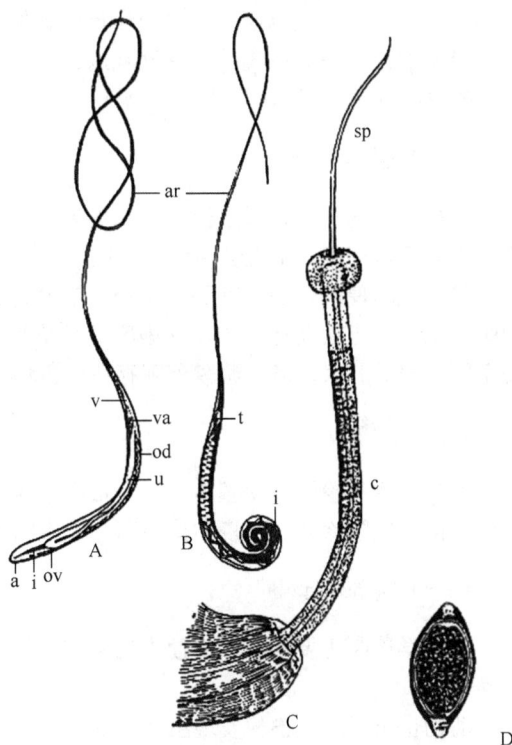

图4-9　绵羊毛尾线虫（仿Yamaguti，1958）

A. 雌虫；B. 雄虫；C. 雄虫尾端；D. 虫卵。
a. 肛门；ar. 前体部（食道部）；c. 交合刺鞘；i. 肠；
od. 输卵管；ov. 卵巢；sp. 交合刺；t. 睾丸；u. 子宫；
v. 阴门；va. 阴道。

二、流行病学

（一）感染来源与感染途径

毛尾线虫病是土源性线虫病，感染来源是各种感染宿主。各种感染宿主均可向外界环境中排出虫卵，造成土壤、水源甚至蔬菜的污染。每条雌虫每天排出虫卵3000～20 000枚。虫卵有较厚的卵壳，对外界环境不利因素具有较强的抵抗力，可以在结冰环境中生存，在土壤中可存活5年。

猪、羊、牛、犬、猫等动物及人通常因食入被感染性卵污染的食物或饮用被感染性卵污染的水源而被感染。

（二）流行情况

毛尾线虫病被WHO划分为被忽略的热带病，呈世界性分布，在热带和亚热带地区更为常见，全球约有10亿人口受其影响。

根据2014～2015年的调查，我国有26个省（自治区、直辖市）有毛尾线虫病的感染，感染率较高的地区为南方和西南各地，人的平均感染率为1.02%，全国约有660万人感染。

我国缺少近年来动物感染情况的系统调查。猪的发病报道较多，一些集约化猪场，特别是使用发酵床的猪场，有暴发的报道。野猪、犊牛、山羊、金丝猴、梅花鹿、犬等也有发病的报道。幼龄动物较为敏感。1.5 月龄的猪即可检出虫卵，4 个月龄的猪，虫卵数和感染率均急剧增高，以后渐减。14 个月龄的猪极少感染。

三、症状与病理变化

（一）症状

1. 人　　人感染后主要表现为腹泻、腹痛、粪便黑色、腹胀、便秘、腹泻与便秘交替进行、食欲不振等消化系统症状。

2. 动物　　猪、羊、牛、犬、猫等动物症状大体相似，均以腹泻等消化系统症状为主。幼龄动物较为敏感，症状比成年动物明显。猪的症状比其他动物明显。轻度感染，一般不表现临床症状，或有间歇性腹泻、轻度贫血。严重感染时，食欲减退、消瘦、贫血、腹泻。猪可以导致死亡，死前数日，排水样血色粪便，并含有黏液。

（二）病理变化

成虫钻入肠黏膜，以血液和组织液为食，从而造成失血性贫血。肠壁黏膜在虫体的机械性损伤和分泌物的刺激等作用下，出现黏膜组织出血、水肿等慢性卡他性炎症反应。肠黏膜损伤，肠壁细胞代偿性增生，使肠壁组织增厚，形成肉芽肿样病变。剖检可见结肠、盲肠外观呈粉红色，肉眼观察肠黏膜，可见充血、肿胀、水肿、出血及坏死等。感染严重时结肠和盲肠黏膜发生水肿、出血性坏死及溃疡，结肠系膜水肿，肠系膜淋巴结肿大，肠道浆膜外观存在白色坏死灶。

四、诊断

人和动物的诊断方法基本相同。根据临床症状可以做出初步判断。确诊需要进行实验室诊断。实验室诊断包括病原学诊断、免疫学诊断和分子生物学诊断。

（一）病原学诊断

病原学诊断主要是检测粪便中的虫卵。检查方法包括直接涂片法、饱和食盐水漂浮法等。发现虫卵即可确诊。

动物也可以通过剖检发现虫体而确诊。

（二）免疫学诊断

免疫学诊断主要是检查粪便中的虫体抗原，主要方法是 ELISA。用漂浮法浓集虫卵后再用 ELISA 法检测漂浮物，可以进一步提高检出率。猫毛尾线虫病已有商品化粪抗原-ELISA 检测试剂盒。

（三）分子生物学诊断

分子生物学诊断主要是检测粪便中虫体 DNA。主要方法有 PCR、巢式 PCR、实时定量 PCR 和 LAMP 等。检测的主要靶基因有 *ITS-1*、*ITS-2* 和重复序列等。用于诊断的同时，一些 PCR 技术可以用于虫种的鉴定。

五、防治

（一）治疗

人和动物治疗药物基本相同。主要治疗药物有伊维菌素、阿苯达唑、奥苯达唑、芬苯达唑和甲苯达唑等。

（二）预防

目前，尚无毛尾线虫病疫苗。预防需要采取综合措施。

（1）定期驱虫。在该病流行的猪场等养殖场，每年最少进行两次全面驱虫。幼龄动物断奶后应进行驱虫。

（2）保持饲料和饮水清洁卫生，防止污染。供给富含蛋白质、维生素和矿物质的饲料，提高抵抗能力。

（3）圈舍应通风良好，避免阴暗、潮湿和拥挤。猪圈和运动场应勤打扫，勤冲洗，减少虫卵污染。定期消毒。运动场地面应保持平整，排水良好。

（4）对粪便进行无害化处理。粪便和垫草清除出圈后，堆积发酵，以杀死虫卵。

（5）预防病原的传入。引入动物时，应先隔离饲养，进行1～2次驱虫后再并群饲养。

（6）人养成良好的个人卫生习惯。不直接接触土壤，不喝生水等。

第十节　螨　病

螨病是多种螨寄生于动物皮肤、皮下、被毛或羽毛/管等部位而引起的外寄生虫病。螨以宿主的血液、淋巴液、皮屑或皮脂为食，通过刺穿皮肤摄食，从皮肤表面觅食或从皮肤损伤处吸食，从而引发慢性接触性皮肤寄生虫病。该病以皮肤结痂、脱毛、瘙痒和具有高度传染性为特征。多发于天气潮湿、寒冷的秋冬和早春季节，分布广、易传染，对养殖场可造成严重的危害。

一、螨的基本生物学特性

螨的基本发育阶段包括卵、幼螨、若螨和成螨4个阶段（图4-10），有些种类的螨，若螨可能有第1期若螨（protonymph）、第2期若螨（deutonymph）和第3期若螨（tritonymph）之分。疥螨科和痒螨科的螨全部发育过程都在动物身上进行，其雄螨只有1个若螨期，雌螨有2个若螨期。

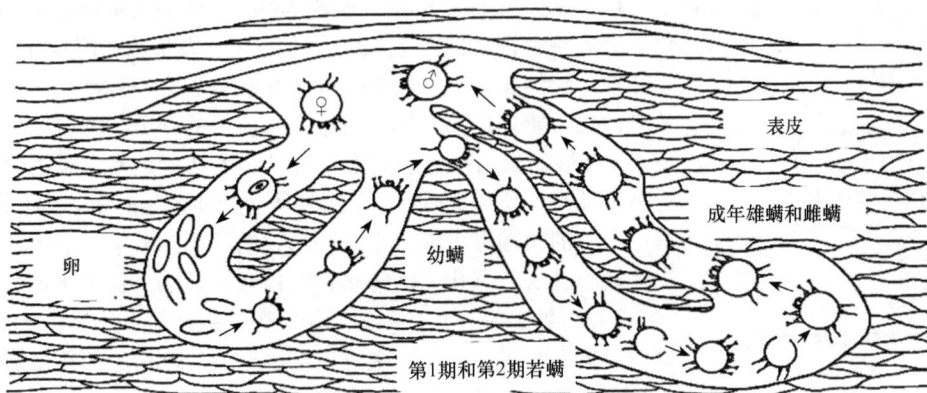

图4-10　螨生活史（仿Dennis et al.，2016）

螨的适应性很强，生活范围较广。每只雌螨产卵数量变化很大，产卵数量低的雌螨一生可能仅产16枚卵。许多螨完成1个生命周期仅需8d或4周，因此即使是产卵数量很少，也会在短时间内繁殖出大量螨。卵可产出，在体外孵化，或保留在螨子宫内直至孵化。

许多情况下，螨的活动可能对宿主没有明显影响，但在饲养条件差、螨的数量多的冬末或早春季节，可使动物发生某些形式的螨病。螨在宿主皮肤取食、掘洞或受抗原物质的刺激，导致皮肤出现红疹、瘙痒、鳞屑、苔藓样硬化和结痂。螨的排泄物会使宿主产生Ⅰ型过敏反应导致皮肤炎症，螨的采食还可致组织液或血液损失，螨可机械性或生物性传播其他病原。

二、感染人和动物的主要螨类

螨是一种极其多样、数量丰富、普遍存在的蛛形纲节肢动物，已被描述的螨约有55 000种。在家养动物（即家畜、家禽、伴侣动物和实验动物）上，约有16科26属50种螨可引起疥癣，它们主要属于真螨目（Acariformes）的无气门亚目（Astigmata）和前气门亚目（Prostigmata）及寄螨目（Parasitiformes）的中气门亚目（Mesostigmata）。在经济上重要的属有疥螨属（*Sarcoptes*）、痒螨属（*Psoroptes*）、背肛螨属（*Notoedres*）、肉食螨属（*Cheyletiella*）、足螨属（*Chorioptes*）、蠕形螨属（*Demodex*）、膝螨属（*Knemidokoptes*）、耳痒螨属（*Otodectes*）和生疥螨属［*Psorobia*，以前属于疮螨属（*Psorergates*）］。

（一）疥螨

疥螨属于无气门亚目，又称疥螨亚目（Sarcoptiformes）的疥螨科（Sarcoptidae）。

无气门亚目的螨一般体型小，外形呈球形或椭圆形，表皮薄。表皮通常具有精细的平行条纹或指纹样花纹，具有形状独特、位置固定刚毛、刺、钩或鳞片，有时还有轻度角化的板或盾。成螨通常有 4 对足和前口器，具有成对的触须和用于切割和进食的螯肢。足通过基节突起（基节内突）连接躯体。足末端具有各种各样的刚毛、爪或钟状吸盘等。无气门亚目的螨没有真正成对的前跗爪。雄螨有时会有体吸盘或其他第二性特征用于交配，足上刚毛的形式和位置及隆起通常用以区分性别，并据此区分鉴别各种螨。受精卵呈卵形，柔软、半透明。雌螨通过位于前中腹部的生殖器裂口（卵孔）排出卵。

疥螨科的疥螨专性穴居于哺乳动物皮肤，文献记载的种类超过 100 种。在通常条件下，该科螨离开宿主后生存时间在 10d 左右或更短。成年雌螨由于钻入宿主的皮肤表皮层内并在其中活动，因而引起的疥癣通常比皮肤表面的螨疥癣更严重。疥螨躯体一般呈圆形，腹面扁平，体表有条纹状花纹。触须为单节，足通常较短。寄生于家畜的主要有 3 属。

1. 人疥螨　　人疥螨（*Sarcoptes scabiei*）常引起人类和其他哺乳动物疥癣，是现存最常见、最广泛和最严重的疥癣类型之一。人疥螨至少侵袭 10 目 26 科的哺乳动物，包括骆驼、牛、犬、猫、绵羊、山羊、马、猪、美洲驼和羊驼等。目前认为人类是疥螨的原始宿主，其他所有宿主都是继发性侵袭。同种宿主个体间或属内个体间通过密切接触发生传播，但分类上不相关的宿主间不易传播。例如，狗疥螨（*S. scabiei* var. *canis*）变种很容易在犬之间传播，也可以转移到狐狸、郊狼和其他犬科动物身上，但人类只是这种变异种的短暂宿主。分子生物学和免疫学分析证明所有疥螨变异体具有同源性。

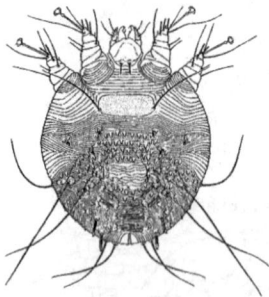

图 4-11　人疥螨雌螨背面观
（仿 Soulsby，1982）

1）形态　　成年雌螨体长约 500μm，表皮上有指纹状条纹，足短而粗，有各种特征性的刚毛和钩，背面有一齿状棘（图 4-11）。雄螨与雌螨相似，但体长更小，约 275μm，齿状棘的大小和数量少。雄螨和雌螨的肛门位于躯体后部，第 I 对足上角质化的基节内突在躯体腹中部融合成"Y"形。雄螨和雌螨的第 I 对足和第 II 对足及雄螨的第 IV 对足的足跗节末端有一柄长、不分节的膜质吸盘，其余足的末端为长刚毛。此外，每一跗节的顶端有 1 或 2 个短刺形式的刚毛。若螨与成年雌螨相似，但个体较小且缺乏卵孔。幼螨与若螨相似，更小，有 3 对足。

2）生活史与流行特点　　螨的整个生活史都在宿主身体上完成。疥螨的口器为咀嚼式，在宿主表皮挖掘隧道，以宿主的角质层组织和渗出的淋巴液为食。雄螨在宿主表皮上与新蜕化形成的雌螨进行交配，然后雌螨在皮肤下用其螯肢和前 2 对足的爪间突掘平行于皮肤的隧道，隧道的长度可达 1cm，每天挖掘约 5mm。每个隧道中含有 1 只雌螨，也含有其所产的卵和排泄物。卵成熟需要 3d 或 4d。雌螨每天产卵 1～3 枚。卵呈椭圆形，约为成螨体长的一半，单独位于分支隧道末端。产卵后 3～4d，3 对足的幼螨从卵中孵化出来。多数幼螨会从隧道中爬到皮肤表面，有些会停留在隧道中。2～3d 后，幼螨蜕皮变为第 1 期若螨。幼螨和第 1 期若螨在毛囊中寻找庇护所和食物。第 1 期若螨再蜕化为第 2 期若螨，几天后变为成螨。成熟后两性成螨开始进食，并在皮肤表面挖掘隧道。交配后不久雄螨死亡。受精后，雌螨在宿主毛皮上移动，每分钟可移行 2.5cm，在交配 1h 内开始挖掘隧道，产卵一般在隧道完成后的 4d 或 5d 开始。雌螨很少离开隧道，若隧道被破坏，会重新挖掘隧道。从卵到成螨需 17～21d，但可能短至 14d。其死亡率较高，只有 10% 的螨能孵化完成发育。

疥螨在宿主体外的生活期限，随温度、湿度和阳光照射强度等多种因素的变化而有显著的差异，一般仅能存活 3 周。在 18～20℃和空气湿度为 65%时经 2～3d 死亡，而 7～8℃时则经过 15～18d 才死亡。

3）致病作用与临床症状　　疥螨会引起人及犬、猪、绵羊、山羊和牛常见的周期性疥癣，而猫和马相对少见。家养动物或饲养条件差的情况下，常在冬末或春初发生。不同的宿主侵袭的首选位置不同，常见于身体被毛稀疏部位，如犬的耳朵、脸或口鼻，猪的头部、耳朵和背部，以及牛的颈部和尾巴。感染率高时可能会扩展至全身。

疥螨不叮咬也不吸血，它们在皮肤细胞之间吸食液体。对宿主的刺激主要来源于挖掘隧道和摄食活动，以及雌螨的分泌和排泄产物。最初瘙痒较轻，皮肤仅出现红斑，随着刺激的进展，变为丘疹并破裂，导致脱毛和形成黄色结痂。皮肤细胞损伤引起炎症及皮肤对螨抗原（如螨粪便抗原）的过敏（Ⅰ型）。强烈瘙痒导致渗出和皮肤表面出血，可能继发细菌感染，使生长速率降低。

疥螨具有高度的传染性，通常通过密切接触传播。因此在一个动物群中很少仅有单个病例。早期阶段，侵袭可能并不明显，猪的潜伏期通常为 2～3 周，犬的潜伏期为 1～2 周。侵袭也可能发生间接转移。疥螨在宿主体内的存活时间取决于环境条件，可能在 2～3 周。因此，动物的褥草和用具可能受到污染而成为传染源。

绵羊疥螨病：主要发生在头部、嘴唇周围、口角两侧、鼻子边缘和耳根下面。发病后期病变部形成白色坚硬胶皮样痂皮，俗称"石灰头"。

山羊疥螨病：主要发生于嘴唇四周、眼圈、鼻背和耳根部，可蔓延到腋下、腹下和四肢曲面等无毛及少毛部位。严重时口唇皮肤龟裂，采食困难。

牛疥螨病：主要发生于牛的面部、颈部、背部、尾根等背毛较短的部位，严重时可波及全身。

马疥螨病：先由头部、体侧、躯干及颈部开始，然后蔓延至肩部、鬐甲及全身。痂皮硬固不易剥落时，创面凹凸不平，易出血。

猪疥螨病：猪仅寄生疥螨。仔猪多发，病初从眼角、颊部和耳根开始，以后蔓延到背部、体侧和股内侧。剧痒，脱毛，结痂，皮肤生皱褶或龟裂。

骆驼疥螨病：开始于头部、颈部和体侧皮薄的部位，随后波及全身。痂皮硬厚，不易脱落，患部皮肤往往还形成龟裂和脓疱。

兔疥螨病：先由嘴、鼻孔周围和脚爪部发病，病兔不停地用嘴啃咬脚部或用脚搔抓嘴、鼻等处解痒，严重发痒时呈现前脚抓地等特殊动作。病爪上出现灰白色痂皮、嘴唇肿胀，影响采食。

犬疥螨病：先发生于头部，后扩散至全身，幼犬尤为严重。患部皮肤发红，有红色或脓性疱疹，上有黄色痂皮，奇痒，脱毛，皮肤变厚而出现皱纹。

2. 背肛螨　背肛螨属大约有 45 种，其中大多数与蝙蝠有关，4 种与家养动物有关。猫背肛螨（*N. cati*）是家猫的一种世界性寄生虫，但也侵袭野猫和家兔。猫背肛螨是一种高度接触性传染性螨，能引起严重的疥癣，尤其是在猫的头部，有时会蔓延到足部、生殖器区域，甚至尾部。实验大鼠是鼠背肛螨（*N. muris*）的宿主，这种螨会钻入角质层，导致耳廓、眼睑、鼻子和尾巴的皮肤增厚和角化。其他宿主包括其他啮齿动物、有袋动物和刺猬。鼠类啮齿动物可能受两种背肛螨（*N. musculi* 和 *N. pseudomuris*）的侵袭。

1）形态　背肛螨与疥螨相似，体圆形，但大小约为疥螨的一半，雌螨长约 225μm，雄螨长约 150μm。背上有指纹状条纹，无齿状棘和钩状刚毛。肛门位于躯体背面，离体后缘较远，肛门周围有环形角质皱纹，第Ⅰ对足上基节内突不融合、居中，第Ⅰ和第Ⅱ足的跗节末端有 3～4 根短的、刺状的刚毛。雌螨在第Ⅰ、第Ⅱ对足上有吸盘，雄螨第Ⅰ、Ⅱ、Ⅳ对足末端有吸盘（图 4-12A）。

2）生活史　背肛螨的行为特点与人疥螨相似。猫背肛螨病在世界各地都有发生。猫背肛螨全部发育过程都在宿主体上度过，包括卵、幼螨、若螨和成螨 4 个阶段，发育过程需 6～10d。雌、雄螨的交配一般发生在皮肤表面，随后雌螨在宿主表皮层挖掘隧道，以损坏组织的渗出液为食，并在隧道内产卵，经 3～5d 孵化后，幼螨离开隧道爬到皮肤表面，然后重新钻入皮内造成小穴，也称"蜕皮袋"，并在其中蜕皮发育成若螨和成螨。猫背肛螨病的传播是宿主之间接触传播，主要在幼螨阶段发生。

3）致病作用和临床症状　主要侵袭猫，偶尔侵袭犬和兔。雌螨挖掘隧道而破坏角质细胞，导致细胞因子（尤其是 IL-1）释放，使皮肤产生炎症和临床症状，过敏反应导致皮炎。螨在皮肤上成簇出现，通常在头部耳朵周围，引起耳朵溃疡。随着病情的发展，可能扩散到躯体，特别是前腿。兔子可能影响到生殖区域。猫背肛螨幼螨或若螨具有高度传染性和跨宿主传播能力。背肛螨侵袭导致在耳朵的尖端、面部和颈部产生黄灰色的痂皮和鳞屑。进一步的损伤可致猫皮肤增厚和色素沉着，皮肤产生皱褶，外观形似"老年外观"。皮炎会引起抓挠和脱毛。如果不治疗，会导致受侵袭动物严重衰弱和引起背肛螨疥癣，在 4～6 个月甚至会引起死亡，还可能引起人的短暂性皮炎。

猫背肛螨病：螨寄生于面部、鼻、耳及颈部，发生皮肤龟裂和黄棕色痂皮，常可使猫死亡。

3. 豚鼠毛螨

1）形态　　豚鼠毛螨（*Trixacarus caviae*）是圈养和实验室豚鼠的一种外寄生虫（图4-12B）。体型稍小（雌螨140～180mm），形态和生命周期与疥螨相似，但豚鼠毛螨背部棘/刚毛较长、毛发状，雄螨第Ⅳ对足上无跗节吸盘，所有吸盘的柄比疥螨短。肛门位于背面。豚鼠毛螨比疥螨小，与猫背肛螨相似（表4-5），在实验室环境中可能会引起豚鼠的严重疥癣。还有一种类似的异毛螨（*T. diversus*），很少出现在实验鼠身上。

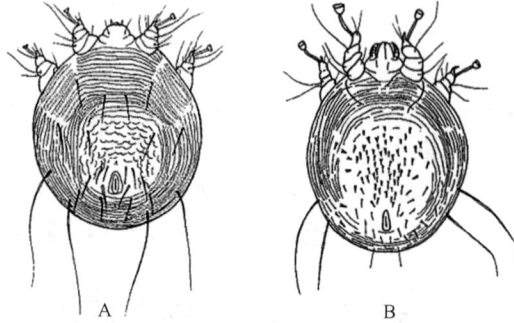

图4-12　猫背肛螨雌螨（A）和豚鼠毛螨雌螨（B）的背面观（仿Dennis et al.，2016）

表4-5　人疥螨、猫背肛螨和豚鼠毛螨成年雌螨的区别

	人疥螨	猫背肛螨	豚鼠毛螨
长度/μm	400～430	225～250	230～240
肛门位置	末端	背部	背部
背部刚毛	有一些坚实背棘	所有背刚毛简单（无棘样）	所有背刚毛简单（无棘样）
背鳞	许多，尖锐	少，圆形	许多，尖锐

2）生活史　　生活史与疥螨相似。

3）致病作用与临床症状　　螨挖掘隧道活动导致被侵袭动物受到刺激，产生炎症和瘙痒，叮咬、抓挠和摩擦侵袭部位，导致脱毛。受侵袭部位出现明显的棘皮症和角化过度，并可能继发细菌感染。动物感染后3～4个月内可能会死亡。豚鼠毛螨主要通过密切接触传播。

（二）痒螨

痒螨属于无气门亚目的痒螨科（Psoroptidae），是哺乳动物的体表外寄生虫。痒螨栖息在宿主皮肤的表面，不钻入表皮，并以宿主的皮肤鳞屑、表皮碎片或淋巴液、血液和浆液渗出物为食，离开宿主体表可存活2周或更长时间。痒螨一般呈椭圆形，躯体背腹扁平，有条纹状的角质层，有稀疏的刚毛，无刺，足比疥螨更长，口器更突出。肛门位于躯体后缘中央。雄螨的末端通常有一对尾突，每个尾突上有3根刚毛，尾突前方腹面有一对用于交配的吸盘。第Ⅰ对足上的基节内突没有融合。目前已知该科至少有50种，侵袭11目约30属的哺乳动物，其中灵长类动物数量最多。与兽医关系密切的有3属，即痒螨属、足螨属和耳痒螨属等。

1. 痒螨　　痒螨属的痒螨是家畜体表一类永久性寄生虫，多寄生于绵羊、牛、马、水牛、山羊和兔等家畜，以绵羊、牛、兔最为常见。该属内最早报道的为绵羊痒螨（*P. ovis*），形态学和分子生物学证据表明，鹿痒螨（*P. cervinus*）、兔痒螨（*P. cuniculi*）、马痒螨（*P. equi*）都是绵羊痒螨。另有2种是水牛痒螨（*P. natalensis*）和非洲水牛痒螨（*P. pienaari*）。

1）形态　　体呈长圆形，透明，淡褐色，成熟雌螨长550～750μm，背面有条纹状角质层及4个长的和16个短的刚毛。口器后面有一个明显的前背面角质板，中腹部的卵孔呈倒"U"形。雄螨大约比雌螨小1/4，背面后部有角质板，腹面后部有一对吸盘和两个尾突，每个尾突都有4个不同长度和结构的刚毛。若螨和幼螨与成螨相似，但较小。前两对足较后两对足粗大。雄螨前3对足，雌螨Ⅰ、Ⅱ、Ⅳ对足末端有喇叭状的吸盘，柄分两节。雌螨第Ⅲ对足末端有2根长刚毛，雄螨第Ⅳ对足特别小，无吸盘也无刚毛。雄螨生殖器位于第Ⅳ对足基节之间。雌螨腹面前 1/4 处有一横裂的产卵孔，后端有纵裂的阴道，阴道背侧有肛孔（图 4-13）。雌性第 2 期若螨体末端有两个突起供接合用，成螨无此构造。

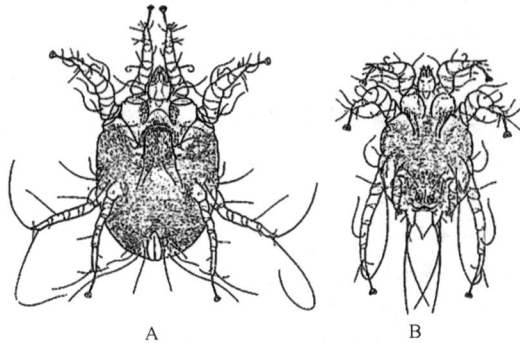

图 4-13　绵羊痒螨（仿 Wall et al.，2002）

A. 雌螨腹面观；B. 雄螨背面观

2）生活史与流行特点　　痒螨口器为刺吸式，寄生于宿主皮肤表面，吸取渗出液为食。雌螨多在皮肤上产卵，螨卵呈卵圆形，相对较大，长约 250μm，卵约经 3d 孵化为具有 3 对足的幼螨，长约 330μm。幼螨蜕化为第 1 期若螨，再蜕化为第 3 期若螨，进一步发育为成螨。螨卵、幼螨、第 1 期若螨、第 3 期若螨阶段和成螨产卵前阶段每个阶段最少需要 2d 完成。从卵再到卵约需要 10d。成螨前每天的死亡率约为 10%。

成年雄螨常附着于第 3 期若螨的雌螨上，偶尔附着于第 1 期若螨的雌螨上，直至雌螨最后一次蜕皮，然后完成受精。雌螨每天产卵 2～3 枚，随着年龄的变化会有差异，年轻成年雌螨每天约产卵 7 枚，40 日龄时每天仅产卵 1 枚。成年雌螨寿命约为 16d，在此期间产卵 40～50 枚。因此绵羊体上的痒螨数量每天以约 11% 的速率增长，每 6.3d 增加 1 倍。痒螨离开宿主的存活时间受环境温度和湿度的影响，在低温（<15℃）和高湿（相对湿度>75%）条件下，存活时间可能超过 18d。因而冬季传播至新宿主的可能性更大。

3）致病作用和临床症状　　痒螨引起动物发生痒螨病，导致瘙痒性皮肤病。与疥螨病一样，临床症状的出现与宿主对痒螨排泄物的过敏反应（Ⅰ型）有关，发生炎症、表面渗出、鳞屑和结痂形成。螨引起的浆液渗出物在皮肤表面干燥，形成干燥的黄色硬壳，被覆盖在湿润外壳上的发炎皮肤所包围。常在皮肤损伤边缘潮湿皮肤上发现螨虫。绵羊感染可导致严重瘙痒、脱毛、烦躁不安、咬伤和抓挠感染部位、体重减轻、体重增加减少，甚至引起死亡。当清理螨虫时，羊可能会出现咂嘴唇和伸出舌头的"轻咬反射"表现，部分羊还可能出现持续 5～10min 的癫痫发作。在绵羊中，病变可能发生在身体任何部位，其中颈部、肩部、背部和侧面特别明显。在严重的情况下，皮肤可剥脱、起皱褶和造成继发感染，产生许多直径为 5～20mm 的厚壁脓肿。所有年龄的羊都可受到侵袭，羔羊和饲养条件差的羊可能表现特别严重。动物间通过直接接触传播，痒螨离开宿主后可存活 10～14d（取决于环境条件）。动物感染后，螨的数量逐渐增加，达高峰后下降，宿主有明显的自愈能力。少量的痒螨可能会残留在腋窝、眼睛、耳朵或皮肤褶皱等部位。在长达 2 年的时间内，临床症状可能再次出现。痒螨病主要发生在冬季，夏季病程进展较慢。

绵羊痒螨病：危害绵羊特别严重，多发生于密毛的部位，如背部、臀部，然后波及全身。在羊群中首先引起注意的是羊毛结成束和体躯下部泥泞不洁，零散的毛丛悬垂在羊体上，严重时全身被毛脱光。患部皮肤湿润，形成黄色痂皮。

山羊痒螨病：主要发生于耳壳内面，在耳内生成黄色痂，将耳道堵塞，使羊变聋，食欲不振，甚至死亡。

牛痒螨病：初期见于颈部、肩和垂肉，严重时蔓延到全身。奇痒，常在墙、柱等物体上摩擦或以舌舐患部，被舐部位的毛变湿，呈波浪状。脱毛，结痂，皮肤增厚失去弹性。

水牛痒螨病：多发生于角根、背部、腹侧及臀部，严重时头、颈、腹下及四肢内侧也有发生。体表形成很薄的"油漆起爆"状痂皮，此种痂皮薄似纸，干燥，表面平整，一端稍微翘起，另一端则与皮肤紧密黏附，若轻轻揭开，则在皮肤相连端痂皮下见许多黄白色痒螨爬动。

马痒螨病：最常见的部位是鬣、尾、颌间、股内面及腹股沟。乘、挽马常发生于鞍具、颈轭、鞍褥部位。皮肤皱褶不明显。痂皮柔软，黄色脂肪样，易剥离。

兔痒螨病：主要侵害耳部，引起外耳道炎，渗出物干燥成黄色痂皮，塞满耳道如纸卷样。病兔耳朵下垂，不断摇头和用爪搔耳朵。严重时蔓延至筛骨或脑部，引起癫痫症状。

2. 足螨 足螨属的足螨多寄生于牛、马、绵羊、山羊和兔等家畜体表。目前认为该属包括 6 种，其中牛足螨（*C. bovis*）和德州足螨（*C. texanus*，主要来自家养动物）被公认为是有效种。

1）形态 牛足螨和德州足螨所有阶段的形态几乎相同。呈圆形，背中央扁平，具条纹状角质层，雌螨体长约 400μm，雄螨大约小 1/4。若螨和幼螨相似，体型小。在背部，雌雄成螨都有前、后角质层盾板和多种短的毛发状刚毛。在腹侧，雌螨卵孔呈一条横向狭缝。有一对尾突。口器不明显，足长中等，结实。雄螨的第Ⅳ对足非常短，雌螨的第Ⅲ对和第Ⅳ对足纤细。雄螨的所有足、雌螨的第Ⅰ、Ⅱ、Ⅳ对足的远端有短的、无柄的吸盘。雌螨的第Ⅲ对足有 2 个长的鞭状刚毛。雄螨的第Ⅲ对足上也有一根长的鞭状刚毛，有一对腹吸盘。雄螨的末端每个尾突有 5 根刚毛。牛足螨尾突呈近长方形，外角的刚毛长呈鞭状，另两根竹片状刚毛略短（约 115μm）且宽。德州足螨的尾突更具棱角，几乎双裂，外角有一个非常短的毛发状刚毛，另两个更长（约 215μm）的刚毛竹片状，基部变窄。

2）生活史和流行病学特点 足螨寄生于皮肤表面，口器不穿刺宿主的皮肤，以咀嚼脱落的上皮细胞如碎屑、痂皮等为生。生活史与绵羊痒螨相似，分别有卵、3 对足的幼螨、4 对足的第 1 期若螨、第 3 期若螨和成螨阶段。足螨侵袭偏向于宿主的下部，包括乳房、阴囊、尾根和会阴部，尤其是蹄部和腿部。雌足螨每天产 1 枚卵，并附着在宿主皮肤上。成年雌螨通常存活 2 周或更长时间，整个生命周期产卵 14～20 枚。卵通常聚集成簇。产出的卵在 4d 内孵化。幼螨期和第 1 期若螨期各持续 3～5d，而第 3 期若螨期则持续 7～8d，每个发育阶段之间有 1d 的静息期，约在 3 周内完成发育。适宜的发育温度为 35℃，相对湿度为 80%。

3）致病作用和临床症状 大多数动物受到牛足螨侵袭后，通常没有症状。只有当足螨数量增加到数千只时才会诱发宿主反应，偶尔会引起严重的疥癣和瘙痒症。大多数足螨都出现在足上，尤其是系部。致敏动物受到螨的刺激会产生跺脚、摩擦和啃咬腿部及其他自伤行为。严重者表现为皮肤结痂、红斑疹和脱毛。

牛足螨病：牛足螨常见于牛的后足，螨从足部移动到身体的其他部位，造成皮肤变硬，尾部、臀部和会阴部疥癣，又称为足癣、腿癣和脚后跟癣。冬季受侵袭率最高，春季足螨的数量急剧下降，牛放归牧场时，病变一般消失。

绵羊足螨病：绵羊被牛足螨寄生后产生的小的硬痂壳病变隐藏在皮毛下，通常不被发现。牛足螨还可通过脚与身体其他部位的直接接触传播，特别是后腿上部和公羊的阴囊区域，引起渗出性皮炎，称为阴囊疥癣。阴囊皮肤变厚、黄色、坚硬，深度可达 4cm。在严重病例中，过敏反应造成的阴囊温度升高可导致生精小管变性、精子质量降低和精子发育完全停滞。睾丸重量可显著降低。在对螨进行治疗或受感染的公羊自然恢复后，精子恢复生产。腿癣和阴囊癣的患病率通常在秋季和冬季最高，春季下降。

山羊足螨病：山羊受到牛足螨的侵袭率高于绵羊，病变通常轻微，很少引起注意。

马足螨病：螨主要分布在马的系部，最易在被毛长的马种中引起足癣。马受侵袭后，常常跺脚或用一只脚摩擦对侧腿或某些物体。特征是散发性的系部屈面皮炎。

3. 耳痒螨 耳痒螨属的成螨多寄生于犬、猫的耳内，有犬耳痒螨（*O. canis*）和猫耳痒螨（*O.cati*）。

1）形态 耳痒螨具有典型痒螨的形态特征，雌螨体长约 435μm，呈椭圆形，雄螨长约 325μm。雌螨卵孔是一条横向狭缝，双侧带有生殖囊，第Ⅰ对足的基节内突与第Ⅱ足的基节内突相连。雄螨的末端有不发达的尾突，前有不明显的吸盘。每个尾突有 5 个不同长度的毛状刚毛。除第Ⅳ对足外，所有的足均为中等长度，第Ⅳ对足较短，尤其是雌螨，第Ⅳ对足不发达，不能伸出体边缘，为第Ⅲ对足的 1/3，且第Ⅲ、Ⅳ对足无吸盘。除雌螨的后两对足有 1 对长刚毛外，其他足远端都有吸盘，吸盘柄短而简单。雄螨的第Ⅲ对足跗节除吸盘外，还有 1 对长的鞭状刚毛。

2）生活史和流行病学特点 耳痒螨具有典型的痒螨生活史。耳痒螨通常寄生于犬、猫的外耳道，偶尔会继发侵袭身体其他部位，包括头部、背部、尾巴尖和脚，不钻入皮肤，可穿透皮肤以血液、血清和淋巴液为食，或以耳内脱落的上皮细胞和耳垢或其他耳分泌物为食。生命周期约为 3 周，通过直接接触传播。

在世界范围内，耳痒螨是野生和家养肉食动物中最常见的螨。除伴侣动物（如犬、猫、雪貂）外，还会影响各种饲养的毛皮动物（如狐狸、水貂），偶尔也会侵袭人类。过去通常将来自不同地区或不同宿主的耳痒螨视为不同的种，近年来分子生物学研究证明该属是单一种。

3）致病作用和临床症状 耳痒螨病的临床症状包括摩擦和抓挠耳朵、剧烈摇头、抑郁、液体过度渗出、耳朵血肿等。犬耳痒螨侵袭动物的耳道使耳道因耳垢和类似咖啡渣的脓性棕黑色渗出物的积累而变得过度潮湿，并伴有炎症和瘙痒，通常会累及双耳。由于强烈的瘙痒，侵袭的猫和犬抓挠耳朵，摇头或把头偏向一边，并可能发生转圈。当耳道被按压时，动物通常会发出咕哝声，后用后腿拍打相应的一侧耳。未经治疗的严重病例可导致消瘦、自我创伤、痉挛和抽搐，尤其是猫。可通过耳镜检查和从耳刮片中检查螨进行确诊。

（三）表皮螨

表皮螨属于无气门亚目的表皮螨科（Epidermoptidae），包括 23 属约 100 种。其中大部分螨，尤其是原膝螨科中的 17 种膝螨，其寄生部位与疥螨科趋同，形态相似。体通常呈球状，角皮有条纹或呈鳞片状、沟纹状或齿状结构。口器和足通常又短又粗硬。躯体刚毛通常很少，且很短。膝螨有一个独特的前背盾板，其特征是一对高度硬化的、纵向的、中央旁支条，一直延伸到口器的基部。雄螨可能有一个正中的后背盾板，第 I 对足基节内突在腹中部融合成"Y"形。雌螨和未成熟螨的第 I 对足基节内突游离，或通过一个横向突起连接成"V"形或"U"形。卵孔是一个横缝或三瓣倒"Y"形。肛门在末端或后背部。雄螨有或没有肛吸盘。在世界范围内大多数种只出现在野生鸟类身上，导致膝螨癣。

1. 突变膝螨　突变膝螨（*Knemidokoptes mutans*）通常在鸡、火鸡和野鸡的腿部和足部的表皮鳞片下钻入，引起炎症、过度角质化、水疱和结痂，结痂的硬壳可能覆盖四肢，因此称 "鳞状腿"（scaly leg）或石灰脚病。慢性病例中，感染可能会导致跛行、畸形或足趾丢失，也可能涉及鸡冠和颌下垂肉的皮肤。

突变膝螨雌螨（图 4-14）第 I 对足的基节内突游离。第 I 对足和第 II 对足各有两个末端刺，足上无吸盘。卵孔横向。肛门在背面。身体背面中部有一块角质鳞片。雌螨长 350～450μm，雄螨长小于 240μm。雄螨足比雌螨长，有 1 个小而具长柄的吸盘。

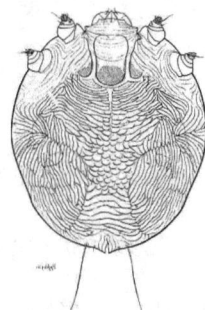

图 4-14　突变膝螨雌螨背面观
（仿 Mullen and Durden，2019）

毛膝螨（*Knemidokoptes pile*）寄生于虎皮鹦鹉的面部、颈部和腿部，导致被称为"鳞状脸"（scaly face）的疾病。毛膝螨比突变膝螨稍小，雌螨体长 315～428μm，体宽 250～380μm，雄螨更小，200μm×150μm。两种膝螨全球分布。

突变膝螨的受精雌螨位于表皮上层弯曲的洞穴或隧道内，以受损组织的渗出液为食。卵胎生，产幼虫，后幼螨爬到皮肤表面。幼螨再钻入皮肤的浅层，形成小的"蜕化袋"（moulting pocket），完成第 1 期若螨、第 3 期若螨和成螨的蜕化。然后，成年雄螨出现并在皮肤表面或蜕化袋中寻找雌螨。受精后，雌螨制造新的隧道或扩大蜕化袋。整个生活史都在宿主体上，周期为 17～21d。膝螨可能来源于地面，因此侵袭通常从脚趾开始。

2. 平滑圆膝螨　平滑圆膝螨（*Picicnemidocoptes laevis*）寄生于鸠鸽类鸟，包括家鸽，有时会导致临床症状。雌螨第 I 对足的基节内突融合成"U"形，每个足有一个爪间蒂，第 I 对足和第 II 对足末端有一个刺。卵孔横向。肛门在末端。背面角质层条纹不被鳞片破坏。

3. 鸡新膝螨　鸡新膝螨（*Neocnemidocoptes gallinae*）侵袭鸡、鹅和野鸡的背部、头部、颈部、腹部和大腿的皮肤，导致剧烈瘙痒，羽毛脱落、折断或被宿主拔出。受影响的皮肤，特别是颈部变成鳞状、增厚和起皱。世界范围内该病没有突变膝螨病常见，但更具破坏性，甚至导致死亡。雌螨体长 340～440μm，雄螨体长约 210μm。雌螨的第 I 对足基节内突游离，跗节末端仅为一个爪间蒂，前两对足各有一个刺。卵孔横向。肛门在背侧。背侧体细胞角质层横向具条纹但无鳞片。另外两种较小的新膝螨 *N. columbicola* 和 *N. columbigallinae* 在某些情况下会侵袭鸽形目的鸟，可导致家鸽患病。

（四）蠕形螨

蠕形螨属于前气门亚目的蠕形螨科（Demodecidae）。

前气门亚目已命名的超过 19 000 种，大约 130 科，分属肉食螨总科（Cheyletoidea，包含 7 科）和肉螨总科（Myobioidea，包含 1 科）。此类螨可通过须肢的扩张或缩小，以及与基部螯肢的融合和延伸形成细长、针形的口器，用于刺穿宿主组织进行采食。一些螨在口器上方还有成对且细长的背侧呼吸孔。螨体细长，柔软而薄，有的有硬化的板。成螨有 4 对足，通常在末端有一对前跗节和一个长有许多黏毛的线形爪间突。足与基节区或硬化的体表皮内突连接。卵孔是纵向的缝隙，常位于中或后腹部；而雄螨的生殖孔位于背部，有时带有一个长的外生殖器。

蠕形螨科的螨是高度专性的皮肤寄生虫，寄生于11目7属150多种家养和野生哺乳动物的毛囊或皮脂腺内，引起动物的蠕形螨病，又称毛囊虫病或脂螨病。蠕形螨属是唯——个对家养动物具有重要性的属，包含至少70种已命名的种。在家养动物中，常见的有犬的犬蠕形螨（*Demodex canis*）和印度蠕形螨（*D. injai*），猪的叶形蠕形螨（*D. phylloides*），山羊的山羊蠕形螨（*D. caprae*），马的马蠕形螨（*D. caballi*），绵羊的绵羊蠕形螨（*D. ovis*），猫的猫蠕形螨（*D. cati*）和戈托伊蠕形螨（*D. gatoi*），牛的牛蠕形螨（*D. bovis*）、公牛蠕形螨（*D. tauri*）和加纳蠕形螨（*D. ghanensis*），兔的楔形蠕形螨（*D. cuniculi*）。人的有毛囊蠕形螨（*D. folliculorum*）和皮脂蠕形螨（*D. brevis*）。

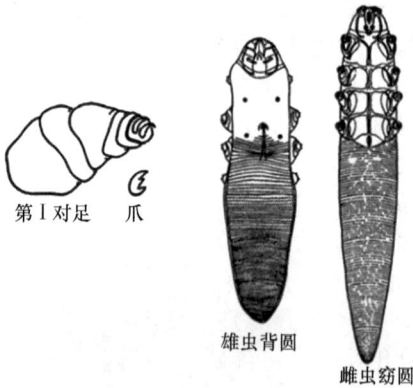

第Ⅰ对足　　爪

雄虫背圆

雌虫窈圆

图4-15　蠕形螨（仿Wall et al., 2002）

1. 形态　　蠕形螨成螨呈细长、纺锤形或蠕虫样，长250～850μm，生活在宿主毛囊、皮脂腺、睑板腺中。虫体分为颚体、足体和末体。颚体（假头）呈不规则四边形，由一对细针状的螯肢、一对分3节的须肢及一个延伸为膜状构造的口下板组成，短喙状的刺吸式口器，用于刺穿宿主组织细胞。足体（胸）有4对足，短而粗，每对由4个节组成，基节与躯体腹壁愈合成扁平的基节片，不能活动；其余3节成套筒状，能活动、伸缩，末端终止于成对的锚状叉形爪。末体（腹）长，呈指状，占体长2/3以上，表面具有明显的环形条纹，雄螨的雄茎自足体的背面突出，雌螨的阴门为一狭长的纵裂，位于腹面第4对足基节之间的后方（图4-15）。

2. 生活史和流行病学特点　　蠕形螨的全部发育过程均在宿主体上完成，包括卵、幼螨、两期若螨和成螨。雄螨产卵于毛囊内。卵无色透明，呈蘑菇状，长70～90μm。卵孵化为3对足的幼螨，再蜕化为4对足的若螨，再蜕化为成螨。它们多半先寄生在发病皮肤毛囊的上部，后在毛囊底部，很少寄生于皮脂腺内。犬蠕形螨能生活在宿主的组织和淋巴结内，并部分地在此处繁殖。该病主要通过动物之间的相互接触传播。

3. 致病作用和临床症状　　蠕形螨经常侵袭各自宿主的皮肤，通常不会对宿主造成明显的后果。但蠕形螨钻入毛囊或皮脂腺内，以针状口器吸食宿主细胞内容物。虫体的机械刺激和排泄物的化学刺激使组织出现炎性反应，虫体在毛囊中不断繁殖，逐渐引起毛囊和皮脂腺的带状扩张或延伸，甚至增生肥大，尚可引起毛干脱落。此外，腺口扩大，虫体进出活动，易使化脓性细菌侵入而继发毛脂腺炎、脓疱。若引起毛囊或腺体管道堵塞，可导致皮肤出现丘疹和有结节形成。病变通常首先发生在头面部，然后扩散到身体其他部位。临床上牛、山羊和猪常见为鳞状和丘疹性结节。若螨进入循环系统可能导致血栓形成和内部感染。

犬蠕形螨病：犬蠕形螨寄生于世界各地的毛囊或皮脂腺中，在3～4周内完成一个生命周期。临床症状在1岁以下的犬中最常见，成年犬常见于发情期，产后的雌犬中也多见。应激及免疫功能低下常是该病的诱因。部分犬的发病有明显的家族病史。

轻症多发于眼眶、口唇周围及肘部、脚趾间或躯体其他部位。患部脱毛，逐渐形成与周围界限明显的圆形秃斑，皮肤轻度潮红，覆有银白色黏性皮屑，有时皮肤肥厚，略显粗糙而龟裂或带有小结节。痒觉不明显或仅有轻度瘙痒。重症时，病变蔓延至全身，特别是下腹部和肢体内侧，患部出现蓝红色、绿豆大至豌豆大的结节，可挤压出微红色脓液或黏稠的皮脂，脓疱破溃后形成溃疡，常覆盖淡棕色痂皮或麸皮样鳞屑，并有难闻的臭味。皮肤龟裂，脱毛，逐渐呈紫铜色。由于全身感染，出现消瘦、沉郁、食欲减退、体温升高，最终衰竭中毒或脓毒，死亡。

猫蠕形螨病：猫偶尔会出现猫蠕形螨病，通常为鳞状蠕形螨病，发生在头部或作为一种伴有不同程度瘙痒的全身性疾病。猫蠕形螨病的病例被认为与潜在的免疫抑制疾病（如猫白血病、糖尿病）相关。

牛蠕形螨病：牛蠕形螨病临床上通常表现为丘疹结节型蠕形螨病。成年雌螨将卵产在毛囊中，随着毛囊扩张形成真皮丘疹或囊肿，每个毛囊中可能有数百或数千只螨。一些雌螨离开毛囊侵入其他毛囊，从而传播疾病。病变往往集中在前部，尤其是颈部、肩部和腋窝区域，也可能发生在乳房。当毛囊开口被螨体、角蛋白和其他碎片阻塞时，丘疹囊肿扩大形成肉芽肿性结节。牛的丘疹结节性蠕形螨病的发生通常与母牛受到妊娠或哺乳的压力有关。单个结节通常在1个月内形成，然后逐渐消失，会被其他发展中的结节所取代。自然免疫和获得性免疫都会减少牛蠕形螨的数量和临床症状。含有螨的囊泡随着螨的长大，囊泡扩张大小不一，从针尖到鸡蛋大小不等。较大的结节破裂产生化脓性溃疡。含有大量牛蠕形螨的脓状分泌物具有牙膏的稠度，可作为螨向其他动物转移的一种手段。这些破裂结节引起的皮肤损伤可导致生皮缺陷和加工牛皮的质量下降。

山羊蠕形螨病：山羊蠕形螨病常出现与牛相似的皮肤丘疹和结节。山羊蠕形螨病最常见于幼仔、怀孕期山羊和奶山羊。丘疹通常出现在面部、颈部、腋窝或乳房。蠕形螨在皮肤中很容易被触摸到。随着螨的繁殖，增大形成直径达 4cm 的结节。破裂的结节容易化脓，导致螨通过分泌物传播给其他动物。山羊的全身蠕形螨病发病率很高，几乎可以累及身体的任何部位。如果结节内部破裂，会导致肉芽肿形成。新生山羊通常在出生后第一天内经草感染。亲代舔舐和动物在交配期间的亲密接触也可导致传播。不同品种的山羊对蠕形螨的易感染性不一致。

猪蠕形螨病：一般先发于眼周围、鼻部和耳基部，然后逐渐向其他部位蔓延。痒觉轻微或没有，病变部呈现小米粒大小的泡囊，个别有大米粒大，囊内含有很多蠕形螨、表皮碎屑及脓细胞，细菌感染严重时，成为单个小脓肿。有的患猪皮肤增厚，不洁，凹凸不平而盖以皮屑，并发生皲裂。

（五）生疥螨

生疥螨属于前气门亚目的生疥螨科（Psorergatidae），约有 100 种，是小型螨，有 3 属，寄生于 8 目的哺乳动物中，主要是啮齿动物和蝙蝠。重要的为生疥螨属（Psorobia）和疮螨属（Psorergates）。生疥螨属的背板上有 4 对边缘刚毛，疮螨属有 3 对边缘刚毛。重要的种为寄生于羊的绵羊生疥螨（Psorobia ovis）、牛的牛生疥螨（P. bos）、实验小鼠的简单疮螨（Psorergates simplex）、啮齿类的鼠疮螨（P. muricola）及褐家鼠的大鼠疮螨（P. rattus）。

1. 形态　成螨长 100～200μm，呈圆形，背腹扁平。角质层非常薄，有细条纹，背部有一个大的、带点的、轻度硬化的背板，覆盖了大部分背面。口器短，由管心针状的螯肢和分两节的须肢构成，每一须肢的末端有一粗壮的爪状刚毛。没有背侧气门。4 对足中等长度，呈辐射状附着在腹侧，每对足分 5 节，在末端有成对的趾爪，但没有跗爪。每条足的股节通常在下方背面带有坚固且向后弯曲的刺。生疥螨的刚毛相对较少，包括口器上的一些刚毛，背板上有 5～6 对刚毛，腹侧 1 对小刚毛，后腹部体叶上有 1～2 对长刚毛，每个足上的刚毛少于 10 根。卵近似圆形，很大，约为成雌螨的 2/3。卵沉积在毛囊或雌螨形成的表皮凹坑中。未成熟阶段很像成螨，但较小，幼螨有 3 对足，且所有的足都较短。

2. 生活史和流行病学特点　生活史与蠕形螨科相似。生疥螨通过活动的成年螨直接移动传播，通常选择头部、颈部和背部角质化程度较低区域的皮肤寄生。侵入毛囊或挖掘出身体大小的表皮坑，并用针形口器刺穿细胞壁来进食并繁殖。绵羊生疥螨的生命周期大约为 5 周，在一个羊群中传播缓慢且不一致，通常很难检测到感染。生疥螨很少能脱离宿主存活超过 1d。

3. 致病作用和临床症状　生疥螨对健康野生宿主和大多数家畜的感染率一般较低，影响不大。然而，有时少数物种的种群可能会暴发，特别是在绵羊和实验室小鼠身上导致生疥螨病。成年螨的活动造成的皮肤损伤通常轻微，只有轻微的刺激性，但其后代可能会将囊扩大为充满液体或角蛋白的丘疹性病变，可能会破裂并引起炎症及其他免疫反应。

绵羊生疥螨病：感染绵羊生疥螨的老年羊，在受刺激的区域摩擦、抓挠和啃咬，使羊毛呈凌乱、成束状，有时也会出现粉末状的皮屑。病变最常发生在颈部和肩部，逐渐蔓延到面部、侧翼、大腿和身体其他部位。绵羊生疥螨在羊群中的传播缓慢，在冬季最明显。

小鼠疮螨病：简单疮螨寄生于野生和实验小鼠的头部、颈部、耳廓、腿部和身体其他部位，引起白色丘疹性损伤，侵袭率可高达 80%。寄生于耳部时会在内耳和外耳表面出现浅黄色结痂。

（六）肉食螨

肉食螨属于前气门亚目的肉食螨科（Cheyletidae）。该科分为 15 属，约有 375 种，寄生于鸟类和哺乳动物的约 100 种。许多属包含有能够在宿主中引起有限病理反应的种，但只有姬螯螨属（Cheyletiella）的少数种寄生于家畜和禽类。重要的有寄生于猫的布氏姬螯螨（C. blakei）、犬的牙氏姬螯螨（C. yasguri）和兔的寄食姬螯螨（C. parasitivorax）。

1. 形态　姬螯螨体长 300～530μm，呈细长菱形，其特征是具有一个（雌螨）或两个（雄螨）大背板，呈明显条纹状。身体、口器和足上有许多中等长度、简单或分支的形态各异的刚毛。口器很大，有短的带刺口针和特别结实的 5 节触须，每一节触须末端有一根弯曲的爪状坚硬刚毛，内缘上覆盖着类似齿状的小突起。在口器的背面有突出的"M"形气门板。4 对足长而壮，每一对足的末端有一个带有两排黏毛的线形爪间突。姬螯螨足上没有成对的跗前爪。在足 I 的中段（膝部）有一个小的感觉器官，称为环管毛或感棒。

2. 生活史和流行病学特点　　肉食螨是非穴居性螨，生活在宿主的皮毛中，所有发育阶段都在宿主身上进行，并通过其针样的螯肢穿透表皮来吸取淋巴液和其他组织液体。雌螨将卵单独产在宿主被毛附近的皮肤上，并用细密编织的丝团将其黏附。螨卵粘在被毛上，可随宿主梳理被毛而脱落，也可被摄入并随粪便排出。宿主间主要通过密切接触传播，也有可能通过猫和犬的跳蚤携运传播。肉食螨在宿主身上存活可长达 10d 或更长时间，因此动物的用品、用具、褥垫和宠物用地毯也可成为螨的来源。

3. 致病作用和临床症状　　肉食螨的侵袭可引起宿主湿疹样皮肤损伤，并伴有被毛不洁、杂乱、炎症、瘙痒和脱毛、角化过度等。与动物密切接触的人可出现严重皮炎、瘙痒和其他肉食螨病的症状。

布氏姬螯螨通常寄生在猫的面部。严重侵袭可导致形成小的、坚硬的红斑丘疹和脱毛，并伴有瘙痒和抓挠。长毛猫往往比短毛猫更常受到感染。

牙氏姬螯螨寄生于犬，但比布氏姬螯螨少见。侵袭会造成抓挠和受影响的区域通常是背部，出现粉状皮屑。严重的侵袭可导致鳞屑、角化过度和皮肤增厚、红斑、瘙痒和脱毛。幼犬往往比成年犬发病率高，更有可能表现出瘙痒。

寄食姬螯螨是兔的常见寄生虫，最常发生在兔的后背部，也可能在面部、额部和身体的其他部位。高密度的寄食姬螯螨可导致表皮鳞屑的积累和毛发粉尘样外观，未经治疗的兔会出现不同程度的皮炎、红斑、皮肤增厚和脱毛。严重的病例可能出现浆液性渗出和无毛斑块，在表皮碎屑破碎的角蛋白层中可发现螨。寄食姬螯螨主要侵袭商品兔和实验室兔，野兔很少出现。澳大利亚的欧洲兔中寄食姬螯螨可传播黏液瘤病毒。

（七）肉螨

肉螨属于前气门亚目的肉螨科（Myobiidae），有 450 多种，寄生于 5 目的哺乳动物，其中至少一半寄生于蝙蝠。肉螨科螨是啮齿动物、食虫动物和某些有袋类动物的专性寄生虫。与兽医学有关的是寄生于小鼠和大鼠的肉螨属（*Myobia*）和雷螨属（*Radfordia*），它们通常引起实验啮齿动物轻度或重度皮炎和脱屑。最常见的是寄生于野生和实验小鼠的鼷鼠肉螨（*M. musculi*）、寄生于大鼠的剑尾雷螨（*R. ensifera*）和寄生于家鼠的亲近雷螨（*R. affinis*）。

1. 形态　　肉螨是一种小型螨，长约 900μm，柔软、细长、矩形，略呈背腹扁平，角质层通常有横向条纹，没有硬化的盾板，背面通常有 12~16 对刚毛，其中许多为扩展的叶状，且有纵向条纹。口器小，触须简单，分 2 节或 3 节，有螯针和背气门沟。足，尤其是第 I 对足结实，非常适合每次抓取 1~2 根宿主被毛。足末端有大的跗前爪（第 II 对足上雷螨属有 2 个，肉螨属 1 个），但没有爪间突。有时足上一对爪中的 1 个可能明显减小或缺失，有时有由足节和刚毛组成的用于夹持被毛的独特装置，形式包括刺、钩、凸起、脊和沟槽等。若螨和幼螨与成螨相似，但大小不同。

2. 生活史和流行病学特点　　螨卵通常附着在宿主被毛的基部，并带有黏性分泌物。幼螨可能进入毛囊，以从螯针穿刺处流出的宿主液体为食。若螨和成螨以同样的方式在宿主皮肤表面进食，有时甚至刺穿毛细血管并吸取血液。肉螨的生命周期通常很短，约 14d。螨在宿主个体之间自由移动。

3. 致病作用和临床症状　　野生哺乳动物宿主身上的螨感染强度通常较低，影响很小，但在实验室啮齿动物身上，经常会导致严重的瘙痒和脱毛。

鼷鼠肉螨是一种世界性的、无处不在的螨，在野生和圈养的家鼠，特别是小家鼠的皮毛上都有侵袭。雌螨单独产卵，黏附在毛干的基部。从卵孵化到成螨的发育时间约为 23d。所有阶段，包括幼螨，都以皮肤组织液为食。宿主的反应因品系、性别、年龄和个体小鼠的敏感性不同而有很大差异。轻微侵袭的宿主通常无症状或很少表现出不良反应。而在高度敏感的宿主中，少数螨虫即可引起过敏反应和严重的病理反应。严重侵袭可导致严重皮炎，伴有剧烈瘙痒、脱毛并因抓挠而产生创伤，在某些情况下还会导致死亡。在实验室的小鼠群体中，侵袭可能涉及几乎所有的个体。

两种雷螨在世界各地都有分布，侵袭野生和实验室啮齿动物的皮毛。两种雷螨与鼷鼠肉螨非常相似。

剑尾雷螨第Ⅱ对足上的两个跗前爪大小相等，而亲近雷螨的后爪比前爪小。虽然皮炎和自伤通常很少引起病理变化，但实验室大鼠的剑尾雷螨严重侵袭与皮炎和自伤有关。

（八）羽管螨

羽管螨属于前气门亚目的羽管螨科（Syringophilidae），已经发现超过350种羽管螨，但只有不到一半被命名和描述。羽管螨体细长，500～950μm，呈圆柱形。角质层薄，有条纹，没有硬化的板，但其表面，特别是后端，通常出现各种长的刚毛。"M"形气门沟在口器上方，口器有螯针和简单的线性须肢。足短而粗，末端为成对的爪和有毛的爪间突。在基节区Ⅰ和Ⅱ中有硬化的基节内突。当在羽管寄生时，螨用螯针刺穿羽管壁，从周围的毛囊组织中吸取液体。有时寄生于家养宿主的两种羽管螨会大量繁殖，并引起严重的刺激和羽毛严重脱落，易与膝螨病相混淆。鸽羽管螨（Syringophilus columbae）寄生于家鸽，双栉羽管螨（S. bipectinatus）寄生于鸡的羽毛。现代家禽生产方法已经非常成功地打破了双栉羽管螨从一个宿主到下一宿主的传播链。

（九）恙螨

恙螨属于前气门亚目的恙螨科（Trombiculidae）。恙螨科幼螨被称为恙虫（chigger）、红虫（red bug）和浆果虫（berry bug）。该科螨以两栖动物、爬行动物、鸟类和哺乳动物为宿主，人类是其偶然宿主。宿主遭恙螨侵袭后可导致瘙痒、皮炎、水泡、结痂或过敏反应等。

鸡新棒恙螨（Neoschongastia gallinarum）又名鸡奇棒恙螨、鸡新勋恙螨，幼螨寄生于鸡及其他鸟类的翅内侧、胸肌两侧和腿的内侧皮肤上。鸡新棒恙螨分布于全国各地，为鸡的重要外寄生虫之一，尤其多见于放饲后的雏鸡。幼螨很小，不易发现，饱食后呈橘黄色，大小为0.421mm×0.321mm。有3对短足，背面盾板呈梯形，盾板上有刚毛5根，前侧与后侧毛各1对，前中毛1根，前侧毛与后侧毛等长，两者长于前中毛。盾板中央有感觉毛1对，其远端部膨大呈球拍形。有背刚毛40～46根。

鸡新棒恙螨仅幼螨营寄生生活，刺吸鸡或其他鸟类的体液和血液，饱血时间，快者1d，慢者可达30余天。幼螨饱食后落地，数日后发育为若螨，再过一定时间发育为成螨。成螨多生活于潮湿的草地上，以植物汁液和其他有机物为食。雌螨受精后产卵于泥土上，约经2周孵化出幼螨。由卵发育为成螨需1～3个月。

由于幼螨的叮咬，患部奇痒，呈现周围隆起、中间凹陷的痘脐形的病灶，中央可见一小红点，用小镊子取出镜检，可见恙螨幼螨。大量虫体寄生时，腹部和翼下布满此种病灶。病鸡贫血、消瘦、垂头、不食，如不及时治疗可能死亡。在流行区应避免在潮湿的草地上放养鸡。

家禽（如鸡）可能被美国新棒恙螨（Neoschoengastia americana）寄生，导致瘙痒和皮炎。在大多数情况下，螨寄生于翅膀下或肛门周围。

（十）皮刺螨

皮刺螨属于寄螨目的中气门亚目皮刺螨科（Dermanyssidae）。中气门亚目的螨种类繁多，有11 632种，习性多样。中气门亚目螨的特征主要为，气门位于第Ⅲ对和第Ⅳ对足之间，足常长，体上覆盖小毛。体呈卵形或卵圆形，大小为0.2～4.0mm。在兽医学上重要的主要有皮刺螨科（Dermanyssidae）和巨刺螨科（Macronyssidae）等。

皮刺螨主要寄生在野生和家养鸟类及啮齿动物的体表。寄生虫通过螯肢刺入宿主的皮肤，以宿主的血液为食。皮刺螨除觅食外，栖居于巢穴。当与人类皮肤接触时，容易叮咬，通常会在穿刺部位引起红斑丘疹，并伴有强烈的瘙痒。大多数皮刺螨对宿主造成的危害相对较小。

鸡皮刺螨（Dermanyssus gallinae）寄居于鸡、鸽、家雀等禽类的窝巢内，吸食禽血，有时也吸人血。严重侵袭时，可使鸡日渐消瘦、贫血、产蛋量下降。鸡皮刺螨还可传播禽霍乱和螺旋体病。鸡皮刺螨呈长椭圆形，后部略宽，饱血后虫体由灰白色转为红色。雌螨长0.72～0.75mm，宽0.4mm，饱血后长达1.5mm；雄螨长0.6mm，宽0.32mm。体表有细皱纹并密生短毛。背面有盾板1块，前部较宽，后部较窄，后缘平直。雌螨腹面的胸板非常扁，前缘呈弓形，后缘浅凹，有刚毛2对。生殖腹板前宽后窄，后端钝圆，有刚毛1对。肛板圆三角形，前缘宽阔，有刚毛3根，肛门偏于后端。雄螨胸板与生殖板愈合为胸殖板，腹板与肛板愈合成腹肛板，两板相接。腹面偏前方有4对较长的肢，肢端有吸盘。螯肢细长呈针状。

此外，可侵袭禽体吸血的还有巨刺螨科的林禽刺螨（Ornithonyssus sylviarum）和囊禽刺螨（O. bursa）。

林禽刺螨的鉴别特征为：盾板后端突然变细，呈舌状，盾板后端有 1 对发达的刚毛。肛板卵圆形，肛孔位于前半部。螯肢呈剪状。**囊禽刺螨**的鉴别特征为：盾板两侧自足基节 Ⅱ 水平后逐渐变窄，盾板后端有 2 对发达的刚毛，螯肢呈剪状。

鸡皮刺螨的发育包括卵、幼螨、若螨、成螨 4 个阶段，其中若螨为 2 期。侵袭鸡的雌螨在每次吸饱血后 12～24h 内在鸡窝的缝隙或碎屑中产卵，每次产 10 多粒。在 20～25℃ 条件下，卵经 48～72h 孵化出幼螨，幼螨不吸血，经 24～48h 蜕化为第 1 期若螨，第 1 期若螨吸血后在 24～28h 内蜕化为第 2 期若螨，第 2 期若螨吸血后 24～48h 内蜕化为成螨。从卵到成螨需经过 7d。成螨耐饥能力较强，4～5 个月不吸血仍能生存。鸡皮刺螨主要在夜间侵袭吸血，但如果鸡白天留居舍内或母鸡孵卵时也可遭受侵袭。林禽刺螨与鸡皮刺螨不同，能连续在鸡身上繁殖，白天及夜间都能在鸡身上发现。囊禽刺螨与林禽刺螨生活史相似，也能在鸡体上完成其生活史，但大部分螨卵产于鸡窝内。

三、螨病诊断

螨病的诊断主要依据临床症状和在宿主皮肤刮片中发现螨。

（一）临床诊断

首先观察被毛脱落和皮肤结痂或鳞屑状皮肤等明显的疥癣临床症状，同时应当考虑其他一些疾病（真菌、细菌感染，昆虫叮咬，刺激性植物过敏，机械磨损等）的可能性。如果发现典型的临床症状，可以做出初步诊断。

（二）病原学诊断

从病变边缘、明显瘙痒的部位和有厚的结痂区域刮取皮屑，方法是用手术刀或其他锋利的器械与皮肤成直角，刮取皮肤外表面，怀疑为疥螨时，应刮至少量渗出血液。在刮取皮屑前将一滴矿物油或甘油滴加在刀片上有助于保持刮取的皮屑。将刮取的皮屑置于密封容器中送实验室进行检查。也可使用装有线性过滤器的真空吸尘器从皮肤表面和被毛上收集螨，然后从过滤器上收集吸取物进行检查。如果发现或怀疑有耳螨，可用棉签涂拭耳道取耳垢或皮屑进行检查。

在解剖显微镜下对刮取的皮屑进行检查。肉眼可见的螨，尤其是活动的螨，可用浸有甘油的解剖针取出，转移到载玻片上进行观察。

皮脂和分泌物中的螨，如蠕形螨，可以将少量皮肤直接用甘油或浸渍物涂在载玻片上，加盖玻片，然后在显微镜下直接检查。

含有死螨、大量皮屑、结痂或大量被毛的皮肤刮取物，可先将刮取的皮屑放入合适大小的烧杯中，加入足量的 10%氢氧化钾，小心将溶液缓慢煮沸，并搅拌，经 5～10min 或足够长的时间，消化掉大部分的毛发和皮肤，消化的时间不宜过长，以避免螨被消化分解掉。消化过程应在通风橱中进行。将消化后的液体转入离心管，以 600g 离心 10min，缓慢倒出上清液，用少量饱和盐悬浮沉淀，再加适量饱和盐水至离心管口后，覆以盖玻片，并确保盖玻片接触漂浮液，静置 1h，将盖玻片移放载玻片上进行镜检。

（三）分子生物学诊断

可用常规 PCR 和实时定量 PCR 方法进行检测。也可通过线粒体 DNA 基因测序进行种类鉴别。

（四）血清学诊断

人疥螨和绵羊痒螨侵袭猪、羊、犬和骆驼等宿主，诱发可测量的特异性抗体反应，因而可用血清学检测疥螨和痒螨。ELISA 可以检测猪和犬的疥螨抗体。

四、防治

（一）治疗

该病的治疗原则为杀虫止痒，抗菌消炎，提高皮肤抵抗力。

1. 药浴　　剪去病畜患处及四周的被毛，清洗患处，清除污垢和痂皮，用温热肥皂水刷洗，保持局部皮肤清洁。从病畜身上清理的被毛、痂皮、污垢等需进行焚烧处理。操作人员应对衣物进行彻底的清洗和消毒，避免人为因素导致病原体传播。严重病例可用 0.5%或 1%精制敌百虫水液进行药浴，也可用"螨净灵"兑水后将羊的各个部位均浸泡进药液 1min。为避免反复感染发病，畜舍可使用双甲脒溶液进行喷雾。

羊痒螨病一般在夏季剪毛，经过 5～7d 进行药浴。一般进行 2 次，每次间隔 5～7d，效果较好。也可用 0.05%的溴氰菊酯乳剂或者 0.05%的双甲脒水溶液进行药浴。药浴时药液温度应控制在 15～20℃。如果羊群中只有少数羊发病或气候寒冷不便进行药浴，可用双甲脒水溶液或 5%敌百虫水溶液等进行涂药治疗。

兔痒螨病可在除去兔外耳道内的厚痂皮后，将碘甘油（碘酊和甘油按照 3∶7 混合）滴入兔外耳道内，1 次/d，连用 3d。

2. 口服或皮下注射药物　　常用药物为伊维菌素。犬耳痒螨可使用的外用药物包括除虫菊酯、鱼藤酮、复方克霉唑软膏、矿物油、植物油、林丹溶剂等。

（二）预防

螨病的预防需要加强饲养管理。建设圈舍时要考虑到通风性与透光性，确保养殖环境优良。圈舍要经常打扫，及时清理粪便和圈舍内杂物，保持圈舍清洁卫生。圈舍要阳光充足、地面干燥、通风良好。应控制饲养密度，畜群不宜密集。圈舍及用具应定期消毒，定期杀虫。新引进的畜禽必须经过隔离检查，确认健康无病后方可混群饲养。发现疑似病例时，要立即采取隔离饲养，确诊后尽快治疗。管理人员要注意消毒，防止通过人的手、衣服及用具等传染散布病原体。产蛋鸡注意鸡舍彻底消毒，产蛋箱、栖架及可能存在螨的地方要喷药杀虫。不引进患病的鸡。

目前还没有针对疥癣的商业疫苗，但研究人员正在进行研究。试验证明，接种绵羊痒螨和疥螨抗原可以降低绵羊和兔的疥癣严重程度，为未来在不使用杀螨剂的情况下控制螨的危害带来了可能性。

第十一节　蜱　侵　袭

蜱侵袭（infestation with tick）是指蜱寄生于动物和人体表叮咬吸血并产生一定的危害。蜱（tick）俗称草爬子，是哺乳类、鸟类、爬行类和两栖类的体表寄生虫。蜱可以吸食动物血液，引起毒性反应、过敏反应，甚至引起致命性瘫痪，还可以传播病毒、立克次体、细菌和原虫等多种病原体而导致多种疾病。蜱全球分布，危害极大。

一、病原

（一）蜱外部形态

蜱属于蜱亚目（Ixodides），主要有硬蜱科（Ixodidae）、软蜱科（Argasidae）和纳蜱科（Nuttalliellidae）3 科，共 18 属近 900 种。其中纳蜱科只有一个种，仅见于非洲东部和南部。

1. 硬蜱　　硬蜱属硬蜱科。背腹扁平，呈圆形或长圆形，体长 2～10mm，饱食后可达 30mm，多呈棕黑色、米黄色或红褐色。表皮革质，背面有几丁质盾板。硬蜱头、胸、腹融合在一起，分假头和躯体两部分。

假头位于躯体前端，从背面可见，由假头基和口器组成。假头基背面呈矩形、三角形、六角形或梯形，因属而异。雌蜱的假头基背面有 1 对孔区，有感觉及分泌体液帮助产卵的功能。假头基背面外缘和后缘的交接处有发达程度不同的基突，假头基腹面前部侧缘有 1 对耳状突。口器由 1 对须肢、1 对螯肢和 1 个口下板组成。须肢分 4 节，第 1 节很短，第 2、3 节较长，第 4 节短小，嵌生于第 3 节腹面前端的小凹陷内。须肢在吸血时起固定和支撑蜱体的作用。螯肢长杆状，分为螯杆和螯趾，螯杆包在螯鞘内，螯趾分为内侧的动趾和外侧的定趾。螯肢腹面有纵列的逆齿，为切割宿主皮肤之用。口下板位于螯肢的腹方，腹面有纵列的逆齿，与螯肢合拢形成口腔，为吸血时穿刺与附着的重要器官。

躯体连接在假头基后，扁平或卵圆形，体壁革质。饱血的硬蜱，雌、雄虫体的躯体大小悬殊。躯体两侧对称，背面最明显的构造为盾板。雄蜱背面的盾板覆盖着整个背面，雌蜱及幼蜱和若蜱的盾板小，仅占躯体背面前部的小部分。盾板的色泽各不相同。盾板有点窝状刻点。盾板前缘靠假头基处凹入部称为缘凹，其两侧向前突出形成肩突。有的种有眼 1 对，位于盾板的侧缘，有的种眼缺失。盾板上有沟。多数硬蜱在盾板或躯体的后缘具方块状的结构，称为缘垛，通常有 11 块，正中的 1 块有时较大，称为中垛，有的种类末端突出，形成尾突。

躯体腹面有足、生殖孔、肛门、气门和几丁质板等。幼蜱有足 3 对，若蜱和成蜱有足 4 对，着生于腹面两侧。每足由 6 节组成，由体侧向外分别为基节、转节、股节、胫节、后跗节和跗节。基节固定于腹面体壁，不能活动。基节上通常着生距，靠后内角的称内距，靠后外角的称外距。转节及以下各足节均能活动。跗节末端具爪 1 对及发达程度不同的爪垫 1 个。第 1 对足跗节接近端部的背缘有哈氏器（Haller's organ），为嗅觉器官，可作为鉴别蜱种的特征。生殖孔位于前部或靠中部正中。在生殖孔前方及两侧有 1 对向后伸展的生殖沟。肛门位于后部正中，是一纵行裂口。在肛门之后或肛门之前有或无肛沟，一般为半圆形或马蹄形。气门 1 对，位于第Ⅳ对足基节的后外侧，有气门板围绕，其形状因种类而异，呈圆形、卵圆形、逗点形或其他形，有的向后延伸成背突。有的种雄蜱腹面还有几块几丁质板，其数目因蜱种不同而异。典型的硬蜱属有腹板 7 块，其中生殖前板 1 块，位于生殖孔之前。中板 1 块，位于生殖孔与肛门之间。肛侧板 1 对，位于体侧缘的内侧。肛板 1 块，位于肛门的周围，紧靠中板之后。副肛侧板 1 对，位于肛侧板的外侧（图 4-16）。

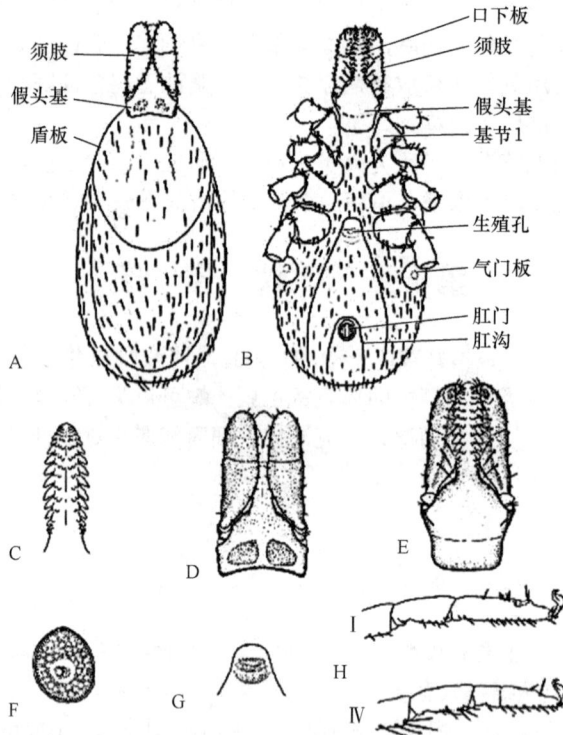

图 4-16　雌性硬蜱（*Ixodes pacificus*）外观（仿 Mullen and Durden，2019）

A. 背面观；B. 腹面观；C. 口下板；D. 假头（背面观）；E. 假头（腹面观）；F. 气门板；G. 生殖孔；H. 足Ⅰ和Ⅳ

重要的硬蜱有硬蜱属（*Ixodes*）、革蜱属（*Dermacentor*）、血蜱属（*Haemaphysalis*）、扇头蜱属（*Rhipicephalus*）、扇头蜱牛蜱亚属[*Rhipicephalus*（*Boophilus*）]、璃眼蜱属（*Hyalomma*）和花蜱属（*Amblyomma*）（图 4-17）。

1）硬蜱属　　有肛前沟。盾板无花纹，无眼，无缘垛。气门板圆形或卵圆形。须肢和假头基的形状不一。雄性有盾板 7 块，即生殖前板 1、中板 1、肛板 1、肛侧板和副肛侧板各 1 对。该属约有 250 种。通常为三宿主蜱。

2）革蜱属　　也称为矩头蜱属。具有肛后沟，假头基呈矩形。盾板有银白色珐琅斑。有缘垛，有眼。须肢和口器短而厚。腹面基节Ⅰ至Ⅳ渐次增大，尤其雄蜱基节Ⅳ特别大。该属有 35 种。大多数为三宿主蜱。

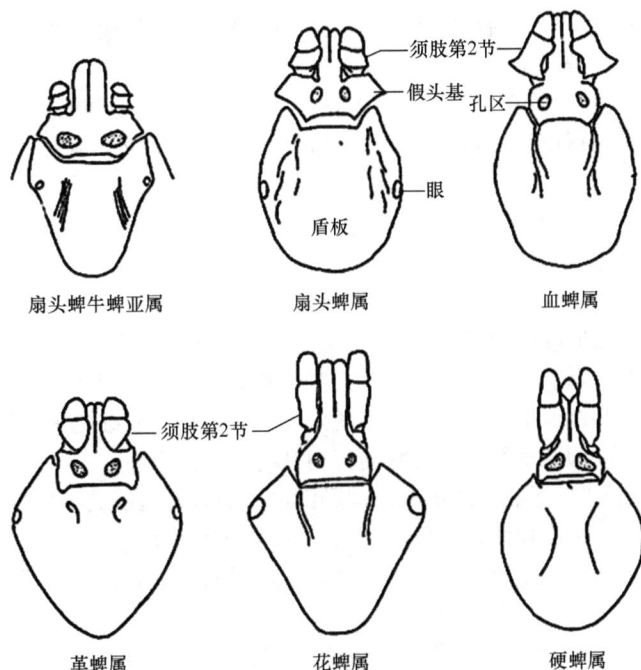

图4-17　几种家畜中重要蜱的比较（仿 Zajac et al.，2021）

3）血蜱属　　有肛后沟。盾板无花斑。无眼。有缘垛。假头基呈矩形。须肢和口器宽短，须肢第二节外侧突出，常超过假头基侧缘。雄虫腹面无几丁质板。气门板雄虫呈卵形或逗点形，雌虫呈卵形或圆形。该属有150多种，为三宿主蜱。

4）扇头蜱属　　具有肛后沟，假头基呈六角形。雄虫有成对的肛侧板，板无色彩斑。须肢短，通常有眼和缘垛，气门板呈逗点形。该属有60余种，多为三宿主蜱，部分为二宿主蜱。

5）扇头蜱牛蜱亚属　　过去称为牛蜱属。假头基六角形，口器短而紧缩，须肢很短，第2、3节有横脊。无缘垛，无肛沟，有眼但很小。雄虫有尾突，腹面有肛侧板与副肛侧板各1对。该亚属有5种，为一宿主蜱。

6）璃眼蜱属　　肢上有条纹。有肛后沟。有眼，大而明显，呈半球形，突出，其周围略凹陷。假头基近于三角形。须肢和口下板窄长。多数虫种有缘垛，少数无缘垛。气门板形状各异，但雌虫常为逗点形。雄虫有肛侧板和副肛侧板各1对，有些种尚可见肛下板1~2对。该属有20余种，多为二宿主蜱，也有一些为三宿主蜱。

7）花蜱属　　肢长，有条纹，有眼和缘垛，雄虫无腹板。口器长，须肢第2节是第3节长度的2倍以上。盾片色彩斑斓。该属有130多种。

2．软蜱　软蜱属于软蜱科。软蜱雌雄异形性不明显。虫体扁平，卵圆形或长卵圆形，体前端较窄。未吸血前为黄灰色，饱血后为灰黑色。饥饿时较小，饱血后体积增大，但不如硬蜱明显。

假头隐于虫体腹面前端的头窝内，从背面看不到。头窝两侧有1对叶片称为颊叶。假头基小，近方形，无孔区。须肢为圆柱状，游离，分4节，可自由转动。口下板不发达，上有较小的齿，靠近基部有1对口下板毛。螯肢结构与硬蜱相同。

躯体体表大部分为适于舒张的革质表皮。背腹面均无盾板和腹板。表皮雄蜱较厚，雌蜱较薄，有明显的皱襞，或具皱纹状或颗粒状或乳突状的小结节，或有圆陷窝。大多数无眼，如有眼也极小，位于第2、3对足基节外侧。生殖孔和肛门的位置与硬蜱同。雌蜱的生殖孔呈横沟状，雄蜱的呈半月状。躯体背腹两面有各种沟。气门板小。

足的结构与硬蜱相似。但基节无距。跗节（有时后跗节）背缘具几个瘤突或亚端瘤突，一般比较明显。爪垫退化或付缺。

幼蜱和若蜱的形态与成蜱相似，但生殖孔尚未形成。幼蜱有3对足。

软蜱主要有锐缘蜱属（*Argas*）和钝缘蜱属（*Ornithodoros*）。

1）锐缘蜱属　　体缘薄锐，饱血后仍较明显。虫体背面与腹面之间以缝线为界，缝线由许多小的方块或平行的条纹构成，其形状在分类上具有重要意义。

2）钝缘蜱属　　体缘圆钝，饱血后背面常明显隆起。背面与腹面之间的体缘无缝线。

硬蜱和软蜱卵均呈球形或椭圆形，直径 0.5～1.0mm，淡黄色至褐色，常堆积成团。

（二）蜱内部结构

硬蜱和软蜱内部结构基本相似。

1. 循环系统　　蜱的循环系统由心脏和血淋巴组成。心脏位于躯体前 2/3 处，呈亚三角形。心脏向前连接主动脉，在前端围着脑部形成周围神经血窦。蜱所有的内部器官均浸泡于血淋巴之中。血淋巴为液体，富含盐、氨基酸、可溶性蛋白和其他可溶性物质。此外，血淋巴中还含有不同类型的血细胞。最重要的血细胞为浆细胞和粒细胞。这些细胞的主要功能是吞噬外来的微生物。血细胞主要有 4 种类型，分别是原血细胞、非颗粒性浆细胞、粒细胞和球细胞。心脏的搏动推动血淋巴循环。

2. 消化系统　　由前肠、中肠和后肠组成。前肠由口、咽和食道组成。1 对极为发达的唾液腺与口腔的前部相连。唾液腺共两叶，位于体两侧的前 2/3 处，呈大串葡萄状，饱血蜱的唾液腺比饥饿蜱大很多。中肠呈大的囊状结构，有很多侧面支囊。饥饿蜱支囊狭小，呈管状。饱血蜱支囊膨大，充满血液，遮盖绝大多数其他器官。后肠也称直肠，与肛门相通开口于外界。

3. 呼吸系统　　若虫和成虫有较发达的气管系统。气管系统的细小分支呈网状，覆盖在消化系统和其他气管表面，通过气门进行气体交换和调节体内的水分平衡。幼虫无气管系统，以体表进行呼吸。

4. 生殖系统　　饥饿雌蜱，卵巢呈马蹄形弯曲，位于中肠与直肠腹面，饱血时，卵巢逐渐增大，产卵前占体腔大部分。卵巢经输卵管开口于阴道。雌蜱有一种称简氏器（Gene's organ）的腺体，位于体前部盾板下，开口于假头基后背缘，产卵时分泌蜡质，涂裹于刚排出的卵粒外。雄蜱有睾丸 1 对，呈长管形，位于脑后至第 4 基节后缘的体腔两侧。睾丸经输精管开口于外生殖孔。

5. 神经系统　　蜱有一个中枢神经节，也称为脑，位于第 1、2 基节水平线上。蜱有较发达的感受器官，如体表的感毛、眼、哈氏器和须肢器等。

（三）蜱生活史

1. 硬蜱　　硬蜱的生活史为不完全变态，包含卵、幼虫、若虫和成虫 4 个阶段。幼虫、若虫、成虫三个时期均在动物或人体上吸血。在幼虫变为若虫及若虫变为成虫的过程中，需要经过蜕皮。幼虫和若虫常寄生于小型动物和禽类体表，成虫多寄生于大动物身上。有些种的蜱幼虫、若虫、成虫均以家畜为宿主。大多数硬蜱在动物体上进行交配。雄蜱一生能交配 2～3 次或以上，有些种类的硬蜱可以进行孤雌生殖。交配后吸饱血的雌蜱离开宿主落地，爬到土壤缝隙内静伏不动，待血液消化及卵发育成熟后开始产卵，这段时间一般为 4～9d。雌蜱产卵高峰一般在开始产卵后的第 2～7 天，最长可达 15d。产完卵后 1～2 周内雌蜱死亡。产卵量与蜱的种类和吸血量有关，从千余个至数千个，甚至万个以上。卵经 2～3 周或 1 个月以上孵出幼虫。幼虫寻找宿主，经过 2～7d 吸饱血后落地，经过蜕化变为若虫再侵袭各种动物，经过 3～9d 饱血后落地，蛰伏数天至数十天蜕皮变为成虫。硬蜱幼虫和若虫一般只有一期。成虫吸血时间为 8～10d。蜱的吸血量很大，饱血后幼虫的体重增加 10～20 倍，若虫为 20～100 倍，雄性成虫为 1.6～2 倍，而雌性成虫可达 50～250 倍。蜱在吸血过程中有相当部分的血液被消化和吸收，并排出大量的排泄物，因此，其总吸血量要比饱血时体重为多，幼虫的吸血量为饱血时体重的 6.5～10 倍，若虫为 4～6 倍，成虫为 3～7.5 倍。

根据硬蜱各发育阶段吸血时是否更换宿主可分为 3 种类型。

一宿主蜱。蜱在单个宿主体上完成幼虫至成虫的发育，成虫饱血后才离开宿主落地产卵。

二宿主蜱。蜱的幼虫和若虫在一个宿主体上吸血，而成虫在另一个宿主体上吸血，饱血后落地产卵。

三宿主蜱。蜱的幼虫、若虫和成虫分别在三个宿主体上吸血，饱血后均需要离开宿主落地，进入下一个发育阶段或产卵。

硬蜱完成生活史所需时间的长短，随蜱的种类和环境条件而异。一些种只需要 50d，另一些种需要 3 年。

硬蜱在各发育阶段不仅对温度、湿度等气候变化有不同程度的适应能力，而且具有较强的耐饥能力，成蜱阶段的寿命尤长。幼虫耐饥达 9 个月，成虫可耐饥 5 年。

硬蜱类还存在滞育现象，这是对不良环境条件的一种适应，表现为饥饿成虫、若虫或幼虫不活动，不寻找宿主，或饱食过程延迟，或饱食雌蜱产卵延迟，或饱食幼蜱和若蜱变态延迟及卵期胚胎发育延迟等。

2. 软蜱　　软蜱的生活史也属于不完全变态，也需要经过卵、幼虫、若虫及成虫4个阶段。软蜱一生产卵数次，每次吸血后产卵，每次产卵数个至数十个，一生产卵不超过1000个。由卵孵出的幼虫，经吸血后蜕皮变为若虫，若虫蜕皮的次数随种类不同而异，一般为1~4期，有的更多。最后一期若虫变为成虫。

软蜱吸血时叮咬在宿主体上，吸完血后落地，隐藏于动物居处土壤或缝隙中。吸血多在夜间。软蜱在宿主身上吸血的时间一般为0.5~1h，但很多软蜱幼虫的吸血时间要长，可达5~6d。成蜱一生可吸血多次，每次吸血后落地。从卵发育到成蜱需要4个月到1年。软蜱寿命长，可长达5~7年，甚至15~25年。各期虫体均能长期耐受饥饿，对干燥有较强的抵抗能力。

二、流行特征

（一）蜱的习性

1. 分布　　硬蜱的分布与气候、地势、土壤、植被和宿主等有关。各种蜱均有一定的地理分布区，有的种类主要分布于森林地带，有的种类主要分布于草原，有的种类分布于荒漠地带，也有的种类分布于农耕地区。

软蜱多栖息于中小型兽类的洞穴、岩窟、禽舍、鸟巢、人房屋的缝隙等处。

2. 活动季节　　蜱的活动有明显的季节性。在季节变化分明的地区，蜱通常在温暖季节活动。在同一地区，不同种类的蜱活动季节各不相同，而同一种蜱在不同地区，活动时间的长短也有差别。

3. 越冬　　硬蜱的越冬场所因种类而异，有的在栖息场所越冬，有的则叮附在宿主体上越冬。越冬的虫期也因种类而异，有的各期虫体均可越冬，有的以成虫越冬，有的以若虫和成虫越冬，有的则以若虫越冬，还有的以幼虫越冬。

4. 嗅觉　　蜱的嗅觉敏锐。寻找宿主叮咬吸血主要依靠感知动物呼出的CO_2和汗臭。蜱的交配行为和聚集行为主要靠感知蜱类分泌的信息素。光对蜱的行为有很大影响，一般对弱光为正反应，对强光为负反应。机械性和声音刺激对蜱无大影响。

5. 宿主特异性　　蜱表现出不同程度的宿主特异性。超过85%的软蜱和硬蜱呈现出相对严格的宿主特异性，如微小牛蜱只在大型反刍动物体上吸血。但对蜱宿主特异性的进化机制还不清楚。与此相对，一些蜱表现出广泛的宿主嗜性，如篦子硬蜱的脊椎动物宿主有150种，肩突硬蜱的宿主有120种。

（二）我国家畜常见的硬蜱种类

我国已报道的蜱共约117种，其中硬蜱104种，主要有如下几种。

1. 微小扇头蜱（*Rhipicephalus microplus*）　　小型一宿主蜱，整个生活周期仅需50d，每年可发生4~5代。广泛分布于我国华北、华中、华东、华南和西南的大部分地区，主要寄生于黄牛和水牛，有时也寄生于山羊、绵羊等家畜。该蜱是牛双芽巴贝斯虫病、牛巴贝斯虫病、羊泰勒虫病、Q热、莱姆病和森林脑炎的传播媒介。

2. 全沟硬蜱（*Ixodes persulcatus*）　　小型三宿主蜱。一般3年完成1代。成虫寄生于大型哺乳动物，经常侵袭人。幼虫和若虫寄生于小型哺乳动物及鸟类。分布于东北、华北、西北、西南等地。该蜱是森林脑炎和莱姆病的主要传播媒介。

3. 血红扇头蜱（*Rhipicephalus sanguineus*）　　体型中等，三宿主蜱，整个生活周期约需50d，一年可发生3代。栖息于农区、林地及城市绿地。该蜱是巴贝斯虫、埃立克体、无形体、立克次体等多种病原体的传播媒介。

4. 镰形扇头蜱（*Rhipicephalus haemaphysaloides*）　　体型中等，三宿主蜱。主要分布在我国南方地区。可携带传播凯萨努森林病毒（Kyasanur forest disease virus, KFDV）、巴贝斯虫、嗜吞噬细胞无形体（*Anaplasma phagocytophilum*）等多种病原体。

5. 长角血蜱（*Haemaphysalis longicornis*）　　现发现的长角血蜱存在两性生殖和孤雌生殖2种生殖方式，两者在形态学及生活习性上基本相似。小型三宿主蜱。在我国广泛分布，为国内优势蜱种。可携带传播多种病毒、细菌及原虫病原体，包括发热伴血小板减少综合征病毒、森林脑炎病毒、立克次体、巴尔通体、布鲁氏菌、巴贝斯虫等，造成极大的公共卫生安全隐患。

6. 青海血蜱（*Haemaphysalis qinghaiensis*）　　小型三宿主蜱。一年一次变态，3 年完成 1 代。生活于山区草地和灌丛，为我国西部高原地区的常见种类。该蜱是羊泰勒虫病、立克次体病的传播媒介。

7. 残缘璃眼蜱（*Hyalomma detritum*）　　大型二宿主蜱。1 年发生 1 代。主要分布在西北地区。该蜱是牛环形泰勒虫病和巴贝斯虫病的主要传播媒介。

8. 亚东璃眼蜱（*Hyalomma asiaticum kozlovi*）　　三宿主蜱，1 年发生 1 代。成虫主要寄生于骆驼和其他牲畜，也侵袭人。幼虫和若虫寄生于小型野生动物。生活于荒漠或半荒漠地区，分布于吉林、内蒙古、山西和西北地区。该蜱是克里米亚-刚果出血热、Q 热、兔热病等人兽共患病的重要传播媒介和贮存宿主。

9. 草原革蜱（*Dermacentor nuttalli*）　　大型三宿主蜱。1 年完成 1 代。成虫寄生于大型哺乳动物，有时侵袭人。幼虫和若虫寄生于各种啮齿动物。多见于半荒漠草原地带，分布于东北、华北和西北等地。该蜱是巴贝斯虫和布鲁氏菌的传播媒介。

10. 森林革蜱（*Dermacentor silvarum*）　　为三宿主蜱。1 年发生 1 代。主要生活在广阔的森林地区，在次生灌木林和森林边缘的草原地带也常发现。成蜱主要寄生于牛、马、绵羊和山羊体表，偶可侵袭人类。幼虫、若虫多寄生于小型兽类和啮齿动物。该蜱是驽巴贝斯虫、斑点热群立克次体（spotted fever group rickettsiae，SFGR）、莱姆病螺旋体的传播媒介。

11. 中华革蜱（*Dermacentor sinicus*）　　小型三宿主蜱。主要分布于东北、华北及山东等地。成虫寄生于马、牛、羊、犬等家畜及蒙古兔、刺猬及啮齿动物。幼虫和若虫主要寄生在刺猬及啮齿动物等小型野生动物。该蜱在我国是驽巴贝斯虫和布鲁氏菌的传播媒介，可以经卵传递。

12. 龟形花蜱（*Amblyomma testudinarium*）　　大型三宿主蜱。成虫寄生于水牛、黄牛、马、羊、犬、猪等家畜，也侵袭人。幼虫、若虫寄生于鸟类或啮齿动物。主要分布于华南和西南地区，生活于山地或田野。该蜱在我国是斑点热群立克次体的传播媒介。

（三）我国家畜常见的软蜱种类

我国已经报道的软蜱有 13 种。主要介绍如下几种。

1. 波斯锐缘蜱（*Argas persicus*）　　主要寄生于鸡，也侵袭人。成虫、若虫有群聚性。白天隐伏，夜间爬出活动，叮咬在鸡的腿趾无毛部分吸血。幼虫活动不受昼夜限制，在鸡的翼下无毛部附着吸血，可连续附着 10 余天，侵袭部位呈褐色结痂。成虫活动季节为 3～11 月，以 8～10 月最多。幼虫于 5 月大量出现活动。分布于全国，华北、西北最为常见。

2. 翘缘锐缘蜱（*Argas reflexus*）　　主要寄生于家鸽和野鸽，家鸡和其他家禽及麻雀、燕子等鸟类也有寄生，也侵袭人。

3. 拉合尔钝缘蜱（*Ornithodoros lahorensis*）　　主要生活在羊圈或其他牲畜棚内。幼蜱至前两期若虫冬季在宿主身上连续停留，第 3 期若虫在春季吸饱血后离开。成虫也在冬季活动，白天隐伏在棚圈的缝隙里或木柱树皮下或石块下，夜间爬出叮咬吸血，每次吸血 10～60min。主要寄生在绵羊或其他牲畜，有时也侵袭人。分布于新疆、甘肃、西藏等地。

4. 乳突钝缘蜱（*Ornithodoros papillipes*）　　多宿主蜱，生活于荒漠或半荒漠地区。栖息于畜棚的墙缝中和中小型兽类的洞穴、岩窟及住房的缝隙中。寄生于狐狸、野兔、野鼠、刺猬等兽类，常侵袭人。分布于新疆和山西。

三、蜱的危害

蜱的种类繁多，宿主范围非常广泛，包括哺乳类、鸟类、爬行类及两栖类动物，给畜牧业造成重大经济损失，也严重威胁人类身体健康。其重要危害体现在如下几个方面。

1. 导致动物营养不良　　蜱大量吸食动物的血液，吸血量远远大于饱血时蜱的体重，可以达到体重的 10 倍左右。若大量蜱类长期寄生在畜体上，可造成家畜营养不良、贫血和发育障碍，造成严重的经济损失。澳大利亚昆士兰的研究证明，奶牛每年因蜱侵袭造成的经济损失为 409.6 万美元，其中防控费用占 49%，产量降低损失占 51%。巴西的研究表明，蜱侵袭使小牛体重降低 6.8%，使育肥牛体重降低 1.2%。

2. 引起皮肤过敏反应 蜱叮咬动物时，假头深深刺入皮肤，并注入唾液腺分泌物，进而引起皮肤局部过敏反应，也称为蜱叮咬性坏死（tick bite necrosis）。叮咬部位皮肤发红，肿胀，表皮增厚，皮下出血，水肿，肌肉变性和坏死。一般认为，这种局部变化与蜱毒素关系不大，而是宿主组织的程序性坏死（programmed necrosis）引起。软蜱和硬蜱叮咬均可引起叮咬性坏死，软蜱叮咬更为常见和严重。

3. 引起中毒反应 蜱唾液腺可以产生多种毒素，引起蜱中毒（tick toxicoses）。动物的中毒反应多出现于蜱叮咬后 4d，主要表现为发热、食欲不振、流泪、流涎及皮肤出现斑疹，但不出现瘫痪。严重者可以出现死亡，死亡率可以达到 75%。多种动物均可发生。目前认为，引起蜱中毒的一种毒素主要是蛋白酶抑制因子类毒素。其中重要的是蜱卵毒素（ixovotoxin）。该毒素由蜱在产卵过程中产生，具有与胰蛋白酶快速结合能力，软蜱和硬蜱均可产生。另一类毒素称为锐缘蜱毒素（tick sand tampan），主要作用于动物心脏，具有加快心跳的作用。

4. 引起蜱瘫痪 蜱叮咬动物和人后可以引起瘫痪，称为蜱瘫痪（tick paralysis）。主要表现为肌肉松弛、舌外伸、尾下垂、四肢无力、站立不稳，或卧地不起、不能站立等，严重的可以导致死亡。引起蜱瘫痪的毒素因蜱而异。对全环硬蜱（*Ixodes holocyclus*）毒素全环毒素（holocyclotoxins）的研究证明，此类毒素主要通过突触前抑制作用，抑制钙离子传递释放而作用于神经系统，引起瘫痪。

目前证明，能够引起蜱瘫痪和蜱中毒的蜱有 73 种，其中软蜱 14 种、硬蜱 59 种。能够发生蜱瘫痪和蜱中毒的动物包括牛、绵羊、山羊、马、犬、猫、鸡及其他鸟类、兔和人等。其中犬和猫的蜱瘫痪近年来引起人们高度重视。

在引起蜱瘫痪和蜱中毒的蜱类中，我国分布的软蜱有 4 种，硬蜱有 14 种。但我国尚无动物蜱瘫痪或蜱中毒的病例报道。

5. 传播疾病 蜱的主要危害之一在于传播人兽共患病和动物疾病。蜱传播的疾病称为蜱媒传染病（tick-borne disease）。蜱传播疾病的方式有经卵传播（transovarial transmission）和期间传播（transstadial transmission）两种方式。经卵传播是雌蜱吸血时将病原体吸入体内，病原体进入卵内，再随着卵的发育进入幼虫体内，幼虫吸血时把病原体传给新的动物。期间传播是幼蜱吸血时吸入病原体，随着蜱的发育，病原体进入下一阶段蜱体内，即由幼虫到若虫，或由若虫到成虫。下一阶段蜱吸血时把病原体传给新的动物。蜱媒传染病的种类很多，其中具有重要公共卫生意义的接近 30 种，在兽医上具有重要意义的超过 20 种，包括细菌病、病毒病、立克次体病、螺旋体病、线虫病和原虫病等。蜱媒传染病所造成的经济损失和社会影响远远大于蜱侵袭本身。

我国具有公共卫生意义和兽医重要性的蜱媒传染病最少有 15 种。

病原为螺旋体的有莱姆病（Lyme disease）和蜱传回归热（tick-borne relapsing fever）。病原为细菌的有兔热病（tularemia）。

病原为病毒的有蜱媒脑炎（tick-borne encephalitis）也称森林脑炎（forest encephalitis）、克里米亚-刚果出血热（Crimean-Congo hemorrhagic fever）、科罗拉多蜱传热（Colorado tick fever）和发热伴血小板减少综合征（severe fever with thrombocytopenia syndrome）。

病原为立克次体、埃里克体和无形体的有 Q 热（Q fever）、北亚蜱传斑疹伤寒（North Asian tick-borne typhus）、东方斑点热（oriental spotted fever）、人埃立克体病（human ehrlichiosis）和人嗜粒细胞无形体病（human granulocytic anaplasmosis）。

病原为原虫的有巴贝虫病（babesiasis）和泰勒虫病（theileriosis）。

非洲猪瘟（African swine fever）于 2018 年由境外传入我国。在国外，钝缘蜱属的多种蜱是非洲猪瘟的天然宿主，在非洲猪瘟传播和流行中起到重要作用。但到目前为止，尚无在我国蜱体内检出非洲猪瘟病毒的确切报道。

四、诊断

蜱个体较大，肉眼可见。因此，仔细检查动物体表，发现蜱即可做出初步诊断。进一步诊断，需要进行蜱种的鉴定。

蜱种鉴定主要有形态学鉴定和分子生物学鉴定，后者近年来应用越来越广泛。

（一）形态学鉴定

需要借助体式显微镜观察蜱虫的假头基、基突、须肢、盾板、侧沟、生殖孔、足基节、足转节、肛沟、气门板等形态学特征进行分类鉴定。

（二）分子生物学鉴定

常用的鉴定基因有两类，分别为核糖体 RNA 基因和线粒体 DNA。核糖体 RNA 基因有 *18S rDNA*、*28S rDNA*、*5.8S rDNA*、非转录间隔区（*NTS*）、转录间隔区（*ITS*）和基因间隔区（*IGS*）等。线粒体 DNA 有 *12S rDNA*、*16S rDNA*、细胞色素氧化酶、细胞色素 b、tRNA 和 ATP 酶基因等。线粒体 DNA 中的 *12S rDNA* 和 *16S rDNA* 基因通常用来分析蜱的种间变异、种内变异和种群水平，在多个蜱种中均有应用。分子生物学方法可以鉴定形态学难以鉴定的幼虫、卵等及残缺个体样本。

有关蜱瘫痪和蜱中毒目前尚无好的诊断方法，主要在排除其他疾病的基础上，依据症状、发现蜱及发现蜱叮咬皮肤病灶等来进行判断。

五、防治

（一）治疗

一旦发现蜱侵袭，应及时进行除蜱治疗。除蜱的方法有人工捕捉和药物杀灭两种。

1. 人工捕捉　在动物身体发现蜱时将其摘掉，集中杀灭。摘时应使蜱体与皮肤垂直，然后往上拔，以免蜱假头断入皮内引起炎症。这种方法适用于犬、猫等宠物。

2. 药物杀灭　使用杀虫剂杀灭动物身体上的蜱。

目前，常用的灭蜱杀虫剂主要有拟除虫菊酯类和大环内酯类两种。其他一些杀虫剂由于毒性较高，对环境危害较大，已经被禁用或较少使用。

拟除虫菊酯类有氰戊菊酯、溴氰菊酯、氟氯苯氰菊酯、氯氰菊酯和高效氯氟氰菊酯等，毒性相对较低。此类药物为外用药，可以用于药浴、喷涂或粉剂喷洒。

大环内酯类有阿维菌素、伊维菌素、多拉菌素、司拉克丁（西拉菌素）、依普菌素、莫昔克丁（莫西菌素）、米尔贝肟（milbemycin oxime）和多杀菌素等。此类药物可以口服或注射。

近年来，一些低毒、无污染的灭蜱剂也在生产实际中得到应用，如生长调控因子氟佐隆（fluazuron）、保幼激素吡丙醚（pyriproxyfen）、植物精油等。这些灭蜱剂具有良好的发展前景。

对于蜱瘫痪和蜱中毒目前尚无特效治疗方法，及时去除蜱是关键。一些蜱瘫痪病例在去除蜱之后可以自行康复。

（二）预防

蜱的种类繁多，侵袭各种动物和人，应在充分了解各种蜱的出没规律、滋生场所、宿主范围、寄生部位等的基础上，因地制宜地采取综合性防治措施。

1. 定期杀蜱　在蜱出没季节，使用灭蜱杀虫剂定期对动物进行全群杀蜱，药浴和喷涂是较为有效的方法。对蜱栖息及越冬的场所喷洒外用灭蜱杀虫剂进行灭蜱。林区可以使用烟雾剂灭蜱。杀虫剂中加入蜱性信息素等可以提高杀灭效果。

2. 环境灭蜱　草原地带捕杀啮齿动物，减少环境中蜱的数量。进行牧场轮换和牧场隔离，防止蜱侵入牧场。清理畜禽圈舍，堵塞缝隙和孔洞，防止蜱类滋生。

3. 免疫预防　利用疫苗进行蜱及蜱媒传染病的防控具有广阔前景。一类技术称为抗蜱免疫，另一类技术称为抗传播免疫。抗蜱免疫是利用蜱的抗原制备疫苗，对动物进行免疫。免疫动物产生的抗体被蜱吸入体内后，抗体破坏蜱的组织，导致蜱的繁殖能力下降，使蜱的后代数目减少，蜱出没时间变短，从而大大降低灭蜱杀虫剂的使用，减少对环境的影响和破坏，收到巨大经济效益和生态效益。目前，国际上已有抗蜱疫苗上市应用，但未在我国注册。抗传播免疫是利用蜱媒传染病病原的抗原制备疫苗，免疫蜱或免疫动物。免疫蜱之后可以调动蜱的非特异性免疫功能，从而中和或抑制蜱媒传染病病原在蜱体内的生存，降低蜱媒传染病的传播。利用抗传播疫苗免疫动物，使动物产生针对蜱媒传染病病原的抗体，抗体在蜱吸血后进入蜱体内，可以中和或抑制蜱媒传染病病原，进而减少蜱媒传染病的传播。抗传播免疫国际上已经进行了大量研究，但目前尚无疫苗上市应用。

4. 生物防制　　利用自然界蜱的捕食性天敌或对蜱具有致病性的病原体及有杀虫作用的植物等对蜱进行防制称为生物防制。禽类、鸟类、蜥蜴、蚂蚁和蚊等可捕食蜱类。猎蝽科（Reduviidae）昆虫可侵袭小亚璃眼蜱和囊形扇头蜱，膜翅目小猎蜂属（*Hunterellus*）和嗜蜱蜂属（*Ixodiphagus*）的寄生蜂可在蜱体内（多为若虫）产卵，从而杀死蜱类。食昆虫真菌（*Entomophagous fungu*）、白僵菌（*Beauveria globulifera*）、绿僵菌（*Metarhizium anisopliae*）、烟曲霉（*Aspergillus fumigatus*）、奇异变形杆菌（*Proteus mirabilis*）、斯氏线虫属（*Steinernema*）的多种线虫、小孢子虫属（*Nosema*）的多种原虫，均对蜱具有一定的致病力，可以用于蜱的防控。植物糖蜜草（*Melinis minutiflora*）、除虫菊（pyrethrum）、鼠尾草（sage）及百里香（thyme）等杀灭蜱类效果显著。随着蜱抗药性和环境污染等问题的出现，生物防制将越来越受到重视，成为今后防制蜱类的重要手段。

5. 个人防护　　避免蜱叮咬是降低人类蜱侵袭及蜱媒传染病感染的主要措施。进入有蜱地区要穿好衣服，扎紧裤脚、袖口和领口。避免在蜱类栖息地，如草地、树林、公园等环境中长时间坐卧。外露部位要涂擦驱避剂，如避蚊胺、邻苯二甲酸二甲酯、前胡挥发油等，或将衣服用驱避剂浸泡。离开时应相互检查，勿将蜱带出疫区。

第十二节　虱　侵　袭

虱侵袭（infestation with lice）是指虱（lice）寄生于哺乳动物和鸟类体表并引起一定的危害。虱是哺乳动物和鸟类体表的永久性寄生虫。虱除吸食动物血液及破坏动物羽、毛和皮肤完整性给动物造成危害外，还常常传播多种动物疫病和人兽共患病，危害严重。

一、病原

根据采食方式，虱可以分为两大类，一类以吸食血液为主要营养方式，称为吸血虱（sucking lice），也称为兽虱，是胎盘类哺乳动物的专性吸血外寄生虫（表 4-6）。另一类主要消化宿主羽、毛、皮肤或皮肤产物，称为咀嚼虱（chewing lice）（表 4-6 和表 4-7）。寄生于禽类羽毛上的咀嚼虱也称为羽虱，寄生于哺乳动物毛上的咀嚼虱也称为毛虱。

表 4-6　侵袭兽类的吸血虱和咀嚼虱

宿主	吸血虱	咀嚼虱
牛	牛血虱 *Haematopinus eurysternus*	牛毛虱 *Bovicola bovis*
	四孔血虱 *H. quadripertusus*	
	牛颚虱 *Linognathus vituli*	
	牛管虱 *Solenopotes capillatus*	
牛、亚洲水牛	水牛血虱 *Haematopinus tuberculatus*	
山羊、绵羊、鹿	非洲颚虱 *Linognathus africanus*	
绵羊	绵羊颚虱 *Linognathus ovillus*	绵羊毛虱 *Bovicola ovis*
	绵羊足颚虱 *Linognathus pedalis*	
山羊	山羊颚虱 *Linognathus stenopsis*	山羊毛虱 *Bovicola caprae*
		粗足毛虱 *Bovicola crassipes*
		具边毛虱 *Bovicola limbata*
马、驴	驴血虱 *Haematopinus asini*	马毛虱 *Bovicola equi*
		有角毛虱 *Bovicola ocellata*

续表

宿主	吸血虱	咀嚼虱
大象		大象吸血虱 *Haematomyzus elephantis*
猪	猪血虱 *Haematopinus suis*	
犬	棘颚虱 *Linognathus setosus*	有刺袋鼠虱 *Heterodoxus spiniger*
		犬啮毛虱 *Trichodectes canis*
猫		下喙猫虱 *Felicola subrostrata*
兔	膨腹嗜血虱 *Haemodipsus ventricosus*	

表 4-7　侵袭禽类的咀嚼虱

宿主	咀嚼虱
鸡	鸡体虱 *Menacanthus stramineus*
	鸡羽虱 *Menopon gallinae*
	鸡头虱 *Cuclotogaster heterographus*
	鸡圆羽虱 *Goniocotes gallinae*
	异形角羽虱 *Goniodes dissimilis*
	大角羽虱 *Goniodes gigas*
	鸡长羽虱 *Lipeurus caponis*
鸭	鸭巨毛虱 *Trinoton querquedulae*
	粗角鸭舍虱 *Anaticola crassicornis*
鹅	鹅鸭舍虱 *Anaticola anseris*
	鹅巨毛虱 *Trinoton anserinum*
火鸡	火鸡角虱 *Chelopistes meleagridis*
	聚斜方角羽虱 *Oxylipeurus polytrapezius*

　　虱在分类上属于昆虫纲虱目（Anoplura）和食毛目（Mallophaga）。近年来，通过系统进化分析，证明虱目和食毛目起源相同，故合并为虱目（Phthiraptera），下含 4 亚目，分别是虱亚目（Anoplura）、钝角亚目（Amblycera）、丝角亚目（Ischnocera）和象虱亚目（Rhynchophthirina）。虱亚目主要为吸血虱，其他 3 个亚目为咀嚼虱。

　　在兽医和医学上具有重要意义的吸血虱有海兽虱科（Echinophthiriidae）、血虱科（Haematopinidae）、甲胁虱科（Hoplopleuridae）、颚虱科（Linognathidae）、猿虱科（Pedicinidae）、人虱科（Pediculidae）、细毛虱科（Polyplacidae）、阴虱科（Pthiridae）等。

　　重要的咀嚼虱有袋鼠鸟虱科（Boopiidae）、长兽羽虱科（Gyropidae）、短角羽虱科（Menoponidae）、长角羽虱科（Philopteridae）、啮毛虱科或毛虱科（Trichodectidae）和象虱科（Haematomyzidae）等。

　　虱表现出较为明显的宿主特异性，因此，每种动物都有各自的虱寄生，同种动物可以同时寄生有多种虱。

（一）一般形态

　　1. 吸血虱　　侵袭家畜的吸血虱主要为颚虱科和血虱科的虫体。它们共同的形态特征为：体扁平无翅，头部较胸部窄，呈圆锥形（图 4-18）。口器刺吸式。触角短，3～5 节。复眼退化或无眼，单眼无。胸部小，三节融合，全为膜状。腹部大，9 节，背腹面每节至少有 1 行毛，一般有多行毛。足短粗，3 对，中、后腿比前腿大得多。大小为 0.35～10mm。吸血虱为家畜体表的永久性寄生虫。两科的主要区别在于血虱科腹部具侧板，且常具背板与腹板，而颚虱科缺。

　　2. 咀嚼虱　　侵袭家畜的咀嚼虱主要为啮毛虱科虫体，侵袭家禽的主要为长角羽虱科和短角羽虱科的虫体。主要形态特征为：体长比吸血虱小，0.5～1mm，体扁平无翅，多扁而宽，少数细长，头钝圆，宽大于胸部。咀嚼式口器。触角 3～5 节。胸部分前胸、中胸和后胸。中胸常有不同程度的融合，每一胸节着生

1 对足。足短粗，爪不甚发达。腹部由 11 节组成，最后数节常变成生殖器。

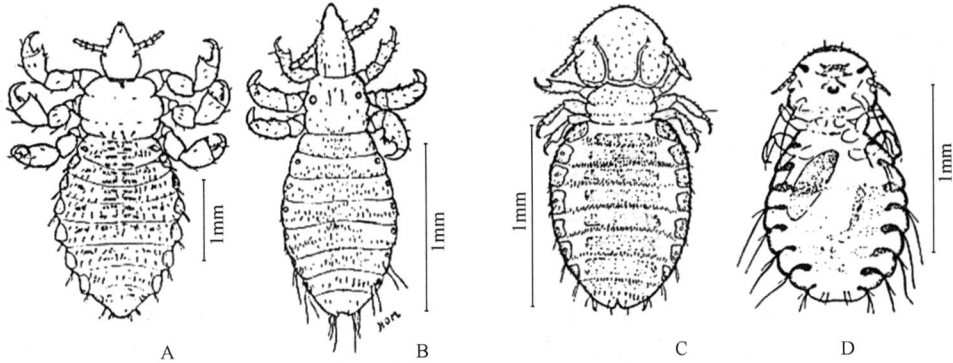

图 4-18　吸血虱和咀嚼虱（仿 Soulsby，1982）

A. 牛血虱；B. 牛颚虱；C. 牛毛虱；D. 鸡圆羽虱

（二）生活史

虱为畜禽体表的永久性寄生虫，整个生活史均在动物体表完成。吸血虱和咀嚼虱生活史基本相同，为不完全变态，包括卵、幼虫和成虫 3 个阶段。成虫雌雄交配后雄虱死亡，雌虱于 2～3d 后开始产卵。每虱每昼夜产卵 1～4 枚。卵黄白色，（0.8～1）mm×0.3mm，长椭圆形，黏附于家畜被毛上。卵经 4～15d 孵化出幼虫，幼虫分 3 龄，每隔 3～8d 蜕化一次，3 次蜕化后变为成虫。雌虱产卵期 2～3 周，共产卵 50～80 枚，卵产完后即死亡。雌虱的存活时间为 35d 左右。多种虱一年可以繁殖 10～12 代。

二、流行特征

吸血虱主要通过动物与动物的直接接触而传播，有时也可通过用具和褥草等间接传播。

各种吸血虱均具有一定的宿主特异性，如寄居于非天然宿主体上则不能长期寄生。如离开宿主落到地面或其他地方，短期生活后死亡。秋冬季节，家畜被毛增长，绒毛增多、增厚，体表湿度增加，有利于吸血虱的生存，因而虱数量增多，虱病较重。夏季家畜体表吸血虱显著减少。

不同种类的吸血虱在家畜身体上的分布也有一定的寄生部位特异性。猪血虱多寄生在耳基部周围、颈部、腹下部和四肢内侧，绵羊颚虱多寄生于绵羊腹下、尾部和头部，而绵羊足颚虱则多寄生于四肢的蹄部附近。一些咀嚼虱也表现出一定的寄生部位特异性。

吸血虱除食动物血液造成病理性影响外，还可以传播其他病原，如猪支原体、犬复孔绦虫等。

三、临床症状

吸血虱吸血时分泌含有毒素的唾液，使吸血部位发生痒感，引起动物不安，影响采食和休息。动物蹭痒或啃咬患部，造成皮肤损伤，脱毛。动物消瘦，发育不良，生产性能降低。

咀嚼虱主要消化动物羽或毛，引起痒感，导致畜禽不安。特别是禽类，常啄食虫体寄生部位，引起羽毛脱落，食欲衰退，生产力降低。

四、诊断

采集患部表皮或羽和毛，显微镜检查，发现虫体或虫卵即可确诊。

五、防治

（一）治疗

牛、羊、马、猪和禽类用阿维菌素、伊维菌素、多拉菌素等注射，对虱具有很好杀灭作用。也可以用溴氰菊酯、拟除虫菊酯、克辽林、蝇毒磷等进行体表喷洒或药浴，效果良好。

犬、猫等宠物，可以用香波等低毒制品进行治疗，也可使用阿维菌素、伊维菌素、多拉菌素等。

（二）预防

（1）加强饲养管理。保持畜舍清洁，通风，勤换垫草，用具定期消毒。

（2）定期驱虫和药物预防。使用有效杀虫剂，对动物定期进行躯体喷洒或药浴，防止产生更大危害。对于禽类，在更新鸡群时，对整个禽舍和用具进行消毒灭虱。饲养期间，在饲养场内设置砂浴箱，砂浴箱中放置杀虫剂，可以防止禽类被重度感染。

第十三节　蚤　侵　袭

蚤侵袭（infestation with flea）是指蚤（flea）的成虫寄生于动物体表吸血并产生一定的危害。蚤的成虫吸食动物血液，大量寄生时可导致动物贫血、消瘦或死亡，蚤类还可以侵袭人，传播人兽共患病和动物疫病，危害较大。

一、病原

蚤属于昆虫纲蚤目（Siphonaptera）。目前认为，蚤目含有 18 科 220 属 2500 余种。在兽医学和医学上具有重要意义的为蚤科（Pulicidae）、蠕形蚤科（Vermipsyllidae）、潜蚤科（Tungidae）、角叶蚤科（Ceratophyllidae）和细蚤科（Leptopsyllidae）等。

（一）一般形态

蚤为小型无翅昆虫，成虫大小为 1～8mm。虫体左右扁平，体表覆盖有较厚的几丁质，呈棕褐色（图4-19）。头部三角形，侧方有 1 对单眼，触角 3 节，收于触角沟内。口器刺吸式。下唇须节数甚多。胸部小，3 节。肢 3 对，粗大，跳跃能力强。腹部 10 节，前 7 节清晰可见，后 3 节变为外生殖器。雌雄蚤均有发达的节间膜。在腹部第 9 节或第 10 节具有感觉器官，称为尾板，具有感知气流、振动和温度等的功能。在尾板近前方，有粗壮的尾板前刚毛，成对排列。吸血后，雌虫腹部体积显著变大。蚤卵大小为 0.1～0.5mm，卵圆形，珍珠白色。

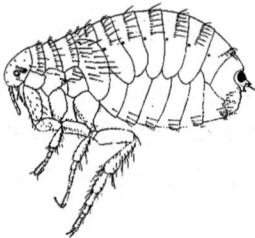

图 4-19　雌蚤侧面（仿 Mullen and Durden，2019）

蚤科重要的种类有以下几种。

致痒蚤或人蚤（Pulex irritans），侵袭人、肉食动物，有时也侵袭猪。

拟蚤（Pulex simulans），侵袭大型哺乳动物及野生和家养犬，有时也侵袭人。

猫栉首蚤（Ctenocephalides felis），侵袭人、猫、犬及其他几种家畜。

犬栉首蚤（C. canis），侵袭家养犬和野生犬科动物。

欧洲兔蚤（Spilopsyllus cuniculi），主要侵袭兔。

禽角头蚤（Echidnophaga gallinacea），主要侵袭鸡、火鸡、鹌鹑、野生鸟类、犬、猫等，偶尔侵袭人。

蠕形蚤科重要的种类有：花蠕形蚤（Vermipsylla alakurt）、叶氏蠕形蚤（V. yeae）、北山羊蠕形蚤（V. ibexa）、羊长喙蚤（Dorcadia ioffi）及狍长喙蚤（D. dorcadia）等，主要侵袭绵羊、山羊、牛、牦牛、马和马鹿等。

潜蚤科重要的种类主要为穿皮潜蚤（Tunga penetrans），主要侵袭人和一些家畜。

角叶蚤科重要的种类有鸡角叶蚤（Ceratophyllus gallinae），主要侵袭家养鸟类，特别是鸡。

（二）生活史

蚤生活史属于完全变态，包括卵、幼虫、蛹和成虫 4 个阶段。成虫产卵后可黏附在宿主体毛上，但多数落入环境中。卵在环境中经过 5d 左右发育为幼虫，幼虫通常有 3 期，幼虫进一步发育为蛹，蛹期通常为 1～2 周。蛹在环境中进一步发育为成虫，成虫开始侵袭动物吸血。

二、流行病学

家畜主要通过接触或进入有成蚤的地方而发生感染。蚤的种类很多，感染多种动物。仅我国新疆地区就有 200 多种。

蚤常在晚秋变为成虫，开始侵袭动物。据青海报道，成虫从 10 月起，先后发现于灌木林、石头窝、石缝、帐篷内与牛粪堆中，并向动物体转移，12 月动物身体上最多，到次年青草生长时从动物身体上消失，落入地面产卵。

蚤具有一定的寄生部位特异性。在绵羊和山羊多寄生于尾、尾根、臀部、颈部、股内侧、肩部、胸部等；在牦牛多寄生在颈部、下颚部和肩部；在马为头部、颈部、鬃毛下、臀部、腿内侧及飞节上部等；在犬、猫蚤常寄生于头部、颈部、背部、腹部、尾根部、肛周和四肢内侧等部位，较严重的遍布全身。

蚤成虫在动物身体上大量吸血，排出血色粪便，引起皮肤炎症，痒感，影响动物采食和休息。此外，蚤可以传播多种人兽共患病和动物疾病病原，具有重要公共卫生意义。

三、症状

蚤侵袭多发生于冬季。家畜主要表现为皮肤发痒、被毛粗乱、脱毛、精神不振、消瘦、贫血、拉稀、水肿，最后可衰竭死亡。幼龄动物生长发育受阻。

犬、猫蚤叮咬部皮肤剧烈瘙痒，动物不安，抓挠或啃咬瘙痒区，导致皮肤出血。精神萎靡，采食量下降，明显消瘦，毛色暗淡，营养不良。后期毛囊受到破坏，被毛脱落、易折断，皮肤明显增厚，被覆结痂或溃烂。若继发真菌等感染，则容易形成久治不愈的混合型皮肤病。

在动物的体表发现蚤即可确诊。防治参阅虱侵袭。

第十四节　双翅目昆虫侵袭

昆虫侵袭（infestation with insect）是指双翅目昆虫成虫或幼虫叮咬或袭扰动物并产生危害。双翅目昆虫种类繁多，成虫善飞翔，其成虫或幼虫袭扰或叮咬动物，引起动物不安，产生危害。同时，还可传播多种人兽共患病和动物疫病，具有重要公共卫生意义。

一、病原

成虫或幼虫袭扰或叮咬动物的双翅目昆虫种类繁多，其中绝大多数吸食动物的血液。

（一）家蝇

家蝇（*Hermetia illucens*）属蝇科（Muscidae）家蝇属（*Musca*）。国内已记载有 25 种，以舍蝇 （*M. vicina*）和家蝇（*M. domestica*）为最常见。分布遍及全国各地。

家蝇体中型，长 6～9mm，躯体黑色（图 4-20）。复眼具纤毛或微毛。刮舐式口器，有 4～10 对喙齿。触角芒末节基部膨大，芒上两侧具有长毛直达芒尖状。胸部背板有 4 条纵纹。翅脉上的第 4 翅脉急剧弯曲成角度，末端在翅缘与第 3 翅脉接近。腹黄色，背面中央有一暗色纵纹。发育为完全变态。

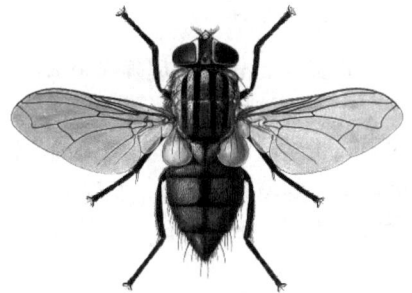

图 4-20　家蝇

家蝇成虫飞翔，不吸血，主要袭扰动物。家蝇可携带多种病原体，传播疾病，如炭疽、布鲁氏菌病、结膜炎、痢疾、蛔虫病和鞭虫病等，同时，也是马柔线虫的中间宿主，对人、畜危害较为严重。

（二）伤口蛆

伤口蛆（maggot）是指寄生于家畜伤口的蝇类幼虫。常见的为丽蝇科（Calliphoridae）的丽蝇属（*Calliphora*）、绿蝇属（*Lucilia*），以及麻蝇科（Sarcophagidae）的污蝇属（*Wohlfahrtia*）虫体。

丽蝇成蝇，体色青黑，有金属色泽，体上毛刺较多，体长 5～10mm。颊一般黑色，也有部分红色，颊毛一般黑色。触角芒一般呈长羽状。舐吸式口器。胸黑色，腹部青蓝色，少数紫棕色。第 3 期幼虫前细后粗，位于第一胸节两侧的前气门具 8～10 个孔突，体后端平齐，凹窝内有 2 个后气门。

绿蝇成蝇，体表呈绿色或铜绿色，有金属光泽，体长 5～10mm。头部两颊为银色或金色，舐吸式口器，体表毛刺较少。第 3 期幼虫体型较小，与丽蝇蛆相似，前气门有 10～12 个孔突。

污蝇成蝇，灰白色，具有黑色斑纹，无金属光泽，体长 10～18mm。胸部背面有 3 条黑色纵带，腹部背面浅灰色。第 3 期幼虫长 10～17mm，前端尖细，第 8 节处最宽，每节上有向后的小刺。前气门有 5～6 个孔突，后气门环不完整。

发育均为完全变态，包括卵、幼虫、蛹、成虫 4 个阶段。丽蝇和绿蝇产卵，污蝇卵在体内发育成幼虫后产出。丽蝇和绿蝇在腐败物质中及人畜粪便中产卵，污蝇在动物创口及耳、鼻、尿道和阴道产幼虫。幼虫在动物体表的创口寄生，甚至可侵入正常组织内发育，引起伤口蛆病（myiasis）。幼虫成熟后落地化蛹，进一步发育为成虫。

牛、马、猪、羊、骆驼、犬、猫等各种动物的伤口组织均可见蝇蛆寄生，尤以管理不善的羊群最为常见，造成一定的损失。

（三）伊蝇蛆

伊蝇蛆（maggot）为丽蝇科伊蝇属（*Idiella*）三色伊蝇（*Idiella tripartita*）的幼虫。

成蝇在每年 6～9 月活动，体长 8～9mm，舐吸式口器，以花蜜果汁为食，对动物无危害。雌蝇产卵于猪舍地面缝隙中，孵化成幼虫。幼虫有 1 对锐利的口前钩，昼伏夜出，爬至猪体腹部吸血。未吸血幼虫乳白色，吸血后变为红色。幼虫经两次蜕化后入土内化蛹，蛹进一步发育为成虫。白天检查猪只仅发现猪腹下、腹内侧、腋窝有小出血点，在夜晚黑暗时检查猪体，方可见幼虫附于猪体表，叮咬吸血。

幼虫叮咬吸血，引起猪只不安、消瘦、贫血，对养猪业造成危害。

（四）螫蝇和血蝇

螫蝇（stable fly）和血蝇属于蝇科螫蝇属（*Stomoxys*）和血蝇属（*Haematobia*）。我国常见种类为厩螫蝇（*S. calcitrans*）和东方血蝇（*H. exigua*）。两种蝇成虫形态十分相似，体中型，灰色或暗灰色，体长 5～8mm。口器刺吸式，喙细长，唇瓣小而角质化，喙从口器窝向前伸出，静止时不缩入口器窝内。下颚须 1 节，其长度不及中喙的一半。触角芒仅上侧具长纤毛。胸部背板具黑条斑。第 4 纵脉向上呈轻度的弧状弯曲。前胸基腹片向前扩展，两侧具刚毛，前胸侧片中央凹陷处有纤毛。发育均属完全变态。

成虫飞翔，主要吸食牛、马、羊等家畜的血液，偶尔叮人吸血，传播锥虫病和炭疽等传染病。厩螫蝇是马小口柔线虫的中间宿主。

（五）角蝇

角蝇（horn fly）属蝇科角蝇属（*Lyperosia*）（*Lyperosia* 与 *Haematobia* 在学名上有所不同，在美国学术文献中通常被称为 *Haematobia irritans*，然而在欧洲等地，也以 *Lyperosia irritans* 的名字出现。两者的区别主要在于学名的使用和地域上的习惯）。国内常见的有 3 种，分别为东方角蝇（*L. exigua*）、西方角蝇（*L. irritans*）和截脉角蝇（*L. titillans*），以东方角蝇最为常见。成虫呈灰黑色，体型比螫蝇小，长 3～5mm。口器为刮吸式。腋瓣黄白色，具有淡黄色、白色或淡棕色缘。发育为完全变态。

成蝇以吸食牛血为主，也吸马血，但很少叮人，可机械性传播伊氏锥虫病。

（六）虱蝇

虱蝇（louse fly）属虱蝇科（Hippoboscidae），主要有虱蝇属（*Hippobosca*）和蜱蝇属（*Melophagus*）。该科成蝇的共同特征是，成蝇大小为 1.5～12.0mm，体扁平，革质膜，触角单节，具刺吸式口器，爪强大，胎生。

国内常见的种有羊蜱蝇（*M. ovinus*）（图 4-21）、好望角虱蝇或犬虱蝇（*H. capensis*）、马虱蝇（*H. equina*）、牛虱蝇（*H. rufipes*）和骆驼虱蝇（*H. camelina*）等。发育为完全变态。特殊之处在于虫卵在成蝇子宫内发育，幼虫成熟后方从子宫内产出。

图 4-21　羊蜱蝇（雌背面观）
（仿 Mullen and Durden，2019）

羊蜱蝇的整个发育均在动物身体上完成，成虫失去飞翔能力，是永久性寄生虫，其他虱蝇蛹在环境中发育，成虫飞翔，叮咬动物吸血。

羊蜱蝇主要侵袭山羊、家兔、犬和野生动物等。犬虱蝇主要侵袭犬等，偶尔也叮人。马虱蝇主要叮咬马属动物、犬、猪、牛等，也叮人。骆驼虱蝇叮咬骆驼、犬等。

（七）蚊

蚊（mosquitoe）属蚊科（Culicidae），我国记载的有 300 多种，重要的有按蚊属（*Anopheles*）、库蚊属（*Culex*）、伊蚊属（*Aedes*）等（图 4-22）。共同的形态特征为：头部球形，有 1 对大复眼，喙细长，口器刺吸式。触须 1 对，分 3～5 节。触角 1 对，细长，分 15～16 节。翅上有翅脉和鳞片。成虫飞翔能力强。

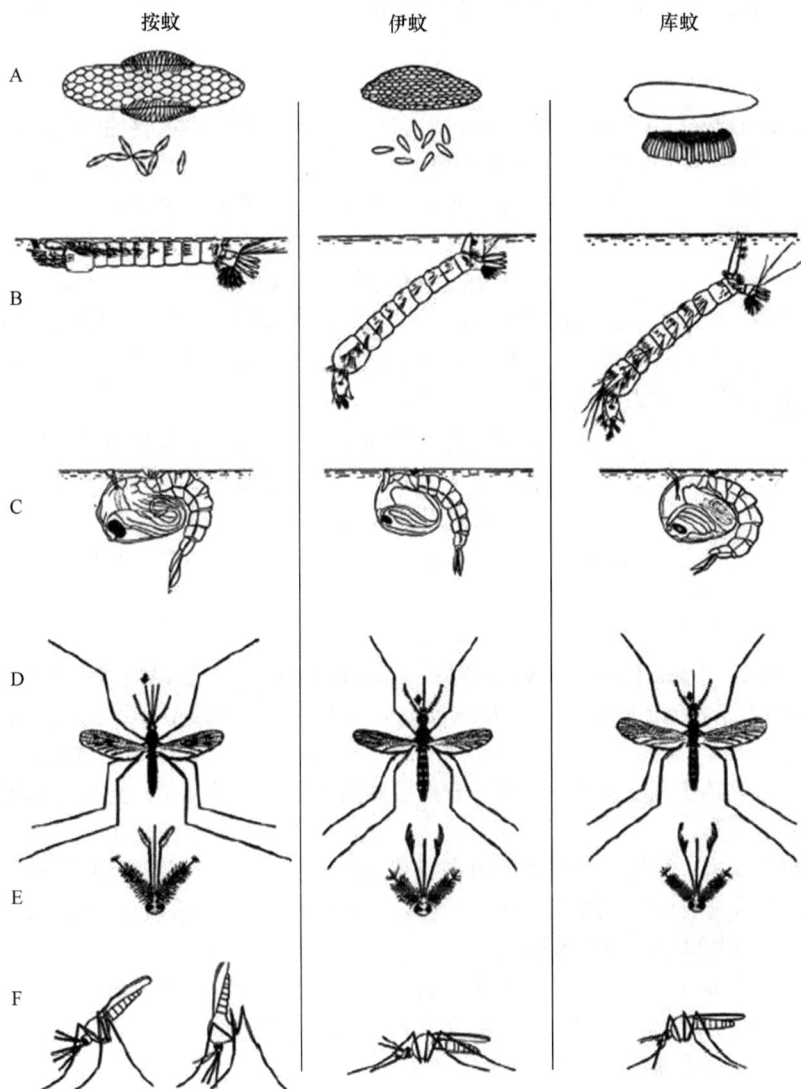

图 4-22　按蚊、伊蚊和库蚊（仿 Williams et al.，1985）

A. 卵；B. 幼虫；C. 蛹；D. 成年雌蚊及须肢；E. 雄蚊须肢；F. 停息状态下的成虫

发育属完全变态。卵产于水中，经 4～8d 孵化出幼虫（孑孓），幼虫有 3 期，进一步蜕化为蛹。蛹不食但能活动，蛹期 1～3d，羽化为成蚊。伊蚊多在白天活动。库蚊、按蚊多在夜间活动。雄蚊以花蜜和植物汁液为食，雌蚊飞翔，叮咬动物和吸人血。

雌蚊吸血对象包括人、哺乳动物、鸟类、爬行类和两栖类等，使叮咬部位发生红肿、剧痒，导致人和动物不能很好休息。蚊可以传播多种重要人类疾病和人兽共患病原，也可传播马丝状线虫、指形丝状线虫、犬恶丝虫和马流行性脑脊髓炎等，是极为重要的疾病传播媒介，具有重要公共卫生意义。

（八）蠓

蠓（biting midge）属蠓科（Ceratopogonidae）。蠓的种类极多，全世界已知有 4000 余种。我国兽医学上具有重要意义的为库蠓属（*Culicoides*）、细蠓属（*Leptoconops*）和拉蠓属（*Lasiohelea*）等。虫体细小，黑色。头部近于球形，复眼 1 对。触角分为 13～15 节，细长。口器短，为刺吸式。翅短宽，翅膜上常有明斑与暗斑，密布细毛。足 3 对，发达，中足较长，后足较粗。腹部 10 节，各体节表面着生细毛。

蠓的发育史为完全变态。卵、幼虫、蛹和成虫均在环境中发育。成虫飞翔，雌蠓叮咬人畜吸血。蠓对人畜无绝对的选择性。雌蠓在白天和黄昏、在野外和舍内均能侵袭人和畜禽。

蠓叮咬动物时使畜禽不安，被叮咬处红肿、剧痒、皮下水肿，有明显的皮炎症状。一些种是盘尾丝虫、住白细胞虫和血变虫的宿主或生物性传播媒介。蠓可以传播蓝舌病和多种病毒病及细菌病。

（九）蚋

蚋（俗称黑蝇，blackfly）属蚋科（Simuliidae）。在我国，具有兽医学重要性的为蚋属（*Simulium*）、原蚋属（*Prosimulium*）、维蚋属（*Wilhelmia*）和真蚋属（*Eusimulium*）。它们的共同形态特性为：体小而粗壮，

黑色。头部半球形，复眼发达。足粗短。背驼，翅宽，前部脉粗，后部脉细。触角短，分 9～11 节，每节均有短毛。口器为刺吸式（图 4-23）。

蚋的发育史为完全变态。雌蚋在水中产卵，经幼虫、蛹阶段发育为成虫。成虫雌蚋寿命 1～2 个月，雄蚋 1 周左右。雄蚋不吸血，雌蚋唾液腺发育成熟后开始飞翔吸血。蚋出现于春、夏、秋三季，以夏季最多。蚋多在白天活动。

多数成蚋吸血无选择性，人、畜、禽均为攻击对象。吸血时，引起动物不安。蚋唾液中含有毒素，引起吸血部位红肿、剧痒，皮肤柔嫩部位发生水肿，有时还可以形成水泡或溃烂。蚋可以传播丝虫病、住白细胞虫病、锥虫病和疱疹性口炎等。

图 4-23　蚋（仿 Soulsby，1982）

（十）虻

虻（俗称马蝇、鹿蝇，horse fly, deer fly）属虻科（Tabanidae）。我国已记载的有 150 多种，在兽医学上具有重要意义的为虻属（*Tabanus*）、麻虻属（*Haematopota*）和斑虻属（*Chrysops*）。成虫的共同形态特征是：体壮而粗大，体长 1～4cm，呈黄、黑或灰黑色。头部较大，大部分被复眼所占，触角分 3 节。口器为刮舐式。胸部由 3 节组成，其两旁固定有坚强的翅。翅透明或有色斑，翅脉复杂。腹部较扁平，分 7 节。胸、腹部或翅上具有不同的色彩。

虻的发育史为完全变态。虫卵产于水边的植物或其他物体上，很快发育为幼虫，经数月或一年，在土壤中化蛹，经半个月发育为成虫。虻的活动季节依地区及种类不同而异，在我国南方地区一般为 4～10 月，北方地区为 5～8 月。成虻在晴朗的白天活动。

雄虻不吸血。雌虻主要叮咬牛、羊、马和鹿等家畜吸血，偶尔也叮咬人。其唾液含有毒素，引起皮肤痛、痒、出血和肿胀，牛马常受惊，失去控制。虻可传播锥虫病、边虫病、马传染性贫血、炭疽、土拉伦斯菌病及人的罗阿丝虫病等多种疾病。

（十一）白蛉

白蛉（sandfly）属毛蠓科（Psychodidae）白蛉属（*Phlebotomus*）。我国记录的有 40 种之多。较为重要的有中华白蛉（*Ph. chinensis*）、吴氏白蛉（*Ph. wui*）、长管白蛉（*Ph. longiductus*）和亚历山大白蛉（*Ph. alexandri*）等。成虫的共同形态特征为：虫体小，长 1.5～4mm，呈浅灰色、浅黄色或棕色，全身密布细毛。头部呈球形，眼大而黑，触角及下颚须长，刺吸式口器。胸部有翅 1 对，翅上多毛，腿细长而多毛。腹部也多毛（图 4-24）。

白蛉发育史为完全变态。卵、幼虫、蛹和成虫均在土壤或动物洞穴中

图 4-24　白蛉（仿 Kettle,1987）

发育。根据白蛉栖息地的不同，可分为家栖型和野栖型。家栖型分布于广大平原地区，活动范围一般只限于居民点内，主要吸取人血。野栖型出现于山丘地区，吸血对象较多，包括人及犬、各种牲畜和野生动物。

雄蛉以植物汁液为食，雌蛉吸血。白蛉是利什曼原虫病的主要传播者，该病是重要的人兽共患病，过去曾是我国人的 4 种主要寄生虫病之一。目前，利什曼原虫病在我国已基本消灭，但仍有散发。 此外，白蛉还可传播水泡性口炎病毒等。

二、危害

昆虫侵袭的种类繁多，产生危害的方式也各不相同，主要体现在以下几个方面。

1. 引起动物营养不良与抵抗力降低　　昆虫侵袭动物叮咬吸血或舔舐，导致动物不安烦躁，影响动物休息和采食，长期作用可导致动物营养不良，影响动物生长发育，降低动物抵抗力。

2. 产生毒素作用　　昆虫唾液腺分泌物成分极为复杂，既有简单的无机物和有机物，也有复杂的生物碱和杂环化合物等。昆虫叮咬动物时，这些成分被注入动物体内，产生毒素作用，进而影响动物正常的生理功能。

3. 诱导过敏反应　　昆虫唾液腺内还含有多种蛋白质、多糖等，叮咬时注入动物体内，均会起到过敏原作用，使叮咬局部发生过敏反应，产生相应的病理变化，如红、肿等。

4. 滋生与传播疾病　　伤口蛆寄生于动物伤口，可以导致伤口进一步恶化。家蝇并不叮咬动物，但常舔舐动物的眼、鼻等，其排泄物也可以造成饲料和饮水的污染，其携带的多种病原，可以直接或间接导致动物感染。吸血昆虫可以作为多种病原的携带者或宿主，是多种人类疾病、动物疾病和人兽共患病的传播媒介。这些疾病包括细菌病、病毒病、立克次体病、螺旋体病、原虫病和蠕虫病等。从某种意义上讲，昆虫作为媒介传染病所造成的危害远远大于昆虫本身所造成的危害。

三、防控

对昆虫侵袭进行防控，不仅可以减少昆虫本身所造成的危害，更重要的是可有效阻断虫媒疾病的发生与传播，具有重要的兽医学和公共卫生意义。昆虫侵袭的防控应该采取综合措施。

（一）环境防控

主要通过改造、清理昆虫的滋生、栖息环境，造成不利于它们的生存条件，这是防控昆虫侵袭的治本措施。

（1）环境改造。加强农田水利设施建设，对河流、阴沟、阳沟和臭水沟等进行改造，减少昆虫的滋生场所。

（2）环境处理。加强动物卫生和公共卫生措施，及时清理积水和垃圾，粪便及废弃物进行无害化处理等。

（3）改善饲养条件。改善动物圈舍条件，以减少或避免动物-昆虫-病原体三者的接触机会。

（二）药物防控

使用辛硫磷、二嗪农、双甲脒、溴氰菊酯、氯氰菊酯、联苯菊酯、氯菊酯、氰戊菊酯等杀虫剂对动物体和环境进行杀虫消毒。

对室外昆虫栖息地可以进行直接喷洒。对室内昆虫活动场所可以进行直接喷洒或进行熏蒸。

对动物躯体可以进行直接喷洒或药浴，也可以用伊维菌素、多拉菌素等皮下或肌内注射或口服。

（三）物理防控

利用机械、热、光、声、电等捕杀或隔离或驱走昆虫，使它们不能伤害侵袭动物或传播疾病。例如，在动物圈舍安装纱门、纱窗，设置灭蚊灯、灭蝇器等。

（四）生物防控

利用昆虫捕食性生物和致病性生物对昆虫进行防控是近年来兴起的昆虫防控措施，其特点是对人、畜安全，不污染环境。例如，一些鱼类捕食蚊虫的幼虫，一些细菌对蚊虫具有致病力，利用这些生物特性，可以减少蚊虫的数量。但这些措施尚不完全成熟。

第五章　猪寄生虫病

第一节　猪球虫病

　　猪球虫病是由猪囊等孢球虫（*Cystoisospora suis*）和艾美耳属（*Eimeria*）的多种球虫寄生于猪肠道上皮细胞而引起的寄生原虫病，主要为害哺乳期仔猪，引起仔猪下痢和增重降低，成年猪常为隐性感染或带虫者。

一、病原

　　感染猪的囊等孢属球虫中猪囊等孢球虫致病力最强。感染猪的艾美耳属球虫公认的有 8 种，分别为蒂氏艾美耳球虫（*E. debliecki*）、新蒂氏艾美耳球虫（*E. neodebliecki*）、极细艾美耳球虫（*E. perminuta*）、光滑艾美耳球虫（*E. polita*）、豚艾美耳球虫（*E. porci*）、粗糙艾美耳球虫（*E. scabra*）、有刺艾美耳球虫（*E. spinosa*）和猪艾美耳球虫（*E. suis*），蒂氏艾美耳球虫和粗糙艾美耳球虫也有一定的致病力。8 种艾美尔球虫和猪囊等孢球虫形态见表 5-1。

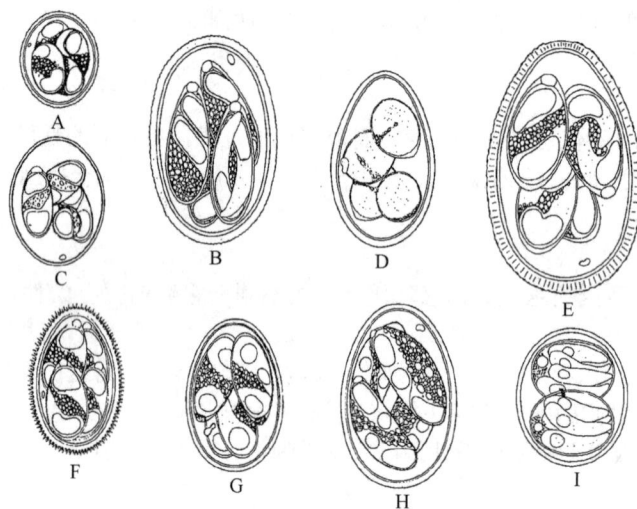

图 5-1　猪的各种孢子化球虫卵囊（仿蒋金书，2000）

A. 极细艾美耳球虫；B. 光滑艾美耳球虫；C. 猪艾美耳球虫；D. 豚艾美耳球虫；E. 粗糙艾美耳球虫；
F. 有刺艾美耳球虫；G. 新蒂氏艾美耳球虫；H. 蒂氏艾美耳球虫；I. 猪囊等孢球虫

　　1. 猪囊等孢球虫　　猪囊等孢球虫（*Cystoisospora suis*），曾命名为猪等孢球虫（*Isospora suis*），归类为艾美耳科（Eimeriidae）等孢属（*Isospora*）球虫，现被修订为肉孢子虫科（Sarcocystidae）的囊等孢属（*Cystoisospora*）。

　　猪囊等孢球虫的卵囊呈球形或者亚球形，壁光滑，无卵膜孔、卵囊残体和极粒，大小为（18.7～23.9）μm×（16.9～20.1）μm。孢子化卵囊有 2 个孢子囊，每个孢子囊内含 4 个子孢子，子孢子呈腊肠形。主要寄生在小肠，潜在期 4～5d，为世界性分布的常见种。猪囊等孢球虫可在转续宿主（鼠类或鸟类）体内形成组织囊。

　　2. 艾美耳属球虫　　蒂氏艾美耳球虫卵囊椭圆形，平均大小为 22.5μm×16.2μm，壁光滑，无卵膜孔和卵囊残体，有极粒，孢子化卵囊中有 4 个孢子囊，每个孢子囊中有 2 个子孢子，孢子囊卵圆形，有孢子囊余体和斯氏体，主要寄生在小肠前段，潜在期 156h，为世界性分布的常见种。粗糙艾美耳球虫卵囊卵圆形，平均大小为28.7μm×21.7μm，壁粗糙，有卵膜孔和极粒，无卵囊残体，孢子囊卵圆形，有孢子囊余体和斯氏体，主要寄生在小肠后段，潜在期7～11d，为世界性分布的常见种。

猪囊等孢球虫的生活史与艾美耳球虫的生活史相似。猪吞食了孢子化卵囊后被感染，其内生阶段主要寄生于宿主回肠绒毛上皮细胞，经过1～2代裂殖生殖后形成大配子母细胞和小配子母细胞，成熟的大、小配子经配子生殖形成合子，合子在其周围形成一层壁成为卵囊，排出体外后进行孢子生殖。

鼠类和鸟类也能被猪囊等孢球虫感染，但感染后虫体不能在其体内进行任何的增殖，仅是在细胞内形成单殖子组织包囊。当鼠类或鸟类被猪吞食后，猪可被虫体感染，因而，鼠类或鸟类是猪囊等孢球虫的转续宿主。

二、流行病学

感染猪从粪便中排出卵囊，卵囊成为该病的感染源。卵囊在适宜条件下发育为孢子化卵囊，污染了饲料和饮水，猪食入孢子化卵囊而被感染。除猪囊等孢球虫外，一般为几种球虫混合感染。各种品种的猪均有易感性，初生仔猪和5～10日龄的猪最易感，成年猪常为隐性感染或带虫者，成为该病的传染源。球虫病通常影响仔猪，仔猪出生感染后是否发病，取决于摄入的卵囊数量和虫种致病力。该病多发生于气候温暖、雨水较多的夏季和秋季，规模化方式饲养和散养的猪都能感染该病。

三、症状与病理变化

（一）症状

猪囊等孢球虫的感染以水样或脂样的腹泻为特征，排泄物恶臭、淡黄色或白色，病猪表现衰弱、脱水、发育迟缓，甚至死亡。感染艾美耳属的球虫后，成年猪通常很少表现出临床症状，但1～3月龄的仔猪可发生腹泻。此外，在弱猪群中出现食欲不振、腹泻、下痢与便秘交替等临床症状，一般持续7～10d。病猪一般能自行耐过，逐渐恢复。

（二）病理变化

病变局限在空肠和回肠，以绒毛萎缩与变钝、局灶性溃疡、纤维素性-坏死性肠炎为特征，并在上皮细胞内可发现不同发育阶段的虫体。

四、诊断

根据临床症状、流行病学资料和病理学剖检结果进行综合判断。7～10日龄仔猪出现腹泻，且这种腹泻不受抗生素治疗的影响，这是新生仔猪囊等孢球虫病的特征。但须与其他细菌及病毒性肠炎进行鉴别诊断。确诊可用漂浮法检查，对于急性感染用漂浮法检查随粪便排出的卵囊，根据它们的形态、大小和经培养后的孢子化特征来鉴别种类。对于急性感染或死亡猪，诊断必须依据小肠涂片或组织切片，发现球虫的发育阶段虫体即可确诊。

五、防治

（一）治疗

（1）磺胺嘧啶，口服，或配合甲氧苄氨嘧啶及二甲氧苄氨嘧啶口服。
（2）磺胺甲氧吡嗪，口服。
（3）磺胺-6-甲氧嘧啶，口服。

（二）预防

本病可通过控制幼猪食入孢子化卵囊进行预防。加强饲养管理，饲槽和饮水器应定期消毒；定期清理粪便，保持幼龄猪舍环境清洁干燥；避免仔猪过于拥挤，尽量减少因断奶、突然改变饲料和运输产生的应激因素；用抗球虫药进行预防。

第二节　猪小袋纤毛虫病

猪小袋纤毛虫病是由小袋科（Balantidiidae）小袋虫属（*Balantidium*）的结肠小袋纤毛虫（*B. coli*）寄生于猪的肠道而引起的一种人兽共患原虫病，可感染猪、牛、羊和人。病原主要寄生于结肠，其次是盲肠和直肠。轻度感染时不表现临床症状，严重感染时呈急性肠炎。

一、病原

结肠小袋纤毛虫有滋养体和包囊两种形态（图 5-2）。滋养体呈椭圆形，大小不一，长 30～200μm，宽 20～120μm，体表有大量纤毛，虫体前后端各有一凹入的胞口和胞肛，有大小核各一个，大核呈肾形，小核椭圆形，位于大核凹陷处。包囊直径约 55μm，近圆形，不活动，内含大小核各一个。滋养体和包囊随粪便排出体外，被健康猪吞食后，囊壁被猪胃肠消化液消化，滋养体逸出，以横分裂法进行繁殖。

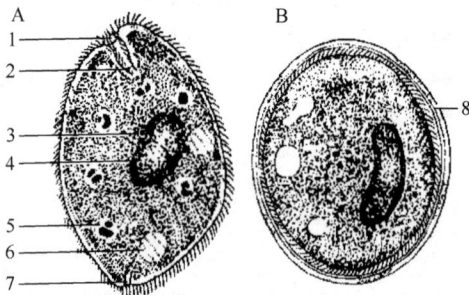

图 5-2　猪结肠小袋纤毛虫
（仿 Taylor et al.，2016）

A. 滋养体；B. 包囊。1. 胞口；2. 胞咽；3. 小核；4. 大核；
5. 食物泡；6. 伸缩泡；7. 胞肛；8. 囊壁

二、流行病学

该病呈世界性分布，以热带和亚热带地区多发，我国南方地区多发。猪因吞食了结肠小袋纤毛虫的包囊而被感染。该病主要为害仔猪，成年猪多为带虫者，是重要的传染源。可感染猪、牛、羊等 30 多种动物，也可以感染人，是一种人兽共患寄生性原虫病。

病猪和带虫猪是主要传染源。该病一年四季均可发生，冬春季节多发。通过水平方式传播，虫体经粪便排出体外，污染饲料和饮水等，通过消化道感染健康动物。各日龄猪均可被感染，猪的感染率为 20%～100%。保育猪发病率高，哺乳仔猪感染率最低。成年猪往往成为隐性带虫者，虽然携带虫体的量较多，但无明显临床症状，可不予以治疗。饲养管理条件差或有免疫抑制的猪群发病率高，呈地方性流行。

三、症状与病理病变

（一）症状

一般情况下，该病不表现临床症状。当宿主消化功能紊乱、抵抗力下降，特别是并发细菌感染时，可造成溃疡性肠炎。在我国南方地区，小猪常发生该病。病程有急性和慢性两型。急性型多突然发病，可于 2～3d 内死亡；慢性型可持续数周至数月。病猪表现为精神沉郁，食欲减退或废绝，喜躺卧，有颤抖现象，体温有时升高；腹泻为常见的症状，粪便先为半稀，后水泻，带有黏膜碎片和血液，并有恶臭。重症病猪可死亡。仔猪发病严重，成年猪常为带虫者。猪的感染率为 20%～100%。

人感染结肠小袋纤毛虫后，主要表现为顽固性下痢，病情常较严重，病灶与阿米巴痢疾所引起的相似，结肠和直肠壁的深层发生溃疡。

（二）病理变化

感染部位主要在结肠，其次是直肠和盲肠。主要形成溃疡，在溃疡的深处可见到虫体，虫体深深地侵入肠壁、腺体间和腺腔内，致使肠黏膜显著肥厚、充血，发生坏死，组织崩溃，发生溃疡。

四、诊断

生前诊断可根据临床症状和在粪便中找到小袋纤毛虫的滋养体和包囊而确诊，在急性病例中粪便中多为能运动的滋养体，在慢性病例中主要以包囊为主。死后剖检时着重观察结肠和直肠有无溃疡性肠炎病变，并作肠黏膜涂片检查找到虫体，黏膜上的虫体要比肠内容物中的多。

五、防治

（一）治疗

治疗可以用二甲硝咪唑、甲硝唑、金霉素、四环素等。

（二）预防

该病的预防措施是要加强饲养管理，搞好猪场内的环境卫生及粪便发酵处理，保持饲料饮水卫生，处理好粪便，定期消毒。对于易感的猪群应做好护理工作，如给断奶仔猪适当的护理，降低断奶造成的应激，提高仔猪的抗病能力。对于经常流行该病的地区也可在冬春两季使用药物进行驱虫。

通常仔猪是人体结肠小袋纤毛虫病的传染源，人的感染主要是包囊污染的食物和饮水所致，所以饲养人员与兽医工作者应注意手的清洁消毒和饮食卫生，以免受感染。

第三节　猪姜片吸虫病

猪姜片吸虫病是由布氏姜片吸虫（*Fasciolopsis buski*）寄生于猪和人的十二指肠而引起的一种人兽共患寄生吸虫病。该病主要分布于亚洲的热带和亚热带地区，如中国、越南、老挝、柬埔寨、泰国、缅甸、马来西亚、孟加拉国、印度、印度尼西亚和菲律宾等国家。在我国主要流行于长江流域以南诸地，如江苏、浙江、福建、安徽、江西、云南、上海、湖北、湖南、广西、广东、云南、贵州、四川和台湾。长江以北的山东、河南、河北、陕西和甘肃等地也有发生。猪姜片吸虫病是影响幼猪生长发育和儿童健康的一种重要人兽共患寄生虫病。

一、病原

（一）病原形态

新鲜虫体为肉红色，固定后变为灰白色，虫体大而肥厚，大小为（20~75）mm×（8~20）mm。体表被有小棘，易脱落。口吸盘位于虫体前端，腹吸盘发达，与口吸盘相距较近。两条肠管呈波浪状弯曲，不分支，伸达体后端。睾丸2个，分支，前后排列在虫体后部的中央，两条输出管合并为输精管，膨大为贮精囊。雄茎囊发达。生殖孔开口在腹吸盘的前方。卵巢一个，分支，位于虫体中部而稍偏后方。卵模周围为梅氏腺。输卵管和卵黄总管均与卵模相通。卵黄腺分布在虫体的两侧。无受精囊。子宫弯曲在虫体的前半部，内含虫卵（图5-3）。

虫卵呈淡黄色，卵圆形或椭圆形，卵壳薄，大小为（130~150）μm×（85~97）μm。有卵盖，内含一个卵细胞，呈灰色，卵黄细胞有30~50个，致密而互相重叠。

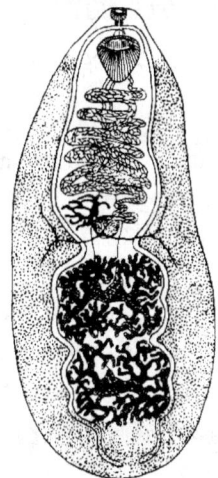

图5-3　姜片吸虫成虫
（仿 Mönnig，1947）

（二）生活史

虫卵随终末宿主粪便排至体外，于水中，在26~30℃适宜温度下经2~4周孵出毛蚴，毛蚴在水中游动，遇到适宜的扁卷螺后即侵入其中，发育为胞蚴、母雷蚴、子雷蚴及尾蚴。尾蚴离开螺体后，在水生植物（水浮莲、水葫芦、浮萍、艾白、日本水仙、满江红、茜草、青萍、无根萍、黑藻、金鱼藻、菱角和荸荠等）茎叶上形成囊蚴。囊蚴对外界环境条件抵抗力较强，在潮湿的情况下可存活1年，遇干燥则易死亡。

猪吞食含囊蚴的水生植物而遭感染，囊蚴在十二指肠中发育为成虫。毛蚴进入螺体内至形成尾蚴，平均需要50d，囊蚴进入猪体内发育至成虫，一般需要100d，虫体在猪体内的寿命为12~13个月。

在我国，姜片吸虫的中间宿主有凸旋螺（*Gyraulus convexiusculus*）、大脐圆扁螺（*Hippeutis umbilicalis*）、尖口圆扁螺（*H. cantori*）及半球多脉扁螺（*Polypylis hemisphaerula*），其中以尖口圆扁螺和半球多脉扁螺分布较广，感染率也高。它们均滋生于有水生植物的池塘内，扁卷螺适应性强，分布广，栖息于静水塘中，很少在流水和深水中。

二、流行病学

姜片吸虫病的主要传染源是病猪和人。凡以猪、人粪便当作主要肥料给水生植物施肥，将水生植物直接给猪生吃，池塘内扁卷螺滋生并有带虫的人和猪之处，该病往往呈地方性流行。在我国南方诸地，大都习惯用生的水生植物养猪；人，尤其儿童又习惯生食菱角和荸荠。因此，该病流行极为普遍。在流行区，猪饮喂生水也可被感染。每年5～7月该病开始流行，6～9月是感染的最高峰，5～10月是姜片吸虫病的流行季节。猪一般在秋季发病较多，也有延至冬季的。该病主要为害幼猪，以5～8月龄感染率最高，以后随年龄增长感染率下降。资料显示，纯种猪较本地种和杂种猪的感染率要高。

三、致病作用与症状

（一）致病作用

虫体以强大吸盘吸附在宿主的肠黏膜上，使黏膜发生充血、肿胀，黏液分泌增加，并可引起出血或小脓肿，同时吸取大量养料，使病猪生长发育迟缓，呈现贫血、消瘦和营养不良现象。虫体的代谢产物和分泌的毒性物质被动物吸收后可引起过敏反应，如嗜酸性粒细胞增多和中性粒细胞减少。动物抵抗力下降，易继发其他疾病而致死。严重感染时，由于虫体大，可机械地堵塞肠道，影响消化和吸收功能，甚至引起肠破裂或肠套叠而死亡。

（二）症状

病猪表现贫血，眼结膜苍白，水肿，尤其以眼睑和腹部较为明显。消瘦，精神沉郁，食欲减退，消化不良，腹痛，腹泻，皮毛干燥，无光泽。初期无体温变化，到后期体温微高，最后虚脱致死。

四、诊断

在流行区，除根据临床表现和流行病学资料分析外，还应对病猪做粪便检查，可用直接涂片法和反复沉淀法，检获虫卵便可确诊。剖检发现虫体也可确诊。

五、防治

（一）治疗

驱虫药物主要有吡喹酮（praziquentel，droncit）、硫双二氯酚（bithionol，bitin）、硝硫氰胺（amoscanate，7505）、硝硫氰醚（nitroscanate）等。

（二）预防

1）定期驱虫　　在流行区，每年应在春、秋两季进行定期驱虫。
2）加强粪便管理　　每天清扫猪舍粪便，堆积发酵，经生物热处理后，方可作肥料。
3）消灭中间宿主扁卷螺　　或以干燥灭螺，或以灭螺剂杀螺，如用硫酸铜、生石灰等。
4）加强猪的饲养管理　　勿放猪到池塘自由采食水生植物，改变生食水生植物及饮生水的习惯，水生植物要经过无害化处理后喂猪。

第四节　猪伪裸头绦虫病

猪伪裸头绦虫病是由克氏伪裸头绦虫（*Pseudanoplocephala crawfordi*）寄生于猪和野猪的小肠中引起的绦虫病，偶见于人体。最早发现于斯里兰卡的野猪体内，以后在印度、中国和日本猪体内也有发现。1980年，首次在中国陕西户县发现10例人体感染的病例，引起了医学界重视。我国陕西、甘肃、辽宁、山东、河南、江苏、上海、福建、云南及贵州等地均有报道。该种的同种异名较多，最近认为盛氏伪裸头绦虫（*P.*

shengi）、盛氏许壳绦虫（*Hsuolepis shengi*）和陕西许壳绦虫（*H. shensiensis*）均为该种的同种异名。

一、病原

（一）病原形态

克氏伪裸头绦虫属于膜壳科（Hymenolepididae）伪裸头绦虫属（*Pseudanoplocephala*）。虫体呈乳白色，大小为（97～167）cm×（0.38～0.59）cm，头节上有 4 个吸盘，无钩，颈长而纤细。体节分节明显，宽度大于长度。睾丸 24～43 个，呈球形，不规则地分布于卵巢与卵黄腺的两侧。生殖孔在体一侧中部开口，雄茎囊短，雄茎经常伸出生殖孔外。卵巢分叶位于体节中央部。卵黄腺为一实体，紧靠卵巢后部。孕节子宫呈线状，子宫内充满虫卵。卵呈球形，直径为 51.8～110.0μm，棕黄色或黄褐色，内含六钩蚴。

（二）生活史

克氏伪裸头绦虫的中间宿主为鞘翅目的一些昆虫。它们大量寄生于米、面、糠麸的堆积处，以虫卵人工感染赤拟谷盗（*Tribolium castaneum*），在 26.5～27℃的条件下，24h 后六钩蚴穿过昆虫的消化道进入血腔，经 27～31d 发育为似囊尾蚴；用似囊尾蚴感染仔猪，30d 后在空肠内发现了成熟的绦虫。

二、流行病学

猪、人的感染是误食含似囊尾蚴的甲虫所致，分布在亚洲的斯里兰卡、印度、日本和我国。国内已发现 21 例人体感染的病例。该病在仔猪中流行甚为严重。褐家鼠感染率高达 21.88%，对该病在人群、猪群中的流行、保虫和病原扩散等方面起到不可忽视的重要作用。

三、症状与病理变化

（一）症状

猪体轻度感染时无症状，重度感染时被毛无光泽，生长发育受阻，消瘦，甚至引起肠阻塞，或有阵发性腹痛、腹泻、呕吐、厌食等症状。

（二）病理变化

病猪肠黏膜呈卡他性炎，严重水肿，黏膜有出血点，进而形成溃疡或脓肿，炎症部位淋巴细胞、中性粒细胞及嗜酸性粒细胞大量浸润，头节附着部位肠黏膜损伤严重，末梢血相中嗜酸性粒细胞略有增高。

四、诊断

猪粪中找到虫卵或孕节可做出诊断。应注意与长膜壳缝虫卵的鉴别，该虫卵的最大特点是表面布满大小均匀的球状突起，卵壳外缘呈花纹状。

五、防治

（一）治疗

驱虫药有硫双二氯酚、吡喹酮、硝硫氰醚，阿苯达唑也可驱虫。

（二）预防

猪粪应堆积发酵，行无害化处理后作肥料。饲料在保管过程中注意杀灭仓库害虫和灭鼠。

第五节　猪消化道线虫病

一、猪蛔虫病

猪蛔虫病是由蛔科（Ascaridae）蛔属（*Ascaris*）猪蛔虫（*Ascaris suum*）寄生于猪小肠而引起的寄生线

虫病，是猪常见寄生虫病之一。该病流行广，特别是在不卫生的猪场和营养不良的猪群中感染率很高，一般都在 50%以上。成年猪感染后多不表现明显症状，但对仔猪的危害严重，感染该病的仔猪生长发育不良，增重情况往往比同样管理条件下的健康猪降低 30%，严重者发育停滞，甚至造成死亡。猪蛔虫为仔猪常见多发的重要疾病之一，也是造成养猪业损失最大的寄生虫病之一。

（一）病原

1. 病原形态　　　猪蛔虫为大型线虫，圆柱形，两端稍细，新鲜虫体呈淡红色或淡黄色。猪蛔虫头端有 3 片唇，呈"品"字形排列，背唇外缘两侧各有一大乳突，两腹唇外缘内侧各有一大乳突，外侧各有一小乳突。雄虫大小（15～20）cm×3mm，尾端向腹面弯曲，形似鱼钩，泄殖腔开口距尾端近，交合刺一对等长，无引器，肛前、肛后有许多小乳突。雌虫大小为（20～40）cm×5mm，体直，尾端钝，阴门开口于虫体前 1/3 与中 1/3 交界处的腹面中线上，肛门距虫体末端较近（图 5-4）。

虫卵有受精卵和未受精卵之分，受精卵为短椭圆形，大小为（50～75）μm×（40～50）μm，黄褐色，壳厚，最外层凹凸不平，刚随粪便排出的虫卵内含一个圆形的胚细胞，两端与卵壳之间形成新月形空隙；未受精卵较狭长，平均大小为 90μm×40μm，卵壳较薄，无凹凸不平的外层或有但很薄，内容物为很多油滴状的卵黄颗粒和空泡。感染性虫卵内含第 2 期幼虫。

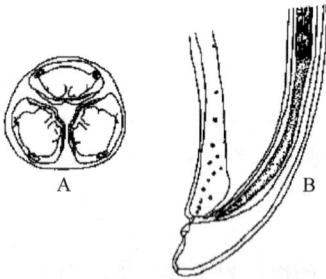

图 5-4　猪蛔虫（仿 Mönnig，1947）
A. 唇部顶面图观；B. 雄虫尾部侧面观

2. 生活史　　　猪蛔虫发育不需要中间宿主，虫卵随粪便排至外界，在合适的温度和湿度条件下，经过两次蜕化，变为第 2 期幼虫，此时尚无感染力，在外界经过 3～5 周后发育为感染性虫卵。猪吞食后而感染，幼虫在小肠道孵出，进入肠壁，随血液循环到达肝，蜕化为第 3 期幼虫后继续随血流到达肺并停留，发育为第 4 期幼虫后入气管系统，到达咽、口腔，咽下入小肠，经第 5 期幼虫发育为成虫。从感染到发育为成虫需 2～2.5 个月。成虫寿命为 7～10 个月。

（二）流行病学

猪蛔虫病流行甚广，仔猪蛔虫病尤其多见。主要原因是：①蛔虫生活史简单；②繁殖力强，产卵数多；③卵对各种外界因素的抵抗力强。

蛔虫具有强大的繁殖能力，从检查粪便中的卵数估计每条雌虫每天可产卵 10 万～20 万粒，因此，有蛔虫的猪场，地面受虫卵污染的情况十分严重。

虫卵对各种环境因素的抵抗力很强，这与卵的 4 层卵膜有直接关系。它们有保护胚胎不受外界各种化学物质的侵蚀、保持内部湿度和阻止紫外线透过的作用，加上虫卵的全部发育过程都是在卵壳内进行的，这使胚胎或幼虫得到了保护。这就大大增加了感染性虫卵在自然界的累积。

虫卵的发育除要求一定的湿度外，以温度影响较大。28～30℃时，只需 10d 左右即可发育成为第 1 期幼虫。高过 40℃或低于-2℃时，虫卵停止发育；45～50℃虫卵在 30min 内死亡；55℃时，15min 死亡；在低温环境中，如-27～-20℃时，感染性虫卵须经 3 周才全部死亡，干燥对虫卵的寿命影响较大。氧为虫卵发育的必要因素，如在较深的水中（10cm 以上）经 1 个月以上的培养仍不能发育到感染期。但虫卵在缺氧环境下可以保持存活，所以它们能在污水中（缺氧环境下）生存相当长时间。

猪蛔虫卵在疏松湿润的耕地或园土中一般可以生存 2～3 年之久；在热带沙土表层 2～3cm 内，在夏季阳光直射下，一至数内日死亡。一般只有在粪便表面的虫卵才能发育；粪块深部的虫卵常因缺氧而不能发育，但能长期存活。

蛔虫卵对各种化学药品也有很强的抵抗力。在 2%福尔马林中，虫卵可以正常发育。对硫酸与硝酸溶液和氢氧化钠溶液的抵抗力也很强。煮沸的 3%～5%热碱水能杀死蛔虫卵，这时高温的作用可能胜过化学物质自身。

综上所述，由于蛔虫产卵多，虫卵又具有对外界环境因素的强大抵抗力，因此对有蛔虫猪的猪舍、运动场及其放牧地区，自然有大量的有活力的虫卵汇集，构成猪蛔虫病感染和流行的疫源地。

猪蛔虫病的流行与饲养管理和环境卫生关系密切。在饲养管理不良、卫生条件恶劣和猪只过于拥挤的猪场，在营养缺乏，特别是饲料中缺少维生素和必需矿物质的情况下，3～5月龄的仔猪最容易大批地感染蛔虫，症状也较严重，且常发生死亡。

猪感染蛔虫主要是由于采食了被感染性虫卵污染的饮水和饲料。母猪的乳房容易沾染虫卵，使仔猪在吸奶时受到感染。

（三）症状与病理变化

1. 症状　　猪蛔虫病的临床表现随猪年龄的大小、体质的强弱、感染强度和蛔虫所处的发育阶段而有不同。一般以3～6个月的仔猪比较严重；成年猪有较强的免疫力，能忍受一定数量的虫体侵害，而不呈现明显症状，但却是该病的传染源。

仔猪在感染早期，幼虫移行期间，病猪可呈现嗜伊红细胞增多症，以感染后14～18d为最明显。较为严重的病猪，以后出现精神沉郁、食欲缺乏、异嗜、营养不良、贫血、被毛粗糙或有全身性黄疸，有的病猪生长发育长期受阻，变为僵猪，感染严重时，呼吸困难，常伴发声音沉重而粗的咳嗽，并有呕吐、流涎和拉稀等症状。可能经1～2周好转，或渐渐虚弱，趋于死亡。

蛔虫过多、阻塞肠道时，病猪表现疝痛，有的可能发生肠破裂而死亡。胆道蛔虫症也经常发生，开始时拉稀，体温升高，食欲废绝，腹部剧痛，多经6～8d死亡。6月龄以上的猪，如寄生数量不多，营养良好，可不引起明显症状。但大多数因胃肠功能遭受破坏，常有食欲不振、磨牙和生长缓慢等现象。

2. 病理变化　　初期有肺炎症状，肺组织致密、表面有大量出血斑点。用幼虫分离法处理肝、肺和支气管等常可发现大量幼虫。在小肠内可检出数量不定的蛔虫。寄生少时，肠道没有可见的病变；寄生多时，可见卡他性炎症、出血或溃疡。肠破裂时，可见有腹膜炎和腹腔内出血。因胆道蛔虫症而死亡的病猪，可发现蛔虫钻入胆道，胆管阻塞，病程较长的，有化脓性胆管炎或胆管破裂，肝黄染和变硬等病变。

（四）诊断

猪球虫病的生前诊断主要靠粪便检查法检查猪蛔虫卵，多采用漂浮集卵法。1g粪便中，虫卵数达1000个时可以诊断为蛔虫病。如果寄生的虫体不多，死后剖检时，须在小肠中发现虫体和相应的病变；但蛔虫是否为直接的致死原因，又必须根据虫体的数量、病变程度、生前症状和流行病学资料及有否其他原发或继发的疾病做综合判断。

2个月龄内仔猪患蛔虫病时，其小肠内通常没有发育至性成熟的蛔虫，故不能用粪便检查法做生前诊断，而应仔细观察其呼吸系统的症状和病变。剖检时，在肺部见有大量出血点，将肺组织剪碎，用幼虫分离法处理时，可以发现大量的蛔虫幼虫。

（五）防治

1. 治疗　　驱虫治疗可用阿苯达唑、左旋咪唑、甲苯咪唑、氟苯咪唑、硫苯咪唑（芬苯哒唑）、伊维菌素、爱比菌素、多拉菌素和磷酸哌吡嗪等。

2. 预防　　对该病须采取综合措施，主要是：消灭带虫猪、及时清除粪便、讲求环境卫生和防止仔猪感染。

1）预防性定期驱虫　　在该病流行的猪场，每年定期进行2次全面驱虫。对2～6个月龄的仔猪，在断奶后驱虫1～2次，以后每隔1.5～2个月再进行一次预防性驱虫。这样可以减少仔猪体内的载虫量和降低外界环境的虫卵污染率，从而逐步控制仔猪蛔虫病的发生。以上所述，泛指农家副业养猪和规模化养猪所应采取的一般措施，实地应用时，二者应有区别。

2）保持饲料和饮水的清洁　　尽量做好猪场各项饲养管理和卫生防疫工作，减少感染；增强猪的免疫力，供给猪只富含蛋白质、维生素和矿物质的饲料，这样可以减少它们拱土和饮食污水的习惯；饮水要新鲜清洁，避免猪粪污染。

3）保持猪舍和运动场的清洁　　猪舍应通风良好，阳光充足，避免阴暗、潮湿和拥挤；猪圈内要勤打扫，勤冲洗，减少卵污染。定期消毒。运动场地面应保持平整，排水良好。

4）猪粪的无害化处理　　猪的粪便和垫草消除出圈后，堆积发酵，以杀死虫卵。

5）预防病原的传入　　引入猪只时，应先隔离饲养，进行1～2次驱虫后再并群饲养。

二、猪食道口线虫病

食道口线虫病是由食道口属（*Oesophagostomum*）的多种线虫寄生于猪结肠内所引起的寄生线虫病，虫体的致病力较轻微，但严重感染时可引起结肠炎，因幼虫在肠壁内形成结节，又称结节虫病。

（一）病原

1. 病原形态　　病原主要有3种，有齿食道口线虫（*O. dentatum*）、长尾食道口线虫（*O. longicaudum*）和短尾食道口线虫（*O. brevicaudum*）。有齿食道口线虫寄生于猪结肠，虫体乳白色，雄虫长8～9mm，交合刺长1.15～1.30mm；雌虫长8.0～11.3mm，尾长350μm。长尾食道口线虫（图5-5）寄生于盲肠和结肠，虫体呈灰白色，雄虫长6.5～8.5mm，交合刺长0.9～0.95mm；雌虫长8.2～9.4mm，尾长400～460μm。短尾食道口线虫寄生于结肠，雄虫长6.2～6.8mm，交合刺长1.05～1.23mm；雌虫长6.4～8.5mm，尾长81～120μm。

2. 生活史　　猪食道口线虫发育史较简单，虫卵在适宜的条件下发育为带鞘的感染性幼虫，猪经口感染后，幼虫在肠内脱鞘，1～2d后大部分幼虫在肠黏膜下形成结节，感染6～10d后，幼虫在结节内进行第3次蜕皮，发育为第4期幼虫，之后返回大肠肠腔进行第4次蜕皮，成为第5期幼虫，于感染后38d（幼猪）或50d（成年猪）发育为成虫。

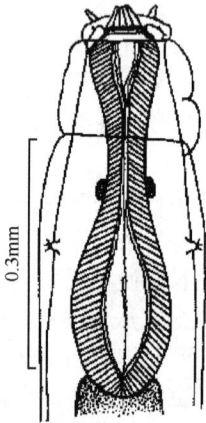

图5-5　长尾食道口线虫前部腹面
（仿 Soulsby，1982）

（二）流行病学

虫卵随猪的粪便排出后，在外界发育为感染性幼虫，感染性幼虫可在外界越冬，干燥容易使虫卵和幼虫死亡，虫卵在60℃高温下迅速死亡，潮湿和长期不换垫草的猪舍中感染较多。猪在采食或饮水时吞食了感染性幼虫而发生感染。该病在集约化方式饲养的猪和散养猪群都有发生，是目前我国规模化猪场流行的主要线虫病之一。

（三）症状与病理变化

1. 症状　　病猪表现为腹部疼痛，厌食，拉稀，日渐消瘦和贫血。成虫的寄生会影响增重和饲料转化，其致病作用只有在高度感染时才会出现。虫体对肠壁的机械损伤和毒素作用，引起渐进性贫血和虚弱，严重时可导致死亡。

2. 病理变化　　幼虫在肠黏膜下形成结节所致的危害性最大。初次感染时很少发生结节，感染3～4次后结节大量发生，这是黏膜产生免疫力的表现。形成结节的机制是幼虫周围发生局部性炎症，然后由成纤维细胞在病变周围形成包囊。结节因虫种不同而不同。长尾食道口线虫的结节高出于肠黏膜表面，具有坏死性炎性反应性质，需感染35d后才消失。有齿食道口线虫的结节较小，消失较快。大量感染时，大肠壁普遍增厚，有卡他性肠炎。除大肠外，小肠（特别是回肠）也有结节发生。结节感染细菌时可能发生弥漫性大肠炎。成虫阶段的致病力较轻微。有时可见有肠溃疡。只有在严重寄生时，大肠上才出现大量结节，并可能发生结节性肠炎，粪便中带有脱落的黏膜。腹泻或下痢，高度消瘦，发育障碍。继发细菌感染时，则发生化脓性结节性大肠炎，也有引起仔猪死亡的报道。

（四）诊断

生前诊断用粪便检查法发现虫卵或发现自然排出的虫体，一般可以确诊，必要时可进行诊断性驱虫。粪便中虫卵的检查可采用饱和盐水漂浮法，其虫卵呈椭圆形，卵壳薄，内有胚细胞。

（五）防治

1. 治疗　　可用左咪唑、噻苯唑、康苯咪唑或伊维菌素等药驱虫。

2. 预防　　注意猪舍和运动场的清洁卫生，及时清理粪便，保持饮水和饲料清洁。

三、胃圆线虫病

胃圆线虫病是由毛圆科（Trichostrongylidae）的红色猪圆线虫（*Hyostrongylus rubidus*）寄生于猪胃黏膜内而引起的寄生线虫病。该线虫主要集中于猪胃底部的小弯处，因此猪感染后表现为胃炎和胃炎后继发代谢紊乱等症状。在我国广东、浙江、江苏、湖南和云南都有报道。该虫是散养猪的主要寄生虫。

（一）病原

1. 病原形态　　红色猪圆线虫：虫体纤细，红色，头细小，有颈乳突。雄虫长 4～7mm，交合伞侧叶大，背叶小，交合刺 2 根，等长。雌虫长 5～10mm，阴门在肛门稍前。虫卵大小为（65～83）μm×（33～42）μm，长椭圆形，灰白色，卵壳薄，胚细胞不超过 8～16 个。

2. 生活史　　红色猪圆线虫的成虫寄生于猪的胃黏膜内，雌虫所产虫卵随粪便排出，在适当温度下，虫卵经 30h 左右孵出幼虫，两次蜕皮后发育为感染性幼虫，有外鞘。当猪吃入被感染性幼虫污染的饲料或饮水时，感染性幼虫随饲料进入到胃腔，侵入胃腺腔，停留 13～14d，经 2 次蜕皮后重返回胃腔。感染 17～19d 后发育为成虫。与牛、绵羊的奥斯特线虫相类似，幼虫在胃黏膜中可以停留几个月，处于组织寄生阶段，并使胃黏膜形成小的结节。

（二）流行病学

猪胃圆线虫病分布于世界各地。我国各地均有发生，但以南方散养猪多发，各年龄的猪都可以感染，但主要感染仔猪、架子猪。红色猪圆线虫的感染主要发生于受污染的潮湿牧场、饮水处、运动场和圈舍。果园、林地、低湿地都可以成为感染源。猪饲养在干燥环境里不易发生感染。母猪哺乳期间免疫力下降，受感染的较多，停止哺乳后可以自愈。

（三）症状与病理变化

1. 症状　　当虫体少量寄生时症状不明显，大量寄生时，有急性、慢性胃炎症状。病猪尤其是幼猪，胃黏膜发炎，食欲减退，渴欲增加，腹痛、呕吐，消瘦，贫血，精神不振，营养障碍，生长发育受阻，排粪发黑或混有血液，间或有下痢症状。一般情况下多发生于母猪，在无任何明显症状的情况下，动物发生渐行性的体重降低。剖检时，见胃黏膜有溃疡，胃壁上有牢固附着的虫体。

2. 病理变化　　胃内容物少，有大量黏液，胃黏膜，尤其是胃底部黏膜红肿、有小出血点，有扁豆大圆形结节，上有黄色伪膜，黏膜增厚并形成不规则皱褶，虫体上被有黏液。严重感染时，多在胃底部发生广泛性溃疡，溃疡向深部发展形成胃穿孔。

（四）诊断

因缺少特异性症状，主要应以剖检病尸时发现虫体与相应病变和粪便检查时发现虫卵作为诊断的根据。虫卵形态与食道口线虫卵相似，较难鉴别，常需要培养为感染幼虫后进行鉴定。另外还可用沉淀法寻找虫卵，并结合临床症状和在剖检时发现虫体而确诊。一般情况下，生前诊断比较困难。在诊断时应与猪胃溃疡病及急性、慢性胃炎等区别。

（五）防治

1. 治疗　　可用阿苯达唑、伊维菌素等药物进行治疗。

2. 预防　　改善饲养管理条件，给予全价饲料。猪舍及放猪地附近不要种植白杨，以免金龟子采食树叶时落下被猪吞食，或猪拱地吞食金龟子的幼虫而发病。不让猪到有剑水蚤、甲虫等中间宿主活动的地方去以免被感染。逐日清扫猪粪，运往贮粪场堆积发酵，定期进行预防性驱虫。尤其应将散养猪集中起来圈养，减少其与该虫虫卵接触的机会，减少感染率。

四、球首线虫病

猪球首线虫病主要是由钩口科（Ancylostomatidae）球首属（*Globocephalus*）的一些线虫寄生于猪的小

肠而引起的寄生线虫病，又称猪钩虫病。

（一）病原

1. 病原形态　　球首属线虫虫体粗短，口孔亚背位，口囊呈球形或漏斗状，外缘有角质环，无叶冠。口囊底部有 1 对亚腹齿。背沟明显，雄虫背肋末端分为 2 支，每支末端又形成 3 个指状突出，交合刺纤细。雌虫尾端呈尖刺状，阴门位于虫体中部后方。虫卵呈卵圆形，灰色，壳薄，卵细胞颜色较深。大小为（58.5～61.7）μm×（34～42.5）μm。常见种如下。

1）长尖球首线虫（*G. longemucronatus*）　　又称为长刺圆口钩虫。雄虫长 7mm，雌虫长 8mm。口囊内无齿。

2）萨摩亚球首线虫（*G. samoensis*）　　雄虫长 4.5～5.5mm，雌虫长 5.2～5.6mm。口囊内有两个齿。

3）椎尾球首线虫（*G. urosubulatus*）　　又称猪钩虫、针尖球首线虫或康氏球首线虫（*G. connorfilii*）。雄虫长 4.4～5.5mm，雌虫长 5～7.5mm。口囊内有两个亚腹齿。

2. 生活史　　虫卵排至外界后，在潮湿的环境中，在适宜的温度条件下，形成幼虫，幼虫从壳内逸出，经两次蜕化，变为感染性幼虫，经一定时间发育为感染性第 3 期幼虫。感染途径有两种：一种是经口感染，通过猪的采食、饮水，虫体进入消化道，到达寄生部位发育为成虫。个别幼虫感染宿主后进入肠壁血管，随血液循环，经肝、肺、支气管、气管逆行到口腔，再吞咽入小肠中寄生。另一种是经皮肤感染，幼虫钻入皮肤，沿血流经心、肺、支气管上升到口腔，再入肠管发育成熟。

（二）流行病学

病猪和带虫猪为该病的传染源，虫卵随粪便排出外界，发育为第 3 期幼虫，猪可经口感染或经皮肤感染。在气候温暖（14～31℃）、地面潮湿、猪只拥挤的情况下易发病，可造成严重贫血，死亡病例主要发生于仔猪。

（三）症状与病理变化

病猪黏膜苍白，消化紊乱，严重贫血消瘦。感染严重时，腹痛，下痢，粪便常含有血液，呈棕黑色，并混有黏液，可引起贫血、卡他性肠炎，肠黏膜有时有出血点。

（四）诊断

可用饱和盐水漂浮法检查粪便中的虫卵，卵细胞颜色较深，仅 4～16 个，易于辨认。也可用轻泻性饲料或泻剂给猪喂食，待泻下后，检查粪便中的虫体，或剖检后在寄生部位找成虫确诊。

（五）防治

1. 治疗　　治疗药物主要为左旋咪唑、阿苯达唑、伊维菌素等。

2. 预防　　有计划地进行定期驱虫；加强猪舍卫生管理，使其保持干燥、清洁。粪便及时清理，堆积发酵，减少污染。由于有些虫种可以在人和其他动物的体内寄生，因此应防止其在不同动物间传播。

五、鲍杰线虫病

猪鲍杰线虫病是由毛线科（Trichonematidae）鲍杰属（*Bourgelatia*）的双管鲍杰线虫（*B. diducta*）寄生于猪的盲肠和结肠而引起的线虫病。南方大部分地区和河南有该虫的报道。双管鲍杰线虫又称猪大肠线虫，其口孔直向前方。无颈沟，口囊浅，壁厚，分为前后两部分，后部与宽的食道漏斗内壁相连。有内外叶冠。交合刺等长，阴门靠近肛门。雄虫长 9～12mm，雌虫长 11.0～13.5mm。虫卵呈卵圆形，大小为（58～77）μm×（36～42）μm。灰色，卵壳很薄，内含 32 个以上的胚细胞。发育史可能属直接型，对其致病力尚缺少研究。

第六节　猪肺线虫病

猪肺线虫病是由后圆科（Metastrongylidae）后圆属（*Metastrongylus*）的线虫寄生于猪的支气管和细支

气管而引起的一种呼吸系统寄生线虫病，也称猪后圆线虫病。该病在全国各地均有报道，常呈地方性流行，对仔猪危害很大，严重感染时可引起肺炎，是猪的重要疾病之一。

一、病原

（一）病原形态

病原为野猪后圆线虫（*M. apri*）、复阴后圆线虫（*M. pudendotectus*）和萨氏后圆线虫（*M. salmi*）。该属虫体呈乳白色或灰色，口囊很小，口缘有 1 对分 3 叶的侧唇。食道略呈棍棒状。交合伞有一定的退化，背叶小。交合刺 1 对，细长，末端有单钩或双钩。阴门紧靠肛门，前方覆一角质盖。后端有时弯向腹侧。卵胎生。虫卵大小为（51～63）μm×（33～42）μm，卵壳厚，表面有细小的乳突状突起，稍带暗灰色。

野猪后圆线虫又称长刺后圆线虫（*M. elongatus*），雄虫交合伞较小，交合刺呈丝状，细长，末端为单钩；雌虫阴道长，尾弯向腹侧（图 5-6）。复阴后圆线虫雄虫长，交合伞较大，交合刺末端为双钩；雌虫阴道短，尾直，有较大的角质膨大覆盖着肛门和阴门。萨氏后圆线虫雄虫交合刺短于野猪后圆线虫，但比复阴后圆线虫长，末端呈单钩型；雌虫阴道长，尾稍弯向腹面（图 5-7）。

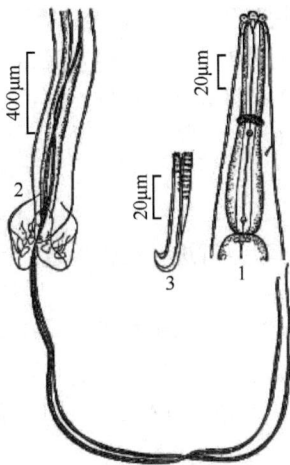

图 5-6　野猪后圆线虫（仿 Yamaguti，1958）

1. 前部侧面；2. 雄虫尾部；3. 交合刺末端

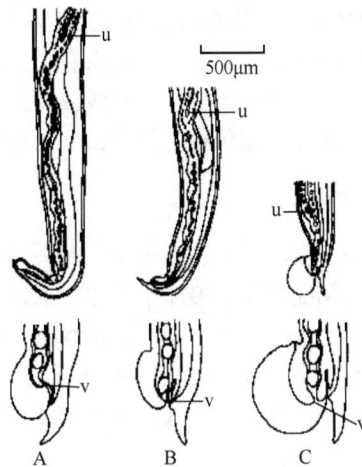

图 5-7　3 种后圆线虫雌虫尾部（仿 Yamaguti，1958）

A. 野猪后圆线虫；B. 复阴后圆线虫；C. 萨氏后圆线虫。

u. 子宫；v. 阴道

（二）生活史

后圆线虫的发育需以蚯蚓作为中间宿主。雌虫在气管和支气管中产卵，卵排至外界后孵出第 1 期幼虫，第 1 期幼虫或虫卵被蚯蚓吞食后，在其体内发育为感染性幼虫，猪吞食了带有感染性幼虫的蚯蚓或由蚯蚓体内释出的感染性幼虫而遭受感染，感染性幼虫在小肠内释出，钻入肠壁或肠淋巴结中，后随血流进入肺，再到支气管和气管发育为成虫。从幼虫感染到成虫排卵约需 23d，感染后 5～9 周产卵最多。

二、流行病学

该病主要感染仔猪和育肥猪，6～12 月龄的猪最易感染。病猪和带虫猪是该病的主要传染源，而被虫卵污染并有蚯蚓的牧场、运动场、饲料种植场及有感染性幼虫的水源等均可能成为猪感染的重要场所。该病主要是经消化道传播，是猪吞噬了含有感染性幼虫的蚯蚓而引起的。因此，该病的发生与蚯蚓的滋生和猪采食蚯蚓的机会有密切的关系。该病遍及全国各地，呈地方性流行，对幼猪危害很大。主要发生在夏季和秋季，而冬季很少发生。这是因为蚯蚓在夏、秋季最为活跃。

野猪后圆线虫是猪肺线虫病的主要病原体，流行广泛。其较重要的流行因素有以下几方面。

（1）虫卵的生存时间长。在运动场上粪便中的虫卵可存活 6～8 个月，秋季在牧场上产下的虫卵，可渡过结冰的冬季，生存 5 个月以上。

（2）第 1 期幼虫的存活力也很强，在水中可以生存 6 个月以上，在潮湿的土壤中达 4 个月以上。

（3）虫卵自感染蚯蚓到在其体内发育至感染阶段所需时间：月平均室温为 10.6℃和 13.8℃时不发育，14～21℃需 1 个月，24～30℃需 8d。

（4）蚯蚓的感染率在夏秋季有时高达 71.9%，感染强度最高达 208 个，其中几乎都是感染阶段的幼虫。

（5）在蚯蚓体内的感染性幼虫保持感染性的时间可能与蚯蚓的寿命一样长。蚯蚓的寿命随种类而异，为 1.5～4 年，有些种类可活 4～10 年。游离于自然界的幼虫，在潮湿的土壤中可存活 2～4 周；在 6～16℃的水中可存活 5～6 周；冬季为 4 个月；-6～-5℃为 2 周。可以作为野猪后圆线虫中间宿主的蚯蚓在我国已发现有 20 种之多，分属于 6 属。由此可见，野猪后圆线虫对中间宿主的选择性不强，这也是其分布广泛的重要原因。凡被猪肺线虫卵污染并有蚯蚓的牧场，放牧猪一年可发生两次感染，第 1 次在夏季，第 2 次在秋季。

三、症状与病理变化

1. 症状　轻度感染时症状不明显，但影响生长发育。严重感染时，表现强有力的阵咳，呼吸困难，特别在运动或采食后更加剧烈，病猪贫血，食欲丧失。病愈后生长缓慢。

2. 病理变化　肉眼病理变化常不甚显著。膈叶腹面边缘有楔状肺气肿区，支气管增厚，扩张，靠近气肿区有坚实的灰色小结。支气管内有虫体和黏液。幼虫移行对肠壁及淋巴结的损害是轻微的，主要损害肺，呈支气管肺炎的病理变化。肺线虫感染还可为其他细菌或病毒侵入创造有利条件，猪流感病毒可感染肺线虫卵，并随之一起传播，肺线虫病还可加剧猪支原体肺炎的症状。

四、诊断

根据症状、虫卵检查和剖检进行综合诊断。对有上述临床表现的猪，可进行粪便检查，因虫卵相对密度较大，用饱和硫酸镁溶液浮集为佳。剖检病尸发现虫体可确诊。

该病与猪气喘病、猪气管炎、猪蛔虫病等均有咳嗽、呼吸困难、消瘦等临床特点，应注意鉴别诊断。猪气喘病剖检可见肺呈对称的肉样变或虾肉样变，支气管内无虫体。猪气管炎剖检时可见支气管黏膜充血、黏膜下水肿，气管、支气管内无虫体。蛔虫病一般无痉挛性咳嗽，有时有呕吐、下痢，剖检肺可见蛔虫幼虫。

五、防治

（一）治疗

用左咪唑、丙硫苯咪唑、苯硫咪唑（fenbendazole）或伊维菌素等药驱虫。

（二）预防

（1）猪舍、运动场应保持干燥，舍内最好铺设水泥地面。
（2）及时清扫粪便，设固定场所发酵。
（3）对放牧猪应定期严格检查，一经发现立即驱虫。尽可能改放牧为舍饲。

第七节　猪 肾 虫 病

猪肾虫病也称猪冠尾线虫病，是由冠尾科（Stephanuridae）冠尾属（*Stephanurus*）的有齿冠尾线虫（*S. dentatus*）寄生于猪肾盂、肾周围脂肪和输尿管壁等处而引起的一种寄生线虫病。虫体偶尔寄生于腹腔及膀胱等处，俗称肾虫。常居住在由宿主结缔组织所形成的包囊内，包囊内有管道与泌尿系统相通连。包囊内含有脓液和 1～5 条虫体，并混有大量虫卵。除猪以外，也能寄生于黄牛、马、驴和豚鼠等动物。本病分布广泛，危害性大，常呈地方性流行，是热带、亚热带地区猪的主要寄生虫病，近年辽宁、吉林等地也先后发现该病。患病的幼猪生长迟缓，母猪不孕或流产，甚至造成大批死亡，严重影响养猪业的发展。

一、病原

（一）病原形态

有齿冠尾线虫虫体粗壮，形似火柴秆，新鲜虫体呈灰褐色，体壁较透明，内部器官隐约可见。口囊呈杯状，壁厚，底部有 6～10 个小齿，口缘有一圈细小的叶冠和 6 个角质隆起。雄虫长 20～30mm，交合伞小，交合刺 2 根，有引器和副引器；雌虫长 30～45mm，阴门靠近肛门。虫卵呈长椭圆形，较大，灰白色，壳薄，大小为（99.8～120.8）μm×（56～63）μm，内含 32～64 个胚细胞。

（二）生活史

有齿冠尾线虫的发育史比较复杂：虫卵随猪尿排出体外，在适宜条件下经 1～2d 孵出第 1 期幼虫，经 2 次蜕皮，变为第 3 期感染性幼虫。感染性幼虫侵入猪体内的途径有两条，即经口感染和经皮肤感染。经口感染时，幼虫钻入胃壁，脱去鞘膜，发育为第 4 期幼虫，然后随血流经门静脉循环到肝。经皮肤感染时，幼虫钻入皮肤或肌肉，发育为第 4 期幼虫，然后随血流经肺和体循环到肝。幼虫在肝内停留并进行第 4 次蜕皮，后穿过肝包膜进入腹腔，移行到肾或输尿管组织中形成包囊，并发育为成虫。少数幼虫在移行中误入其他器官，如脾、腰肌和脊髓等，均不能发育为成虫而死亡。从感染性幼虫侵入猪体到发育为成虫，一般需要 6～12 个月。

二、流行病学

该病分布广泛，危害性大，常呈地方性流行，是热带、亚热带地区猪的主要寄生虫病，近年来辽宁、吉林等地也先后发现该病。该病感染率随各地气候条件的不同而异，一般是气候温暖（27～32℃）的多雨季节适于幼虫发育，这时的感染机会也多；炎热（30～35℃）而干旱的季节，阳光强烈，不适于幼虫发育，感染机会也随之减少。在我国南方，猪感染有齿冠尾线虫多在每年 3～5 月和 9～11 月。虫卵在 8℃时经 4d，绝大多数死亡；12℃以下不能发育；12～16℃经 6d 孵出幼虫，但孵出率低；19℃时，经 43h 开始孵化；26～28℃经 24h 孵化；35℃时孵化时间更短，孵出率达 80%。虫卵在 43℃，幼虫在 45℃，经 5min 均告死亡。虫卵和幼虫对干燥和直射阳光的抵抗力很弱。卵和幼虫在 21℃以下温度中干燥 56h 全部死亡。虫卵对化学药物的抵抗力很强。在浓度为 1%的氢氧化钾、滴滴涕、硫酸铜等溶液中，均不被杀死；1%的漂白粉或石炭酸溶液才具较高的杀虫力。

感染幼虫多分布于猪舍的墙根和猪排尿的地方，其次是运动场中的潮湿处。猪只往往在墙根掘土时摄入幼虫，或在墙根下或其他潮湿的地方躺卧时，感染性幼虫钻入其皮肤而受感染。冠尾线虫病在集体猪场流行严重，在分散饲养的情况下较轻。猪舍空气流通，阳光充足，干燥，经常打扫，猪舍和运动场的地面用石料墁砌，或用水泥或三合土修筑，均可减少感染。

三、症状与病理病变

（一）症状

猪患病之初出现皮肤炎症，有丘疹和红色小结节，体表局部淋巴结肿大。随着病程的发展，病猪出现食欲不振，精神萎靡，逐渐消瘦，贫血，被毛粗乱。随后出现后肢无力，跛行，走路时后躯左右摇摆；尿液中常有白色黏稠的絮状物或脓液；有时可继发后躯麻痹或后肢僵硬，不能站立，拖地爬行。仔猪发育停滞，母猪不孕或流产，公猪性欲降低或失去交配能力。严重的病猪多因极度衰弱而死。

（二）病理变化

尸体消瘦，皮肤上可能有丘疹或小结节，淋巴结肿大。肝内有包囊和脓肿，内含幼虫。肝肿大变硬。结缔组织增生，切面上可以看到幼虫钙化的结节。肝门静脉中有血栓，内含幼虫，肾盂有脓肿，结缔组织增生。输尿管壁增厚，常有数量较多的包囊，内育成虫。有时胰外围也有含成虫的包囊，膀胱黏膜充血，腹腔内腹水增多，并可见有成虫。在胸膜壁面和肺中均可见有结节或脓肿，脓液中可能找到幼虫。

四、诊断

用尿液检查法可发现大量虫卵，或剖检病猪发现虫体，即可确诊。5月龄以下的仔猪，只能在剖检时，在肝、脾、肺等处发现虫体。用皮内变态反应进行诊断，或用成虫提取抗原，适用于该病早期的诊断。该病可引起种猪繁殖能力下降，应注意与其他繁殖障碍性疾病区别。

五、防治

（一）治疗

可用左咪唑、丙硫苯咪唑、氟苯咪唑等药驱虫。

（二）预防

应采用综合预防措施：保持猪舍和运动场的卫生，定期消毒；加强饲养管理；隔离病猪；不同年龄段猪隔离饲养，断奶仔猪应隔离到未经污染的猪舍内饲养，断奶仔猪进入康复猪舍后，应进行驱虫；对某些小型猪场可通过病猪淘汰、隔离饲养、治疗等措施建立无虫猪群。

第八节　猪棘头虫病

猪棘头虫病是由少棘科（Oligacanthorhynchidae）巨吻棘头属（*Macracanthorhynchus*）的蛭形巨吻棘头虫（*M. hirudinaceus*）寄生猪、野猪、猫、犬等动物的小肠而引起的一种寄生棘头虫病，偶尔感染人。

一、病原

（一）病原形态

虫体长圆柱形（图 5-8），雄虫长 7～15cm，雌虫长 30～68cm，乳白色或淡红色，前部较粗，向后逐渐变细，体表有环状皱纹，头端有一个可伸缩的吻突，吻突上有 5～6 列强大向后弯曲的小钩，每列 6 个。虫卵长椭圆形，大小为 91～47μm，深褐色，两端稍尖，卵壳由 4 层组成。外层薄而无色；第 2 层呈褐色，有细皱纹，两端有小塞样构造；第 3 层为受精膜；第 4 层不明显。卵内含有 1 幼虫称棘头蚴，头端有 4 列小棘，卵的大小为（89～100）μm×（42～56）μm，棘头蚴的大小为 58μm×26μm。虫卵对外界环境的抵抗力很强，在高温、低温及干燥或潮湿的气候下均可长时间存活。

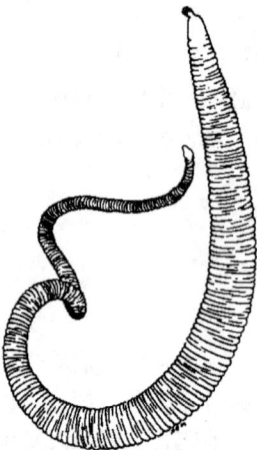

图 5-8　蛭形巨吻棘头虫
（仿 Mönnig，1947）

（二）生活史

蛭形巨吻棘头虫的发育为间接发育。成虫寄生在猪的小肠，繁殖力很强。终末宿主感染后 2～3 个月，雌虫开始排卵，每条雌虫每天排卵可达 250 000 个以上，持续时间约为 10 个月。虫卵对外界环境中各种不利因素的抵抗力很强。中间宿主为金花龟属的金龟子（*Cetonia aurata*）、鳃角金龟属的金龟子［普通鳃角金龟子（*Melolontha vulgaris*）、鳃角金龟子（*M. melolontha*）］及其他甲虫。虫卵被甲虫幼虫吞食之后，棘头蚴在中间宿主的肠内孵化，然后穿过肠壁，进入体腔，发育为棘头体，经 2～3 个月后，形成棘头囊，到达感染期。棘头囊长 3.6～4.4mm，体扁，白色，吻突常缩入吻囊，易为肉眼看到。幼虫在中间宿主体内的发育期限因季节而异。当甲虫化蛹并变为成虫时，棘头囊一直停留在它们体内，并能保持感染力达 2～3 年。猪吞食了含有棘头囊的甲虫成虫、蛹或其幼虫时，均能造成感染。棘头囊在猪的消化道中脱囊，以吻突固着于肠壁上，经 3～4 个月发育为成虫。在猪体内可以寄生 10～24 个月。粪便中的虫卵被中间宿主吞食后，棘头蚴在中间宿主体内发育为棘头囊。终末宿主吞食含有棘头囊的中间宿主而被感染，棘头囊在猪消化道中发育为成虫。

二、流行病学

该病在我国分布广，呈地方性流行，多见于散养猪，现代化封闭式猪场少见。8～10 月龄的猪易感，严重时感染率可高达 60%～80%。卵壳很厚，在 45℃温度中长时间不受影响；在-16～-10℃低温下仍能存活 140d。在干燥与潮湿交替变换的土壤中，温度为 37～39℃时，虫卵在 368d 内死亡。温度为 5～9℃时可以生存 551d。

感染来源为中间宿主金龟子、食粪甲虫等，其种类众多，分布广，已报道的中间宿主有 130 多种，我国有 30 多种。在辽宁绥中县调查，中间宿主成虫、蛹和幼虫的感染率分别为 38.8%、20%和 15%。曾在一个蛴螬体内发现 400 个棘头蚴；用大量虫卵感染蛴螬，曾在一个蛴螬体内发现 2852 个棘头蚴。受感染的猪，一般虫体数为数条至百条及以上。

感染有明显的季节性，这与中间宿主金龟子的活动季节一致。每年春夏为感染季节，这是与甲虫幼虫出现于早春至六七月相关联的。甲虫幼虫多存在于 12～15cm 深的泥土中，仔猪拱土的能力差，故感染率低，后备猪则感染率高。放牧猪比舍饲猪的感染率高。

三、症状与病理变化

（一）症状

临床可见病猪食欲减退，下痢，粪便带血，腹痛。若虫体固着部位发生脓肿或肠壁穿孔时，症状更为严重，常出现体温升高，腹痛，食欲废绝，卧地不起，多以死亡而告终。一般感染时，多因虫体吸收大量养料和其排泄毒物，造成病猪贫血、消瘦和发育迟缓。人感染后可引起腹痛、消瘦、贫血等症状。

（二）病理变化

尸体消瘦，黏膜苍白。在肠道，主要是在空肠和回肠的浆膜上见到灰黄色或暗红色的小结节，其周围有红色充血带。肠黏膜发炎，严重的可见到肠壁穿孔，吻突穿过肠壁，吸着在附近浆膜上，引起粘连。肠壁增厚，有溃疡病灶。严重感染时，肠道塞满虫体，有时造成肠破裂而死。

四、诊断

根据流行病学资料、临床症状和粪便中检出虫卵即可确诊。粪便检查可用直接涂片法和沉淀法。棘头虫在人体内大部分不能发育至性成熟，在粪便中不易观察到虫卵。

猪棘头虫病与猪姜片吸虫病、猪毛尾线虫病、猪食道口线虫病均有贫血、下痢、消瘦等临床症状，但病原不同，虫卵形态也有区别。

五、防治

（一）治疗

驱虫治疗药物可用阿苯达唑、左旋咪唑、噻咪唑等。

（二）预防

定期驱虫，消灭感染源；对粪便进行生物热处理，切断感染源；改放养为舍饲，尤其在 6～7 月甲虫活动的季节不宜放养。消灭环境中的金龟子。教育儿童不要捕食甲虫。

第六章　牛、羊、骆驼寄生虫病

第一节　牛、羊巴贝斯虫病

牛、羊巴贝斯虫病（babesiosis）是由巴贝斯属（*Babesia*）的多种虫体寄生于牛、羊红细胞内而引起的寄生原虫病，严重危害牛、羊的健康，在全球范围内造成巨大的经济损失。硬蜱为巴贝斯虫的传播媒介，同时也是虫体的终末宿主。我国各地常有发生，危害严重。牛、羊巴贝斯虫病是 WOAH 通报疾病，是我国三类动物疫病。

一、牛巴贝斯虫病

（一）病原

牛巴贝斯虫病病原属巴贝斯科（Babesiidae）巴贝斯属（*Babesia*），寄生于牛、羊的红细胞内。目前公认的能够感染牛的虫种有双芽巴贝斯虫（*B. bigemina*）、牛巴贝斯虫（*B. bovis*）、卵形巴贝斯虫（*B. ovata*）、东方巴贝斯虫（*B. orientalis*）、大巴贝斯虫（*B. major*）、分歧巴贝斯虫（*B. divergens*）、雅士巴贝斯虫（*B. jakimovi*）、隐藏巴贝斯虫（*B. occultans*）。我国能够感染牛的虫种主要有双芽巴贝斯虫、牛巴贝斯虫、东方巴贝斯虫、卵形巴贝斯虫和大巴贝斯虫。此外，在我国牛体内检出的巴贝斯虫还有主要感染羊的莫氏巴贝斯虫（*B. motasi*），感染人、鹿及绵羊的猎人巴贝斯虫（*B. venatorum*），以及一个未定种（*Babesia* U sp. Kashi）。对牛具有较强致病性的主要有双芽巴贝斯虫、牛巴贝斯虫和东方巴贝斯虫，其他种致病力弱或不致病。

1. 病原形态

1）双芽巴贝斯虫　　虫体寄生于红细胞内，为大型虫体，虫体长度大于红细胞半径。红细胞内虫体包括滋养体、裂殖子和配子体等多个阶段，呈现多形性，有梨籽形、圆形、椭圆形及不规则形等（图 6-1）。圆形虫体直径为 1.4~3.2μm，单梨籽形虫体长度为 2.8~6.0μm，双梨籽型虫体大小为（3.0~5.43）μm×（0.86~2.29）μm。典型虫体是双梨籽形，尖端以锐角相连。每个虫体有两团染色质块。虫体多位于红细胞的中央，每个红细胞内虫体数目为 1~2 个。红细胞染虫率为 2%~15%。虫体经吉姆萨染色后，细胞质呈淡蓝色，染色质呈紫红色。感染早期以单个虫体为主，随后双梨籽形虫体逐渐增多。在我国，传播媒介为微小扇头蜱（*Rhipicephalus microplus*）和环形扇头蜱（*R. annulatus*）。经卵传播，主要感染黄牛、水牛和白牦牛。

图 6-1　红细胞内的双芽巴贝斯虫（仿 Soulsby，1982）

2）牛巴贝斯虫　　小型虫体，长度小于红细胞半径（图 6-2）。形态呈多形性。圆形虫体大小为 1~1.5μm，梨籽形虫体大小为 1.5~2.4μm。典型虫体形态为双梨籽形，尖端以钝角相连，位于红细胞边缘或偏中央。每个虫体含一团染色质块。每个红细胞内有 1~3 个虫体。红细胞染虫率一般不超过 1%。在我国，传播媒介为微小牛蜱或镰形扇头蜱。经卵传播，主要感染黄牛、水牛、牦牛和白牦牛，偶见于鹿。

图 6-2　红细胞内的牛巴贝斯虫（仿 Soulsby，1982）

　　3）东方巴贝斯虫　　小型虫体，长度一般小于红细胞半径，呈梨籽形、环形、椭圆形、边虫形及杆形。单梨籽形多于双梨籽形，发病初期多为单梨籽形。双梨籽形多见于发病的中后期，以尖端相连，呈钝角或平行排列。病的后期，出现少数大于红细胞半径的单梨籽形或双梨籽形虫体。在我国，传播媒介为镰形扇头蜱。经卵传播，主要感染水牛。

　　4）卵形巴贝斯虫　　大型虫体，虫体的长度大于红细胞的半径，呈圆形、卵圆形、出芽形、阿米巴形、单梨籽形及双梨籽形。双梨籽形虫体较宽大，位于红细胞中央，尖端以锐角或钝角相连或不相连。虫体中央往往不着色，形成空泡。随着疾病的发展，双梨籽形虫体往往变得窄而小。单个红细胞一般含 1~2 个虫体，个别可寄生 4 个。在我国，传播媒介为长角血蜱。经卵传播，主要感染黄牛和白牦牛。

　　5）大巴贝斯虫　　大型虫体。梨籽形虫体长度为 2.71~4.21μm，小于双芽巴贝斯虫但大于卵形巴贝斯虫。双梨籽形虫体以锐角相连。圆形虫体直径为 1.8μm。虫体一般位于红细胞中央。在我国，传播媒介为刻点血蜱。经卵传播，主要感染黄牛和水牛。

　　2. 生活史　　巴贝斯虫属虫体的生活史基本相似（图 6-3）。完成整个生活史需要 2 个宿主，牛等动物是中间宿主，硬蜱为终末宿主，同时也是传播媒介。感染巴贝斯虫的蜱叮咬牛后，巴贝斯虫的子孢子（sporozoite）进入牛血液并侵入红细胞，形成环状或变形虫状的滋养体（trophozoite），滋养体通过二分裂进行裂殖生殖，形成梨籽形的裂殖子（merozoite）。裂殖子可从红细胞中释放出来侵入新的红细胞。裂殖子进一步发育为两性配子体（gametocyte）。蜱叮咬牛吸血时，把红细胞内的配子体吸入体内。配子体在蜱的消化道内发育为雌、雄配子（gamete）。巴贝斯虫配子形状特殊，具有放射状结构，因此称为放射体（ray body）或 Strahlenkörper 体。两性配子融合，形成具有运动能力的合子，称为运动合子（ookinete）。运动合子穿过蜱肠道基质侵入肠上皮细胞。在肠上皮细胞内，运动合子进行减数分裂，产生大量动合子（kinete），动合子经蜱血淋巴扩散到蜱全身组织，包括卵巢。侵入卵巢的动合子导致蜱卵感染，致使虫体在下代蜱体内出现，并在叮咬牛等动物时传播给牛等，引起经卵传播。与此同时，大部分动合子侵入蜱的其他器官进行裂殖生殖，并产生第二代动合子。第二代动合子侵入蜱的唾液腺，并在唾液腺细胞内形成多核的合胞体细胞，称为孢子母细胞（sporoblast）。在蜱蜕皮发育为下阶段虫体的过程中，孢子母细胞处于静止状态。当下阶段蜱开始吸食动物宿主血液时，孢子母细胞被活化，开始进行孢子生殖，连续产生大量具有感染能力的子孢子。子孢子被释放到宿主血液中造成感染，引起期间传播。

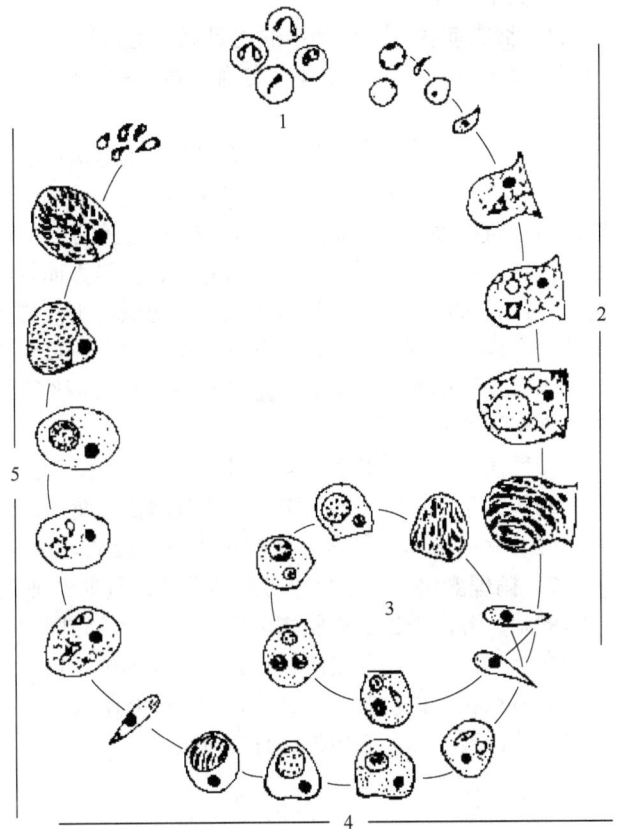

图 6-3　双芽巴贝斯虫在微小扇头蜱体内的发育
（仿 Soulsby，1982）

1. 牛红细胞内的虫体；2. 虫体在成蜱肠上皮细胞内的发育；3. 虫体在马氏管和血淋巴内的发育；4. 虫体在幼蜱肠上皮细胞内的发育；5. 虫体在若蜱唾液腺细胞内的发育

　　（二）流行病学

　　牛感染巴贝斯虫病主要是蜱叮咬吸血引起。因此，牛巴贝斯虫病的发生、流行区域和发病季节与蜱的地理分布、出没等有密切关系。

　　蜱呈全球分布。在不同的地区，同一种蜱可以传播不同的巴贝斯虫，同一种巴贝斯虫也可以由不同的蜱传播。例如，微小牛蜱在我国既可以传播双芽巴贝斯虫，也可以传播牛巴贝斯虫，而传播双芽巴贝斯虫和牛巴贝斯虫的蜱在我国和其他国家也不相同。这一特性，无形中扩大了巴贝斯虫病的流行区域。

牛巴贝斯虫病呈全球性分布。据分析，全球牛的感染率为1%～96%，平均感染率为29%，其中南美洲感染率最高，亚洲感染率最低。不同的巴贝斯虫中，以双芽巴贝斯虫流行最广。

在我国，双芽巴贝斯虫发生最为普遍，已有10多个省（自治区、直辖市）报道有病例存在，主要流行于南方各地。牛巴贝斯虫的区域分布几乎与双芽巴贝斯虫相同，其他几种巴贝斯虫分布不如上述两种虫体广泛。

蜱的出没具有季节性，因此牛巴贝斯虫病的发生也具有较为明显的季节性。在我国南方主要发生于6～9月。微小牛蜱每年可繁殖2～3代，导致该病在一年之内可以暴发2～3次，从春季到秋季以散发的形式出现。微小牛蜱在野外发育繁殖，因此，该病多发生在放牧时期，舍饲牛发病较少。

不同年龄的牛发病情况不同。一般2岁以内的犊牛发病率高，但症状轻微，死亡率低。成年牛发病率低，但症状较重，死亡率高，特别是老、弱及劳役过重的牛，病情更为严重。犊牛发病率高、死亡率低的原因目前还不清楚。

当地牛对该病有抵抗力，纯种牛和由外地引入的牛易感性较高，症状严重，病死率高。临床症状与病理变化如下所述。

1. 临床症状　　感染牛的巴贝斯虫均寄生在红细胞内，因而具有相同的致病机制，临床症状也基本相同，主要表现为高热稽留、贫血、黄疸和血红蛋白尿等。不同品种的牛各种症状的严重程度可能稍有差异。

（1）黄牛。由于虫体排泄分泌物及红细胞破坏释放出的毒素的作用，病牛首先表现为发热，体温升高到40～42℃，呈稽留热型。由于红细胞大量破坏而出现贫血，表现为黏膜苍白，血液稀薄，红细胞计数、血红蛋白量明显减少，血沉加快10余倍。红细胞大小不均，着色淡，有时还可见到幼型红细胞。由于红细胞被破坏，胆红素大量产生，超出肝的转化能力而导致胆红素淤积，出现黄疸，表现为可视黏膜黄染。血红蛋白从肾排出而出现血红蛋白尿，尿的颜色由淡红色变为棕红色乃至黑红色。病牛脉搏及呼吸加快，迅速消瘦，精神沉郁，喜卧地。食欲减退或消失。反刍迟缓或停止，便秘或腹泻，有的病牛还排出黑褐色、恶臭带有黏液的粪便。乳牛泌乳减少或停止，怀孕母牛常可发生流产。重症时如不治疗可在4～8d内死亡，死亡率可达50%～80%。

慢性病例，体温波动于40℃上下持续数周，减食及渐进性贫血和消瘦，需经数周或数月才能康复。

幼年病牛，中度发热仅数日，心跳略快。食欲减退，略显虚弱，黏膜苍白或微黄。热退后迅速康复。

（2）水牛。水牛临床症状与黄牛基本相似，以高热稽留、贫血、黄疸和血红蛋白尿为特征。

2. 病理变化　　剖检可见尸体消瘦，贫血，血液稀薄。皮下组织、肌间结缔组织和脂肪均呈黄色胶样水肿状。各内脏器官被膜均黄染。皱胃和肠黏膜潮红并有点状出血。脾肿大，脾髓软化呈暗红色，被膜下散在点状出血，切面暗红。肝肿大，黄褐色，切面呈豆蔻状花纹。胆囊肿胀，胆汁黏稠。肾肿大，淡红黄色，有点状出血，肾盂内有胶状物。膀胱膨大，存有多量红色尿液，黏膜有出血点。肺呈淤血、水肿。心肌柔软，黄红色；心内外膜有出血斑。

（三）诊断

根据临床症状和流行病学可做出初步诊断。确诊需要进行实验室诊断。WOAH推荐了几种实验室诊断方法。中华人民共和国国家标准《牛巴贝斯虫病诊断技术》（GB/T 41556—2022）也规定了牛巴贝斯虫病的实验室诊断技术。

1. 病原学诊断　　主要检查血液红细胞内的虫体。采集动物末梢血液涂片，吉姆萨染色后用油镜观察，在红细胞内发现典型虫体即可确诊。该方法在10^6个红细胞中有1个虫体即可检出，主要用于急性病例的确诊。

2. 免疫学诊断　　主要检测动物血清中的抗巴贝斯虫抗体。主要方法有ELISA、IFAT及ICT等。所用抗原包括裂殖子全虫可溶性抗原、重组裂殖子表膜抗原和重组棒状体相关抗原等。其中ELISA具有很好的敏感性和特异性，已经逐渐取代IFAT，可用于群体和个体感染情况的确认、净化措施效果评估、流行病学调查和免疫效果评价。ICT具有快速的特性，适用于个体病例确诊和免疫效果评价。

3. 分子生物学诊断　　主要检测宿主血液中的虫体DNA。常用的检测靶基因包括棒状体相关蛋白1基因（*RAP-1*）、棒状体相关蛋白1a基因（*RAP-1a*）、球状蛋白2基因（*SBP2*）、球状蛋白4基因（*SBP4*）、顶膜抗原1基因（*AMA-1*）及裂殖子表膜抗原1基因（*MSA-1*）等。常用的方法包括传统PCR、实时定量

PCR 和 LAMP 等。该方法具有极高的灵敏性和特异性，可用于群体和个体感染情况的确认、净化措施效果评估、个体病例确诊和流行病学调查，也可以用于虫种的鉴定。

（四）防治

1. 治疗　　尽量做到早确诊、早治疗。除应用抗虫药物杀灭虫体外，还应针对病情给予对症治疗，如健胃、强心、补液等。治疗的同时应停止使役，给予易消化的饲料，多饮水，检查和捕捉体表的蜱等。常用的抗虫药物有以下几种。

1）咪唑苯脲（imidocarb dipropionate）　　配成溶液肌内注射，对各种巴贝斯虫均有较好的治疗效果。该药安全性较好，但在动物体内不进行降解代谢，排泄缓慢，易导致组织内长期有残留物。一些国家不允许该药用于肉食动物和奶用乳牛，或规定动物用药后 28d 内不可屠宰。

2）三氮脒（diminazene aceturate）　　配成溶液，深部肌内注射。黄牛偶尔出现起卧不安、肌肉震颤等副作用，但很快消失。水牛对本药较敏感，一般用药一次较安全，连续使用易出现毒性反应，甚至死亡。

3）喹啉脲（quinuronium）　　配成溶液皮下注射。有时注射后数分钟可能出现起卧不安、肌肉震颤、流涎、出汗、呼吸困难等副作用，一般于 1～4h 后自行消失，妊娠牛可能流产，严重者可皮下注射阿托品。

4）吖啶黄（acriflavine）　　配成溶液静脉注射，症状并未减轻时，24h 后再注射一次，病牛在治疗后数日内避免烈日照射。

此外，台盼蓝也可以用于治疗，但对牛巴贝斯虫无效。目前，使用最多的是咪唑苯脲和三氮脒。

2. 预防

（1）该病预防的关键在于灭蜱。根据不同地域蜱的活动规律，有计划、有组织地实施灭蜱措施。每年定期使用杀蜱药物消灭牛体及牛舍内的蜱。牛群应避免到大量滋生蜱的牧场、草场放牧，必要时可改为舍饲。

（2）选择无蜱活动季节进行牛只调动，调入、调出前，应作药物灭蜱处理。

（3）当牛群中出现临床病例或由安全区向疫区输入牛只时，可用咪唑苯脲进行药物预防，该药对双芽巴贝斯虫和牛巴贝斯虫可分别产生 60d 和 21d 的保护作用。

（4）加强环境卫生管理。对病牛粪便、排泄物、病死尸体等进行严格处理。保护易感牛犊，加强饲养管理，避免应激，提高整体牛群免疫力。

（5）免疫预防。国际上已经有牛双芽巴贝斯虫和牛巴贝斯虫疫苗上市，免疫效果良好，但未在我国注册。

二、羊巴贝斯虫病

（一）病原

感染羊的巴贝斯虫有绵羊巴贝斯虫（*B. ovis*）、莫氏巴贝斯虫（*B. motasi*）、泰勒巴贝斯虫（*B. taylori*）、叶状巴贝斯虫（*B. foliata*）和粗糙巴贝斯虫（*B. crassa*）。我国发生的主要为莫氏巴贝斯虫和绵羊巴贝斯虫。莫氏巴贝斯虫在我国存在不同的地理株。最近经过分子系统发育研究，证明这几种分离株可以分为 3 个基因型，其中 *Babesia* sp. Xinjiang（BspXJ）和 *Babesia* sp. Dunhuang（BspDH）为一个型，*B. motasi* Hebei（BmHB）和 *B. motasi* Ningxian（BmNX）为一个型，*B. motasi* Lintan（BmLT）和 *B. motasi* Tianzhu（BmTZ）为一个型。

1. 莫氏巴贝斯虫　　为大型虫体，虫体形态具多形性，有双梨籽形、单梨籽形、圆环形、棒状、不规则形、逗点形和三叶形。其中双梨籽形是典型虫体，长 2.5～3.5μm，宽 1.5～2.0μm，虫体两尖端呈锐角相连，长度大于红细胞半径，多位于红细胞中央。单个虫体一般含 1～2 团染色质，染色后呈深紫红色。单梨籽形虫体长 3.4～4.5μm，宽 1.5～2.7μm。圆形虫体直径为 3μm 左右，位于红细胞中央。椭圆形虫体长 2.1～3.5μm。三叶形虫体为三叶草形，整个虫体占据了大部分红细胞。在我国，BspXJ 和 BspDH 株的传播媒介为小亚璃眼蜱（*Hyalomma anatolicum*），其他地理株的传播媒介为青海血蜱（*Haemaphysalis qinghaiensis*）和长角血蜱（*H. longicornis*），经卵传播，感染绵羊和山羊。

2. 绵羊巴贝斯虫　　为小型虫体。在感染初期以圆形、椭圆形和单梨籽形虫体为主，在红细胞染虫率升高后，双梨籽形虫体、三叶形虫体和不规则形虫体的比例升高。双梨籽形虫体大小为（1.3～1.8）μm×（1.8～2.4）μm，虫体长度小于红细胞半径，大部分虫体两尖端锐角相连。大部分虫体较宽，使得整个虫体看起来近圆形。传播媒介为囊形扇头蜱（*Rhipicephalus bursa*），经卵传播。感染绵羊和山羊。

（二）流行病学

羊的巴贝斯虫病发生和流行于世界许多国家和地区，多发生于热带、亚热带地区，常呈地方流行性。我国四川、黑龙江、河南、甘肃、新疆、青海和内蒙古等多地有病例报道。该病的发生和流行与蜱的活动密切相关。不同年龄和品种的羊易感性存在差异，羔羊发病率高，但症状轻，死亡率低。成年羊发病率低，症状明显，死亡率高。

绵羊巴贝斯虫病具有典型的季节性，每年最早可发病于5～6月，以6月中旬和7月中旬为发病高峰期，8月以后很少发生。

莫氏巴贝斯虫病发生于4～6月和9～10月。我国莫氏巴贝斯虫的致病性较强，可引起绵羊和山羊严重发病及大批死亡，特别是羔羊和外来羊只病死率更高。

（三）症状与病理变化

羊巴贝斯虫病潜伏期一般为10～15d。体温在发病初期几天内高达40～42℃，呈稽留热，心跳、呼吸加快。可视黏膜苍白，显著黄染。血液稀薄，红细胞数减少至400万/mm³以下，红细胞大小不均，发生溶血性贫血。有时有血红蛋白尿或腹泻。同时伴有精神沉郁，食欲减退乃至废绝，喜卧。有的病例出现兴奋症状，无目的地狂跑，突然倒地死亡。急性病例，发病3～5d死亡。慢性病例，延长至1个月左右死亡，有的可自愈。

剖检可见尸体消瘦，可视黏膜及皮下组织苍白和黄染，心内膜和浆膜有出血点。肝、脾肿大变性，表面有出血点，胆囊肿大2～4倍，充满胆汁。膀胱扩张，内积有红色尿液。第三胃内容物干硬，第四胃及大小肠黏膜充血，有时有出血点。

（四）诊断

根据临床症状和流行病学可以做出初步判断。确诊需要进行实验室诊断。实验室诊断方法可参考牛巴贝斯虫病。

（五）防治

治疗和预防可参考牛巴贝斯虫病。

第二节　牛、羊泰勒虫病

牛、羊泰勒虫病（theileriosis）是由泰勒虫属（*Theileria*）的多种虫体寄生于牛、羊巨噬细胞、淋巴细胞和红细胞内引起的寄生原虫病。泰勒虫病呈全球分布，严重危害牛、羊的健康，造成巨大的经济损失。硬蜱为泰勒虫的传播媒介，同时也是虫体的终末宿主。我国各地多有流行，危害严重。牛、羊泰勒虫病是WOAH通报疾病，是我国三类动物疫病。

一、牛泰勒虫病

（一）病原

1. 病原形态　泰勒虫属于泰勒虫科（Theileriidae）泰勒虫属。感染牛的泰勒虫有9种，分别为环形泰勒虫（*T. amula*）、小泰勒虫（*T. parva*）、突变泰勒虫（*T. mutans*）、斑羚泰勒虫（*T. tautotragi*）、附膜泰勒虫（*T. velifera*）、东方泰勒虫（*T. orientalis*，过去称瑟氏泰勒虫）、水牛泰勒虫（*T. buffeli*）、中华泰勒虫（*T. sinensis*）和水牛泰勒虫未定种（*T. sp. buffalo*）。近年来，经过分子系统进化研究，证明瑟氏泰勒虫、东方泰勒虫和水牛泰勒虫具有极高的相似性，因此被统称为东方泰勒虫复合群（*Theileria orientalis* complex），或简单地以东方泰勒虫（*Theileria orientalis*）代之，但在这一复合群内，全球依然存在不同基因型，共有

11 型。其中一些基因型致病力较强，一些致病力较弱。

我国主要分布的为环形泰勒虫、东方泰勒虫和中华泰勒虫，其中东方泰勒虫我国最少有 6 个基因型，分别是基因型 1、2、3、5、6 和 8。附膜泰勒虫在我国个别地区也有报道。近年来，主要感染羊的绵羊泰勒虫（T. ovis）、吕氏泰勒虫（T. luwenshuni）、尤氏泰勒虫（T. uilenbergi）也在我国牛和牦牛体内检出。

1）环形泰勒虫　　虫体寄生于红细胞、巨噬细胞、树突状细胞和 B 淋巴细胞内。

红细胞内的虫体称为血液型虫体，为裂殖子和配子体，较小，形态多样，主要有圆环形、椭圆形、圆点形、杆形、逗点形、十字形等（图 6-4）。环形虫体大小为 0.6～1.6μm，染色质多位于边缘，呈半月形，吉姆萨染色后呈暗红色或紫色。杆形虫体长 0.9～2.1μm，一端较粗，另一端稍细，多具有一团染色质，位于粗端，呈紫红色，原生质呈灰蓝色。每个红细胞内寄生的虫体数目通常为 1～4 个，以 2～3 个居多。红细胞染虫率一般为 10%～20%，最高达 95%。虫体的形态是圆环形、椭圆形，圆点形虫体始终多于杆形、逗点形虫体，两者之比为（2.1～16.8）∶1。

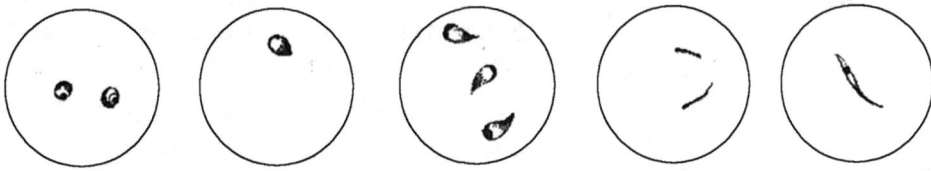

图 6-4　红细胞内环形泰勒虫（仿 Soulsby，1982）

寄生于巨噬细胞、树突状细胞和 B 淋巴细胞内的虫体为裂殖体，称石榴体或科赫氏蓝体（Koch's blue body），可以出现于淋巴结等淋巴组织内，也可以出现于血液淋巴细胞内。其呈圆形、椭圆形或肾形，位于细胞质内，有时也散在于细胞外。吉姆萨染色，虫体细胞质呈淡蓝色，内含许多红紫色颗粒状的核。一般认为，裂殖体有 2 种类型：一种为大裂殖体，原生质呈浅蓝色，有一层不明显的外膜，直径 2～12μm，平均 8μm，内含直径为 0.4～2μm 的染色质颗粒，并产生直径为 2～2.5μm 的大裂殖子。另一种为小裂殖体，内含直径为 0.3～0.8μm 的染色质颗粒，并产生直径为 0.7～1.0μm 的小裂殖子。染色质颗粒数为 20～40 个，有时可达 100 个左右。在我国，传播媒介为残缘璃眼蜱（Hyalomma detritum）、小亚璃眼蜱（Hy. anatolicum）、亚洲璃眼蜱（Hy. asiaticum）和盾糙璃眼蜱（Hy. scupense），期间传播，主要感染黄牛、牦牛和亚洲水牛。

2）东方泰勒虫　　分布于我国的东方泰勒虫过去称为瑟氏泰勒虫。

红细胞内的虫体整体形态与环形泰勒虫相似，呈现多形性，有杆形、梨籽形、圆环形、卵圆形、逗点形、圆点形、十字形和三叶形等各种形状。特征性的虫体形态是长杆形。杆形虫体长度为 1.7～6μm，占各种形态的 48%～86%，多于圆形类虫体。感染不同时期，杆形虫体与圆形虫体比例不断变化，为 1∶（0.19～0.56）。红细胞染虫率较环形泰勒虫低。自然感染牛为 0.11%～7.65%，严重发病牛可达 33.5%。绝大多数红细胞中有 1 个虫体，其次为 2 个，在高染虫率情况下可见到 7 个虫体。

淋巴巨噬细胞内的裂殖体大小为 2.3～9.7μm，含 2～34 个染色质颗粒，颗粒直径 0.43～0.73μm。传播媒介我国为长角血蜱（Haemaphysalis longicornis），期间传播，主要感染黄牛和牦牛。

3）中华泰勒虫　　病原红细胞内的虫体形态特异，具多型性，有梨籽形、圆环形、椭圆形、杆形、三叶形、圆点状、十字架形，还有许多难以描述的不规则形虫体。在同一红细胞内不同数目的圆点状虫体可发育变大，生成的原生质延伸，而后互相连接或交融，重新构成各种不同形态的虫体。其中梨籽形虫体大小为（0.55～2.5）μm×（0.4～1.2）μm，占整个血液虫体数量的 28.8%。环形虫体直径为 0.4～3.2μm，占比 22.7%。杆状虫体大小为（0.8～3.5）μm×（0.3～1.0）μm，占比 9.7%。不规则形虫体占比 19.4%。其他形状的虫体占比均较低。尚未在血液和淋巴结淋巴细胞内发现裂殖体。在我国，传播媒介为青海血蜱（H. qinghaiensis）和日本血蜱（H. japonica），期间传播，主要感染黄牛、牦牛、非洲水牛、亚洲水牛和骆驼等。

2. 生活史　　泰勒虫属虫体的生活史基本相似。牛等动物为中间宿主，蜱为终末宿主。当感染泰勒虫的蜱在牛体吸血时，泰勒虫子孢子随着蜱的唾液进入牛体，首先侵入局部淋巴结的巨噬细胞和淋巴细胞内进行裂殖增殖，形成大裂殖体。大裂殖体发育成熟后破裂，释出多量大裂殖子，侵入其他巨噬细胞和淋巴细胞，重复上述裂殖增殖过程。部分大裂殖子可通过淋巴循环和血液循环向全身播散，侵入脾、肝、肾、

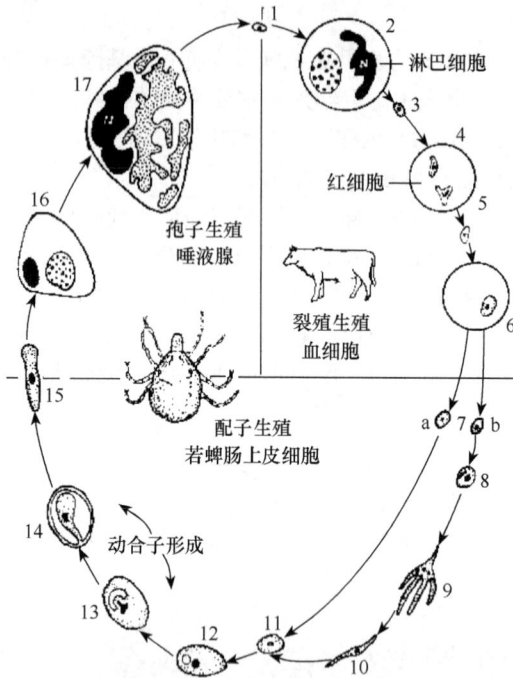

图 6-5　环形泰勒虫生活史（仿 Mehlhorn，2016）

1. 子孢子；2. 在淋巴细胞内进行裂殖生殖；3. 裂殖子；4、5. 红细胞内裂殖子的双芽增殖分裂；6. 红细胞内裂殖子变成球形的配子体；7. 在蜱肠内的大配子（a）和早期小配子（b）；8. 发育着的小配子；9. 成熟的小配子体；10. 小配子；11. 受精；12. 合子；13. 动合子形成开始；14. 动合子形成接近完成；15. 动合子；16、17. 在蜱唾液腺细胞内形成的大母孢子，内含无数子孢子

淋巴结、皱胃等各器官的巨噬细胞和淋巴细胞内进行裂殖增殖。裂殖增殖进行到一定时期后，形成小裂殖体。小裂殖体发育成熟后破裂，释出的小裂殖子侵入红细胞形成滋养体。滋养体以二分裂方式进行低强度的裂殖生殖，形成新的裂殖子。裂殖子释出，侵入新的红细胞并进一步发育为卵圆形和点状的配子体。蜱在病牛身上吸血时，吸入含有配子体的红细胞。在蜱的消化道内，配子体发育为大、小配子，两者结合形成合子，进而发育成为具有运动能力的动合子。动合子穿过蜱肠道基质，进入蜱肠上皮细胞，并进行减数分裂形成新的动合子。新的动合子释出，进入蜱血淋巴，直接侵入蜱唾液腺的腺泡细胞，发育为合孢子母细胞。孢子母细胞通过孢子生殖，分裂产生许多子孢子。在蜱吸血时，子孢子被注入到牛体内，重新开始其在牛体内的发育和繁殖（图 6-5）。

泰勒属虫体侵入牛等动物淋巴细胞后，可使细胞发生转化，导致淋巴细胞能像癌细胞一样进行无限分裂增殖，细胞内虫体也随着细胞一起增殖。能够引起细胞转化的种包括小泰勒虫、环形泰勒虫、斑羚泰勒虫及感染羊的莱氏泰勒虫（*T. lestoquardi*），不能使淋巴细胞发生转化的种包括突变泰勒虫、东方泰勒虫和附膜泰勒虫。泰勒虫不经卵传播。

（二）流行病学

泰勒虫病主要经蜱叮咬动物进行期间传播，不存在经卵传播。

环形泰勒虫呈世界性分布，主要在印度、中东、中亚、非洲北部和欧洲南部等地区流行，给养牛业造成了严重的经济损失。世界各地牛环形泰勒虫的感染率为 8.4%～100%。

东方泰勒虫也呈世界性分布，全球有 40 多个国家报道了东方泰勒虫感染，但以亚太地区为主，主要流行于日本、澳大利亚、中国、韩国和新西兰等。

中华泰勒虫由我国白启研究员等首先发现并命名。起初只发现于中国，只感染牛，目前，已经在马来西亚、泰国、越南、俄罗斯、巴西、南非、莫桑比克等多个国家或地区发现，感染动物也由黄牛扩展到牦牛、亚洲水牛、非洲水牛和骆驼等，有呈全球分布的趋势。

在我国，环形泰勒虫、东方泰勒虫和中华泰勒虫均呈全国性分布。在我国东北、华北、华中、华南、华东、西北和西南地区均有分布。3 种泰勒虫的平均感染率均高于 20%。

环形泰勒虫和东方泰勒虫致病力较强，可以引起明显的临床症状和死亡，病死率为 16%～60%，对养牛业危害严重。中华泰勒虫致病力相对较弱，正常牛临床症状轻微，切脾牛可以发病并导致死亡。最近，泰国报道，中华泰勒虫可以引起杂交牛贫血。

环形泰勒虫的传播媒介璃眼蜱主要生活在牛圈及其周围。东方泰勒虫的传播媒介长角血蜱主要生活在山野或农区。因此，环形泰勒虫病多发于舍饲牛，东方泰勒虫病多发生于放牧牛。

泰勒虫病的发生和流行与蜱的出没密切相关，具有明显的季节性。北方环形泰勒虫病通常 6 月开始发生，7 月达到高峰期，8 月逐渐平息。东方泰勒虫病多始发于 5 月，终止于 10 月，6～7 月为发病高峰。

在流行地区，1～3 岁牛发病较多，成年牛发病较少。耐过牛成为带虫者，不再发病。带虫免疫可持续 2.5～6 年。但在饲养环境变劣、使役过度或与其他疾病并发时，可导致复发，且病程比初发为重。

在流行地区，当地牛一般发病较轻且可耐过自愈。外地调入牛、纯种牛和改良杂种牛较为敏感，即使红细胞染虫率很低，也出现明显的临床症状。

（三）症状与病理变化

牛各种泰勒虫具有相似的生活史和致病机制，因此，临床症状和病理变化基本相同。以高热、贫血、出血、黄疸、水肿和体表淋巴结肿胀为特征。

1. 临床症状　　环形泰勒虫病病初体温升高到 39～41.8℃，多数病牛为稽留热，少数呈弛张热或间歇热。随着体温升高出现精神沉郁、行走乏力、喜卧少立。心跳加快，每分钟 100～130 次，呼吸次数增加，每分钟 80～110 次，肺泡音粗粝，咳嗽，流鼻涕。可视黏膜先充血肿胀，流出浆液性眼泪，后苍白、黄染和水肿，并有出血斑点。尾根、肛门周围、阴囊等处的皮肤上也出现粟粒大乃至扁豆大的深红色出血斑点。颌下、胸前、腹下、四肢发生水肿。体表淋巴结肿胀为该病的特征，大多数病牛一侧肩前淋巴结或腹股沟淋巴结肿大，初为硬肿，有痛感，后渐变软，常不易推动。血液稀薄，红细胞减少至 200 万～300 万/mm³，血红蛋白降至 20%～30%，血沉加快，红细胞大小不均，出现异形红细胞。病牛迅速消瘦，先便秘后腹泻，或二者交替进行，粪便中带有黏液或血液。尿淡黄色或深黄色，尿少而频。食欲几乎废绝，反刍迟缓，弓腰缩腹，病牛往往出现前胃弛缓。病初和重病牛有时可见肩肌或肘肌震颤，卧地不起。后期食欲、反刍完全停止，出血点增大、增多。濒死前体温降至常温以下，卧地不起，衰弱而死。大部分病牛经 3～20d 趋于死亡。耐过的病牛成为带虫牛。

东方泰勒虫病的症状基本与环形泰勒虫病相似。特点是病程较长，一般 10d 以上，个别可长达数十天，症状缓和，死亡率较低。

2. 病理变化　　环形泰勒虫病和东方泰勒虫病病例变化相似。剖检可见尸体消瘦，尸僵完全，血液凝固欠佳。皮肤及可视黏膜苍白并略带黄色，皮肤少毛部位有出血斑点，皮下胶样浸润，黄染，有出血点。全身淋巴结肿大，体表淋巴结尤为明显，多有出血点。肺有出血斑点，部分组织气肿或肝变。心包积液稍肿大，内外膜有大小不等的出血点，心肌松软脆弱。胆囊高度肿大，充满胆汁，黏膜有出血点。脾肿大，边缘钝圆，被膜上有出血点，脾髓软化。肾表面和膀胱内膜有出血点。瓣胃内容物干硬，呈薄板状；真胃黏膜肿胀，有大小不等的出血斑点和黄白色结节，有的结节糜烂并形成溃疡，有的病例溃疡面可达 2/3 以上。大小肠黏膜肿胀，有些部位充血或溢血。

（四）诊断

根据临床症状和流行病学可以做出初步判断，确诊需要进行实验室诊断。WOAH 推荐了几种实验室诊断方法。我国农业行业标准《牛泰勒虫病诊断技术》（NY/T 3464—2019）也推荐了牛泰勒虫病实验室诊断方法。

1. 病原学诊断　　主要检查体表淋巴结、血液红细胞和淋巴细胞内的虫体，适用于个体病例确诊和动物感染状况确认。

在发病的早期和中期，穿刺体表淋巴结，涂片，吉姆萨染色，镜检发现石榴体（科赫氏蓝体）可确诊。在发病的中后期，采集末梢静脉血液涂片，吉姆萨染色，镜检发现红细胞内的血液型虫体及淋巴细胞内的石榴体也可确诊。

需要注意的是，东方泰勒虫淋巴结穿刺检查时，较难在淋巴结穿刺物涂片中发现石榴体。

2. 免疫学诊断　　主要检查动物体内的泰勒虫抗体。使用的抗原有裂殖体抗原和红细胞内虫体抗原。常用的方法有 IFA 和 ELISA。其中 ELISA 具有较高的敏感性。免疫学诊断适用于流行病学调查、个体和群体动物感染状况确认及净化措施效果评价。

3. 分子生物学诊断　　主要检测红细胞和淋巴细胞内的虫体 DNA。常用的检测靶基因包括 *18S rDNA* 基因、30kDa 蛋白基因、*SSU rDNA* 基因、主要表面蛋白 4 基因等。常用的方法主要有传统 PCR、实时荧光定量 PCR、二温式 PCR、套式 PCR、LAMP、多重 PCR 等。分子生物学诊断检测灵敏度高，特异性强，适用于个体病例确诊、个体和群体动物感染状况确认、净化措施效果评价和流行病学调查等。

（五）防治

1. 治疗　　在驱虫治疗的同时，应根据症状配合给予强心、补液、止血、健胃、缓泻、舒肝、利胆等中西药物，同时给予抗生素预防继发感染。对显著贫血的牛可进行输血。目前认为较为有效的治疗药物有以下几种。

1）磷酸伯氨喹啉（PMQ）　　该药具有良好的杀灭环形泰勒虫配子体的作用，杀虫作用迅速，投药、给药至疗程结束后 48～72h，染虫率下降至 1% 左右。

2）三氮脒　　配成溶液，分点做深部肌内注射，每天 1 次，连用 3d。如果红细胞染虫率不下降，还可继续治疗 2 次。

3）帕伐醌（parvaquone）　　对环形泰勒虫和小泰勒虫有效。

4）布帕伐醌（buparvaquone）　　对环形泰勒虫和小泰勒虫有效，比帕伐醌治疗效果更好，有效率可以达到 90%。对于严重病例，首次用药后 48～72h 可以再次用药。

2. 预防　　预防的关键是消灭牛体和圈舍内的璃眼蜱。灭蜱需从下列几方面着手。

（1）消灭牛体上的蜱。使用杀虫剂，在蜱出没季节喷洒牛体，杀灭蜱。也可在 5 月初成蜱出现前，牛群改舍饲为放牧或转移到新圈饲养。此外，对调入或调出的牛只均要进行灭蜱处理，以减少病原体传播。

（2）消灭圈舍内的蜱。用泥土将离地面 1m 高以下的墙缝或墙洞堵死，如在泥土中加入少量杀虫剂，则杀灭效果更好。

（3）药物预防。在流行地区发病高峰期，可用三氮脒进行药物预防。可用 β 环糊精制备三氮脒缓释剂，肌内注射，无论对本地牛还是外地引进牛，最少具有 2 个月的保护作用。对东方泰勒虫效果更好。

（4）免疫预防。在流行区，可应用牛环形泰勒虫裂殖体胶冻细胞虫苗预防接种，注射疫苗后 21d 产生免疫力，持续期为 13 个月。该虫苗对东方泰勒虫病无交叉免疫保护作用。我国曾生产使用该苗，对减少我国环形泰勒虫病的流行发挥了重要作用。

二、羊泰勒虫病

（一）病原

可以感染羊的泰勒虫包括莱氏泰勒虫（*Theileria lestoquardi*）、绵羊泰勒虫（*T. ovis*）、隐藏泰勒虫（*T. recondita*）、尤氏泰勒虫（*T. uilenbergi*）、分离泰勒虫（*T. separata*）、吕氏泰勒虫（*T. luwenshuni*）及 4 个未定种基因型 *Theileria* sp. OT1、*Theileria* sp. OT3、*Theileria* sp. MK 和 *Theileria* sp. B15a。主要感染牛的环形泰勒虫、东方泰勒虫及主要感染马属动物的马泰勒虫（*T. equi*）也可在羊的体内检出。其中莱氏泰勒虫、尤氏泰勒虫和吕氏泰勒虫致病力较强，绵羊泰勒虫、隐藏泰勒虫、分离泰勒虫、*Theileria* sp. OT3 和 *Theileria* sp. MK 致病力弱或无致病力。

我国已报道的羊泰勒虫有吕氏泰勒虫、尤氏泰勒虫、绵羊泰勒虫和 *Theileria* sp. OT3，其中吕氏泰勒虫是优势虫种。*Theileria* sp. OT3 只有基因检出，未见虫体报道。

1. 病原形态

1）吕氏泰勒虫　　吕氏泰勒虫由我国学者殷宏研究员等发现，并以我国知名学者吕文顺研究员名字命名。

红细胞内虫体有圆环形、椭圆形、梨籽形、杆形、逗点形、十字架形和不规则形等。虫体主要以杆形、梨籽形和圆环形为主，杆形约占 40%，梨籽形占 35%，圆环形占 20%。杆形虫体的大小为 0.9～1.1μm，梨籽形为 1.0～2.0μm，圆环形的直径为 0.8～1.2μm。

裂殖体寄生于淋巴结、肝、脾、肺、肾和外周血液的淋巴细胞、巨噬细胞和某些组织细胞的细胞质中。裂殖体有大裂殖体和小裂殖体两种类型，所见大多为小型裂殖体，而且大多数为游离的胞外裂殖体和散在的圆点状裂殖子。传播媒介我国为青海血蜱（*H. qinghaiensis*）和长角血蜱（*H. longicornis*）。期间传播。主要感染绵羊和山羊，也可感染黄羊、黄牛、牦牛、狍、梅花鹿、马鹿、蒙古瞪羚和刺猬等。

2）尤氏泰勒虫　　与吕氏泰勒虫不易区分，需要通过分子生物学技术进行区分。也有人认为，红细胞内十字架形虫体是尤氏泰勒虫的特征性形态。传播媒介我国为青海血蜱和长角血蜱。期间传播。主要感染绵羊和山羊。

3）绵羊泰勒虫　　红细胞内虫体呈多形性，有环形、椭圆形、短杆形、逗点形、钉子形、圆点形等各种形态，以圆形最多见。圆形虫体直径为 0.6～2.0μm，卵圆形或杆形虫体长约 1.6μm。一个红细胞内一般只有一个虫体，有时可见到 2～3 个。红细胞染虫率较低，一般低于 2%。裂殖体直径为 10～20μm，内含 1～

80 个紫红色染色质颗粒。裂殖体常见于脾和淋巴结中。传播媒介我国为小亚璃眼蜱。期间传播。主要感染山羊和绵羊。

2. 生活史　　羊各种泰勒虫生活史与牛泰勒虫生活史相似。

（二）流行病学

羊泰勒虫主要因蜱叮咬吸血而传播。我国尚未发现的莱氏泰勒虫可以经过胎盘垂直传播。

绵羊泰勒虫呈全球分布。吕氏泰勒虫和尤氏泰勒虫主要分布在中国及一些亚洲国家。绵羊泰勒虫致病力较弱，常引起亚临床感染，吕氏泰勒虫和尤氏泰勒虫致病力较强，常引起明显临床症状，并导致死亡。

目前，我国羊泰勒虫病呈全国性分布。总体感染率为 4.1%～100%。病死率可以达到 60% 以上。

羊泰勒虫病的发生和流行与蜱的活动密切相关，呈现明显的季节性。一般在草场上发现有蜱活动后的 10d 左右，即有病羊出现，一般于 3 月中旬开始发病，4 月下旬到 5 月上旬为发病高峰期，9～10 月发病逐渐减少。

一般 1～6 月龄羔羊的发病率高，病死率也高，1～2 岁羊次之，3～4 岁羊很少发病。外地引入羊的发病率和死亡率要高于本地羊。

（三）症状与病理变化

1. 临床症状　　羊发病后体温升高，一般均在 40～42℃，最高者可达 42℃ 以上，呈稽留热型，高热可持续 4d 到 1 周。呼吸急迫，心跳加快，节律不齐。可视黏膜充血潮红，随后苍白和轻度黄染。血液稀薄。体表淋巴结肿大，肩前淋巴结肿大尤为明显。病羊精神沉郁，消瘦，前肢提举困难，后肢僵硬。食欲减退或废绝。腹泻，粪便中带有黏液和血液。个别羊尿液浑浊或血尿。有的羔羊四肢发软，卧地不起，出现死亡。急性病例会在发热期突然死亡，慢性病例有间歇发热、食欲不振、虚弱、贫血和黄疸。病愈后短期不易恢复，康复动物对该病有一定抵抗力。耐过羊成为带虫者。

2. 病理变化　　剖检可见尸体消瘦，血液稀薄，凝固不全。皮下脂肪胶冻样水肿，有不同程度的点状出血。全身淋巴结肿胀，以肩前、肠系膜、肝、肺等处较显著，切面多汁、充血，可见灰白色结节，有时表面可见颗粒状突起。肝肿大，质脆，表面散在或密集粟粒大黄色结节。脾肿大，被膜下有出血斑点，脾髓暗红，呈糊状。胆囊明显肿大，胆汁呈褐绿色。皱胃黏膜上有溃疡斑，肠道黏膜上有出血点。羔羊内脏病变不明显，但颈部浅表、颌下、髂下淋巴结肿大至核桃大小，肠系膜、肺门、肝门淋巴结呈索状肿大。

（四）诊断

根据流行病学和临床症状，可以做出初步判断，确诊需要进行实验室诊断。WOAH 推荐了相关实验室诊断方法，中华人民共和国国家标准《羊泰勒虫病诊断技术》（GB/T 42117—2022）也规定了羊泰勒虫病的诊断技术。技术方法基本与牛泰勒虫病相同，请参阅牛泰勒虫病。

（五）防治

参阅牛泰勒虫病。

第三节　牛、羊球虫病

牛、羊球虫病（coccidiosis）是由艾美耳属（*Eimeria*）多种球虫寄生于牛、羊小肠和大肠上皮细胞内引起的寄生原虫病。该病呈全球分布，引起牛、羊球虫病或亚临床感染，导致牛、羊腹泻，渐进性消瘦，贫血，发育不良甚至死亡，犊牛和羔羊发病率和病死率较高，给牛、羊养殖业造成巨大的经济损失。

一、牛球虫病

（一）病原

牛球虫属于艾美耳科（Eimeriidae）艾美耳属（*Eimeria*）。目前，公认的可以感染牛的球虫有 12 种

（表 6-1），分别是牛艾美耳球虫（*E. bovis*）、邱氏艾美耳球虫（*E. zuernii*）、阿拉巴艾美耳球虫（*E. alabamensis*）、椭圆艾美耳球虫（*E. ellipsoidalis*）、亚球形艾美耳球虫（*E. subspherica*）、奥博艾美耳球虫（*E. auburnensis*）、柱状艾美耳球虫（*E. cylindrica*）、皮利他艾美耳球虫（*E. pellita*）、布基农艾美耳球虫（*E. bukidnonensis*）、巴西艾美耳球虫（*E. brasiliensis*）、加拿大艾美耳球虫（*E. canadensis*）、怀俄明艾美尔球虫（*E. wyomingensis*）。尚有 8 种不确定。

表 6-1　牛球虫孢子化卵囊主要形态特征

种类	形状	平均大小/μm	囊壁厚度/μm	卵膜孔	极帽	卵囊残体	孢子囊残体	斯氏体
牛艾美耳球虫	梨形到卵形	28×20	1.7	有	无	无	有	有，扁平
邱氏艾美耳球虫	亚球形到球形	18×16	0.7	无	无	无	有	有，极小
阿拉巴艾美耳球虫	梨形到卵形	19×13	0.6～0.7	有	无	无	无	有，极小
椭圆艾美耳球虫	椭圆形到卵形	23.1×16.1	0.8	无	无	无	有	扁平或无
亚球形艾美耳球虫	球形到亚球形	12.7×11.8	0.5～0.6	无	无	无	无	有，小
奥博艾美耳球虫	长卵形	34×20	1.0～1.8	有	无	无	有	有，小
柱状艾美耳球虫	圆柱形	23×16	0.7～1.2	无	无	无	有	无
皮利他艾美耳球虫	卵形	38.2×24.2	1.8	有	无	无	有	有，小
布基农艾美耳球虫	梨籽形	47.4×33.0	3.5	有	无	无	无	有
巴西艾美耳球虫	椭圆形	35.7×25.6	1～1.8	有	无	无	有	无
加拿大艾美耳球虫	卵形或椭圆形	35×24	1.8	有	无	无	有	有
怀俄明艾美尔球虫	梨籽形	39.9×28.3	2.5	有	无	无	无	有

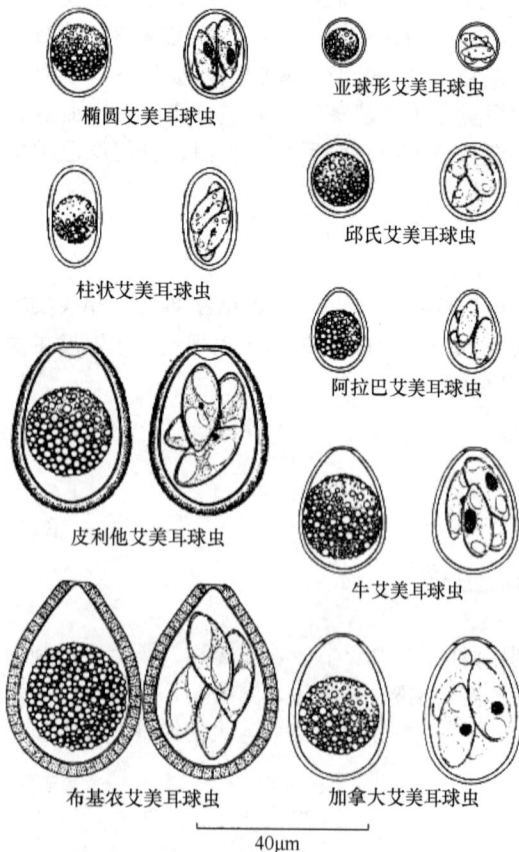

图 6-6　牛的各种未孢子化和孢子化球虫卵囊
（仿 Joyner et al.，1966）

水牛、牦牛也可感染多种艾美耳属球虫，但有关虫体的致病性及对水牛和牦牛的影响还了解甚少。

目前认为对牛致病力较强的为牛艾美耳球虫和邱氏艾美耳球虫，其次为阿拉巴艾美耳球虫，其他种球虫一般认为对牛没有致病性。

1. 病原形态　感染牛的各种球虫均具有典型的艾美耳属球虫卵囊形态特征（图 6-6）。新鲜排出的未孢子化卵囊含有一团卵囊质，呈球形、卵形、椭圆形、梨形、梨籽形或圆柱形等。孢子化卵囊含有 4 个孢子囊，每个孢子囊内含有 2 个子孢子。

1）牛艾美耳球虫　卵囊梨形到卵圆形，大小为（23～34）μm×（17～23）μm，平均 28μm×20μm。囊壁光滑，无色或黄褐色。有卵膜孔，无极帽，无极粒，无卵囊残体。孢子囊长卵圆形，有孢子囊残体和斯氏体。孢子化时间 2～3d。其主要寄生在小肠和大肠，潜隐期 16～21d，为世界性分布的常见种。

2）邱氏艾美耳球虫　卵囊近球形，大小为（15～22）μm×（13～18）μm，平均 18μm×16μm。壁光滑无色。无卵膜孔，无极帽，有极粒，无卵囊残体。孢子囊长卵圆形，有孢子囊残体和斯氏体。孢子化时间 2～10d。其主要寄生在小肠和大肠，潜隐期 15～17d，为世界性分布的常见种。

3）阿拉巴艾美耳球虫　卵囊梨形到卵圆形，大小为（13～24）μm×（11～16）μm，平均 19μm×13μm。囊壁光滑或有颗粒，无色、灰色或黄褐色。有卵膜孔，无极帽，极粒为破碎颗粒，无卵囊残体，但有极性颗粒。孢子囊长，一端子弹状，无孢子囊残体，有极小的斯氏体。孢子化时间 4～8d。其主要寄生在小肠和大肠，潜隐期 6～11d，为世界性分布的常见种。

2. 生活史　　感染牛的球虫的确切生活史尚不完全清楚。一般认为，其生活史与艾美耳属其他球虫基本相同。在肠上皮细胞内进行裂殖生殖和配子生殖。裂殖生殖通常只有 2 代，很少有 3 代。孢子生殖在外界环境中完成。与其他动物球虫不同的是，牛的球虫某些种孢子生殖的时间很长，最长的可以达到 27d。

（二）流行病学

牛感染球虫病主要通过食入或饮入球虫孢子化卵囊而感染。饲料、饮水、母牛乳房及垫料等环境受到粪便污染，均可造成牛的感染。

牛球虫病世界性分布。我国牛普遍感染，且多为多种球虫混合感染，单一者非常少见。无论是肉牛、奶牛还是牦牛，均可感染。一些地方奶牛感染率可以达到 67%，造成较大的经济损失。

牛球虫病往往为群发，主要感染犊牛和青年牛，以 3 周龄到 6 月龄犊牛最为常见，发病率高，病死率也高。成年牛往往为带虫者，不表现临床症状或表现亚临床症状，大量感染时，也可发病。不同品种的牛均易感。

牛球虫病多发于春、夏、秋三季，多雨年份尤甚。在潮湿、多沼泽的牧场上放牧牛最易发病。冬季舍饲期间也可能发病。

饲料、垫草和母牛乳房被粪便污染，常引起犊牛感染。由舍饲改为放牧，或由放牧转为舍饲时，由于环境和饲料的突然变换，容易诱发该病。传染病感染可导致牛抵抗力减弱，也容易诱发该病。犊牛的肠道线虫有诱发球虫病的作用。

（三）症状与病理变化

1. 临床症状　　潜伏期一般为 2～3 周，有时可达 1 个多月。犊牛和青年牛临床症状明显。多种球虫混合感染往往导致严重症状。多为急性型，病程通常为 10～15d，个别犊牛可在发病后 1～2d 内死亡。病初体温稍微升高或正常，精神沉郁，被毛松乱，粪便稀薄，稍带血液。之后体温升至 40～41℃，精神更加沉郁，身体消瘦，喜卧。瘤胃蠕动和反刍停止，肠蠕动增强，排带血稀粪，其中混有纤维素薄膜，有恶臭。后肢及尾部被稀粪污染。后期，体温下降至 35～36℃，粪便呈黑色，几乎全为血液，极度贫血，衰弱，发生死亡。病死率可以达到 20%。慢性病牛一般在发病后 3～5d 逐渐好转，但下痢和贫血症状可持续存在，病程可能达数月之久，也可因高度贫血和消瘦而死亡。牛艾美耳球虫和邱氏艾美耳球虫感染还可引起神经症状，出现癫痫、角弓反张和眼球震颤等。出现神经症状的牛病死率可以超过 70%。

2. 病理变化　　牛球虫主要寄生于小肠和大肠的肠上皮细胞内，在裂殖生殖阶段破坏上皮细胞，损害肠黏膜，进而产生有利于肠道致病细菌生长繁殖的环境。虫体所产生的毒素和肠道中的其他有害物质被吸收后，引起牛全身性中毒，导致中枢神经和各个器官的功能失调。剖检可见尸体极度消瘦，可视黏膜贫血。肛门敞开，外翻，后肢和肛门周围被血粪污染。肠道病变主要见于大肠。可见肠黏膜肥厚，有出血性炎症变化，或出现直径 4～15mm 的溃疡，其表面覆有凝乳样薄膜。淋巴滤泡肿大突出，有白色或灰色小病灶。肠内容物呈褐色，带恶臭，含有纤维性薄膜和黏膜碎片。肠系膜淋巴结肿大发炎。

（四）诊断

根据临床症状、流行病学和剖检变化可以做出初步判断，确诊需要进行实验室诊断。诊断时，应注意与大肠杆菌病、副结核病和犊牛新蛔虫病的鉴别。

1. 病原学诊断　　主要检查粪便中的球虫卵囊或剖检检查肠黏膜内的裂殖体等不同发育阶段虫体。粪便检查可以用漂浮法。如进行虫种鉴定，需要把粪便中的卵囊进行体外培养，然后观察孢子化卵囊的形态特征。肠黏膜裂殖体等不同发育阶段虫体的检查主要是刮取肠黏膜，制成涂片，显微镜下直接观察或用美蓝染色后观察。粪便中发现大量卵囊或肠黏膜涂片发现大量裂殖体等虫体可以确诊。

2. 免疫学诊断　　主要检查牛血液内的抗球虫抗体。目前，已经建立了牛艾美耳球虫抗体 ELISA 检查方法，其他虫种尚无免疫学诊断方法可用。

3．分子生物学诊断　　主要检测粪便虫卵 DNA。检测方法为 PCR，靶基因为 *ITS-1*。目前，已经建立了牛艾美耳球虫、邱氏艾美耳球虫、阿拉巴艾美耳球虫、奥博艾美耳球虫、柱状艾美耳球虫和椭圆艾美耳球虫 6 种球虫的 PCR 检测方法，其他种球虫尚无分子生物学诊断方法。

（五）防治

1．治疗　　在使用抗球虫药进行驱虫治疗的同时，应注意止泻、强心和补液等，贫血严重时，应考虑输血。

主要的抗球虫药有磺胺二甲基嘧啶、磺胺六甲氧嘧啶、磺胺氯吡嗪钠、氯苯胍、氨丙啉、莫能菌素、妥曲珠利、地克珠利等。

2．预防　　应采取综合防控措施。

（1）搞好环境卫生。牛舍等场所应天天清扫，对粪便和垫草等污物集中进行无害化处理。牛栏、饲槽、饮水槽等每周消毒一次。

（2）防止污染。饲草和饮水等应严格管理，避免粪便污染。哺乳母牛乳房应经常擦洗。

（3）分群饲养。成年牛多为带虫者，应与犊牛分群饲养，放牧牧场也应分开。

（4）逐步变化饲料和饲养方式。球虫病往往在突然更换饲料种类或变换饲养方式时发生，因此，要注意逐步过渡，以免疾病的暴发。

（5）药物预防。在发病季节，可将氨丙啉、莫能菌素等混入饲料，连续使用，不超过 30d。

二、羊球虫病

（一）病原

感染羊的球虫属于艾美耳属。感染山羊和绵羊的球虫具有较为严格的宿主特异性，不能交叉感染，因此山羊和绵羊具有各自的球虫种类。

目前，公认感染山羊的艾美耳球虫有 13 种，有详细卵囊形态描述的有 11 种（表 6-2），分别是艾氏艾美耳球虫（*E. alijevi*）、阿普艾美耳球虫（*E. apsheronica*）、阿氏艾美耳球虫（*E. arloingi*）、山羊艾美耳球虫（*E. caprina*）、羊艾美耳球虫（*E. caprovina*）、克氏艾美耳球虫（*E. christenseni*）、家山羊艾美耳球虫（*E. hirci*）、约氏艾美耳球虫（*E. jolchijevi*）、尼氏艾美耳球虫（*E. ninakohlyakimovae*）、苍白艾美耳球虫（*E. pallida*）和斑点艾美耳球虫（*E. punctata*）。

表 6-2　山羊球虫孢子化卵囊主要形态特征

种类	形状	平均大小/μm	卵囊指数	囊壁	卵膜孔	极帽	孢子囊残体	斯氏体
艾氏艾美耳球虫	亚球形	19.9×18.0	1.27	黄绿色	无	无	有	有或无
阿普艾美耳球虫	卵形	30.5×22.5	1.31	黄粉色	有	无	有	有或无
阿氏艾美耳球虫	椭圆形	29×21.1	1.41	黄棕色	有	有	无	有
山羊艾美耳球虫	椭圆形	33.5×23	1.7	棕黄色	有	有	有	有
羊艾美耳球虫	宽椭圆形	31×24	1.3	浅粉色	有	无	有	有
克氏艾美耳球虫	梨形	38.9×25.8	1.55	黄棕色	有	有	有	无
家山羊艾美耳球虫	圆卵形	22.5×17	1.3	绿色	有	无	有	有或无
约氏艾美耳球虫	卵形到椭圆形	31×22	1.47	棕绿色	有	无	有	有
尼氏艾美耳球虫	亚球形到椭圆形	23.5×18.5	1.31	绿棕色	有	无	有	有
苍白艾美耳球虫	椭圆形到卵圆形	15.5×12	1.3	未描述	无	无	有	有
斑点艾美耳球虫	短椭圆形	25.5×19	1.45	黄棕色	有	无	有	无

迄今公认感染绵羊的球虫有 13 种，有详细孢子化卵囊形态描述的有 11 种（表 6-3），分别是阿撒他艾美耳球虫（*E. ahsata*）、巴库艾美耳球虫（*E. bakuensis*）、槌形艾美耳球虫（*E. crandallis*）、浮氏艾美耳球虫（*E. faurei*）、颗粒艾美耳球虫（*E. granulosa*）、错乱艾美耳球虫（*E. intricata*）、马西卡艾美耳球虫（*E. marsica*）、类绵羊艾美耳球虫（*E. ovinoidalis*）、苍白艾美耳球虫（*E. pallida*）、小艾美耳球虫（*E. parva*）

和温布里吉艾美耳球虫（*E. weybridgensis*）。

表 6-3　绵羊球虫孢子化卵囊主要形态特征

种类	形状	平均大小/μm	囊壁颜色	卵膜孔	极帽	极粒	卵囊残体	孢子囊残体
阿撒他艾美耳球虫	椭圆形	33.4×22.6	黄绿到黄棕色	有	有	有	无	有
巴库艾美耳球虫	椭圆形	31×20	浅绿到棕色	有	有	有	无	有
槌形艾美耳球虫	椭圆形	21.9×19.4	无色到黄绿色	有	有	有	无	有
浮氏艾美耳球虫	卵圆形	32×23	无色或黄棕色	有	无	有	无	无
颗粒艾美耳球虫	壶形	29.4×20.9	黄绿色	有	有	无	无	有
错乱艾美耳球虫	椭圆形	48×34	深棕色	有	有	无	无	有
马西卡艾美耳球虫	椭圆形	19×13	无色到浅黄色	有	有	无	无	有
类绵羊艾美耳球虫	卵圆或球形	23×18	无色到浅绿灰色	无	无	无	无	有
苍白艾美耳球虫	椭圆形	14×10	无色到浅黄色	无	无	有或无	无	有
小艾美耳球虫	亚球形或球形	16.5×14	无色或浅棕黄色	无	无	无	无	有
温布里吉艾美耳球虫	椭圆到亚球形	24×17	无色，内层黑色	有	有	有	无	无

感染山羊的球虫中，尼氏艾美耳球虫和阿氏艾美耳球虫致病性最强，具有致病力的可能还有山羊艾美耳球虫和家山羊艾美耳球虫。

感染绵羊的球虫中，类绵羊艾美耳球虫致病性最强，其次为槌形艾美耳球虫，具有致病力的可能还有阿撒他艾美耳球虫。羊常见球虫卵囊形态见图6-7。

不少种类羊球虫的生活史尚不完全清楚。一般认为，羊球虫的生活史与其他艾美耳属球虫基本相似。虫体寄生于羊的小肠和大肠上皮细胞内，同一种球虫可以同时寄生于两个肠段。内生阶段一般有2代裂殖生殖，第一代裂殖体较大，第二代裂殖体和配子生殖阶段虫体较小。卵囊在外界环境中孢子化时间一般为1～4d，在冬季，可能需要几周。

（二）流行病学

羊球虫病主要通过食入或饮入球虫孢子化卵囊而感染。饲料、饮水污染及地面、垫料等环境污染均可引起羊的感染。

羊球虫病在世界范围内广泛流行，欧洲、非洲、拉丁美洲和亚洲的许多国家和地区均有报道，特别是半干旱地区，如地中海盆地、北非、亚洲和拉丁美洲。

在我国，羊球虫感染呈全国分布，山羊的感染率超过70%，其中，东北地区感染率最高，达到88%。多为混合感染，虫体种类有12种。

各种品种的绵羊、山羊均易感。1岁以下羊的感染率高于1岁以上羊，以哺乳期和断奶后2～4周的羔羊最为敏感，时有死亡。成年羊一般为带虫者。

羊球虫病一年四季均可感染，春、冬季感染率在60%左右，夏、秋季感染率可以达到70%以上。饲养方式可以明显影响感染，一般放牧羊感染率高于舍饲羊，但舍饲羊的感染率也可以达到77%。

应激在羊球虫病的发生中起着重要作用。突然更换饲料、天气变化、断奶、混群和长途转运等，可导

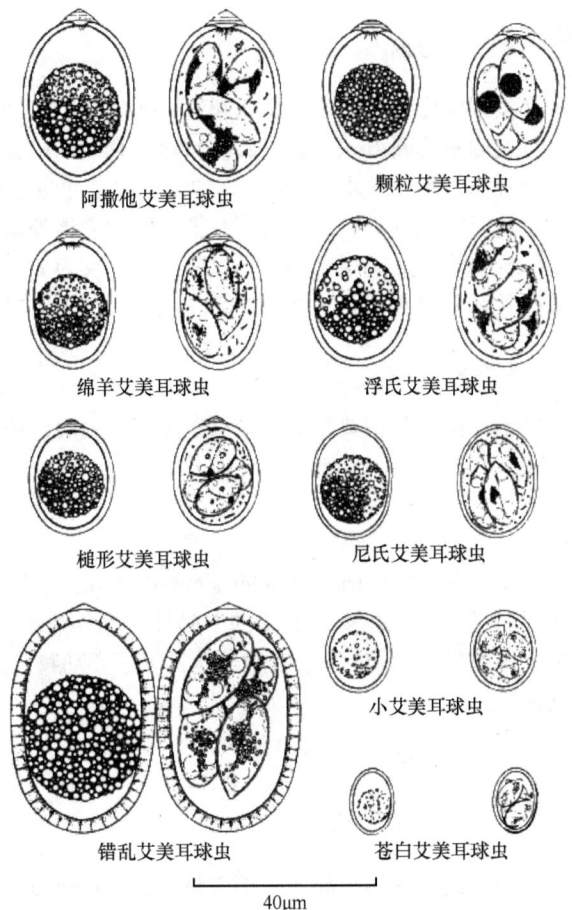

阿撒他艾美耳球虫　　　颗粒艾美耳球虫

绵羊艾美耳球虫　　　浮氏艾美耳球虫

槌形艾美耳球虫　　　尼氏艾美耳球虫

小艾美耳球虫

错乱艾美耳球虫　　　苍白艾美耳球虫

40μm

图6-7　羊各种未孢子化和孢子化球虫卵囊
（仿 Joyner et al.，1966）

致机体出现应激，免疫力和抵抗力下降，引起羊群发生球虫病。

（三）症状与病理变化

1. 临床症状　　羊球虫病可依感染的虫种、感染强度、羊只年龄、机体抵抗力及饲养管理条件等的不同而呈急性或慢性过程。

成年羊多呈隐性感染，为带虫者，临床上往往不表现任何症状。

羔羊轻者排软便，粪便似牛粪样，呈软块状，黏结成团。稍重者拉稀粪，粪便为稀水、糊状，极少数呈棕色、黄色或煤焦油样。重者发病初期体温升高，后下降，初期粪便松软，不成粒状，有的带有黏液，精神、食欲尚可。3～5d 后开始下痢，粪便粥状或水样，黄色或黑褐色，混有黏液，玷污尾根和大腿内侧皮毛，气味腥臭。食欲减退或废绝，饮欲增加，卧地，不愿走动，并迅速消瘦。一般发病 2～3 周后恢复。部分羊表现软脚、脱水，衰竭死亡，死亡率可达 20%～50%。此外，感染羊易继发感染其他传染病，特别是细菌性疾病。

2. 病理变化　　剖检可见小肠明显肿大、胀气。肠内含有黄白色的稀薄黏液。肠黏膜有淡黄色、褐色或白色大小不等的斑点或斑块。部分病例仅见肠壁充血、出血，局部有慢性或急性炎症反应，肠黏膜脱落。肝等其他器官一般无明显肉眼可见病变。肠道组织学检查可见肠上皮细胞内有大量配子体或卵囊，肠绒毛萎缩。

（四）诊断

根据临床症状、病理变化和流行病学情况可做出初步诊断，确诊需进行实验室诊断。

实验室诊断方法主要是粪便卵囊检查或剖检刮取肠黏膜涂片检查内生阶段虫体。粪便卵囊检查可用直接涂片法或饱和盐水漂浮法。粪便发现大量卵囊或肠黏膜涂片发现大量裂殖体等不同阶段虫体，可以确诊。如要进行球虫种类鉴定，则需要把粪便卵囊体外培养后观察孢子化卵囊的主要形态特征。

一些种类的球虫可使用传统 PCR 或实时定量 PCR 扩增粪便卵囊的 *18S rDNA*、*CO I* 和 *ITS-1* 基因进行诊断和种类鉴定。但该方法只适用于有限的几种球虫。尚无有效的免疫学诊断方法。

（五）防治

治疗药物和主要预防措施可参照牛球虫病。药物预防可使用氨丙啉，连用 14～19d。

第四节　牛毛滴虫病

牛毛滴虫病（trichomoniasis）是由胎儿三毛滴虫（*Tritrichomonas foetus*）寄生于公牛和母牛生殖器官而引起的寄生原虫病，是牛的一种性传播疾病，可导致牛早产、死胎等，给养牛业造成了重大的经济损失。该病是 WOAH 通报疫病，是我国三类动物疫病，也是《中华人民共和国进境动物检疫疫病名录》所列疫病。

一、病原

（一）病原形态

牛胎儿三毛滴虫属于毛滴虫科（Trichomonadidae）三毛滴虫属（*Tritrichomonas*），主要寄生于公牛的阴茎包皮鞘、阴茎黏膜及输精管和母牛的阴道、子宫等处。

近年来，人们发现，寄生于猪消化道的猪三毛滴虫（*Tritrichomonas suis*）及寄生于猫消化道的胎儿三毛滴虫或布氏三毛滴虫（*T. blagburni*）在形态上难以区分，在分子水平上具有极高相似性，因此认为它们是同一个种。但这种说法尚有不同意见。

胎儿三毛滴虫只有滋养体，在体内或环境中不形成包囊。滋养体呈纺锤形或梨形（图 6-8），长 9～25μm，宽 3～10μm。染色后，虫体细胞前半部有核，核前有基体，由基体发出鞭毛 4 根。3 根向前游离，1 根向后以波动膜与虫体相连，至虫体后部再成为游离鞭毛。波动膜有 3～6 个弯曲。虫体中部有一轴柱，起于虫体前端，穿过虫体中线向后延伸，末端突出于体后端。虫体前端与波动膜相对的一侧有半月状胞口。鞭毛及波动膜运动时，才可察知其存在。活动的虫体不易看出鞭毛，运动减弱时可见鞭毛。在不利的生存环境下，滋养体可能形成无鞭毛或波动膜的球形形态，称为伪包囊。

图 6-8　牛胎儿三毛滴虫（仿 Soulsby，1982）

（二）生活史

牛胎儿三毛滴虫主要寄生在公牛和母牛的生殖器官。母牛怀孕后，在胎儿的第四胃、体腔、胎盘和胎液中，均有大量虫体。虫体以纵分裂方式进行无性繁殖。尚不明确是否存在有性繁殖。

二、流行病学

牛胎儿三毛滴虫通过交配传播。人工授精时如精液带虫或人工授精器械污染也可造成传染。

胎儿三毛滴虫除感染牛外，也有报道可以感染马属动物、狍等，其他动物如山羊、猪、犬、兔、豚鼠等可实验感染。免疫功能不全或免疫抑制的人也有感染的报道。通过凝集试验，证明全球胎儿三毛滴虫有3 种血清型，不同血清型地理分布不同。

胎儿三毛滴虫病在全球范围内流行，感染率为 0～65.9%。在牛进行自然繁殖的地区，如欧洲、亚洲、南部非洲、南美洲、北美洲和澳大利亚等地区流行较为普遍。近年来随着人工授精技术的广泛应用，该病发病率显著下降。但由于感染公牛呈带虫状态，虫体能存活于新鲜和冷冻精液中，也偶有人工授精牛感染毛滴虫的报道。

我国由于大力推广人工授精技术，该病已经鲜有报道。

牛胎儿三毛滴虫对高温及消毒药的抵抗力很弱，50～55℃经 2～3min 死亡，在 3% H_2O_2 内经 5min 死亡，在 0.1%～0.2%甲醛内经 1min 死亡，在 40%大蒜液内存活不到 1min。在 20～22℃室温中的病理材料内可存活 3～8d，在粪尿中存活 18d；对低温耐受性较强。

三、症状与病理变化

（一）症状

公牛主要表现为脓性包皮炎，包皮黏膜上出现粟粒大的小结节，排黏液，有痛感，不愿交配。随着病情的发展，急性炎症转为慢性炎症，症状消失，但仍带虫，成为传染的主要来源。

母牛往往在自然交配后 1～3d 内出现症状。首先出现阴道红肿，黏膜上可见粟粒大小的结节，排出黏液性或黏脓性分泌物。全身情况无明显变化。多数牛于怀孕后 1～3 个月内发生流产。流产后常发生不孕。少数病例胎儿死于子宫内，引起慢性子宫炎和子宫积液，导致腹围增大，状如怀孕，触诊有波动，听诊无胎动和胎音，到预产期理所当然不见分娩。

（二）病理变化

公牛感染后，虫体首先在包皮腔和阴茎黏膜上繁殖，引起包皮和阴茎炎，继而侵入尿道、输精管、前列腺和睾丸，引起炎症，影响性功能，导致性欲减退，交配时不射精。

母牛感染后，最初的病变是阴道炎，怀孕母牛可继发子宫颈炎，常在怀孕的第 4 个月之前流产。个别病例胎儿死于子宫内，导致化脓性子宫内膜炎和子宫积脓。

四、诊断

根据临床症状、流行病学材料可做出初步诊断。确诊需要进行实验室诊断。WOAH 和我国农业标准《牛毛滴虫病诊断技术》（NY/T 1471—2017）推荐了实验室诊断技术。

（一）病原学诊断

1. 直接检查　　采集病牛的生殖道分泌物或冲洗液、胎液、流产胎儿的第四胃内容物等，制作压滴标本，用暗视野显微镜观察，或病料制作涂片，经吉姆萨染色，用放大 100 倍以上的显微镜观察，发现典型虫体，即可确诊。观察时，要注意鞭毛的数量以与其他滴虫区别。该方法检出率较低。

2. 体外培养　　将新鲜病料用改良戴蒙德培养基（ATCC medium 719）或 In Pouch TF-Feline 培养基于 37℃ 避光培养 72h，后置显微镜下直接观察，或制作压滴标本用暗视野显微镜观察或制作涂片染色后镜检。该方法检出率高于直接检查法。

（二）分子生物学诊断

主要检测病料中的虫体 DNA。所用方法有常规 PCR 和实时定量 PCR，检测的靶基因为 *ITS-1*，具有很高的特异性和敏感性。也可以先对虫体进行培养，再用 PCR 方法检测，可以显著增加敏感性。

目前，该病尚无有效的免疫学诊断方法。

五、防治

（一）治疗

（1）用碘液、锥黄素、三氮脒溶液冲洗患畜的生殖道，均能有效杀死虫体。可连用数天。

（2）甲硝唑、替硝唑也有一定疗效，但副作用较大，也容易产生耐药性。另外，出于食品安全的考虑，这两种药被禁止用于食品动物。目前，没有批准的药物用于牛胎儿三毛滴虫病的治疗。

（二）预防

（1）加强检疫。我国已基本控制该病，因此，发现新病例时应淘汰。对进口种公牛和进口精液应加强检疫，防止病原输入。

（2）大力推广人工授精技术，禁止动物本交繁殖。

（3）免疫预防。国际上已有牛胎儿三毛滴虫病灭活疫苗上市，对母牛具有较好的免疫保护效果，但对公牛效果不佳。目前，该疫苗尚未在我国注册。

第五节　牛、羊吸虫病

牛、羊吸虫病是由多种吸虫寄生于牛、羊的不同组织器官而引起的寄生吸虫病。在我国常见的牛、羊吸虫病有片形吸虫病、血吸虫病、歧腔吸虫病及前后盘吸虫病等。片形吸虫病和日本血吸虫病为我国法定人兽共患病。主要感染牛、羊的吸虫病有土耳其斯坦分体吸虫病、歧腔吸虫病、阔盘吸虫病和前后盘吸虫病等，分布广，感染率高，对牛、羊危害大。

一、土耳其斯坦分体吸虫病

土耳其斯坦分体吸虫病也称东毕吸虫病，是由分体科分体属（*Schistosoma*）土耳其斯坦分体吸虫（*S. turkestanicum*）寄生于牛羊等哺乳动物的门静脉和肠系膜静脉中而引起的寄生吸虫病。该病主要分布在亚洲和欧洲的部分地区。我国该病分布广，主要流行于东北、西北和内蒙古等地，具有一定的季节性和地域性，可引起羊死亡，是引起人尾蚴性皮炎的重要病原之一。

（一）病原

1. 病原形态　　土耳其斯坦分体吸虫，旧称土耳其斯坦东毕吸虫（*Orientobilharzia turkestanicum*），随着分子分类学的应用，已确定东毕属应归分体属，原程氏东毕吸虫（*O. cheni*）和土耳其斯坦东毕吸虫为同物异名。

土耳其斯坦分体吸虫雌雄异体，常呈合抱状态。虫体呈线形，雄虫为乳白色，雌虫为暗褐色。体表光滑无结节。口、腹吸盘相距较近，无咽，食道在腹吸盘前方分为两条肠管，在体后部再合并成单管，抵达体末端。雄虫大小为（4.39～4.56）mm×（0.36～0.42）mm。腹面有抱雌沟。睾丸数目为 78～80 个，细小，呈颗粒状，位于腹吸盘后下方，呈不规则的双行排列。生殖孔开口于腹吸盘后方。雌虫较雄虫纤细，略长，大小为（3.95～5.73）mm×（0.07～0.116）mm。卵巢呈螺旋状扭曲，位于两肠管合并处的前方。

卵黄腺在肠干的两侧。子宫短，在卵巢前方，子宫内通常只有一个虫卵。虫卵大小为（72～74）μm×（22～26）μm。无卵盖，两端各有一个附属物，一端较尖，另一端钝圆。

2. 生活史　　雌虫在牛、羊等哺乳动物的肠系膜静脉内寄生产卵。虫卵或在肠壁黏膜或被血流冲积到肝内形成虫卵结节。虫卵在肠壁处可破溃而入肠腔。在肝处的虫卵或被结缔组织包围，钙化而死亡；或破结节随血流或胆汁而注入小肠，后随粪便排至体外。虫卵在适宜的条件下经 10d 左右孵出毛蚴。毛蚴在水中遇到适宜的中间宿主淡水螺类，即迅速钻入其体内，经过母胞蚴、子胞蚴发育至尾蚴。尾蚴自螺体溢出，在水中遇到牛、羊等即经皮肤侵入，移行至肠系膜静脉和门静脉内发育为成虫。毛蚴侵入螺体发育至尾蚴约需 1 个月，从尾蚴侵入牛、羊发育至成虫需 1.5～2 个月。

（二）流行病学

该病广泛分布在我国各地区，在黑龙江、吉林、辽宁、北京、山西、陕西、甘肃、宁夏、青海等 22 个省（自治区、直辖市）均有报道。该病呈地方流行性，在内蒙古和青海个别地区十分严重，感染强度高，引起不少羊只死亡。

宿主动物主要是牛和羊，有山羊、绵羊、黄牛、水牛等，以及一些野生哺乳动物。

中间宿主为椎实螺类，有耳萝卜螺（*Radix auricularia*）、卵萝卜螺（*R. ovata*）和小土蜗螺（*Galba pervia*）。它们栖息于水田、池塘、水流缓慢及杂草丛生的河滩、水洼、草塘和小溪等处。

感染终末宿主主要有两种途径：经过皮肤接触感染和经胎盘感染。

该病具有一定的季节性，一般从 5～10 月感染和流行。北方地区多在 6～9 月牛、羊放牧时，在水中吃草或饮水时经皮肤感染。成年牛、羊的感染率往往比幼龄的高，黄牛和羊的感染率又比水牛高。

（三）症状与病理变化

该病多呈慢性经过，病畜日渐消瘦、发育不良、腹泻、贫血、流泪、颌下和腹下部水肿，消瘦，影响受胎，导致流产。如果饲养管理不善，可因恶病质而死亡。突然感染大量尾蚴时，也可引起急性发作，表现为体温上升到 40℃ 以上，食欲减退、精神沉郁、呼吸促迫、腹泻、消瘦，直至死亡。

尸体消瘦，贫血，腹腔内有大量积水。成虫主要在肝门静脉和肠系膜静脉等血管中，并可以随血液循环进入全身各组织脏器的血管，到达肝会引起肝硬化并发生肝纤维化，组织出现水肿、肾小球肾炎、胃肠炎等多种病变。肝病变最明显，表面凹凸不平、质硬，上有大小不等散在的灰白色虫卵结节。肝在病的初期呈现肿大，后期萎缩、硬化。小肠壁肥厚，黏膜上有出血点或坏死灶。

（四）诊断

流行区应结合临床症状和流行病学资料综合分析，用水洗沉淀法或尼龙筛兜集卵法进行粪便检查，发现虫卵即可确诊，因成虫排卵数少，粪便检查时应采集较多粪便。必要时也可进行尸检，在门静脉和肠系膜静脉内发现虫体即可确诊。

（五）防治

参考日本血吸虫病。

二、歧腔吸虫病

歧腔吸虫病由歧腔科（Dicrocoeliidae）歧腔属（*Dicrocoelium*）吸虫寄生于反刍动物牛、羊、骆驼和獐鹿的肝胆管和胆囊内而引起，兔、猪、犬、马有时也会感染，偶见于人体。该病流行于除南非和澳大利亚以外的世界各地，在我国西北流行较为广泛，危害较严重。常见虫种有矛形歧腔吸虫（*D. lanceatum*）和中华歧腔吸虫（*D. chinensis*）。

（一）病原

1. 病原形态

（1）矛形歧腔吸虫：虫体狭长呈矛形（图 6-9A），棕红色，大小为（6.67～8.34）mm×（1.61～2.14）mm，

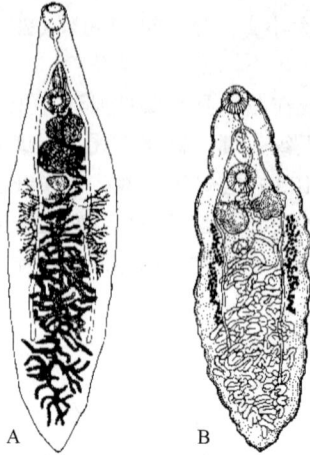

图6-9　歧腔吸虫成虫

A. 矛形歧腔吸虫（仿 Mönnig，1947）；B. 中华歧腔吸虫（仿唐仲璋和唐崇惕，1987）

体表光滑。口吸盘后紧随有咽，下接食道和两支简单的肠管。腹吸盘大于口吸盘，位于体前端 1/5 处。睾丸 2 个，圆形或钝圆形，前后排列或斜列于腹吸盘后方。雄茎囊位于肠分叉与腹吸盘之间，内含有扭曲的贮精囊、前列腺和雄茎。生殖孔开口于肠分叉处。卵巢圆形，居于后睾之后。具有受精囊和劳氏管，卵黄腺位于体中部两侧。子宫弯曲，后半部内含大量虫卵。虫卵似卵圆形，褐色，具卵盖，大小为（34～44）μm×（29～33）μm，内含毛蚴。

（2）中华歧腔吸虫：与矛形歧腔吸虫相似，但虫体较宽扁，其前方体部呈头锥形，后两侧呈肩样突（图6-9B），大小为（3.54～8.96）mm×（1.60～3.09）mm。睾丸 2 个，呈圆形，边缘不整齐或稍分叶，左右并列于腹吸盘后，虫卵大小为（5～51）μm×（30～33）μm。

2. 生活史　　歧腔吸虫需要两个中间宿主，第一中间宿主为陆地螺（蜗牛），第二中间宿主为蚂蚁。成虫产出虫卵，随胆汁进入肠道，通过粪便排出体外，虫卵被第一中间宿主蜗牛吞食后，在其体内孵出毛蚴，进而发育为母胞蚴、子胞蚴和尾蚴，虫体在蜗牛体内的发育期为 82～150d。矛形歧腔吸虫的成熟子胞蚴体较小，内含尾蚴数少；中华歧腔吸虫的成熟子胞蚴体大，内含尾蚴数也较多。尾蚴从子胞蚴的产孔溢出后，移行至螺的呼吸腔，每数十个至数百个尾蚴集中在一起形成尾蚴群囊（cercaria vitrina），外被黏性物质成为黏球，从螺的呼吸腔排出，黏在植物或其他物体上。当含尾蚴的黏球被第二中间宿主蚂蚁吞食后，尾蚴在其体内形成囊蚴。牛、羊等吃草时吞食了含囊蚴的蚂蚁而被感染。囊蚴在终末宿主的肠内脱囊，由十二指肠经胆总管到达肝胆管内寄生，经 72～85d 发育为成虫，可存活 6 年以上。

（二）流行病学

该病几乎遍及世界各地，多呈地方性流行。在我国主要分布于东北、华北、西北和西南各地。宿主动物极其广泛，现已记录的哺乳动物达 70 余种，除牛、羊、骆驼、鹿、马和兔等家畜外，许多野生偶蹄类动物均可感染。在温暖潮湿的南方地区，第一、二中间宿主可全年活动，因此，动物几乎全年都可感染；而在寒冷干燥的北方地区，中间宿主要冬眠，动物的感染明显具有春、秋两季特点，但动物发病多在冬、春季节。

动物随年龄的增加，其感染率和感染强度也逐渐增加，感染的虫体可达数千条，甚至上万条，这说明动物获得性免疫力较差。不同品种羊易感性有差异，小尾寒羊比绵羊和山羊更易感染。

虫卵对外界环境条件的抵抗力较强，在土壤和粪便中可存活数月，仍具感染性。对低温的抵抗力更强。虫卵和在第一、二中间宿主体内的各期幼虫均可越冬，且不丧失感染性。

（三）症状和病理变化

轻度感染症状不明显，但在严重感染时，会表现为慢性消耗性疾病的临床症状：精神沉郁，消瘦，腹泻，可视黏膜黄染，贫血，颌下水肿，甚至死亡。

歧腔吸虫在肝胆管内寄生可引起胆管卡他性炎症，胆管壁增生，肥厚，肝肿大，肝被膜肥厚，严重感染的病畜，可见黏膜黄染，颌下和胸下水肿。

（四）诊断

结合流行病学和临床症状进行初步诊断，粪便学检查发现虫卵或剖检肝胆囊发现虫体可确诊。

（五）防治

1. 治疗　　治疗药物主要有三氯苯丙酰嗪、六氯对二甲苯（hexachloroparaxylene）、吡喹酮（praziquantel）和阿苯达唑（albendazole）。

2. 预防　　定期驱虫，每年秋后和冬季驱虫，以防虫卵污染草原；在同一牧地上放牧的所有病畜都要同时驱虫，坚持 2～3 年后可达到净化草场的目的。灭螺、灭蚁，因地制宜，结合开荒种草、消灭灌木丛等措施消灭中间宿主。加强饲养管理，动物在潮湿和低洼的草原上放牧是最危险的，因此，应选在开阔干燥牧地上放牧。注意饲草和饮水卫生，对粪便进行无害化处理。

三、阔盘吸虫病

阔盘吸虫病是由歧腔科阔盘属（*Eurytrema*）的吸虫寄生于牛、羊等反刍动物胰和胰管内而引起，也可寄生于人体。该病主要分布于亚洲、南美洲及欧洲。在我国各地都有报道，其中东北、西北各地及内蒙古比较严重，造成较大危害。在我国，阔盘吸虫种类主要有胰阔盘吸虫（*E. pancreaticum*）、腔阔盘吸虫（*E. coelomaticum*）和枝睾阔盘吸虫（*E. cladorchis*），其中胰阔盘吸虫分布广泛，最具代表性。

1. 病原形态

（1）胰阔盘吸虫：虫体棕红色，扁平，较厚，呈长卵圆形，体表被有小棘。大小为（8～16）mm×（5～5.8）mm。吸盘发达，口吸盘比腹吸盘大。咽小，食道短，肠支简单。睾丸 2 个，圆形或略分叶，左右排列在腹吸盘稍后。雄茎囊呈长管状，位于腹吸盘与肠管分支之间。生殖孔开口于肠管分叉的后方。卵巢分叶 3～6 瓣，位于睾丸之后、体中线附近，受精囊呈圆形，在卵巢附近。子宫弯曲，内充满棕色虫卵，位于虫体的后半部。卵黄腺呈颗粒状，位于虫体中部两侧。

虫卵为黄棕色或深褐色，椭圆形，两侧稍不对称，有卵盖。大小为（42～50）μm×（26～33）μm。内含一个椭圆形的毛蚴。毛蚴体前端有一锥刺，后方有两个圆形或椭圆形的排泄囊，内含许多颗粒。胰阔盘吸虫虫卵、幼虫和成虫模式图见图 6-10。

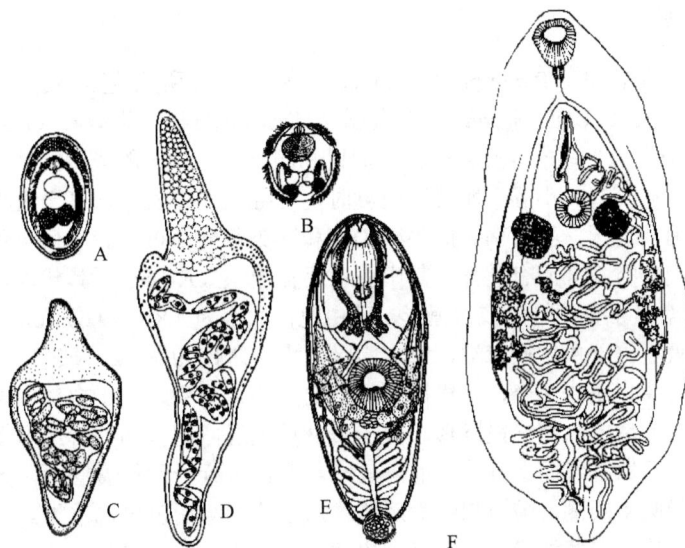

图 6-10　胰阔盘吸虫虫卵、幼虫（仿唐仲璋和唐崇悌，1987）和成虫（仿 Mönnig，1947）
A. 虫卵；B. 毛蚴；C. 母胞蚴；D. 子胞蚴；E. 尾蚴；F. 成虫

（2）腔阔盘吸虫：呈短椭圆形，体后端有一明显尾突。大小为（7.48～8.05）mm×（2.73～4.76）mm，卵巢大多数边缘完整，圆形，少数有缺或分叶。睾丸呈圆形或边缘有缺刻。虫卵大小为（34～47）μm×（26～36）μm。

（3）枝睾阔盘吸虫：虫体呈前端尖、后端钝的瓜子形。大小为（4.49～7.90）mm×（2.17～3.07）mm，口吸盘小于腹吸盘。卵巢分叶 3～6 瓣。睾丸大而分支。虫卵大小为（45～52）μm×（30～34）μm。

2. 生活史　阔盘吸虫发育需要两个中间宿主，第一中间宿主为陆地螺，第二中间宿主为草螽。成虫寄生在牛、羊等终末宿主胰管内，虫卵随胰液进入肠腔，再随牛、羊的粪便排出体外。被第一中间宿主吞食后，在其体内孵出毛蚴，进而发育成母胞蚴、子胞蚴和尾蚴。在发育形成尾蚴的过程中，子胞蚴向蜗牛的气室内移行，并从蜗牛的气孔排出，附在草上，形成圆形的子胞蚴黏团，内含尾蚴。第二中间宿主草螽吞食子胞蚴黏团后，尾蚴即从子胞蚴钻出，经 23～30d 发育为囊蚴。牛、羊等在牧地上吞食了含有囊蚴的草螽而被感染。胰阔盘吸虫的整个发育时间较长，从含毛蚴虫卵被蜗牛吞食至成熟的子胞蚴排出需 5～

6 个月，在草螽体内尚需 1 个月。尾蚴进入终末宿主胰管中至发育为成虫约需 3 个月。因此，其整个发育过程共需 9～16 个月。

3. 流行病学　　阔盘吸虫病主要流行于南美洲、亚洲和欧洲，我国流行比较普遍，新疆、内蒙古、宁夏、吉林、黑龙江、安徽和湖南等地均有该病发生。

阔盘吸虫主要寄生于牛、水牛、猪、绵羊和山羊，骆驼、鹿、野兔、猕猴、猫等哺乳动物也有寄生的报道，也可寄生于人。

4. 症状与病理变化　　当少量虫体寄生时一般没有明显的临床症状，大量寄生时，机械刺激和毒素作用使胰腺遭到破坏，牛、羊表现出以消化系统症状为主的全身症状，首先是消化不良，粪便时干时稀，然后全身逐渐消瘦贫血，下颌和腹下水肿，贫血；严重时病畜呈衰弱状态，被毛粗糙，行动迟缓，末期则陷于恶病质死亡。

阔盘吸虫在牛、羊的胰管中寄生时，由于虫体的机械性刺激和排出的毒性物质的作用，胰管发生慢性增生性炎症，致使胰管增厚，管腔狭小，严重感染时甚至管腔完全闭塞，使胰管呈树枝状，胰表面凸凹不平；胰管内因磷酸盐或碳酸盐沉着，胰管黏膜不平，有大量弥散性小结节和出血点，严重者形成不太坚硬的结石，内含大量虫卵。

5. 诊断　　主要根据临床症状、流行病学进行初步诊断，经粪便虫卵检查和尸体剖检确诊。生前诊断用水洗沉淀法检查虫卵，死后剖检在胰管中检获大量虫体。

6. 防治　　治疗阔盘吸虫病的药物有六氯对二甲苯（hexachloroparaxylene）和吡喹酮（praziquantel）。预防参照歧腔吸虫病。

四、前后盘吸虫病

前后盘吸虫病是前后盘科（Paramphistomatidae）各属吸虫所引起的疾病总称，包括前后盘属（*Paramphistomum*）、殖盘属（*Cotylophoron*）、腹袋属（*Gastrothylax*）、菲策属（*Fischoederius*）及卡妙属（*Carmyerius*）等。成虫寄生于牛、羊等反刍动物的瘤胃和胆管壁上。一般成虫的危害不甚严重，但如果大量童虫在移行过程中寄生在真胃、小肠、胆管和胆囊时，可导致严重疾患，甚至发生大批死亡。

前后盘吸虫的分布遍及全国，我国南方的牛感染率和感染强度都很高。前后盘吸虫的种类多，大小、颜色、形状及内部构造因种类不同而有差异。其中鹿前后盘吸虫（*P. cervi*）具代表性。

1. 病原　　鹿前后盘吸虫呈圆锥形或纺锤形，乳白色，大小为（8.8～9.6）mm×（4.0～4.4）mm。口吸盘位于虫体前端，腹吸盘位于虫体亚末端，口、腹吸盘大小之比为 1 : 2。缺咽，肠支甚长，经 3～4 个回旋弯曲，伸达腹吸盘边缘。睾丸 2 个，呈横椭圆形，前后相接排列，位于虫体中部。贮精囊长而弯曲。生殖孔开口于肠支起始部的后方。卵巢呈圆形，位于睾丸后侧缘，通过输卵管经卵模接子宫。子宫在睾丸后缘经数个回旋弯曲后，沿睾丸背面上升，至前睾前缘，弯曲上行于贮精囊腹面，开口于生殖孔。卵黄腺发达，呈滤泡状，分布于肠支两侧，前自口吸盘后缘，后至腹吸盘两侧中部水平。

虫卵呈椭圆形，淡灰色，卵黄细胞不充满整个虫卵，大小为（125～132）μm×（70～80）μm。

2. 生活史　　成虫在瘤胃内产卵，随粪便排至体外。虫卵在适宜的环境条件下孵出毛蚴。毛蚴于水中遇到适宜的中间宿主扁卷螺，钻入其体内，发育为胞蚴、雷蚴和尾蚴。尾蚴离开螺体后，附着在水草上形成囊蚴。牛、羊等吞食含囊蚴的水草而被感染。囊蚴在肠道溢出，为童虫。童虫在附着瘤胃黏膜之前先在小肠、胆管、胆囊和真胃内移行，寄生数十天，最后到瘤胃内发育为成虫。

3. 症状与病理变化　　该病多发于多雨年份的夏、秋季节，成虫危害轻微，主要是童虫在移行期间可引起小肠、真胃黏膜水肿、出血，发生出血性胃肠炎，或者致肠黏膜发生坏死和纤维素性炎症。小肠内可能有大量童虫，肠道内充满腥臭的稀粪。胆管、胆囊臌胀，内含童虫。病畜在临床上表现为顽固性下痢，粪便呈粥样或水样，常有腥臭。食欲减退，精神萎顿，消瘦，贫血，颌下水肿，黏膜苍白，最后病牛极度瘦弱，表现为恶病质状态，卧地不起，因衰竭而死亡。

病死牛尸体明显消瘦，可视黏膜苍白，血液稀薄。剖检可见肠系膜发生水肿，大网膜如窗户纸样薄，瘤胃、网胃寄生有大量淡红色虫体，呈长圆锥形，略微向腹面弯曲。皱胃黏膜呈胶冻样，并散布有出血点。肠壁发生水肿，肠黏膜有充血现象，且出血区存在大量出血点，肠腔中含有大量散发腥臭味的稀薄粥样物，且肠粪中往往也存在很多虫体。肝轻度肿大，胆囊由于含有大量胆汁而明显膨大，有时可见胆汁中也存在少量虫体。脾体积变小，边缘变薄。心肌颜色变淡，心肌松软，心腔内存在大量凝血块。

4. 诊断　幼虫感染阶段根据临床症状、病理变化，结合流行病学资料进行诊断，也可进行试验性驱虫。成虫寄生阶段可根据粪便中检获虫卵或死后剖检检出大量虫体确诊。

5. 防治

治疗：病牛常用硫双二氯酚（别丁）治疗，间隔1周再次用药1次，具有很好的治疗效果。需要注意的是，尽管硫双二氯酚能够有效驱杀前后盘吸虫，但该药对犊牛具有一定的副作用，可能引起严重腹泻。

预防：①定期驱虫，尤其是野外放牧饲养的牛、羊，每年需要进行3次驱虫。②消灭中间宿主，在放牧地区，可采取填平改造低洼地等措施来消灭淡水螺。对于死水塘，需要采取填埋处理，也可使用1∶50 000倍稀释的硫酸铜溶液来消灭淡水螺。③注意饮水和饲草的卫生。前后盘吸虫病往往在潮湿的低洼地区流行，通常牛在饮水或者食草时被感染，因此尽量选择在高燥地区进行放牧。另外，应及时更换动物水槽内的饮水，并定期对水槽进行清洗和消毒。④加强饲养管理，给动物饲喂适量精料。定期对动物饲舍、环境进行清扫和消毒，及时清除粪便，进行生物发酵。

第六节　牛、羊绦虫病

牛、羊绦虫病是由莫尼茨绦虫、曲子宫绦虫和无卵黄腺绦虫等寄生于绵羊、山羊、黄牛、水牛、牦牛、鹿和骆驼等反刍动物的小肠而引起的寄生绦虫病。这些绦虫常混合感染，感染普遍，危害较大。

一、莫尼茨绦虫病

莫尼茨绦虫病是由裸头科（Anoplocephalidae）莫尼茨属（*Moniezia*）的扩展莫尼茨绦虫（*M. expansa*）和贝氏莫尼茨绦虫（*M. benedeni*）寄生于牛、羊等反刍动物的小肠内而引起的一种寄生绦虫病。该病是反刍动物最重要的蠕虫病之一，分布十分广泛，多呈地方性流行，对羔羊和犊牛的危害尤为严重，可以造成大批死亡。

（一）病原

1. 病原形态

1）扩展莫尼茨绦虫　体长1～6m，宽12～16mm，呈乳白色。头节细小呈球形，具有4个吸盘而无顶突和钩。链体节片宽度大于长度，越往后长宽相差越小。成熟节片每节含两套生殖器官，两侧对称分布，生殖孔开口于节片两侧。每套雌性生殖器官各有1个卵巢和1个卵黄腺。卵巢与卵黄腺围绕着卵模构成圆环形。雄性生殖器官有睾丸300～400个，散布于整个节片之中，向两侧较密集，其输精管、精囊和雄茎均与雌性生殖管并列。每个成熟节片的后缘附近有5～28个泡状节间腺排成一行。成节形态结构见图6-11。孕节中，2个子宫互相合成网状。虫卵三角形、直径50～60μm，内有一个含有六钩蚴的梨形器。

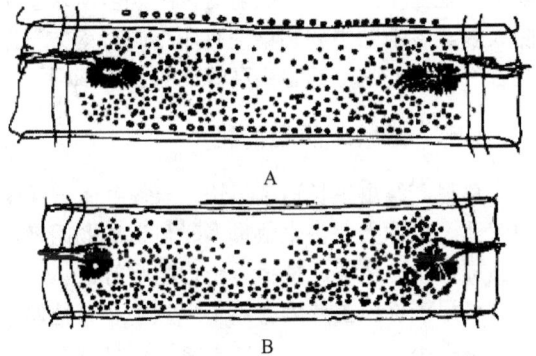

图6-11　莫尼茨绦虫成节（仿Mönnig，1947）

A. 扩展莫尼茨绦虫；B. 贝氏莫尼茨绦虫

2）贝氏莫尼茨绦虫　体长可达6m，最宽处可达26mm。生殖孔开口于两侧边缘的前1/3处。睾丸数较多（340～500个）。节片后缘附近的节间腺呈小点状分布，呈横带状，仅有扩展莫尼茨绦虫节间腺分布范围的1/3长，这是和扩展莫尼茨绦虫的主要区别点。虫卵为四方形，内有一个含有六钩蚴的梨形器。

2. 生活史　莫尼茨绦虫的成虫寄生于牛、羊、骆驼等终末宿主小肠，孕节和虫卵随粪便排出体外。虫卵被中间宿主地螨吞食，发育为似囊尾蚴。反刍动物吃草时，连同含有似囊尾蚴的地螨一起吞食而被感染。地螨在终末宿主体内被消化，释放出来的似囊尾蚴以其头节附着在肠壁，经45～60d发育为成虫。成虫在牛、羊体内的寄生期一般为3个月。莫尼茨绦虫的生活史见图6-12。

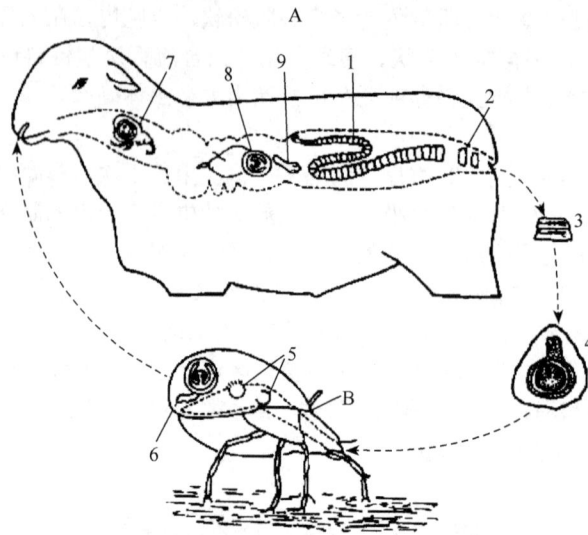

图 6-12　莫尼茨绦虫生活史（仿 Olsen et al.，2009）

A. 终末缩主；B. 中间宿主。1. 小肠中的成虫；2. 孕节随粪便排出；3. 孕节；4. 虫卵释出；5. 地螨吞食了虫卵，虫卵在肠内孵化，六钩蚴移行到体腔发育；6. 发育成熟的似囊尾蚴；7. 地螨被吞食；8. 地螨被消化，似囊尾蚴释出；9. 头节伸出，吸附在肠壁上发育，5～6 周发育为成虫

（二）流行病学

莫尼茨绦虫病呈世界性分布，我国各地均有报道。我国北方，尤其是广大牧区严重流行，每年都有大批牛、羊死于该病。该病主要为害羔羊和犊牛。随着年龄的增加，牛、羊的感染率和感染强度逐渐下降。

该病流行有明显的季节性，这与中间宿主地螨的分布、习性有密切关系。目前已报道的地螨有 30 余种。大量地螨分布在潮湿、肥沃的土壤里，耕种 3～5 年的土壤里地螨数量很少。在雨后的牧场上，地螨的数量显著增加。地螨耐寒，可以越冬，春天气温回升后，地螨开始活动，但对干燥和炎热很敏感，气温在 30℃以上、地面干燥或日光照射时，地螨多从草上钻入地下。一般认为地螨在早晨和黄昏活动较多；晴天少，阴天多。各地的主要感染期有所不同。南方气温回升早，当年生的羔羊、犊牛的感染高峰一般在 4～6 月。北方气温回升晚，其感染高峰一般在 5～8 月。

（三）症状与病理变化

莫尼茨绦虫生长速率很快，一条虫体一昼夜可增长 8cm，在羔羊体内一昼夜可生长 12cm，要夺取大量的营养。虫体大、寄生数量多时可造成肠阻塞，甚至肠破裂。虫体的毒素作用可引起幼畜出现神经症状，如回旋运动、痉挛、抽搐、空口咀嚼等。

莫尼茨绦虫主要为害羔羊、犊牛和其他幼龄反刍动物。其主要症状为食欲减退，饮欲增加，消瘦，贫血，精神不振，腹泻，粪便中有时可见孕节。症状逐渐加剧，后期有明显的神经症状，最后卧地不起，衰竭死亡。剖检可见尸体消瘦、肌肉色淡、胸腹腔渗出液增多，有时可见肠阻塞或扭转，肠黏膜受损出血，小肠内有绦虫。

（四）诊断

首先要考虑流行病学因素，如发病时间，是否多为放牧牛、羊，尤其是羔羊、犊牛，牧草上是否有大量的阳性地螨等。再考虑临床症状，然后仔细观察患病动物粪便中有无节片排出。未发现节片时，应用饱和盐水漂浮法检查粪便中的虫卵。未发现节片或虫卵时，应考虑虫体未发育成熟。死后剖检，在小肠内找到大量虫体和相应的病变即可确诊。

（五）防治

1. 治疗　可采用下列药物：①吡喹酮，口服。②氯硝柳胺（灭绦灵），口服。③甲苯达唑，口服。

④阿苯达唑，口服。

2. 预防　①由于莫尼茨绦虫病主要为害羔羊和犊牛，对幼畜应在春季放牧后 4～5 周时进行"成熟前驱虫"，间隔 2～3 周后，最好进行第二次驱虫。成年动物是主要的传染源，因此，在流行区，也应有计划地驱虫。驱虫后的粪便要集中处理，杀死其中的虫卵，以免污染草场。②根据当地情况，实行轮牧轮种，即种一年生牧草，土地经过几年耕种后，地螨可大大减少。③加强安全放牧，尽量避免在阴湿牧场或清晨、黄昏等地螨活动高峰时放牧，经常检测草场阳性地螨的情况，防治牛、羊的严重感染。

二、曲子宫绦虫病

曲子宫绦虫病是由裸头科曲子宫属（*Helictometra* 或 *Thysaniezia*）的绦虫寄生于牛、羊小肠内而引起的寄生绦虫病。常见的虫种为盖氏曲子宫绦虫（*H. giardia* 或 *T. giardia*）

（一）病原

盖氏曲子宫绦虫寄生于牛、羊的小肠内。成虫乳白色，带状，体长可达 4.3m，最宽为 8.7mm，大小因个体不同有很大差异。头节小，直径不到 1mm，有 4 个吸盘，无顶突。节片较短，每节内含有一套生殖器官，生殖孔位于节片的侧缘，左右不规则地交替排列。雄茎经常伸出，睾丸为小圆点状，分布于纵排泄管的外侧。子宫管状横行，呈波状弯曲，几乎横贯节片的全部。盖氏曲子宫绦虫的头节、孕节和成节模式图见图 6-13。虫卵呈椭圆形，直径为 18～27μm，每 5～15 个虫卵被包在一个副子宫器内。

曲子宫绦虫的生活史与莫尼茨绦虫相似。

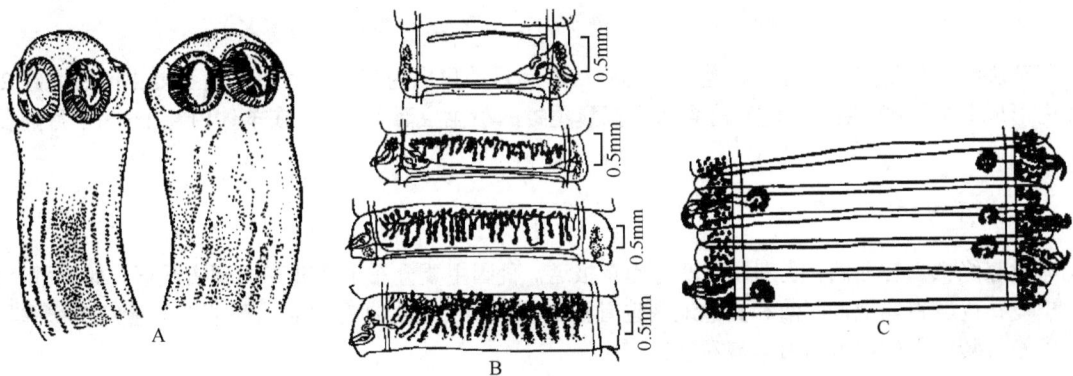

图 6-13　盖氏曲子宫绦虫

A. 头节；B. 孕节；C. 成节（仿 Mönnig，1947）

（二）流行病学

曲子宫绦虫病在非洲、欧洲、美洲及亚洲等均有分布，我国多地有报道。在多数情况下是混合感染，曲子宫绦虫与莫尼茨绦虫混合感染较多，与无卵黄腺绦虫混合感染较少，也有 3 种绦虫混合感染的。4～5 月龄前的羔羊不感染曲子宫绦虫，多见于 6～8 月龄及以上和成年绵羊，当年生的犊牛也很少感染，多见于老龄动物。该病多发于秋季到冬季。

（三）症状与病理变化

曲子宫绦虫病一般情况下不表现临床症状，严重感染时可出现贫血、腹泻和消瘦等症状。

（四）诊断和防治

参照莫尼茨绦虫病。

三、无卵黄腺绦虫病

无卵黄腺绦虫病是由裸头科无卵黄腺属（*Avitellina*）的中点无卵黄腺绦虫（*A. centripunctata*）寄生于

绵羊和山羊的小肠中而引起的寄生绦虫病。

（一）病原形态

中点无卵黄腺绦虫寄生于绵羊和山羊的小肠中。虫体长而窄，可达 2～3m 或更长，宽度仅有 2～3mm，头节无顶突和钩，有 4 个吸盘，节片极短，分节不明显。成节内有一套生殖器官，生殖孔左右不规则地交替排列在节片的边缘。卵巢位于生殖孔一侧。子宫在节片中央。无卵黄腺和梅氏腺。睾丸位于纵排泄管两侧。虫卵被包在副子宫器内，其模式图见图 6-14。

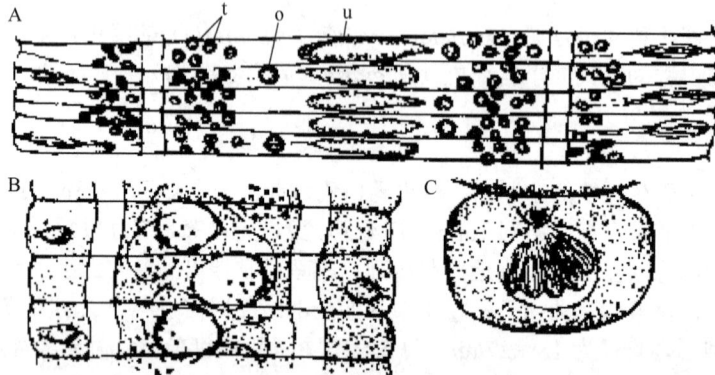

图 6-14　中点无卵黄腺绦虫（仿 Yamaguti，1958）
A. 成节；B. 孕节；C. 副子宫器；t. 睾丸；o. 卵巢；u. 子宫

无卵黄腺绦虫生活史尚不完全清楚，现已确认弹尾目的昆虫为其中间宿主。它吞食虫卵后，经 20d 可在其体内形成似囊尾蚴。绵羊在吃草时食入含似囊尾蚴的小昆虫而受感染。在羊体内经 1～5 个月的发育变为成虫。

（二）流行病学

无卵黄腺绦虫病在非洲、欧洲及亚洲等均有报道。我国主要分布于西北和内蒙古牧区，如新疆、甘肃、青海、宁夏、内蒙古等地，西南和其他地区也有报道。该病的发生具有明显的季节性，常发于秋季与初冬季节，以 6 月龄以上的绵羊和山羊最易感。

（三）症状与病理变化

无卵黄腺绦虫病的致病力不如莫尼茨绦虫病强，但严重感染时也能表现出腹痛、腹泻、贫血和消瘦等症状，并且常见于成年羊。剖检见有急性卡他性肠炎并有很多出血点，死亡羊只一般膘情较好。

（四）诊断和防治

参照莫尼茨绦虫病。

第七节　脑多头蚴病

脑多头蚴病是由带科（Taeniidae）多头属（*Multiceps*）多头绦虫（*M. multiceps*）的中绦期幼虫寄生于牛、羊等的脑组织而引起的绦虫蚴病。脑多头蚴（*Coenurus cerebralis*）又称脑共尾蚴或脑包虫，寄生于绵羊、山羊、黄牛、牦牛，偶见于骆驼、猪、马及其他野生反刍动物的脑和脊髓中，极少见于人。脑多头蚴病为世界性分布，在我国各地均有报道，但多呈地方性流行，并可引起动物死亡，是为害羔羊和犊牛的一种重要寄生虫病。多头绦虫寄生于犬、狼、狐狸及北极狐的小肠中。

一、病原

1. 病原形态　　脑多头蚴为乳白色、半透明的囊泡，囊体由豌豆到鸡蛋大，囊内充满透明液体。囊壁由两层膜组成，外膜为角质层，内膜为生发层，其上有许多原头蚴，直径为 2～3mm，数量有 100～250 个。囊内充满液体，内含酪氨酸、色氨酸、精氨酸及钾、钙、钠、镁、氯、磷脂和胺等物质。

多头绦虫长 40～100cm，由 200～250 个节片组成，最大宽度为 5mm。头节上有 4 个吸盘，顶突上有 22～32 个小钩，排列成两行。孕节的子宫内充满着虫卵，子宫侧支为 14～26 对（图 6-15）。虫卵的直径为 29～37μm，内含六钩蚴。

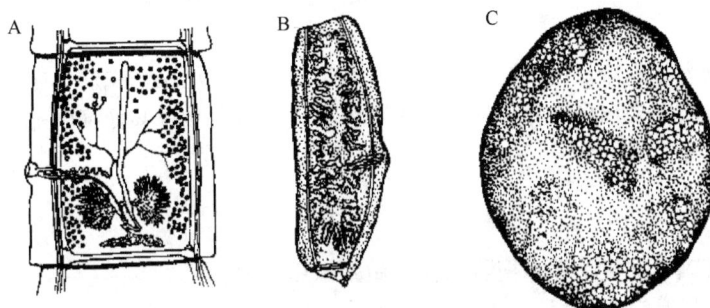

图 6-15　多头绦虫（仿 Hall and Wall，1994）
A. 成节；B. 孕节；C. 脑多头蚴

2．生活史　　成虫寄生于犬、狼等终末宿主的小肠内，脱落的孕节随粪便排出体外，污染饲草、饲料或饮水。牛、羊等中间宿主吞食后，六钩蚴钻入肠壁血管，随血流到达脑和脊髓。幼虫生长缓慢，感染后 15d 大小仅有 2～3mm，24～30d 时为 1～1.5cm，85d 为 4～7cm，感染 1 个月后开始形成头节，进而出现小钩，大约经 3 个月可变为感染性的脑多头蚴。犬、狼食肉动物吞食了含脑多头蚴的脑或脊髓而被感染。原头蚴吸附于肠壁上发育为成虫，潜隐期为 40～50d，在犬体内可存活 6～8 个月。

二、流行病学

脑多头蚴病分布极其广泛，尤以牧区最为常见。在我国，脑多头蚴病全国各地均有报道，在西北、东北及内蒙古等牧区多呈地方性流行。2 岁前的羔羊多发，全年均可发生，以春、秋两季发病率略高。脑多头蚴的主要感染源是牧羊犬。值得指出的是，从狐狸体内获得的六钩蚴对羊不具感染性。虫卵对外界因素的抵抗力很强，在自然界中可长时间保持生命力，然而在日晒的高温下很快死亡。全价饲料饲养的羔羊和犊牛，对脑多头蚴的抵抗力增强。

三、症状与病理变化

1．症状　　部分动物后肢麻痹，不能站立，四肢痉挛，惊叫不安，体温升高至 40℃，呼吸急促。育肥羊、成年羊易受惊，对喧哗表现不安，头高举，向声源相反方向逃走并表现出神经症状。表现出不同特征的转圈方向和姿势，虫体寄生在大脑半球表面的概率最多，典型转圈运动，其转动方向多向寄生部一侧。病位对侧视力发生障碍以至失明，四肢外展或内收，行走时步伐加长，易跌倒，有的病羊转圈运动或抵住障碍物不愿走动，步态不稳，转弯时最明显，后肢麻痹，小便失禁。

脑多头蚴寄生于不同部位的临床症状如下。

大脑半球：转圈运动不休止，如寄生在左脑则向右转圈，反之向左转圈，多头蚴越大则转圈范围越小。视力障碍，颅骨变薄，有的凸起，显沉郁，反应迟钝，瘦弱。

脑前部：头下垂，向前直线前进，脱离群体（绵羊）常不能自行回转，遇障碍物呆立。

大脑后部：头高举或作后退运动，颈部肌肉常僵直性痉挛，头向上仰或偏向一侧。

小脑：易受惊，对喧哗表现不安，头高举，向声源相反方向逃走，四肢痉挛性蹒跚步态，不易保持平衡，四肢外展或内收，行走时步伐加长，易跌倒。

脊髓：步伐不稳，尤其在转弯时明显，易引起后肢麻痹，尿失禁。

2．病理变化　　脑多头蚴的感染初期，六钩蚴移行，机械刺激及损伤宿主的脑膜和脑实质组织，引起脑炎和脑膜炎。虫体经 2～3 个月的发育，体积明显增大，压迫脑和脊髓，引起脑和脊髓局部组织贫血，萎缩，眼底充血，嗜酸性粒细胞增多，脑脊髓液黏度及表面张力增高和蛋白质含量增加等。脑多头蚴不断发育增大，对脑髓的压迫也随之增强，结果导致中枢神经功能障碍；致病作用还可波及脑的其他部位，并间接影响全身各系统。

急性病死病例，脑部出现脑炎、脑膜炎症状。而且脑膜上有虫体活动痕迹。慢性病死病例，脑部、脊髓等处可检出囊体，大小不一，甚至在寄生部位发现有穿孔症状，脑组织发炎、萎靡。

四、诊断

根据其特异性症状容易确诊，但要注意与某种特殊情况下的莫尼茨绦虫病、羊鼻蝇蛆病及脑瘤或其他脑病相区别，上述几种病不会出现头骨变软、变薄等现象，却有全身或其他临床症状。

五、防治

1. 治疗

（1）根据症状观察确定部位，手术摘除虫体，做好术后护理。

（2）早期病例可选用吡喹酮治疗。

2. 预防

（1）注意饲料卫生，严格控制饲料种类。

（2）加强养殖场和牧场管理，注意通风、消毒，不养犬。

（3）针对此病流行特点，定期用吡喹酮等药物驱虫，每年 2 次。

第八节　牛囊尾蚴病

牛囊尾蚴病是由带科带吻属（*Taeniarhynchus*）牛带吻绦虫（*T. saginatus*）的中绦期虫体牛囊尾蚴（*Cysticercus bovis*）寄生于牛的横纹肌、肩胛肌、心肌、咬肌等处而引起的绦虫蚴病，也称牛囊虫病。牛囊尾蚴也可寄生肺、肝、肾及脂肪等。成虫牛带吻绦虫只寄生于人的小肠中，是一种重要的人兽共患寄生虫，引起牛带吻绦虫病。

一、病原

牛囊尾蚴呈灰白色，为半透明的囊泡，囊泡长径 5～9mm，短径 3～6mm。囊内充满液体，囊壁一端有一内陷粟粒大的头节，直径有 1.5～2.0mm，上有 4 个吸盘。无顶突和小钩。

牛带吻绦虫为乳白色，带状，节片长而肥厚，长 5～10m。头节上有 4 个吸盘，但无顶突和小钩，因此，也叫无钩绦虫。头节后为短细的颈节。颈部下为链体，由 1000～2000 个节片组成。成节近似方形，每节内有一套雌雄同体的生殖系统。睾丸数为 800～1200 个。卵巢分两叶。生殖孔位于体侧缘，不规则地左右交替开口。孕节窄而长，内有发达的子宫，其侧支为 15～30 对。每个孕节内约含虫卵 10 万个。头节、成节和孕节结构如图 6-16 所示。

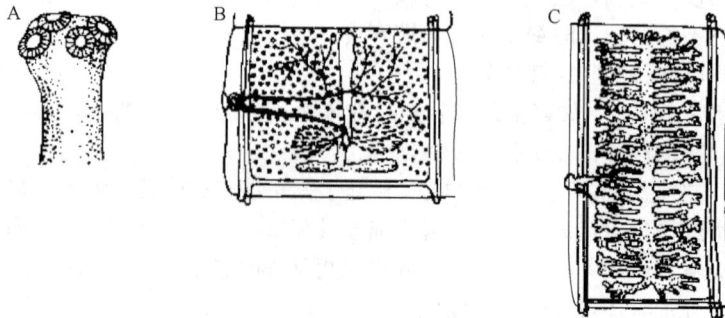

图 6-16　牛带吻绦虫（仿 Olsen，1974）

A. 头节；B. 成节；C. 孕节

虫卵呈球形，黄褐色，内含六钩蚴，结构与猪带绦虫卵相似，大小为（30～40）μm×（20～30）μm。

生活史：牛带吻绦虫寄生于人的小肠，孕节随粪便排出，也可自动地从终末宿主的肛门爬出。孕节或虫卵可污染牧地和饮水。虫卵对外界因素的抵抗力较强。当中间宿主牛吞食虫卵后，六钩蚴在小肠中逸出，钻入肠壁，随血液循环散布于全身肌肉，经10～12周发育为牛囊尾蚴。人吃生的或半生的含有牛囊尾蚴的牛肉而被感染。牛囊尾蚴经2～3个月发育变为牛带吻绦虫，其寿命可达20～30年或更长。

二、流行病学

牛囊尾蚴病和牛带吻绦虫病的发生和流行与牛的饲养管理方式、人的粪便管理、人嗜食生牛肉的习惯有密切关系。

牛带吻绦虫分布于世界各地，特别在有食生牛肉习惯的地区和民族中流行。牛带吻绦虫病在我国为一种散发的人兽共患病，在有些少数民族地区呈地方性流行。在流行区有的耕牛圈舍多兼作厕所，有的用未经处理的人粪便作肥料，使外界环境遭受污染，造成牛的感染。牛带吻绦虫卵对外界因素的抵抗力较强，在牧地上一般可存活200d以上。牛在牧地上饮污染水，是流行的重要因素。犊牛较成年牛易感染牛囊尾蚴。

人工感染试验结果揭示，狒狒和猴类均不能感染牛带吻绦虫。此外，在非洲调查了271个野生的非人灵长类和143个食肉动物，在其体内皆未发现有牛带吻绦虫，说明人是牛带吻绦虫的唯一终末宿主。

牛带吻绦虫的主要中间宿主是牛科动物，包括黄牛、水牛、瘤牛和牦牛等，但在俄罗斯的西伯利亚常发现驯鹿体内有牛囊尾蚴。人工感染试验的结果表明，在山羊和绵羊体内均未获得牛囊尾蚴。

三、症状与病理变化

牛感染囊尾蚴后一般不出现临床症状。然而人工感染试验证明，发育中的牛囊尾蚴在体内移行期间有明显的致病作用。例如，人工感染初期，可见体温升高、虚弱、腹泻、食欲不振、呼吸困难和心跳加速等，有时可使牛死亡。但在肌肉内定居并发育成熟后则几乎不显致病作用。

牛带吻绦虫可引起人体消化障碍，如腹泻、腹痛、恶心等，长期寄生时可造成内源性维生素缺乏症及贫血。

剖检可在牛的心肌、咬肌、舌肌等肌肉处发现牛囊尾蚴。

四、诊断

牛囊尾蚴病的生前诊断较困难,可采用血清学方法做出诊断,目前认为最有效的方法是 IHA 和 ELISA。尸体剖检时发现牛囊尾蚴便可确诊。一般感染强度较低，囊虫数目少，且多在肌肉深层寄生，应认真细致地进行肉品检验。

人牛带吻绦虫病的诊断，可根据孕节自动从肛门爬出有痒感，或用棉签肛拭涂片检查或粪便检查找到虫卵或孕节。

五、防治

1. 治疗　牛囊尾蚴病的治疗可试用吡喹酮和甲苯咪唑。牛带吻绦虫病可用槟榔南瓜籽合剂、仙鹤草、氯硝柳胺等治疗。近年来也用吡喹酮、阿苯达唑和巴龙霉素（paromomycin）驱虫，疗效良好。

2. 预防　①做好牛带吻绦虫病患者的普查与驱虫。②管理好人的粪便，改进牛的饲养管理方法，防止牛接触人粪。③加强牛肉的卫生检验工作，轻微感染的胴体应做无害化处理。④改变人们食生牛肉的饮食习惯，加强宣传教育。

第九节　羊囊尾蚴病

羊囊尾蚴病是由带科带属（*Taenia*）羊带绦虫（*T. ovis*）的中绦期虫体羊囊尾蚴（*Cysticercus ovis*）寄生于绵羊、山羊、骆驼等动物的心肌、膈肌、咬肌和舌肌等横纹肌所引起的绦虫蚴病，偶尔也寄生于肺、肝、肾、脑及胃肠壁。

一、病原

羊囊尾蚴卵圆形，大小为（3～9）mm×（2～4）mm。表面被膜呈半透明状，囊内充满透明液体，透过被膜可见囊壁一端有一凹入囊内的头节。

羊带绦虫寄生于犬科动物的小肠内。虫体呈乳白色，体长45～100cm。头节上有4个吸盘、顶突和24～36个小钩。生殖孔位于节片边缘的中央，孕节子宫每侧有20～25对侧支。虫卵大小为（30～40）μm×（24～28）μm，内含六钩蚴。

羊囊尾蚴主要寄生于绵羊和山羊的心肌、膈肌、咬肌和舌肌等处的横纹肌，一旦具有感染性的囊尾蚴被终末宿主犬、狼等动物吞食后，在其小肠内经6～9周发育为成虫。虫卵随犬粪排出，污染周围食物或水源。含虫卵的水或者食物被羊食入后，六钩蚴破壳而出，穿透小肠黏膜上皮，经血流到达肌肉等寄生部位，2.5～3个月发育为感染性羊囊尾蚴。感染性羊囊尾蚴只能在病变部位存活4～8周。

二、流行病学

羊囊尾蚴在美国西部较常见，欧洲罕见，我国新疆和青海均有报道，其分布无论是广度还是深度都没有猪囊尾蚴和牛囊尾蚴普遍。在过去数十年间其暴发呈散发趋势。2015年，我国于甘肃首次检测到羊囊尾蚴病疫情。

羊带绦虫卵对外界因素的抵抗力强，在牧地上，其感染性可保留一年。羊在牧地吃疫水或污染的牧草后感染，是流行的重要因素。

三、症状与病理变化

成年山羊或绵羊感染后一般不出现临床表现，羊囊尾蚴对羔羊有一定的危害，甚至可引起其死亡。幼羊被大量寄生时，可能造成生长迟缓、发育不良。寄生于舌部表层时，可见豆状肿胀。寄生于肌肉中时，在一个短时间内引起寄生部位发生肌肉疼痛、跛行和食欲不振等，但不久就会消失。

感染羊囊尾蚴的部位可出现液态或钙化的囊样结构，囊样结构退变中可出现肉芽肿或干酪样坏死病变，这可能与病变部位单个核细胞的聚集及虫体周围纤维化有密切关系。

四、诊断

羊囊尾蚴可通过其形态学特点、宿主偏好性和器官特异性等特征鉴定，但由于被感染动物一般无临床症状，且缺乏有效实验室检查，故羊囊尾蚴病的生前诊断较为困难。可用间接血凝试验和ELISA做生前诊断。死后在肌肉中发现囊虫便可确诊。

五、防治

治疗参考牛囊尾蚴病。

预防措施：在流行地区定期给犬驱虫；严禁以含羊囊尾蚴的肉制品或内脏喂犬；防止犬粪污染圈舍、饮水及外界环境。

第十节　斯氏多头蚴病

斯氏多头蚴病是由斯氏多头绦虫（*Multiceps skrjabini*）的中绦期虫体斯氏多头蚴（*Coenurus skrjabini*）寄生于绵羊、山羊、野山羊和骆驼的肌肉、皮下和胸腔内等处而引起的绦虫蚴病。多头蚴大小如同鸡蛋，圆形或椭圆形。成虫寄生于犬科动物的小肠中，体长有20cm，头节顶突上有小钩32个。子宫侧支为20～30对。虫卵大小为32μm×26μm。

斯氏多头蚴的形态构造与脑多头蚴无区别，实验证明，二者也属同物异名，只是寄生部位不同。

第十一节　消化道线虫病

寄生于牛、羊、骆驼消化道的线虫种类多，其中毛圆科线虫较为常见。毛圆科包括血矛属（*Haemonchus*）、奥斯特属（*Ostertagia*）、毛圆属（*Trichostrongylus*）、马歇尔属（*Marshallagia*）、古柏属（*Cooperia*）、细颈线虫属（*Nematodirus*）和长刺属（*Mecistocirrus*）等，多为混合感染，分布遍及全国各地，危害十分严重，其中以血矛属的捻转血矛线虫致病力最强。

一、血矛线虫病

血矛线虫病是由血矛属线虫寄生于牛、羊、骆驼等反刍动物第四胃而引起的寄生性线虫病。血矛线虫以宿主血液为营养，可引起宿主贫血及贫血综合征，严重感染可引起幼畜大批死亡。该病呈世界性分布，国内各地均有报道，尤其在一些牧区，羊群感染严重，感染率可达 70%～80%。巴西和澳大利亚有感染人的报道。该病为我国三类动物疫病。

（一）病原

1. 病原形态

1）捻转血矛线虫（*H. contortus*）　　最为常见，也称捻转胃虫。虫体呈毛发状，因吸血而呈淡红色。具有一个很小的口腔，内含一根纤细的长在背壁上的矛状角质齿。口的周围有 3 个不明显的唇瓣。颈乳突显著，刺状，伸向侧后方。雄虫长 15～19mm，有交合伞，形大，具有两个对称的侧叶及不对称的背叶。背叶位置歪斜，附于左侧叶内面的基部，长约 150μm，宽约 125μm。背肋呈倒 "Y" 形，两分支末端各有小分支。外背肋细小纤长，斜向侧叶延展，是各肋中最长的一支。腹腹肋和侧腹肋在基部愈合为一，而在顶部则分开。侧肋分 3 支，外侧肋较大，直形，尖端与叶缘相接触，中侧肋及后侧肋则弯向外方。交合刺 2 根，长 300～500μm，基部宽阔向尖端逐渐消减，左右交合刺尖端有小钩。具有导刺带，扁长形，长度 200μm。雌虫长 18～30mm，因白色的生殖器官环绕于红色含血的肠道周围，形成红白线条相间的外观，故称捻转血矛线虫。阴门位于虫体后半部，有一显著的瓣状阴门盖。虫卵大小为（75～95）μm×（40～50）μm。卵壳薄，光滑，稍带黄色，新排出的虫卵含 16～32 个胚细胞。捻转血矛线虫形态结构见图 6-17。

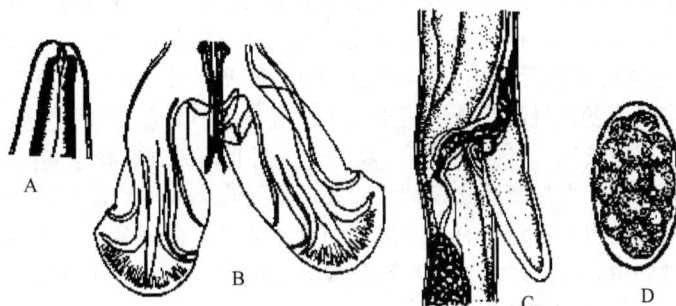

图 6-17　捻转血矛线虫（仿 Soulsby，1982）
A. 头端；B. 交合伞；C. 阴门盖；D. 虫卵

2）柏氏血矛线虫（*H. placei*）　　寄生于牛的雌虫，阴门盖呈舌片状；寄生于羊的雌虫，阴门盖呈小球状。

3）似血矛线虫（*H. similis*）　　与捻转血矛线虫相似，不同之处在于虫体较小，背肋较长，交合刺较短。

4）长柄血矛线虫（*H. longistipes*）　　雄虫长 9.8～11.5mm，雌虫长 14.5～19.5mm，雌虫舌形的阴门盖位于阴门前或阴门后。

2. 发育史　　捻转血矛线虫寄生于反刍兽的第四胃，偶见于小肠。虫卵随粪便排到外界，在 20～35℃条件下，经约 1d 孵出第 1 期幼虫（L1）。L1 离开卵壳，自由生活，再经 3～4d 发育为 L3 感染性幼虫。L3 长 0.508～0.728mm，宽 0.021～0.025mm。食道呈丝状，长 0.140～0.147mm。尾长 0.055～0.074mm，尾鞘长 0.107～0.154mm。扫描电镜观察，L3 体表有明显的横纹，横纹间有许多不规则的纵行沟隙，虫体两侧各有 1 条粗大的纵脊。虫体头呈圆形，头端中央有一似三角形口孔，周围有唇片包绕。唇片叠错，界限不清，像玫瑰花的花瓣。头部有 4 个短椭圆形乳突，亚背侧和亚腹侧各 2 个。在乳突的同一水平线上，口旁两侧各有 1 个宽大且深的椭圆形凹陷，非常发达，为头感器开口。虫体尾部细长，肛门部角皮呈球状隆起，肛门呈圆形，开口朝向尾端。感染性幼虫带有鞘膜，在干燥环境中，可借休眠状态生存 1.5 年。

L3 被终末宿主食入后进入第四胃，钻入黏膜上皮之间，开始摄食，经 30～36h 进行第 3 次蜕皮，发育为 L4。L4 附着在黏膜表面，导致附着处黏膜出现出血点。感染后 9～11d，虫体进行第 4 次蜕皮，发育为 L5，即童虫。感染后第 16 天，雌虫发育成熟，粪便中可检出虫卵。雌虫经过 25～35d 的发育进入产卵高峰，每条雌虫每天可产卵 5000～10 000 个。成虫游离在胃腔内，寿命不超过 1 年。

（二）流行病学

捻转血矛线虫呈全球性分布，非洲、欧洲、大洋洲、亚洲、北美洲、中美洲和南美洲等均有分布。我国各地普遍存在。据调查，北方山羊、绵羊感染率为 93.3% 和 78.9%，福建山羊感染率为 76.54%。

捻转血矛线虫的宿主范围较广，包括黄牛、牦牛、绵羊、山羊、猪、骆驼、欧黄鼠、小黄鼠、赤颊黄鼠、驯鹿、狍、黑尾鹿、美洲驼鹿、斑鹿、美洲叉角羚、美洲野牛、捻角山羊、野山羊、非洲羚羊、梅花鹿、岩羊、麝牛、印度羚、跳羚、马羚、貂羚、旋角羚、大角斑羚、林羚、狷羚、南非大羚羊、羚羊、水羚、大羚羊、红小羚羊、羊驼、北极熊、印度象等。兔可以实验感染。该虫也寄生于人。

各种带虫动物均可排出虫卵，因而是捻转血矛线虫病的传染源。

宿主感染的途径是采食含有感染性幼虫的牧草或饮水时食入感染性幼虫。

捻转血矛线虫虫卵对外界抵抗力不强。一般认为，20～35℃是虫卵发育最佳温度，温度升高或降低都会延长虫卵发育为 L3 的时间并减少 L3 的发育率。如果温度低至 0℃，只要 48h，所有虫卵均会死亡。温度达到 40℃，则不能发育为 L3。

L1 和 L2 对温度较为敏感，当温度到达 40℃时不能发育为下一期幼虫。L3 具有较强的抵抗力，在室温、30℃和 35℃的水中分别存活 246d、98d 和 35d。在 40℃的水中存活 9d，但第 5 天后活力明显下降。于 50℃的水中 1d 后死亡。在无水的 0℃下，大多数幼虫 52d 内死亡，但有 1%～2% 的虫体到 112d 还活着。

牛、羊粪便和土壤是幼虫的隐蔽所。L3 幼虫具有背地性和向光性，在温度、湿度和光照适宜时，幼虫就从牛、羊粪便或土壤中爬到牧草上；环境不利时又回到土壤中隐蔽，幼虫受土壤的庇护得以延长其生活时间。在我国福建，L3 春季可以存活 61d，夏季存活 56d，秋季存活 115d，冬季存活 64d。

在我国，由于地域广阔，各地气温等条件差别较大，流行季节显示出较大差别。北方牛、羊的感染季节主要是夏季，南方终年都能发生，但主要在夏、秋两季。西北地区则有春季高潮和秋季小高潮。L3 感染牛、羊后，可以发生滞育现象，即发育停止在幼虫阶段，不发育为成虫。在条件合适的情况下进一步发育为成虫。虫体滞育现象出现于世界各地，有冬季滞育和夏季滞育。在严冬季节和高温夏季，由于外界环境中虫卵不能发育为感染性幼虫，因此，虫体滞育现象成为当地牛、羊春秋季节发病的重要原因之一。我国西北地区的春季高潮即可能与虫体滞育相关。

感染后，某些羊表现出不敏感性。不敏感性产生的原因与羊的遗传有关，也与免疫应答有关。

当再次感染时，羊可以出现所谓"自愈"现象，即感染羊再次感染时，可以导致体内虫体全部排出。无论是敏感羊还是不敏感羊，均可出现。自愈现象多出现于绵羊。自愈反应没有特异性，捻转血矛线虫的自愈反应，既可以引起真胃其他线虫（如普通奥斯特线虫和艾氏毛圆线虫）的自愈，还可以引起肠道线虫（如蛇形毛圆线虫）的自愈。早期的研究表明，出现自愈现象的羊往往伴有血液组胺升高、抗体滴度上升和真胃黏膜水肿。近年来的研究表明，无论是不敏感性还是自愈现象，导致虫体排出的机制多与体内一系列免疫应答有关。参与虫体排出的分子包括特异性抗体、效应细胞、细胞因子和其他分子。效应细胞包括浆细胞和嗜酸性粒细胞，细胞因子包括 IL-4、IL-5 和 IL-13，其他分子主要是半乳糖结合凝集素。

（三）症状与病理变化

1. 致病作用　　主要致病作用是导致贫血。贫血的主要机制包括两个方面，一是 L4 和成虫均吸血，二是虫体变换叮咬处，引起胃黏膜出血。据估算，感染后 6～12d，平均每条虫体每天可导致 0.05ml 血液进入粪便中。贫血的发生有 3 个阶段。第一阶段出现于感染后 7～25d。在这一阶段，感染羊红细胞压积（HCT）迅速由 33% 降低到 22%，而血浆铁离子保持正常。贫血的第二阶段可持续 6～14 周。在该阶段，HCT 低于正常水平，铁离子大量从粪便中流失，血浆和骨髓铁离子降低。随着铁离子耗尽，贫血进入第三阶段，羊

HCT 迅速下降，造血功能紊乱。在贫血的同时，大量血浆蛋白流失到消化道中，每天为 210～340ml。

除吸血和引起出血外，虫体还可以引起附着处黏膜发炎。虫体分泌的毒素，可以造成机体代谢功能紊乱等。据估算，500 条虫体尚不足以致病，但病畜常常感染数以千计的虫体，危害严重。

2. 症状　　临床症状多出现于幼龄动物，分为三型。急性型以突然死亡为特征，多发生于羔羊。尸体眼结膜苍白，高度贫血。亚急性型显著贫血，眼结膜苍白，下颌间和下腹部水肿，被毛粗乱，下痢与便秘交替，逐渐衰弱，病程一般为 2～4 个月，如不死亡，则转为慢性。慢性型表现出生长发育停滞、发育受阻、动作迟缓、消瘦、毛粗乱无光泽，成年羊多不表现临床症状，但在饲料缺乏的情况下，也能导致严重感染与发病死亡。

3. 病理变化　　患病动物往往因为体力衰竭、虚脱致死。死后剖检可见黏膜和皮肤苍白，血液稀薄水样。内部脏器官苍白，胸腔、心包积水，胃黏膜水肿，有小的创伤及溃疡，小肠和盲肠黏膜卡他性炎症。

（四）诊断

根据流行病学资料和临床症状可以做出初步诊断。粪便检查发现大量虫卵和粪便培养鉴定幼虫可以做出诊断。剖检具有典型症状的病畜发现大量虫体可以做出诊断。需要注意的是，捻转血矛线虫虫卵易与其他圆线虫虫卵，特别是食道口线虫虫卵相混淆。粪便虫卵检查时应注意区分，较好的办法是进行粪便培养，鉴定幼虫。针对捻转血矛线虫特异性抗原建立的 ELISA 和胶体金试纸条等血清学检测方法可用于该病的早期诊断。

（五）防治

1. 治疗　　可用左咪唑、噻苯唑、阿苯达唑、甲苯唑、伊维菌素等药物进行驱虫，同时补饲富含蛋白质、矿物质（尤其是铁）的精料。

2. 预防

1）预防性驱虫　　可根据当地的流行情况给全群羊进行驱虫。计划性驱虫一般在春、秋季各进行一次。在转换牧场时应进行驱虫。

2）轮牧　　轮牧是减少捻转血矛线虫感染的重要手段。根据捻转血矛线虫的流行特点，适时转移牧场，与马等不同品种牲畜进行轮牧，能够大大降低捻转血矛线虫的感染，但不同的饲养管理模式效果可能不一样。

3）加强饲养管理　　放牧羊应尽可能避开潮湿地带，尽量避开幼虫活跃的时间，以减少感染机会。注意饮水清洁卫生，建立清洁的饮水点。合理补充精料和微量元素，提高动物自身的抵抗力。饲料中添加微量的铜有助于提高动物对捻转血矛线虫的抵抗力。

4）改善牧场管理　　控制牧场载畜量。圈养时加强粪便管理。

5）生物防控　　使用捕食性真菌进行生物防控是近几年出现的新技术。某些真菌可以捕食线虫的幼虫。因此，把此类真菌使用在草场上，可以大大减低线虫的感染。目前，在国外已经取得了极大的进展。

6）免疫预防　　国外曾使用经放射线照射而致弱的虫体幼虫作为疫苗来预防捻转血矛线虫感染，但由于对 6 月龄以下的羊不能产生很好的免疫保护作用，此类疫苗并没有大面积推广。近年来，人们运用现代技术，对新型疫苗进行了大量探索。目前，有一种商品化疫苗 Barbervax 用于预防该病。该疫苗由英国 Moredun 研究所和澳大利亚西澳第一产业和区域发展部联合研发，2014 年 10 月首先在澳大利亚注册上市，其有效抗原为虫体的"隐蔽抗原"H11 和 H-gal-GP。

二、奥斯特线虫病

奥斯特线虫病是由奥斯特属线虫寄生于牛、羊等反刍动物第四胃及小肠而引起的疾病，该病对牛危害严重。

（一）病原

1. 病原形态　　奥斯特线虫俗称棕色胃虫。虫体中等大小，长 10～12mm。口囊小。交合伞由两个侧叶和一个小的背叶组成。腹肋基本上是并行的，中间分开，末端又互相靠近；背肋远端分两支，每支又分出 1 或 2 个副支。有副伞膜。交合刺较粗短。雌虫阴门在体后部，有些种有阴门盖，其形状不一。

常见种有环纹奥斯特线虫（*O. circumcincta*）、三叉奥斯特线虫（*O. trifurcata*）和奥氏奥斯特线虫（*O. ostertagi*）。环纹奥斯特线虫和三叉奥斯特线虫主要感染绵羊和山羊，奥氏奥斯特线虫主要感染牛。虫卵大小为（80～85）μm×（40～45）μm。三叉奥斯特线虫雄虫后端形态结构见图6-18。

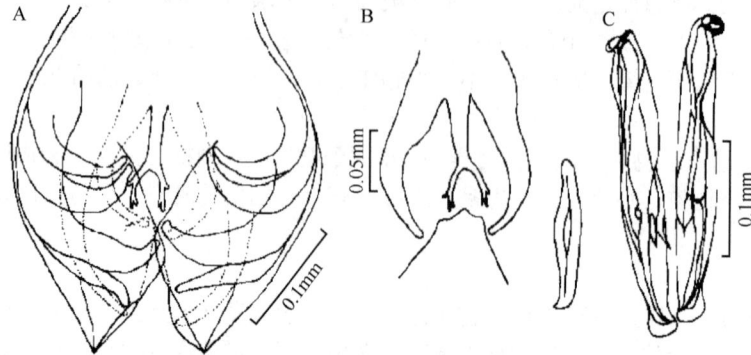

图6-18　三叉奥斯特线虫（仿唐仲璋和唐崇惕，1987）
A. 交合伞；B. 交合伞背叶和引器；C. 交合刺

2. 发育史　　属直接发育型。虫卵随粪便排出，在适宜条件下2周内发育成感染性L3幼虫。潮湿环境下，L3从粪便爬到牧草上，被家畜摄取后即在瘤胃内脱鞘，进入真胃腺腔内进一步发育。两次蜕皮后，L5在感染后18d从腺体内爬出，在黏膜表面发育为成虫。整个生活史约3周。某些情况下，L4早期可出现滞育6个月之久。

（二）流行病学

奥斯特线虫呈世界性分布，在温带气候及有冬季降雨的亚热带地区尤其重要，我国也广泛存在。

奥斯特线虫可以感染的宿主比较广泛。奥氏奥斯特线虫除感染牛外，也可以感染羊、野生山羊、鹿、羚羊、骆驼、羊驼等。环纹奥斯特线虫可以感染绵羊、山羊、岩羚羊、驯鹿等。三叉奥斯特线虫除感染绵羊、山羊外，也可以感染牛。

任何带虫动物都可以成为奥斯特线虫病的感染来源。

在春天，当环境温度达到10℃以上时，虫卵开始发育为L3。起初，发育速率很慢。临近盛夏，随着温度的升高，虫卵发育的速率越来越快。秋天，从虫卵发育到L3阶段的速率又变慢。

奥斯特线虫L3对低温有比较强的抵抗力，可以在草场上越冬。春天放牧时，牛群放牧3～4周即可发病。牛奥斯特线虫病有两型临床表现，Ⅰ型疾病发生于首次集中放牧的犊牛。在北半球，Ⅰ型疾病通常发生于七月中旬以后，发病率很高，通常超过75%。Ⅱ型疾病通常发生于首次放牧之后的春季或冬末，1岁犊牛易感。

（三）致病作用与症状

1. 致病作用　　虫体的致病作用主要是虫体对胃黏膜的损伤。感染40 000条以上成虫的严重病例，虫体对胃黏膜的损伤首先造成皱胃酸度降低，pH从2升到7，胃蛋白酶原无法激活，皱胃抑菌效应因此消失，皱胃上皮对大分子物质的通透性增加。胃蛋白酶原进入循环系统，血浆蛋白进入肠腔，最终导致低清蛋白血症。大量内源性蛋白流失，导致机体蛋白质合成和能量代谢紊乱，引起肌肉蛋白消耗和脂肪沉积。

2. 症状　　犊牛症状明显，表现出两型。

Ⅰ型疾病通常发生于首次集中放牧的犊牛，常发生于七月中旬以后。Ⅱ型疾病通常发生于首次放牧之后的春季或冬末，1岁牛犊易感。

Ⅰ型疾病出现严重水样腹泻，持续不断，粪便呈鲜绿色。发病率高，及时治疗死亡率低。

Ⅱ型疾病腹泻呈间歇性，可见厌食和口渴。低清蛋白血症更加明显，往往出现下颌水肿。发病率相对较低，如不及时治疗，死亡率很高。

（四）诊断

根据发病年龄、临床症状、发病季节、放牧史等可做出初步诊断。

粪便虫卵计数每克粪便虫卵数（EPG）达到 1000 个，对 I 型疾病具有诊断价值。II 型疾病虫卵计数可变性很大，甚至是阴性，诊断价值很有限。

尸体剖检在皱胃表面发现成虫可确诊。成虫荷虫量通常在 40 000 以上。

（五）防治

1. 治疗　　可用左咪唑、噻苯唑、阿苯达唑、甲苯唑、伊维菌素等药物进行驱虫。

2. 预防

1）定期驱虫　　虫卵污染牧场的关键时期在 7 月中旬，可在春季和 7 月放牧的时间段进行 2 次或 3 次驱虫，以减少沉积在牧场上的虫卵数。瘤胃缓释剂可在 3～5 个月内持续释放驱虫药，对于首次放牧的犊牛效果较好。

2）轮牧　　于 7 月中旬驱虫后将犊牛转移到安全牧场，牛群在第二个牧场的感染量会明显降低。也可进行成年牛与犊牛轮牧。易感牛犊先于成年牛放牧，可以减少犊牛感染。

3）加强饲养管理　　注意饮水清洁卫生，建立清洁的饮水点。合理补充精料和微量元素，提高动物自身的抵抗力。

三、毛圆线虫病

毛圆线虫病是由毛圆属虫体寄生于牛、羊等反刍动物的第四胃与小肠而引起的疾病，该病对羊危害较大。

（一）病原

1. 病原形态　　虫体细小，一般不超过 7mm，呈淡红色或褐色。缺口囊和颈乳突。排泄孔开口于虫体前端腹侧的一个明显凹陷内。雄虫交合伞侧叶大，背叶极不明显。背肋小，末端分小支。腹腹肋特别细小，常与侧腹肋成直角。侧腹肋与侧肋并行。交合刺短而粗，常有扭曲和隆起的脊，呈褐色。有引器。雌虫阴门位于虫体的后半部，子宫一向前，一向后。无阴门盖，尾端钝。虫卵呈椭圆形，壳薄。常见种有如下几种。

1）蛇形毛圆线虫（*T. colubriformis*）　　雄虫长 4～6mm。背肋小，末端分小支。腹腹肋特别细小，前侧肋粗大。两根交合刺近于等长，远端具有明显的三角突。雌虫长 5～6mm。虫卵大小为（79～101）mm×（39～47）mm。寄生于绵羊、山羊、牛、骆驼及许多羚羊小肠的前部，偶见于真胃，也寄生在兔、猪、犬及人的胃中，是牛、羊体内最常见的种类。

2）艾氏毛圆线虫（*T. axei*）　　雄虫长 3.5～4.5mm。背肋稍长而细，末端分小支。两根交合刺不等长，形状相异。雌虫长 4.6～5.5mm。虫卵大小为（79～90）μm×（35～42）μm。寄生于绵羊、山羊、牛及鹿的真胃，偶见于小肠，也见于马、驴及人的胃中。

3）突尾毛圆线虫（*T. probolurus*）　　雄虫长 4.3～5.5mm。背肋很短，末端分支。侧腹肋较其他肋粗大。两根交合刺深褐色，粗壮，几乎等长，远端具有明显的三角突。雌虫长 4.5～6.5mm。虫卵大小为（76～92）μm×（37～46）μm。寄生于绵羊、山羊、骆驼、兔及人的小肠中。

2. 生活史　　虫卵随宿主粪便排至外界，在 27℃和一定湿度条件下，经 5～6d 发育为 L3 感染性幼虫。温度低时发育时间将延长，需 1～2 周才能发育为 L3 感染性幼虫。幼虫可移行至牧草的茎叶上。牛、羊吃草时经口感染。幼虫在小肠黏膜内进行第 3 次蜕皮，第 4 期幼虫重返肠腔，最后一次蜕皮后，在感染后 21～25d 发育为成虫。

（二）流行病学

绵羊和山羊，特别是断乳后至 1 岁的羔羊对毛圆线虫最易感。母羊往往是带虫者，成为羔羊的感染源。毛圆线虫的 L3 感染性幼虫对外界因素抵抗力较强，在潮湿的土壤中可存活 3～4 个月，且耐低温，可在牧场越冬，从而使动物春季感染发病。炎热、干旱的夏季对幼虫的发育和存活均不利。

我国与世界其他温带地区一样，成年动物每年排卵出现两次高峰，一次是春季（4~6月）排卵大高峰，另一次是秋季（8~9月）排卵小高峰。当年生的羔羊和犊牛一年只有一次秋季排卵高峰。L3 感染性幼虫在牧场上也出现两次高峰，一次是秋初，另一次是春初。毛圆线虫的寄生性幼虫，在冬季可于 L3 阶段出现滞育，滞育率约在 20%。虫体滞育对于来年春季排卵高峰具有一定作用。

（三）症状与病理变化

毛圆线虫体虽小，但由于动物感染普遍，感染强度大，往往可达数千条，因而危害严重。3000~4000条成虫可导致 2~3 月龄未断奶羔羊死亡。幼虫和成虫可破坏胃肠道黏膜上皮细胞的完整性，引起出血、水肿，血清蛋白流入肠腔发展为低蛋白血症。磷和钙的吸收受到抑制，导致骨质疏松。

严重感染可引起急性发病，表现为腹泻、急剧消瘦，体重迅速减轻，死亡。轻度感染可引起食欲不振，生长受阻，消瘦，贫血，皮肤干燥，排软便或腹泻与便秘交替发生。羔羊可发生死亡。牛和骆驼以拉稀为主要症状。

急性病例胃肠道黏膜肿胀，轻度充血，覆有黏液，十二指肠病变较为明显。慢性病例可见尸体消瘦，贫血，肝脂肪变性，胃肠道黏膜肥厚，发炎和溃疡。

（四）诊断

根据临床症状、发病季节、死后剖检及粪便检查可做出诊断。粪便培养，根据感染性幼虫的形态可做出属的鉴定。

（五）防治

可用苯硫咪唑、甲苯咪唑、阿苯达唑或伊维菌素等药驱虫。防治措施应把驱虫与轮牧相结合。只驱虫，不进行轮牧，往往效果不佳。驱虫后必须把动物，特别是羔羊和犊牛转移到清洁牧场放牧，以防再感染。

四、马歇尔线虫病

马歇尔属虫体形态与奥斯特属线虫相似，但背肋细长，远端分成两支，每支的端部有 3 个小分叉。外背肋较细长，起始于背肋基部，远端几乎达到交合伞边缘。

我国常见种为蒙古马歇尔线虫（*M. mongolica*）。雄虫长 11~15mm；雌虫长 12~17mm。虫卵大小为（182~217）μm×（83~115）μm。寄生于双峰骆驼、羊、牛等动物的真胃。

虫体属于直接发育型。动物因食入感染性幼虫而被感染。临床症状主要表现为严重消瘦，多发生在早春季节。剖检时，可在真胃中发现大量马歇尔线虫，胃黏膜有卡他性炎症。

五、古柏线虫病

古柏属线虫新鲜虫体呈红色或淡黄色，雄虫长 4~12mm，雌虫长 5~8mm。头端呈圆形，较粗，角皮膨大，有横纹。交合伞的背叶小。背肋分两支，常向外方弓曲，因而形成所谓竖琴样的外观。腹腹肋比侧腹肋细小，两者平行向前，相距较远。腹侧肋比另两个侧肋细。交合刺短粗。

我国常见种有等侧古柏线虫（*C. laterouniformis*）和叶氏古柏线虫（*C. erschowi*），主要寄生于反刍动物的小肠和胰，很少见于第四胃。

虫体属于直接发育型。动物因食入感染性幼虫而被感染。严重感染时，有腹泻、厌食、进行性消瘦等症状，最后可导致死亡。剖检时可见小肠前半部的黏膜上有大量小出血点，后半部有轻度卡他性渗出物。

六、细颈线虫病

细颈线虫属线虫的外观和捻转血矛线虫相似，但虫体前部呈细线状，而后部较宽。口缘有 6 个乳突围绕。头端角皮形成头泡，其后部有横纹。无颈乳突。交合伞有两个大的侧叶，上有圆形或椭圆形的表皮隆起。背叶小，很不明显。背肋为完全独立的两支。腹肋密接并行，中侧肋与腹侧肋相互靠紧。交合刺细长，互相连接，远端包在一共同的薄膜内。无引器。雌虫阴门位于体后 1/3 处，尾端平钝，带有一小刺。常见有如下几种。

1. 奥拉奇细颈线虫（*N. oiratianus*） 雄虫长 9～12mm，雌虫长 12～16mm。虫卵大小为（255～272）μm×（119～153）μm，产出时内含 8 个细胞。成虫寄生于绵羊、骆驼、鹿等的小肠内。

2. 尖刺细颈线虫（*N. filicollis*） 雄虫长 7.5～15.0mm，雌虫长 19.0～21.0mm。虫卵大小为（165～175）μm×（76～86）μm，产出时内含 8 个细胞。成虫寄生于绵羊、山羊、黄牛等小肠内。

虫体属于直接发育型。动物因食入感染性幼虫而被感染。感染性幼虫在小肠黏膜内经 20d 发育到成虫期。细颈线虫对牛羊均有较强致病力。在西部非洲，雨季时常给山羊造成很高的死亡率。牛严重感染时出现腹泻，食欲不振，衰弱，体重减轻等症状。但粪便中虫卵很少，每克粪便中虫卵数仅 10～14 个。羊对再次感染有抵抗力，特别是羔羊，在感染后 2 个月内出现抵抗力，表现为虫卵数量下降，体内虫体被排出。

七、长刺线虫病

长刺属线虫角皮上有纵脊。口囊内有一个大的背齿。雄虫交合伞的侧腹肋和腹侧肋同等大，并大于所有其他的肋。背叶甚小。交合刺细长，并行，末端构造简单。雌虫的生殖孔靠近肛门。

我国常见种为指形长刺线虫（*M. digitatus*）。虫体呈淡红色。雄虫长 25～31mm，交合伞背叶小，长方形，对称地夹在两侧叶之间。两侧叶舌片状。交合刺细长，几乎全部连接在一起，顶端有纺锤状、管状构造包裹。雌虫长 30～45mm，卵巢环绕肠管，阴门距尾端 0.6～0.95mm，阴门盖为两片。虫卵大小为（105～120）μm×（51～57）μm。寄生于黄牛、水牛和绵羊的第四胃。

在牛体内，从感染性幼虫发育到成虫需要 60d。严重感染时，对牛也有致病力。致病作用与捻转血矛线虫相似。

八、犊弓首蛔虫病

犊弓首蛔虫病（旧称犊新蛔虫病）是由牛弓首蛔虫（*Toxocara vitulorum*）寄生于犊牛小肠内引起的一种寄生线虫病，主要引起肠炎、腹泻、腹部膨大和腹痛等症状。该病分布遍及世界各地，我国多见于南方各地，初生牛大量感染时可引起死亡，对发展养牛业危害甚大。

（一）病原

牛弓首蛔虫属弓首科（Toxocaridae）弓首属（*Toxocara*），是寄生于牛体最大的肠道线虫。虫体粗大，淡黄色，表皮透明，可以看到体内器官。头端具有 3 片唇，食道呈圆柱形，后端由一个小胃与肠管相连。雄虫长 11～26cm，尾部有一小锥突，弯向腹面，有形状相似的交合刺一对（图 6-19）；雌虫长 14～30cm，尾直，生殖孔开口于虫体前部 1/8～1/6 处。虫卵呈亚球形，大小为（70～80）μm×（60～66）μm，卵壳厚，外层为蜂窝状。

雌虫所产虫卵随粪便排出体外，在外界适宜条件下发育为感染性虫卵（内含第 2 期幼虫）。牛吞食后释放出幼虫，穿过肠壁，大部分移行至肝、肺、肾等器官组织，发育成第 3 期幼虫。待母牛妊娠 8.5 个月左右时，幼虫移行至子宫，进入胎盘羊水中，发育成第 4 期幼虫，被胎牛吞入肠中发育。犊牛出生后，幼虫在小肠内进行第 4 次蜕皮，并经 25～31d 发育为成虫。成虫在小肠可生活 2～5 个月。幼虫移行时除到子宫外，还有一部分经循环系统到达乳腺，犊牛通过吸吮母乳被感染并在小肠内发育为成虫。另有一途径是幼虫从胎盘移行至胎儿的肝和肺，再移行至小肠发育为成虫。

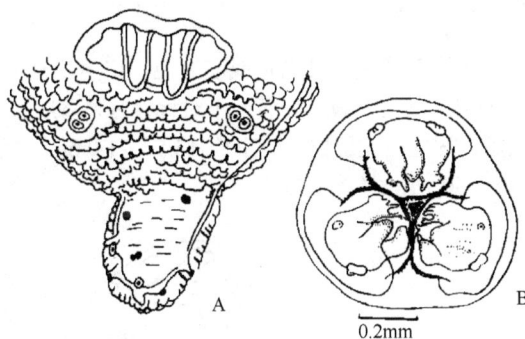

图 6-19 牛弓首蛔虫（仿 Yamaguti，1958）
A. 雄虫尾端锥突；B. 唇部顶面观

（二）流行病学

该病主要发生于 5 月龄以内的犊牛，以 1～2 月龄的犊牛危害最为严重，6 月龄以上很少发生。该病主要分布于热带和温暖地区，我国多见于南方各地。水牛、黄牛和奶牛均可感染，尤以水牛多发。幼虫通过胎盘和乳汁传播给犊牛，犊牛排出的虫卵污染饲料和饮水从而感染母牛，因此，患病和带虫犊牛是母牛的传染源。

虫卵对干燥和高温的耐受力较差，在阳光直射下表面虫卵经 4h 全部死亡，在干燥环境里虫卵经 48～72h 死亡。虫卵对消毒药的抵抗力较强，虫卵在 2%福尔马林中仍能正常发育，29℃条件下虫卵在 2%克辽林或 2%来苏儿溶液中可存活约 20h。

（三）症状与病理变化

临床症状取决于感染强度。轻度感染症状不明显。出生后 2 周是犊牛受害最严重时期，表现为消化失调、食欲不振和腹泻，排出大量黏液或血便，有特殊腥臭味；腹部膨胀，有疝痛症状，虚弱消瘦，精神迟钝，后肢无力，站立不稳。幼虫移行可造成肠壁、肝、肺等组织损伤，导致点状出血、发炎；血液及组织中嗜酸性粒细胞显著增多。虫体的机械性刺激可损伤小肠黏膜，引起黏膜出血或溃疡。虫体多时可造成肠阻塞或肠穿孔，引起死亡。引起肺炎时，出现咳嗽，呼吸困难，口腔内有特殊酸臭味。

（四）诊断

诊断应根据临床出现腹泻、有时混有血液，有特殊恶臭、软弱无力等症状，再与流行病学资料综合分析。确诊需用漂浮法在粪便中检出虫卵或在尸体剖检时在小肠中发现虫体及相应病变。

（五）防治

大多数驱线虫药对该虫有良好的驱除效果。左旋咪唑，口服或肌内注射；阿苯达唑，片剂口服；伊维菌素，皮下注射或口服。

预防应注意牛舍清洁卫生，垫草和粪便及时清扫并进行堆积发酵处理。犊牛和母牛隔离饲养，减少母牛受感染的机会。对 15～30 日龄犊牛进行预防性驱虫以阻止幼虫发育成熟。

九、仰口线虫病

牛羊仰口线虫病（也称钩虫病）是由钩口科（Ancylostomatidae）仰口属（*Bunostomum*）牛仰口线虫（*B. phlebotomum*）寄生于牛的十二指肠及羊仰口线虫（*B. trigonocephalum*）寄生于羊的小肠而引起的寄生线虫病。该病在我国各地普遍流行，对牛、羊危害很大。

（一）病原

羊仰口线虫呈乳白色或淡红色。口囊底部的背侧有一个大背齿，腹侧有 1 对小亚腹侧齿。雄虫长 12.5～17.0mm；交合伞发达，背叶不对称，右外背肋长于左外背肋，且由背肋基部伸出，后者由背肋中部伸出；交合刺短，褐色，无引器。雌虫长 15.5～21.0mm，尾端钝圆，阴门位于虫体中前部。虫卵大小为（79～97）μm×（47～50）μm（图 6-20）。

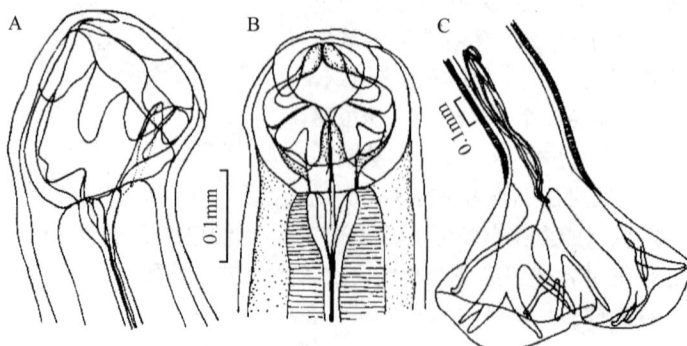

图 6-20　羊仰口线虫（仿 Soulsby，1982）

A. 头端侧面；B. 头端背面；C. 交合伞

牛仰口线虫形态与羊仰口线虫相似，但口囊底部腹侧有 2 对亚腹齿。雄虫的交合刺较长，为羊仰口线虫交合刺的 5～6 倍（图 6-21）。雄虫长 10～18mm，雌虫长 24～28mm。

虫卵随粪便排出体外，在适宜条件下，经 4～8d 形成第 1 期幼虫并逸出，经 2 次蜕化成感染性幼虫。感染性幼虫经皮肤钻入血管，并沿血流到肺，经肺毛细血管进入肺泡，进行第 3 次蜕化变成第 4 期幼虫，之后上行到支气管、气管和咽，重返小肠，再次蜕化发育为第 5 期幼虫，并逐渐发育为成虫。感染性幼虫也可随着牛、羊摄食经口感染后在小肠内直接发育为成虫。经口感染的幼虫发育为成虫需 25d，经皮肤感染的幼虫需 50～60d。经皮肤感染的幼虫发育率明显高于经口感染的。

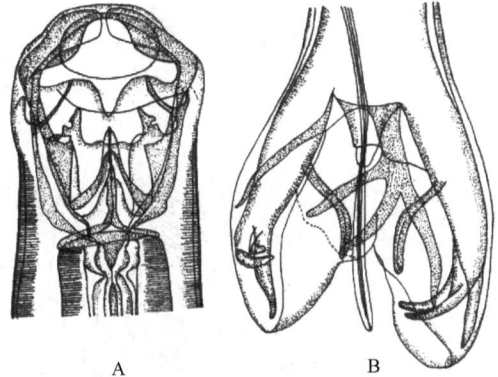

图 6-21　牛仰口线虫（仿 Yamaguti，1958）
A. 头部；B. 交合伞

（二）流行病学

仰口线虫病在潮湿草场放牧的牛、羊中流行严重。一般秋季感染，春季发病。在环境潮湿、温度在 18～31℃条件下，虫卵和幼虫发育最佳。在夏季，感染性幼虫可以存活 2～3 个月；春季存活时间更长。温度低于 8℃时，幼虫不能发育，35～38℃时，仅能发育为第 1 期幼虫。

（三）症状与病理变化

仰口线虫在不同发育期对牛、羊造成的危害不同。幼虫侵入皮肤时，引发瘙痒和皮炎，但一般不易察觉。幼虫移行到肺时引起肺出血，但临床症状不明显。小肠寄生期危害最大，造成肠黏膜持续出血，严重时引起死亡。患病牛、羊表现出进行性贫血，严重消瘦，下颌水肿，顽固性下痢，粪带黑色。幼畜发育受阻，有时有神经症状，如后躯无力或麻痹，死亡率高。剖检时表现出血液色淡，凝固不全；肺部点状或淤血性出血；肠黏膜发炎，有出血点；十二指肠和空肠的肠腔有大量虫体游离或附于黏膜上。

（四）诊断

根据临床症状、粪便虫卵检查和剖检情况综合分析进行确诊。

（五）防治

1. 治疗　　治疗药物和方法与捻转血矛线虫病相同。
2. 预防　　定期驱虫，保持厩舍干燥清洁，避免饮水与饲料被污染，注意饲养环境的排水。

十、食道口线虫病

牛、羊食道口线虫病是由食道口属（*Oesophagostomum*）的线虫寄生于牛、羊大肠的肠壁和肠腔而引起的寄生线虫病。由于有些食道口线虫的幼虫阶段可以使肠壁发生结节，故该病又名结节虫病。此病在我国各地的牛、羊中普遍存在，给畜牧业经济造成较大的损失。

（一）病原

食道口属线虫的口囊较小，外围有明显口领，口缘有叶冠，有颈沟，其前部表皮膨大形成头囊，颈乳突位于颈沟后方两侧，有或无侧翼（图 6-22）。雄虫交合伞发达，有 1 对等长的交合刺。雌虫阴门位于肛门前方附近，排卵器发达，呈肾形。虫卵较大，呈椭圆形。

1. 哥伦比亚食道口线虫（*O. columbianum*）　　有发达的侧翼膜，虫体前部弯曲。头囊不甚膨大。颈乳突尖端突出于侧翼膜之外。雄虫长 12.0～13.5mm，交合伞发达；雌虫长 16.7～18.6mm，尾部长，阴道短，有肾形排卵器。虫卵大小为（73～89）μm×（34～45）μm。主要寄生于绵羊、山羊、牛和羚羊的盲肠和结肠。

2. 辐射食道口线虫（*O. radiatum*）　　侧翼膜发达，前部弯曲。缺外叶冠，内叶冠细小。头囊膨大，上有一横沟。颈乳突位于颈沟的后方。雄虫长 13.9～15.2mm；雌虫长 14.7～18.0mm。虫卵大小为（75～98）μm×（46～54）μm。主要寄生于牛、瘤牛、水牛、梅花鹿等的结肠、盲肠及小肠。

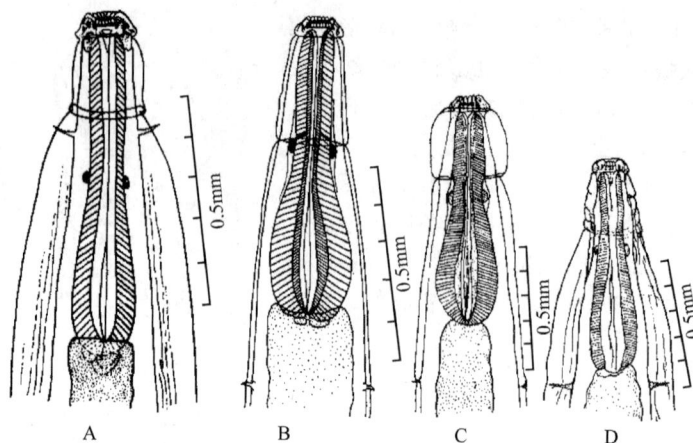

图 6-22　食道口线虫前端（仿熊大仕和孔繁瑶，1955）

A. 哥伦比亚食道口线虫；B. 微管食道口线虫；C. 粗纹食道口线虫；D. 甘肃食道口线虫

3. 微管食道口线虫（*O. venulosum*）　　无侧翼膜，前部直。口囊较宽而浅。颈乳突位于食道口后面。雄虫长 12～14mm，雌虫长 16～20mm。主要寄生于绵羊、山羊、黄牛、鹿、骆驼等的结肠、盲肠及小肠。

4. 粗纹食道口线虫（*O. asperum*）　　无侧翼膜，口囊较深，头囊显著膨大。颈乳突位于食道口后方。雄虫长 13～15mm，雌虫长 17.3～20.3mm。主要寄生于绵羊、山羊、梅花鹿的盲肠和结肠。

5. 甘肃食道口线虫（*O. kansuensis*）　　有发达的侧翼膜，前部弯曲，头囊膨大。颈乳突位于食道末端或前或后的侧翼膜内，尖端稍突出于膜外。雄虫长 14.5～16.5mm，雌虫长 18～22mm。寄生于绵羊的结肠。

食道口线虫的虫卵随粪便排出体外，在外界适宜条件下孵出第 1 期幼虫，并蜕皮 2 次发育成第 3 期幼虫，即感染性幼虫。牛、羊摄食被感染性幼虫污染的青草和饮水而遭感染，感染 36h 后大部分幼虫钻入结肠固有膜的深处形成卵圆形结节，幼虫在结节内进行第 3 次蜕化后，返回肠腔，发育成成虫。

（二）流行病学

虫卵在低于 9℃时不能发育；在相对湿度 48%～50%、温度 11～12℃时可存活 60d 以上。第 1、2 期幼虫对干燥很敏感，极易死亡。第 3 期幼虫有鞘，在适宜条件下可存活几个月，冰冻可致死。温度在 35℃以上时，所有幼虫均迅速死亡。牛、羊的感染主要发生在春秋季，且主要侵害犊牛和羔羊。

（三）症状与病理变化

食道口线虫感染严重时表现出明显的持续性腹泻，粪便呈暗绿色，含有很多黏液，有时带血，最后可能由于体液失去平衡，衰竭致死。在慢性病例中，便秘和腹泻交替，进行性消瘦，下颌间可能发生水肿，最后虚脱而亡。

食道口线虫幼虫钻入宿主肠壁引起炎症和机体免疫反应，导致局部形成结节，哥伦比亚食道口线虫和辐射食道口线虫可在肠壁的任何部位形成结节。结节在肠的腹膜面破溃时，可引发腹膜炎和广泛性粘连，向肠腔面破溃时，引起溃疡性和化脓性结肠炎。成虫食道腺的分泌液可使肠黏液增多，肠壁充血和增厚。

（四）诊断

根据临床症状、粪便虫卵检查和剖检做出判断。发现肠壁上有大量结节及肠腔内虫体可确诊。因食道口线虫虫卵与其他线虫卵，特别是捻转血矛线虫虫卵相似，若要鉴别需要进行幼虫培养。

（五）防治

1. 治疗　　治疗药物和方法与捻转血矛线虫病相同。

2. 预防　　定期驱虫，加强营养，饲草和饮水须保持清洁卫生，改善牧场环境，减少牛、羊与感染性幼虫的接触。

十一、夏伯特线虫病

夏伯特线虫病的病原体为圆线科夏伯特属（*Chabertia*）绵羊夏伯特线虫（*C. ovina*）和叶氏夏伯特线虫（*C. erschowi*），寄生于羊、牛、骆驼及其他反刍动物的大肠内。该病感染率高，羊可达 90% 以上。

绵羊夏伯特线虫是一种较大的乳白色线虫。前端稍向腹侧弯曲。有一近似半球形的大口囊，其前缘有两圈由三角形叶片组成的叶冠。腹面有浅沟，颈沟前有稍膨大的头泡。雄虫长 16.5～21.5mm，有发达的交合伞，交合刺褐色。引器呈淡褐色。雌虫长 22.5～26.0mm，尾端尖，阴门距尾端 0.3～0.4mm。阴道长 0.15mm。虫卵呈椭圆形，大小为（100～120）μm×（40～50）μm。

叶氏夏伯特线虫无颈沟和头泡，外叶冠小叶呈圆锥形，内叶冠呈细长指状，尖端突出于外叶冠基部下方。雄虫长 14.2～17.5mm，雌虫长 17.0～25.0mm。头部和雄虫交合伞形态见图 6-23。

虫卵随宿主粪便排到外界，在 20℃的温度下经 38～40h 孵出幼虫，再经 5～6d，蜕化两次，变为感染性幼虫。宿主经口感染，在盲肠和结肠中幼虫脱鞘。之后幼虫附着在肠壁上或钻入肌层。然后返回肠腔发育至成虫。成虫寿命 9 个月左右。

该病遍及我国各地，以西北、内蒙古、山西等地较为严重。卵和感染性幼虫耐低温但不耐干燥和阳光直射。外界条件适宜时，可活 1 年以上。1 岁以内的羔羊最易感染，发病较重，成年羊的抵抗力较强，发病较轻。

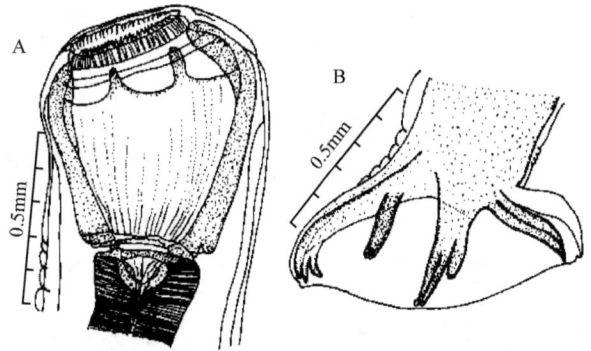

图 6-23　叶氏夏伯特线虫（仿熊大仕和孔繁瑶，1956）
A. 头部侧面；B. 交合伞侧面

虫体以口囊吸附在宿主的结肠黏膜上，损伤黏膜，并经常更换吸着部位，使损伤更为广泛，引起黏膜水肿，发生溃疡。血管损伤严重时，引起出血。幼虫吸血，故严重感染时，可引起贫血，红细胞减少，血红蛋白降低。

严重感染时，病畜消瘦，黏膜苍白，粪便带黏液和血，有时下痢。幼畜生长发育迟缓，被毛干脆，食欲减退，下颌水肿，有时引起死亡。

诊断可粪检虫卵及鉴定培养幼虫。驱虫可用左旋咪唑、噻苯唑、阿苯达唑等。预防参阅捻转血矛线虫病。

第十二节　牛、羊肺线虫病

牛、羊肺线虫病是由网尾科（Dictyoeaulidae）网尾属（*Dictyocaulus*）及原圆科（Protostrongylidae）原圆属（*Protostrongylus*）、刺尾属（*Spiculocaulus*）、歧尾属（*Bicaulus*）和缪勒属（*Muellerius*）的线虫寄生于牛、羊等反刍动物的气管、支气管、细支气管、肺泡所引起的寄生线虫病。其中网尾科的线虫较大，又称大型肺线虫，包括丝状网尾线虫（*D. filaria*）和胎生网尾线虫（*D. viviparus*），其致病力最强，对羊尤其是羔羊的危害最为严重，在春乏季节常呈地方性流行，引起大量死亡。原圆科的线虫较小，又称小型肺线虫，主要寄生于羊的细支气管及肺泡，危害较轻。

一、病原

1. 丝状网尾线虫　　主要寄生在绵羊、山羊的体内。虫体呈现乳白色细线状，其肠管为黑色，犹如一条黑色的线贯穿体内。虫体前端有 4 个小唇及 1 个较浅的口囊。雄虫长 30～80mm，交合刺黄褐色、靴状，为网状多孔性结构，长 0.4～0.7mm。交合伞侧肋和中侧肋合二为一，末梢分开，2 个背肋末端有 3 个小分支。雌虫长 50～100mm，阴门位于虫体中部附近。虫卵椭圆形，大小为（120～130）μm×（80～90）μm，内含第 1 期幼虫雄虫交合伞和交合伞形态结构参见图 6-24。

2. 胎生网尾线虫　　常寄生于牛、鹿等动物的支气管内。虫体呈乳白色线状。雄虫长 40～50mm，交合刺呈黄褐色，为网状多孔性组织。交合伞的中侧肋和后侧肋完全融合。雌虫长 60～80mm，阴门位

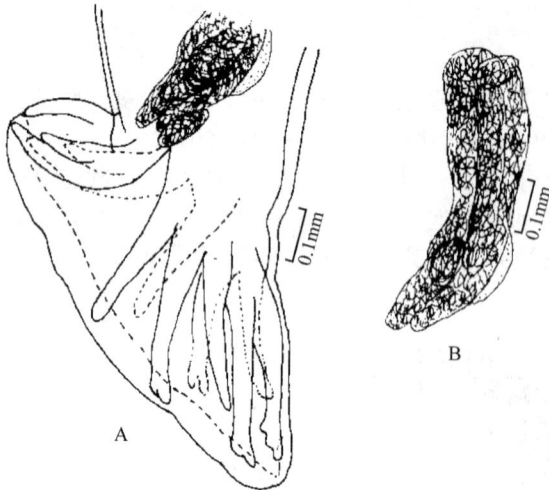

图 6-24　丝状网尾线虫（仿 Soulsby，1982）

A. 交合伞侧面；B. 交合刺

于虫体正中央。

网尾线虫在羊支气管或气管中产出含有幼虫的卵，随痰液至消化道，在消化道孵化出幼虫，幼虫随粪便排出体外。幼虫在外界适宜的环境中，经过 2 次蜕皮后发育成具有感染性的幼虫。当宿主采食具有感染性幼虫的饲草料或饮水时被感染。幼虫进入宿主肠道，突破肠壁，沿淋巴管进入淋巴结并蜕皮变为第 4 期幼虫，幼虫随着淋巴管和血液运行至肺部，在细支气管和支气管寄生，18d 后发育为成虫。感染 26d 后开始产卵。

3. 原圆科线虫　　原圆科线虫种类繁多，多达 50 多种。宿主感染一般为混合感染。原圆科线虫虫体纤细，一般呈褐色，虫体长 10～40mm，雄虫交合刺呈暗褐色，交合伞较小。雌虫阴门位于肛门附近。

原圆科线虫的中间宿主为陆生软体动物如陆地螺和蛞蝓，钻入它们体内发育为感染性幼虫，感染性幼虫自行溢出，中间宿主羊误食后造成感染，其在羊体内的移行路径与网尾线虫相似，经过 1～2 个月发育为成虫。

二、流行病学

网尾线虫流行于我国西北、西南等地，具有耐低温的特性，在 4～5℃的环境中仍旧能够发育。其感染性第 3 期幼虫在积雪下仍然具有生命力，是放牧反刍动物，尤其是牛春乏死亡的重要原因之一。

原圆科线虫幼虫耐低温、耐干燥。在 3～6℃条件下活力较好，在自然环境下，在粪便或者土壤中也可以生存数月。由于中间宿主螺类以羊粪为食，因此中间宿主感染机会较大，由此形成生命周期循环。

三、症状与病理变化

感染肺线虫的羔羊症状最为明显，表现为咳嗽、呼吸障碍，在遭受驱赶或在夜间时较为明显。随着感染的发展，由最初的干咳变为湿咳，咳出物为黏性团块，镜检可见虫体。病畜流鼻涕，并在鼻周形成痂皮。表现为渐行性消瘦、贫血、营养不良。头胸部及四肢浮肿。病畜体温一般不升高。

感染初期，肺线虫在宿主体内会造成宿主机械性损伤，如肠黏膜、肺黏膜的损伤，导致炎症的发生。虫体寄生的肺部表面隆起呈结节状，呈现灰白色，切开后涌现成团的虫体，支气管内含有带血丝的黏液及虫体。肺组织中可见大量中性粒细胞、嗜酸性粒细胞、巨噬细胞及浆细胞的浸润。

四、诊断

可结合肺线虫病的流行病学与临床症状对该病进行诊断。病畜在流行季节若出现咳嗽等症状可进行初步诊断。收集病畜新鲜的粪便，使用幼虫分离法检查是否有幼虫。胎生网尾线虫的幼虫长度为 0.31～0.36mm，头部无扣状结节；丝状网尾线虫的幼虫长度为 0.55～0.58mm，头部有特殊的扣状结节；原圆科线虫的幼虫长度为 0.3～0.4mm，头部无扣状结节，有的尾端有背刺，有的分节，有的呈波浪形。

五、防治

1. 治疗　　可以选用左旋咪唑，口服、肌内注射或皮下注射。阿苯达唑，口服。伊维菌素，皮下注射，休药期不少于 14d。

2. 预防　　在春、秋两季对牛、羊等动物进行驱虫，尽量将放牧改为舍饲。圈舍内保持干燥洁净，及时清理动物粪便，并定期进行消杀。注意饲草及饮水卫生，将成年羊与羔羊分开饲养。

第十三节　牛吸吮线虫病

牛吸吮线虫病是由吸吮科（Thelaziidae）吸吮属（*Thelazia*）罗氏吸吮线虫（*T. rhodesii*）、大口吸吮线虫（*T. gulosa*）、斯氏吸吮线虫（*T. skrjabini*）等寄生于牛的结膜囊、第三眼睑和泪管而引起的一种寄生线虫病，俗称牛眼虫病。该病可引起牛的结膜炎、角膜炎，严重时可导致牛角膜糜烂和溃疡，甚至失明，严重危害牛的健康，给养殖者带来严重的经济损失。

一、病原

吸吮属线虫的体表通常有显著的横纹。口囊小，无唇，边缘上有内外两圈乳突。雄虫通常有大量的泄殖孔前乳突。雌虫阴门位于虫体前部。

罗氏吸吮线虫是我国最常见的一种。虫体乳白色，头部细小，有一长方形口囊，食道短呈圆筒状。雄虫长 8～13mm，尾部卷曲，泄殖孔不向外凸出。雌虫长 12～20mm，尾端钝圆，尾尖侧面上有一个小突起；阴门开口于虫体前部。虫卵大小为（32～43）μm×（21～26）μm。

生活史需要蝇类作为中间宿主。雌虫在结膜囊内产出幼虫，幼虫在舔食牛眼分泌物时被咽下，然后进入蝇的卵滤泡内发育蜕化，约 1 个月后变为感染性幼虫，感染性幼虫穿出卵滤泡，进入体腔，移行到蝇的口器，当蝇吸食牛眼分泌物时，感染性幼虫进入牛的眼睑内，造成感染，大约经 20d 发育为成虫。

二、流行病学

该病流行与蝇的活动季节密切相关，蝇的繁殖与当地气温、湿度、环境等因素有关。湿度较高，气候炎热，为蝇类繁殖旺盛时期，是吸吮线虫感染和传播的高峰期。温暖地区，吸吮线虫病可全年流行；在寒冷地区只流行于夏、秋季节。各种年龄的牛均可感染。

三、症状与病理变化

病牛眼睛潮红，流泪不断，并有脓性分泌物流出，表现出焦躁不安的状态。食欲不振，精神颓靡，易将患处不停地在圈舍墙壁摩擦，摇头。病牛体温一般无异常。角膜浑浊，有时会流出白色虫体。

虫体的活动会导致牛产生强烈的疼痛感和不适感，会对结膜和角膜造成机械性的损伤，并伴有炎症的发生，轻度则会发生结膜炎，严重时病牛会出现结膜淋巴肿大，充血，畏光，眼肌无力，视力模糊甚至失明，眼部流出大量脓性分泌物，导致上下眼睑黏合。感染吸吮线虫后宿主对巴斯德菌、衣原体、葡萄球菌等易感，可引起更为严重的症状。

四、诊断

牛吸吮线虫病的症状与结膜炎非常相似，要结合发病季节、症状与病原形态学特征进行诊断。

五、防治

1. 治疗　　临床上较为有效的治疗手段为手术疗法，将病牛进行局部麻醉后，手术将虫体取净，症状会消失。也可保守治疗，将敌百虫配制成溶液对患部进行冲洗。可用左旋咪唑、伊维菌素对病牛进行驱虫。

2. 预防　　控制蝇的数量是控制此病的关键。在圈舍内定期喷洒灭蚊蝇类的药物，如敌百虫、菊酯类药物。定期更换牛的饮水，减少蝇类与牛群接触。在春、秋两季对牛只进行驱虫工作。圈舍垃圾及时清理干净，以减少蚊蝇滋生。

第十四节　牛丝虫病

一、牛丝状虫病

牛丝状虫病是由丝状科丝状属（*Setaria*）鹿丝状线虫（*S. cervi*）和指形丝状线虫（*S. digitata*）寄生于牛、羊等动物的腹腔而引起。

鹿丝状线虫又称唇乳突丝状线虫（*S. labiatopapillosa*），口孔呈长形，角质环的两侧部向上突出呈新月状（较宽阔），背、腹面突起的顶部中央有一凹陷。雄虫长 40～60mm，交合刺两根，不等长。雌虫长 60～

120mm，尾端为一球形的纽扣状膨大，表面有小刺。微丝蚴有鞘，长 240～260μm。寄生于牛、羚羊和鹿的腹腔。

指形丝状线虫与鹿丝状线虫相似，但口孔呈圆形，口环的侧突起为三角形，且较鹿丝状线虫的为大。背、腹突起上有凹迹。雄虫长 40～50mm，交合刺两根，不等长。雌虫长 60～80mm，尾末端为一小的球形膨大，其表面光滑或稍粗糙。微丝蚴的大小与鹿丝状线虫相似。寄生于黄牛、水牛和牦牛的腹腔。

丝状线虫的发育属于间接型。中间宿主为吸血昆虫，指形丝状线虫为中华按蚊（*Anopheles sinensis*）、雷氏按蚊（*An. lesteri*）、骚扰阿蚊（*Armigeres obturbans*）、东乡伊蚊（*Aedes togoi*）和淡色库蚊（*Culex pipiens pallens*），鹿丝状线虫的可能是厩螫蝇或一些蚊类。成虫寄生于腹腔，并产生微丝蚴进入外周血液中。当中间宿主刺吸终末宿主血液时，微丝蚴进入中间宿主体内并发育为感染性幼虫，移行到蚊的口器内。当蚊再次刺吸终末宿主的血液时，感染性幼虫进入终末宿主体内，发育为成虫。

成虫寄生于腹腔，致病作用不明显。但当指形丝状线虫的童虫错误地进入马属动物或羊体内时，可寄生于脑底部、颈椎和腰椎膨大部的硬膜下腔、蛛网膜下腔或蛛网膜与硬膜下腔之间，引起脑脊髓丝虫病，也称腰痿病。病畜早期症状是一侧或两侧后肢提举困难，蹄尖常拖地，后驱无力，感觉迟钝，无神。后期则沉郁，反射障碍，凝视，尾部摇动无力，后肢行走摇摆，易摔倒，有时肛门、直肠松弛而排粪困难，尿淋漓。当丝虫的童虫进入马、骡体内时，还能进入眼前房，引起浑睛虫病。马丝状线虫的幼虫也可引起牛的浑睛虫病。病畜畏光，流泪，眼房液浑浊，视力衰退。脑脊髓丝虫病难以治愈。浑睛虫病可观察到眼前房中有虫体游动。治疗以外科手术为主，即以刀尖或粗针头在距角膜下 0.2～0.3cm 处刺破角膜，虫体即随眼前房液流出。术后应以硼酸液冲洗并以抗生素滴眼。

二、牛副丝虫病

牛副丝虫病的病原为副丝虫属牛副丝虫（*Parafilaria bovicola*），其寄生于动物的皮下组织和肌间结缔组织中。

牛副丝虫雄虫长 20～30mm，交合刺不等长。雌虫长 40～50mm，阴门开口于头端，肛门靠近尾端。与多乳突副丝虫的主要区别是：前部体表的横纹转化为角质脊，只在最后形成两列小的圆形结节。含幼虫的卵长 45～55μm，宽 23～33μm，孵出的幼虫长 215～230μm，最大宽度 10μm。寄生于牛的皮下组织和肌间结缔组织中。

副丝虫的生活史尚未完全清楚。寄生于皮下和肌间结缔组织的雌虫移行到皮下时形成出血性小结，小结的出现多在温度不低于 15℃的季节。雌虫把前端穿入小结并把头部从小结顶部伸出，卵子随流出的血液附在牛的皮肤上，随即孵出微丝蚴。微丝蚴被吸血昆虫舔食后，在中间宿主体内发育为感染性幼虫。吸血昆虫在终末宿主身上吸血时传播虫体。

感染副丝虫的牛寄生部位出现小结节，皮肤毛细管出血，出现所谓"血汗"现象。结节发生部位多在体上部，为半圆形肿块，周围毛竖起，结节充满血液。此后，小结破裂，出血，出血后的小结萎缩，辨认不清。体内的雌虫常转移位置产生新结节。破损的结节易受细菌的侵入产生组织化脓或组织坏死现象。根据季节性出血性结节及该创伤迅速消失的特点诊断牲畜的感染。从流出的血液里发现虫卵或微丝蚴可以确诊。可用海群生治疗。

三、牛盘尾丝虫病

盘尾丝虫病是由盘尾科（Onchocercidae）盘尾属（*Onchocerca*）的一些线虫寄生于牛的肌腱韧带和肌间而引起，在寄生处常形成硬结。

（一）病原

1. 病原形态　　盘尾属的线虫呈长丝形，口部构造简单；角皮上除有横纹外，尚可见有呈螺旋状的脊。这种脊往往在虫体侧部中断。常见的有以下几种。

1）吉氏盘尾丝虫（*O. gibsoni*）　　寄生于牛的体侧和后肢的皮下结节内。雄虫长 30～53mm，尾部向腹面卷曲，有小的尾翼，有 6～9 对后乳突，交合刺不等长，一长 140～220μm，另一长 47～94μm。雌虫长 140～190mm，阴门开口于距前端 0.5～1.0mm 处。产无鞘微丝蚴，长为 240～280μm。

2）喉瘤盘尾丝虫（*O. gutturosa*）　　寄生于牛的项韧带和股胫韧带，其幼虫常见于皮下，引起皮炎，间或皮肤增厚，形成橡皮病。雄虫长 28～33mm，交合刺不等长，一长 225～295μm，另一长 75～88μm。雌虫长 600mm 以上，阴门开口于距头端 0.5mm 处。微丝蚴长 200～260μm。

3）圈形盘尾丝虫（*O. armillata*）　　寄生于水牛、黄牛的主动脉壁内膜下。雄虫长 66～76mm，最大宽度 169～189μm。右交合刺长 120～162μm，远端呈锚钩状；左交合刺长 223～282μm，远端尖细。雌虫缺完整标本，最大宽度 340～380μm。阴门位于食道部，距头端 581～748μm。卵胎生，微丝蚴无鞘，长 210～330μm。

2. 生活史　　发育过程中需有一种吸血昆虫——库蠓、蚋或蚊作为中间宿主。已证实颈盘尾丝虫和网状盘尾丝虫的中间宿主为云斑库蠓（*Culicoides nubeculosus*）；被证实作为颈盘尾丝虫中间宿主的还有陈旧库蠓（*C. obsoletus*）和五斑按蚊（*Anopheles maculipennis*）等；吉氏盘尾丝虫的中间宿主是刺螫库蠓（*C. pungens*）；喉瘤盘尾丝虫的中间宿主是饰蚋（*Sinulium ornatum*）；圈形盘尾丝虫的中间宿主为舒氏库蠓（*C. schultzei*）。虫体寄生于皮下结缔组织中，所产幼虫分布于皮下的淋巴液内，不进入血管。当中间宿主蠓或蚋等吸血时，幼虫被吸入，进入中肠，再到达胸肌，经 21～24d 后，发育为感染性幼虫，然后转入蠓、蚋的喙部，当中间宿主再次叮咬家畜时，即可造成感染。

（二）症状与病理变化

虫体的寄生部位不同，其所表现的临床症状也不同。牛的吉氏盘尾丝虫和喉瘤盘尾丝虫分别寄生于肩部、肋部、后肢的皮下和项韧带、股胫关节韧带，多数不表现临床症状。马的颈盘尾丝虫有部分病例出现症状，成为鬐甲瘘和项肿的病因之一。网状盘尾丝虫寄生于屈腱时，可引起屈腱炎而导致跛行。曾有人认为盘尾丝虫的微丝蚴可导致牛、马夏季过敏性皮炎。但也有人认为，虽然在这种过敏性皮肤病变中可以见到盘尾丝虫的微丝蚴，但病变的主要原因却是蠓、蚋刺螫时引起的过敏反应，因为这些动物对蠓和蚋的抗原物质呈现阳性皮内反应。还有人认为颈盘尾丝虫的微丝蚴可以成为马周期性眼炎的病因之一。

虫体盘曲在结缔组织内形成"虫巢"，外部有纤维细胞形成的包膜，虫体周围有大量细胞浸润。浸润细胞以嗜酸性粒细胞为主，伴有巨噬细胞、浆细胞和淋巴细胞等。随着时间的增长，局部发生变性，开始呈玻璃样变性，其后呈干酪样变性，最后坏死成钙化。圈形盘尾丝虫造成动脉管内膜粗糙、增厚，管壁内有充满胶冻样或干酪样物的结节。虫体死亡后，病变部钙化。

（三）诊断

根据病变出现的特定部位和病变的性质，可做出初步判断。在病变部取小块皮肤，加生理盐水培养，观察有无幼虫。死后剖检可在患部发现虫体和相应病变。

（四）防治

1. 治疗　　可试用海群生。对未化脓的肿胀切忌切开，可用温热法或涂擦刺激剂消除局部炎症。对已化脓的、坏死的病例，需施行手术疗法，彻底切除坏死组织。

2. 预防　　在吸血昆虫活跃季节，应设法使家畜免受叮咬，消除吸血昆虫的滋生地。

第十五节　牛皮蝇蛆病

牛皮蝇蛆病是由皮蝇科（Hypodermatidae）皮蝇属（*Hypoderma*）的幼虫寄生于牛、牦牛或鹿背部皮下组织引起的一种慢性外寄生虫病。牛皮蝇蛆偶尔也寄生于马、驴和野生动物，也可寄生于人。该病在我国西北、东北、内蒙古等牧区广泛分布，青海一些牧区牦牛和黄牛感染率达 80%以上，严重感染的地区高达 100%。该病引起病牛发育不良、消瘦、生产力下降及皮革质量降低，严重影响养牛业发展，对畜牧业造成巨大的经济损失。

一、病原

成蝇较大，有 3 对足及 1 对翅，体表被有长绒毛，复眼，触角简单无分支，口器退化，不采食，不叮咬牛只。主要有牛皮蝇（*Hypoderma bovis*）和纹皮蝇（*H. lineatum*）两种，还有中华皮蝇（*H. sinense*）、鹿皮蝇（*H. diana*）、赤鹿皮蝇（*H. actaeon*）、驯鹿皮蝇（*H. tarandi*）和藏羚羊皮蝇（*H. pantholopsum*）。目前常用于皮蝇种鉴定和分类的基因主要有线粒体 *CO Ⅰ*、*16S rDNA*、*18S rDNA*、*tRNA*、*ND1* 等，其中 *CO Ⅰ* 基因可作为皮蝇近缘种分子鉴定工具。

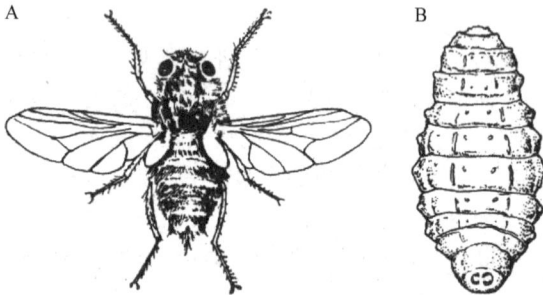

图 6-25　牛皮蝇（仿 Smart，1956）

A. 成虫；B. 第 3 期幼虫

1. 病原形态

1）牛皮蝇　　成蝇较大，雄虫体长 14～15mm，雌虫伸出产卵器后可达 16mm。体表呈黑色，覆盖较长且密的绒毛，头部绒毛呈浅黄色；胸部的前部和后部绒毛淡黄色，中间部分为黑色；腹部绒毛前端为白色，中间为黑色，末端为橙黄色；翅覆盖淡灰色绒毛（图 6-25A）。虫卵呈黄色，长圆形，表面具有光泽，往往单个黏附在被毛上，主要集中在牛腹部和腿部两侧。虫卵大小为（0.76～0.8）mm×（0.22～0.29）mm，一端有柄，以柄附着在牛毛上。卵经 3～7d 孵化至第 1 期幼虫，刚孵化出的 1 期幼虫长度在 0.6mm 左右，之后能够达到 17mm 左右，上钩尖端分成 2 叶，生有尖齿，但其后方未弯曲；第 2 期幼虫具有黑色或者褐色后气门，分布较多的小气门，一般为 32～37 个，有时也能够达到 29～40 个；第 3 期幼虫的长度通常为 26～28mm，是宽度的 1.8～2.0 倍，体粗壮，色泽随虫体成熟由淡黄色、黄褐色变为棕褐色。体分 11 节，第 7 股节的前后缘都没有刺，后气门呈漏斗状，存在较深凹陷，钮孔在中部（图 6-25B）。

2）纹皮蝇　　成蝇体长为 11～13mm，雌蝇伸出产卵器后能够达到 17～19mm，体表呈黑色，覆盖浓密稍短的绒毛。胸部毛呈灰白色或淡黄色，并具有 4 条黑色纵纹；腹部绒毛前端呈灰白色，中间黑色，末端橙黄色。虫卵与牛皮蝇相似，一般每根被毛上能够黏附 7～10 枚虫卵，且呈整体排列，主要集中在颈与肛门连线的下方处。第 1 期幼虫长度在 0.55～1.70mm，具有前端尖细的口钩，且其后方较近处存在 2 个尖齿，向后方生长；第 2 期幼虫具有黄褐色或者橙色的后气门，且分布较少小气门，通常超过 12 个，一般达到 18～22 个；第 3 期幼虫长度可达 26mm，是宽度的 2.4～2.5 倍，第 7 腹节腹面只在后缘有刺，后气门存在分隔，且气门板较平。

2. 生活史　　牛皮蝇的发育属于完全变态，其生长发育过程主要经历卵、幼虫、蛹和成蝇 4 个阶段。成蝇自由生活，不采食，也不叮咬动物，只是飞翔、交配、产卵。在自然条件下，成熟的牛皮蝇通常仅能存活 1 周左右，雄雌蝇常选择在炎热无风的气候条件下交配产卵，雌蝇产卵后随即死亡。卵经 4～7d 孵出第 1 期幼虫，幼虫由毛囊钻入皮下；第 2 期幼虫沿外围神经的外膜组织移行 2 个月后到椎管硬膜的脂肪组织中，在此停留约 5 个月；然后从椎间孔爬出，到腰背部皮下（少数到臀部或肩部皮下）成为第 3 期幼虫，在皮下形成指头大瘤状突起，上有一 0.1～0.2mm 的小孔。第 3 期幼虫在其中逐渐长大成熟，后离开牛体，落入泥土中化蛹，蛹期 1～2 个月，后羽化为成虫。整个发育期为 1 年。纹皮蝇的发育与牛皮蝇基本相似，但纹皮蝇的第 2 期幼虫寄生在食道壁上。

二、流行病学

牛皮蝇蛆病是一种世界性分布的寄生虫病，涉及热带及亚热带地区约 55 个国家。我国呈区域性流行，主要流行于我国西北、东北及内蒙古等地区，季节性发病，主要发生在夏季。成蝇的出现季节随气候条件不同而略有差异，一般牛皮蝇成虫出现于 6～8 月，纹皮蝇则出现于 4～6 月。

三、症状与病理变化

成虫虽不叮咬牛，但雌蝇飞翔产卵时可以引起牛只不安、踢蹴、恐惧而使正常的生活和采食受到影响，有时牛只出现"发狂"症状，偶尔跌伤或孕畜流产。幼虫初钻入牛皮肤，引起皮肤痛痒，精神不安，且虫体破坏牛皮组织，幼虫在体内移行，造成移行部组织损伤，或侵入食道黏膜内，造成食道黏膜发炎。第 3 期幼虫在背部皮下时，引起局部结缔组织增生和皮下蜂窝组织炎，有时继发细菌感染可化脓形成瘘管。当皮孔变为脓疱，且幼虫从患处小孔内钻出后即可缓慢恢复，但依旧会在牛皮上形成痕迹，影响皮革质量。另外，幼虫会破坏血管，出现肌肉缺血、贫血的症状，机体消瘦，犊牛生长发育迟缓，哺乳母牛产奶量降低，易于疲劳。有时幼虫也会侵入脑部，引起神经症状，使其持续地甩后腿，最终倒地不起，晕厥，瘫痪，甚至死亡。

四、诊断

春夏季常以临床检查畜体背部皮下组织或内脏中是否存在牛皮蝇幼虫加以诊断。具体方法是通过触诊并检查病畜背部肿瘤状物、硬结或结痂脓包内是否存在牛皮蝇幼虫，用力挤压，可挤出虫体，即可确诊。由于牛皮蝇幼虫在宿主体内需存活 1~2 个月，幼虫蹦出时间可持续 3~4 个月，易于诊断。此外，可结合当地流行情况、病畜来源等流行病学资料进行诊断。

随着科技的发展，牛皮蝇蛆病的免疫学诊断逐步建立并发展，且主要用于该病的早期检测。目前可以通过检测病畜血清和乳汁中的特异性抗体进行免疫学诊断，具体包括 ELISA、免疫扩散试验、免疫电泳和间接血凝试验等。Hypodermin C 是牛皮蝇幼虫感染后能首先检测到的重要抗原，也是牛皮蝇蛆病血清学诊断和疫苗的重要候选抗原之一。

五、防治

通常情况下采用药物治疗，病牛可皮下注射倍硫磷，该药适合在 11~12 月使用。12 月到翌年 3 月因幼虫在食道或脊椎，幼虫在该处死亡后可引起相应的部位病理反应，此期间不宜用药。也可注射伊维菌素，成年牛用量为 3~4ml，用药大约 77h 之后可见瘤疱变软，弹性完全消失，在 30d 之后即可杀死所有皮蝇幼虫。体外可采用敌百虫溶液对病牛的体表全身擦洗 2~3 次，用药 24h 内即可将大量皮蝇幼虫杀死。也可用蝇毒磷（coumaphos）、皮蝇磷（korlan）、倍硫磷（fenthion）等。

如果牛群中有较少牛发病，可进行人工驱虫。可用手将患处寄生的皮蝇幼虫挤出，注意挤出的虫体要尽快放入火中焚烧。但需注意勿将虫体挤破，以免引起过敏反应。

牛皮蝇蛆病的预防：及时消灭体内寄生的幼虫，根据成蝇活动时间、产卵的季节及幼虫寄生时间、寄生部位、发育所需时间等进行预防，应在最佳时间使用化学药物来预防该病。

第十六节　羊狂蝇蛆病

羊狂蝇蛆病是由狂蝇科（Oestridae）狂蝇属（Oestrus）羊狂蝇（O. ovis）幼虫寄生于羊的鼻腔或其附近的腔窦引起的一种慢性外寄生虫病，主要寄生于绵羊，间或寄生于山羊和驯鹿，人也有被寄生的报道。常引起羊的慢性鼻炎和鼻窦、额窦炎，有时可出现神经症状，是为害羊群的重要寄生虫病之一。该病呈地方性流行，易发生于夏季和草场放牧的羊群，舍饲养羊发病较少。我国西北、华北、东北地区较为常见，平均感染率近 50%，高发地区感染率达 95% 以上，严重影响养羊业的发展。

一、病原

成蝇呈淡灰色，略带金属光泽，形似蜜蜂，虫体长 10~12mm，头部大，呈黄色，两复眼小，相距较远，触角短小呈球状，位于触角窝内，触角芒简单无分支，口器退化。头部和胸部具有很多凹凸不平的小结，胸部呈淡褐色并有小黑斑，腹部黑色带有银白色闪光，翅透明。羊狂蝇发育过程中的幼虫按其发育形态分为 3 期。幼虫第 1 期呈淡黄白色，长约 1mm，体表丛生小刺；第 2 期幼虫椭圆形，长 20~25mm，体表刺不明显；第 3 期幼虫背面隆起，腹面扁平，长 28~30mm，前端尖，有 2 个黑色口钩。虫体背面无刺，成熟后各节上具有深褐色带斑，腹面各节前缘具有小刺数列，虫体后端平齐，凹入处有 2 个 "D" 形气门板，中央有钮孔。目前，仅有 CO I 基因可作为羊狂蝇幼虫近缘种分子鉴定工具，其他有关羊狂蝇幼虫的基因分型还未见报道。

二、流行病学

羊狂蝇蛆病是一种全球性的寄生虫疾病，涉及热带、亚热带及温带地区的多个国家，全球对该病的研究程度不同，导致世界各地的流行感染情况有所差异。在我国呈区域性流行，主要流行于西北、东北地区及内蒙古，季节性发病，主要发生在夏季。

羊狂蝇为胎生，发育过程经幼虫、蛹和成虫3个阶段。成蝇不采食，不营寄生生活。羊狂蝇出现于每年的5~9月，尤以7~9月较多。雌雄交配后，雄蝇即死亡。雌蝇生活至体内幼虫形成后，在炎热晴朗无风的白天活动，遇羊时即突然冲向羊鼻，将幼虫产于羊的鼻孔内或鼻孔周围，一次能产下20~40个幼虫。每只雌蝇在数日内可产幼虫500~600个，产完幼虫后死亡。刚产下的第1期幼虫以口前钩固着于鼻黏膜上，爬入鼻腔，并逐渐向深部移行，在鼻腔、额窦或鼻窦内经2次蜕化变为第3期幼虫。幼虫在鼻腔和额窦等处寄生9~10个月。到翌年春天，发育成熟的第3期幼虫由深部向浅部移行，当病羊打喷嚏时，幼虫被喷落地面，钻入泥土化蛹。蛹期1~2个月，其后羽化为成蝇，成蝇寿命为2~3周。该虫在北方较冷地方每年仅繁殖1代；而在温暖地区每年可繁殖2代。绵羊的感染率比山羊高。

三、症状与病理变化

成蝇侵袭羊群产幼虫时，可引起羊群骚动，惊慌不安，互相拥挤，频频摇头，喷鼻低头或以鼻孔抵于地面，严重扰乱羊的正常生活和采食，使羊生长发育不良（poor growth）且消瘦。当狂蝇幼虫在羊鼻腔内固着或移行时，以口前钩和体表小刺机械地刺激损伤羊鼻黏膜，引起黏膜肿胀、发炎和出血，鼻液增多，在鼻孔周围干涸时，形成硬痂，并使鼻孔堵塞，呼吸困难（dyspnea）。横看鼻腔明显狭窄，纵向观察鼻道变形，黏膜红肿、增生，偶见破溃；多数病例鼻部额窦充满白色浑浊或污秽或脓性炎性产物和增生组织，个别病例可见到白色微透明的寄生虫囊包；鼻部额窦多有面骨疏松、少数穿孔、肺气肿、萎缩、褐变、心肌松软。偶尔可在气管、食道见到幼虫。发病初期，病羊表现为1侧或2侧鼻孔流清亮鼻液，病羊经常摩擦鼻部，摇头，间有咳嗽，体温39~40℃，食欲无明显变化。中后期鼻孔间断或经常流脓性鼻液，在鼻孔常形成鼻垢，呼吸呈现不同程度困难，间有咳嗽，体温偶有升高，面部增温、浮肿；1侧或2侧内眼角下方2~2.7cm处的面常出现1~1.3cm的圆形隆突，针头很容易刺入，连接注射器回抽可抽出白色浑浊或污秽或脓性液体，流泪；仔细检查鼻腔，黏膜红肿、增生、间或破溃，偶尔可见到幼虫；用20%的敌百虫液冲洗鼻腔收集鼻液，有时可在鼻液中找到幼虫。数月后症状逐步减轻，但到发育为第3期幼虫，虫体变硬，增大，并逐步向鼻孔移行，症状又有所加剧。少数第1期幼虫可进入颅腔或因鼻窦发炎而累及脑膜，此时可出现神经状，即所谓"假旋回症"，病羊表现出运动失调，做旋转运动。

四、诊断

根据羊群在放牧中有惊恐、聚集成堆、狂奔等病史，流行上以7~18月龄羊发病率高，较大群体一旦发生该病，常年有病羊存在，病程30~90d，可根据症状、流行病学和尸体剖检做出初步诊断。早期诊断时，可用药液喷入羊鼻腔，收集用药后的鼻腔喷出物，发现死亡幼虫，即可确诊。出现神经症状时，应与羊多头蚴病和莫尼茨绦虫病相区别。

五、防治

按照羊狂蝇成虫和幼虫的个体活动情况，采用灭杀成蝇、驱除体内幼虫的防治方法。在羊狂蝇蛆病流行地区，每逢成蝇活动季节，可采用诱蝇板，引诱成蝇飞落板上，每天检查诱蝇板，将成蝇取下消灭。杀灭羊体内幼虫常用以下药物：伊维菌素（ivermectin），溶液皮下注射。精制敌百虫（dipterex），兑水口服，或溶液肌内注射，或以溶液喷入鼻腔或用气雾法（在密室中）给药，均有很好的驱虫效果，特别是对第1期幼虫效果较理想。氯氰碘柳胺（closantel），口服或皮下注射，均可杀死各期幼虫。

在羊群养殖中预防驱虫是一个重要环节，在使用阿苯达唑、精制敌百虫、硝氯酚片、伊维菌素等驱虫药时，各类驱虫药应交替使用，避免产生抗药性而达不到预防驱虫效果。平时需加强饲养管理。要多注意羊的精神状态，发现疾病及时治疗，定期补饲，增强体质，长期保持羊只健康的精神状态，抵御疾病的侵袭。

第十七节　骆驼网尾线虫病

骆驼网尾线虫病是由骆驼网尾线虫（*Dictyocaulus cameli*）寄生于骆驼的支气管和细支气管内引起的。由于虫体较大，又称大型肺线虫。该病多见于潮湿地区，常呈地方性流行，主要为害幼龄动物，严重时可引起病畜大批死亡。

一、病原

虫体呈线状，乳白色。雄虫长 32～55mm。交合伞的中、后两侧肋完全融合，仅末端稍膨大。外背肋短，背肋 1 对，粗大，末端有呈梯级的 3 个分支。交合刺的构造与胎生网尾线虫的相似。雌虫长 46～68mm。寄生于单峰驼、双峰驼的气管和支气管。

二、流行病学

幼虫在适宜的外界条件下发育为感染性幼虫的时间比较短，只需 3d 左右。温度低时，可能延迟数天。温度过低或过高则不能发育成感染性幼虫。该病主要流行于我国西北等骆驼产区。

三、症状与病理变化

感染的首发症状为咳嗽。最初为干咳，后变为湿咳，而且咳嗽次数逐渐频繁。中度感染时，咳嗽强烈而粗粝；严重感染时呼吸浅表、急促并感痛苦。感染早期，幼虫的移行引起肠黏膜和肺组织损伤。成虫寄生时，虫体刺激引起细支气管和支气管炎症。大量虫体及其剩液、脓性物质、混有血丝的分泌物团块可以阻塞细支气管，引起局部肺组织膨胀不全和周围肺组织的代偿性气肿。

四、诊断

根据临床症状，特别是病畜咳嗽发生的季节和发生率，考虑是否为网尾线虫感染。用幼虫分离法检查粪便，发现第 1 期幼虫即可确诊。剖检时在支气管和细支气管发现一定量的虫体和相应的病变时，即可确认为该病。

五、防治

治疗可用左咪唑、阿苯达唑口服，阿维菌素或伊维菌素口服或皮下注射。预防则需保持牧场清洁干燥，注意饮水卫生，加强粪便管理，并进行计划性驱虫。

第十八节　骆驼副柔线虫病

骆驼副柔线虫病是由锐形科（Acuariidae）副柔线属（*Parabronema*）的斯氏副柔线虫（*P. skrjabini*）引起的寄生性线虫病。除骆驼以外，绵羊、山羊、牛及其他反刍兽也可感染，均寄生于第四胃。动物消瘦，生产及使役能力降低，甚至引起死亡。副柔线虫在我国内蒙古和甘肃多有发现。据调查，甘肃某养骆驼区骆驼的斯氏副柔线虫的感染率达 80%，感染强度为 1～328 条。

一、病原

副柔线虫属线虫的头部有 6 个耳状悬垂物，2 个在亚腹侧、2 个在亚背侧，两侧各 1 个。角皮厚，有横纹，无侧翼。口孔由两个侧唇围绕；咽长而狭细。雄虫长 9.5～10.5mm，足部呈螺旋状卷曲。肛前乳突 4 对，有细长的蒂；肛后乳突 2 对，蒂短而粗。交合刺不等长，短的 0.237～0.287mm，长的 0.545～0.656mm；有引器。雌虫长 21～34mm，尾端向背面弯曲；阴门位于体前部；卵呈卵圆形，大小为（39～48）μm×（9～11）μm，内含幼虫。

某些吸血蝇在反刍兽粪便上产卵，继而孵化为幼虫；后者吞食了副柔线虫的卵时，副柔线虫的幼虫即在它们体内发育。研究者观察到，在蝇蛆体内可以发现第 1 期幼虫，在蛹体内可以发现第 2 期幼虫，在成蝇体内可以发现感染性幼虫。宿主经口感染。感染性幼虫进入宿主真胃后，钻入黏膜内继续发育，直至次年 4～5 月始发育成熟。雌虫在整个夏季期间产卵，并随宿主粪便排出。卵产完后虫体死亡。每年 6～11 月乃至 12 月，在宿主体内可同时寄生副柔线虫的成虫和幼虫。

二、流行病学

骆驼感染副柔线虫主要在夏季，因为只有这个时期才有携带副柔线虫感染性幼虫的吸血蝇存在。副柔线虫的感染强度随外界吸血蝇的多少而异，6 月前及 9 月后蝇较少，动物感染较轻；7 月中旬至 8 月中旬吸血蝇最多，动物感染强度最大。自副柔线虫的感染性幼虫进入宿主体内到发育为性成熟的成虫约需 11 个月，虫体在宿主体内的寿命约为 19 个月。骆驼的感染强度较其他反刍动物为高，1 岁的骆驼比 2 岁的高，其次是牛，再次为绵羊和山羊。

三、症状与病理变化

对骆驼斯氏副柔线虫病症状描述较少。据报道，大量感染斯氏副柔线虫后，可引起骆驼"拉稀病"的发生，严重时可致死。虫体主要寄生于骆驼皱胃幽门腺区，特别是在幽门腺靠近胃底腺的部分，可见红色线状虫体附着在胃黏膜表面，黏膜出现溃疡、淤血、出血。虫体的机械性刺激、吸血及分泌的毒素对宿主皱胃乃至整个消化系统功能危害较大，是造成骆驼贫血、消瘦的重要原因。

四、诊断

生前诊断仅适用于 4～11 月，因这时反刍兽的真胃内才有性成熟的虫体。副柔线虫的卵呈卵圆形，卵壳薄，卵内含有卷曲的幼虫。死后剖检可在真胃幽门部发现副柔线虫的幼虫或成虫。

五、防治

治疗可使用左咪唑或丙硫苯咪唑驱虫。预防主要是在春季（吸血蝇出现前）进行驱虫，一方面可收到治疗的效果，另一方面可减少吸血蝇的感染。也可用药物预防。

第十九节　骆驼喉蝇蛆病

骆驼喉蝇蛆病是由喉蝇属（*Cephalopina*）骆驼喉蝇（*C. titillator*）的幼虫寄生于骆驼的鼻腔、鼻窦及咽喉部所引起的一种慢性疾病。

一、病原

骆驼喉蝇成虫形态与狂蝇属蝇类相似。体长 8～11mm。头大，呈黄色。胸部背面呈黄褐色，有黑色斑点。腹部也有随光而变的银灰色斑块和痣形的小斑点。口器退化。翅透明，翅基旁带黄褐色。雄蝇第 5 腹板呈梯形。第 3 期幼虫呈白色，长 30～32mm。腹面稍平。虫体前端较平齐，向后逐渐变细。头端有 1 对强大弯曲的口钩。体节上有锥状向后伸的大角质刺。虫体后端有深凹窝，其内有 1 对深色的肾形气门。

成虫出现于每年 4～9 月，活动规律似羊鼻蝇。雌蝇产幼虫于骆驼鼻孔及其周围，第 1 期幼虫沿鼻腔移行至鼻窦或咽喉内，寄生约 10 个月，经两次蜕化变为第 3 期幼虫。至次年春，第 3 期幼虫发育成熟后，再移至鼻腔，引起骆驼喷嚏。被喷出落地的成熟幼虫入土变蛹，经大约 1 个月羽化为成蝇。成蝇寿命 4～15d。

二、流行病学

骆驼喉蝇蛆病在我国内蒙古、新疆、青海、甘肃、宁夏等产驼区相当普遍。

三、症状与病理变化

喉蝇幼虫通常对骆驼的鼻腔黏膜没有显著破坏，但有时鼻孔流出浆液性或脓性鼻液，有时混有血液。

骆驼的感染率和感染强度都很大。严重感染时，慢性鼻炎和咽喉炎使骆驼精神不安、呼吸困难、吞咽时疼痛或吞咽困难。病驼消瘦，体力衰退，工作能力减低。

四、诊断

可参照羊鼻蝇蛆病。

五、防治

防治该病的重点是消灭骆驼鼻腔、鼻窦和咽喉内的幼虫。可使用伊维菌素皮下注射，或用其他治疗羊狂蝇的药物。

第七章　马寄生虫病

第一节　驽巴贝斯虫病

驽巴贝斯虫病是由驽巴贝斯虫（*Babesia caballi*）经蜱传播寄生于马属动物红细胞内而引起的一种寄生原虫病，为 WOAH 通报疫病，是我国三类动物疫病，可以感染马、骡、驴和斑马。该病临床症状主要表现为高热、黄疸、出血、呼吸困难和贫血，如果诊治不及时，动物易死亡。其传播媒介主要为银盾革蜱、森林革蜱、草原革蜱等硬蜱科蜱类，因媒介的分布特点和生物学特性，该病流行具有一定的地区性和季节性。

一、病原

（一）病原形态

驽巴贝斯虫属于巴贝斯科（Babesiidae）巴贝斯属（*Babesia*），寄生于马属动物红细胞内，虫体形态较大、长度大于红细胞半径，形状为梨籽形（单个或成双）、椭圆形、环形等，偶见有变形虫样虫体，典型形状为成对的梨籽形虫体以其尖端连成锐角。每个虫体内有两团染色质块。在一个红细胞内通常只有 1～2 个虫体，偶尔见有 3 个或 4 个（图 7-1）。一般红细胞染虫率为 0.5%～10%。

图 7-1　红细胞内的驽巴贝斯虫（仿 Dennis et al.，2016）

（二）生活史

驽巴贝斯虫发育需经过裂殖生殖、配子生殖和孢子生殖等不同发育阶段。

裂殖生殖是在马属动物红细胞内进行的无性繁殖，虫体以二分裂或成对出芽方式进行分裂生殖，产生裂殖子，当红细胞破裂后，虫体逸出，再次侵入红细胞，反复分裂形成新的裂殖子。

配子生殖是虫体在蜱肠管内进行的有性繁殖。蜱叮咬马属动物时，虫体随血液进入蜱肠道，进入肠道的虫体大部分被破坏，只有少数在肠道内容物中被释放出来，这时的虫体为微小球形虫体（辐射体"strahlenkörper"或配子"gamete"），最后两个形态相似但电子密度不同的微小虫体（配子）配对并发育为合子，合子继续转变成为动合子。

孢子生殖是指驽巴贝斯虫体在蜱唾液腺和其他器官内的无性繁殖阶段，配子生殖产生动合子进入蜱马氏管、血淋巴和卵巢，并且开始复分裂成为新一代动合子；动合子侵入蜱卵母细胞后保持休眠状态，等待子蜱发育成熟或采食时才开始出现与成蜱体内相似的孢子生殖过程。在蜱虫采食过程中，动合子侵入唾液腺分裂形成原始的卵圆形或梨籽形虫体（多形态的孢子体"sporont"），反复进行孢子生殖，形成对马属动物有感染性的子孢子。当蜱虫吸血时唾液腺中的子孢子就随唾液进入马属动物血液内。

二、流行病学

驽巴贝斯虫病可以感染马、骡、驴和斑马等，呈全球广泛性分布，如中国、苏丹、巴西、日本、蒙古国、西班牙、希腊、土耳其、意大利、墨西哥、巴基斯坦、瑞士、葡萄牙、荷兰、古巴、美国等均有感染此病的病例报告，主要集中在美洲和亚洲，但非洲和欧洲也存在，美洲的患病率最高，中东最低。国内吉林、广东、山东、甘肃和新疆等地均有感染此病的病例报告，新疆流行病学调查报告显示，马弩巴贝斯虫病感染率高达 25%～40%。

文献记载，弩巴贝斯虫的媒介蜱有 3 属 14 种。我国已验证的有草原革蜱、森林革蜱、银盾革蜱和中华革蜱。草原革蜱是内蒙古草原的代表种；森林革蜱是森林型种类，也适于生活在次生灌木林和草原地带。因此，它们是东北地区及内蒙古马弩巴贝斯虫的主要传播媒介。银盾革蜱仅见于新疆，分布较广，是新疆弩巴贝斯虫的主要传播媒介。文献记载了我国已发现的血红扇头蜱、囊形扇头蜱、图兰扇头蜱和边缘革蜱等是弩巴贝斯虫的传播媒介，其传播作用有待进一步验证。

革蜱经卵传播弩巴贝斯虫病。实验证明次代革蜱的幼虫、若虫和成虫阶段都具有传播弩巴贝斯虫的能力，经若干世代后仍保持感染力。但由于革蜱为三宿主蜱，仅成虫阶段寄生于马等大型哺乳动物。因此，在自然条件下，次代成虫起传播作用。革蜱 1 年繁育 1 代，以饥饿成虫越冬。成蜱出现于春季草冒尖出芽时（也因地而异）。弩巴贝斯虫病一般从 2 月下旬开始出现，3～4 月达到高峰期，5 月下旬逐渐停止流行。

马耐过弩巴贝斯虫病后，带虫免疫可持续 4 年。疫区的马由于经常遭受硬蜱叮咬，反复感染弩巴贝斯虫，一般不发病，仅表现轻微的症状。由外地引入的新马及新生幼驹，由于没有这种带虫免疫，很容易发病。

三、症状与病理变化

（一）症状

发病初期，精神不振，食欲减退，结膜充血或稍黄染，体温升高。

发病中期，精神沉郁，不食不饮，低头聋耳，恶寒战栗，皮温不整，末梢发凉；排粪迟缓，粪球干小并表面附有黏液；排尿淋漓，尿黄褐色、黏稠，个别病畜出现血尿等现象；可视黏膜黄染明显，有出血点，体躯下部和四肢水肿。体温 39.5～41.5℃或更高，并呈稽留热；肠音减弱；呼吸、心跳加快，心音亢进，心率每分钟 100 次以上，节律不齐，有时出现杂音，脉搏细数。

发病后期，病马显著消瘦，共济失调，躯体摇晃，精神高度沉郁，食欲废绝，被毛焦枯，肚腹卷缩，肛门松弛，最后昏迷卧地；黏膜苍白黄染；心力衰竭，肺气肿，呼吸极度困难，由鼻孔流出多量黄色带泡沫的液体。妊娠母马发生流产或早产。病程 8～12d，不治而自愈者极少。血液变化为红细胞急剧减少（常降到每立方毫米 200 万个左右），血红蛋白量相应减少，血沉增快；白细胞数变化不大，往往可见单核细胞增多。幼驹表现症状比成年马严重，红细胞染虫率高，常躺卧地面，反应迟钝，黄疸明显。

（二）病理变化

虫体的代谢产物是一种会导致神经系统紊乱的有毒物质。虫体寄生于红细胞引起胞体破坏，造成动物贫血。大量血红蛋白在内脏聚集，肝转化成胆色素，大量胆色素进入血液循环会引起黏膜和皮下组织黄染。根据黄疸着色程度可判断溶血程度。贫血导致机体组织供养不足，病马代偿性呼吸、脉搏增加，进而引起心脏衰弱。以上症状导致全身酸碱平衡障碍，出现体内淤血和水肿。肾也发生退行性变化，出现少尿或者蛋白尿。

四、诊断

根据临床症状、病理变化、媒介检查等可以做出初步判断，确诊需要进行实验室诊断。实验室诊断包括病原学诊断、免疫学诊断和分子生物学诊断。

1. 病原学诊断　　病原学诊断主要是直接观察红细胞内虫体或体外培养的虫体。

1）血液涂片检查　　采集外周末梢血液，涂片，吉姆萨染液染色，显微镜下油镜观察，发现红细胞内虫体，即可确诊。厚血片可以提高检出率。也可利用剖检动物组织抹片染色镜检。血液涂片检查一般在病马发热时进行，有时体温不高也可检查出虫体。一次血液检查未发现虫体，应反复检查或改用厚血片检查。若病马血液涂片中检出了虫体，但药物治疗效果不佳，应考虑是不是与马传染性贫血混合感染。血液涂片检查的主要不足是带虫者检出率较低，结果不够可靠。

2）虫体体外培养　　驽巴贝斯虫体外培养技术已经建立。通过培养疑似动物红细胞，可以发现虫体。体外培养法具有较高的敏感性，可以用于带虫者或无虫血症马属动物的诊断。缺点是需要时间较长。目前，该方法基本被分子生物学诊断所取代。

2. 免疫学诊断　　主要的免疫学诊断方法有补体结合试验（complement fixation test，CFT）、IFAT 和竞争酶联免疫吸附试验（competitive enzyme-linked immunosorbent assay，C-ELISA）。

1）CFT　　CFT 过去是某些国家用于诊断驽巴贝斯虫病的主要方法，目前依然在一些地区使用。CFT 主要用于感染早期诊断，具有很好的特异性和敏感性。缺点是对药物治疗过的动物、产生补体抗性的动物及 IgG 无法与豚鼠补体结合的动物检出率极低。同时，CFT 需要人工感染马属动物以制备抗原，可能导致动物福利问题。因此，WOAH 已不打算继续推荐。取而代之的是 IFAT 和 C-ELISA。

2）IFAT　　IFAT 是利用体外培养的虫体抗原检测被检动物血清中的驽巴贝斯虫抗体，是 WOAH 推荐的诊断方法。主要程序是将体外培养的虫体制成涂片，与被检血清反应，再以荧光素标记的抗马属动物免疫球蛋白抗体（第二抗体）识别，之后在荧光显微镜下观察。稀释倍数为 1/80 或大于 1/80 的被检血清，如能使虫体产生强荧光，则判为阳性。IFAT 面临的一个挑战是需要对被检血清进行稀释，以降低抗原抗体的非特异性结合和所产生的背景。稀释被检血清有助于提高特异性，但也可能降低敏感性。

3）C-ELISA　　C-ELISA 是利用驽巴贝斯虫的重组抗原和已经建立的特异性单克隆抗体（McAb）检测被检动物血清中的驽巴贝斯虫抗体，C-ELISA 是 WOAH 推荐的诊断方法，特异性超过 99%。C-ELISA 使用的重组抗原为驽巴贝斯虫棒状体相关蛋白 1（rhoptry-associated protein 1，RAP-1），McAb 为鼠源，与驽巴贝斯虫 60kDa 抗原肽表位产生应答，需要设置阴性和阳性对照。主要程序是以虫体重组抗原包被酶标板，加入被检血清和 McAb。再加入抗鼠 IgG 过氧化物酶标记二抗，加入显色底物显色。再加入终止液终止反应，立即用酶标仪于 620nm、630nm 或 650nm 读取光密度（OD）值。反应成立的条件是阴性对照的 OD 值＞0.300 且＜2.000，阳性对照的抑制率≥40%。被检血清的抑制率≥40% 则判为阳性，＜40% 则判为阴性。抑制率的计算公式为：抑制率（%）＝100−［（被检血清 OD×100）÷阴性对照平均 OD］。

3. 分子生物学诊断　　分子生物学诊断主要是检测驽巴贝斯虫的 DNA。主要方法为 PCR，靶标为 *18S rDNA* 基因的种特异性片段，是 WOAH 推荐的诊断方法。此外，LAMP 也用于诊断。两种方法均具有很高的敏感性和特异性。

五、防治

（一）治疗

治疗原则为药物清除虫体，同时强心补液、退热、排毒和排黄，配以整肠、健胃、缓泻及对症治疗。常用的驱虫治疗药物有三氮脒、咪唑苯脲、台盼蓝、锥黄素及青蒿素等。三氮脒（贝尼尔/血虫净）对马驽巴贝斯虫有良效，能完全清除虫体。用注射用水配成溶液肌内注射。轻症 1～2 次，重症 3 次，用药间隔 48h。咪唑苯脲配成溶液肌内注射，对各种巴贝斯虫均有较好治疗效果，安全性较好。台盼蓝用生理盐水配成溶液静脉注射。锥黄素用生理盐水或 5% 葡萄糖加维生素 C、维生素 B 混合静脉注射。青蒿素用青蒿素片剂磨成粉末状，拌入饲料中饲喂，连用 2～3d。驱虫治疗的同时，应进行对症治疗，主要为强心补液、健胃缓泻及预防继发感染。

（二）预防

1. 药物预防　　在流行区的发病季节，用三氮脒、咪唑苯脲、锥黄素等预防注射，用量与治疗相同。

2. 加强饲养管理

（1）加强营养，改善饲养环境，提高抵抗力。

（2）发病季节，定期观察马体，做到早发现、早确诊、早治疗、早治愈。

（3）放牧马圈养或轮牧放养，避免马在蜱活动高峰期反复感染。

3. 加强检疫　　按检疫要求，对外来马严格检疫，防止引入带病带虫马。

4. 灭蜱

（1）人工除蜱：经常检查马体及其厩舍蜱虫，随时摘除马体上吸血的蜱，并将其焚烧。

（2）药物灭蜱：发病季节，每隔 15～20d 用敌杀死、螨净、溴氰菊酯等化学药物对马体、马厩及饲喂设施等进行彻底喷洒杀蜱。

第二节　马泰勒虫病

马泰勒虫病是马泰勒虫（*Theileria equi*）经蜱传播寄生于马属动物红细胞、淋巴细胞和巨噬细胞而引起的寄生原虫病。该病为 WOAH 通报疫病，是我国三类动物疫病，常常与驽巴贝斯虫病混合感染，对马属动物危害大。

一、病原

（一）病原形态

马泰勒虫属泰勒科（Theileriidae）泰勒属（*Theileria*）。寄生于红细胞内的虫体为小型虫体，长度不超过红细胞半径，呈圆形、椭圆形、单梨籽形、纺锤形、钉子形、逗点形、短杆形、圆点形及降落伞形等多种形态，以圆形、椭圆形虫体占多数，典型的形状为 4 个梨籽形虫体以尖端相连构成的十字形。每个虫体内只有一团染色质块。依病程不同，虫体形态可分为 3 型，即大型虫体（大小等于红细胞半径）多出现于患病初期；中型虫体（大小等于红细胞半径 1/2）多出现于病的发展过程中；小型虫体（大小等于红细胞半径 1/4）多出现于病马治愈期和带虫期。但并非一定时期只有一种类型的虫体，而仅是这种类型虫体占优势。

（二）生活史

马泰勒虫之前被认为是马巴贝斯虫（*Babesia equi*），现已证明可在马淋巴细胞中进行裂殖生殖，其经蜱传播的方式为期间传播而不是经卵传播。

携带马泰勒虫的蜱叮咬马属动物时，将其唾液腺中的马泰勒虫子孢子注入宿主体内，子孢子能够穿透淋巴细胞，经过裂殖生殖形成大裂殖子和小裂殖子，并可在每个感染细胞中产生大约 200 个裂殖子，单个裂殖子的长度为 1.5～2μm。

裂殖子侵入红细胞并通过二分裂复制，形成梨籽形虫体（长度 2～3μm）。在红细胞中，虫体发生无性分裂并产生 4 个梨籽形虫体，呈"马耳他十字"形式排列，长度大约为 2μm。被感染红细胞破裂后，释放的裂殖子将入侵新的红细胞并继续复制。

一些裂殖子成为球形的配子母细胞。当配子母细胞进入蜱虫体内后会在蜱的中肠内生长发育，在蜱摄食后 4～6d，形成大小配子，它们将融合并形成合子。5～7d 后可观察到动合子。动合子产生 7～8d 后，会穿透蜱虫唾液腺Ⅲ型细胞，逐渐形成母孢子、成孢细胞和子孢子。

二、流行病学

马泰勒虫病主要感染马、骡、驴、斑马等马属动物，在世界多个地方流行，主要分布在热带和亚热带地区，巴西、南非、土耳其等国均出现过相关病例。我国多个地方均有马属动物感染马泰勒虫的报道，主要分布在新疆、内蒙古、黑龙江、吉林、广东、陕西、宁夏、甘肃、青海、贵州、云南等地。新疆部分地区常年雨水较多，草原面积广大，植被丰富，适合蜱类滋生，导致该地区马泰勒虫病流行频繁，感染率较高可达 60%，常与马驽巴贝斯虫病混合感染，其死亡率较高，可达 30%。

文献记载有 3 属 17 种蜱可传播马泰勒虫。我国已查明草原革蜱、森林革蜱、银盾革蜱、镰形扇头蜱是马泰勒虫的传播者。

三、症状

马泰勒虫病在临床上可分为急性、亚急性和慢性三种类型。

1. 急性型　急性型体温升高，热型多为间歇热或不定型热，精神沉郁，食欲不振，眼睑水肿、流泪，颌下淋巴结肿大，最具特症性的症状是黄疸，有时出现血红蛋白尿，可在发病后 1～2d 内死亡，死亡率一般在 10%以下，但有时可达 50%。

2. 亚急性型　　亚急性型症状与急性型相似，但程度较轻，症状不够明显，病程可达 30～40d，其间有一定的缓解期。

3. 慢性型　　慢性型临床上较难发现，通常表现为体温正常或稍升高，体温升高时可能出现黄疸，患病动物逐渐消瘦，贫血，病程可持续 3 个月。之后转为长期带虫者，成为重要传染源。也有个别病例病势加剧，转为急性型。

马泰勒虫病与驽巴贝斯虫病混合感染时，主要表现为驽巴贝斯虫病的症状。

四、诊断

根据临床症状、病理变化、媒介检查等可以做出初步判断，确诊需要进行实验室诊断。实验室诊断包括病原学诊断、免疫学诊断和分子生物学诊断。

1. 病原学诊断　　病原学诊断主要是直接观察红细胞内和组织抹片细胞内的虫体或体外培养的虫体。检查方法有血液涂片检查和虫体体外培养，基本操作方法及注意事项与驽巴贝斯虫病诊断相同。

2. 免疫学诊断　　主要的免疫学诊断方法与驽巴贝斯虫病一样，主要有 CFT、IFAT 和 C-ELISA。WOAH 已经不打算继续推荐 CFT 诊断，取而代之的是 IFAT 和 C-ELISA。IFAT 使用体外培养的马泰勒虫为抗原，对照设置、操作程序、判定标准等与驽巴贝斯虫病诊断相同。C-ELISA 所用抗原为马泰勒虫重组 EMA-1 蛋白，特异性 McAb 识别马泰勒虫子孢子表面蛋白表位。C-ELISA 的特异性超过 99%，与 IFAT 的符合率为 91%～95.7%。其操作程序、判定标准等与驽巴贝斯虫病诊断相同。

3. 分子生物学诊断　　分子生物学诊断主要是检测马泰勒虫的 DNA。主要方法为 PCR，靶标为 *18S rDNA* 基因的种特异性片段。此外，LAMP 也用于诊断。两种方法均具有很高的敏感性和特异性。

临床上，马巴贝斯虫与马泰勒虫常常混合感染，一种以 *18S rDNA* 为靶标的多重 PCR 方法已经建立，可以同时诊断和鉴别两种虫体感染。

五、防治

防治同驽巴贝斯虫病。

第三节　马　媾　疫

马媾疫（dourine）是由马媾疫锥虫（*Trypanosoma equiperdum*）寄生于马属动物生殖道黏膜而引起的寄生原虫病。该病为 WOAH 通报疫病，是我国三类动物疫病，早年曾广泛流行于美洲、东欧、亚洲、非洲。我国西北、东北、内蒙古、河南、安徽等地均有报道，经大力防治，已很少发生。该病主要通过交配传播，也称交配疹。

一、病原

马媾疫锥虫的形态与伊氏锥虫无明显区别，但生物学特性则有很大差异，马媾疫锥虫仅感染马属动物，主要寄生于病畜的生殖道黏膜、水肿液及短暂地寄生于血液中。实验动物虽可人工感染，但常需盲传数代。

二、流行病学

马媾疫锥虫主要通过病马与健马交配传播。人工授精时，器械未经严格消毒也可发生感染。繁殖母马可以传播给幼驹。

病马是重要的传染源。有些马匹感染后暂时不出现明显症状而为带虫者，常成为主要传染来源。驴和骡相较于马来说具有一定的抗性，可能是马媾疫锥虫的保虫宿主。

春季是马媾疫的发病季节。北方牧区，每年 3 月中旬到 4 月中旬是马媾疫发病的流行季节。养殖户的马零星发病，50 匹以上的马群发病率在 16%左右，马媾疫潜伏期为 3～6 个月，也有急性的 15d 左右。

世界许多地区都有马媾疫的流行，如欧洲的法国、意大利、波兰、匈牙利等国，俄罗斯的南部、西部、中部，亚洲的土耳其、西伯利亚、印度、伊朗、印度尼西亚等地，非洲的摩洛哥、阿尔及利亚、南非等地，美洲的加拿大和美国。我国于 1937 年在辽宁金州发现该病，以后陆续在西北、西南、东南、华北等地均有该病发生。该病多呈散发性，局部地区呈地方性流行。　在自然条件下只有马属动物易感染该病，人工方法把马媾疫锥虫注射入兔睾丸内也能感染，同样也能感染犬和绵羊。

三、症状与致病作用

（一）症状

马媾疫一般可分为 3 期。第 1 期为水肿期，公马开始为阴茎鞘水肿，局部触诊呈面团状，无热无痛，并继续向阴囊及腹下扩展；尿道流出黏液，尿频，性欲旺盛。母马阴唇水肿，阴道流出黏液，水肿部也无热无痛；后期可出现溃疡，溃疡愈合后留有无色素斑。第 2 期为皮肤丘疹期，在生殖系统发生病变后的 1 个月，在病马的胸、腹和臀部上出现无痛的扁平丘疹，圆形或椭圆形，直径 5～15cm，中央凹陷，周边隆起，常突然出现，称"银元疹"，通常数小时或数天后自行消失；消失后在身体的其他部位可重新出现；疹块消失后局部可见脱毛或色素消失。第 3 期为神经症状期，即病的后期。以局部肌肉神经麻痹为主；当腰神经与后肢神经麻痹时，跛行，步态强拘；颜面神经麻痹时，则见嘴唇歪斜，耳及眼睑下垂；咽麻痹，吞咽困难。

整个病程中，体温只一时性升高，后期有些病马有稽留热。病后期出现贫血，瘦弱，最后死亡，死亡率可达 50%～70%。病马屡配不孕，或妊娠后易流产。

（二）致病作用

马媾疫锥虫侵入公马尿道或母马阴道黏膜后，在黏膜上进行繁殖，引起局部炎症。少数虫体周期性地侵入病畜血液和其他器官。虫体产生毒素，引起多发性神经炎，潜伏期一般为 8～28d，少数可长达 3 个月。水肿，主要是生殖器水肿。丘疹是马媾疫特征性的皮肤病变。随着病程的发展，神经麻痹越来越严重，最后卧地不起，极度衰竭死亡。

四、诊断

根据临床症状可进行初步诊断，该病多发于配种之后。驴和骡感染后，一年四季均以慢性或隐性形式出现；马感染后常呈慢性发病，病程较长。幼驹患病后则发病较剧烈。疫区马属动物配种后，如果发现有外生殖器炎症、水肿、皮肤丘疹、后躯麻痹等症状时，可怀疑为马媾疫。

病原学诊断可采取尿道或阴道分泌物或丘疹发生时的丘疹部组织液，做压滴标本或涂片标本进行虫体检查，发现锥虫可确诊。还可将上述病料接种于兔睾丸实质，家兔接种后发病的症状为阴囊和阴茎浮肿、发炎及睾丸实质炎，从睾丸穿刺液、浮肿液和眼泪中可以发现虫体。

血清学诊断可用琼脂扩散试验、间接血凝试验、补体结合反应等。

近年来将 PCR 及 DNA 探针技术等分子生物学方法应用于马媾疫的诊断，特异性、敏感性均较高。

五、防治

（一）治疗

（1）那加诺（拜耳 205）：以灭菌生理盐水配成 10%溶液静脉注射，1 个月后再治疗一次。

（2）安锥赛硫酸甲酯：以灭菌生理盐水配成 10%溶液，皮下或肌内注射，隔日注射一次，连用 2～3 次。

（3）贝尼尔（三氮脒）：配成 5%溶液，臀部深部肌内分点注射，可根据病情用药 1～3 次，间隔 5～12d。

（二）预防

该病在我国已基本消灭，在此情况下，如发现病畜，除非特别名贵的种马，否则应及时淘汰，以绝后患。

在疫区，配种季节前对公马和繁殖母马进行检疫，包括临床检查和血清学试验。对阳性或可疑马进行隔离治疗，病公马一律阉割，不作种用。对健康母马和作采精用的种马，秋季配种前驱虫一次，早春驱虫一次。

大力开展人工授精工作，减少或杜绝感染机会，配种人员的手及用具等应注意消毒。公马的生殖器应用 10%碳酸氢钠溶液或 0.5%氢氧化钠溶液冲洗。

对新调入的种公马或母马，要严格进行隔离检疫，每隔 1 个月 1 次，共进行 3 次。1 岁以上的公马和阉割不久的公马应与母马分开饲养。没有育种价值的公马应进行阉割。

第四节　马球虫病

一、病原

（1）鲁氏艾美耳球虫（*Eimeria leuckarti*）：卵囊呈卵圆形，大小为（75～88）μm×（50～59）μm。囊壁为深黄色，半透明，有颗粒。卵膜孔明显，卵囊内无外残体。孢子囊的大小为（30～42）μm×（12～14）μm，有内残体，子孢子长约 35μm。在 20～22℃时，孢子化时间为 21d。潜在期为 12d。寄生于马、驴的小肠，有一定的致病性。

（2）单指兽艾美耳球虫（*E. solipedum*）：卵囊呈圆形，亮黄-淡黄色，直径为 15～28μm，无卵膜孔，无外残体。孢子囊为椭圆形或卵圆形，大小为 5μm×3μm，子孢子为梨形。寄生于马和驴。生活史和致病性不详。

（3）单蹄兽艾美耳球虫（*E. uniungulati*）：卵囊呈卵圆形，亮黄色，大小为（15～24）μm×（12～17）μm。无卵膜孔，无外残体。孢子囊的大小为（6～11）μm×（4～6）μm，有内残体。寄生于马和驴。生活史和致病性不详。

二、流行病学

在马属动物的粪便中很少见到球虫卵囊，临床病例比较罕见。

三、症状与病理变化

严重感染鲁氏艾美耳球虫时，病驹可出现间歇性下痢、消瘦等症状，甚至可造成死亡。剖检时见小肠黏膜有炎性病变，肠绒毛组织结构被破坏。

四、诊断

由于鲁氏艾美耳球虫的卵囊相对密度较大，用一般漂浮法检查粪便，不易发现它们，需用糖溶液漂浮进行浮集。

五、防治

防治可参照牛球虫病。

第五节　马绦虫病

马绦虫病主要由裸头科（Anoplocephalidae）裸头属（*Anoplocephala*）的大裸头绦虫（*A. magna*）、叶状裸头绦虫（*A. perfoliata*）及副裸头属（*Paranoplocephala*）的侏儒副裸头绦虫（*P. mamillana*）所引起。虫体寄生于马属动物的小肠和大肠中。该病呈世界性分布，我国各地均有报道。

一、病原

（一）病原形态

大裸头绦虫寄生于小肠，特别是空肠，偶见于胃；叶状裸头绦虫寄生于小肠后段、盲肠前段和结肠；侏儒副裸头绦虫寄生于小肠，特别是十二指肠，偶见于胃。这些绦虫对幼驹危害较重，幼驹易感性强，感染率高，随着动物年龄的增长而获得免疫力。最常见且危害严重的是叶状裸头绦虫（图 7-2）。

1. 大裸头绦虫　　长度可达 80cm，头节大，其上有 4 个圆形吸盘，无顶突和小钩，颈节极短，体节短而宽，前节后缘覆盖后节前缘，外观似暖气片样重叠排列，孕节子宫充满虫卵。卵内有梨形器，内含六钩蚴。

2. 叶状裸头绦虫　　虫体短而厚，长为 2.5～5.2cm，头节小，其上有 4 个吸盘，每一吸盘后方各有一个特征性的耳垂状附属物，体节短而宽，前后体节仅以中央部相连，侧缘游离。

3. 侏儒副裸头绦虫　　虫体短小，仅长 10～40mm，头节小，吸盘呈裂口样，无耳垂状附属物。

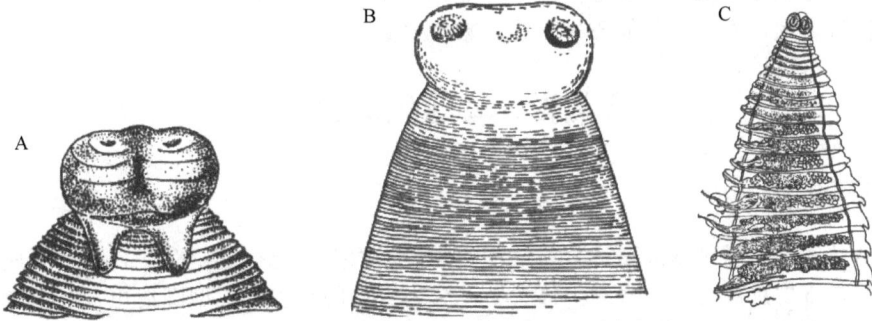

图 7-2　马裸头绦虫（仿孔繁瑶，2010）

A. 叶状裸头绦虫头节；B. 大裸头绦虫头节；C. 侏儒副裸头绦虫

（二）生活史

大裸头绦虫、叶状裸头绦虫和侏儒副裸头绦虫的发育过程都以地螨为中间宿主。随粪便排出的孕节或虫卵被地螨吞食，虫卵内的六钩蚴在其体内发育，一般需 2～4 个月（温度 19～21℃时需 140～150d），经过钩蚴期、原腔期、囊腔期，形成似囊尾蚴具感染力。地螨有爬行于牧草的习性，当马属动物吃草时，连同地螨一并吞食而被感染。地螨在肠道内被消化，似囊尾蚴逸出，吸附在小肠黏膜上，经 6～10 周发育为成虫。

二、流行病学

我国各地均有马感染绦虫的报道，特别在新疆和内蒙古牧区，经常呈地方性流行。马绦虫病的流行与中间宿主的分布情况和气温条件有关。当气温高、湿度低、有强光时，地螨沿牧草向下爬行，钻入土壤内，当牧场水分多、光线昏暗时，再爬上牧草。牧场里的地螨数量随着季节更换而不同，一般秋季出现达到高峰，冬季及初春数量下降，晚春及初夏又有增加，至炎夏季节又下降。在不同天气中，晴天数量最少，阴天较多，雨天最多。在一天之中以清晨和晚间数量增多，中午较少。地螨的寿命达 1.5 年之久，因此给马匹增加了感染绦虫病的机会。我国西北地区常在 5 月下旬开始出现该病，7 月达到高峰，而较寒冷地区则可能晚一些。

三、症状与病理变化

虫体寄生的部位可引起黏膜炎症和水肿，黏膜损伤，形成组织增生的环形出血性溃疡，一旦溃疡穿孔，可引起急性腹膜炎，导致死亡。大量感染叶状裸头绦虫时，回肠、盲肠和结肠遍布溃疡，发生急性卡他性肠炎和黏膜脱落，导致病马死亡。轻度感染大裸头绦虫和侏儒副裸头绦虫时，引起肠卡他性炎，出现消化紊乱；重度感染时，可导致卡他性或出血性肠炎，临床上表现出消化不良、间歇性疝痛和下痢等，并引起渐进性消瘦和贫血。该病对幼驹危害较大，可导致高度消瘦，腹部不适，饥饿痛，消化不良，腹泻与便秘交替，可因肠破裂而死亡。

四、诊断

根据病马的症状，结合粪便中出现节片或镜检粪便发现虫卵进行确诊。集卵可用饱和盐水漂浮法。死后可根据肠内发现大量虫体和相应的病理变化进行诊断。

五、防治

（一）治疗

治疗可用阿苯达唑、硫氯酚、氯硝柳胺、吡喹酮等药物。

（二）预防

（1）进行预防性驱虫，驱虫后的粪便集中堆积发酵以杀灭虫卵。

（2）管理好牧场，从减少地螨数量着手，对牧场翻耕、换茬、种植农作物、改善牧场排水系统，可以大大减少地螨的滋生与存在，从而逐步消除地螨。

（3）改变夜牧习惯，雨天尽可能改为舍饲，减少感染机会。

第六节　马消化道线虫病

一、马圆线虫病

圆线虫病是马属动物感染率最高、分布最广的肠道线虫病。此病是由圆线目许多科属线虫所引起，是马属动物的重要寄生虫病之一。根据虫体大小，分为大型圆线虫和小型圆线虫，前者危害更大。我国各地马圆线虫感染率达 87.2%，在患马体内寄生的虫体，最多可达 10 万条。该病常为幼驹发育不良的原因，成年马则可引起慢性卡他性肠炎，以致使役能力降低，尤其当幼虫移行时，引起动脉炎、血栓性疝痛、胰腺炎和腹膜炎，可导致死亡，造成重大经济损失。

（一）病原

病原种类较多，常混合感染。大型圆线虫主要有马圆线虫（*Strongylus equinus*）、无齿圆线虫（*S. edentatus*）和普通圆线虫（*S. vulgaris*）。小型圆线虫体型较小，种类繁多，生活史简单，一般称为毛线虫，主要有圆形科三齿属（*Triodontophorus*）、盆口属（*Craterostomum*）、食道齿属（*Oesophagodontus*）的线虫，以及毛线科毛线属（*Trichonema*）、盂口属（*Poteriostomum*）、辐首属（*Gyalocephalus*）、杯环属（*Cylicocyclus*）的许多线虫。

1. 马圆线虫　寄生于马属动物的盲肠和结肠。我国各地均有分布。虫体较大，呈灰红色或红褐色，口囊发达，呈卵圆形，口缘有发达的内叶冠与外叶冠。在口囊内的背侧壁上有一背沟，口囊基部有一较大、尖端分叉的背齿，口囊底部腹侧有两个亚腹侧齿（图 7-3A）。雄虫长 25～35mm，此类虫体均有较发达的交合伞，包括两个侧叶和一个背叶，伞肋分散均匀，有两个等长的线状交合刺。雌虫长 38～47mm，阴门开口于距尾端 11.5～14mm 处。虫卵椭圆形，卵壳薄，内含卵细胞，虫卵大小为（70～85）μm×（40～47）μm。

2. 无齿圆线虫　又名无齿阿尔夫线虫（*Alfortia edentatus*），也寄生于马类的盲肠和结肠内，世界性分布。虫体呈深灰色或红褐色，形状与马圆线虫极相似，头部稍大，口囊前宽后狭，口缘有发达的内叶冠与外叶冠，口囊内也具有背沟，但无齿（图 7-3B）。雄虫长 23～28mm，有两根等长的交合刺。雌虫长 33～44mm。阴门位于距尾端 9～10mm 处，虫卵椭圆形，大小为（78～88）μm×（48～52）μm。

3. 普通圆线虫　又名普通戴拉风线虫（*Delafondia vulgaris*），寄生于马类的盲肠、结肠处，世界性分布。虫体比前两种圆线虫要小，呈深灰色或血红色。口缘有发达的内叶冠与外叶冠，外叶冠边缘呈花边状构造，口囊壁上有背沟，口囊底部有两个耳状的亚背侧齿（图 7-3C）。雄虫长 14～16mm，具等长的交合刺。雌虫长 20～24mm，阴门距尾端 6～7mm，虫卵椭圆形，大小为（83～93）μm×（48～52）μm。

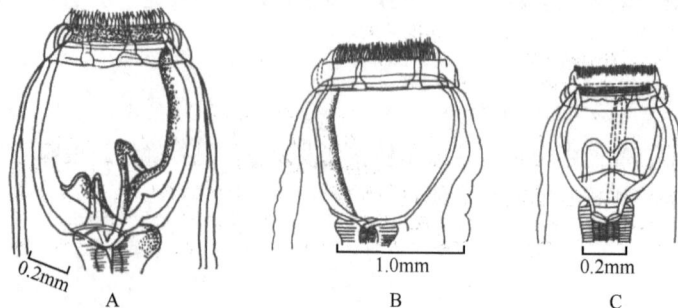

图 7-3　圆线虫头部侧面（仿唐仲璋和唐崇惕，1987）

A. 马圆线虫；B. 无齿圆线虫；C. 普通圆线虫

（二）流行病学

圆线虫在大肠内发育成熟，雌虫产出大量虫卵随粪便排出体外，在外界适宜的条件下，经 6～14d 发育为带鞘的第 3 期幼虫，这种感染性幼虫主要附着于草叶、草茎上或积水中；幼虫有背地性，在适宜条件下向牧草叶片上爬行；幼虫对于弱光有趋向性，常于清晨、傍晚或阴天爬上草叶；幼虫对温度有敏感性，温暖时活动力增强，幼虫必须在具有液面的草叶上爬行；幼虫有鞘膜的保护，对恶劣环境抵抗力较强；落入水中的幼虫常沉于底部，存活 1 个月或更久。当马匹吃草或饮水时，吞食感染性幼虫而被感染，幼虫在马肠内脱去囊鞘，开始移行。

普通圆线虫，幼虫被马、骡吞咽后钻通肠黏膜进入肠壁小动脉，在其内膜下继续移行，逆血流方向向前移行到较大动脉（主要为髂动脉、盲肠动脉及腹结肠动脉），约 2 周后到达积聚在肠系膜前动脉根部，部分幼虫进入主动脉向前移行到心脏，向后移行到肾动脉和髂动脉。故普通圆线虫常在肠系膜动脉根部引起动脉瘤，并在此发育为童虫，在盲肠及结肠壁上常见到含有童虫的结节。然后各自通过动脉的分支往回移行到盲肠和结肠的黏膜下，在此蜕皮发育到第 5 期幼虫，最后回到肠腔成熟。

无齿圆线虫，幼虫的移行不同于普通圆线虫，它们移行远，时间长，幼虫钻入盲肠、大结肠黏膜后，经门静脉进入肝，到达肝韧带后在肠腔沿腹膜下移行，故其童虫主要见于此处的特殊包囊中，在继续移行到达肠壁后，便形成典型的水肿病灶，然后进入肠腔发育成熟。

马圆线虫，幼虫也在腹腔脏器及组织内广泛移行，幼虫穿通盲肠及小结肠黏膜，先在浆膜下结节内停留，后经腹腔到达肝，然后到胰腺寄生，最后回到肠腔，发育成熟。

小型圆线虫的发育过程较简单，幼虫只在肠壁移行，部分幼虫刺激黏膜形成结节，成虫多见于盲肠及结肠，但不吸附于肠壁。

此外，某些圆线虫的感染性幼虫可能进入肠壁毛细血管，然后进入门静脉系统和小循环。幼虫常在肝、肺内死亡，以致在幼虫周围形成寄生性结节。在盆腔、阴囊等处常发现移行中的幼虫或童虫，在眼前房、脑脊髓等处也往往能见到圆线虫幼虫及其所引起的病变。

感染性幼虫的抵抗力很强，在含水分 8%～12% 的马粪中能存活 1 年以上，在撒布成薄层的马粪中需经65～75d 才死亡。在青饲料上能保持感染力 2 年之久，但在直射阳光下容易死亡。该病既可发生于放牧的马群，也可发生于舍饲的马匹。特别是在阴雨多雾天气的清晨和傍晚放牧，是马匹最易感染圆线虫病的时机，以致牧场的染虫率不断增高，马匹常常受到严重感染。

（三）症状与病理变化

成虫分泌溶血素、抗凝血素等。成虫由于在结肠和盲肠内寄生、口囊吸血，可引起宿主贫血和卡他性炎、创伤和溃疡。幼虫在肠壁形成结节影响肠管功能，特别是幼虫移行危害更为严重。普通圆线虫幼虫移行危害最大，可引起动脉炎，形成动脉瘤和血栓，进而引起疝痛、便秘、肠扭转、肠套叠、肠破裂。无齿圆线虫幼虫在腹膜下移行形成出血性结节，腹腔内有大量淡黄色-红色腹水，引起腹痛、贫血。马圆线虫幼虫移行导致肝和胰损伤，肝内形成出血性虫道，胰形成纤维性病灶。

临床上分为肠内型和肠外型。成虫大量寄生于肠管时表现为大肠炎症和消瘦，因恶病质而死亡。少量寄生时呈慢性经过。幼虫移行时，以普通圆线虫引起血栓性疝痛最多见。马圆线虫幼虫移行引起肝、胰损伤，临床表现为疝痛。无齿圆线虫幼虫则引起腹膜炎、急性毒血症、黄疸和体温升高等。

（四）诊断

根据临床症状和流行病学资料做出初步诊断。在粪便中查出虫卵可证实有此类圆线虫寄生。但应考虑数量，一般虫卵 1000 个/g 粪便以上应驱虫。各种圆线虫虫卵难以区分，可以对第 3 期幼虫形态进行鉴别。幼虫寄生期诊断困难，剖检可确诊。

（五）防治

1. 治疗　首选驱虫剂为阿苯达唑，口服或腹腔注射，对成虫驱虫率高，对第 4 期幼虫作用一般。噻苯咪唑，内服，对多种圆线虫均有效。成年及幼龄马匹应每隔 4～8 周驱虫 1 次；8～28 周龄的马驹应每日用噻苯咪唑加哌哔嗪驱虫 1 次，效果最好。硫化二苯胺有效，伊维菌素效果也较好。

2. 预防　　马圆线虫病的预防较困难。在加强饲养卫生管理的前提下，每年应对马进行定期驱虫，一年至少 2 次；服用低剂量硫化二苯胺有预防作用。

二、马副蛔虫病

马副蛔虫病是由蛔科副蛔属马副蛔虫（*Parascaris equorum*）寄生于马属动物的小肠内所引起，是马属动物常见的一种寄生虫病。

（一）病原

马副蛔虫是家畜蛔虫中体形最大的一种。虫体近似圆柱形，两端较细，黄白色。口孔周围有 3 片唇，其中背唇稍大。唇内缘有小齿。每个唇又被一内侧横沟区分为前后两个部分。唇基部有明显的间唇。唇片与体部之间有明显的横沟。食道呈圆柱状，后端稍膨大（图 7-4）。雄虫长 15～28cm，尾端向腹面弯曲，有小侧翼，两根交合刺等长。雌虫长 18～37cm，尾部直，阴门开口于虫体前 1/4 部分的腹面。阴门附近的表皮形成一个特殊的环状构造。

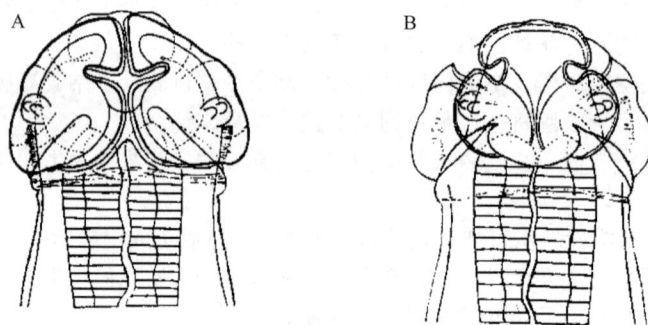

图 7-4　马副蛔虫头部（仿 Yorke，1926）

A. 腹面观；B. 背面观

虫卵近于圆形，直径 90～100μm，呈黄色或黄褐色。新排出时，内含一亚圆形的尚未分裂的胚细胞。卵壳表层蛋白质膜凹凸不平，但颇细致，也有时脱落。

（二）流行病学

虫卵随宿主粪便排出体外，在适宜的外界环境条件下，需 10～15d 发育到感染性虫卵，马等食入感染性虫卵（按猪蛔虫体内移行路线移行）至发育为成虫需 2～2.5 个月。

马副蛔虫病广泛流行，但以幼驹感染性最强，老年马多为带虫者，散布病原体。感染率和感染强度与饲养管理有关。感染多发于秋冬季。虫卵对不利的外界因素抵抗力较强。适宜温度为 10～37℃，在 39℃ 时可发生变性。气温低于 10℃，虫卵停止发育，但不死亡；遇适宜条件，仍可继续发育为感染性虫卵。故冬季厩舍内存在的蛔虫卵为早春季节的感染源。马蛔虫卵对物理化学因素有很强的抵抗力；只有 5%硫酸、5%氢氧化钠、50℃ 以上的高温及长期干燥能有效地杀死蛔虫卵。

（三）症状与病理变化

马副蛔虫对宿主的危害主要表现在机械作用、夺取营养、毒素作用、继发感染 4 个方面。

寄生于小肠的成虫和在肝、肺中移行的幼虫给宿主造成一系列的刺激。成虫可引起卡他性肠炎、出血，严重时发生肠阻塞、肠破裂。有时虫体钻入胆管或胰管，可引起相应症状，如呕吐、黄疸等。幼虫移行时，损伤肠壁、肝肺毛细血管和肺泡壁，可引起肝细胞变性、肺出血及炎症。

马副蛔虫的代谢产物及其他有毒物质导致造血器官及神经系统中毒，发生过敏反应，如痉挛、兴奋及贫血、消化障碍等。

蛔虫在小肠内寄生，夺取宿主大量营养，特别是产卵期的雌虫。

幼虫钻进肠黏膜移行时可能带入病原微生物，造成继发感染。

该病主要危害幼驹。成年马多为带虫者。发病初期（幼虫移行期）呈现肠炎症状，持续 3d 后呈现支气管肺炎症状——蛔虫性肺炎，表现为咳嗽、短期热候、流浆液性或黏液性鼻汁。后期即成虫寄生期呈现肠炎症状，腹泻与便秘交替出现。严重感染时发生肠堵塞或穿孔。幼畜生长发育停滞。

（四）诊断

结合临床症状与流行病学，以粪便检查发现特征性虫卵确诊。粪检可采用直接涂片法和饱和盐水漂浮法。有时可见自然排出的蛔虫，或剖检时检出蛔虫均可确诊。

（五）防治

1. 治疗　　治疗药物可用驱蛔灵（枸橼酸哌哔嗪）、精制敌百虫、阿苯达唑等。

2. 预防

（1）定期驱虫，每年 1～2 次，驱虫后 35d 内不要放牧，孕马产前 2 个月驱虫。

（2）发现病畜及时治疗。

（3）加强饲养卫生管理，粪便及时清理并进行生物热处理。定期对用具消毒，最好饮用自来水或井水。

（4）分区轮牧或与牛、羊畜群互换轮牧。

三、马尖尾线虫病

马尖尾线虫病又称马蛲虫病，是由尖尾科（Oxyuridae）尖尾属（*Oxyuris*）马尖尾线虫（*Oxyuris equi*）寄生于马属动物的盲肠和结肠内所引起。分布于世界各地，尤其在饲养管理条件较差的情况下发病较多。

（一）病原

马尖尾线虫又称马蛲虫（图 7-5），虫体头端有 6 个乳突，口孔呈六边形，有 6 个小唇片围绕。口囊短浅。食道前部宽，中部窄，后部膨大形成食道球。雌雄虫的大小差异甚大，雄虫白色，体长 9～12mm，宽 0.5～1mm；有 1 根交合刺，呈大头针状，尾端有由 4 个长大乳突支撑着的、外观四角形的翼膜。雌虫长可达 150mm，后部细长而尖，可长达体部的 3 倍以上，未成熟时为白色，成熟后为灰褐色，阴门开口于体前部 1/4 附近。虫卵呈长卵圆形，大小为 90μm×42μm，两侧不对称，一侧边较平直，一端有卵塞。

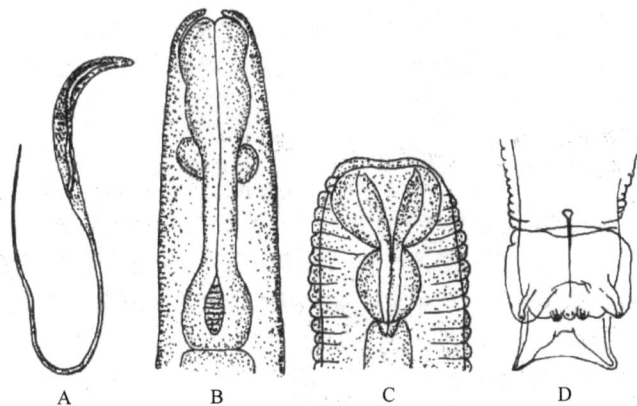

图 7-5　马尖尾线虫（仿唐仲璋和唐崇惕，1987）

A. 雌虫全形；B. 成虫头端；C. 幼虫头端；D. 雄虫尾端腹面

（二）流行病学

马尖尾线虫在马体大肠内交配后，雌虫到肛门或会阴部产出成堆的虫卵和黄白色胶样物质黏附在皮肤上，经 3～5d 达到感染性幼虫。

马匹因采食被污染虫卵的饲料或舔食被虫卵污染的场地、墙柱、饲槽等物而被感染。

（三）致病性与症状

马尖尾线虫的成虫寄生于大肠内时致病作用不强，危害不大。重度感染时，幼虫可引起寄生处的炎性浸润，幼虫可分泌溶蛋白酶，使肠黏膜液化而作为食料。其主要致病作用表现为雌虫在肛门周围产卵时分泌的胶样物质有强烈刺激作用，能引起剧烈肛痒，会阴部发炎，病马经常摩擦后体，以致被毛脱落，皮肤肥厚，使尾毛逆立蓬乱，甚至使尾根部形成胼胝，皮肤破溃，引起继发性感染及深部组织损伤。病马常显不安，影响食欲，精神萎靡，导致胃肠道障碍，营养不良、消瘦。

（四）诊断

根据其特有症状——经常摩擦尾部，该部被毛及皮肤损伤，肛门周围、会阴部有污秽不洁的卵块，即可建立印象诊断。用透明胶带粘取肛门周围及会阴部，移到载玻片上，镜检发现尖尾线虫卵，便可确诊。有时产卵后的雌虫仍露出肛门外，也有助于确诊。

（五）防治

驱除马尖尾线虫比较容易，一般的线虫驱虫剂均有显著效果，如敌百虫内服效果良好。但是驱虫的同时应用消毒液洗拭肛门周围皮肤，消除卵块，以防止再感染。

预防措施：搞好厩舍及马体卫生，发现病马及时驱虫，并搞好用具和周围环境的消毒及杀灭虫卵工作。

四、马胃线虫病

马胃线虫病是由旋尾科柔线属（*Habronema*）大口德拉西线虫（*Draschia megastoma*）、小口柔线虫（*H. microstoma*）和蝇柔线虫（*H. muscae*）的成虫寄生于马属动物胃内引起的，可致马匹全身性慢性中毒、慢性胃肠炎、营养不良及贫血，有时发生寄生性皮炎及肺炎。该病分布于世界各地。

（一）病原

（1）大口德拉西线虫，也称大口胃虫，白色线状，表面有横纹，无齿，特征是咽呈漏斗状。雄虫长 7～10mm，尾部短，呈螺旋状卷曲。雌虫长 10～15mm。尾部直或稍弯曲。虫卵呈圆柱形，大小为（40～60）μm×（8～17）μm，卵胎生。

（2）蝇柔线虫，又称蝇胃虫，虫体黄色或橙红色，角皮有柔细横纹，咽呈圆筒状，唇部与体部分界不明，头部有 2 个较小的三叶唇，无齿。雄虫长 9～16mm，雌虫长 13～23mm。虫卵与前者相似。

（3）小口柔线虫，又称小口胃虫，较少见，形态与蝇胃虫相似，但较大，咽前部有一个背齿和一个腹齿。虫卵与大口胃虫卵相似。

（二）流行病学

3 种胃线虫的发育史基本相同，均以蝇类为中间宿主。大口胃虫和蝇胃虫的中间宿主为家蝇和厩螯蝇，小口胃虫的中间宿主为厩螯蝇。雌虫在胃腺部产卵，虫卵排至外界，被家蝇或厩螯蝇的幼虫采食后，在蝇蛆化蛹时发育为感染性幼虫。马匹采食或饮水时吞食含有感染性幼虫的蝇而被感染，也可在蝇吸血时经伤口感染，当含感染性幼虫的蝇落到马唇、鼻孔或伤口处，其体内幼虫也可逸出，自行爬入或随饲料饮水进入马体。感染性幼虫进入马胃内，经 1.5～2 个月发育为成虫。蝇胃虫及小口胃虫以头端钻入胃腺腔内寄生；大口胃虫钻入胃壁深层在形成的肿瘤内寄生。该病分布于世界各地，马、骡、驴均易感。

（三）症状与病理变化

3 种胃线虫均以机械性刺激和代谢产物作用于宿主。大口胃虫致病力最强，在胃腺部形成肿瘤，严重时肿瘤化脓，引起胃破裂、腹膜炎。蝇胃虫和小口胃虫引起胃黏膜创伤至溃疡，破坏胃功能。虫体的毒性产物被吸收后机体发生继发性病理过程，如心肌炎、肠炎、肝功能异常，造血功能受到影响。

幼虫侵入伤口引起皮肤胃虫病，创口久不愈合，并有颗粒性肉芽增生，创口周围变硬，故又称为颗粒性皮炎，可见颈部、胸部、背部、四肢等处有结节。幼虫侵入肺能引起结节性支气管周围炎。

该病临床表现为慢性胃肠炎、营养不良、贫血等症状。

（四）诊断

生前诊断比较困难，粪便中难以查到虫卵。根据临床症状可怀疑为该病，确诊要找到虫卵或幼虫。建议给马洗胃，检查胃液中有无虫体或虫卵。皮肤胃虫病可取创面病料或剪小块皮肤检查有无虫体。

（五）防治

1. 治疗

（1）四氯化碳或二硫化碳，成马用 30～40ml 四氯化碳或二硫化碳 10～15ml 作成黏浆剂，绝食 10h 后投服。

（2）敌敌畏，做成糊剂涂于口腔内，让其舐服有效。

（3）对皮肤胃虫病，可用九一四甘油合剂涂于创面。

2. 预防　疫区马匹应进行夏、秋两次计划性驱虫；加强厩舍及周围环境的清洁卫生，妥善处理粪便，注意防蝇、灭蝇；夏、秋季注意保护马体皮肤的创伤，如覆盖防蝇绷带等。

第七节　马网尾线虫病

马网尾线虫病是马的肺线虫病，病原为网尾科（Dictyocaulidae）安氏网尾线虫（*Dictyocaulus arnfieldi*），寄生于马属动物的支气管。该病多见于北方，但一般寄生数量很少，仅在死后剖检时发现，或粪便检查时发现幼虫。

一、病原

（一）病原形态

安氏网尾线虫呈白色丝状。雄虫长 24～40mm，交合伞的中侧肋与后侧肋在开始时为一总干，占 1/2，后半段分开，交合刺两根，棕褐色，略弯曲，呈网状结构，引器不明显。雌虫长 55～70mm。虫卵呈椭圆形，大小为（80～100）μm×（50～60）μm，随粪便排出时，卵内已含幼虫。

（二）生活史

成虫寄生在支气管内产卵。卵随痰液进入口腔，被咽下后随粪便排到体外。第 1 期幼虫经两次蜕皮发育为第 3 期（感染性）幼虫，发育速率取决于外界环境的温度和湿度。马经口感染第 3 期幼虫后，幼虫钻入肠壁，由淋巴系统进入血液循环，移行至支气管，发育为成虫。感染后 35～40d，在肺中见到成虫。

二、流行病学

与牛的胎生网尾线虫病很相似，呈散发性流行。主要发生于马驹，自夏末到秋季和整个冬季都有发生。感染性幼虫对干燥敏感，不能在牧场上越冬。

三、症状

一般不引起严重的肺异常。但也有许多不同的报道。有报道称该病和犊牛网尾线虫病相似，可引起支气管炎，肺内有结节。

四、诊断

根据临床症状和在粪便中发现虫卵或幼虫做出诊断。死后剖检时可在支气管内发现虫体和相应病变。例如，血液稀薄，凝固不良；肝稍肿大，胸腔积液，肺气肿，体积增大 1 倍，剖开大小支气管，有纤维素包裹着的大量虫体。剖开肺，呈纤维素性肺炎。其他器官变化不明显。

五、防治

可用噻苯唑或甲苯唑驱虫。伊维菌素和阿苯达唑等也有较好的驱虫效果。

每年春秋季对成年动物定期驱虫，对幼年动物每年驱虫 4 次，发现阳性动物立即驱虫。对圈内的粪便、污物及时清除和焚烧或堆积发酵，对饲槽、圈舍进行消毒。严格遵守饲喂和饮水方面的卫生规则。引进新品种动物时，应先隔离饲养，进行 1~2 次驱虫后再并群饲养。

第八节　丝　虫　病

一、马丝状线虫病

马丝状线虫（*Setaria equina*）寄生于马腹腔内，故又称腹腔丝虫，有时可在胸腔、盆腔、阴囊处发现。其致病力不强，分布于世界各地。全国各地均有发生。

（一）病原

马丝状线虫，寄生于马属动物的腹腔，有时也寄生于胸腔、盆腔和阴囊等处（其幼虫可能出现于眼前房内，称浑睛虫，长可达 30mm）。虫体呈乳白色线状。口孔周围有角质环围绕，由环的边缘上突出形成两个半圆形的侧唇、两个乳突状的背唇和两个乳突状腹唇。头部有 4 对乳突：侧乳突较大，背、腹乳突较小。雄虫长 40~80mm，交合刺两根，长分别为 630~660μm 和 140~230μm。雌虫长 70~150mm，尾端呈圆锥状。微丝蚴长 190~256μm。

（二）流行病学

成虫于腹腔内产出微丝蚴，微丝蚴随血液循环移行，并周期性出现在畜体外周血液中。数量高峰在黄昏时分。当中间宿主埃及伊蚊（*Aedes aegypti*）、奔巴伊蚊（*Ae. pembaensis*）及淡色库蚊（*Culex pipiens*）吸血时，微丝蚴进入蚊体内发育为感染性幼虫。当这种蚊再次吸血时，感染性幼虫进入马体内，8~10 个月发育为成虫。

（三）致病性与症状

寄生于腹腔的虫体致病力不强，一般不显症状。但童虫可引起浑睛虫病和脑脊髓丝虫病。

（四）诊断

取动物外周血液检查发现微丝蚴即可确诊。

（五）防治

治疗可试用海群生内服或酒石酸锑钾注射（静脉注射，每隔 1~2d 一次）。局部可用 1%~2%石炭酸溶液涂擦，每日 1~2 次。可用精制敌百虫溶液在病灶周围分点注射或用 3%浓度涂擦患部。也可使用伊维菌素。

预防以驱避和消灭吸血昆虫为主。同时保持畜舍及马体清洁，及时治疗病马，昆虫活跃季节，尽量选择高燥牧地放牧，避免遭受感染。

二、马脑脊髓丝虫病

马脑脊髓丝虫病是由指形丝状线虫和鹿丝状线虫的童虫侵入马属动物脑脊髓硬膜下或实质中而引发的疾病，又称马腰萎病。该病在日本、以色列、印度、斯里兰卡和美国等许多国家都相继有过报道。我国马脑脊髓丝虫病多发生于长江流域和华东沿海地区，东北和华北等地也有病例发生。马、骡患病后，逐渐丧失使役能力，重病者多因长期卧地不起，发生压疮，继发败血症死亡。

（一）病原

参见牛丝虫病。

（二）流行病学

该病主要在长江流域和华东沿海地区流行。马比骡多发，驴未见报道；山羊、绵羊也有发生；牛因指形丝状线虫童虫误入脑脊髓而发生该病。该病有明显的季节性，其发病比蚊子出现的季节晚 1 个月。蚊子多的地方易流行，中华按蚊和雷氏按蚊更容易传播该病。

（三）症状与病理变化

虫体通过脑脊髓神经孔进入大脑、小脑、延脑、脑桥和脊髓等处，引起炎症和实质破坏性病灶。动物主要表现为后躯运动神经障碍及共济失调，该病也可以突然发作，导致病马数天内死亡。血液检测常见嗜酸性粒细胞增多，有一过性贫血及血沉加快，谷草转氨酶偶有升高，其他指标多无明显变化。病马体温、呼吸、脉搏、食欲一般无明显变化。

病变主要发生于脑脊髓的硬膜，蛛网膜有浆液性、纤维素性和胶样浸润，以及大小不等的红褐色、暗红色及绛红色出血灶，在其附近可发现虫体。在脑脊髓神经组织的虫伤性液化坏死灶内，往往见有大型色素性细胞，经铁染色，证实为吞噬细胞，这为该病的一个特征。

（四）诊断

病马出现临床症状时才能做出诊断，但出现明显症状后基本难以治愈。早期诊治对该病的防治有积极意义。目前，已研制出牛腹腔丝虫提纯抗原。

（五）防治

可用海群生进行治疗，需在无临床症状或症状轻微时才会有较好效果。

该病应以预防为主：①控制传染源，马厩该远离牛舍，在蚊虫活动季节防止马与牛接触；②普查牛只，对带微丝蚴的牛用药物治疗；③阻断传播途径，蚊虫多的季节，灭蚊驱蚊；④药物预防，新引进的马用海群生预防注射，每月一次，连用 4 个月。

三、马浑睛虫病

马浑睛虫病是指形丝状线虫、鹿丝状线虫、马丝状线虫的幼虫侵入马属动物眼前房，发育为童虫而引起。发生于牛时，则多为马丝状线虫的童虫。中间宿主为蚊。马或牛的一只眼内常寄生 1~3 条，游动于眼前房中，以马、骡为多发。

（一）病原

参考牛丝虫病、马丝状线虫病和马脑脊髓丝虫病。

（二）流行病学

与马脑脊髓丝虫病相似，主要在长江流域和华东沿海地区流行，该病有明显的季节性，其发病比蚊子出现的季节晚 1 个月。蚊子多的地方该病更流行。

（三）症状与病理变化

由于虫体不断地刺激眼房，引起角膜炎、虹彩炎和白内障。病马畏光，流泪，角膜和眼房液轻度浑浊，瞳孔放大，视力减退，眼睑肿胀，结膜和巩膜充血。病马时常摇晃头部，或就马槽或桩上摩擦患眼。严重时可导致失明。对光观察动物患眼，常可见眼前房中有虫体游动，时隐时现。

（四）诊断

动物眼睛肿胀、畏光、流泪，对光观察发现虫体即可确诊。

（五）防治

治疗使用角膜穿刺术将虫体取出。预防措施参照马脑脊髓丝虫病。

四、马盘尾丝虫病

马盘尾丝虫病是由盘尾科盘尾属（*Onchocerca*）的一些线虫寄生于马肌腱、韧带和肌间引起的，在寄生部位常形成硬结。

（一）病原

盘尾属的线虫呈长丝形，口部构造简单。角皮上除有横纹外，尚可见有呈螺旋状的脊。这种脊往往在虫体侧部中断。

1）颈盘尾丝虫（*O. cervicalis*）　　为白色丝状虫体，雄虫长 60～70mm，至今尚未采集到完整的雌虫标本，据一般估计其长度约有 300mm。体表有横纹和螺旋状脊。交合刺不等长，一长 320～360μm，另一长 100～120μm；有后乳突 6 对。雌虫阴门开口于距头端 650μm 处。微丝蚴长 200～240μm，无鞘，尾短。成虫寄生于马的项韧带和鬐甲部，幼虫群栖于马的皮下组织中。

2）网状盘尾丝虫（*O. reticulata*）　　寄生于马的屈肌腱和前肢的球节悬韧带上。和前种相似，但较长。雄虫长 270mm，交合刺不等长，一长 200～260μm，另一长 100～120μm。雌虫长 750mm，阴门距头端 360～400μm。微丝蚴长 330～370μm，具有长尾。

（二）流行病学

盘尾丝虫的发育过程需吸血昆虫——库蠓、蚋或蚊的参与。已证实颈盘尾丝虫和网状盘尾丝虫的中间宿主是云斑库蠓（*Culicoides nubeculosus*）、陈旧库蠓（*C. obsoletus*）和五斑按蚊（*Anopheles maculipennis*）等。

当中间宿主蠓或蚋吸血时，分布于皮下淋巴液内的幼虫被吸入，经 21～24d 发育为感染性幼虫，当中间宿主再次叮咬易感家畜时造成感染。

（三）症状与病理变化

症状因虫体寄生部位不同有所差异，可出现夏季过敏性皮炎，周期性屈腱炎跛行、骨瘤，腱鞘炎，滑液囊炎及周期性眼炎，鬐甲瘘等。

虫体盘曲在结缔组织中形成"虫巢"，外部有纤维细胞形成的包膜，虫体周围有大量细胞浸润，浸润细胞以嗜酸性粒细胞为主，伴有巨细胞、浆细胞和淋巴细胞。久之，局部发生变性，由玻璃样至干酪样，最后坏死或钙化。患部及周围的血管、淋巴管常受到侵害，如继发细菌感染，则患部变为坏死性炎症，出现脓肿或形成瘘管。

（四）诊断

根据病变的特定部位和性质，如皮下结节的形成，一般皮温正常、无明显的痛感、与周围组织无明显的界限、皮肤与皮下组织粘连、皮肤固着、后期化脓或形成瘘管等，可做出初步印象诊断。

确诊主要依靠患部检出虫体或幼虫。可在病变部位取小块皮肤，放入生理盐水内培养后观察有无微丝蚴。死后剖检可在患部发现虫体和相应病变。

（五）防治

1. 治疗　　尚无特效疗法，可试用海群生。对未化脓的肿胀不宜切开，可用温热疗法或涂擦刺激剂，如灰汞软膏或红色碘化汞软膏等。也可行碘离子透入疗法或用 1%碘溶液 30ml 混入生理盐水 150ml 作静脉注射，每日一次，连用 5 日为一个疗程。间隔 5 日进行第二疗程，一般应用 3 个疗程为好，对早期病例用此法疗效较好。对已化脓、坏死的病例，必须施行手术疗法。

2. 预防　防止蠓蚊叮咬，消除吸血昆虫的滋生场所。

五、马副丝虫病

马副丝虫病是由丝虫科副丝虫属（*Parafilaria*）多乳突副丝虫（*Parafilaria multipapillosa*）寄生于马的皮下和肌肉结缔组织而引起的。该病的特点是常在夏季形成皮下结节，结节多于短时间内出现，迅速破裂，并于出血后自愈。因导致虫伤性皮肤出血，像夏季滴出的汗珠，故称"血汗症"。在印度次大陆、南美、北非、东欧马群多发。我国云贵高原、青藏高原及东北地区仍有此病。

（一）病原

多乳突副丝虫，丝状，白色，雄虫长 30mm，雌虫长 40~60mm。虫体表面布满横纹，更重要的特征是虫体前端部，大约由肠起始部水平线向前，角皮的环纹上开始出现一些隔断，使环纹呈现一种具有不规则间隔的断断续续的形态；愈向前方，隔断愈密而且愈宽，致使环纹颇似一环形的点线（或虚线）；再向前方，那些圆形或椭圆形的小点逐步成为一些乳突状的隆起，故称多乳突副丝虫。雄虫尾部短，尾端钝圆。肛前、肛后均有一些乳突。交合刺两根，较大的长 680~750μm，宽 8~12μm；较小的长 130~140μm，宽 14~17μm。雌虫尾端钝圆，肛门靠近末端。阴门开口于接近前端的部位。雌虫产含幼虫的卵，卵的大小为（50~55）μm×（25~30）μm。

该虫的发育史尚未完全清楚。雌虫寄生于皮下和肌间结缔组织，移行到皮下时即形成出血性小结。小结的出现有季节性，一般是在家畜处于日光下和外界温度不低于 15℃时，所以一般自每年的 4 月有结节出现，7~8 月达高潮，以后渐减，冬季消失。结节出现时，成虫以其头部在结节顶端形成一小孔并产卵，卵随血液流至畜体的皮毛上。卵迅速孵化，幼虫长 220~230μm，宽 10~11μm。此后的发育需在蝇类中间宿主体内。据实验，在中间宿主体内，当气温为 25~35℃，相对湿度为 11%~70%时，经 10~15d 发育为感染性幼虫。

（二）流行病学

该病是一种季节性疾病。雌虫穿过真皮和表皮形成出血性小结，小结的出现有季节性，每当马骡处于日光下，气温在 15℃以上时才易出现，一般每年 4 月开始，7~8 月达高潮，以后逐减至冬季消失。雌虫穿破结节产卵导致虫卵随血液流至畜体表，虫卵孵化为幼虫，长 220~230μm，宽 10~11μm。此后须以蝇类为中间宿主进行发育。

（三）致病性与症状

马的颈部、肩部及鬐甲部、体躯两侧可形成 0.6~2.0cm 大小的结节，结节是血液蓄积在皮肤表层形成的。结节周围肿胀，其上被毛逆立。雌虫产卵时，结节破裂，血液似汗滴流出为该病特殊症状。此种情况反复多次，间隔 3~4 周。多侵害 3 岁左右的消瘦使役马骡。有时出血部可因感染而发生化脓或坏死。病马有时贫血，嗜酸性粒细胞增多。

（四）诊断

流行地区根据特殊症状——血汗容易诊断。触诊患部可摸到有肿胀，采取患部血液或压破皮肤结节，取内容物镜检有虫卵和微丝蚴可确诊。微丝蚴大小为（220~230）μm×（10~11）μm，无鞘。

（五）防治

可用海群生治疗。预防主要是防避和消灭吸血昆虫。

第九节　马胃蝇蛆病

马胃蝇蛆病是由胃蝇科（Gasterophilidae）胃蝇属（*Gasterophilus*）的各种胃蝇幼虫寄生于马属动物

胃肠道内所引起的一种寄生虫病。该病在养马和养驴地区普遍流行，引起马属动物消瘦、贫血，使役能力下降。

一、病原

目前已知全世界共有 9 种马胃蝇，除了南方胃蝇（*G. meridionalis*）、扁腹胃蝇（*G. lativentris*）和三列棘胃蝇（*G. ternicinctus*），其余 6 种在中国均有分布，分别是肠胃蝇（*G. intestinalis*，又称马胃蝇、普通胃蝇、大胃蝇）、鼻胃蝇（*G. nasalis*，又称烦扰胃蝇、喉胃蝇）、红尾胃蝇（*G. haemorrhoidalis*，又称赤尾胃蝇、痔胃蝇、颊胃蝇、鼻胃蝇）、黑腹胃蝇（*G. pecorum*，又称兽胃蝇、东方胃蝇、穿孔胃蝇、牛胃蝇）、红小胃蝇（*G. inermis*）、黑角胃蝇（*G. nigricornis*）。在已知种类中，肠胃蝇和鼻胃蝇是世界上分布最为广泛的种类，且经常作为某些地区的特有种分布。南方胃蝇、扁腹胃蝇、三列棘胃蝇在国内外鲜有报道，研究资料较少。

（一）病原形态

马胃蝇成虫自由生活，形似蜂，全身密布有色绒毛，故俗称"螫驴蜂"。口器退化，两复眼小而远离。触角小，藏于触角窝内。翅透明，有褐色斑纹或不透明呈烟雾色。雌虫尾部有较长的产卵管，并向腹下弯曲。蝇卵呈浅黄色或黑色，前端有一斜的卵盖。第 3 期幼虫（成熟幼虫）粗大，长度因种不同而异，13～20mm，有口前钩，虫体由 11 节构成，每节前缘有刺 1～2 列，刺的多少因种而异。虫体末端齐平，有 1 对后气门，气门每侧有背腹直行的 3 条纵裂。我国较常见 4 种胃蝇的第 3 期幼虫形态特点如下所述。

1. 肠胃蝇　第 3 期幼虫呈红色，长 18～21mm，每节有两排刺，前排刺大，后排刺稍小，从第 10 节开始，背面中央开始缺刺，第 11 节背面仅有几根刺。虫体寄生于马属动物胃内贲门部，有时也寄生于食道和十二指肠。

2. 红尾胃蝇　第 3 期幼虫呈暗红色，体长 13～16mm，每节有两排刺，从第 9 节开始，背面开始缺刺，第 11 节以后全无刺。虫体寄生于马属动物胃内，有时见于十二指肠，第 3 期幼虫排出体外的过程中需在直肠附着数日。

3. 黑腹胃蝇　第 3 期幼虫呈血红色，体长 13～20mm，每节有两排刺，前排刺大，后排刺小，从第 7 节开始，背面中央开始缺刺，第 10 节以后全无刺。虫体寄生于咽、食道和胃内，排出体外前需在直肠壁上附着数日。

4. 鼻胃蝇　第 3 期幼虫呈淡黄色，长 12～15mm，每节只有一排刺，与其他胃蝇的幼虫形成明显的区别。寄生于马属动物胃内幽门部，有时可寄生于咽部。

随着物种鉴定技术的不断发展和进步，从最初用体视显微镜对马胃蝇第 3 期幼虫进行形态学观察，到采用扫描电子显微镜对其超微结构进行精确鉴定，并结合分子生物学技术，用细胞色素氧化酶亚基Ⅰ（COⅠ）和 *16S rDNA* 序列、线粒体全基因组，研究马胃蝇种内和种间遗传结构分化和系统进化。

（二）生活史

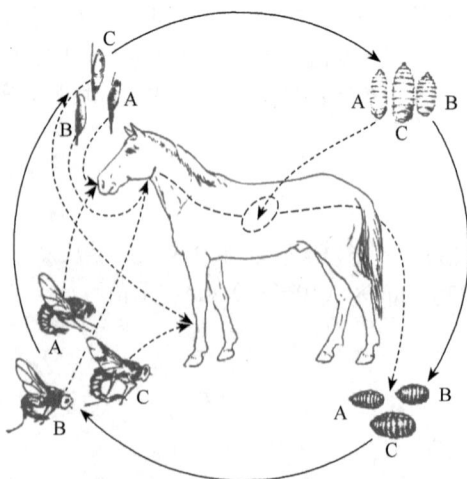

图 7-6　马胃蝇生活史（仿板垣四郎和板坦博，1983）
A. 红尾胃蝇；B. 肠胃蝇；C. 鼻胃蝇

马胃蝇的发育如图 7-6 所示，属于完全变态，经卵、幼虫、蛹和成虫 4 个阶段。整个发育期约 1 年。成蝇 5～9 月出现，雌雄交配后雄蝇死亡，雌蝇在每天最热的时候围绕马群飞翔，突然飞到马嘴能啃到的马体各部产卵。雌蝇也只生活几天，产完卵即死。一只雌蝇 45min 产卵 301～905 个。通常一根毛上只产一个卵，卵的后 2/3 固着于毛上。卵经 1～2 周第 1 期幼虫孵出，呈纺锤形，由 13 节组成，在皮肤上爬行，引起痒觉，当马匹咬痒时，幼虫被带进口腔，并钻入口黏膜。第 1 期幼虫在黏膜下移行 3～4 周发育为第 2 期幼虫，然后移行到胃，用口钩固着在贲门部或腺体部继续发育。停留 9～10 个月，第 3 期幼虫于次年春天随粪排出。钻入土内变成蛹。一般经 1～2 个月羽化成蝇。成蝇从蛹爬出即可飞行，几小时后交配，然后产卵。

各种胃蝇成虫产卵的部位各异。肠胃蝇产卵于前肢球节及前肢上部、肩部等处。鼻胃蝇产卵于下颌间隙，红尾胃蝇产卵于口唇周围和颊部，黑腹胃蝇产卵于地面草上。红尾胃蝇在第 3 期幼虫离开胃部、排出体外之前，在直肠肠壁上寄生数天。

二、流行病学

马胃蝇起源于古北界和非洲热带，随着马科动物的迁徙，现广泛分布在世界各地。根据各地对马胃蝇流行的报道，不同地区马匹感染马胃蝇的种类及数量存在差异，且不同种类马胃蝇对马科动物损害程度也不一致。干旱炎热的天气是成蝇发育和马匹感染最有利的条件。而温度高、湿度大，蛹容易遭受霉菌侵害而死亡。成蝇在多雨和阴霾的天气不飞翔。饲养管理不良的马群，更容易造成马胃蝇蛆病的流行。

三、症状与病理变化

成蝇生活期短，只在夏秋飞翔产卵，使马骚扰不安，影响采食。幼虫长期寄生于马的胃黏膜，造成溃疡炎症，食欲减退，高度贫血、消瘦、中毒，产肉、泌乳等生产性能及使役力下降。感染强度不同，症状也不尽相同。轻度感染者，在散养环境下往往被忽视；严重感染者可使马匹衰竭死亡，造成马产业经济损失严重，阻碍马产业的发展。

最初幼虫侵害软腭、舌部和咽部造成损伤，引起溃疡，水肿及咽头炎。病马咳嗽、喷嚏、咀嚼吞咽困难，有时饮水从鼻孔流出。当幼虫移行到胃和十二指肠后，损伤胃肠黏膜，引起胃肠壁水肿、发炎和溃疡，常表现为慢性胃肠炎和出血性胃肠炎，最后使胃的运动和分泌功能受到严重影响。幼虫吸血，加上虫体毒素作用，使病马出现以营养障碍为主的症状，不及时治疗可因衰竭而死。有的幼虫排出前还要在直肠寄生一段时间，引起直肠充血、发炎，病马频频排粪或努责，又因幼虫刺激而发痒，病马摩擦尾根，引起尾根损伤、发炎、尾根毛逆立，有时兴奋和腹痛。

蝇蛆附着部位呈火山口状，伴以周围组织慢性炎症和嗜酸性粒细胞浸润，可造成胃穿孔和较大血管损伤及缺损组织继发细菌感染。幼虫有时会堵塞幽门部和十二指肠。

四、诊断

（一）临床诊断

该病无特殊症状，且与消化系统疾病的症状相似，应结合该病在当地的流行情况综合判断，对发病马的来源、被毛上有无胃蝇卵、粪便中有无幼虫排出进行全面了解。在夏、秋季节，马咀嚼或吞咽困难时，检查口腔、齿龈、舌、咽喉等部位有无幼虫寄生。必要时可用敌百虫进行诊断性驱虫。死亡动物剖检，可在胃、十二指肠或咽头发现幼虫。

（二）免疫学诊断

免疫学诊断方法具有简便易行、费用低廉的特点，可在感染早期进行诊断，是诊断该病的一种常用方法。诊断用抗原可用幼虫全虫抗原、唾液腺蛋白或幼虫排泄分泌抗原。研究表明，用免疫扩散、对流免疫电泳、间接血凝、薄层法和凝胶扩散-酶联免疫吸附试验等方法可检测动物血清中的特异性抗体。

五、防治

（一）治疗

治疗可用精制敌百虫、伊维菌素等大环内酯类药物。

（二）预防

（1）每年秋末冬初，选用兽用精制敌百虫或伊维菌素或阿维菌素进行预防性驱虫。驱虫期间，动物粪便堆积发酵。

（2）夏季是马胃蝇飞翔产卵的季节，要经常刷拭畜体，清除动物被毛上的虫卵。可使用 1%～2%敌百虫溶液喷洒或涂擦，每隔 10d 重复一次。或重复用热醋洗刷，使幼虫提早脱离卵壳，并使卵上的黏胶物质溶解。或用酒精棉球点火烧燎被毛上的虫卵。

（3）条件许可的情况下，可采取夜间放牧，以防成蝇侵袭产卵。

第八章　禽寄生虫病

第一节　组织滴虫病

组织滴虫病也称传染性盲肠肝炎或黑头病（black head disease），是由组织滴虫属（*Histomonas*）火鸡组织滴虫（*Histomonas meleagridis*）寄生于禽类盲肠和肝引起的寄生原虫病，以肝、盲肠炎症、组织坏死及病禽排出硫磺色粪便为特征。世界性分布。多发于火鸡和雏鸡，成年鸡也能感染。孔雀、珍珠鸡、鹌鹑、野鸭也有该病的流行。

一、病原

（一）病原形态

火鸡组织滴虫为多形性虫体（图 8-1），无包囊阶段。虫体形态取决于所寄生的器官位置和发育阶段。在盲肠腔中的虫体呈近圆形或变形虫形，直径 6.0～20μm，细胞核为囊泡状，细胞核附近有一生毛体，由生毛体生出一根鞭毛。然而，肠黏膜和肝组织中的虫体无鞭毛，直径为 8～17μm，生长后可达 12～21μm，陈旧病变中的虫体仅 4～11μm，存在于吞噬细胞中。无论是在肠腔中或是在组织中的虫体都有伪足，依靠伪足运动。

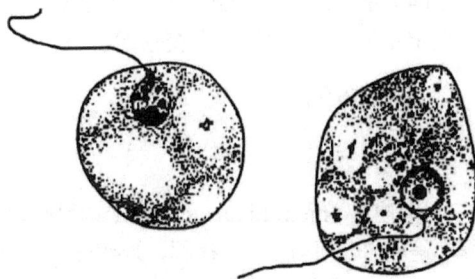

图 8-1　火鸡组织滴虫（仿 Soulsby，1982）

（二）生活史

鸡摄入带有组织滴虫的异刺线虫虫卵而遭受感染。寄生在鸡盲肠中的组织滴虫被同样寄生在盲肠内的异刺线虫吞食后，进入线虫的卵巢中，转入虫卵内，随着线虫卵排到体外，组织滴虫包含其中，并受到线虫卵壳的保护。当异刺线虫卵被鸡吞入时，线虫幼虫孵出，组织滴虫也随幼虫逸出，侵入盲肠黏膜，以二分裂繁殖，引起溃疡和坏死。也可随血流经门静脉到达肝，并在肝实质上形成圆形坏死灶。

二、流行病学

火鸡和鸡对该病的易感性最高，尤其是 15～60 日龄的雏鸡更易发病，严重时死亡率可达 100%，随着日龄的增大则逐渐减少发病，成年鸡往往带虫不发病。该病的发生主要是由于鸡食入感染组织滴虫的异刺线虫虫卵，也可能通过摄入异刺线虫的保虫宿主蚯蚓而遭受感染。因此，鸡饲养在腐殖土地上容易发病，而采取网养、笼养时往往呈现散发，且基本不会发生死亡。该病呈世界性分布，发生呈现明显的季节性，在每年的夏、秋季节多见。鸡场管理和卫生条件较差，如运动场和鸡舍不干净、没有适当通风、光照不足、鸡群饲养密度过大、饲喂营养不均衡的饲料等都能够诱发该病，并促使症状加重。

三、症状与病理变化

（一）症状

该病潜伏期 7～12d，病程 1～3 周，若不及时治疗，幼雏感染往往以死亡告终。火鸡易感性最强，病禽呆立，翅下垂，步态蹒跚，眼半闭，头下垂，食欲缺乏，排出硫磺色粪便。部分病鸡冠、髯部发绀，呈暗黑色，因而有"黑头病"之名，但这种症状不一定出现在所有病例中。成年鸡症状不明显，表现为慢性消瘦综合征。

（二）病理变化

幼雏发病严重，死亡率可达 100%，特征病变为盲肠和肝坏死性病变。早期盲肠黏膜上出现针尖大小的溃疡，随后这些溃疡很快扩大融合，整个黏膜坏死并脱落，与盲肠内容物一起形成干酪样堵塞物。剖检见一侧或两侧盲肠肿胀，肠壁肥厚，内腔有干酪状的盲肠芯，间或盲肠穿孔。肝病变为苗绿色圆形坏死灶，可见于肝表面和实质。病灶直径达 1cm，中心呈黄色凹陷，病禽恢复后，可留下永久性的瘢痕。

四、诊断

依据流行病学、临床症状，病理变化以及病原学诊断进行综合诊断。

（1）临床诊断：病鸡可排出硫磺色粪便，部分病鸡冠、髯部发绀，呈暗黑色。

（2）病理剖检诊断：肝病变明显易观察，肝病变为苗绿色圆形坏死灶，具较大特征性，再综合观察盲肠病变，可确诊。

（3）病原学诊断：检查盲肠内容物时，以温生理盐水（40℃）稀释，做悬滴标本检查，可在显微镜下发现活动的虫体。

（4）分子生物学诊断：国内一些学者建立了分子生物学检测方法来检测火鸡组织滴虫，如巢式 PCR 法、荧光定量 PCR 法和原位杂交法等。

五、防治

（一）治疗

甲硝唑（metronidazole）混于饲料有良好的治疗效果。预防可用甲硝唑混入饲料中，连用 3d 为一个疗程，停药 3d，再用下一疗程，连续 5 个疗程。硝基咪唑类化合物，如二甲硝唑，由于对人体有毒性和致癌性，在许多国家已被禁用。

（二）预防

火鸡易感性强，而成年鸡又往往是该病的带虫者，因此，火鸡与鸡不能同场饲养，也不能将养鸡场改养火鸡。由于该病的传播主要依靠鸡异刺线虫，因此，定期使用甲苯达唑、噻苯达唑（thiabendazole）和左旋咪唑（levamisole）等抗线虫药物驱除鸡异刺线虫是防治该病的根本措施。

第二节　住白细胞虫病

鸡住白细胞虫病是由住白细胞虫属（*Leucocytozoon*）原虫寄生于鸡白细胞（主要是单核细胞）和红细胞内而引起的一种寄生原虫病。该病在我国南方的福建、广东相当普遍，常呈地方性流行。患鸡冠肉髯苍白，又称鸡白冠病。该病对雏鸡危害严重，症状明显，能引起大批死亡。对成年鸡的危害性较小，症状轻微，但能引起贫血和产蛋性能降低。

一、病原

（一）病原形态

鸡住白细胞虫主要有 2 种，分别为沙氏住白细胞虫（*L. sabrazesi*）和卡氏住白细胞虫（*L. caulleryi*）。沙氏住白细胞虫主要分布于东南亚、印度和中国等地，其传播者为蚋。卡氏住白细胞虫主要分布在东南亚、北美和中国等地，其传播者为蠓。

沙氏住白细胞虫的成熟配子体呈椭圆形或者长形（图 8-2），大小为（22～24）μm×（4～7）μm，内含色素颗粒。宿主细胞被虫体挤压变形，细胞核被挤压延长，呈长条状围绕虫体一侧，细胞质被挤压到虫体两端，使宿主细胞呈纺锤形，大小约为 67μm×6μm。

卡氏住白细胞虫的成熟配子体近圆形，大小为 15.5μm×15.0μm。大配子体的直径为 12～14μm，有一个核，直径为 3～4μm；小配子体的直径为 10～12μm，核的直径也为 10～12μm，即整个细胞几乎全被核所占有。宿主细胞为圆形，直径 13～20μm，细胞核被压挤成一深色狭带，围绕虫体。

　　此外，美国、加拿大、越南和欧洲的鸭类和鹅类中报道有西氏住白细胞虫（*L. simondi*），在沿北美东北海滨区，每年鸭和鹅的发病率可高达 20%。在美国、法国、德国和加拿大等国的火鸡中报道有史氏住白细胞虫（*L. smithi*）。

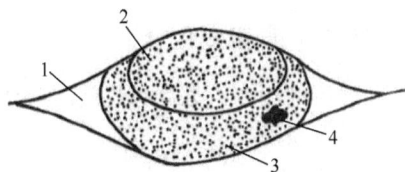

图 8-2　沙氏住白细胞虫模式图
（仿蒋金书，2000）

1. 白细胞原生质；2. 白细胞核；
3. 配子体；4. 配子体的核

（二）生活史

　　鸡住白细胞虫的生活史需两个宿主，在中间宿主鸡体内行裂殖生殖并形成大、小配子体，在媒介（沙氏住白细胞虫为蚋，卡氏住白细胞虫为蠓）体内行配子生殖和孢子生殖（图 8-3）。

　　（1）裂殖生殖：感染了沙氏住白细胞虫的蚋在鸡身上吸血时，子孢子随蚋的唾液进入鸡的皮内，随即经血液循环到达肝，侵入肝实质细胞内寄生。子孢子在肝细胞内发育为裂殖体，称肝裂殖体。成熟的肝裂殖体内含有许多裂殖子，裂殖体破裂后，一部分裂殖子重新侵入肝细胞；一部分裂殖子随血液循环到各内脏器官，被吞噬细胞吞食，此等裂殖子可以发育为大裂殖体；成熟的大裂殖体内含有许多裂殖子。破裂释出后侵入白细胞（主要是单核细胞）内发育为配子体。被配子体寄生的白细胞膨大变为梭形，随血液循环进入宿主的外周血液中。

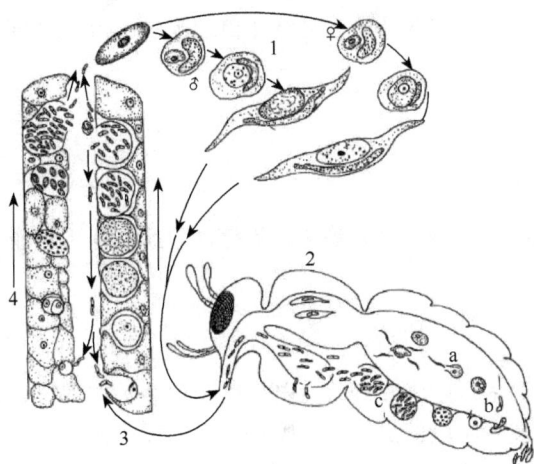

图 8-3　住白细胞虫生活史模式图（仿蒋金书，2000）

1. 大配子体与小配子体在禽红细胞内的发育过程；2. 在蚋体内的配子生殖。a. 小配子与大配子结合；b. 动合子；c. 卵囊与子孢子；3. 在肝细胞内行裂殖生殖；4. 在肝巨噬细胞内的大裂殖体生殖过程：大裂殖体及其裂殖子

　　（2）配子生殖：当蚋吸食病鸡血液时，配子体随血液进入蚋的消化管，雌、雄配子体在蚋消化液的作用下逸出，雄配子体形成有鞭毛的雄性配子，与雌性配子结合为合子；合子变为动合子，动合子移行到蚋的消化道壁上形成卵囊。

　　（3）孢子生殖：卵囊进行孢子生殖发育为孢子化卵囊，内含许多子孢子，子孢子破囊而出，移行到蚋的唾腺中。当蚋吸食健康鸡的血液时，子孢子即随着蚋的唾液进入鸡体内，开始下一个循环。

二、流行病学

　　各日龄鸡均易感，该病对雏鸡危害严重，症状明显，引起大批死亡，但对成年鸡危害较小。鸡日龄和感染率成正比，与发病率成反比，3～6 月雏鸡感染率和发病率较高，而青年鸡和种鸡感染率虽高，但发病率低，血液内虫体也较少，多为带虫者，发病鸡和带虫鸡均为感染来源。该病分布较广，卡氏和沙氏住白细胞虫广泛分布于我国台湾、广东、广西、海南、福建、江苏、陕西、河南和河北等地，以及菲律宾、日本及伊朗等亚洲国家。传播媒介为蚋和蠓等，其发病具有明显的季节性，一般夏秋季节易发，在我国，南方一般 4～10 月、北方 7～9 月感染率较高。尤其是温度高于 20℃且湿度较大时，大量的吸血昆虫进行繁殖，频繁活动。特别是邻近小溪、水塘、沼泽地区附近的养殖场非常容易暴发此病。一般来说，乡村鸡和本地鸡对该病有较强的抵抗力，死亡率较低。

三、症状与病理变化

（一）症状

　　自然潜伏期为 6～10d。雏鸡和童鸡的症状明显。病初发高热，食欲不振，精神沉郁，流口涎，下痢，粪呈绿色。贫血，鸡冠和肉垂苍白。生长发育迟缓，四肢轻瘫，活动困难，病程一般约为数日，严重者死亡。成年鸡表现为贫血和产蛋率下降。

（二）病理变化

死后剖检时，见全身消瘦，全身鸡肉和鸡冠苍白，血液稀薄，高度贫血，肝脾肿大，有出血点，肠黏膜有时有溃疡。

四、诊断

根据流行病学、临床症状和剖检变化，结合病原检查进行诊断。

（1）临床诊断：病鸡下痢，粪呈绿色，出现贫血、鸡冠和肉垂苍白等临床症状。

（2）病理剖检诊断：在胸肌、心、肝、脾、肾等器官上看到灰白色或者稍黄色的、针尖至粟粒大小的小结节，挑出镜检可见许多裂殖子。也可取上述组织进行切片检查，HE 染色镜检，可见大裂殖体，最大可达 408μm，其存在部位和数量与眼观病变程度一致。

（3）病原学诊断：用血片检查法，以消毒的注射针头从鸡的翅下小静脉或鸡冠采血一滴，涂成薄片，用瑞氏或吉姆萨染液染色，在高倍物镜下观察。

（4）分子生物学诊断：国内外一些学者建立了分子生物学检测方法来检测鸡住白细胞虫，如常规 PCR 法、巢式 PCR 法、PCR-RFLP 法、DNA 测序及分析等。

五、防治

（一）治疗

可用磺胺二甲氧嘧啶、磺胺喹噁啉、乙胺嘧啶和呋喃唑酮（痢特灵）等进行治疗，除此之外，氯喹、盐酸二奎宁也有较好的治疗效果。

（二）预防

扑灭传播媒介蚋和蠓。在流行季节，对鸡舍内外，每隔 6d 或 7d 喷洒杀虫剂以减少侵袭。在饲料中加乙胺嘧啶或磺胺喹噁啉有预防作用。这些药物能抑制早期发育阶段的虫体，对晚期形成的裂殖体或配子体无作用。

第三节　鸡球虫病

鸡球虫病（avian coccidiosis）是由一种或多种艾美耳属（*Eimeria*）球虫寄生于鸡肠道而引起的寄生原虫病，发病率为 50%～70%，死亡率为 20%～30%，甚至超过 80%，除直接造成死亡外，还可导致增重和产蛋量等生产性能严重下降。该病全球流行，给全球养禽业造成了巨大的经济损失，Blake 等在 2020 年估算鸡球虫病在全球范围内造成的经济损失超过 100 亿英镑。在美国动物保健协会的调查中，鸡球虫病连续 7 年（2016～2022 年）被列在影响肉鸡养殖业发展重要疫病的首位。在英国，鸡球虫病被列在对养禽业造成经济损失最为严重禽类疫病的前三位。在我国，鸡球虫病也被列为三类动物疫病。

一、病原

（一）病原形态

鸡球虫为严格的细胞内寄生性原虫，寄生于鸡肠道上皮细胞内。已报道的鸡球虫有 11 种，但世界所公认的有 7 种，分别为柔嫩艾美耳球虫（*E. tenella*）、巨型艾美耳球虫（*E. maxima*）、堆型艾美耳球虫（*E. acervulina*）、和缓艾美耳球虫（*E. mitis*）、早熟艾美耳球虫（*E. praecox*）、毒害艾美耳球虫（*E. necatrix*）和布氏艾美耳球虫（*E. brunetti*）。曾报道的哈氏艾美耳球虫（*E. hagani*）已公认为无效种，变位艾美耳球虫（*E. mivati*）仍存在争议。对鸡球虫 *ITS-1* 和 *ITS-2* 的测序还发现鸡球虫有 3 个操作分类单元（operational taxonomic units，OTU），分别为 OTUx、OTUy 和 OTUz。Blake（2021）认为它们为 3 个独立的种，将其命名为拉塔艾美耳球虫（*E. lata*）、纳甘比艾美耳球虫（*E. nagambie*）和扎里亚艾美耳球虫（*E. zaria*）。

柔嫩艾美耳球虫，寄生于盲肠，致病力最强，严重感染时可引起增重剧减，盲肠高度肿胀，黏膜出血，甚至造成大量死亡。卵囊为宽卵圆形，少数为椭圆形，大小为（19.5～26.0）μm×（16.5～22.8）μm，平均为22.0μm×19.0μm。卵囊指数为1.16。原生质呈淡褐色，卵囊壁光滑，呈淡绿黄色，厚度约1μm。无卵膜孔，无卵囊残体，有一极粒。孢子囊呈卵圆形，大小为（12～13）μm×（4.5～7.5）μm，内有一孢子囊残体，壁上含一斯氏体，子孢子大小为（9～10）μm×（1.5～2）μm。最短孢子化时间为18h，最长为30.5h，最短的潜在期为115h。

巨型艾美耳球虫，寄生于小肠中段，具有中等强度的致病力，可引起肠壁增厚、出现带血色的黏液性渗出物、肠道出血等病变。卵囊大，卵圆形，大小为（20.7～21.5）μm×（16.5～20.8）μm，平均为30.5μm×20.7μm。卵囊指数为1.47。原生质呈黄褐色，卵囊壁略粗糙，呈浅黄色，厚0.75μm。具有一个卵膜孔，无卵囊残体，有一极粒。孢子囊呈长卵圆形，大小为（15～19）μm×（8～9）μm，内无孢子囊残体，壁上含一斯氏体，子孢子大小为19μm×4μm。最短孢子化时间为30h。最短的潜在期为121h。

堆型艾美耳球虫，寄生于十二指肠和小肠前段，主要在十二指肠，具有中等强度的致病力。轻度感染时可产生散在的局灶性灰白色病灶，横向排列成梯状。严重感染时可引起肠壁增厚和病灶融合成片。卵囊中等大小，卵圆形，大小为（17.7～20.2）μm×（13.7～16.3）μm，平均为8.3μm×14.6μm。原生质无色，卵囊壁呈浅绿黄色，厚度约1μm。具有一个卵膜孔。无卵囊残体，有一极粒。孢子囊呈卵圆形，大小为（9～12）μm×（4.5～7.5）μm，内无孢子囊残体，壁上含一斯氏体，子孢子大小为19μm×4μm。最短孢子化时间为17h，最短的潜在期为97h。

和缓艾美耳球虫，主要寄生于小肠后段，从卵黄蒂到盲肠颈，有时寄生于盲肠和直肠。但早期研究认为其主要寄生在小肠前段（Tyzzer，1929）。其致病力弱，一般不引起明显病变，仅有黏液性渗出物。卵囊小，近于圆球形或亚球形，大小为（11.7～18.7）μm×（11.0～18.0）μm，平均为15.6μm×14.2μm。原生质无色，卵囊壁光滑，呈淡绿黄色，厚度约1μm。无卵膜孔，无卵囊残体，有一极粒。孢子囊呈卵圆形，大小为10μm×6μm，内无孢子囊残体，壁上含一斯氏体。最短孢子化时间为15h，最短潜在期为93h。

早熟艾美耳球虫，寄生于十二指肠和小肠的前1/3段，致病力弱，一般不引起明显的病变，仅出现黏液性渗出物。卵囊较大，多数为卵圆形，其次为椭圆形，大小为（19.8～24.7）μm×（15.7～19.8）μm，平均为21.3μm×17.1μm。卵囊指数为1.24。原生质无色，囊壁光滑，呈淡绿黄色，厚度约1μm。无卵膜孔，无卵囊残体，有一极粒。最短孢子化时间为12h，最短潜在期为84h。

毒害艾美耳球虫，寄生于小肠中1/3段，卵囊形成于盲肠。致病力强，引起肠壁扩张增厚、坏死及出血等病变。有时小肠比正常时肿大2倍，在肠壁浆膜上可见到许多圆形的裂殖体白色斑点，为该病特异性病变。卵囊中等大小，呈长卵圆形，大小为（13.2～22.7）μm×（11.3～18.3）μm，平均为20.4μm×17.2μm。卵囊指数为1.19。囊壁光滑，无色。无卵膜孔，无卵囊残体，有一极粒。孢子囊呈长卵圆形，大小为（9～15）μm×（4.5～7.5）μm，内有一孢子囊残体，壁上含一斯氏体。子孢子大小为（7.9～11.3）μm×（1.3～2.1）μm。最短孢子化时间为18h，最短潜在期为138h。

布氏艾美耳球虫，寄生于小肠后段、直肠和盲肠近端区。致病力较强，引起肠道凝固性坏死和黏液性带血的肠炎。卵囊较大，仅次于巨型艾美耳球虫，呈卵圆形，壁光滑，大小为（20.7～30.3）μm×（18.1～24.2）μm，平均大小为24.6μm×18.80μm。卵囊指数为1.31。无卵膜孔，无卵囊残体，有一极粒。孢子囊呈长卵圆形，大小为13μm×7.5μm，内有一孢子囊残体，壁上含一斯氏体。最短孢子化时间为18h，最短潜在期为120h。

（二）生活史

鸡球虫属于直接发育型，不需要中间宿主。生活史可以分为3个阶段，即孢子生殖、裂殖生殖和配子生殖（图8-4）。随着鸡粪便排出的新鲜卵囊尚未孢子化，不具有感染力。在外界适宜的温度、湿度和充足氧气的条件下，经过孢子生殖形成孢子化卵囊（图8-5）后才具有感染力，每个孢子化卵囊内含4个孢子囊，每个孢子囊内有2个子孢子（图8-6）。当鸡通过饲料、饮水误食了孢子化卵囊后，在肌胃的机械性摩擦下，卵囊壁破裂，孢子囊释放出来，在胆汁和胰蛋白酶的作用下，子孢子从孢子囊中释放出来。随着肠内容物到达寄生部位，侵入肠上皮细胞。堆型艾美耳球虫、巨型艾美耳球虫、毒害艾美耳球虫和柔嫩艾美耳球虫在隐窝上皮细胞内发育，而布氏艾美耳球虫和早熟艾美耳球虫则在侵入的肠上皮细胞内发育。侵入肠上皮细胞的子孢子进行裂殖生殖，形成裂殖体。每个成熟的裂殖体内含有数百个第一代的裂殖子（图8-7），肠上皮细胞遭到破坏，裂殖子释放出来，侵入附近新的肠上皮细胞进行第二代裂殖生殖形成第二代裂殖子。裂殖生殖的代数因球虫种类而异，一般为2～4代。末代裂殖子再次侵入新的肠上皮细胞进行配子生殖。大部分种类球虫的末代裂殖子就在侵入部位附近细胞内进行配子生殖，但对于毒害艾美耳球虫来说，末代裂殖子移行到盲肠，在盲肠上皮细胞内进行配子生殖。一部分裂殖子发育为大配子体，一部分发育为小配子体，大配子体发育为一个大配子，小配子体产生数量众多的具有两根鞭毛的小配子。小配子离开宿主细胞，侵入含有大配子的细胞，和大配子结合形成合子。在合子周围产生一厚壁，形成未孢子化卵囊，进而破坏宿主肠上皮细胞，随粪便排出体外。从感染到排出卵囊一般为5～7d。

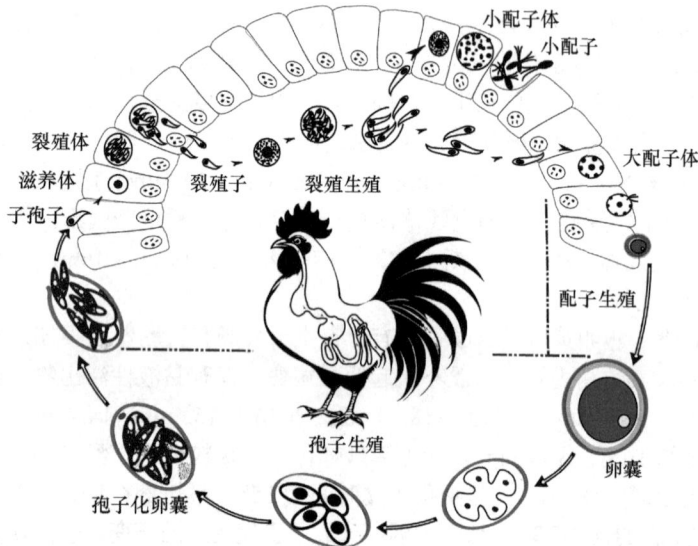

图 8-4　艾美耳球虫的 7d 生活史（Xu and Li，2024）

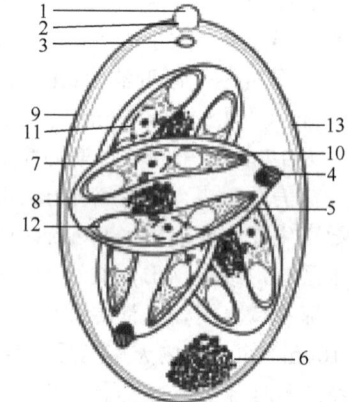

图 8-5　艾美耳属球虫卵囊（Xu and Li，2024）

1. 极帽；2. 卵膜孔；3. 极粒；
4. 斯氏体；5. 子孢子；6. 卵囊残体；
7. 孢子囊；8. 孢子囊残体；
9. 卵囊壁外层；10. 卵囊壁内层；

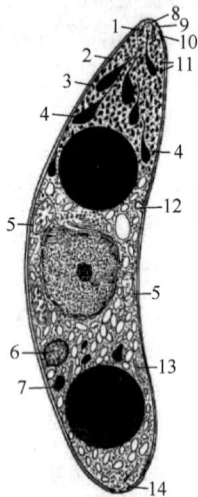

图 8-6　球虫子孢子超微结构（仿蒋金书，2000）

1. 锥体；2. 外膜；3. 内膜；4. 棒状体；
5. 线粒体；6. 脂肪滴；7. 黑体；
8. 锥体前环Ⅰ；9. 锥体前环Ⅱ；10. 极环；
11. 微线；12. 微孔；13. 内质网；14. 后极环
11. 核；12. 折光体；13. 棒状体

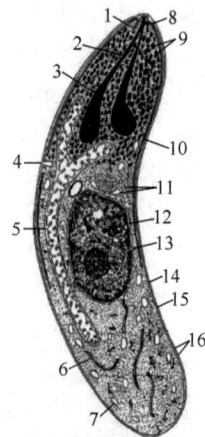

图 8-7　球虫裂殖子超微结构（仿 Roberts et al.，2013）

1. 锥体；2. 棒状体管；3. 棒状体；
4. 微孔；5. 线粒体；6. 内质网；
7. 支链淀粉颗粒；8. 极环；9. 微线；
10. 微管；11. 高尔基体；12. 核膜；
13. 核孔；14. 内膜；15. 外膜；16. 表膜

二、流行病学

鸡球虫唯一的天然宿主为鸡，所有日龄和品种的鸡都对球虫有易感性，但是刚孵出的雏鸡由于小肠内没有足够的胰凝乳蛋白酶和胆汁使球虫脱去孢子囊，因而对球虫不易感。球虫病一般暴发于3~6月龄雏鸡，很少见于2周龄以内的鸡群。堆型艾美耳球虫、柔嫩艾美耳球虫和巨型艾美耳球虫的感染常发生在21~50日龄的鸡，而毒害艾美耳球虫常见于8~18月龄的鸡。

鸡球虫感染途径是摄入有活力的孢子化卵囊，凡被带虫鸡粪便污染过的饲料、饮水、土壤或用具等，都有卵囊存在；其他种动物、昆虫、野鸟和尘埃及管理人员，都可成为球虫病的机械传播者。被苍蝇吸吮到体内的卵囊，可在肠管中保持活力达24h之久。

卵囊对恶劣的外界环境条件和消毒剂具有很强的抵抗力。在土壤中可以存活4~9个月，在有树荫的运动场可达15~18个月。温暖潮湿的地区最有利于卵囊的发育，当气温在22~30℃时，一般只需18~36h就可形成子孢子，但卵囊对高温、低温和干燥的抵抗力较弱，55℃或冰冻能很快杀死卵囊，即使在37℃情况下连续保持2~3d也是致命的。在相对湿度为21%~30%时，柔嫩艾美耳球虫的卵囊，在18~40℃下，经1~5d死亡。

饲养管理条件不良能促使该病发生。当鸡舍潮湿、拥挤、饲养管理不当或卫生条件恶劣时，最易发病，而且往往能迅速波及全群。发病时间与气温和雨量有密切关系，通常多在温暖的季节流行。在我国北方，大约从4月开始到9月末为流行季节，7~8月最严重。全年孵化的养鸡场和笼养的现代化养鸡场中，一年四季均有发病。

鸡球虫是一种世界性分布的寄生虫。在临床上，鸡球虫多以混合感染为主。在法国的一项调查中发现鸡球虫的感染率为75.61%（31/41），其中95%鸡场为鸡球虫的混合感染，最多有6个种混合感染。澳大利亚98%商品鸡和81%庭院鸡均有球虫感染，并且多为混合感染。在我国，鸡球虫感染也很普遍，并且多为混合感染。安徽部分鸡场鸡球虫的感染率为87.72%（150/171），混合感染为26.67%（40/150）。浙江部分鸡场球虫感染率为30.65%（95/310）。江苏部分平养鸡场的感染率为66.67%（12/18），混合感染率为91.67%（11/12）。据我国农业农村部报告，2023年4~12月，鸡球虫病报告病例数和病死数一直位居全国三类动物疫病报告总数量的首位，分别占其报告病例和致死总数的90%和70%以上。

三、症状与病理变化

鸡球虫病的临床症状与病理变化的出现随着虫种类型不同而异，总体上与内生性发育过程密切相关，多由混合感染所致。

1. 柔嫩艾美耳球虫　　柔嫩艾美耳球虫对雏鸡危害最大，引起严重的盲肠球虫病。病初表现为不饮不食，继而盲肠损伤，导致下痢、血便，以致排出鲜血。病鸡拥簇成堆，战栗，临死前体温下降，重症者常表现为严重的贫血，可能在感染后第5~6天，红细胞数和红细胞压积降低50%，并成为死亡的直接致因。此外，肠细胞崩解、肠道炎症和细胞产物而造成的有毒物质蓄积在肠管中不能迅速排出，使机体发生自体中毒，从而引起严重的神经症状和死亡。柔嫩艾美耳球虫主要损害盲肠，其病变程度与虫体增殖过程相关。随着第1世代和第2世代裂殖体的出现而逐渐加剧，感染后第4天末，盲肠高度肿大，出血严重，肠腔中充满凝血块和盲肠黏膜碎片。至感染后的第6天和第7天，盲肠心逐渐变硬和干团，在感染后第8天可从黏膜上剥脱下来，上皮的更新是迅速的，至第10天即可修复。病变常可从浆膜面观察到，外观为暗红色的瘀斑或连片的瘀斑。

2. 毒害艾美耳球虫　　毒害艾美耳球虫致病性也很严重，病鸡精神不振，翅下重，弓腰，下痢，排血便和死亡。小肠中段高度肿胀，有时可达正常体积的2倍以上。肠管显著充血、出血和坏死，肠壁增厚。肠内容物中含有多量血液、血凝块和脱落黏膜。从浆膜面观察，在病灶区可见到小白斑和红瘀点，在感染后4~5d，在作涂片检查时可见到成簇的大裂殖体（66μm），这是该种的特征。用75 000~100 000个卵囊感染雏鸡可导致严重的体重下降、发病和死亡，耐过雏鸡可出现消瘦、继发感染和失去色素。在商品化养鸡场，自然感染引起的死亡率超过25%；在实验感染时，死亡率可高达100%。

3. 堆型艾美耳球虫　　堆型艾美耳球虫属中等致病力种，有时可达到严重的程度。病变可以从十二指肠的浆膜面观察到，病初肠黏膜变薄，覆有横纹状的白斑，外观呈梯状；肠道苍白，含水样液体。轻度感染的病变仅局限于十二指肠袢，每厘米只有几个斑块；但在严重感染时，病变可沿小肠扩展一段距离，并可能融合成片。该种可引起饲料转化率下降，增重率降低和蛋鸡的产蛋量下降。

4. 巨型艾美耳球虫　巨型艾美耳球虫致病力属中等程度，病变发生在小肠中段，从十二指肠袢以下直到卵黄蒂以后，严重感染时，病变可能扩散到整个小肠。它由于有特征性的大卵囊，故很易鉴别。感染200 000 个卵囊可引起增重下降，腹泻，有时出现死亡，常出现严重消瘦、苍白、羽毛蓬松和食欲下降。主要病变为出血性肠炎，肠壁增厚、充血和水肿，肠内容物为黏稠液体，呈褐色或红褐色。严重感染时肠黏膜大量崩解。

5. 布氏艾美耳球虫　布氏艾美耳球虫引起中等死亡率，增重下降和饲料转化率下降。感染 100 000～200 000 个卵囊，常引起 10%～30%的死亡率，存活鸡的增重下降。该种寄生于小肠下段，通常在卵黄蒂至盲肠连接处。在感染的早期阶段，小肠下段的黏膜可被小的瘀点覆盖。黏膜稍增厚和褪色。在严重感染时，黏膜严重受损，凝固性坏死出现在感染后 5～7d，整个小肠黏膜呈干酪样侵蚀，在粪便中出现凝固的血液和黏膜碎片。黏膜增厚和水肿发生在感染后的第 6 天。

6. 早熟艾美耳球虫　早熟艾美耳球虫的致病力弱，仅引起增重减少，色素消失，严重脱水和饲料报酬下降。

7. 和缓艾美耳球虫　和缓艾美耳球虫的致病力弱，其病变一般不明显。该种对增重有一定的影响，大量感染时可引起轻度发病和失去色素。

四、诊断

鸡球虫病的诊断须根据粪便检查、临床症状、流行病学调查和病理变化等多方面因素加以综合判断。

1. 临床诊断　球虫病多发于温暖湿润的季节。主要临床症状为消瘦、产蛋量下降、贫血、下痢、血便，具有较高的死亡率。

2. 病理剖检诊断　盲肠球虫感染可见盲肠高度肿大，出血严重，肠腔中充满凝血块和盲肠膜碎片。小肠球虫感染可见小肠中段高度肿胀，有时可达正常体积的 2 倍以上，肠管显著充血、出血和坏死；肠壁增厚，内容物中含有多量的血液、血凝块和脱落的黏膜，小肠和盲肠病变处肠黏膜接触片显微镜下观察，可见大量裂殖体和不同发育阶段的虫体，涂片染色后观察，裂殖体更加明显。

3. 病原学诊断　取病程较长病鸡新鲜粪便直接涂片和用饱和盐水漂浮后涂片镜检，观察卵囊。对阳性粪便进行定量检查，用麦氏计数法计算每克粪便卵囊数（OPG）。判断标准为 OPG$>10^5$ 为严重感染，$10^4 \leq$OPG$\leq 10^5$ 为中度感染，OPG$<10^4$ 为轻度感染（GB/T 18647—2020）。需注意，成年鸡和雏鸡的带虫现象极为普遍，所以不能只根据从粪便和肠壁刮取物中发现卵囊，就确定为球虫病。鉴定球虫的种类，可将少许病鸡粪便或病变部位刮取物放在载玻片上，与甘油水溶液（等量混合）1～2 滴调和均匀，加盖玻片，置显微镜下观察。可根据卵囊特征做出初步鉴定。可用 ITS-PCR 方法对其中的虫种进行鉴定。

4. 分子生物学诊断　一些分子生物学方法可用于鸡球虫病的诊断或者感染虫种的鉴定，如常规 PCR技术、同工酶技术、荧光定量 PCR 技术、随机扩增多态 DNA（RAPD）、多重 PCR 技术、限制性片段长度多态性（RFLP）、扩增片段长度多态性（AFLP）、单链构象多态性（SSCP）等，其中最为广泛使用的是 ITS-PCR技术。

五、防治

（一）治疗

早期治疗的重点是在感染症状出现之后，用磺胺类药或其他化学药物进行治疗，不久就发现其局限性，因为抗球虫药物应当在球虫生活史的早期使用，一旦出现症状和组织损伤，再使用药物往往已无济于事。由于这一原因，应用药物预防的观点就基本上取代了治疗。实施治疗，若不晚于感染后 96h 给药，有的可降低鸡死亡率。在一个大型鸡场中，应随时储备一些治疗效果好的药物，以防鸡球虫病的突然暴发。常用的治疗药物有以下几种：磺胺二甲基嘧啶（SM2）、磺胺喹噁啉（SQ）、氨丙啉（amprolium）、碘胺氯吡嗪（Esb3，商品名为三字球虫粉）、磺胺二甲氧嘧啶（SDM）和妥曲珠利（baycox）等。

（二）药物预防

使用药物是防控鸡球虫病的第一重要手段，不但使球虫的感染处于低水平，而且可以使鸡保持一定的免疫力。目前所有的肉鸡场都应无条件地进行药物预防，而且应从雏鸡出壳后第1天即开始使用预防药。由于抗生素药物残留引起的公共卫生问题越来越受到重视，我国农业农村部规定，2020年7月1日起，饲料中的促生长类抗生素全部禁用，保留了部分球虫药物，将批准文号从"兽药添字"改为"兽药字"，可在商品和养殖过程中使用。

1. 二硝托胺（dinitolmide，$C_8H_7N_3O_5$）　商品名为球痢灵（Zoalene），其抗球虫的活性作用峰期是在感染后第3天，且对卵囊的孢子形成也有作用。连用6d，仅对球虫表现抑制作用，如果长期应用则对球虫有杀灭作用。鸡内服二硝托胺后，在体内迅速代谢，停药24h后肌肉的残留量即低于100μg/kg。使用注意事项：①蛋鸡产蛋期禁用。②停药过早，常致球虫病复发，因此肉鸡宜连续应用。③二硝托胺粉末颗粒的大小会影响抗球虫作用，应为极微细粉末。④饲料中添加量超过250mg/kg时，若连续饲喂15d以上可抑制雏鸡增重。⑤休药期为3d。

2. 马度米星铵（maduramicin ammonium，$C_{47}H_{83}NO_{17}$）　一价单糖苷离子载体抗球虫药，抗球虫谱广，对其他聚醚类抗球虫药耐药的虫株也有效。马度米星铵能干扰球虫生活史早期，即球虫发育的子孢子期和第一代裂殖体，不仅能抑制球虫生长，而且能杀灭球虫。马度米星铵给鸡混饲（5mg/kg饲料），在肝、肾、肌肉、皮肤、脂肪等组织中的消除半衰期约为24h。使用注意事项：①蛋鸡产蛋期禁用。②毒性较大，安全范围窄。用药时必须精确计量，并使药料充分搅匀，勿随意加大使用浓度。③鸡喂马度米星铵后的粪便切不可再加工作动物饲料，否则会引起动物中毒，甚至死亡。④休药期为5h。

3. 盐酸氯苯胍（robenidine hydrochloride，$C_{15}H_{13}Cl_2N_5 \cdot HCl$）　主要抑制球虫第一代裂殖体的生殖，对第二代裂殖体也有作用，其作用峰期在感染后的第3天。作用机制是干扰虫体细胞质中的内质网，影响虫体蛋白质代谢，使内质网和高尔基体肿胀、氧化磷酸化反应和ATP被抑制。球虫对本品易产生耐药性。鸡内服后，在体内代谢为对氯甲苯等9种代谢产物。一次给药后，24h排出的量占给药剂量的82%，6d后排出99%。使用注意事项：①蛋鸡产蛋期禁用。②长期或高浓度（60mg/kg饲料）混饲，可引起鸡肉、鸡蛋异臭。但较低浓度（<30mg/kg饲料）不会产生上述现象。③应用本品防治某些球虫病时停药过早，常导致球虫病复发，应连续用药。④休药期为5d。

4. 海南霉素钠（hainanmycin sodium）　属于聚醚类抗球虫药，具有广谱抗球虫作用，对鸡的柔嫩艾美耳球虫、毒害艾美耳球虫、堆型艾美耳球虫、巨型艾美耳球虫、和缓艾美耳球虫等有高效。使用注意事项：①蛋鸡产蛋期禁用。②鸡使用海南霉素钠后的粪便切勿用作其他动物饲料，更不能污染水源。③仅用于鸡，其他动物禁用。④休药期为7d。

5. 氯羟吡啶（clopidol，$C_7H_7Cl_2NO$）　氯羟吡啶对多种鸡球虫都有效，特别是对柔嫩艾美耳球虫作用最强。作用峰期是子孢子期，即感染后第1天，主要对其产生抑制作用。在用药后60d内，可使子孢子在肠上皮细胞内不能发育。因此，必须在雏鸡感染球虫前或感染的同时给药，才能充分发挥抗球虫作用。氯羟吡啶适用于预防用药，对球虫病治疗无意义。本品能抑制鸡对球虫产生免疫力，过早停药易导致球虫病暴发。球虫对氯羟吡啶易产生耐药性。使用注意事项：①蛋鸡产蛋期禁用。②本品能抑制鸡对球虫产生免疫力，停药过早易导致球虫病暴发。③后备鸡群可以连续喂至16周龄。④对本品产生耐药球虫的鸡场，不能换用喹啉类抗球虫药，如癸氧喹酯等。⑤休药期为5d。

6. 地克珠利（diclazuril，$C_{17}H_9Cl_3N_4O_2$）　为三嗪类广谱抗球虫药，主要抑制子孢子和裂殖体增殖，对球虫的活性峰期在子孢子和第一代裂殖体期（即球虫生命周期的最初2d）。具有杀球虫作用，对球虫发育的各个阶段均有效。给鸡混饲后，少部分被消化道吸收，但因用量小，吸收总量很少，组织中药物残留少。以1mg/kg剂量混饲，于最后一次给药后第7天，测得鸡组织中平均残留量低于0.063mg/kg。地克珠利毒性小，对畜禽很安全。长期用本品易诱导耐药性产生，故应穿梭用药或短期使用。使用注意事项：①蛋鸡产蛋期禁用。②本品药效期短，停药1d，抗球虫作用明显减弱，2d后作用基本消失。因此，必须连续用药以防球虫病再度暴发。③本品混料浓度极低，药料应充分拌匀，否则影响疗效。④休药期为5d。

7. 盐霉素（salinomycin，$C_{42}H_{70}O_{11}$）、盐霉素钠（salinomycin sodium，$C_{42}H_{70}O_{11}Na$）、甲基盐霉素（narasin）　为聚醚类离子载体类抗球虫药，其作用峰期是在球虫生活周期的最初2d，对子孢子及第一

代裂殖体都有抑制作用。其杀球虫作用机制是通过干扰球虫细胞内 K^+、Na^+ 的正常渗透，使大量的 Na^+ 和水分进入细胞内，引起肿胀而死亡。对鸡的毒害艾美耳球虫、柔嫩艾美耳球虫、巨型艾美耳球虫、和缓艾美耳球虫、堆型艾美耳球虫、布氏艾美耳球虫均有作用，尤其对巨型及布氏艾美耳球虫效果最强。对鸡球虫的子孢子、第一代裂殖体、第二代裂殖体均有明显作用。使用注意事项：①禁与泰妙菌素、竹桃霉素及其他抗球虫药配伍使用。②对火鸡和马毒性大，禁用。③蛋鸡产蛋期禁用。④对鱼类毒性较大，防止用药后的鸡粪及残留药物的用具污染水源。⑤本品安全范围较窄，应严格控制混饲浓度。⑥休药期为 5d。

8. 莫能菌素（monensin）　　进口药商品名为保利猛®20%，为单价离子载体类广谱抗球虫药。作用峰期是在球虫生活周期的最初 2d，对子孢子及第一代裂殖体都有抑制作用。其杀球虫作用机制是通过干扰球虫细胞内 K^+、Na^+ 的正常渗透，使大量的 Na^+ 和水分进入细胞内，引起肿胀而死亡。使用注意事项：①10 周龄以上火鸡、珍珠鸡及鸟类对本品较敏感，不宜应用；超过 16 周龄的鸡禁用；蛋鸡产蛋期禁用。②饲喂前必须将莫能菌素与饲料混匀，禁止直接饲喂未经稀释的莫能菌素。③禁止与泰妙菌素、竹桃霉素同时使用，以免发生中毒。④马属动物禁用。⑤搅拌配料时防止与人的皮肤、眼睛接触。⑥休药期为 5d。

9. 拉沙洛西钠（lasalocid sodium）　　商品名为球安（Avatec），为畜禽专用聚醚类抗生素类抗球虫药。拉沙洛西钠与二价金属离子形成络合物，干扰球虫体内正常离子的平衡和转运，从而起到抑制球虫的效果。用于预防肉鸡球虫病。使用注意事项：①应根据球虫感染严重程度和疗效及时调整用药浓度。②严格按规定浓度使用，饲料中药物浓度超过 150mg/kg（以拉沙洛西钠计）会导致鸡生长抑制和中毒。高浓度混料对饲养在潮湿鸡舍的雏鸡，能增加热应激反应，使死亡率增高。③拌料时应注意防护，避免本品与人眼、皮肤接触。④马属动物禁用。⑤肉鸡休药期为 3d。

10. 尼卡巴嗪（nicarbazin）　　商品名为尼卡球（Koffozin），主要抑制第二个无性增殖期裂殖体的生长繁殖，其作用峰期是感染后第 4 天。球虫对本品不易产生耐药性，故常用于更换给药方案。此外，对其他抗球虫药耐药的球虫，使用尼卡巴嗪多数仍然有效。尼卡巴嗪对蛋的质量和孵化率有一定影响。由消化道吸收，并广泛分布于机体组织及体液中，以推荐剂量给鸡饲喂 11d，停药 2d 后，血液及可食用组织仍可检测到残留药物。使用注意事项：①夏天高温季节慎用。②蛋鸡和种鸡禁用。③鸡球虫病暴发时禁止用作治疗。④休药期为 4d。

部分复方药物也可以用于鸡球虫病防控，如下所述。

1. 甲基盐霉素尼卡巴嗪（narasin and nicarbazin）　　商品名为猛安（Maxiban），可预防鸡球虫病。含有甲基盐霉素和尼卡巴嗪。使用注意事项：①本品毒性较大，超剂量使用会引起鸡死亡。②高温季节使用本品时，会出现热应激反应，甚至死亡。③防止与人眼、皮肤接触。④禁止与泰妙菌素、竹桃霉素合用。⑤火鸡及马属动物禁用。⑥仅用于肉鸡。⑦肉鸡的休药期为 5d。

2. 盐酸氨丙啉乙氧酰胺苯甲酯（amprolium hydrochloride and ethopabate）　　药物主要成分为盐酸氨丙啉（$C_{14}H_{19}ClN_4 \cdot HCl$）与乙氧酰胺苯甲酯（$C_{12}H_{15}NO_4$）。使用注意事项：①蛋鸡产蛋期禁用。②饲料中的维生素 B_1 含量在 10mg/kg 以上时，能对本品的抗球虫作用产生明显的拮抗作用。③休药期为 3d。

3. 盐酸氨丙啉乙氧酰胺苯甲酯磺胺喹噁啉（amprolium hydrochloride ethopabate and sulfaquinoxaline）　含盐酸氨丙啉（$C_{14}H_{19}ClN_4 \cdot HCl$）、乙氧酰胺苯甲酯（$C_{12}H_{15}NO_4$）与磺胺喹噁啉（$C_{14}H_{12}N_4O_2S$）。使用注意事项：①蛋鸡产蛋期禁用。②饲料中的维生素 B_1 含量在 10mg/kg 以上时，能对本品的抗球虫作用产生明显的拮抗作用。③连续饲喂不得超过 5d。④休药期为 7d。

生产实践证明，各种抗球虫药在使用一段时间后都会引起虫体的抗药性，甚至产生抗药虫株，有时可对该药同类的其他药物也产生抗药性。因此，必须合理使用抗球虫药。对肉鸡生产常以下列两种用药方案来防止虫体产生抗药性。

1. 穿梭方案　　即在开始时使用一种药物，至生长期时使用另一种药物。例如，在 1～4 周龄时使用一种化学药品（如二硝托胺或尼卡巴嗪），自 4 周龄至屠宰前使用一种离子载体抗生素（如盐霉素或马度米星）。

2. 轮换方案　　即合理地变换使用抗球虫药，在春季和秋季变换药物可避免抗药性的产生，从而可改善鸡群的生产性能。

对于一直饲养在金属网上的后备母鸡和蛋鸡，无须采用药物预防。对于从平养移至笼养的后备母鸡，在上笼之前，需使用常规用量的抗球虫药进行预防，但在上笼之后就无须再使用药物预防。

（三）免疫预防

为了避免药物残留对环境和食品的污染和抗药虫株的产生，现已研制了数种球虫疫苗。目前，国际上已经商品化的鸡球虫病疫苗有 10 余种，有强毒活疫苗、弱毒活疫苗和亚单位疫苗 3 种类型。

强毒活疫苗主要有 Coccivac B、Coccivac D、Immucox C1 和 Immucox C2 共 4 个商品。Coccivac B 含有柔嫩艾美耳球虫、堆型艾美耳球虫、巨型艾美耳球虫和变位艾美耳球虫 4 种球虫。Coccivac D 含有堆型艾美耳球虫、布氏艾美耳球虫、哈氏艾美耳球虫、巨型艾美耳球虫、变位艾美耳球虫、毒害艾美耳球虫、早熟艾美耳球虫和柔嫩艾美耳球虫 8 种球虫。

Immucox C1 含有堆型艾美耳球虫、巨型艾美耳球虫、毒害艾美耳球虫和柔嫩艾美耳球虫 4 种球虫。Immucox C2 含有堆型艾美耳球虫、布氏艾美耳球虫、巨型艾美耳球虫、毒害艾美耳球虫和柔嫩艾美耳球虫 5 种球虫，均为球虫野生型虫株孢子化卵囊的混合物，对抗球虫药物敏感。两种疫苗均通过饮水喷雾口服免疫，主要用于肉仔鸡或蛋种鸡。

除了上述几种主要的强毒活疫苗外，鸡球虫病还有一个强毒活疫苗 Nobilis COX ATM，为耐药虫株。含有堆型艾美耳球虫、巨型艾美耳球虫 2 个虫株和柔嫩艾美耳球虫，用于肉仔鸡，饮水免疫。

弱毒活疫苗主要有 Livacox Q、Livacox T、Paracox 8 和 Paracox 5 等商品。Livacox Q 含有堆型艾美耳球虫、巨型艾美耳球虫、毒害艾美耳球虫和柔嫩艾美耳球虫 4 种虫体，Livacox T 含有堆型艾美耳球虫、巨型艾美耳球虫和柔嫩艾美耳球虫 3 种虫体，均为球虫致弱虫株孢子化卵囊的混合物，其中柔嫩艾美耳球虫为鸡胚培养致弱虫株，其他为早熟虫株，对抗球虫药物敏感。Livacox Q 主要用于蛋种鸡，Livacox T 主要用于肉仔鸡，均通过饮水口服免疫。

Paracox 8 含有堆型艾美耳球虫、布氏艾美耳球虫、巨型艾美耳球虫、和缓艾美耳球虫、毒害艾美耳球虫、早熟艾美耳球虫和柔嫩艾美耳球虫 7 种球虫，其中巨型艾美耳球虫有 2 个虫株。Paracox 5 含有堆型艾美耳球虫、巨型艾美耳球虫、和缓艾美耳球虫和柔嫩艾美耳球虫，巨型艾美耳球虫也为 2 个虫株，均为球虫早熟虫株孢子化卵囊的混合物，对抗球虫药物敏感。Paracox 8 主要用于蛋种鸡，Paracox 5 主要用于肉仔鸡，均可通过饮水免疫。

亚单位疫苗商品名为 CoxAbic®，抗原为用亲和层析方法纯化的巨型艾美耳球虫大配子体囊壁形成颗粒抗原，为糖蛋白。主要成分为巨型艾美耳球虫抗原 Gam56 和 Gam82，以油水乳剂为佐剂，主要用于种鸡。种鸡免疫后，产生卵黄抗体，卵黄抗体对下代雏鸡具有保护作用，保护期 4～6 周，并对堆型艾美耳球虫、柔嫩艾美耳球虫具有交叉保护作用。生产中肉仔鸡饲养周期通常为 3～5 周，因而可以满足生产实际需求。该疫苗的优点是，只要免疫一只蛋种鸡，即可使其所有后代仔鸡获得保护。缺点是生产过程复杂，成本较高。重组 Gam56 和 Gam82 抗原与天然抗原具有相似的免疫效果。

我国农业农村部也先后批准了多种鸡球虫弱毒活疫苗，分别含有 3～4 种球虫，均为早熟虫株孢子化卵囊混合物。国外公司的两种分别用于肉鸡和蛋鸡的活疫苗也获得注册。

第四节 鸭球虫病

鸭球虫病是由艾美耳属（*Eimeria*）、泰泽属（*Tyzzeria*）、温扬球虫属（*Wenyonella*）和等孢属（*Isospora*）多种球虫感染而引起的寄生原虫病，是鸭的常见寄生虫病，其发病率为 30%～90%，死亡率为 29%～70%，耐过的病鸭生长发育受阻，增重缓慢，给养鸭业造成巨大的经济损失。

一、病原

（一）病原形态

文献记载的鸭球虫有 23 种，分属于艾美耳科的艾美耳属、泰泽属、温扬球虫属和等孢属 4 属。其中 14 种为艾美耳球虫：阿氏艾美耳球虫（*E. abramovi*）、鸭艾美耳球虫（*E. anatis*）、潜鸭艾美耳球虫（*E. aythyae*）、巴氏艾美耳球虫（*E. battakhi*）、水鸭艾美耳球虫（*E. boschadis*）、牛头鸭艾美耳球虫（*E. bucephalae*）、针尾鸭艾美耳球虫（*E. koganae*）、丹氏艾美耳球虫（*E. danailovi*）、克氏艾美耳球虫（*E. krylovi*）、番鸭艾美耳球虫（*E. mulardi*）、秋沙鸭艾美耳球虫（*E. nyroca*）、绒鸭艾美耳球虫（*E. somateriae*）、萨塔姆艾美耳球虫（*E. saitamae*）和沙赫达艾美耳球虫（*E. schachdagica*）；4 种为泰泽球虫：毁灭泰泽球虫（*T. perniciosa*）、艾氏泰泽球虫（*T. alleni*）、棉凫泰泽球虫（*T. chenicusae*）和裴氏泰泽球虫（*T. pellerdyi*）；4 种为温扬球虫：鸭温扬球虫（*W. anatis*）、盖氏温扬球虫（*W. gagari*）、裴氏温扬球虫（*W. pellerdyi*）和菲莱氏温扬球虫（*W. philiplevinei*）；等孢属 1 种为鸳鸯等孢球虫（*I. mandari*）。除水鸭艾美耳球虫和绒鸭艾美耳球虫寄生于肾小管上皮细胞之外，其余各种均寄生于肠黏膜上皮细胞内。有明显致病力的种为：毁灭泰泽球虫、菲莱氏温扬球虫和潜鸭艾美耳球虫。

毁灭泰泽球虫卵囊椭圆形（图 8-8A），平均大小为 12.4μm×10.2μm，卵囊壁光滑，无卵膜孔和极粒。有卵囊残体。卵囊内无孢子囊，有 8 个裸露的香蕉形子孢子。主要识别特征是：卵囊较小，内含 8 个裸露子孢子。寄生部位在十二指肠、空肠和回肠。潜隐期 5～7d，可能为世界性分布。

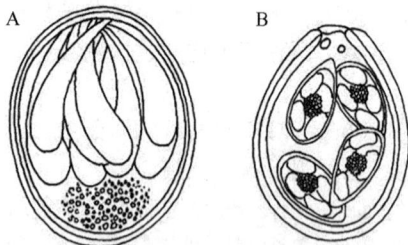

图 8-8　鸭球虫图（仿蒋金书，2000）

A. 毁灭泰泽球虫；B. 菲莱氏温扬球虫

菲莱氏温扬球虫卵囊卵圆形（图 8-8B），平均大小为 19.3μm×13.0μm，卵囊壁光滑，有卵膜孔和极粒，无卵囊残体。有 4 个孢子囊，孢子囊椭圆形，每个孢子囊有 4 个子孢子，有孢子囊余体和斯氏体。主要识别特征是：卵囊胚孔端壁增厚，有时突出。寄生部位在小肠，潜隐期 93h。

潜鸭艾美耳球虫卵囊宽椭圆形，平均大小为 19.5μm×15.6μm，卵囊壁光滑，有卵膜孔和胚帽。无卵囊残体，有极粒。孢子囊卵圆形，有斯氏体和孢子囊余体。主要识别特征是：卵囊宽椭圆形，卵囊壁在卵膜孔周围形成环状加厚，极帽扁平。主要寄生在小肠。

（二）生活史

毁灭泰泽球虫的卵囊在肠内脱囊后，子孢子侵入肠上皮细胞，经 1～2 代裂殖生殖后发育为大、小配子母细胞，成熟的大、小配子经配子生殖形成卵囊，卵囊随粪便排出体外，鸭因食入染有卵囊的食物或水而被感染。

二、流行病学

鸭球虫病的感染是由于鸭吞食了土壤、饲料和饮水等外界环境中的孢子化卵囊，因此鸭球虫病的传播是通过被病鸭或带虫鸭粪便污染的饲料、饮水、土壤和用具；有时甚至饲养和管理人员本身也可能是鸭球虫卵囊的机械性传播者。

鸭毁灭泰泽球虫卵囊的抵抗力较弱，在外界环境下发育为孢子化卵囊的适宜温度为 20～28℃，最适宜温度为 26℃。在 0℃和 40℃时，卵囊停止发育。

鸭球虫具有明显的宿主特异性，它仅能感染鸭；同样地，其他禽类的球虫也不能感染鸭。各种年龄段的鸭均易感，雏鸭的发病严重，死亡率也高。网上饲养的雏鸭一般不会感染球虫，由网上转为地面饲养后 4～5d，常常暴发鸭球虫病，感染率可达 100%。

鸭球虫病的发病时间与外界气温和雨量有密切关系。北京和天津地区的流行季节为 4～11 月，其中以 9～10 月发病率最高。

三、症状与病理变化

（一）症状

感染球虫后第 4 天，雏鸭出现精神萎顿、缩脖、不食、喜卧、渴欲增加等症状，病初拉稀，随后排血便，粪便呈暗红色；多数于第 4～5 天死亡；第 6 天以后耐过的病鸭逐步恢复食欲，仅生长发育受阻，增重缓慢。患慢性球虫病鸭虽不显症状，偶见有拉稀，但往往成为球虫的携带者和传染源。

（二）病理变化

毁灭泰泽球虫引起的病变严重，肉眼可见小肠呈泛发性出血性肠炎，尤以小肠中段更为严重。肠壁肿胀，出血；黏膜上密布针尖大小的出血点，有的黏膜上覆盖着一层麸糠样或奶酪状黏液，或有淡红色或深红色胶胨状血样黏液，但不形成肠心。

菲莱氏温扬球虫的致病力较弱，肉眼病变仅见于回肠后部和直肠，轻度充血，偶尔在回肠后部黏膜上见有散在的出血点，直肠黏膜呈现弥漫性充血。

四、诊断

必须根据临床症状、病理变化和病原学诊断等进行综合判断。

1. 临床诊断　病鸭出现精神萎顿、缩脖、不食和喜卧等全身症状，病初拉稀，随后排暗红色血便。

2. 病理剖检诊断　急性死亡的病例可根据病理变化和镜检肠黏膜涂片做出诊断。从病变部位刮取少量黏膜，制成涂片，可在显微镜下观察到大量裂殖体和裂殖子。

3. 病原学诊断　用硫酸镁溶液作粪便漂浮，可在漂浮液的表面检查到大量卵囊。成年鸭和雏鸭带虫现象都极为普遍，所以不能仅根据粪便中有无卵囊做出诊断。为了鉴定鸭球虫种类，可以用 PCR 等分子生物学方法进行检测。

五、防治

（一）治疗

用磺胺甲基异噁唑（SMZ）、磺胺间甲氧嘧啶（SMM）或杀球灵（diclazuril）治疗。

（二）预防

在球虫病的流行季节，当雏鸭由网上转为地面饲养时，或已在地面饲养 2 周龄时，用 0.02%磺胺甲基异噁唑或复方新诺明（SMZ＋TMP，比例为 5∶1）、0.1%磺胺间甲氧嘧啶或 1mg/kg 杀球灵混入饲料，连喂 4～5d。当发现地面污染的卵囊过多时，或有个别鸭发病时，应立即对全群进行药物预防。

第五节　鹅球虫病

鹅球虫病是由艾美耳科艾美耳属（*Eimeria*）、泰泽属（*Tyzzeria*）和等孢属（*Isospora*）的 16 种球虫感染引起的寄生原虫病。其中截形艾美耳球虫（*E. truncata*）致病力最强，寄生在肾小管上皮，使肾组织遭到严重损伤。3 周至 3 月龄的幼鹅最易感，常呈急性经过，病程为 2～3d，死亡率颇高。其余球虫均寄生于肠道，致病力不等，有的球虫，如鹅艾美耳球虫（*E. anseris*）可引起严重发病；另有一些种类单独感染时相对来说是无害的，但混合感染时可能严重致病。

一、病原

（一）病原形态

病原为艾美耳科艾美耳属、泰泽属和等孢属的多种球虫。其中艾美耳属 14 种：鹅艾美耳球虫（*E. anseris*）、黑雁艾美耳球虫（*E. brantae*）、粗糙艾美耳球虫（*E. crassa*）、法氏艾美耳球虫（*E. farri*）、有害艾美耳球虫（*E. nocens*）、克拉克艾美耳球虫（*E. clarkei*）、巨唇艾美耳球虫（*E. magnalabia*）、柯氏艾美耳球虫（*E. kotlani*）、美丽艾美耳球虫（*E. pulchella*）、多斑艾美耳球虫（*E. stigmosa*）、截形艾美耳球虫（*E. truncata*）、棕黄艾美耳球虫（*E. fulva*）、赫氏艾美耳球虫（*E. hermani*）和条纹艾美耳球虫（*E. striata*）。泰泽属和等孢属各 1 种：微小泰泽球虫（*T. parvula*）和鹅等孢球虫（*I. anseris*）。截形艾美耳球虫致病性最强，能引起鹅的肾球虫病。鹅艾美耳球虫有较强的致病性，有害艾美耳球虫、柯氏艾美耳球虫致病力中等，棕黄艾美耳球虫和赫氏艾美耳球虫的致病性较弱。部分鹅球虫卵囊如图 8-9 所示。

截形艾美耳球虫卵囊卵圆形，平均大小为 21μm×15.0μm，卵囊壁光滑，有卵膜孔和极帽，有卵囊残体。孢子囊卵圆形，有孢子囊余体。寄生部位为肾小管上皮细胞，潜隐期 5～14d，分布普遍。

鹅艾美耳球虫卵囊梨形，平均大小为 21μm×17μm，卵囊壁光滑，有卵膜孔和卵囊残体，无极粒。孢子囊卵圆形，有斯氏体和孢子囊余体。寄生部位在小肠，严重感染时可累及盲肠和直肠，潜隐期 6～7d。

有害艾美耳球虫卵囊卵圆形，平均大小为 31.6μm×22.4μm，卵囊壁光滑，有卵膜孔，无卵囊残体和极粒。孢子囊卵圆形，有斯氏体和孢子囊余体。寄生部位在小肠后段，潜隐期4～9d。

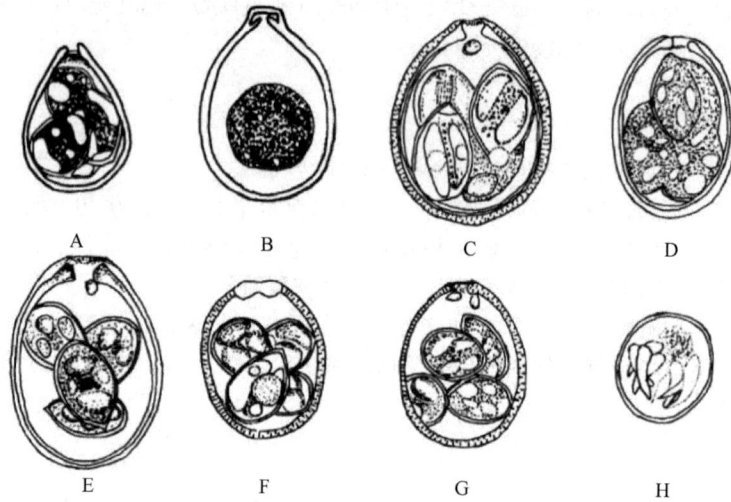

图8-9　鹅球虫卵囊（仿蒋金书，2000）

A. 鹅艾美耳球虫；B. 瓶形艾美耳球虫；C. 黄褐艾美耳球虫；D. 哈氏艾美耳球虫；
E. 赫氏艾美耳球虫；F. 巨唇艾美耳球虫；G. 多斑艾美耳球虫；H. 微小泰泽球虫

柯氏艾美耳球虫卵囊卵圆形，大小为29.2μm×21.3μm，卵囊壁光滑，卵膜孔宽，无卵囊残体和极粒。孢子囊长卵圆形，有孢子囊余体，斯氏体不明显。寄生部位在大肠，潜隐期10d。

棕黄艾美耳球虫卵囊卵圆形，平均大小为27.4μm×22.4μm，卵囊壁粗糙，有指状横纹，有胚孔和极粒，极粒常悬浮在紧靠卵膜孔的位置，无卵囊残体。孢子囊椭圆形，有孢子囊残体和斯氏体。寄生部位在小肠前段和直肠，严重感染可累及小肠中段、后段和盲肠，潜隐期8d。

赫氏艾美耳球虫卵囊卵圆形，平均大小为22.4μm×16.3μm，卵囊壁光滑，有卵膜孔，无卵囊残体和极粒，孢子囊椭圆形，有孢子囊余体和斯氏体。寄生部位在小肠及直肠后段，潜隐期5d。

（二）生活史

鹅球虫的生活史与鸡球虫的生活史相似，但柯氏艾美耳球虫、多斑艾美耳球虫、有害艾美耳球虫、赫氏艾美耳球虫和微小泰泽球虫在宿主的核内发育。

二、流行病学

野生水禽在鹅球虫病的发生和流行过程中具有重要意义。大群舍饲会促使该病的发生，5～8月为多发季节。不同日龄的鹅均可发生感染，日龄小的发病严重。鹅肾球虫病主要发生于3～12周龄的幼鹅，我国至今未有报道。鹅肠球虫病主要发生于2～11周龄的幼鹅，以3周龄以下的鹅多见，常引起急性暴发，呈地方性流行。成年鹅一般为带虫者，是该病的传染源。

三、症状与病理变化

（一）症状

3～12周龄小鹅的肾球虫病通常呈急性，表现为精神不振，极度衰弱和消瘦，食欲缺乏，腹泻，粪带白色，眼迟钝和下陷，翅膀下垂。幼鹅死亡率可高达87%。肠道球虫可引起鹅的出血性肠炎，临床症状为食欲缺乏，步态摇摆，虚弱和腹泻，甚至死亡。

（二）病理变化

在尸体剖检时，可见到肾肿至拇指大，由正常的红褐色变为淡灰黑色或红色，可见到出血斑和针尖大小的灰白色病灶或条纹。在这些病灶中含有尿酸盐沉积物和大量卵囊，胀满的肾小管中含有将要排出的卵囊、崩解的宿主细胞和尿酸盐，使其体积比正常鹅增加5～10倍。病灶区还出现嗜伊红细胞和坏死。

在患肠球虫的病鹅可见小肠肿胀，其中充满稀薄的红褐色液体。小肠中段和下段的卡他性炎症严重，在肠壁上可出现大的白色结节或纤维素性类白喉坏死性肠炎。在干燥的假膜下有大量的卵囊、裂殖体和配子体。寄生阶段的虫体侵入小肠后半段的上皮细胞，密集地拥挤成排。发育中的配子体深深地嵌入绒毛的上皮下组织。

四、诊断

必须根据临床症状、病理变化和病原学诊断等进行综合判断。

1. 临床诊断 截形艾美耳球虫感染引起的肾球虫病，可引起病禽腹泻，粪带白色，幼鹅的死亡率可高达 87%。

2. 病理剖检诊断 肾球虫病剖检，可见肾肿至拇指大，以及出血斑和针尖大小的灰白色病灶或条纹，取其病灶进行镜检，可见大量卵囊。

有肠球虫的病鹅，小肠肿胀，急性死亡的病例可根据病理变化和镜检肠黏膜涂片做出诊断。从病变部位刮取少量黏膜，制成涂片，可在显微镜下观察到大量卵囊、裂殖体和配子体。

3. 病原学诊断 可用饱和盐水漂浮法进行粪便学检查，可在漂浮液的表面检查到大量卵囊。成年鹅和雏鹅带虫现象都极为普遍，所以不能仅根据粪便中有无卵囊做出诊断。为了鉴定鹅球虫种类，可以用 PCR 等分子生物学方法进行检测。

五、防治

（一）治疗

多种磺胺类药已用于治疗鹅球虫病，尤以磺胺间甲氧嘧啶和磺胺喹噁啉值得推荐。其他药物如氨丙啉、氯苯胍、氯羟吡啶、地克珠利、盐霉素等也有较好效果。

（二）预防

应将鹅群从高度污染的地区移开，幼鹅和成年鹅分群饲养。在小鹅未产生免疫力之前，应避开靠近有水的、含有大量卵囊的潮湿地区。在严重发生鹅球虫病的地区，在球虫病的多发季节（如广东的 3～5 月阴雨潮湿季节），对鹅群进行药物预防，可控制鹅球虫病的暴发。

第六节 前殖吸虫病

前殖吸虫病是由前殖科（Prosthogonimidae）前殖属（*Prosthogonimus*）的多种吸虫寄生于鸡、鸭、鹅等禽类和鸟类的泄殖腔、生殖道内而引起的寄生吸虫病。该病是我国放养或散养家禽常见的吸虫病之一，多诱发母鸡产蛋异常，严重者至死亡。

一、病原

（一）病原形态

病原为前殖属的吸虫，常见的有卵圆前殖吸虫（*P. ovatus*）、透明前殖吸虫（*P. pellucidus*）、楔形前殖吸虫（*P. cuneatus*）、鲁氏前殖吸虫（*P. rudolphii*）和鸭前殖吸虫（*P. anatinus*）等，寄生于鸡、鸭、鹅等多种禽类的输卵管、法氏囊、泄殖腔、直肠等部位，偶见于蛋内。

透明前殖吸虫虫体呈长梨形（图 8-10A），体表小棘仅分布在虫体前半部。体长 5.85～8.67mm，宽 2.96～3.86mm。口吸盘与腹吸盘近圆形，大小相近。盲肠末端伸达虫体后部。睾丸呈卵圆形。卵巢分叶，位于腹吸盘与睾丸之间。卵黄腺起自腹吸盘后缘，终止于睾丸之后。子宫盘曲于虫体后部并越出肠管外侧。

卵圆前殖吸虫虫体扁平，呈梨形（图 8-10B）。体表有小棘。虫体长 3～6mm，宽 1～2mm。口吸盘呈椭圆形。腹吸盘位于虫体前 1/3 处，大于口吸盘。咽小。盲肠末端止于虫体后 1/4 处。睾丸 2 个，呈不规则椭圆形，位于虫体后半部。卵巢位于腹吸盘背面，分叶。卵黄腺位于虫体两侧，前缘起于肠管分叉处稍后方，后几达睾丸后缘。子宫环越出肠管，上行支分布于腹吸盘与肠叉之间，形成腹吸盘环。雌雄性生殖

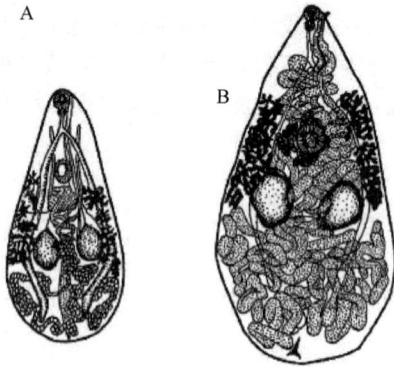

图 8-10　前殖吸虫的成虫（仿 Mönnig，1947）

A. 透明前殖吸虫；B. 卵圆前殖吸虫

孔开口于口吸盘的左侧。

楔形前殖吸虫虫体呈梨形，体长 2.89～7.14mm，宽 1.7～3.71mm。体表被小棘。口吸盘小于腹吸盘。咽呈球状。盲肠末端伸达虫体后部 1/5 处。睾丸呈卵圆形。贮精囊越过肠叉。卵巢分 3 叶以上。卵黄腺自肠管分叉处起，伸达睾丸之后，每侧 7～8 簇。子宫越出盲肠之外。

鲁氏前殖吸虫，虫体呈椭圆形，长 1.35～5.75mm，宽 1.2～3.0mm。口吸盘小于腹吸盘。睾丸位于虫体中部的两侧。贮精囊伸过肠叉。卵巢分为 5 叶，位于腹吸盘后。卵黄腺前缘起自腹吸盘，后缘越过睾丸，伸达肠管末端。子宫分布于两盲肠之间。

鸭前殖吸虫虫体呈梨形，大小为 3.8mm×2.3mm。口吸盘与腹吸盘的比例为 1：1.5。盲肠伸达虫体后 1/4 处。睾丸大小为 0.27mm×0.21mm。贮精囊呈窦状，伸达肠叉与腹吸盘之间。卵巢分 5 叶，位于腹吸盘下方。卵黄腺每侧有 6～7 簇。子宫环不越出肠管。

虫卵较小，椭圆形，棕褐色，前端有卵盖，后端有一小凸起，大小为（26～32）μm×（10～15）μm，内含卵细胞。各种之间不易区分。

（二）生活史

虫卵通过粪便排出体外，落入水中发育成毛蚴，毛蚴钻入陆地螺（如豆螺）内形成母胞蚴，母胞蚴产生子胞蚴，进而直接产生尾蚴，尾蚴从螺体内逸出，通过直肠呼吸腔进入蜻蜓或蜻蜓稚虫，形成囊蚴，家禽由于吞食了含有前殖吸虫囊蚴的蜻蜓或稚虫而遭受感染。囊蚴脱囊，进一步移行至泄殖腔、法氏囊或输卵管，经过 1 周发育为成虫。

二、流行病学

前殖吸虫病是家禽常见的一类寄生虫病，多发于春季和夏季，呈世界性分布。在我国，主要流行于南方各地。前殖吸虫发育过程需要两个中间宿主，淡水螺和蜻蜓。我国气候温和的江湖沼泽地区很适合螺类和蜻蜓繁殖。农村一般放养式养鸡、鸭等，因此早晚及阵雨之前，蜻蜓群集，鸡、鸭等捕食而感染。因而，我国鸡、鸭前殖吸虫病较普遍。

三、症状与病理变化

（一）症状

初期患鸡症状不明显，食欲、产蛋和活动均正常，但开始产薄壳蛋，易破。后来产蛋率下降，逐渐产畸形蛋或流出石灰样的液体。食欲减退，消瘦，羽毛蓬乱，脱落。腹部膨大，下垂，产蛋停止。少活动，喜蹲窝。后期体温上升，渴欲增加。全身乏力，腹部压痛，泄殖腔突出，肛门潮红，腹部及肛周羽毛脱落，严重者可致死。

（二）病理变化

主要病变是输卵管发炎，由卡他性炎症到格鲁布性炎症。输卵管黏膜充血，极度增厚，在黏膜上可找到虫体。此外尚有腹膜炎，腹腔内含有大量黄色浑浊液体。脏器被干酪样凝集物粘着在一起，可见到浓缩的卵黄，浆膜呈明显充血和出血，有时出现干性腹膜炎。

四、诊断

根据病鸡临床症状，结合流行病，辅以检查粪便中虫卵，或剖检发现输卵管内虫体，进行综合诊断。

1. 临床诊断　　病禽产畸形蛋，排出石灰质、蛋白质等半液状物质。有的因继发腹膜炎而死亡。

2. 病理剖检诊断　　剖检可见输卵管发炎，可见有腹膜炎，输卵管黏膜充血，在黏膜上找到虫体，即可确诊。

3. 病原学诊断　　用水洗沉淀法检查粪便发现虫卵。

五、防治

（一）治疗

可用阿苯达唑，也可试用吡喹酮治疗。

（二）预防

定期驱虫，在流行区，根据病的季节动态进行有计划的驱虫；消灭第一中间宿主，有条件地区可用药物杀灭之；防止鸡群啄食蜻蜓及其稚虫，在蜻蜓出现的季节，勿在早晨或傍晚及雨后到池塘岸边放牧，以防被感染。

第七节　后睾吸虫病

禽后睾吸虫病是由后睾科（Opisthorchiidae）对体属（*Amphimerus*）、次睾属（*Metorchis*）、后睾属（*Opisthorchis*）多种吸虫寄生于禽类的肝和胆管内引起的一类寄生吸虫病。幼龄雏禽最易感染。

一、病原

（一）病原形态

鸭后睾吸虫（*Opisthorchis analis*）：新鲜虫体为淡红色，寄生于鹅、鸭等水禽肝胆管内。虫体较长，两端较细，大小为（7～23）mm×（1～1.5）mm。肠管伸达虫体末端。睾丸分叶，位于虫体后方（图 8-11A）。卵巢分许多小叶，子宫发达。虫卵大小为（28～29）μm×（26～18）μm。

鸭对体吸虫（*Amphimerus anatis*）：为对体属，多寄生于鸭胆管内。虫体窄长，后端尖细，背腹扁平，大小为（14～24）mm×（0.88～1.12）mm，口吸盘大于腹吸盘。两个睾丸前后排列于虫体后部。卵巢分叶，位于睾丸之前（图 8-11B）。虫卵呈卵圆形，一端有卵盖，另一端有较尖刺突，大小为 26μm×16μm。

东方次睾吸虫（*Metorchis orientalis*）：寄生于鸭、鸡、野鸭胆管和胆囊内。虫体呈叶状，体表有小刺，大小为（2.35～4.64）mm×（0.53～1.2）mm。睾丸大而分叶，前后排列分布于虫体后方（图 8-11C）。卵巢呈卵圆形。虫卵浅黄色，椭圆形，大小为（29～32）μm×（15～17）μm。

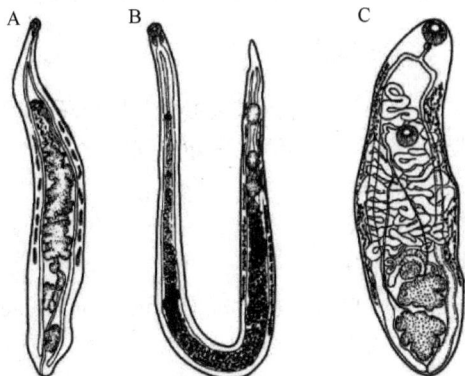

图 8-11　鸭后睾吸虫病病原（仿唐仲璋和唐崇惕，1987）

A. 鸭后睾吸虫成虫；B. 鸭对体吸虫成虫；
C. 东方次睾吸虫成虫

（二）生活史

后睾吸虫生活史需要两个中间宿主。虫卵随着终末宿主粪便排出体外，落入水中，被第一中间宿主淡水螺食入，在螺的消化道内孵出毛蚴，毛蚴进入淡水螺的淋巴系统发育为胞蚴、雷蚴和尾蚴，尾蚴逸出螺体，游于水中，遇到第二中间宿主——淡水鱼、虾等，随即转入其体内，发育为囊蚴。终末宿主吞食含有囊蚴的淡水鱼、虾而被感染，后睾吸虫经过 2～3 周在终末宿主体内发育为成虫，开始产卵。

二、流行病学

后睾吸虫病的中间宿主为淡水螺和淡水鱼、虾，主要感染鸭，偶见鸡和鹅。后睾吸虫对 1 月龄以上的雏鸭危害最严重，感染率较高，感染强度可达数百条。江苏、安徽等地曾报道放牧鸭群暴发此类疾病，解剖病死鸭在其体内发现虫体数量 500～1000 条或以上。

三、症状与病理变化

（一）症状

虫体分泌的毒素导致病禽贫血、消瘦和水肿。患病幼禽生长发育受阻，成年禽产蛋量下降。病禽表现出精神沉郁，食欲降低，无力，不寻食，消瘦，离群呆立，羽毛蓬乱，排白色、灰绿色水样粪。

（二）病理变化

剖检发现胆囊肿大，囊壁增厚，胆汁变质。肝表现不同程度的炎症和坏死，常呈橙黄色，有花斑，后期肝硬化，病禽衰竭而死。胆管被堵塞，胆汁分泌受影响，肝功能被破坏。

四、诊断

生前诊断主要用沉淀法粪检发现虫卵。死后剖检，胆管或胆囊内发现虫体即可确诊。

1. 临床诊断　　病禽生长发育受阻，排白色、灰绿色水样粪。

2. 病理剖检诊断　　剖检可见胆囊肿大，肝有不同程度的炎症和坏死，胆管阻塞，在胆管或胆囊内发现虫体，可确诊。

3. 病原学诊断　　用水洗沉淀法检查粪便发现虫卵。

五、防治

（一）治疗

可用阿苯达唑、硫双二氯酚、阿苯达唑和吡喹酮等药物进行治疗。

（二）预防

禽粪堆积发酵，杀灭虫卵，以免环境污染。消灭螺蛳，切断传播途径。流行区家禽避免到水边放牧，以防止感染。不用淡水鱼虾饲喂家禽。及时治疗患禽，防止病原散播。

第八节　棘口吸虫病

棘口吸虫病是棘口科（Echinostomatidae）的各属吸虫寄生于家禽和野禽的大、小肠中引起的寄生吸虫病。有的也寄生于哺乳动物包括人体。棘口类吸虫的种类繁多，分布广泛，对畜禽有一定的危害。

一、病原

（一）病原形态

1. 棘口属（*Echinostoma*）

1）卷棘口吸虫（*E. revolutum*）　　寄生于家鸭、鸡、鹅及其他野生禽类的直、盲肠中，偶见于小肠。分布于世界各地，在我国流行广泛，除青海、西藏外，其他各地均有报道。虫体呈长叶形，大小为（7.6～12.6）mm×（1.26～1.60）mm，体表被有小棘。具有头棘 37 枚，其中腹角棘各 5 枚。口吸盘小于腹吸盘。睾丸呈椭圆形，边缘光滑，前后排列，位于卵巢后方。卵巢呈圆形或扁圆形，位于虫体中央或中央稍前。子宫弯曲在卵巢的前方，内充满虫卵。卵黄腺发达，分布在腹吸盘后方的两侧，伸达虫体后端，在睾丸后方不向体中央扩展（图 8-12）。第一、二中间宿主均为淡水螺类：小土蜗螺、凸旋螺、尖口圆扁螺、角扁卷螺、折叠萝卜螺和斯氏萝卜螺等。

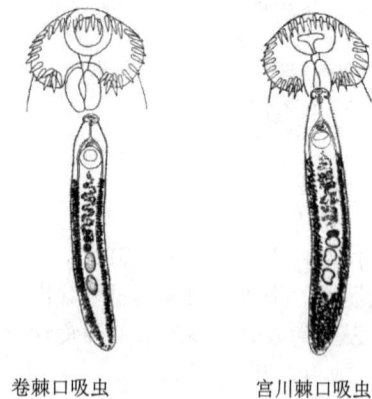

卷棘口吸虫　　　　宫川棘口吸虫

图 8-12　卷棘口吸虫和宫川棘口吸虫成虫及其头冠放大（仿陈心陶，1985）

2）宫川棘口吸虫（*E. miyagawai*）　　也叫卷棘口吸虫日本变种（*E. revolutum* var. *japonica*），主要寄生于家禽和其他野禽的大肠、小肠中，也寄生于犬和人的肠道。在我国分布广泛。与卷棘口吸虫的形态结构极其相似，其主要区别在于睾丸分叶，卵黄腺于后睾丸后方向虫体中央扩展汇合（图 8-12）。幼虫对扁卷螺更易感染，成虫不仅寄生于禽类而且还在哺乳动物体内寄生。

2. 棘缘属（*Echinoparyphium*）　　曲领棘缘吸虫（*E. recurvatum*）寄生于家禽和其他野禽类的十二指肠中，也发现于犬、人及鼠类体内，常与宫川棘口吸虫混合感染。在国内外分布广泛。虫体小，仅有（2.5～5.0）mm×（0.4～0.7）mm。体前端向腹面弯曲。头领发达，有头棘 45 枚，其中腹角棘各 5 枚。睾丸呈长圆形或稍分叶，前后排列，二睾丸密切相接。卵巢呈球形，位于虫体中央。卵黄腺在后睾丸后方向虫体中央汇合。子宫短，内含少数虫卵。虫卵为椭圆形，淡黄色，大小为（81～91）μm×（52～64）μm。小土蜗螺、尖口圆扁螺、折叠萝卜螺及斯氏萝卜螺均可作其第一、二中间宿主，蛙类也可作为它的第二中间宿主。

3. 低颈属（*Hypoderaeum*）　　似锥低颈吸虫（*H. conoideum*）寄生于家鸭、鹅及其他野禽类的小肠中，人也能被感染，是国内外分布广泛的一种吸虫。虫体肥厚，头端圆钝，腹吸盘处最宽，腹吸盘向后逐渐狭小，形似圆锥状，大小为（7.37～11.0）mm×（1.10～1.58）mm。头领呈半圆形，有头棘 49 枚，其中腹角棘各 5 枚密集。口、腹吸盘接近。腹吸盘比口吸盘大约 5 倍。食道极短。睾丸呈腊肠状，稍有浅刻，前后排列，位于虫体中横线之后。卵巢呈圆形，位于睾丸前。体表棘自头领后开始，分布至卵巢处，呈鳞片状排列，睾丸后体表光滑无棘。卵黄腺始于腹吸盘后方，沿体两侧在肠管外侧向后直到体末端，不互相汇合。子宫发达，内含大量虫卵。虫卵为卵圆形，淡黄色，有卵盖，另一端增厚，大小为（90～106）μm×（54～72）μm。第一、二中间宿主有小土蜗螺、折叠萝卜螺和斯氏萝卜螺；第二中间宿主还有蝌蚪、姬蛙等。

（二）生活史

棘口吸虫类的发育一般需要两个中间宿主：第一中间宿主为淡水螺类，第二中间宿主有淡水螺类、蛙类及淡水鱼。虫卵随终末宿主粪便排至体外，在 30℃ 左右的适宜温度下，于水中经 7～10d 孵出毛蚴。毛蚴在水中游动，遇到适宜的淡水螺类，即钻入其体内脱掉纤毛，发育为胞蚴，进而发育成母雷蚴、子雷蚴及尾蚴。在外界温度适宜的条件下，幼虫在螺体内经 32～50d 发育变为尾蚴，后自螺体逸出，游动于水中，遇到第二中间宿主淡水螺类、蝌蚪与鱼类，即侵入其体内变为囊蚴。终末宿主吞食含囊蚴的第二中间宿主而受感染。在畜禽体内经 20d 左右发育为成虫。

二、流行病学

棘口吸虫病在我国分布广泛，尤其是南方各地更为多见。由于棘口吸虫的中间宿主（淡水螺、蛙类、鱼类等）分布广泛，种类繁多，造成了该病的普遍流行。传染源主要是感染的禽类和一些哺乳动物，特别是捕食鱼类的动物，如鸭、鹅、鸡和野生水禽等动物。人体也可感染，多见于亚洲。

三、症状与病理变化

少量寄生时危害并不严重，雏禽严重感染时可引起食欲不振，消化不良，下痢，粪便中混有黏液。禽体贫血，消瘦，发育停滞，最后因衰竭而死亡。剖检可见肠壁发炎，点状出血，肠内容物充满黏液，有许多虫体附在肠黏膜上。

四、诊断

生前诊断主要用沉淀法粪检发现虫卵。死后剖检，肠道内发现虫体确诊。

1. 临床诊断　　一般无明显临床症状，雏禽严重感染时可引起食欲不振、消化不良、下痢等临床症状。

2. 病理剖检诊断　　剖检可见肠壁发炎，点状出血，肠内容物充满黏液，在肠黏膜上发现虫体，可确诊。

3. 病原学诊断　　用水洗沉淀法检查粪便发现虫卵。

五、防治

（一）治疗

可用硫双二氯酚和氯硝柳胺治疗。

（二）预防

在流行区，对病禽应有计划地进行驱虫，驱出的虫体和排出的粪便应严加处理，从禽舍中清扫出的粪便应堆积发酵，杀灭虫卵。改良土壤，施用化学药物消灭中间宿主。勿以浮萍或水草等作饲料，因螺类经常夹杂在水草中。勿以生鱼或蝌蚪及贝类等饲喂畜禽，以防被感染。

第九节　赖利绦虫病

赖利绦虫病是由戴文科（Davaineidae）赖利属（*Raillietina*）四角赖利绦虫（*R. tetragona*）、棘沟赖利绦虫（*R. echinobothrida*）和有轮赖利绦虫（*R. cesticillus*）寄生于家鸡和火鸡的小肠内而引起的一类寄生绦虫病。我国各地均有发病报道，各种年龄的鸡均可感染，其中17～40日龄易感，死亡率高。

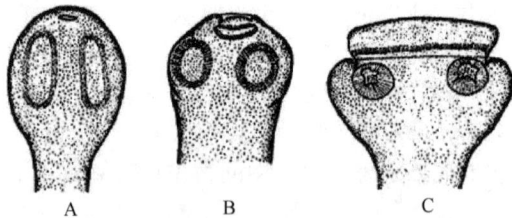

图 8-13　赖利绦虫头节（仿 Mönnig，1947）

A. 四角赖利绦虫；B. 棘沟赖利绦虫；C. 有轮赖利绦虫

一、病原

（一）病原形态

四角赖利绦虫：通常是禽体内最大的绦虫，虫体长达20～25cm，头节较小，头节和颈节分界明显，椭圆形的吸盘上有几圈小钩，中央顶突上有一圈或两圈约100个钩子（图 8-13A）。孕节内有卵袋，每个卵袋内有8～14个虫卵。

棘沟赖利绦虫：虫体长达 20～25cm，形状与四角赖利绦虫相似。吸盘呈圆形，上有数圈小钩。中央顶突上有两圈大约200个小钩。头节与颈节分界不明显（图 8-13B）。孕节内有卵袋，每个卵袋内有6～12个虫卵。

有轮赖利绦虫：小型虫体，最长 10～14cm，最常见虫体 3～4cm。头节大，中央顶突较宽，上有数百个锤子样的钩子规则排列，吸盘不突出且无小钩（图 8-13C）。孕节子宫分支成卵袋，每个卵袋内有一个虫卵。

（二）生活史

四角赖利绦虫和棘沟赖利绦虫的中间宿主为蚂蚁。虫卵被蚂蚁食入后，于其体内约经2周的发育，变为似囊尾蚴，鸡啄食含似囊尾蚴的蚂蚁后，经2～3周发育为成虫。有轮赖利绦虫的中间宿主为蝇类和甲虫。虫卵被中间宿主食入后经 14～16d 的发育，变为似囊尾蚴。鸡啄食含似囊尾蚴的昆虫而遭感染，约经 20d 发育为成虫（图 8-14）。

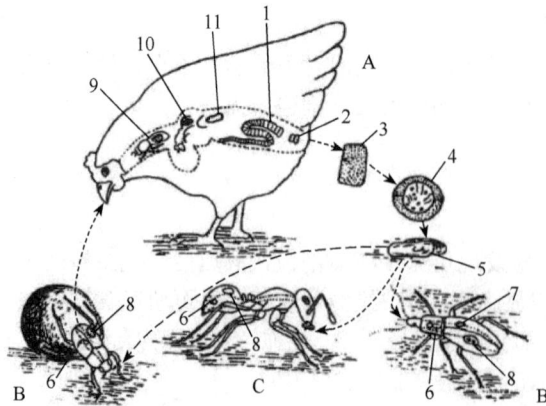

图 8-14　四角赖利绦虫生活史图解（仿 Olsen，1974）

A. 鸡；B. 甲虫；C. 蚂蚁。

1. 成虫；2、3. 孕节；4. 虫卵；5. 粪便中的孕节和虫卵；6～8. 六钩蚴发育为似囊尾蚴（6、7. 六钩蚴；8. 似囊尾蚴）；9、10. 被啄食的中间宿主；11. 释放出的囊尾蚴

二、流行病学

中间宿主分布广泛，很多甲虫可以在垫料中繁殖，给终末宿主感染创造了条件。雏鸡比成年鸡容易感染。饲养管理差且放养的鸡群，该病最易流行。饲养管理条件好的地方，不但中间宿主能随时被消除，而且鸡获得全价营养时抗病力必会加强，还会使鸡对啄食中间宿主的兴趣减少。虫卵对外界环境有很强的抵抗力，可以存活数月。

三、症状与病理变化

（一）症状

赖利绦虫为大型虫体，通过夺取宿主营养、机械性刺激、机械性阻塞和代谢产物引起中毒等机制而致病。寄生虫体夺取宿主大量营养物，病鸡表现为消化不良、发育迟缓、腹泻、食欲减退、精神沉郁、倦怠、羽毛逆立、两翅下垂。蛋鸡产蛋量下降，雏鸡生长受阻或完全停止，严重感染导致死亡。

（二）病理变化

剖检主要是卡他性肠炎，肠黏膜肥厚，肠腔内有许多黏液、恶臭。棘沟赖利绦虫感染时，肠壁的浆膜下层和肌肉层产生大量干酪样结节。四角赖利绦虫的致病性较其他两种小。

四、诊断

根据病鸡临床症状，结合流行病，辅以检查粪便中虫卵，或剖检发现肠道内虫体，进行综合诊断。

1. 临床诊断　　蛋鸡产蛋下降，雏鸡生长受阻或完全停止，严重感染导致死亡。

2. 病理剖检诊断　　剖检可见卡他性肠炎，肠黏膜肥厚。棘沟赖利绦虫的顶突深入肠黏膜，引起结核样病变，在肠道发现虫体，可确诊。

3. 病原学诊断　　通过饱和盐水漂浮法检查粪便，发现孕节节片或虫卵，可确诊。

五、防治

（一）治疗

可用阿苯达唑、吡喹酮、氯硝柳胺和硫双二氯酚等药物进行治疗。

（二）预防

定期检查鸡群，定时驱虫，消灭传染源。及时清理粪便，生物热发酵处理粪便，消灭孕节或虫卵。化学药物喷洒鸡舍，消灭中间宿主。新购鸡群应先驱虫再合群饲养。

第十节　戴文绦虫病

戴文绦虫病主要是戴文科（Davaineidae）戴文属（*Davainea*）节片戴文绦虫（*D.proglottina*）寄生于鸡、火鸡、鸽、鹌鹑等的小肠，特别是十二指肠内引起的寄生绦虫疾病。该病呈世界性分布，是禽绦虫病中致病性最强的一类。

一、病原

（一）病原形态

节片戴文绦虫是一种小型虫体，长度仅有 1~4mm，由 4~9 个节片组成。中央顶突有 80~94 个小钩，呈内外两圈排列，吸盘也有几排小钩。每个节片均有一套生殖器官，生殖孔规则地交替开口于每个节片侧缘。孕节子宫分裂为许多卵袋，每个卵袋内只有一个虫卵。虫卵呈球形，大小为 30~40μm。

（二）生活史

节片戴文绦虫的中间宿主是蜗牛、蛞蝓等软体动物。孕节随着鸡的粪便排出体外，被蜗牛等中间宿主吞食，逸出六钩蚴，大约 3 周在其体内逐渐发育为似囊尾蚴。当鸡啄食含有似囊尾蚴的中间宿主时会遭受感染，约 2 周在终末宿主体内发育为成虫。

二、流行病学、症状与病理变化

该病中间宿主种类多，分布广泛，因此在散养家禽中很常见。雏鸡更容易感染，死亡率较高。中度感染可导致体重增加减少、食欲不振和产蛋量降低。重度感染可能导致消瘦和呼吸困难，出血性肠炎，甚至致命。剖检可见肠黏膜增厚，并伴有局部坏死斑块，肠内充满恶臭的黏液，内含有脱落的黏膜和虫体。

三、诊断

由于节片戴文绦虫虫体小，容易被忽略。生前，结合流行病学和临床症状进行观察，通过饱和盐水漂浮法检查粪便虫卵或孕节；死后可刮取十二指肠和小肠前部的黏膜，通过显微镜进行观察，看到虫体而确诊。

四、防治

（一）治疗

可用硫双二氯酚、氯硝柳胺、吡喹酮和阿苯达唑等药物进行治疗。

（二）预防

对鸡舍内外中间宿主进行捕杀，减少中间宿主滋生。对雏鸡进行预防性驱虫，防止感染。无害化处理鸡舍粪便，新购入鸡群应先隔离观察驱虫之后再合群。

第十一节　剑带绦虫病

剑带绦虫病是由膜壳科（Hymenolepididae）剑带属（Drepanidotaenia）矛形剑带绦虫（D. lanceolata）寄生于鹅、鸭等水禽的小肠内而引起的寄生绦虫病。该病呈全球性分布，幼禽发病最为严重。

一、病原

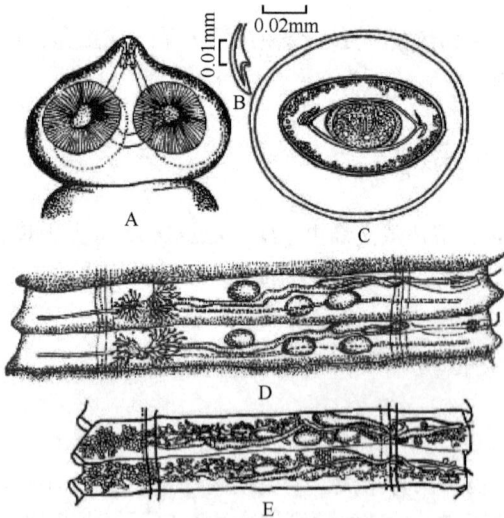

图 8-15　矛形剑带绦虫（仿 Yamaguti，1958）
A. 头节；B. 小钩；C. 虫卵；D. 成节；E. 孕节

（一）病原形态

矛形剑带绦虫（图 8-15）是细长的绦虫，虫体呈乳白色，前窄后宽，形似矛头。长度可达 15～20cm，由 20～40 个节片组成，节片宽大于长。头节小，顶突上有 8 个小钩，虫卵椭圆形，无卵囊包裹。

（二）生活史

中间宿主为水生类甲壳动物。成虫寄生于鹅、鸭等水禽的小肠内，孕节随着宿主粪便排到水中，孕节在肠中或外界破裂散落出虫卵，虫卵被剑水蚤吞食，六钩蚴逸出，穿过剑水蚤肠壁进入血腔，在其体内经过约 6 周发育为似囊尾蚴，终末宿主吞食含有似囊尾蚴的剑水蚤而感染。似囊尾蚴在小肠翻出头节，吸附于肠壁黏膜上，经约 19d 发育为成虫，并开始排出孕节。

二、流行病学

剑带绦虫的中间宿主为剑水蚤，剑水蚤种类多、分布广泛，死水区、水流缓慢的活水区、沼泽、水洼地等处均有剑水蚤生存，5~7月剑水蚤滋生最为旺盛，此间剑带绦虫病感染率最高。剑水蚤的生活期限为1年，似囊尾蚴可以和它们一起生存到来年春季，因此，春季孵化的雏鹅也有机会感染该病。该病呈地方性流行，对幼鹅危害最大。

三、症状与病理变化

大量绦虫感染会引发腹泻、食欲减退、生长发育不良、贫血、消瘦等症状。重度感染会引发卡他性肠炎。虫体借助顶突小钩吸附于肠壁上，会引黏膜充血、出血、黏膜坏死。严重感染者可以致死。

四、诊断

用水洗沉淀法检查粪便，如无节片，再将粪渣过滤，镜检虫卵。死后剖检，在小肠内发现虫体，即可确诊。

五、防治

（一）治疗

可用阿苯达唑、吡喹酮和溴氢酸槟榔素进行治疗。

（二）预防

春、秋两季进行预防性驱虫，消灭病原。清洁禽舍，无害化处理粪便，杀灭虫卵和孕节。减少水塘边放牧，切断传播途径。幼禽和成禽分开饲养，防止幼禽接触患病成禽粪便而被感染。

第十二节　皱褶绦虫病

皱褶绦虫病是由膜壳科（Hymenolepididae）皱褶属（*Fimbriaria*）片形皱褶绦虫（*F. fasciolaris*）寄生于鸡、鸭、鹅等禽类的小肠中而引起的寄生绦虫病。该病呈世界性分布，多为散发。

一、病原

（一）病原形态

片形皱褶绦虫（图8-16）不是一种常见的绦虫。成虫长度差异很大，2.5~40cm，头节很小，中央顶突上有10个小钩。在虫体前部有一个扩展的皱褶状假头节，用于吸附在宿主的小肠。子宫呈管状贯穿整个链体，后面分为许多小管，内部充满虫卵。生殖孔为单侧的，每组生殖器官有3个睾丸。虫卵为椭圆形，两端稍尖，大小为13μm×74μm，内含六钩蚴。

（二）生活史

片形皱褶绦虫的中间宿主是剑水蚤。生活史与剑带绦虫相似。孕节随着终末宿主粪便排出体外，落入水中，被剑水蚤吞食，六钩蚴逸出，发育为似囊尾蚴。终末宿主吞食了含有似囊尾蚴的中间宿主而被感染，头节外翻吸附于肠壁上，逐渐发育为成虫。

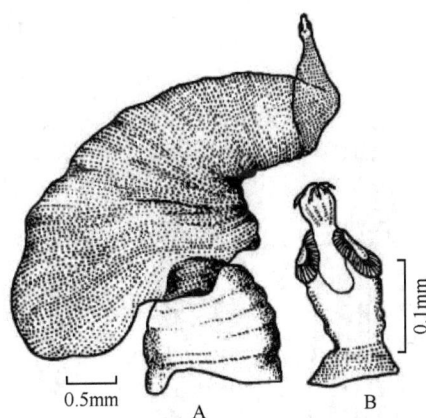

图8-16　片形皱褶绦虫（仿孔繁瑶，2010）

A. 假头；B. 头节

二、流行病学

该病呈全球性分布，在我国主要流行于福建、台湾、湖北等地。剑水蚤是其中间宿主，种类多，分布广泛，终末宿主很容易被感染。据报道，我国部分地区放牧家鸭感染率为 5%～87.5%，感染强度为每只鸭 2～82 条。

三、症状与病理变化

病禽感染片形皱褶绦虫后，食欲减退、渴欲增加、消瘦、被毛粗乱、不喜运动，随后出现贫血、消瘦、衰弱，因渐进性麻痹而死。虫体寄生代谢产生毒素，会引起神经症状，突然倒向一侧，步态不稳、张口、仰头、仰卧、脚作划水动作。

四、诊断与防治

片形皱褶绦虫诊断、预防与治疗参考剑带绦虫病。

第十三节　膜壳绦虫病

禽膜壳绦虫病是由膜壳科（Hymenolepididae）膜壳属（*Hymenolepis*）的绦虫寄生于陆栖禽类和水禽类的消化道中而引起的寄生绦虫病。膜壳属绦虫包括 24 种绦虫，除缩小膜壳绦虫（*H. nana*）和微小膜壳绦虫（*H. diminuta*）不感染禽外，其余都感染禽类。以鸡膜壳绦虫（*H. carioca*）和冠状膜壳绦虫（*H. coronula*）为代表加以叙述。

鸡膜壳绦虫是陆栖禽类的代表种。成虫 3～8cm，细似棉线，节片多达 500 个。头节纤细，极易断裂，有顶突无小钩，睾丸 3 个。寄生于家鸡和火鸡的小肠内。冠状膜壳绦虫是水禽类的代表种。虫体大小为（12～19）cm×（0.25～0.3）cm。头节上有顶突和吸盘，顶突上有 20～26 个小钩，排成一圈呈冠状，吸盘上无钩。睾丸排列成等腰三角形。虫种寄生于家鸭、鹅和其他水禽类的小肠内。

鸡膜壳绦虫的中间宿主为食粪甲虫和刺蝇，而冠状膜壳绦虫的中间宿主为一些小的甲壳类和螺类，终末宿主食入含有成熟似囊尾蚴的中间宿主而被感染。该病呈地方流行性。鸡膜壳绦虫寄生多时可达数千条，但致病力不强，对雏鸡的发育有一定的影响。冠状膜壳绦虫虫体以吸盘固着肠壁，损伤肠黏膜，导致消化功能紊乱，加上虫体的代谢产物具有毒素作用，造成雏鹅死亡，成年鹅产蛋停止，因此致病力较强。在粪便中检出虫卵或孕节，或尸体解剖时在肠道内发现虫体即可确诊。常用的驱虫药有硫双二氯酚、吡喹酮和阿苯达唑。

第十四节　消化道线虫病

一、鸡蛔虫病

鸡蛔虫病是由禽蛔科（Ascaridiidae）禽蛔属（*Ascaridia*）鸡蛔虫（*Ascaridia galli*）寄生于鸡及珍珠鸡、雉、石鸡和松鸡等野禽的小肠内而引起的寄生线虫病。该病呈世界性分布，是家鸡及野禽的一种常见寄生虫病，主要危害雏鸡，在地面大群饲养的情况下感染严重，甚至引起雏鸡大批死亡。

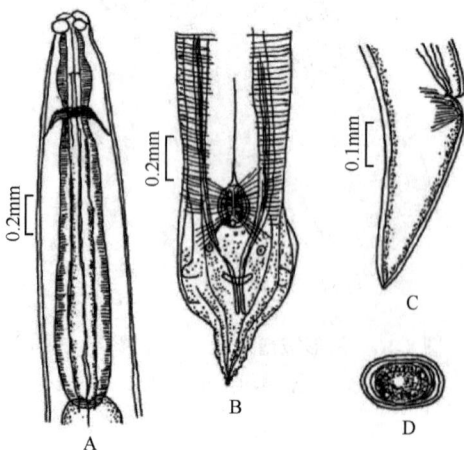

图 8-17　鸡蛔虫（仿 Lapage，1962）

A. 前部腹面；B. 雄虫尾部腹面；
C. 雌虫尾部侧面；D. 卵

（一）病原

1. 病原形态　　鸡蛔虫（图 8-17）是寄生于鸡体内最大的一种线虫，呈黄白色，圆筒形，体表角质层有横纹。口孔位于体前端，其周围有 3 个唇片。雄虫长 26～70mm，尾端有明显的尾翼和 10 对尾乳突，有一个圆形或椭圆形的肛前吸盘，吸盘上有角质环；1 对交合刺，近于等长；雌虫 65～110mm，阴门开口于虫体中部。虫卵呈椭圆形，大小为（70～90）μm×（47～51）μm，深灰色，新排出虫卵内含单个胚细胞。

2. 生活史　鸡蛔虫的发育不需要中间宿主。雌虫在鸡小肠内产卵，虫卵随粪便排出体外。在适宜的外界环境下，17～18d 发育为含幼虫的感染性虫卵。鸡吞食了含有感染性虫卵的饲料与饮水而被感染。鸡吞食了感染性虫卵后，虫卵内的幼虫在鸡的腺胃和肌胃处逸出，移行至小肠黏膜内发育一段时期后，重返回肠腔发育为成虫。从感染性虫卵进入鸡体内到发育为成虫需 35～50d，成虫可以在宿主体内生存 9～14 个月。蚯蚓也可吞食感染性虫卵，鸡啄食蚯蚓都可能感染鸡蛔虫病。

（二）流行病学

虫卵对外界环境因素和常用的消毒药抵抗力很强，感染性虫卵可在土壤中存活 6 个月，但对干燥和高温（50℃以上）很敏感，阳光直射、沸水处理及粪便发酵处理等都可使其迅速死亡。在 19～39℃和 90%～100%相对湿度时，易发育为感染性虫卵，而温度高于 45℃，虫卵在 5min 内死亡，但在严寒季节，土壤冻结，虫卵不死亡。

该病主要发生于平养和放养的鸡，笼养的鸡较少发生。各龄期的鸡均易感染鸡蛔虫，尤其以 3～4 月龄的鸡易感，病情较重，5 月龄以上的鸡抵抗力增强，1 岁以上的鸡多为带虫者。肉用鸡较蛋鸡抵抗力强，本地种比外来种抵抗力强。维生素 A 和维生素 B 可增强鸡的抵抗力。

（三）症状与病理变化

雏鸡主要表现为营养不良，精神沉郁，行动迟缓，羽毛松乱，鸡冠苍白，顽固性下痢，有时便中带血，严重者逐渐衰弱而死亡；雏鸡生长发育迟缓，母鸡产蛋量下降，成年鸡一般不表现症状，成为带虫者。剖检时发现肠壁有颗粒状化脓灶或形成结节，严重感染时成虫大量聚集，相互缠结，可能发生肠梗阻，甚至出现肠破裂和腹膜炎。

（四）诊断

根据病鸡临床症状，结合流行病，辅以检查粪便中虫卵，或剖检发现肠道内虫体，进行综合诊断。

1. 临床诊断　成年鸡无明显症状，雏鸡生长发育迟缓，下痢，有时便中带血，严重者死亡。

2. 病理剖检诊断　剖检可见肠壁有颗粒状化脓灶或形成结节，严重感染时可见大量成虫相互缠结。

3. 病原学诊断　通过饱和盐水漂浮法检查粪便，发现大量虫卵，可确诊。

（五）防治

1. 治疗　可用左旋咪唑、阿苯达唑、芬苯达唑、枸橼酸哌嗪和伊维菌素等药物。

2. 预防　加强饲养管理，雏鸡与成年鸡应分群饲养，不使用公共运动场。注意清洁卫生，鸡舍和运动场上的粪便应逐日清除，集中进行生物热发酵，饲草和饮水器定期消毒。定期驱虫，在蛔虫病流行的鸡场，每年进行 2～3 次驱虫，雏鸡在 2 月龄进行首次驱虫，在秋冬季进行二次驱虫。饲喂全价饲料，适量添加维生素 A 和维生素 B，饮水中也可添加适量的驱虫药物，以防止或减轻鸡的蛔虫病。

二、鸡异刺线虫病

鸡异刺线虫病是由尖尾目（Oxyurata）异刺科（Heterakidae）异刺属（*Heterakis*）鸡异刺线虫（*H. gallinae*）寄生于鸡的盲肠而引起的寄生线虫病，因寄生于盲肠中，又称盲肠虫。在鸡群内普遍存在，其他家禽、鸟也有异刺线虫寄生。

（一）病原

1. 病原形态　鸡异刺线虫（图 8-18）虫体较小，白色或淡黄色，细线状。头端有 3 个不明显的唇片围成口孔，有侧翼。食道末端有一膨大的食道球。雄虫大小为（7～13）mm×0.3mm；尾直，末端尖细；1 对交合刺，不等长；泄殖腔前有一圆形吸盘，有 12 对尾乳突。雌虫大小为（10～15）mm×0.4mm，尾细长，阴门开口于虫体中央稍后方。虫卵呈椭圆形，灰褐色，壳厚，大小为（65～80）μm×（35～46）μm，内含单个胚细胞。

2. 生活史　成虫在盲肠内产卵，虫卵随粪便排出体外，在外界适宜的温度和湿度下，约经 2 周发育

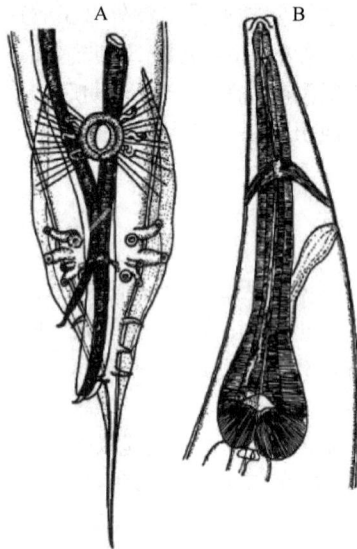

图 8-18　鸡异刺线虫（仿 Lapage，1962）

A. 雄虫尾部腹面；B. 前部

为含幼虫的感染性虫卵。鸡摄食受虫卵污染的饲料或饮水而被感染。感染性虫卵进入鸡的小肠内，孵出幼虫，移行至盲肠黏膜发育，后重返肠腔，发育为成虫。从感染性虫卵被摄食至发育为成虫需 24～30d，成虫的寿命约为 1 年。有时感染性虫卵被蚯蚓吞咽，可在蚯蚓体内长期生存，当鸡摄食到这种蚯蚓后感染异刺线虫病。

（二）流行病学

虫卵对外界抵抗力较强，在阴暗潮湿处可保持活力达 10 个月，0℃可存活 67～172d，在 10%硫酸和 0.1%氯化汞中均能发育，可耐干燥 16～18d，阳光直射下易死亡。该病主要感染季节为 6～9 月，与虫卵的发育和保虫宿主蚯蚓的活动季节基本一致。

（三）症状与病理变化

病鸡消化功能障碍，食欲不振，下痢。雏鸡发育停滞，消瘦，严重时可造成死亡，成年鸡产蛋量下降。剖检时，病鸡尸体消瘦，盲肠肿大，盲肠壁上有结节，黏膜肥厚，间或有溃疡，肠内容物凝结成条状，含有虫体。由于鸡异刺线虫是黑头病的病原体火鸡组织滴虫（*Histomonas meleagridis*）的传播者，病鸡还呈现肝肿大，表面散布大小不等的溃疡。

（四）诊断

根据病鸡临床症状，结合流行病，辅以检查粪便中虫卵，或剖检发现肠道内虫体，进行综合诊断。

1. 临床诊断　　　患鸡消化功能障碍，食欲不振，下痢。雏鸡发育停滞，消瘦，严重时造成死亡。

2. 病理剖检诊断　　剖检可见病鸡尸体消瘦，盲肠肿大，内容可见虫体。

3. 病原学诊断　　通过饱和盐水漂浮法检查粪便，发现大量虫卵，可确诊。

（五）防治

可参照鸡蛔虫病的防治措施。

三、禽毛细线虫病

禽毛细线虫病（capillariasis）是由毛细科（Capillariidae）毛细属（*Capillaria*）的多种线虫寄生于禽类食道、嗉囊和肠道等处而引起的一类寄生线虫病。主要种类包括有轮毛细线虫（*C. annulata*）、鸽毛细线虫（*C. columbae*）、膨尾毛细线虫（*C. caudinflata*）和鹅毛细线虫（*C. anseris*）。我国各地均有分布，严重感染可引起家禽死亡。

（一）病原

1. 病原形态　　虫体细长，毛发状，长 10～50mm。前部稍细为食道部，虫体后部稍粗，包含肠管和生殖器官。雄虫有 1 根交合刺，细长有刺鞘，也有的雄虫无交合刺而只有鞘。雌虫阴门位于虫体前后部的连接处。虫卵呈桶形，两端具塞。

（1）有轮毛细线虫（图 8-19）：虫体前端有一个球状角皮膨大。雄虫 15～25mm，有交合刺；雌虫长 25～60mm，虫卵大小为（55～60）μm×（26～28）μm。寄生于鸡的嗉囊和食道。

（2）鸽毛细线虫：又称为封闭毛细线虫（*C. obsignata*），雄虫长 8.6～10mm，尾部两侧有铲状的交合伞，有交合刺，交合刺长 1.2mm，交合刺鞘长达 2.5mm，有细横纹；雌虫长 10～12mm。虫卵大小为（48～53）μm×24μm。寄生于鸽、鸡和吐

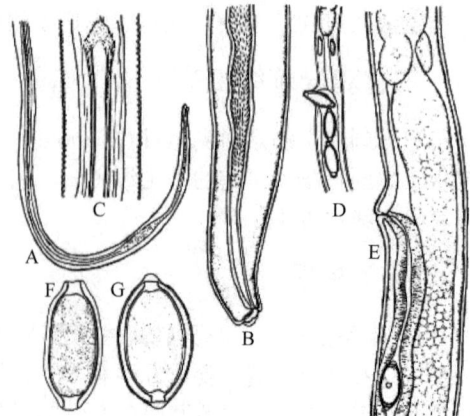

图 8-19　有轮毛细线虫（仿 Lapage，1962）

A、B. 雄虫尾端；C. 交合刺近端；
D、E. 阴门部；F、G. 卵

绶鸡的小肠。

（3）膨尾毛细线虫：雄虫9～14mm，食道部约占虫体的一半，尾部侧面各有一个交合伞膜，交合刺圆柱状，长1.1～1.58mm。雌虫长14～26mm，食道部约占虫体的1/3，阴门开口于一个稍微隆起的突起上，突起长50～100μm。虫卵大小为（43～57）μm×（22～27）μm。寄生于鸡、鸽的小肠。

（4）鹅毛细线虫：雄虫长10～13.5mm，雌虫长16～26.4mm，虫卵大小为（42～51）μm×（22～26）μm。寄生于家鹅和野鹅小肠的前半部，也见于盲肠。

2．生活史　　毛细线虫的发育史分为直接和间接两种方式：鸽毛细线虫和鹅毛细线虫属于直接发育型，雌虫产卵，卵随粪便排出，在外界适宜的环境下发育为感染性幼虫（内含第1期幼虫）。经口感染宿主后，幼虫进入宿主十二指肠黏膜发育，需20～26d发育为成虫。有轮毛细线虫和膨尾毛细线虫的发育需要中间宿主蚯蚓的参与完成其生活史。感染性虫卵被中间宿主吞食，在中间宿主体内孵化蜕皮，发育为第2期幼虫，具有感染性。禽类摄食含有感染性幼虫的蚯蚓即被感染，虫体在终末宿主体内的嗉囊、食道和肠黏膜内发育为成虫。成虫的寿命为9～10月。

（二）流行病学

虫卵耐低温，发育慢，可在外界存活很长时间，如膨尾毛细线虫卵在普通冰箱可存活344d。各种毛细线虫卵在外界发育为感染性虫卵的条件不同：有轮毛细线虫在28～32℃需24～32d，鹅毛细线虫在22～27℃需8d，而膨尾毛细线虫在22～27℃需11～13d。

（三）症状与病理变化

病禽食欲不振，消瘦，有肠炎症状。严重感染时，雏鸡和成年鸡均可发生死亡。鸽感染捻转毛细线虫时，由于嗉囊膨大，压迫迷走神经，可能引起呼吸困难、运动失调和麻痹而死亡。

轻度感染时，嗉囊和食道壁只有轻微炎症和增厚；严重感染时，则增厚与发炎变得显著，并有黏液脓性分泌物和黏膜的溶解、脱落或坏死等病变；食道和嗉囊壁出血，黏膜中有大量虫体。在虫体寄生部位的组织中有不明显的虫道。淋巴细胞浸润、淋巴细胞增大，形成伪膜，并导致腐败是常见的病变。

（四）诊断

根据临床症状，结合剖检病禽，粪便检查检出虫卵可做出判断。

1．临床诊断　　病禽食欲不振，消瘦，产蛋量下降。严重感染时，雏鸡和成年鸡均可发生死亡。

2．病理剖检诊断　　剖检可见寄生部位食道和嗉囊出血，有黏液性分泌物，黏膜脱落、坏死，有大量虫体，寄生部位可见虫体移行的虫道。

3．病原学诊断　　通过饱和盐水漂浮法检查粪便，发现大量虫卵，可确诊。

（五）防治

治疗可用甲苯咪唑、左旋咪唑。搞好禽舍的清洁工作，及时清理粪便并进行生物化学处理消灭虫卵，严重流行区可进行预防性驱虫。

四、禽胃线虫病

禽胃线虫病是由旋尾目（Spirurata）锐形科（Acuariidae）锐形属（*Acuaria*）和四棱科（Tetrameridae）四棱属（*Tetrameres*）的线虫寄生于禽类的食道、腺胃、肌胃和肠道而引起的寄生线虫病，主要有小钩锐形线虫（*A. hamulosa*）、旋锐形线虫（*A. spiralis*）、美洲四棱线虫（*T. americana*）等。该病在我国各地都有分布。

（一）病原

1．病原形态

1）小钩锐形线虫　　虫体两端尖细，在头部有4条绳状饰带，两两并列，呈不整齐的波浪形，由前向后延伸，几乎达虫体后部，不折回，也不相吻合。雄虫长9～14mm，肛前乳突4对，肛后乳突6对，1对交合刺不等长，左侧纤细，右侧扁平。雌虫长 16～19mm，阴门位于虫体中部。虫卵大小为（40～45）μm×（24～27）μm，寄生于鸡和火鸡的肌胃。

2）旋锐形线虫　　虫体细线状，体前部背、腹面各有两条波浪形的饰带，由前向后折回，但不吻合。雄虫长 7～8.3mm，体长卷曲呈螺旋状，泄殖腔前乳突 4 对，泄殖腔后乳突 4 对，1 对交合刺不等长，左侧的纤细，右侧的呈舟状。雌虫体长 9～10.2mm，尾端尖锐，阴门位于虫体后部。虫卵卵壳厚，大小为（33～40）μm×（18～25）μm，内含幼虫。寄生于鸡、火鸡、雉等禽类的食道、腺胃，偶见寄生于小肠，是我国南方流行的寄生虫病，雏鸡感染严重。

3）美洲四棱线虫　　虫体无饰带。雄虫体长 5～5.5mm，体形纤细，游离于胃腔中。雌虫亚球形，体长 3.5～4.5mm，呈亚球形，并在纵线的部位形成 4 条深沟，其前端和后端自球体部突出。虫卵大小为（42～50）μm×24μm，卵壳厚，内含幼虫，一端含有塞状结构。寄生于鸡和火鸡的前胃。

2. 生活史　　禽胃线虫的发育是以昆虫为中间宿主的间接发育，小钩锐形线虫的中间宿主是蚱蜢（*Conocephalus saltator*）、赤拟谷盗（*Tribolium castaneum*）、象鼻虫（*Sitophilus oryzae*）等；旋锐形线虫的中间宿主是等足类，如光滑鼠妇（*Porcellio laevis*）、粗糙鼠妇（*Armadillidum vulgare*）；美洲四棱线虫的中间宿主是直翅类昆虫，如赤腿蚱蜢（*Melanoplus femurrubrum*）、长额负蝗（*M. differentialis*）和德国小蜚蠊（*Blattella germanica*）。虫卵被中间宿主吞食后，蜕皮发育为感染性幼虫，禽类吞食含有感染性幼虫的中间宿主而被感染，幼虫在禽类的胃黏膜内发育为成虫。

（二）流行病学

禽胃线虫病呈世界性分布，在我国的华南、华北及东北地区均有发生。此病多发生于平养和散养的鸡，其发病季节与中间宿主的活动季节基本一致。

（三）症状与病理变化

轻度感染症状不明显。严重感染时，特别是雏鸡，食欲下降，出现消瘦、贫血和下痢症状，甚至引起死亡。剖检时，感染小钩锐形线虫的病禽肌胃黏膜出血，形成干酪性结节，严重者肌胃破裂；感染旋锐形线虫的病禽可见腺胃溃疡，溃疡中可发现虫体。感染美洲四棱线虫的病禽，可从前胃外部看到组织深处暗黑色的成熟雌虫，虫体吸血，但最大的损害是在幼虫移行到前胃壁时，造成明显的刺激和发炎，这种情况可引起鸡只死亡。

（四）诊断

结合临床症状，粪便检查发现虫卵或尸体剖检发现虫体而确诊。

1. 临床诊断　　轻度感染无明显临床症状，严重感染时，有消瘦和贫血等症状。

2. 病理剖检诊断　　剖检可见禽肌胃黏膜出血，偶见肌胃破裂。可见腺胃溃疡，溃疡中可发现虫体。

3. 病原学诊断　　通过饱和盐水漂浮法检查粪便，发现大量虫卵，可确诊。

（五）防治

常用的驱虫药为甲苯咪唑和阿苯达唑。重点是做好畜舍的卫生工作，粪便进行生物发酵。在流行区进行定时驱虫，消灭中间宿主，切断虫体的传播。

第十五节　禽比翼线虫病

禽比翼线虫病（syngamiasis）是由比翼科（Syngamidae）比翼属（*Syngamus*）气管比翼线虫（*S. trachea*）和斯氏比翼线虫（*S. skrjabinomorpha*）寄生于家禽及多种野禽气管和肺内而引起的呼吸系统寄生线虫病。发病时病禽张口呼吸，因而又称为开口病，主要侵害幼禽，病禽常常因呼吸困难而死亡，几乎可达 100%，成年鸡很少发病和死亡。

一、病原

（一）病原形态

虫体呈红色，头端膨大，呈半球形，口囊宽阔，呈杯状，其外缘有角质环，底部有三角形小齿。雌虫体长大于雄虫，阴门位于体前部。雄虫细小，交合伞厚，肋粗短，1 对交合刺，短小。由于雄虫常以交合伞附着在雌虫阴门部，构成"Y"形外观，故得名比翼线虫。虫卵两端有卵塞。

1. 气管比翼线虫（*S. trachea*） 雄虫体长 2～4mm，雌虫体长 7～20mm，口囊底部有 6～10 个齿。虫卵大小为（78～110）μm×（43～46）μm，卵两端有卵塞，内有 16 个胚细胞（图 8-20）。

2. 斯氏比翼线虫（*S. skrjabinomorpha*） 又称斯克里亚宾比翼线虫。雄虫体长 2～4mm，雌虫体长 9～26mm，口囊底部有 6 个齿。卵椭圆形，大小为 90μm×49μm，两端有厚的卵盖。

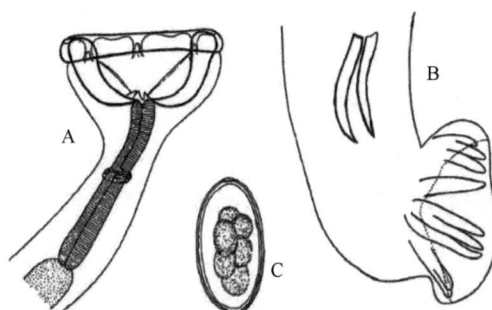

图 8-20　气管比翼线虫
（仿 Yorke and Maplestone，1926）
A. 虫体头部；B. 交合伞侧面；C. 虫卵

（二）生活史

雌虫在支气管产卵，卵随咳嗽或气管黏液进入口腔，咽入消化道后，随粪便排到体外，有时虫卵可能通过咳嗽排出体外。卵在适宜环境下，幼虫在卵壳内蜕皮两次发育成感染性虫卵。这种虫卵可在土壤中生存 8～9 个月，通过 3 种方式感染宿主：一是感染性虫卵被终末宿主摄食而感染；二是感染性幼虫从卵内孵出，被终末宿主吞食而感染；三是贮藏宿主吞食了感染性虫卵或感染性幼虫，终末宿主吞食了贮藏宿主而被感染。感染性虫卵被禽类吞食后，卵内幼虫逸出，钻入十二指肠、胃和食道，然后随血流到达肺，在肺内经两次蜕皮，移行到气管内发育为成虫。

二、流行病学

该病呈地方流行性，主要发生于放养的家禽，各种年龄均易感，但对雏禽危害严重，宿主缺乏维生素 A、钙和磷时也易感。虫卵和感染性幼虫在环境中抵抗力弱，但是感染性幼虫可在蚯蚓体内长期保持感染性，可达 4 年，在蛞蝓和蜗牛体内可存活 1 年以上。来自野鸟的幼虫寄生于蚯蚓后对鸡的感染性增强。宿主的感染主要发生在鸡舍、运动场和潮湿的草地和牧场。

三、症状与病理变化

成年禽感染后症状不明显。幼禽感染 3～6 条虫体即出现临床症状。病鸡伸颈、张口呼吸，头左右摇甩，排出黏液性分泌物，有时分泌物可见到少量虫体，食欲减退，消瘦，口腔内充满泡沫状黏液，然后呼吸困难，窒息而死。尸体消瘦，贫血。剖检可见其气管黏膜上有虫体附着，并为带血的黏液所覆盖，黏膜潮红，有线状出血及肺炎病变。

四、诊断

根据临床症状结合粪便检查可做出诊断。

1. 临床诊断 该病的特异性症状是伸颈，张口呼吸，头左右摇甩，力图排出黏性分泌物，有时在甩出的分泌物中见有少数虫体。

2. 病理剖检诊断 剖检可见其气管黏膜潮红，出血，有大量黏液，并有虫体附着，肺部有明显病变。打开口腔，可见喉头附近有蠕动的红色虫体。

3. 病原学诊断 通过饱和盐水漂浮法检查粪便，发现大量虫卵，可确诊。

五、防治

（一）治疗

用左旋咪唑、阿苯达唑、芬苯达唑、甲苯咪唑和伊维菌素进行治疗。也可用 1/1500 的稀碘液注入气管，还可用棉签插入气管将虫体裹出，或用小镊子经喉深入将虫体夹出。

（二）预防

及时清理禽粪并进行生物发酵处理。禽舍和运动场保持干燥，定期消毒。尽可能改放牧为舍饲。火鸡与鸡分开饲养；防止野鸟进入鸡舍。消灭蜗牛和蛞蝓，避免在保虫宿主多的地方放养家禽。

第十六节　禽棘头虫病

禽棘头虫病是由多形科（Polymorphidae）多形属（Polymorphus）和细颈属（Filicollidae）棘头虫寄生于禽类消化道而引起的寄生棘头虫病。

一、病原

（一）病原形态

寄生于禽类肠道的多形属包括 3 种棘头虫：大多形棘头虫（P. magnus）、小多形棘头虫（P. minutus）、腊肠状多形棘头虫（P. botulus）；细颈属 1 种棘头虫：鸭细颈棘头虫（F. anatis）。

1. 大多形棘头虫　虫体纺锤形，橘红色，虫体前端大，后端狭细，体表有小棘。体前端的吻突呈长椭圆形，其上有 18 纵列吻钩，每一纵列 7～8 个，每一纵列的前 4 个小钩较大，有发达的尖端和基部，后部的小钩呈小针状，不发达。吻囊圆柱形，双层构造。雄虫 9.2～11mm，睾丸呈卵圆形，位于虫前体部 1/3，位于吻囊附近，交合伞呈钟形。雌虫长 12.4～14.7mm。虫卵呈长纺锤形，大小为（113～129）μm×（17～22）μm（图 8-21）。卵胚两端有特殊突出物。寄生于鸭、野鸭的小肠。

2. 小多形棘头虫　虫体较小，呈纺锤形，新鲜虫体呈橘红色。体表有小棘，吻突呈卵圆形，其上有 16 纵列吻钩，每列 7～8 个，前部的钩较大，向后逐渐变小。吻囊发达，双层结构。雄虫长 3mm，睾丸 2 个，呈球形，斜列于吻囊后方。雌虫长 10mm，虫卵呈纺锤形，有 3 层卵膜，大小为（107～111）μm×18μm，内含黄而带红色的棘头蚴。寄生于鸭小肠。

3. 腊肠状多形棘头虫　虫体圆柱形，吻突卵圆形，上有吻钩 12～16 纵列，每列 8 个，前部吻钩稍大。颈部细长。吻腺呈带状，体前部有棘。雄虫长 13.0～14.6mm，雌虫长 15.4～16.0mm。虫卵呈长椭圆形，大小为（35～45）μm×（15～18）μm。寄生于鸭小肠。

4. 鸭细颈棘头虫　呈纺锤形，白色，吻突上的吻钩细小。雄虫长 4～6mm，颈短，吻突呈椭圆形，其上有 18 纵列的吻钩，每列 10～16 个。吻腺长。睾丸呈卵圆形前后排列，位于虫体的前半部内；睾丸下方有 6 个椭圆形的黏液腺，交合伞呈钟形。雌虫黄白色，呈椭圆形，大小为 10～25μm，颈长，吻突圆球形，前端有 18 纵列小钩，放射状排列，吻腺也长，体表棘细小（图 8-22）。虫卵呈卵圆形，大小为（62～70）μm×（20～25）μm，卵膜 3 层。寄生于鸭等水禽小肠。

（二）生活史

大多数棘头虫以甲壳纲端足目的湖沼钩虾（Gammarus lacustris）为中间宿主。小多形棘头虫以蚤形钩虾（G. pulex）、河虾（Potamobius astacus）和罗氏钩虾（Gammarus roeselii）为中间宿主。腊肠状多形棘头虫以岸蟹（Carcinus maenas）为中间宿主。鸭细颈棘头虫以等足类的栉水蚤（Asellus aquaticus）为中间宿主。虫卵随粪便排出，被中间宿主吞食孵化，约经过 60d 发育为感染性幼虫。鸭吞食含感染性幼虫的中间宿主后，经过 27～30d 发育为成虫。小鱼也可吞食含有感染性幼虫的河虾等中间宿主后成为贮藏宿主，鸭摄食这种小鱼后也可被感染。

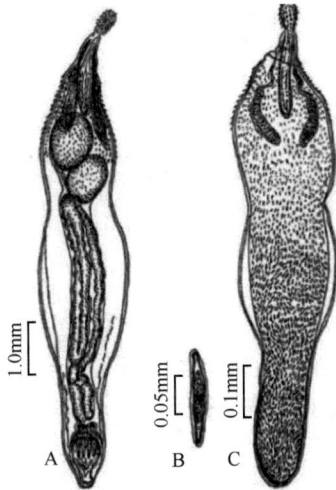

图 8-21　大多形棘头虫（仿 Yamaguti，1938）

A. 雄虫；B. 卵；C. 雌虫

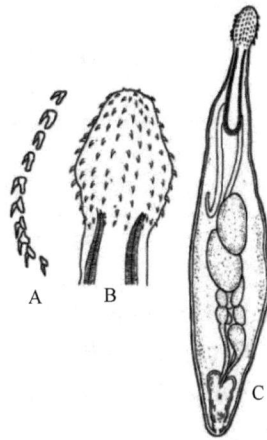

图 8-22　鸭细颈棘头虫（仿陈淑玉和汪溥钦，1994）

A. 雄虫吻钩；B. 雄虫吻突；C. 雄虫

二、流行病学

禽类棘头虫的感染季节大多为春、夏季，夏季的感染率最高达 82%，与中间宿主的活动季节有关。我国的大多形棘头虫大多分布在广东、四川和贵州，而且大多形棘头虫的虫卵对外界的抵抗力很强；小多形棘头虫分布于台湾；腊肠状多形棘头虫主要分布于福建；鸭细颈棘头虫主要分布于贵州。

三、症状与病理变化

病禽精神不振，食欲减少，饮水增加，腹泻，常排出带有血黏液的粪便，消瘦，贫血，逐渐衰竭而死，病程一般为 5～7d。主要临床表现为肠炎，如继发细菌感染，引起化脓性炎症，严重感染者可死亡，幼禽死亡率高于成年禽。剖检发现肠道浆膜面上分布肉芽组织增生的小结节，有大量橘红色的虫体聚集在肠壁上，寄生部位出现不同程度的创伤。

四、诊断

粪便检查发现虫卵或死后剖检看到虫体，结合该病的地方流行性作参考，即可确诊。

1. 临床诊断　　病禽精神不振，消瘦，贫血，排出带有血黏液的粪便，逐渐衰竭而死。

2. 病理剖检诊断　　肠道浆膜面上可见肉芽组织增生的小结节，肠黏膜上附着有虫体，虫体固着部位出现溃疡病灶，甚至肠壁穿孔，并发腹膜炎。

3. 病原学诊断　　通过水洗沉淀法检查粪便，发现大量虫卵，可确诊。

五、防治

硝硫氰醚具有较好疗效，也可用左旋咪唑和二氯酚等进行治疗。

预防措施包括对曾经发生过棘头虫病的鸭场进行预防性驱虫；雏鸭和成年鸭分开饲养，雏鸭或新引进的鸭群，应选择在未受污染的或没有中间宿主的水池中饲养；加强饲养管理，给予充足全价饲料。

第九章 犬、猫寄生虫病

第一节 犬巴贝斯虫病

犬巴贝斯虫病（canine babesiosis）是多种巴贝斯虫（*Babesia* spp.）单独或混合寄生于犬红细胞内而引起的寄生原虫病。蜱是巴贝斯虫的终末宿主，犬是其中间宿主。犬巴贝斯虫病在世界各地都有发生，对犬危害严重。犬巴贝斯虫病在我国是三类动物疫病。

一、病原

（一）病原形态

巴贝斯虫属于巴贝斯虫科（Babesiidae）巴贝斯虫属（*Babesia*）。目前，国际上报道感染犬的巴贝斯虫最少有 8 种（表 9-1）。巴贝斯虫寄生于犬红细胞内，根据红细胞内典型虫体的大小，可以划分为大型虫体和小型虫体。大型虫体的长度通常大于红细胞半径，小型虫体的长度通常小于红细胞半径。我国目前证明感染犬的巴贝斯虫有 3 种，分别是吉氏巴贝斯虫（*B. gibsoni*）、犬巴贝斯虫（*B. canis*）和韦氏巴贝斯虫（*B. vogeli*），其中吉氏巴贝斯虫流行更加广泛。

表 9-1 感染犬的巴贝斯虫种类

虫种	大小/μm	血细胞中典型形态	致病性	传播媒介	地理分布
犬巴贝斯虫（*B. canis*）	2.5×4.5（大型）	双梨籽形	中等	网纹革蜱（*D. reticulatus*）	欧洲、中国
韦氏巴贝斯虫（*B. vogeli*）	2.5×4.5（大型）	双梨籽形或单梨籽形	弱	血红扇头蜱（*R. sanguineous*）	非洲、亚洲、欧洲、北美洲、南美洲、澳大利亚、
罗氏巴贝斯虫（*B. rossi*）	2×5（大型）	双梨籽形或多个梨籽形	强	椭圆血蜱（*H. elliptica*）、犬血蜱（*H. leachi*）	南非、尼日利亚、苏丹
巴贝斯虫未定种（*Babesia* sp.）	2×6（大型）	双梨籽形或变形虫样	弱	椭圆血蜱（*H. elliptica*）	美国
内盖夫巴贝斯虫（*B. negevi*）	(1.2～4.8)×(0.94～3.8)	双梨籽形，十字形	强	不确定	以色列
吉氏巴贝斯虫（*B. gibsoni*）	1×3（小型）	通常为单个虫体	强	长角血蜱（*H. longicornis*）	亚洲、北美洲、欧洲、大洋洲
康氏巴贝斯虫（*B. conradae*）	0.3×3（小型）	环状，十字形或变形虫样	强	血红扇头蜱（*R. sanguineous*）	美国
狐巴贝斯虫（*B. vulpes*）	1×2.5（小型）	通常为单个虫体	弱	不确定	欧洲、北美洲

（1）吉氏巴贝斯虫，属于小型虫体。多位于红细胞边缘或偏中央，呈环形、椭圆形、圆点形、小杆形，偶尔可见十字形的四分裂虫体和成对的小梨籽形虫体，以圆点形、环形及小杆形最多见。圆点形虫体为一团染色质，吉姆萨染色呈深紫色，多见于感染的初期。环形虫体小于红细胞半径，细胞质为浅蓝色，中央形成一个空泡，带有 1 团或 2 团染色质，位于细胞质的一端。偶尔可见大于红细胞半径的椭圆形虫体。小杆形虫体的染色质位于两端，染色较深，中间细胞质着色较浅。一个红细胞内可寄生 1～13 个虫体，以寄生 1～2 个虫体者较多见。致病性强。我国传播媒介有长角血蜱、镰形扇头蜱、血红扇头蜱等。

（2）犬巴贝斯虫，属于大型虫体。梨籽形虫体长度大于红细胞半径，一端钝圆，一端尖。典型虫体为双梨籽形，也有阿米巴样虫体，直径 2~4μm，中央有空泡。致病力中等。我国的传播媒介为血红扇头蜱等。

（3）韦氏巴贝斯虫，属于大型虫体。形态与犬巴贝斯虫相似。典型虫体为双梨籽形或单梨籽形。致病力弱。我国传播媒介有血红扇头蜱、镰形扇头蜱、铃头血蜱、草原血蜱、长角血蜱等。

（二）生活史

犬的巴贝斯虫生活史与其他动物巴贝斯虫的生活史基本相似。

二、流行病学

（一）传播途径

犬巴贝斯虫病的主要传播途径是蜱吸血传播。此外，犬输血时如果供体犬感染巴贝斯虫也可导致受体犬被感染。犬与犬之间的打斗撕咬，偶尔也可导致传播。

（二）流行情况

我国已发现犬的巴贝斯虫主要有吉氏巴贝斯虫、犬巴贝斯虫、韦氏巴贝斯虫。吉氏巴贝斯虫是我国分布最广的种，分布区域包括山东、江苏、安徽、上海、浙江、江西和广西等地。犬巴贝斯虫主要分布在江西、甘肃和河南等地，韦氏巴贝斯虫主要分布在广西、广东和江苏等地。

流行病学调查显示我国各地犬感染率大不相同，高的可达 20%以上，低至 1%左右。

三、症状与病理变化

我国吉氏巴贝斯虫感染较为普遍，危害较为严重。犬感染后，主要表现为体温升高，可视黏膜苍白或黄染，贫血，尿液黄色至暗紫色，同时伴有精神不振、厌食、体重减轻等。血液学检查红细胞数量、血红蛋白浓度、红细胞压积明显降低，血小板减少等。

犬巴贝斯虫具有中等致病力，犬感染后出现的临床症状与吉氏巴贝斯虫感染基本相同，但剧烈程度较低。

韦氏巴贝斯虫致病力较低。人工感染后，犬主要表现为中等发热，红细胞、白细胞数量轻微减少，但血小板降低明显。

通常认为，犬巴贝斯虫感染后，虫体在红细胞内的繁殖导致大量红细胞被破坏，引起溶血性贫血、黄疸、血红蛋白尿及系统性炎症反应。系统性炎症反应导致多个组织器官功能障碍，进而引起发热和精神不振。介导系统性炎症反应的因子主要包括各种细胞因子、趋化因子及急性期蛋白等。

四、诊断

根据流行病学情况和临床症状可做出初步诊断，确诊需要进行实验室诊断。实验室诊断的主要方法有病原学诊断、免疫学诊断和分子生物学诊断。

（一）病原学诊断

直接采集病犬血液涂片染色镜检，观察到红细胞内的虫体即可确诊。但这种方法灵敏度差，且只能确定是大型虫体还是小型虫体，无法准确鉴定病原种类。

（二）免疫学诊断

主要对感染犬外周血液中的虫体抗体进行检测。常用方法有间接免疫荧光抗体试验（IFAT）和酶联免疫吸附分析（ELISA）。IFAT 和 ELISA 均以巴贝斯虫全虫可溶性蛋白为抗原。IFAT 与其他病原存在一定的交叉反应。ELISA 除用于个体病例诊断外，也适用于流行病调查。近来使用巴贝斯虫血小板反应蛋白相关黏附蛋白的重组产物为抗原，建立 ELISA 诊断方法，获得了较好灵敏性和特异性。

（三）分子生物学诊断

主要对感染犬外周血液红细胞中虫体 DNA 进行检测。常用的方法有常规 PCR、实时定量 PCR 等。检测的虫体靶基因主要有 *18S rDNA*、*ITS-1*、线粒体 *COX1*、线粒体 *Cytb* 等。此类方法具有灵敏度高、特异性强等优点，也可以用于虫体种类或亚型的鉴定。

五、防治

（一）治疗

用于犬巴贝斯虫病治疗的药物主要有抗原虫药和一些抗生素类药物。

（1）咪唑苯脲二丙酸盐（imidocarb dipropionate），也称为咪多卡二丙酸盐，主要用于犬巴贝斯虫感染，也可以用于其他种类虫体感染。

（2）三氮脒（diminazene aceturate），也称为二脒那嗪，主要用于大型虫感染的治疗。该药毒性较强，即使是治疗剂量，也可能引起毒性作用，使用时需要格外注意。

（3）阿托伐醌与阿奇霉素复方。阿托伐醌（atovaquone）与阿奇霉素（azithromycin）联合用药，主要用于吉氏巴贝斯虫感染等的治疗。

（4）布帕伐醌与阿奇霉素复方。布帕伐醌（buparvaquone）与阿奇霉素联合用药，主要用于狐巴贝斯虫感染的治疗。

（5）克林霉素、三氮脒、咪唑苯脲二丙酸盐复方。三种药物联合用药，可以用于吉氏巴贝斯虫阿托伐醌抗性虫株感染的治疗。

其他一些药物，如非那米丁（phenamidine）、戊烷脒（pentamidine）、青蒿素衍生物（artemisinin derivatives）等对犬巴贝斯虫病也有不同的治疗作用。

（二）预防

犬巴贝斯虫病预防的关键在于防止犬被蜱叮咬。在蜱出没的季节，定期检查犬体表，发现蜱后及时清除或用杀蜱药灭蜱。在犬巴贝斯虫病流行区域，根据蜱的活动规律，有计划对犬舍及运动场所进行灭蜱。国外已有注册使用的犬巴贝斯虫病疫苗，我国尚无。

第二节　犬、猫球虫病

犬、猫球虫病是由囊等孢球虫属（*Cystoisospora*）虫体寄生于犬、猫肠上皮细胞内而引起的寄生原虫病。幼龄犬、猫感染后可导致严重的腹泻、便血甚至脱水等，影响生长发育，严重时可引起死亡。犬、猫球虫感染十分常见，尤其是在拥挤或卫生条件不良的环境中，感染更加普遍。

一、病原

（一）病原形态

囊等孢球虫隶属于肉孢子虫科（Sarcocystidae）囊等孢球虫属（*Cystoisospora*）。感染犬的囊等孢球虫主要有犬囊等孢球虫（*C. canis*）和俄亥俄囊等孢球虫（*C. ohioensis*）。感染猫的囊等孢球虫主要有猫囊等孢球虫（*C. felis*）和芮氏囊等孢球虫（*C. rivolta*）。囊等孢球虫主要寄生于犬、猫的肠上皮细胞内。

1. 犬囊等孢球虫　卵囊呈卵圆形，卵囊壁单层、光滑，无卵膜微孔、极体和卵囊残体，卵囊大小为 $40\mu m \times 31\mu m$。室温下孢子化时间约 3d。孢子化的卵囊含 2 个孢子囊，孢子囊大小为 $22\mu m \times 18\mu m$，每个孢子囊含有 4 个香蕉形的子孢子，子孢子大小为 $18\mu m \times 3\mu m$。无斯氏体，有聚成圆球状的孢子囊余体。

2. 俄亥俄囊等孢球虫　卵囊呈圆形或椭圆形，卵囊壁单层、光滑，无卵膜微孔、极体和卵囊残体，大小为 $22\mu m \times 19\mu m$。室温下卵囊孢子化时间约 4d。孢子化的卵囊含 2 个椭圆形孢子囊，大小为 $13\mu m \times 10\mu m$，无斯氏体，有分散或团状孢子囊余体。孢子囊内含 4 个香蕉形子孢子，大小为 $10\mu m \times 2.5\mu m$。

3. 猫囊等孢球虫　卵囊呈卵圆形，有一层光滑无色的壁，无卵囊残体、卵膜微孔和极体，大小为

42μm×34μm。室温下卵囊孢子化时间为 3d 左右。孢子化卵囊含有 2 个孢子囊，孢子囊圆形或椭圆形，大小为 23μm×20μm。每个孢子囊内含 4 个香蕉形子孢子，子孢子大小为（13~21）μm×（2~4）μm，无斯氏体，孢子囊余体聚集成大团状。

4. 芮氏囊等孢球虫　　卵囊呈圆形或椭圆形，卵囊壁单层、光滑、无色，无卵膜微孔、极体和卵囊残体，大小为 26μm×24μm。室温下卵囊孢子化时间约为 4d。孢子化卵囊含 2 个椭圆形孢子囊，大小为（12~19）μm×（10~16）μm，平均 15μm×13μm，无斯氏体，有团状孢子囊余体。孢子囊内含 4 个香蕉形子孢子，子孢子大小为 12μm×2.5μm。

（二）生活史

感染犬、猫等哺乳动物的囊等孢球虫在分类上原属于艾美耳科等孢属（*Isospora*）。1972 年，人们首次发现猫等孢球虫（*I. felis*）和芮氏等孢球虫（*I. rivolta*）可以在啮齿动物组织内形成包囊。经过深入研究，人们发现，感染哺乳动物的等孢球虫和感染鸟类的等孢球虫在孢子化卵囊形态、生活史和分子进化等方面均存在明显不同。感染哺乳动物的等孢球虫孢子化卵囊孢子囊无斯氏体，发育过程中存在转续宿主，而感染鸟类的等孢球虫孢子化卵囊孢子囊存在斯氏体，发育过程中不具有转续宿主。两者在分子进化方面也存在明显差异。2005 年，感染哺乳动物的等孢球虫，包括犬、猫、猪及人的等孢球虫被划入囊等孢球虫属，隶属于肉孢子虫科，而感染鸟类的等孢球虫依然保留在等孢球虫属，隶属于艾美耳科。

囊等孢球虫在犬、猫体内的发育过程存在肠内发育和肠外发育。肠内发育与球虫相似，在肠上皮细胞内完成，具有裂殖生殖和配子生殖阶段。裂殖生殖的代数目前还不完全清楚。配子生殖形成的卵囊随粪便排出体外，在外界环境中进行孢子生殖，形成孢子化卵囊。孢子化卵囊对终末宿主犬、猫和转续宿主具有感染能力。肠外发育阶段出现于肠系膜淋巴结、脾、肝、横纹肌和脑等组织内，并最终形成组织包囊。组织包囊内多含有 1 个虫体，也有含有多个虫体的。虫体形态特征与其他肉孢子虫科虫体的子孢子、速殖子和缓殖子相似，称为慢殖子。肠外发育阶段对犬、猫的致病力目前还不清楚。

一些动物食入囊等孢球虫卵囊后可以成为转续宿主。虫体可以在转续宿主体内进行肠外发育。虫体在转续宿主体内的肠外发育与在犬、猫体内的肠外发育相似。肠外发育阶段虫体在组织包囊内似乎不进行分裂。犬、猫和转续宿主体内的慢殖子对犬、猫具有感染能力，犬、猫等食入包囊可以排出卵囊。虫体对转续宿主似乎没有致病力。

已经证明，绵羊、骆驼、猴、猪和水牛等可以成为犬囊等孢球虫的转续宿主，而啮齿动物、犬、牛、猪、骆驼、白化鼠和兔等可以成为猫囊等孢球虫的转续宿主。

二、流行病学

犬和猫通常因食入污染有囊等孢球虫孢子化卵囊的食物或饮水而被感染，食入转续宿主肌肉内的组织包囊也会造成感染。此外，金龟子及其他节肢动物可以携带囊等孢球虫卵囊，犬、猫食入这些节肢动物后也可以造成感染。犬、猫囊等孢球虫是犬、猫粪最为常见的寄生虫，世界分布。我国各地都有发生，感染率可达 100%。

三、症状与病理变化

（一）症状

总体而言，犬、猫囊等孢球虫致病力不强。通常断奶犬和猫不出现临床症状。断奶前幼猫和幼犬严重感染会出现临床症状，主要表现为腹泻、排出水样或泥状粪便，有时排带黏液的血便，轻度发热，精神沉郁，食欲不振，消化不良，消瘦，贫血。感染 3 周以后，临床症状逐步消失，大多数可自然康复。

（二）病理变化

整个小肠可出现卡他性肠炎或出血性肠炎，但多见于回肠段，尤以回肠下段最为严重，肠黏膜肥厚，黏膜上皮脱落。

四、诊断

根据流行病学和临床症状可做初步诊断。最终确诊需进行病原学或分子生物学诊断。

（一）病原学诊断

病原学诊断主要检查粪便中的未孢子化卵囊。可以利用各种漂浮法对粪便中的卵囊进行浓集，之后进行镜检。观察到未孢子化卵囊即可确诊。由于猫可以排出弓形虫卵囊，为了鉴别，需要进行卵囊大小测定。弓形虫卵囊大小通常为 10～14μm，囊等孢球虫卵囊长度均大于 19μm。也可以把粪便中卵囊孢子化后再进行显微镜观察。

（二）分子生物学诊断

分子生物学诊断主要是检查粪便中的卵囊 DNA。常用的检查方法主要有 PCR，靶基因主要为 *18S rDNA* 和 *ITS-1*。该方法也可以用于虫种鉴定。

五、防治

（一）治疗

常用的治疗药物主要有磺胺二甲嘧啶、磺胺胍、甲氧苄氨嘧啶、氨丙啉、地克珠利、托曲珠利、帕托珠利（ponazuril）等。

（二）预防

主要是搞好犬、猫的环境卫生，防止球虫感染。使用沸水或 10%氨水对笼具、食具等进行消毒。每日清理粪便并进行无害化处理。为防止经过转续宿主传播，应喂食熟肉。

第三节　猫毛滴虫病

猫毛滴虫病是由胎儿三毛滴虫（*Tritrichomonas foetus*）［也称布氏三毛滴虫（*T. blagburni*）］寄生于猫大肠而引起的寄生原虫病。严重感染可导致慢性顽固性腹泻。目前在欧美广泛流行，我国也有报道，是一种猫的新发疾病。

一、病原学

（一）病原形态

胎儿三毛滴虫属于毛滴虫科（Trichomonadidae）三毛滴虫属（*Tritrichomonas*）。一般认为，感染猫的胎儿三毛滴虫与感染牛的胎儿三毛滴虫是一个种，但由于二者在寄生部位、致病特性及基因序列等方面存在一定差异，2013 年被以美国奥本大学 Byron L. Blagburn 教授的名义重新命名为布氏三毛滴虫。也有人把感染猫的虫株称为胎儿三毛滴虫猫基因型。目前，在科技文献中，胎儿三毛滴虫与布氏三毛滴虫的名称均在使用。

猫肠道内的胎儿三毛滴虫为滋养体，呈纺锤形、梨形，体长 10～25μm、宽 3～15μm。染色后，虫体前部有一个细胞核，有不易观察到的基体和副基体，有波动膜。从基体发出鞭毛 4 根，3 根向前游离，与体长相等；1 根沿波动膜向虫体后端延伸，并延伸出虫体后部成游离鞭毛。波动膜有 3～6 个弯曲。虫体中央有一条纵走的轴柱，起始于虫体前端，沿体中线向后延伸，其末端突出于体后端。虫体前端与波动膜相对的一侧有半月状胞口。鞭毛及波动膜运动时，才可察知其存在。活动的虫体不易看出鞭毛，运动减弱时可见鞭毛。

除胎儿三毛滴虫外，在猫口腔尚寄生有犬口腔四毛滴虫（*Tetratrichomonas canistomae*）、口腔毛滴虫（*Trichomonas tenax*）、布里克西毛滴虫（*Trichomonas brixi*），在大肠寄生有人五毛滴虫（*Pentatrichomonas hominis*）。这些滴虫对猫没有致病力或致病性不明。

（二）生活史

胎儿三毛滴虫寄生于猫的回肠、盲肠和结肠肠腔。滋养体在寄生部分以纵二分裂方式繁殖并随粪便排出体外。在外界环境中，虫体不形成包囊，以滋养体形式存在。

二、流行病学

猫因食入外界环境中的滋养体而被感染。研究表明，滋养体在猫粪便中最少可以存活 24h。猫食入被粪便污染的食物、饮水均可受到感染。此外，软体动物蛞蝓摄入病猫粪便，可以排出虫体。蛞蝓粪便污染猫粮、饮水等，猫摄入后也可感染。与感染牛的胎儿三毛滴虫不同，感染猫的胎儿三毛滴虫不通过交配传播。

目前，猫毛滴虫病已经在全球至少 20 个国家发现，其中欧美流行严重。我国浙江、安徽、上海、江苏、陕西、河南、重庆、河北、山东和香港等地均有发生的报道。

三、症状与病理变化

（一）症状

感染较轻时呈亚临床症状，表现不明显。严重感染时出现慢性顽固性腹泻。人工感染后，出现慢性或间歇性腹泻，粪便呈半成形、半流质或液态，黄绿色、恶臭，有时有粪便带血、黏液，大便失禁、里急后重，肠胃胀气等症状，可持续 2 ～7d。严重感染病例可能出现明显肛门炎症和直肠脱垂等。临床症状多呈间歇性，药物治疗后好转，停药后可复发。

（二）病理变化

虫体以受体-配体互作方式与宿主上皮细胞黏附。结肠上皮细胞吞噬虫体抗原，导致淋巴细胞、浆细胞和中性粒细胞浸润结肠固有膜。虫体半胱氨酸蛋白酶可促进猫肠上皮细胞凋亡，促进虫体对细胞的黏附，诱导细胞发生病理变化。此外，虫体感染还可导致肠道菌群失调。病理变化可见结肠淋巴细胞增生，隐窝脓性炎症，杯状细胞减少，结肠黏膜变薄等。

四、诊断

根据症状可以做出初步判断。确诊需要进行病原学诊断或分子生物学诊断。

（一）病原学诊断

病原学诊断主要检查猫粪便中的滋养体。

1. 粪便直接涂片检查　　粪便应为结肠直接采样，或者为新鲜排出的无杂物的腹泻粪便。粪便加一滴生理盐水，加盖玻片，用 20 倍或 40 倍物镜检查。注意观察鞭毛运动，可以与贾第虫滋养体区分。该方法敏感性≤14%，且难以区分人五毛滴虫。也可以将涂片以甲醇固定，吉姆萨染色后镜检。

2. 虫体体外培养法　　虫体体外培养可选用改良戴蒙德培养基（ATCC medium 719）或 InPouch TF 培养基。两种培养基均可很好支持虫体生长。培养基接种米粒大小粪样，避光培养，37℃或 25℃均可。37℃培养 72h 后即可发现大量虫体，而 25℃可能需要 12d。培养结束，可置于显微镜下直接观察。贾第虫在 InPouch TF 培养基中存活不超过 24h，可依此区分。如果要区分人五毛滴虫，需要进行 PCR 鉴定。体外培养方法的敏感性为 55%。

（二）分子生物学诊断

分子生物学诊断主要检测粪便中滋养体的 DNA。所用方法有常规 PCR 和实时定量 PCR。检测的靶基因为 *ITS-1*。WOAH 和我国农业行业标准《牛毛滴虫病诊断技术》（NY/T 1471—2017）均推荐用牛胎儿三毛滴虫的 PCR 诊断方法。这些方法所使用的 PCR 扩增引物均可用于猫胎儿三毛滴虫的诊断，具有很高的特异性和敏感性。也可以先对虫体进行培养，再用 PCR 方法检测，可以显著增加敏感性。

五、防治

（一）治疗

目前，猫胎儿三毛滴虫病的唯一有效治疗药物为罗硝唑（ronidazole，RDZ）。研究证明，大多数感染猫治疗后可以明显消除腹泻。该药被禁止用于食品动物。该药高剂量可以引起神经毒性，表现为食欲不振、精神改变、失眠、共济失调、面部震颤、感觉过敏、下肢无力，偶尔出现抽搐等，使用时应该格外注意。此外，也可以使用甲硝唑、替硝唑进行治疗，有一定疗效。

（二）预防

年幼猫免疫系统不完善，应激和密度过高可促进感染。因此，减少应激并进行低密度饲养可以减少感染。虫体在环境中可以存活几天，应对猫床、转运箱、垫料箱及污染物做好杀虫消毒。蛞蝓有传播猫胎儿三毛滴虫病的可能，应避免此类软体动物污染猫粮和饮水。

第四节　犬、猫并殖吸虫病

犬、猫并殖吸虫病（paragonimiasis）是由并殖吸虫属（*Paragonimus*）虫体寄生于犬、猫肺部而引起的寄生虫病，也称肺吸虫病，人也可以感染，是一种重要的人兽共患寄生虫病。

一、病原

（一）病原形态

并殖吸虫属虫体属于吸虫纲（Trematoda）斜睾目（Plagiorchiata）并殖科（Paragonimidae）。文献记录的并殖吸虫有 50 多种。近年来，通过对虫体 *ITS-2* 基因序列分析，证明该属虫体可以分为 4 个种群，分别是斯氏并殖吸虫（*P. skrjabini*）、墨西哥并殖吸虫（*P. mexicanus*）、大平并殖吸虫（*P. ohirai*）和卫氏并殖吸虫（*P. westermani*）。我国文献记录最少有 23 种，分子进化分析分别属于斯氏并殖吸虫种群、大平并殖吸虫种群和卫氏并殖吸虫种群。这些种群中的大多数可以感染犬、猫，其中以卫氏并殖吸虫最为常见。国外可以感染犬、猫的克氏并殖吸虫（*P. kellicotti*）在我国没有分布。

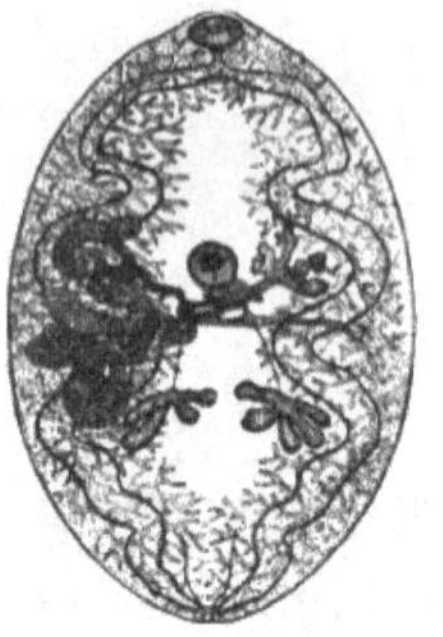

图 9-1　卫氏并殖吸虫成虫
（仿陈心陶，1985）

卫氏并殖吸虫新鲜虫体呈深红色，肥厚，腹面扁平，背面隆起，大小为（7.5~16）mm×（4~8）mm，厚为 3.5~5.0mm。体表有小棘。口、腹吸盘大小基本相同，腹吸盘位于体中横线稍前，两盲肠形成 3~4 个弯曲，终于体末端。睾丸分支 4~6 个，左右并列于虫体后 1/3 处。卵巢分叶 5~6 个，形如指状，位于腹吸盘的右侧。卵黄腺由许多密集的卵黄滤泡组成，分布于虫体两侧。子宫内充满虫卵，与卵巢左右相对。虫体成对寄生于肺组织形成的虫囊内（图 9-1）。

虫卵金黄色，椭圆形，不对称，前端有扁平卵盖，后端稍窄，大小为（75~118）μm×（48~67）μm，内含卵黄细胞数 10 个。

（二）生活史

卫氏并殖吸虫的发育需要两个中间宿主。第一中间宿主是各种短沟蜷（*Semisulcospira* spp.）和瘤拟黑螺（*Melanoides tuberculata*）等淡水螺类，第二中间宿主为溪蟹类（*Sinopotamon*、*Potamon*、*Isolapotamon*）和蝲蛄（*Cambaroides* spp.）等甲壳类。肺吸虫在肺部虫囊内产卵，虫卵通过小支气管、支气管和气管随痰排出体外，或进入口腔，吞咽下后，经肠道随粪便排至外界。虫卵于水中经 2~3 周孵出毛蚴。毛蚴遇到第一中间宿主即侵入其体内，经过胞蚴、母雷蚴、子雷蚴及短尾的尾蚴等发育阶段，尾蚴离开螺体，在水中游动。遇到第二中间宿主即侵入其体内发育为囊蚴。猫、犬及人等吃到含有囊蚴的溪蟹等后，囊蚴在肠内破囊而出，穿过肠壁进入腹腔。多数童虫在腹壁内经数日发育后再回到腹腔，在脏器间移行骚扰后穿过膈肌进入胸腔。感染后 5~23d 钻过肺膜进到肺，经 2~3 个月的发育达到性成熟。虫体在体内可活 5~6 年。

并殖吸虫在体内有到处移行窜扰的习性，因此，除在肺部寄生外，还常侵入肌肉、脑及脊髓等处。

二、流行病学

卫氏并殖吸虫的终末宿主范围较为广泛，除寄生于犬、猫及人体外，还见于野生的犬科和猫科动物中，如狐狸、狼、貉、猞猁、狮、虎、豹、豹猫及云豹等。野猪及鼠类等是并殖吸虫的转续宿主，感染后，虫体并不发育为成虫，而是保持在童虫阶段，这些童虫如果被终末宿主食入，可导致感染。

犬、猫及人等多因生食溪蟹及蝲蛄而遭感染。野生动物并不吞食溪蟹类和蝲蛄，它们的感染是捕食野猪及鼠类等转续宿主所致。溪蟹及蝲蛄破裂后囊蚴可以流入水中，因此生饮溪水也有可能感染。

在我国，并殖吸虫的第一中间宿主淡水螺多滋生于山间小溪及溪底布满卵石或岩石的河流中。第二中间宿主溪蟹类广泛分布于华东、华南及西南等地区小溪河流旁的洞穴及石块下，蝲蛄主要分布于东北各地，喜居于水质清晰河流的岩石缝内。由于众多野生动物可以被感染，因此，该病具有自然疫源性。

第二中间宿主体内的囊蚴具有较强的抵抗力，经盐、酒腌浸大部分不死。囊蚴被浸在酱油、10%～20%的盐水或醋中，部分囊蚴可存活 24h 以上，但加热到 70℃，3min 后 100% 死亡。

该病广泛流行于我国 18 个省（自治区、直辖市）内，目前依然是人的重要疾病，危害巨大。有文献报道，2008 年前，我国部分地区犬、猫的感染率可以高达 86%，但由于近年来我国犬、猫饲养快速宠物化，文献报道的犬、猫发病病例已经很少。

三、症状与病理变化

（一）症状

犬、猫主要表现为精神不振，呼吸困难，阵发性或长期咳嗽，个别病例咳嗽可以持续 2 周，甚至 1 年以上。偶尔出现厌食和体重减轻。在临床症状出现期间，白细胞和嗜酸性粒细胞数目可急剧升高。移行窜扰于腹壁的虫体可引起腹泻与腹痛，寄生于脑部及脊椎时可导致神经症状。

（二）病理变化

童虫和成虫在动物体内移行和寄生期间可造成机械性损伤。虫体的代谢产物等可导致免疫病理反应。移行的童虫可引起嗜酸性粒细胞性腹膜炎、胸膜炎和肌炎及多病灶性的胸膜出血。在肺部寄生时，在肺泡组织中变性的虫卵可引起慢性小支气管炎、小支气管上皮细胞增生和慢性嗜酸性粒细胞性肉芽肿性肺炎。

四、诊断

根据犬、猫是否有食入生甲壳类动物的历史及临床症状可以做出初步判断。确诊需要进行实验室诊断。实验室诊断包括病原学诊断、免疫学诊断和分子生物学诊断。影像学检查可以作为辅助诊断。

（一）病原学诊断

病原学诊断主要检查犬、猫粪便或痰液中的虫卵。使用直接涂片法或虫卵浓集法，在粪便或痰液中发现典型虫卵即可确诊。由于并殖吸虫的潜伏期较长，感染后粪便中可能没有虫卵出现，因此容易误诊。

（二）免疫学诊断

免疫学诊断主要检查感染动物血清中的虫体抗体。常用的方法为 ELISA、免疫层析试验和斑点金免疫渗滤试验等。使用的抗原有粗抗原、重组抗原等，但灵敏性和特异性需要进一步评价。

（三）分子生物学诊断

分子生物学诊断主要检查粪便或痰液中的虫卵 DNA。常用的方法包括常规 PCR、实时定量 PCR 及 LAMP 等，具有灵敏度高、特异性强等特点。使用的遗传标记包括线粒体 *COX1* 基因和核糖体基因 *18S rDNA*、*28S rDNA*、*ITS-1*、*ITS-2* 等。

（四）影像学检查

使用 CT 检查等影像学技术对患病动物肺部进行检查，可以发现纤维囊样、斑点状、条索状或结节状等密度增高特征，有助于确诊。

五、防治

（一）治疗

有效的治疗药物有吡喹酮、三氯苯达唑和阿苯达唑。阿苯达唑能高效杀死肺吸虫的成虫，并能促进肺部炎症恢复。

（二）预防

防止犬、猫及人生食或半生食淡水虾蟹是预防并殖吸虫病的关键性措施。加强粪便管理，及时治疗患者、病犬和病猫也可明显降低疾病的发生和流行。

第五节　犬复孔绦虫病

犬复孔绦虫病（dipylidiasis）是由犬复孔绦虫（*Dipylidium caninum*）寄生于犬、猫小肠而引起的寄生绦虫病，人偶尔感染，还可感染野猫、花面狸、鬣狗、胡狼、澳洲猎犬、狐等。该病世界性分布。

一、病原

（一）病原形态

犬复孔绦虫属于绦虫纲（Cestoidea 或 Cestoda）复孔科（Dipylidiidae，也称双壳科）复孔属（*Dipylidium*）。近年研究证明，犬复孔绦虫存在两个基因型。

成虫活虫为淡红色，固定后为乳白色。最长可达 50cm，约由 200 个节片组成，宽约 3mm。头节上有 4 个吸盘，顶突可伸缩。顶突上有 4～5 行小钩，呈玫瑰花刺状。每一成节内含两套生殖系统。睾丸 100～200 个，位于排泄管的内侧。体两侧各有一卵巢和卵黄腺，形似葡萄。生殖孔开口于虫体两侧的中央稍后。成节与孕节均长大于宽，形似黄瓜籽。孕节内子宫分为许多卵袋（egg capsule），每个袋内含虫卵数个至 30 个及以上（图 9-2）。

虫卵呈球形，黄褐色，直径为 35～50μm，内含六钩蚴。

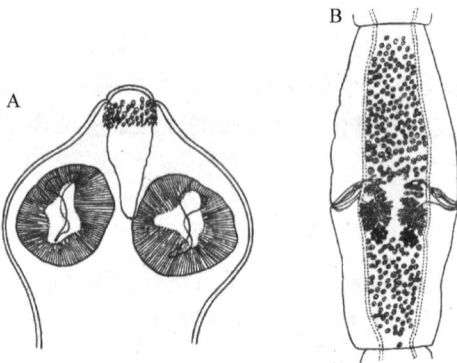

图 9-2　犬复孔绦虫（仿 Mönnig，1947）

A. 头节；B. 成节

（二）生活史

犬复孔绦虫生活史中需要 2 个宿主，犬、猫、人等为终末宿主，中间宿主为蚤和虱，如犬栉首蚤（*Ctenocephalides canis*）、猫栉首蚤（*C. felis*）、人蚤（*Pulex irritans*）和犬啮毛虱（*Trichodectes canis*）等。

犬、猫和人体内的成虫虫体孕节主动爬出肛门或随粪便排至体外，破裂后虫卵逸出。虫卵被蚤、虱等的幼虫食入，到成蚤时即发育为似囊尾蚴。犬、猫等终末宿主多因舔毛吞入含似囊尾蚴的蚤、虱而受感染。在动物小肠内经 3 周发育为犬复孔绦虫成虫。人的感染主要是与犬、猫亲密接触，误食含似囊尾蚴的蚤、虱所致。蚤和虱污染食物和土壤也可以造成感染。

二、流行病学

犬复孔绦虫是犬、猫最常见的绦虫，分布于全世界，我国各地均有分布。蚤、虱侵袭可以增加犬、猫感染犬复孔绦虫的风险。

三、症状与病理变化

轻度感染时一般无症状，严重感染时会出现食欲不振、消化不良，腹泻或便秘等。孕节从肛门中爬出，可使犬、猫表现不安、肛门瘙痒或以肛门部摩擦地面等症状。个别的可能发生肠阻塞。

四、诊断

犬复孔绦虫病可根据临床症状做出初步判断，确诊需要进行实验室诊断。实验室诊断的方法主要有病原学诊断、免疫学诊断和分子生物学诊断。

（一）病原学诊断

主要检查粪便中的节片或虫卵。检查的方法主要有直接涂片法及漂浮法和沉淀法。在粪便中发现节片或卵袋及虫卵即可确诊。

（二）免疫学诊断

主要检查动物血清中犬复孔绦虫抗体。常用方法有 ELISA、免疫层析法（ICT）等。

（三）分子生物学诊断

主要检测粪便中虫卵的 DNA。检测的靶基因主要有 *18S rDNA*、*28S rDNA*、*ITS-1*、*ITS-2* 等。常用的检测方法有传统 PCR、多重 PCR 等。

五、防治

（一）治疗

犬、猫常用驱虫药物有吡喹酮、益扑西酮（epsiprantel）和硝硫氰酯（nitroscanate）。

（二）预防

做好犬、猫体表灭蚤除虱，可以大大降低动物复孔绦虫的感染率。对犬、猫饲养场所及用具和周边环境定期消毒，可以减轻蚤、虱对犬猫的侵袭。减少或不与犬、猫亲密接触可以降低人类感染风险。

第六节　孟氏迭宫绦虫病

孟氏迭宫绦虫病（spirometrosis）是由孟氏迭宫绦虫（*Spirometra mansoni*）寄生于犬、猫及人等小肠而引起的人兽共患寄生绦虫病，也称为孟氏裂头绦虫病，犬、猫、虎、豹、浣熊、狐狸等也可以感染。虫体的幼虫裂头蚴（sparganum）可以感染人等，引起裂头蚴病（sparganosis）。孟氏迭宫绦虫病主要分布于亚洲，我国各地有报道，南方地区报道较多。

一、病原

（一）病原形态

孟氏迭宫绦虫属于绦虫纲双叶槽科（Diphyllobothriidae）迭宫绦虫属（*Spirometra*）。近年的研究发现，分布于亚洲的迭宫绦虫属虫体有 2 种基因型，基因Ⅰ型在亚洲分布最广，孟氏迭宫绦虫和已经报道的其他种均为基因Ⅰ型；基因Ⅱ型仅分布于日本和韩国，可能代表一个未被描述的种。亚种虫体与分布于欧洲的欧猥迭宫绦虫（*S. erinaceieuropaei*）具有明显的不同。

（1）成虫：一般长 40～60cm，最长可达 1m。头节指状，背腹各有一纵行的吸槽。体节宽度大于长度。子宫有 3～5 次或更多的盘旋，子宫孔开口于阴门下方（图 9-3）。

（2）虫卵：淡黄色，椭圆形，两端稍尖，有卵盖，大小为（52～76）μm×（31～44）μm。

（3）裂头蚴：呈乳白色，扁平，不分节，前端具有横纹，大小为 0.3～105cm。

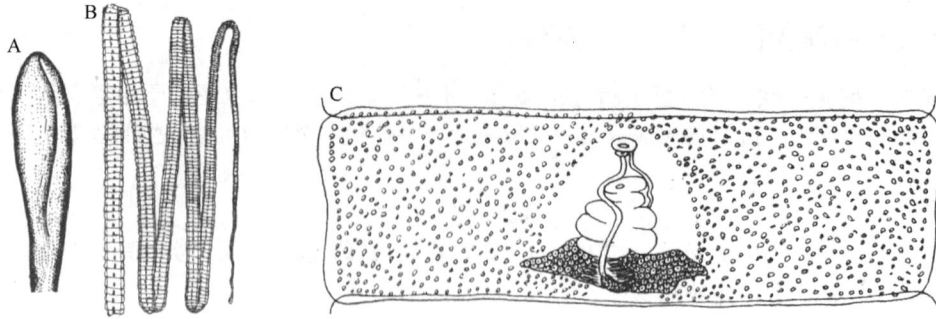

图 9-3　孟氏迭宫绦虫（仿 Soulsby，1982）

A. 头节；B. 链体；C. 孕节

（二）生活史

孟氏迭宫绦虫的生活史需要 2 个中间宿主。虫卵从孕节子宫孔产出，随终末宿主的粪便排至体外，在水中经 3～5 周于卵内发育为钩球蚴。钩球蚴孵出后游于水中，被第一中间宿主剑水蚤食入，在其体内发育为原尾蚴。含原尾蚴的水蚤被第二中间宿主蝌蚪吞食后，在其体内发育成裂头蚴。当蝌蚪发育为成蛙时，幼虫迁移至蛙的大腿、小腿等处肌肉内。当犬和猫等终末宿主吞食了含有裂头蚴的青蛙等第二中间宿主时，裂头蚴便在其小肠内发育为成虫，需时约 3 周。

两栖类、爬行类、鸡、猪、野猪等是孟氏迭宫绦虫的转续宿主。转续宿主捕食蛙类后，虫体以裂头蚴的形式寄生在腹腔、肌肉、皮下等处，不能发育为成虫。终末宿主吞食转续宿主也可以造成感染。

二、流行病学

犬、猫等终末宿主因食入第二中间宿主或转续宿主而受感染。

猪感染裂头蚴可能是吞食蛙及蛇肉引起的。猪体内的裂头蚴一般有数厘米到 20cm 长。多在腹腔网膜、肠系膜、脂肪及肌肉中寄生，有时数目很多，可达数十条。

人感染裂头蚴是饮入含有水蚤的生水或食入生的或未熟的第二中间宿主蛙或其他转续宿主的肉类而引起。在人体内，裂头蚴可以移行到皮下组织，特别是大腿、胸部、腹部、腹股沟和阴囊等处，并形成结节，也可以移行到中枢神经系统、胸腔、腹腔、肺、心、眼等处，引起严重的裂头蚴病。裂头蚴在人体内偶尔可以发育为成虫，引起迭宫绦虫病。

犬、猫孟氏迭宫绦虫病世界各地均有报道，但多发于亚洲地区。我国猫的自然感染率为 0.9%～69%，犬的为 0～77.9%。

蛙类感染裂头蚴在我国部分地区比较普遍，如河南泽蛙的自然感染率为 32.5%，广东市售食用蛙的感染率为 40.4%。

人的孟氏迭宫绦虫病在亚洲多个国家均有报道。

三、症状与病理变化

成虫感染犬、猫主要引起消化道症状，多表现为腹泻、便秘、流涎、皮毛无光泽、消瘦及发育受阻等。人孟氏迭宫绦虫感染时有腹痛、恶心、呕吐等轻微症状。

裂头蚴病对动物和人危害较大。裂头蚴寄生部位形成包囊，致使局部肿胀，甚至发生脓肿。包囊直径 1～6cm，内有裂头蚴 1～10 条。猪严重感染裂头蚴时，寄生部位可见发炎、水肿、化脓、坏死等。

裂头蚴寄生人体多个部位，分别引起眼、皮下、口腔、颌面部、脑和内脏裂头蚴病，危害严重。皮下裂头蚴病会出现结节隆起、瘙痒并有虫爬感。眼裂头蚴病患者眼睑红肿、结膜充血、畏光流泪，严重者角膜溃疡。侵入淋巴管时，引起浮肿或象皮肿。

四、诊断

可根据临床症状做出初步判断，确诊需要进行实验室诊断。

实验室诊断可进行粪便检查，发现虫卵或虫体节片可做出诊断。必要时可驱虫诊断。

裂头蚴病的诊断需要从感染部位检出裂头蚴。

也可进行分子生物学诊断。主要方法是 PCR。检测的虫体靶基因主要为 *ITS-1*、线粒体 *cox1* 和 *nad1* 等。分子生物学诊断技术可以用于检测粪便虫卵和裂头蚴。

五、防治

犬、猫孟氏迭宫绦虫病可用吡喹酮、甲苯咪唑等驱虫治疗。裂头蚴病可用手术摘除，也可以用上述驱虫药物治疗，但效果可能有限。

预防的主要措施是在流行区对犬、猫定期驱虫，防止和减少病原散布。人不喝生水，不生食蛙、蛇等，以防感染。

第七节　犬、猫蛔虫病

犬、猫蛔虫病是由犬弓首蛔虫（*Toxocara canis*）、猫弓首蛔虫（*T. cati*）和狮弓蛔虫（*Toxascaris leonina*）寄生于犬、猫小肠而引起的寄生线虫病，是犬、猫常见的寄生虫病，可引起幼犬和幼猫发育不良，严重时可致其死亡。犬弓首蛔虫和猫弓首蛔虫均可以感染人，具有一定公共卫生意义。

一、病原

（一）病原形态

犬弓首蛔虫和猫弓首蛔虫属于线形动物门蛔科（Ascarididae）弓首属（*Toxocara*），狮弓蛔虫属于弓蛔属（*Toxascaris*）。近年来分子系统学分析认为狮弓蛔虫可能是混合种，不同宿主的狮弓蛔虫具有宿主特异性。

（1）犬弓首蛔虫（*T. canis*）：头端有 3 片唇。颈侧翼较长（图 9-4A）。雄虫长 5～11cm，尾端弯曲，肛门后有数对具短柄的乳状突。雌虫长 9～18cm，阴门位于虫体中部靠前。卵短椭圆形，有厚壳，表面有点状凹陷，大小为（68～85）μm×（64～72）μm。寄生于犬、狼、狐、獾、啮齿动物和人。

（2）猫弓首蛔虫（*T. cati*）：形态与犬弓首蛔虫相似，但较小。颈翼前窄后宽，使虫体前端如箭簇状（图 9-4B）。虫卵与犬弓首蛔虫卵相似，大小为 65μm×70μm，虫卵表面有点状凹陷。寄生于猫、狮、豹，偶尔也寄生于人体。

（3）狮弓蛔虫（*T. leonina*）：成虫体前端向背方弯曲，颈侧翼狭长，窄叶状，食道无分割的膨大部（图 9-4C）。雄虫长 3～7cm，雌虫长 3～10cm，阴门开口于虫体前 1/3 与中 1/3 交界处。虫卵卵圆形，表面光滑，无点状凹陷。寄生于猫、犬、狮、虎、美洲狮、狐、狼、豹等猫科和犬科动物。

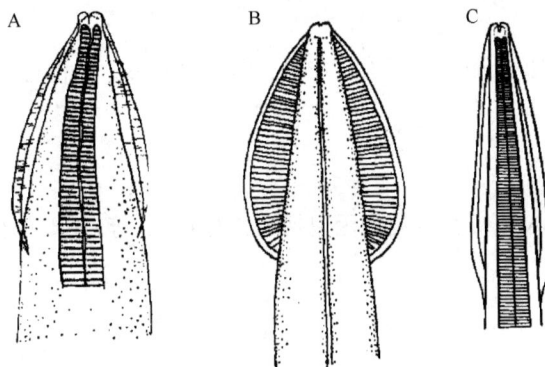

图 9-4　犬、猫蛔虫头部（仿 Yamaguti，1958）

A. 犬弓首蛔虫；B. 猫弓首蛔虫；C. 狮弓蛔虫

（二）生活史

犬弓首蛔虫的生活史复杂。虫卵随粪便排出体外后，在适当的条件下，经 10～15d 发育为感染性虫卵。3 月龄以下幼犬吞食感染性虫卵后，在肠内孵出幼虫（L2），然后经血流进行与猪蛔虫相似的移行，经肝入肺，在肺中发育为 L3，L3 经气管至咽部，被吞咽后进入小肠，发育为成虫，共需时 4～5 周。5 周龄以上犬感染后，幼虫移行至体内各组织器官，发育为 L2，并形成包囊，不再进行发育。母犬怀孕后，组织包囊内的 L2 被激活，通过血液循环穿过胎盘感染胎儿，在肺部和胃部发育为 L3，幼犬出生后在肠内发育为成虫。

猫弓首蛔虫的生活史与猪蛔虫相似，需要经"气管路径"移行。蟑螂、蚯蚓、鼠、鸡、犬、小羊等可能是猫弓首蛔虫的转续宿主。

狮弓蛔虫的生活史较为简单。虫卵在外界环境中发育成含有 L3 的感染性虫卵。虫卵被犬、猫吞食后，幼虫逸出并钻入肠壁内发育，其后返回肠腔，经 3～4 周发育为成虫。鼠、大鼠、豚鼠等是狮弓蛔虫的转续宿主。

二、流行病学

犬、猫感染犬弓首蛔虫、猫弓首蛔虫和狮弓蛔虫主要是食入感染性虫卵而引起，食入转续宿主也可以造成感染。犬弓首蛔虫 L2 可以在宿主体内形成包囊，并长期存在，当犬怀孕后可以垂直传播，造成新生幼犬的先天感染。猫弓首蛔虫可经初乳传播。

犬弓首蛔虫、猫弓首蛔虫和狮弓蛔虫均呈世界性分布，犬、猫感染非常普遍。全球犬和猫的感染率分别为 2.9% 和 3.4%，其中流浪犬和猫的感染率更高，均高于 7%。

犬弓首蛔虫和猫弓首蛔虫均可感染人，因此，被认为是人类健康的重要威胁因素之一，应高度重视。

三、症状与病理变化

犬、猫蛔虫病的临床症状主要发生在幼犬和幼猫，主要表现为渐进性消瘦，食欲不振，黏膜苍白，呕吐，吐出物有恶臭，异嗜，消化障碍，下痢或便秘，粪便带有黏液，生长发育受阻。有时会出现咳嗽并分泌大量鼻涕。幼虫移行时可引起神经症状。

成虫寄生时刺激肠道，可引起卡他伴肠炎和黏膜出血。当宿主发热、怀孕、饥饿或饲料成分改变时，虫体可能窜入胃、胆管或胰管。严重感染时，常在肠内集结成团，造成肠阻塞或肠扭转、肠套叠，甚至肠破裂。幼虫移行时损伤肠壁、肺毛细血管和肺泡壁，引起肠炎或肺炎。蛔虫的代谢产物对宿主有毒害作用，能引起造血器官和神经系统的中毒和过敏反应。

四、诊断

可根据临床症状做出初步判断，确诊需要进行实验室诊断。实验室诊断的方法主要有病原学诊断和分子生物学诊断。

（一）病原学诊断

根据临床症状可以做出初步判断。粪便检查发现虫卵即可确诊。粪便检查方法可用直接涂片法和饱和盐水漂浮法。必要时可进行驱虫诊断。

（二）分子生物学诊断

主要检测粪便中的虫卵 DNA。常用的靶基因包括 *ITS-1*、*ITS-2* 等。主要的检测方法包括实时定量 PCR、PCR-RFLP 和 PCR-RAPD 等。

五、防治

驱虫治疗可用哌嗪化合物、左旋咪唑、芬苯达唑、甲苯咪唑、阿苯达唑、噻苯达唑等。

预防措施主要是对犬、猫定期驱虫，注意环境卫生，保持食物和食槽清洁，粪便及时清扫并进行无害化处理。人类应注意个人卫生，防止食入感染性虫卵。

第八节　犬、猫钩虫病

犬、猫钩虫病（ancylostomiasis）是由钩口科（Ancylostomatidae）钩口属（Ancylostoma）、弯口属（Uncinaria）和板口属（Necator）的线虫寄生于犬、猫小肠而引起的寄生线虫病。某些虫体也可感染人，是一种人兽共患病。我国各地均有发生，是犬，尤其是工作犬最严重的寄生虫病之一。

一、病原

（一）病原形态

钩口科虫体共有的主要形态特征是具有大的口囊，头部向背面弯曲。雄虫交合伞发达，雌虫阴门靠近尾端。雌、雄虫常常处于交合状态，成对存在，形成"T"形。虫卵具有典型圆线虫虫卵特征，粪便中虫卵处于桑葚胚发育阶段。

（1）犬钩口线虫（A. caninum）：成虫灰色或淡红色。口囊大，腹侧口缘上有 3 对大齿。口囊深部有 1 对背齿和 1 对侧腹齿。雄虫长 10~12mm，宽 0.36mm；雌虫长 15~22mm，宽 0.5mm，有尖尾。卵大小为 64μm×39μm，含 8 个卵细胞。其寄生于犬、狐、狼、熊、美洲郊狼及其他食肉动物，为犬常见钩虫。偶发生于人。

（2）管形钩口线虫（A. tubaeforme）：与犬钩口线虫相似，但体形较小。口囊内有 3 对侧腹齿，比犬钩口线虫的齿更大。交合伞较小。雄虫长约 10mm，雌虫长 12~15mm。卵大小为 61μm×39μm。其为猫常见钩虫。幼虫能引起人体匐行疹。

（3）巴西钩口线虫（A. braziliense）：口缘腹侧有 1 对大齿和 1 对小齿。雄虫长约 7.5mm，交合伞侧肋叶比腹肋叶长。雌虫长 9~10mm。卵大小为 53μm×36μm。其分布于南美洲、非洲和亚洲，寄生于犬、猫、狐狸和其他野生犬科动物。幼虫可侵入人体导致皮肤匐行疹，但不易在人肠道内发育为成虫。

（4）锡兰钩口线虫（A. ceylanicum）：形态与巴西沟口线虫相似，最主要的区别在于锡兰钩口线虫口囊内 1 对大齿更大，交合伞侧肋叶不如巴西钩口线虫的长。虫卵与巴西钩口线虫相似。其寄生于犬、猫、虎、狮、豹、浣熊和人等。

（5）狭头弯口线虫（U. stenocephala）：虫体呈淡黄色，两端稍细，较犬钩口线虫小。头部弯向背面，口囊发达，其腹面前缘有一对半月形切板，接近口囊底部有 1 对亚腹侧齿。雄虫长 5~8.5mm，雌虫长 7~12mm。虫卵与犬钩口线虫的相似。其感染猫、犬、狐狸和狼等。幼虫可致人体匐行疹。

（6）美洲板口线虫（N. americanus）：虫体圆筒状，头端弯向背侧，口囊呈亚球形，口孔周围有 8 个乳突，每侧各 4 个。口孔腹缘有 1 对半月形切板，底部有 2 个三角形亚腹侧齿和 2 个亚背侧齿。雄虫长 7~9mm，雌虫长 9~11mm。虫卵大小为（60~76）μm×（30~40）μm。其寄生于犬、猫、猪、人和其他灵长类。

（二）生活史

虫卵随犬、猫等粪便排到外界，在适宜的温度和湿度条件下发育，孵化出幼虫，幼虫经两次蜕化发育为感染性幼虫 L3，从虫卵排出到发育为 L3 需要 5d。L3 随饲料或饮水被犬、猫等摄食或主动钻进皮肤而造成感染。皮肤感染是 L3 通过毛孔或薄嫩的皮肤侵入宿主体内。之后幼虫经血流到肺，发育为 L4，然后穿破毛细血管壁和肺组织，移行到肺泡及小支气管、支气管、气管和喉咽。在咽喉部咽下后返回肠腔，发育为成虫。犬钩口线虫的一部分虫体移行到肺后，并不进一步发育，而是经血液循环移行到肌肉，进入休眠状态。母犬怀孕后期，肌肉中的幼虫被激活，进入乳腺，引起经母乳传播。经口感染时，幼虫可进入血流，进行经肺移行，也可钻进胃壁或肠壁，经一段时间的发育后重返肠腔发育为成虫。感染后第 8 天，虫体开始吸血。感染后 2~3 周，雌虫开始产卵。

狭头弯口线虫经口感染后不进行移行，在肠腔发育为成虫。经皮肤感染后，虫体多不能发育为成虫。鼠等啮齿动物可以作为犬、猫钩虫的转续宿主。

二、流行病学

犬、猫各种钩虫的感染途径大致相同，可以经口感染，也可以经皮肤感染。食入转续宿主也可以导致感染。犬钩口线虫还可以经母乳感染。

犬、猫钩虫病为世界性分布。亚洲犬的感染率可以达到 41%，猫为 26%。

犬、猫钩虫病在我国各地均有发生，广东犬和猫的感染率分别为 20.23% 和 15.26%。在不同的虫体中，犬钩口线虫的致病性最强，是犬最严重的致病性寄生虫之一。

多种犬、猫钩虫可以感染人，具有重要公共卫生意义。特别是钩虫幼虫侵入人的皮肤后，往往引起明显的病理变化，危害较为严重。

三、症状与病理变化

犬钩口线虫的致病性强，对幼犬危害严重。成年犬少量感染时，一般不显症状。幼犬即使只感染少量虫体，也可能发病。主要症状为贫血和稀血症，黏膜苍白，极度消瘦，毛粗干，腹泻与便秘交替发生，粪便带血，可导致死亡。

幼虫侵入皮肤可引起皮炎。侵入肺泡，引起局部出血和炎性病变，出现咳嗽、发热、畏寒等症状。

成虫吸着在肠黏膜上吸血，同时不停地从肛门排出血液，造成出血、溃疡。虫体可分泌抗凝素，使吸血部分伤口不易凝血愈合。虫体有变换吸血部位的习性，以致伤口失血更多。由于慢性失血，宿主体内的铁质和蛋白质不断消耗。多量虫体寄生时，使宿主出现严重的缺铁性贫血。剖检病犬可见贫血和稀血症，小肠肿胀，黏膜上有出血点，肠内容物混有血液，可见有多量虫体吸着在黏膜上。

四、诊断

根据临床症状可以做出初步诊断。确诊需要进行实验室诊断。

（一）病原学诊断

主要检查粪便中虫卵。检查方法可用直接涂片法或漂浮法，发现大量虫卵即可确诊。

（二）免疫学诊断

主要检查粪便中的虫卵抗原。常用方法为 ELISA，其敏感性需要进一步提高。

（三）分子生物学诊断

主要检测粪便中的虫体 DNA。检测方法包括实时定量 PCR、巢式 PCR 等。检测的主要靶基因为 *ITS-1*、*ITS-2* 和 *5.8S rDNA* 等。该方法敏感性高，也可用于虫体种类鉴定。

五、防治

驱虫治疗药物主要有伊维菌素、噻咪啶、左旋咪唑、阿苯达唑、甲苯咪唑等。

预防应注意犬、猫舍干燥，清洁卫生，定期消毒。犬粪应立即清除，不使其污染地面和垫料。用具也应定期消毒。成年犬与幼犬分离饲养。

第九节　犬恶丝虫病

犬恶丝虫病（dirofilariasis）是由犬恶丝虫（*Dirofilaria immitis*）寄生于犬的右心室和肺动脉而引起的寄生线虫病，也称为心丝虫病（heartworm disease）。该病以循环障碍、呼吸困难及贫血等为特征，猫、狐、狼、虎等动物也能感染。人也可感染，引起肺部及皮下结节。

一、病原

（一）病原形态

犬恶丝虫属于丝虫科（Filariidae）恶丝虫亚科（Dirofilariinae）恶丝虫属（*Dirofilaria*）。犬恶丝虫成虫头部圆形，口部无唇，但周围有 6 个不显著的小乳突。体表无纵纹。雄虫长 120～200mm，尾部螺旋状，短而钝圆，有窄的尾翼，有 11 对乳突，肛前 5 对，肛后 6 对。有两根不等长的交合刺，左侧的长，末端尖；右侧的短，相当于左侧的 1/2 强，末端钝圆。雌虫长 25～30cm，尾部直。阴门开口于食道后端处。幼虫微丝蚴出现于血液中，没有鞘，（307～332）μm×6.8μm。

（二）生活史

犬恶丝虫生活史属于间接发育，犬、猫等是终末宿主，中华按蚊、白纹伊蚊、淡色库蚊等多种蚊是中间宿主。此外，微丝蚴也可在猫蚤与犬蚤体内发育。成虫寄生在动物右心室及肺动脉，偶寄生于胸腔和支气管。雌虫在寄生部位产出微丝蚴，并随血流带到身体各处。中间宿主蚊通过吸血方式感染微丝蚴，在其消化道内发育并移行到口器，进一步发育为感染性微丝蚴 L3。当蚊再次吸血时将感染性幼虫传播给终末宿主，造成感染。L3 通常先进入皮肤黏膜下层和肌肉组织，发育为 L4 和 L5。L5 进入血管，移行到心脏和主动脉，发育为成虫。从感染到血液中出现下一代微丝蚴大约需要 9 个月。

二、流行病学

犬、猫感染犬恶丝虫病主要是受到中间宿主蚊子的叮咬所致。该病为世界性分布，但主要分布于温带和热带。我国分布比较广泛，东北地区犬的感染率为 13%～15%，猫的感染率为 1.4%～8.4%。犬的临床病例时有报道。感染季节一般为蚊子最活跃的 6～10 月，感染高峰期为 7～9 月。感染率与年龄成正相关，年龄越大感染率越高。犬的性别、毛色等与感染率无关。饲养环境与感染率相关，室外饲养犬的感染率高于室内饲养犬。近年来，人的恶丝虫病有增加的趋势，引起了人们的高度关注。

三、症状与病理变化

临床症状的严重程度取决于感染的持续时间和感染程度及宿主对虫体的反应。

犬的主要症状为咳嗽，耐力下降，体重减轻，可伴有心悸、心内杂音，呼吸困难，体温升高，腹围增大等。后期贫血加重，逐渐消瘦衰弱而死。右心房和腔静脉中大量虫体寄生时可引起腔静脉综合征，出现食欲减退、黄疸等症状，可突然衰竭，发生死亡。病犬常伴有多发性结节性皮肤病，以瘙痒和结节破溃为特征，结节中心化脓，在其周围的血管内常见有微丝蚴。猫最常见的症状为食欲减退、嗜睡、咳嗽、呼吸痛苦和呕吐。其他症状为体重下降和突然死亡。右心衰竭和腔静脉综合征在猫中少见。

由于虫体的刺激作用和对血流的阻碍作用，以及抗体作用于微丝蚴所形成的免疫复合物的沉积作用，病犬可发生心内膜炎、肺动脉内膜炎、心脏肥大及右心室扩张，严重时静脉淤血导致腹水和肝肿大，肾可以出现肾小球肾炎。

四、诊断

根据临床症状可以做出初步诊断。确诊需要进行实验室诊断。

（一）病原学诊断

主要是检查血液中的微丝蚴。在外周血液内发现微丝蚴即可确诊。检查微丝蚴的较好方法是毛细管离心法和改良 Knott 试验。毛细管离心法是取抗凝血，吸入特制的毛细管内，用橡皮泥封住下端，离心后在显微镜下于红细胞和血浆交界处直接观察微丝蚴，或将毛细管切断，将所要检查的部分血浆置载玻片上镜检。改良 Knott 试验是取全血 1ml，加 2%甲醛 9ml，混合后 1000～1500r/min 离心 5～8min，弃上清液，取 1 滴沉渣和 1 滴 0.1%美蓝溶液混合，显微镜下检查微丝蚴。

（二）免疫学诊断

主要检查血液中成虫循环抗原。常用的方法有 ELISA 和免疫层析（ICT）。这些方法灵敏性较高，只要有 1 条成虫存在即可检出。

（三）分子生物学诊断

主要检测血液中的微丝蚴 DNA。常用的方法为传统 PCR 和多重 PCR。检测的靶基因为 *12SrDNA*、*ITS-1*

和 *ITS-2* 等。该方法极为灵敏，1ml 血液中仅需 4 个微丝蚴即可检出，适用于病原学诊断阴性犬。此外，胸部 X 线检查和超声波检查有助于确诊。犬 X 线检查特征性病理变化有肺动脉扩张、弯曲、明显隆起和心扩张等。猫最常见的 X 线病理变化是肺尾叶动脉扩张。成年动物右动脉 M 型超声波图转移到右心室最具诊断意义。

五、防治

驱虫治疗药物主要有阿维菌素、伊维菌素、依普菌素（eprinomectin）、莫昔克丁（moxidectin）、司拉克丁（selamectin）、米尔贝肟（milbemycinoxime）、乙胺嗪（diethylcarbamazine）等。

主要预防措施是防止蚊虫叮咬。在蚊虫出没季节可用伊维菌素药物预防。流行地区的犬应定期检查，发现微丝蚴及时治疗。

第十章 兔寄生虫病

第一节 兔 球 虫 病

兔球虫病是由艾美耳科艾美耳属一种或多种球虫寄生于兔肠道或肝胆管上皮细胞内而引起的一种寄生原虫病。该病呈世界性分布，给养兔业造成巨大经济损失。兔球虫病可分为肠型、肝型和混合型，临床上多为混合型。病兔表现为腹泻、食欲减退、消瘦，可因极度衰弱而死亡。兔球虫病在我国被列为三类动物疫病。

一、病原

（一）病原形态

已报道有 16 种艾美耳属（*Eimeria*）球虫可感染家兔，包括斯氏艾美耳球虫（*E. stiedai*）、中型艾美耳球虫（*E. media*）、大型艾美耳球虫（*E. magna*）、无残艾美耳球虫（*E. irresidua*）、肠艾美耳球虫（*E. intestinalis*）、盲肠艾美耳球虫（*E. coecicola*）、穿孔艾美耳球虫（*E. perforans*）、小型艾美耳球虫（*E. exigua*）、维氏艾美耳球虫（*E. vejdovskyi*）、黄艾美耳球虫（*E. flavescens*）、梨形艾美耳球虫（*E. piriformis*）、新兔艾美耳球虫（*E. neoleporis*）、松林艾美耳球虫（*E. matsubayashii*）、那格浦尔艾美耳球虫（*E. nagpurensis*）、家兔艾美耳球虫（*E. oryctolagi*）和长形艾美耳球虫（*E. elongate*）。不同兔球虫孢子化卵囊形态见图 10-1。

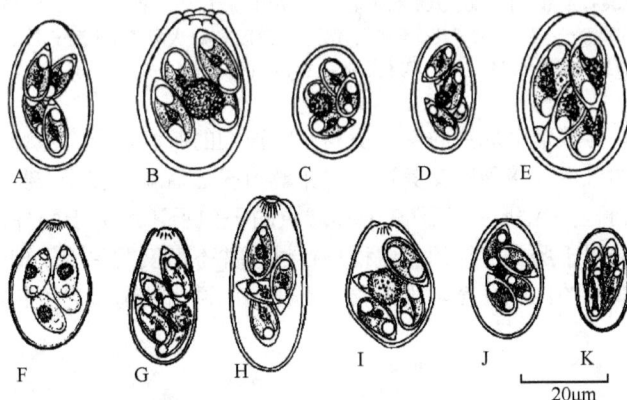

图 10-1 兔球虫孢子化卵囊（仿 Baker and Wharton，1952）

A. 斯氏艾美耳球虫；B. 大型艾美耳球虫；C. 穿孔艾美耳球虫；D. 中型艾美耳球虫；E. 无残艾美耳球虫；F. 梨形艾美耳球虫；
G. 盲肠艾美耳球虫；H. 长形艾美耳球虫；I. 肠艾美耳球虫；J. 松林艾美耳球虫；K. 那格浦尔艾美耳球虫

1. 斯氏艾美耳球虫　兔球虫中致病力最强的一种，寄生于肝胆管上皮细胞，导致严重的肝球虫病。卵囊较大，长圆形，呈淡黄色，大小为（26～40）μm×（16～25）μm。卵膜孔一端较平，有孢子囊残体，呈颗粒状。孢子囊呈卵圆形，有斯氏体。孢子化时间 41～51h，潜在期为 16d。

2. 中型艾美耳球虫　寄生于空肠和十二指肠，可引起较严重的球虫病。卵囊为中等大小，短椭圆形，淡黄色，有卵膜孔。大小为（18.6～33.3）μm×（13.3～21.3）μm，孢子化时间为 42～72h，潜在期为 6～7d。

3. 大型艾美耳球虫　寄生于小肠和大肠，致病力很强。卵囊较大，卵圆形，淡黄色，卵膜孔明显。大小为（26.6～41.3）μm×（17.3～29.3）μm。孢子化时间为 32～48h，潜在期为 7～8d。

4. 无残艾美耳球虫　寄生于小肠中部，致病力较强。卵囊为长椭圆形或卵圆形，淡黄色。卵膜孔明显，卵囊内无残体。大小为（25.3～47.8）μm×（15.9～27.9）μm，孢子化时间为 72～96h，潜在期为 7d。

5. 肠艾美耳球虫　寄生于小肠（十二指肠除外），致病力较强。卵囊为梨形，其窄端有显著的卵膜孔，孢子化卵囊内有 1 个明显的残体。大小为（24.7～31.0）μm×（17.8～23.3）μm，孢子化时间为 24～48h，潜在期为 10d。

（二）生活史

兔球虫的发育需经过裂殖生殖、配子生殖和孢子生殖 3 个阶段（图 10-2）。除斯氏艾美耳球虫和盲肠艾美耳球虫分别寄生于肝胆管上皮细胞和肠相关淋巴组织并在此进行裂殖生殖和配子生殖外，其余各种球虫随虫种不同寄生于不同肠段黏膜上皮细胞。

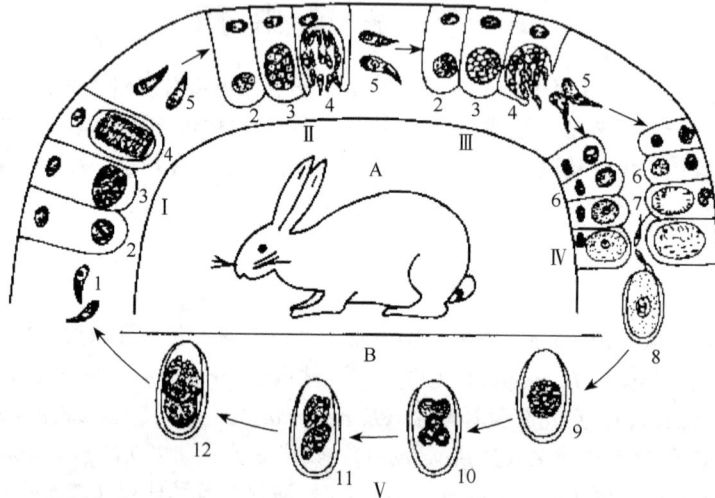

图 10-2　中型艾美耳球虫在兔肠上皮细胞内（A）及环境中发育（B）（仿蒋金书，2000）

Ⅰ. 第一代裂殖生殖；Ⅱ. 第二代裂殖生殖；Ⅲ. 第三代裂殖生殖；Ⅳ. 配子生殖；Ⅴ. 孢子生殖。1. 子孢子；2～4. 裂殖体发育的各个阶段；5. 第一代、第二代、第三代裂殖子；6. 大配子及小配子发育的各个阶段；7. 大配子和小配子正待结合；8. 合子；9. 孢子化卵囊；10～11. 卵囊的孢子化过程；12. 孢子化卵囊内含 4 个孢子囊，每个孢子囊内含 2 个子孢子

除小型艾美耳球虫外，对其他兔球虫的生活史均有较详细的研究。所有兔球虫的内生性发育均始于子孢子对十二指肠上皮细胞的入侵。接种肠艾美耳球虫卵囊 10min 后就可在十二指肠黏膜上皮发现子孢子，4h 后子孢子即可寄居于回肠上皮细胞。盲肠艾美耳球虫的子孢子还可见于肠外组织，如肠系膜淋巴结、脾，而肠艾美耳球虫则仅局限于肠上皮组织。这种移行过程并不仅仅发生于子孢子，黄艾美耳球虫的第一代裂殖体寄生于小肠，而其他的内生发育阶段则发生于盲肠，说明裂殖子也可长距离移行。

二、流行病学

各品种的家兔对兔球虫都有易感性，断奶后至 3 月龄的幼兔最为易感，死亡率也高，成年兔发病轻微。有些研究认为小于 20 日龄的兔不易感。该病通过采食和饮水而感染。仔兔因哺乳时食入母兔乳房污染的卵囊而被感染，幼兔通过吃草、吃料或饮水而被感染。此外，饲养员、工具、野鼠、苍蝇也可以机械地搬运球虫卵囊而传播该病。营养不良、兔舍卫生条件恶劣造成饲料与饮水被兔粪便污染，最易促成该病的发生。成年兔多为带虫者，在幼兔球虫病的传播中起着重要作用。该病流行时间视环境温度和湿度条件而定，一般多在温暖多雨季节流行，如果兔舍内温度经常保持在 10℃ 以上时，则随时可能发生球虫病。

三、症状与病理变化

球虫对上皮细胞的破坏、有毒物质的产生以及肠道细菌的综合作用是该病的主要致病因素。病兔的中枢神经系统不断地受到刺激，使其对各个器官系统的调节功能发生障碍，从而呈现出各种临床症状。

胆管和肠上皮受到严重破坏时，正常的消化过程出现紊乱，从而造成机体的营养缺乏、水肿，并出现稀血症和白细胞减少。肠上皮细胞的大量崩解，造成有利于细菌繁殖的环境，导致肠内容物中产生大量的有毒物质被机体吸收后发生自体中毒。临床上表现为痉挛虚脱、肠膨胀和贫血等。

（一）症状

按球虫种类和寄生部位不同，将兔球虫病分为三型，即肠型、肝型和混合型，临床所见多为混合型。兔球虫病的典型症状为食欲减退或废绝、精神沉郁、动作迟缓、伏卧不动、眼鼻分泌物增多、唾液分泌增多、口腔周围被毛潮湿、腹泻或腹泻和便秘交替出现、病兔尿频或常作排尿姿势、后肢和肛门周围被粪便污染。病兔由于肠胀、膀胱积尿和肝肿大等原因而呈现腹围增大，肝区触诊有痛感。病兔虚弱消瘦，结膜苍白，可视黏膜轻度黄染。在发病的后期，幼兔往往出现神经症状，四肢痉挛、麻痹，多因极度衰弱而死亡。死亡率一般为 40%～70%，有时可达 80%。病程为 10 余天至数周。病愈后长期消瘦，生长发育不良。

（二）病理变化

尸体外观消瘦，黏膜苍白，肛门周围污秽。

肝球虫病的病变主要在肝。肝表面和实质内有许多白色或黄白色结节，呈圆形，如粟粒至豌豆大，沿小胆管分布。取结节作压片镜检，可以看到裂殖子、裂殖体、配子体和卵囊等不同发育阶段的虫体。陈旧病灶中的内容物变稠，形成粉粒样的钙化物质。在慢性肝球虫病时，胆管周围和小叶间部分结缔组织增生，使肝细胞萎缩，肝体积缩小（间质性肝炎）。胆囊黏膜有卡他性炎症，胆汁浓稠，内含许多崩解的上皮细胞。

肠球虫病的病变主要在肠道，肠道血管充血，十二指肠扩张、肥厚，黏膜发生卡他性炎症，小肠内充满气体和大量黏液，黏膜充血，上有溢血点。在慢性病例，肠黏膜呈淡灰色，上有许多小的白色结节，压片镜检可见大量卵囊，肠黏膜上有时有小的化脓性、坏死性病灶。

混合型球虫病可出现上述病变。

四、诊断

根据流行病学资料、临床症状及病理剖检，可做出初步诊断。

用饱和盐水漂浮法检查粪便中的卵囊，或将肠黏膜刮取物及肝病灶刮屑物制成涂片，镜检球虫卵囊、裂殖体或裂殖子等。如果在粪便中发现大量卵囊或在病灶中发现大量各个不同发育阶段的球虫，即可确诊为兔球虫病。

五、防治

（一）治疗

发生家兔球虫病时，可用下列药物进行治疗。

（1）磺胺间甲氧嘧啶（SMM）：混入饲料中连用 3～5d，隔 1 周，再用 1 个疗程。

（2）磺胺二甲基嘧啶（SM2）与三甲氧苄氨嘧啶（TMP）：按 5∶1 混合后混入饲料中，连用 3～5d，停 1 周后再用 1 个疗程。

（3）克球粉（clopidol）和苄喹硫酯（methylbenzoquate）合剂：商品名为 Lerbek。以此剂量混饲，可使卵囊排出量减少 80%，增重率提高 41%。

（4）氯苯胍（robenidine）：混入饲料中连用 5d，隔 3d 后再重复一次。

（5）杀球灵（diclazuril）：混入饲料中连用 1～2 个月，可预防兔球虫病。

（6）莫能菌素（monensin）：混入饲料中连用 1～2 个月，可预防兔球虫病。

（7）盐霉素（salinomycin）：混入饲料中连用 1～2 个月，可预防兔球虫病。

（二）预防

（1）养兔场应建在干燥向阳处，兔场要保持干燥，兔舍应保持清洁和通风。

（2）幼兔和成年兔分笼饲养，发现病兔立即隔离治疗。

（3）加强饲养管理，注意饲料及饮水卫生，及时清扫粪便，防止兔类污染草料和饮水。

（4）最好使用铁丝兔笼，笼底应有网眼，使粪尿流入下面的底盘之中，对兔笼等可用开水蒸气或火焰进行消毒，或将兔笼放在阳光下暴晒以杀死卵囊。

（5）合理安排母兔的繁殖，避免幼兔在梅雨季节断奶。

（6）在球虫病的流行季节，对断奶的仔兔，可在饲料中拌入药物（如杀球灵、氯苯胍、莫能菌素等），用以预防兔球虫病。

（7）接种疫苗。

第二节　兔豆状囊尾蚴病

兔豆状囊尾蚴病由豆状带绦虫（*Taenia pisiformis*）的中绦期——豆状囊尾蚴（*Cysticercus pisiformis*）寄生于兔的肝、肠系膜和腹腔内引起，其他啮齿动物也可寄生。因其囊泡形如豌豆而得名。感染量大可引起死亡，慢性型表现为消化紊乱和减重。

一、病原

（一）病原形态

成虫寄生于犬科动物的小肠内，虫体长可达 200cm，乳白色，头节上有吸盘和顶突及小钩 36～48 个。体节边缘呈锯齿状，故又称锯齿带绦虫（*Taenia serrata*）。孕节内子宫充满虫卵，每侧有 8～14 个侧支，虫卵大小为（36～40）μm×（32～37）μm。

（二）生活史

孕节或虫卵随犬粪排至体外，兔吞食被虫卵污染的饲料或饮水后，虫卵进入兔的消化道，在肝和腹腔处发育，约 1 个月形成囊泡，即豆状囊尾蚴。犬吞食含这类囊泡的内脏而被感染。在犬小肠内 35d、在狐狸小肠内 70d 发育为成虫。

二、流行病学

该病呈世界性分布，我国吉林、山东、陕西、浙江、江西、江苏、贵州、福建等 10 多个省（自治区、直辖市）均有该病发生。随着养兔业的发展，形成了家养动物犬和家兔之间的循环流行。城乡犬感染成虫是豆状囊尾蚴病的感染源。大量感染豆状囊尾蚴的家兔内脏未处理被抛弃，又成为城乡犬感染的主要因素。

三、症状与病理变化

病兔食欲下降，精神沉郁，喜卧，腹围增大，眼结膜苍白。大量感染时，可因急性肝炎死亡。剖检病变主要是肝的损伤。初期肝肿大，表面有大量小的虫体结节。后期虫体在肝表面出现，并游离于腹腔中，常见严重的腹膜炎，腹腔网膜、肝、胃、肠等器官粘连。

四、诊断

结合临床症状和流行病学进行综合诊断，可采用间接血凝反应判断。剖检肝及腹腔中发现豆状囊尾蚴确诊。豆状囊尾蚴为豌豆大小，透明囊泡，卵圆形，其囊内含有透明液体和一个小头节，大小为（6～12）mm×（4～6）mm。

五、防治

（一）治疗

尚无有效措施，可试用阿苯达唑或甲苯咪唑等药物。

（二）预防

对犬进行定期驱虫，防止犬类污染饲料和饮水；勿用病兔内脏喂犬，加强管理。

第三节　兔连续多头蚴病

兔连续多头蚴病是由连续多头绦虫（*Multiceps serialis*）的中绦期幼虫——连续多头（*Coenurus serialis*）寄生于中间宿主的肌间和皮下的结缔组织而引起的疾病。常见于兔和松鼠等啮齿动物。猿、猴和人由于误食了被犬科动物粪便污染的食物而被感染。

一、病原

蚴体形似鸡蛋，直径 4cm 或更大，囊内有液体，壁上有原头蚴。连续多头绦虫寄生于犬科动物的小肠中，虫体长 10～70cm，头节的顶突上有小钩 26～32 个，排成两行。孕节子宫侧支 20～25 对，虫卵（31～34）μm×（20～30）μm。有人认为连续多头绦虫与脑多头绦虫是同物异名。

二、流行病学

连续多头绦虫寄生于犬科动物的小肠内，随犬等的粪便排出的孕卵节片或虫卵污染了食物与饮水，被兔等中间宿主吞入而感染。六钩蚴在消化道内逸出，钻入肠壁，随血流到达宿主的肌间和皮下结缔组织，并逐步发育为连续多头蚴。最常寄生的部位是外嚼肌、股肌及肩部、颈部和背部的肌肉，偶尔也可寄生于体腔和椎管中。当犬科动物食入含连续多头蚴的兔肉时，其头节翻出并固着在宿主小肠黏膜上，逐渐发育为成虫。

该病呈世界性分布，主要的中间宿主为兔和鼠等啮齿动物，人偶然也可感染。

三、症状与病理变化

致病性弱，除非重度感染的病例。

四、诊断

在皮下触诊到有特征性包囊，死后剖检时可发现连续多头蚴包囊。连续多头蚴呈白色囊状，具薄而透明的膜，囊泡内充满透明液体。成熟时，有鸡蛋大小。囊内壁生长有许多逗点状白色的头节即原头蚴，呈簇状或链状排列，也有部分头节游离于囊液中。囊内外均可形成含有头节的子囊。

五、防治

（一）治疗

治疗可用外科手术的方法摘除包囊。有人用麝香草酚溶解于油质内，隔日注射一次，据称可使皮下包囊退化。另外，也可使用吡喹酮、阿苯达唑进行治疗。

（二）预防

预防应采取综合防治措施，对犬定期驱虫，对狼等进行驱虫或捕杀；有连续多头蚴的组织器官应销毁，禁止随意抛弃喂犬；严格管理犬，防止犬粪便污染兔舍及兔的饲料和饮水。

第四节　兔钉尾线虫病

兔钉尾线虫病又称兔蛲虫病。虫种学名为疑似钉尾线虫（*Passalurus ambiguus*），属尖尾科钉尾属，通常大量寄生于兔的盲肠和大肠内，无明显致病性。

一、病原

虫体半透明，雄虫长 4～5mm，尾端尖细似鞭状，有由乳突支撑着的尾翼。雌虫长 9～11mm，有尖细的长尾。虫卵壳薄，一边平直，一边圆凸，如半月形。大小为 90～103μm，排出时已发育至桑葚胚期。发育史属直接型，经口感染。感染性虫卵被兔摄食后，幼虫侵入盲肠黏膜的隐窝中，经过一段时间，发育为成虫。

二、流行病学

生活史属直接发育型，经口感染。兔吞食感染性虫卵后，幼虫在盲肠腺窝中发育为成虫。

该虫普遍寄生于各种兔，如雪兔、北极兔、欧兔、佛罗里达棉尾兔及穴兔的肠道内。

三、症状与病理变化

该虫无致病力或致病力甚小，一般不显示临床症状。

四、诊断

在粪便中查出虫卵或剖检时在盲肠和大肠中发现虫体可确诊。

五、防治

治疗可使用哌嗪化合物，也可用阿苯达唑。预防较困难，搞好兔舍卫生是主要手段，发现病兔及时驱虫和消毒，可通过剖腹取胎建立无虫兔群。

第五节　兔脑原虫病

兔脑原虫病是由兔脑原虫（*Encephalitozoon cuniculi*）（又名兔微粒子虫）寄生于兔等的脑、肾等处引起的一种分布广泛的慢性原虫病。宿主范围广泛，可危害鼠类、犬及人等，一般无临床症状。然而家兔和小鼠等实验动物中这种原虫的感染率很高（前者为 76%，后者为 50%），因此多年来这种隐性感染疾病给科研实验结果的判断造成很大的干扰。

一、病原

兔脑原虫病是在 1917 年由 Bull 首次发现的，其病原体是在 1922 年由 Wright 和 Craihead 检出的，1923 年 Levadit 等将其定名为脑原虫（*E. cuniculi*）。1960 年，Linson 等发现它与微粒子虫属（*Nosema*）非常相似，故改名为 *Nosema*。1972 年 Benirschke 等对 *Encephalitozoon* 与 *Nosema* 进行了对比研究，发现两者的生活史不同，而且超微结构迥异，故又重新恢复使用 *Encephalitozoon* 这一属名。

兔脑原虫在分类上属微孢子虫纲微孢子虫目微粒子虫科。成熟的孢子呈卵圆形或杆形，长 1.5～2.5μm，内有一核及少数空泡。囊壁厚，两端或中间有少量空泡；一端有极体，由此发出极丝，沿内壁盘绕。极丝常自然伸出。孢子可用吉姆萨染色、革兰氏染色或郭氏（Goodpasture）石炭酸品红染色。

二、流行病学

生活史尚未阐明，可能是通过二分裂方式或裂体生殖方式进行繁殖。自然感染途径目前还不十分清楚，通过口服传染性材料、鼻内接种和注射等胃肠外途径已使兔和小鼠的人工感染获得成功。接种小鼠和正常小鼠的接触也能引起传染，已发现感染兔的尿液中有兔脑原虫，通过口服有传染性的尿液也可传染该病。上述试验充分说明，通过传染性排泄物的横向传染可能是传播的重要方式。该病还可能存在纵向传染，因经剖腹取胎，置无菌环境中，饲养消毒饲料的兔仍发现有典型的病变和病原体，说明该病也可通过胎盘传染。

该病呈世界性分布，宿主范围很广，据报道已有小鼠、大鼠、仓鼠、多乳头小鼠、豚鼠、兔、棉尾兔、犬、猪和猴等多种哺乳动物出现过此虫的自然感染。还曾有人感染的报道。在宿主体内的存留时间，不同宿主种类有差异。

三、症状与病理变化

兔脑原虫侵入宿主体内，随血液循环到达肾组织，在肾小管上皮细胞内增殖，使上皮细胞产生病变。虫体及代谢产物释入管腔或周围组织，导致间质性肾炎。大脑是脑原虫侵蚀的主要靶器官之一。脑原虫随血液循环进入大脑，首先侵入大脑皮质，破坏神经细胞，形成非化脓性脑炎，并引起脑部其他病变。

本病通常无临床症状。兔有时可见到脑炎和肾炎症状，表现为惊厥、颤抖、斜颈、麻痹、昏迷和平衡失调等神经症状。常出现蛋白尿，病中期下痢。

感染兔在剖检时以肾病变最为常见。肉眼所见为肾表面有很多散在的针尖状白点或在皮质表面有大小为2～4mm的灰色凹陷区。如果肾脏广泛受害，则表面呈颗粒样外观。显微镜下所见为肉芽肿性肾炎，间质有不同程度的淋巴细胞和浆细胞浸润，同时伴有纤维化及肾小管变性和扩张。瘢痕常从皮质表面延伸到髓质。

肉芽肿性脑炎是该病的特征性病变。脑常有分布不规则的灶状肉芽肿，以中央区坏死和周围有淋巴细胞、浆细胞、小胶质细胞、上皮细胞，有时还有巨噬细胞的浸润为特征。非化脓性脑膜炎，尤其是脑损害相邻区域的非化脓性脑膜炎也是该病的一个特征。病变在脑的各个区域均可发生，但以血管周和脑室周最为常见。其他组织的病变虽很少见，但局灶性的非化脓性肝炎和心肌炎已有报道。

小鼠呈现的病变为慢性、弥漫性脑膜脑炎，显微镜下常见到的为血管周围浸润和小神经胶质细胞结节，但肉芽肿很少见。受感染的小鼠群中往往50%以上可见这些病变。同样的病变也见于肺、肾、肾上腺和其他组织，死亡率一般极低。

在多数情况下，病变部较难找到虫体。在肾中，虫体常位于髓质部的肾小管细胞内或游离于管腔中。急性病变的肾中虫体较多，慢性间质性肾炎肾中虫体较少。有时脑中虫体成堆地出现于肉芽肿的坏死中心，或个别出现于胶质细胞积聚区域或脑膜内。

四、诊断

结合临床症状及明显病变（脑和肾特征性病变）可初步诊断，确诊从组织切片或尿液中查出病原。也可用待检兔的组织悬液和体液应用小鼠腹腔接种法来诊断。为保证感染成功，小鼠应注射可的松。试验必须设有足够的对照，因为小鼠可能有该病的隐性感染，如接种后2～3周内小鼠出现腹水，可取腹水制成抹片，经吉姆萨染色后镜检。

目前也可用免疫荧光试验检查抗体（以组织培养的虫体作为抗原），或用皮内试验检查。

兔脑原虫滋养体在组织切片中见到的大小为（2.0～2.5）μm×（0.8～1.2）μm，在涂片中见到的大小为4.0μm×2.5μm（平均2.0μm×1.2μm）；呈直的或稍弯的杆形，两端钝圆，一端稍大于另一端，有时位于虫体中点或接近中点部稍收缩。偶尔可见圆形或卵圆形的虫体。核致密，圆形、卵圆形或带状，大小为虫体的1/4～1/3，偏于虫体一端。在神经细胞、巨噬细胞和其他组织细胞中可以发现虫体的假囊（虫体集落）内含100个以上的滋养体。假囊和滋养体在细胞外很难见到。

兔脑原虫与弓形虫可根据如下几方面进行区别。

（1）兔脑原虫的滋养体形态呈卵圆形，大小相对弓形虫小；弓形虫的滋养体形态呈月牙形，大小为3μm×6μm。

（2）兔脑原虫的包囊为假囊，不规则形，无囊壁；弓形虫的包囊为球形，有明显囊壁。

（3）染色鉴别：用HE染色，兔脑原虫不易着色，而弓形虫中度着色；用革兰氏染色兔脑原虫呈阳性，而弓形虫为阴性；Goodpasture石炭酸品红染色，兔脑原虫为品红色，而弓形虫不着色；PAS染色兔脑原虫呈弱阳性（小颗粒），而弓形虫强阳性（大颗粒）。

五、防治

（一）治疗

治疗该病目前尚无有效的药物治疗。有人认为用烟曲霉素有效。

（二）预防

病兔生前不易诊断、能通过胎盘传染等因素都给防治工作带来很大困难。良好的卫生条件和消灭已感染的种用动物，对预防该病有帮助。有人建议用经组织学检查证明没有该病的母兔后代建立无病兔群，以防治该病。

第十一章　家蚕寄生虫病

第一节　蝇蛆病

家蚕蝇蛆病是由多化性蚕蛆蝇产卵于蚕体皮肤上，经过一段时间孵化成蛆后，钻入蚕体寄生而引起的蚕病。该病发生较为普遍。各蚕期都有发生，夏秋蚕期尤为严重。

一、病原

（一）病原形态

该病病原为双翅目寄生蝇科追寄蝇属（*Exorista* spp.）的蝇，主要包括多化性蚕蛆蝇（*E. sorbillans*）和家蚕追寄蝇（*E. bombycis*），另外还包括丝饰腹寄蝇（*Blepharipa sericariae*）、蓝黑栉寄蝇（*Ctenophorocera pavida*）和蚕饰腹寄蝇（*Blepharipa zebina*）。其属完全变态发育，经过卵、幼虫、蛹、成虫 4 个发育阶段。

（1）卵：呈乳白色长椭圆形，大小为（0.6～0.7）mm×（0.25～0.3）mm，背面隆起，腹面扁平，前部尖形，后部较钝，卵壳薄，有六角形卵纹。

（2）幼虫（蛆）：长圆锥形，淡黄色，由头部和 12 个环节组成，头部尖形，有角质化的口钩和视瘤各一对，第 2 环节两侧有前气门一对，第 11 环节腹面中央有一肛门，蛆体末端第 12 环节有黑色气门一对，体长 9～12mm，直径 4mm。

（3）蛹：幼虫化蛹不蜕皮，由蛆皮硬化或蛹壳呈圆筒形，初化蛹时呈淡黄色，最后呈栗壳色，有 12 个环节，节间界限不明显，长 7mm，体幅 3mm。

（4）成虫（蝇）：成虫雌大雄小，由头、胸、腹三部分组成。头，主要附属器官有单眼、复眼、触角和吻吸式口器。胸，分 3 节，每节腹面有足一对，背面有黑色纵线 4 条，中胸背面有翅一对。腹，呈圆锥形，共 8 个环节，外观 5 个环节，其余 3 个环节转化为生殖器，腹部背面有横裂斑纹，斑纹的颜色在每个环节上半部呈灰白色，下半部呈黑色，形似虎斑。

（二）生活习性

多化性蚕蛆蝇一年发生的世代数因气温的高低和寄生环境而有差异。寄生环境适宜，气温高，一年内完成的世代数就多，世代经过的时间就短；气温低，一年内完成的世代数就少，世代经过的时间也长。华东地区一年内完成 6～7 个世代，第一代约在 5 月下旬至 6 月上旬。华南地区气温较高，一年内可完成 12～14 个世代，1 月就有成虫羽化。华北地区相对气温较低，一年内完成 4～5 个世代，一个世代所经过的时间，在 25℃时为 25～30d，20℃以下需 35～40d。成虫期 6～10d，卵期 1.5～2d，幼虫期在 5 龄蚕体内寄生 4～5d，蛹期 10～12d，越冬卵在土中可长达数月，越冬卵蛹到下年春暖花开时开始羽化，羽化后通常栖息在树木花草间，摄取各种植物性液汁，刚羽化的蛆蝇，取食 1～2d 后，生殖腺已经成熟，就进行交配。交尾时间由数十分钟至 1h 以上，雌雄蝇均能多次重复交配，交尾后雄蝇逐渐衰弱而死。雌蝇经 1～3d 产卵，每只雌蝇一般产卵 400～500 粒，以最初 4d 产卵最多，以后逐渐减少，约经 1 周停止，产完后自行死去。每只雌蝇产卵数量的多少与蝇本身体质和当时的环境条件有关，高温晴朗、无风天气，产卵多；早晨、傍晚、阴雨天气，产卵少或不产卵。雌蝇产卵期间，感觉敏锐，接近蚕体后迅速产下 1～2 粒卵，随即离去，正常情况下不在同一蚕体上连续产多粒卵。

产在蚕体上的卵，在 25℃的环境下经 36～48h 孵化成幼蛆，钻入蚕体内寄生。进入蚕体内的幼蛆，经数小时后，由于蚕体组织防御功能的反应，血细胞堆积和体皮组织增生，形成一个漏斗状鞘套，包住幼蛆，蛆的气门紧贴在皮肤上，吸取体外空气进行呼吸。随着幼蛆的成长，蚕体上的病斑也渐渐扩大。

成熟的蛆有背光性和向地性，常钻入土层下 3～5cm 处或在裂缝中化蛹。从幼蛆成熟到化蛹，在夏秋高温时需 5～6h，春季约需 20h。化蛹后，幼虫的各种器官逐渐解体，经 11～24h，蛹体逐渐羽化成蝇出土，到最后一代以蛹越冬。

二、发病规律

该病是蚕体被蝇蛆寄生后引起的一种蚕病。除 1 龄不易被蝇蛆寄生外，其他各龄均能被蝇蛆寄生，蚕龄越大，被蝇蛆寄生的机会就越多，蝇蛆在蚕体内寄生的天数与蚕体的发育时期密切相关。例如，寄生在 4 龄蚕体内，寄生时间长；而寄生在 5 龄蚕体内，发育较快，寄生时间较短；在 5 龄前期寄生，蝇蛆多在上簇前脱出；在 5 龄中、后期寄生，蚕虽能上簇、营茧，而蝇蛆从茧内钻出形成蛆孔茧。

蝇蛆病发病率的高低与季节有一定关系，一般春季较少，夏、秋季节发病较多，夏、中秋蚕期外界气温较高，蛆蝇往往向阴凉地方栖身，蚕室是较理想的场所。晚秋特别到了大蚕期，外界气温相对较低，蛆蝇往往会向温暖地方趋集，蚕室是其理想的栖息之地。

三、症状

蚕体被蝇蛆寄生后，最明显的病症就是在寄生部位出现一个黑色大病斑。先是蚕蛆蝇产卵于蚕体表面，孵化后的幼蛆钻入蚕体内数小时后即出现病斑，起初较小，色淡，随着钻入蚕体内幼蛆的逐渐长大，病斑逐渐扩大，颜色也逐渐变成黑褐色，在病斑周围有油迹状轮廓，并常在出现病斑的环节上发生肿胀扭曲。蚕体表面每寄生一个蝇蛆就出现一个病斑，有的一条蚕体同时被多个蝇蛆寄生，黑斑初出现时，其上面黏附着一个淡黄色的蝇卵壳，当卵壳脱落后，可见一孔，即蛆体呼吸孔。被寄生蚕的死亡时间与蝇蛆寄生时间迟早有关，一般 3 龄或 4 龄被寄生的蚕，往往在冬眠中因不能蜕皮而死亡，死蚕呈黑褐色。5 龄被寄生的蚕，大部分不能上簇结茧。5 龄后期被寄生的蚕，能完成结茧化蛹，但不能化蛾。一般在化蛾前死亡。蝇蛆病蛹同样出现黑褐色病斑。蝇蛆咬破茧层而成蛆孔茧，被蝇蛆寄生的蚕有早熟现象，这种被蝇蛆寄生早熟的蚕常见到体色发紫。

四、诊断

根据黑色喇叭状病斑，周围体壁呈现油迹半透明状，并且随蛆体成长而增大；剖检病斑部，发现蝇蛆即可确诊。

五、防治

药物防治最常用的药物为灭蚕蝇。杀灭蝇蛆的实际有效剂量为每克蚕体重 5.5～23μg，只有在这个有效剂量范围内，才能对寄生的 1～3d 蝇蛆有良好的杀灭作用。具体方法有添食法和体喷法。生物防治主要是利用天敌来灭蚕蝇蛆，如大腿小蜂、巨胸小蜂。

预防：蚕期做好防蝇，大蚕期蚕室门窗加装防蝇装置，减少寄生蝇进入蚕室；对被害的早熟蚕分开上簇，并及时灭蛆、蝇；对蝇蛆、蝇蛹集中场所，及时灭蛆、蛹；蚕沙远离蚕室；发现蛆蝇蚕立即选出，进行淘汰或直接喷药液于蚕体灭蛆蛹。

第二节　蒲　螨　病

家蚕蒲螨病（又称壁虱病、虱螨病）是螨类寄生在家蚕体上，注入毒素、吸取体液而引起蚕中毒的一种急性蚕病。该病在我国许多地区都有发现，危害程度不一，特别是棉花种植地区尤为普遍，以春夏秋蚕受害较严重。危害家蚕的螨类有多种，其中主要是赫氏蒲螨。

一、病原

（一）病原形态

赫氏蒲螨（*Pyemotesherfsi oudemems*），别名虱状蒲螨或虱状羔螨，学名 *Pediculoides vantricosus* Newport，

属蛛形纲蜱螨目恙螨亚目虱螨科虱形螨属。

赫氏蒲螨属卵胎生，经过卵、幼螨、若螨、成螨 4 个阶段。卵、幼螨和若螨的发育阶段是在母体内完成的，刚从母体内产出的小成螨为淡黄色，雌雄异体。

（1）雌螨：初产出的雌螨体柔软透明，呈纺锤形，两端略尖，长 0.25mm、宽 0.082mm，头部小，略呈三角形，基部两侧着生 1 对气门，前肢体段两侧近于平直，后体段比前体段长 2 倍，分成 5 节向末端逐渐缩小，生殖孔位于末体段的末端，腹面呈纵沟状，体表及足疏生长毛。第 1 对足末端有锐爪，第 4 对足末端生肢毛 1 根，长约为体长的 3/5，与足呈直角。雄螨交配后便寻宿主寄生，吸取宿主体内营养逐渐生长发育。末体段膨大呈球形，直径为 1～2mm，叫大肚雌螨。大肚雌螨的体色因寄主的血色而异，一般呈淡黄色或黄褐色，表面具光泽，黏附性强。

（2）雄螨：椭圆形，长 0.18mm、宽 0.094mm，头部近圆形，前肢体段呈三角形，背面着生刚毛，无气管，仅有贮气囊。后体段呈拱形，前后缘直，末体段后缘背面有琴形板 1 块，板上有交配吸盘，第 1、2、3 对足与雌螨类似，第 4 对足末端有 1 对粗壮的爪。

（二）生活习性

赫氏蒲螨的繁殖世代数因温度及宿主不同而异。在自然温度条件下，江苏、浙江地区从 4 月下旬到 9 月底可完成 18 个世代。在温度 16～17℃下，完成一个世代需 17～18d，20～21℃需 14～15d，22～24℃需 10d，26～28℃需 7d。

交配和寄生卵在母体内孵化，发育成为成螨而产出，一头大肚雌螨可产成螨 100～150 头，先产雄螨后产雌螨，一般雌螨占 93%，雄螨占 7%。刚产出的雄螨并不离开母体而是群集在母体生殖孔附近等待雌螨产出进行交配。一头雄螨和若干头雌螨交配后，约经过 1d 死亡，交配后的雌螨行动活泼，爬行迅速，寻找宿主寄生，当雌螨寻找到适当的宿主寄生后，以其细针状锐利螫肢刺入宿主体内吸取体液，同时注入毒素使宿主中毒死亡。雌螨吸收宿主体内营养后发育成为大肚雌螨，大肚雌螨产完成螨后，球形的末体端萎缩，死亡。在适宜的温度、湿度条件下，寄生在蚕蛹上的雌螨可完成 2 个世代。

赫氏蒲螨寄生宿主非常广泛，鳞翅目、鞘翅目和膜翅目等昆虫的幼虫、蛹或成虫均可寄生。

赫氏蒲螨生长发育最适温度为 23～28℃，最适湿度为 70%～80%，在此温度、湿度范围内生长发育最好，30℃以上环境对其发育繁殖不利。赫氏蒲螨喜欢生活在阳光充足而又不直射的地方，在 10℃以下停止活动，以大肚雌螨或刚产下的雌成螨越冬。

二、流行情况

蒲螨对蚕的危害以棉、蚕混产区为多，粮、蚕混产区也有发生。收棉季节或非养蚕季节，常用蚕室堆放棉花或用蚕具摊晒棉花，蒲螨随寄主棉花红铃虫钻入蚕室、蚕具中越冬，待来年春季温度上升，通过各种途径进入蚕座，危害蚕体；此外，春、夏、中秋蚕期发生较多，晚秋蚕期发生较少，这与不同时期蚕室中蒲螨数量的消长变化有关。

蒲螨对家蚕的危害程度，因蚕的发育阶段不同而有差异。稚蚕期危害较大，眠蚕期危害更甚，蚕被侵害后的死亡快慢，与寄生蒲螨的数量多少、寄生时间的长短和蚕龄大小有关，寄生数量越多，寄生时间越长，蚕龄越小，死亡越快。进入蚕座中危害蚕的蒲螨一般不能在蚕座中完成一个世代。

三、症状

赫氏蒲螨能寄生在家蚕幼虫、蛹、成虫体上，受侵害的蚕一般有吐液、头部突出、胸部膨大、左右摆动等症状，有时也出现排连珠粪、体壁出现黑斑等症状。

各蚕期的病症表现不同。

（1）小蚕期。小蚕被赫氏蒲螨寄生后，病势急，停止食桑，排粪困难，静伏于蚕座中，口器与胸足微微颤动，痉挛苦闷，呈假死状，其后体色渐渐变黑，很快死亡，尸体不腐烂，死后大多数蚕头胸突出，也有表现体躯弯曲、吐液等症状。

（2）壮蚕期。蚕在壮蚕期被寄生后，死亡较慢，病症更为明显。起蚕被害，体躯缩短，皮肤起皱，并有脱肛现象；盛食期被害，头胸突出，吐水，身体软化伸长，节间膜附近往往有黑色斑点，排不正形粪或连珠粪或深褐色污液，有的蚕品种还有脱肛现象。尸体易腐烂。

（3）眠蚕被寄生后，其症状因其寄生的迟早及数量的不同而有差异，有的不能蜕皮，呈黑褐色而死亡，有的呈半蜕皮而死亡，有的能完成蜕皮但体躯缩小，呈黑斑蚕状。

（4）蛹。化蛹初期，蛹皮嫩薄最适宜蒲螨寄生，待蛹皮厚硬后，蒲螨不易寄生，多寄生在蛹体腹面和节间膜处，呈现较多的黑褐色斑点，并在环节间肉眼可见黄色大肚雌螨。被侵害的蛹，常不能化蛹，不到羽化时即死亡，尸体呈黑褐色，腹部凹陷，干瘪不易腐烂。

（5）蛾。蒲螨能寄生在蛾体的环节处，蛾体受侵害后，腹部硬度减弱，雄蛾发病后狂躁，雌蛾发病后产卵极少，产不受精卵，死卵增多。

四、诊断

根据病蚕、蛹、蛾各期症状进行鉴别。怀疑为该病时，可取蚕座内频繁摇动胸部的蚕放在盛有清水的碗内，或放在清洁的玻璃上轻轻振拍，然后用放大镜仔细观察水面上或玻璃上有无淡黄色针尖大小的螨在爬动。若看到大肚雌螨，可确诊为该病。

五、防治

蒲螨病是一种急性蚕病，被蒲螨侵害的蚕体几乎全部死亡，要以"预防为主"，结合浸烫、毒杀等措施进行综合防治。

严防寄主昆虫进入蚕室、蚕具，蚕室、蚕具不要堆放和摊晒棉花、麦草、稻谷、菜籽等物。对蚕室、蚕具消毒，杀灭蒲螨。如可用热水（75℃以上）烫 1min 或浸没在水中 2～3d，然后充分清洗暴晒。对放过棉花有病原存在的蚕室，要做好堵塞室内缝隙，既有利于保温消毒，又能堵死病原。经过烫浸洗的蚕具，在蚕室内用毒消散 $4g/m^3$ 进行熏烟消毒，兼杀雌螨、小螨。对养蚕用的稻糠、稻草充分暴晒清除蒲螨。蚕期中若发现蒲螨危害，可采取以下措施。

（1）将蚕搬出，用毒消散熏烟 2h 以上，然后打开门窗，30min 后把蚕搬进蚕室，将毒消散、滑石粉混合剂撒在蚕座上驱螨，1～3 龄 50～60 倍，4～5 龄 25～30 倍，及时除沙。

（2）使用烟熏剂，用 100g 木屑加 7～10g 硝酸钾，再加 50ml 50%杀虫灵，先将硝酸钾研碎，倒入木屑中充分拌匀，再加进杀虫灵，充分拌和，置于密闭避光的容器中按 2～3g/m³ 分数堆，将药直接倒在点燃的稻草堆上，关闭门窗。养蚕前使用，密闭 4h 以上；蚕期中使用，蚕可留在室内熏烟 20～30min 后打开门窗，烟排完后 15min 给桑。配药要均匀，用药量要准确，蚕期中熏烟处理要在安全浓度和安全熏烟时间内，以免发生中毒事故。

第十二章　蜂寄生虫病

第一节　孢子虫病

孢子虫病（nosemosis）是由孢子虫属（*Nosema*）的孢子虫引起的疾病，是蜜蜂中最严重和最广泛的疾病，是成年蜂的一种肠道疾病。工蜂、雄蜂和蜂王都能受害。在世界范围内发生。在我国，孢子虫病分布广泛，且发病率较高，经常与其他病原一起侵染蜜蜂，造成并发症，给蜂群带来很大损失。

一、病原

蜜蜂孢子虫病由蜜蜂微孢子虫（*Nosema apis*）和东方蜜蜂微孢子虫（*N. ceranae*）引起。东方蜜蜂微孢子虫在世界大部分地区的欧洲蜜蜂中占主导地位。2017 年在乌干达发现一种新的微孢子虫 *N. neumanni* 比其他两种微孢子虫更常见。

像其他微孢子虫一样，微孢子虫的孢子对环境具有较强的抵抗力，能够在宿主外存活长达数年。

孢子的外层由电子密集的外生孢子和电子透光的几丁质内孢子层组成，由薄的质膜与细胞分开。孢子内有一个细长的极管或极丝。极丝通过锚定盘附着在孢子的前端，其后是薄层型极质体（polaroplast）。孢子质由单个核和后液泡组成，后液泡在孢子的后半部分被极丝缠绕着。

微孢子虫孢子呈椭圆形或杆状，东方蜜蜂微孢子虫孢子长 5~7μm，宽 3~4μm；蜜蜂微孢子虫孢子长约 6.0μm，宽约 3.0μm。东方蜜蜂微孢子虫孢子内部极丝的圈数量为 18~21 个，而微孢子虫孢子超过 30 个。

孢子的生活史包括增殖期（裂殖生殖）、孢子生殖期（孢子生殖）和感染期（成熟孢子期）。当蜜蜂摄入被孢子污染的食物或水，并清洁被孢子污染的蜂巢时，它们就会被感染。虽然孢子的萌发机制尚未被明确阐明，但人们认为蜜蜂中肠的物理和化学条件可以产生渗透压，从而刺激孢子的萌发，包括从孢子中迅速排出极管。然后孢子穿透细胞膜并通过极管将感染孢子的内容物，即孢子质注射到蜜蜂中肠上皮细胞而感染宿主细胞。在宿主细胞的细胞质内，孢子质经过多次分裂产生增殖的裂殖体，裂殖体经过二分裂分化为孢子体（裂殖生殖）。每个孢子体分裂成两个孢子母细胞，孢子母细胞通过在孢子周围形成厚壁而成熟为孢子（孢子生殖）。反复增殖导致宿主细胞质完全充满孢子。在感染后的 2 周内，蜜蜂的中肠中可以发现3000 万~5000 万个孢子。成熟的孢子随中肠一起生长，感染邻近的细胞，或者通过细胞裂解被释放到中肠腔，并随粪便排泄到蜂房环境中。被孢子污染的食物、水、蜂巢等通过喂养和清洁活动在群中传播。

二、流行病学

孢子虫感染以多种方式影响蜜蜂的健康和表现。受影响的蜜蜂，包括成年工蜂、雄蜂和蜂王都容易感染孢子虫。然而，迄今为止，孢子虫感染对蜜蜂的病理影响研究主要集中在成年蜜蜂。

在蜜蜂个体水平上，感染蜜蜂微孢子虫或东方蜜蜂微孢子虫都与成年工蜂的行为和生理损害有关，包括免疫抑制、代谢异常、明显饥饿、精神紧张和认知能力下降，并最终导致预期寿命缩短。当年轻的守卫蜂受到感染时，它们的下咽腺会萎缩，导致它们生产蜂王浆的能力显著下降，甚至完全丧失。这导致受感染的守卫蜂跳过它们生命中的育雏阶段，开始早熟觅食。结果，蜂群中正常的行为被改变，最终导致成年蜂寿命缩短。

像蜂群中的其他蜂一样，雄蜂也会被微孢子虫感染。研究发现，东方蜜蜂微孢子虫感染的雄蜂比受感染的工蜂死亡率高，体重低，表明与雌性工蜂相比，雄蜂更容易感染微孢子虫。在感染微孢子虫雄蜂中，其能量水平、飞行活动和存活率下降。雄蜂的精液中也检测到微孢子虫，感染蜜蜂微孢子虫的老年雄蜂精子活力和寿命降低。然而，研究发现，雄蜂具有先天免疫，可以最大限度地减少孢子虫在其生殖组织中的传播。

孢子虫不仅会直接导致蜜蜂的严重疾病，还会破坏蜜蜂抵御疾病的生理和免疫屏障，使蜜蜂更容易被其他病原体感染。东方蜜蜂微孢子虫与病毒病原体相互作用，可导致更复杂的疾病，削弱蜂群的活力。微孢子虫和烟碱类杀虫剂间的协同作用与全球蜜蜂死亡率上升和健康下降有关。由东方蜜蜂微孢子虫引起的蜂病与美国和欧洲蜂群的衰退有关，并对蜂群的健康构成严重威胁。

在群体水平上，孢子虫自然感染对成年蜂群大小、育蜂、产蜜、蜂王更替和蜂群生存都有直接的负面影响。从历史上看，冬末和早春成年蜂群的减少通常与群落中孢子虫感染有关。在冬季的几个月里，被寒冷天气困在蜂巢里的受感染的蜜蜂可能会在蜂巢里排便。冬季的工蜂在清理蜂巢和维护蜂群的过程中，携带了含有孢子的粪便，并将孢子散布到整个蜂巢内部，从而造成感染。存在于蜂箱中的孢子通过粪-口传播成为蜂群中新的感染源。在春季和夏季，受感染蜜蜂的寿命是未受感染蜜蜂的一半，反过来导致蜂群性能显著下降，包括采集花蜜、产蜜、分泌蜂王浆和产卵量。这两种孢子虫不仅感染工蜂，也感染蜂群中的蜂王。当蜂王被感染时，会减少或完全停止产卵。感染微孢子虫的蜂王，卵黄原蛋白滴度、抗氧化能力和颚腺信息素的产生被显著改变，进而严重影响蜂王的生育能力、寿命和性能，从而导致蜂王被替代。自然更替通常发生在夏末或初秋，而没有蜂王的蜂群最终会逐渐减少并死亡。

蜜蜂微孢子虫和东方蜜蜂微孢子虫的季节消长和疾病动态差异较大。蜜蜂微孢子虫一年中春季感染率最高，夏季感染率最低，秋季流行率低但有一个小感染高峰，冬季感染明显增加，春季达到感染高峰。东方蜜蜂微孢子虫全年都有感染，没有流行的季节性。在自然条件下，两种孢子虫在流行病学和病理学上的差异可能是气候因素的影响所致，主要是温度对病原体生长和增殖的影响。两种孢子虫对温度的敏感性有显著的差异。东方蜜蜂微孢子虫比蜜蜂微孢子虫对低温更敏感，东方微孢子虫孢子在冰点下 1 周大约有 90% 失去感染性，而蜜蜂微孢子虫孢子仍保持 100% 的感染性。进一步通过细胞培养实验证实在 27℃ 和 33℃ 条件下，东方蜜蜂微孢子虫比蜜蜂微孢子虫有更高的增殖活性。所以蜜蜂微孢子虫在温带的北部国家更普遍，而东方微孢子虫在亚热带、南方国家有更高的感染率。

三、症状

孢子虫病常被称为"沉默杀手"，因为孢子虫感染的蜜蜂通常不表现出外部症状，而蜜蜂群的数量却显著减少。为更好地了解全球蜜蜂的健康，国际研究网络组织 COLOSS（Prevention of Honey Bee Colony LOSSes）将两种微孢子虫感染相关的疾病分别定义为：A 型微孢子虫病（由蜜蜂微孢子虫引起）和 C 型微孢子虫病（由东方蜜蜂微孢子虫引起）。A 型微孢子虫病急性表现为：爬行的蜜蜂，翅膀不相连，腹部肿胀，肠道呈乳白色，蜂箱入口有死蜂，蜂巢和蜂巢外部有棕黄色的粪便条纹。相比之下，C 型微孢子虫病的体征和症状不包括痢疾或爬行。相反，东方蜜蜂微孢子虫引起疾病的特征是免疫抑制、精神紧张、觅食活动减少、蜂蜜产量减少和群体生长不良，特别是在春季表现明显。

四、诊断

由于缺乏明显的疾病体征或症状，早期诊断孢子虫感染是困难的，特别是东方蜜蜂微孢子虫感染。确诊蜜蜂孢子虫感染需要确定孢子的存在和孢子虫的种类，包括病原学诊断、免疫学诊断、分子生物学诊断等。

传统是通过显微镜检查微孢子虫存在而确诊。通过收集在蜂巢入口觅食的蜜蜂，在水中碾磨可疑蜜蜂的腹部，滴一滴匀浆在载玻片上，然后在 400 倍物镜下检查。与守卫蜂相比觅食蜂更容易被东方蜜蜂微孢子虫感染。可用血细胞计定量测定微孢子虫的感染水平。

近年来，分子技术越来越多地应用于蜜蜂微孢子虫感染的检测、定量、物种分化和系统发育分析。PCR 选择性地扩增特异的目标序列，已成为诊断微孢子虫感染的一种常用方法。其他方法如扫描电镜、组织染色、ELISA 也被用于诊断和描述蜜蜂微孢子虫感染的特征。

五、防治

（一）治疗

烟曲霉素在治疗微孢子虫感染方面表现最好，在北美用于控制孢子虫病已经多年，但在欧盟由于缺少最大残留量的控制而被禁止使用。此外，烟曲霉素对哺乳动物有严重毒性作用。烟曲霉素能抑制孢子繁殖，但不会杀死既有孢子，因此用其治疗并不能清除微孢子虫，治疗结束后可能会复发。有证据表明，蜜蜂微孢子虫已经有对烟曲霉素的耐药性。由于生产问题，烟曲霉素已经退出市场。

过去 10 年中，人类在发现和测试治疗蜜蜂孢子虫病的新药物方面取得了重大进展。例如，开发了用 RNA 干扰（RNAi）技术来治疗该疾病的方法。使用草酸、甲酸、麝香草酚和白藜芦醇这些典型的抗寄生虫螨侵染的药物，都可显著降低孢子虫的增殖和侵染力，延长被侵染蜜蜂的寿命。

（二）预防

去除含有微孢子虫孢子的蜂巢、蜂箱工具和设备的污染是疾病预防过程的一个关键因素。可用次氯酸钠对其消毒，乙酸和环氧乙烷熏蒸都可灭活孢子。对东方蜜蜂微孢子虫可将蜂巢放入冰箱中以灭活孢子。良好的养蜂习惯也有助于控制微孢子虫感染和其他蜜蜂疾病。合适的蜜蜂健康管理措施，包括更换受污染的蜂房、引入新的蜂王、提供良好的营养，以及选择性培育抗病蜜蜂，将有助于维持健康的蜜蜂种群，降低疾病风险。

第二节　蜜蜂马氏管变形虫病

蜜蜂马氏管变形虫病是由蜜蜂马氏管变形虫引起的成年蜂病，我国于 1984 年发现。该病又称为阿米巴病，是世界性的蜜蜂成年蜂病，广泛发生于全球蜜蜂饲养区。在我国，中华蜜蜂与西方蜜蜂均发病，是成年蜂的常见病。马氏管变形虫病常与蜜蜂孢子虫病并发，并发的概率高于单独发生的概率，且并发后对蜂群的损害大大高于两病单独发生时的损害。

一、病原

蜜蜂马氏管变形虫病的病原为蜜蜂马氏管变形虫（*Malpighamoeba mellificae*），虫体寄生于成年蜜蜂的马氏小管中。病原发育分两个生长阶段，即变形虫（营养体阿米巴）阶段与孢囊阶段。变形虫阶段无固定形态；在蜂体外保持孢囊形态，孢囊为圆球形或椭圆形，孢囊大小为 5～8μm，孢囊外覆盖双层膜，光滑致密，不易染色，其内充满原生质。

孢囊与食料或水进入蜜蜂体内，到达马氏管后，形成营养体阿米巴。阿米巴从马氏管的上皮细胞里获取营养物质，繁殖迅速，充满马氏管，导致蜜蜂排泄功能障碍。在 30℃下经过 22～24d，阿米巴形成新的孢囊。孢囊可忍受低温、干燥等不良环境条件，能在蜂体外长久生存。

二、流行病学

阿米巴孢囊从马氏管排入肠腔，然后同粪便一起被排出体外，通过污染饲料、饮水、巢脾、蜂箱和土壤传播给健康蜜蜂。在秋季和早春季节该病感染率低，3～4 月是感染快速增长期，5 月达到感染高峰期，6 月以后突然下降。

因马氏管变形虫病与蜜蜂微孢子虫病的传播途径、发病季节相同，所以两种病常常并发。马氏管变形虫的感染在春季比蜜蜂微孢子虫约早 6 周，但在我国温暖地区，4～5 月有一个变形虫侵染、蜂群发病的明显高峰，接着突然下降。在仲夏之后，侵染几乎难以发现。在久雨初晴后，往往造成蜂群突然死亡，大量死蜂堆积在蜂箱内的底板上。

三、症状

从病蜂腹部拉出消化道，可见中肠前端变为红褐色；在显微镜下，可见马氏管变得肿胀、透明，可见管内充满珍珠般的孢囊，但被侵染的马氏管上皮可能萎缩。后肠膨大，积满大量黄色粪便。病蜂常聚集在巢箱的上框梁处，并有腹泻症状。春季发病时常见被感染的蜜蜂腹部膨胀拉长，爬出箱外，失去飞翔能力。腹部末端 2～3 节变为黑色。

四、诊断

取病蜂肠道上的马氏管作涂片检查，若发现马氏管膨大，近于透明状，管内充满如珍珠般孢囊；压迫马氏管时，见到孢囊散落在水中，即可确诊。

五、防治

预防和治疗同孢子虫病。

第三节　蜂　螨　病

在蜜蜂体和蜂巢内已经发现的螨类有 30 多种，在我国，对养蜂业危害严重的是属于厉螨科（Laelapidae）的大蜂螨和小蜂螨，是西方蜜蜂最严重的病害。蜂螨病被我国列为三类动物疫病。

一、病原

（一）病原形态

大蜂螨（*Varroa destructor*，原名 *Varroa jacobsoni*）：雌螨呈红褐色至深褐色，蜂体上肉眼可见；横椭圆形，长 1～1.8mm、宽 1.5～2mm。背面有背板覆盖，具有网状花纹和浓密的刚毛；腹面具有胸板、生殖板、肛板、腹股板和腹侧板等结构；刺吸式口器，螯肢角质化，不动指退化短小，动指长。足 4 对，短粗，末端均有钟形爪垫。雄螨卵圆形，较雌螨小，长 0.88mm、宽 0.72mm。卵乳白色，卵圆形，0.6mm×0.43mm，卵膜薄而透明，产下时即可见卵内含有 4 对肢芽的若螨。前期若螨乳白色，体表有稀疏的刚毛，有 4 对粗壮的足，体形由卵圆形渐变成近圆形，大小由 0.63mm×0.49mm 增大为 0.74mm×0.69mm。前期若螨蜕皮变为后期若螨，体形由心脏形变为横椭圆形，大小由 0.8mm×1.00mm 增大为 1.09mm×1.38mm。

小蜂螨（*Tropilaelaps clareae*）：雌螨呈浅棕黄色，卵圆形，前端略大，后端钝圆，长 1.03mm、宽 0.56mm，比大蜂螨小。背板密生刚毛。腹面、胸板前缘平直，后缘极度内凹呈弓形，前侧角长，伸达 1、2 基间；生殖板窄长条形，几乎达到肛板前缘；肛板钟形，肛门开口于中央。雄螨呈淡黄色，卵圆形，长 0.95mm、宽 0.56mm，背板与雌螨相似。腹面胸板与生殖板合并呈舌形，与肛板分离；肛板卵圆形。卵近圆形，0.66mm×0.54mm，卵膜透明。前期若螨乳白色，椭圆形，体背有细小刚毛，0.54mm×0.38mm。前期若螨蜕皮为后期若螨，呈卵圆形，0.9mm×0.61mm。

（二）生活史

大蜂螨雌螨在蜜蜂幼虫即将封盖之前潜入蜂房内，当蜜蜂幼虫封盖以后，雌螨就依靠吸取蜜蜂幼虫的体液进行产卵繁殖。一只雌螨每次可产卵 1～3 粒，产卵可持续 1～2d。卵先孵化为若螨，进一步发育为成螨，随幼蜂出房时一起爬出巢房外。新长成的雌螨寄生在蜜蜂胸部和腹部环节处，以蜜蜂的脂肪体为食。雄螨不从蜂体上取食营养物，它在封盖的幼虫房中与雌螨交配后立即死亡。根据人工培养观察，大蜂螨卵期 1d，若螨期 7d，然后发育为成螨。成螨寿命在繁殖期平均为 43.5d，最长 53d，越冬期可长达 3 个月以上。

小蜂螨的整个生活过程都寄生于蜂房子脾上，靠吸取蜜蜂幼虫的体液为生。雌螨潜入即将封盖的幼虫房内产卵繁殖。一个幼虫被寄生致死后，小蜂螨可从封盖房穿孔爬出来，重新潜入其他即将封盖的幼虫房内产卵繁殖。在封盖房内新成长的小蜂螨随着新蜂出房时一同爬出来，再进入其他幼虫房内寄生和繁殖。小蜂螨发育到成螨过程需 6d，繁殖速率比大蜂螨快。

二、流行病学

蜂螨的消长与蜂群群势、气温变化等因素有密切联系。蜂群间的盗蜂和迷巢蜂是传播蜂螨的主要媒介，此外，养蜂人员随意调换子脾或调整蜂群，也可引起蜂螨的传播。

三、症状

大蜂螨感染时的症状主要表现为不安、振翅、摇尾，用足擦胸部，体质衰弱，很少出巢采集，营养不良，寿命缩短。严重时肉眼可见蜂体上的蜂螨，幼虫和蛹发育不良，大批死去或被工蜂拖出巢外。初出房的幼蜂有的体弱，爬行无力；有的发育不全，无翅或翅残缺，不能飞翔，从巢门爬出或被工蜂拖出；有的试飞时坠落地面，在地上草丛中或低洼处乱爬、聚集，不久死去。被蜂螨危害的蜂群繁殖缓慢，群势减弱，甚至垮掉。

小蜂螨主要寄生在子脾上，很少寄生在蜂体上，因此对蜜蜂幼虫、蛹的危害特别严重。危害轻者出现"花子脾"，重者蜜蜂幼虫和蛹大批死亡。封盖巢房很多穿孔，巢房内有成螨、若螨，有的一个房内有4～8只或更多。被感染致死的幼虫或蛹腐烂，能羽化的幼蜂蜂体弱小，无翅或残翅，不能飞翔，在巢门前或地面乱爬。严重时蜂群内无健康幼虫，群势陡然下降，甚至全群覆没。

四、诊断

当怀疑蜂群遭受螨害时，可检查巢门前有没有翅、足残缺的幼蜂爬行和被工蜂拖出的死蛹，有时在死蛹体上还可发现白色的若螨；还可打开蜂箱，提出巢脾（最好是子脾），挑开封盖巢房，观察有无死亡的蜂蛹（白子烂和无头蛹）。

为了确定蜂螨的危害程度，可通过检查蜂体和封盖子房内蜂螨的寄生率来了解，即从蜂箱内提出带蜂的子脾，随机抓100个工蜂检查它们身上的带螨数，并用镊子拨开50个封盖房，将幼虫或蛹夹出，统计它们身上及巢房内的螨数。

五、防治

目前使用的杀螨药物基本上都只能杀灭暴露在封盖巢房外的蜂螨。因此，要较彻底治螨，应抓紧在蜂群内无封盖子脾或封盖子脾较少的时机施药。选择杀螨药物时应考虑对蜜蜂和人畜的安全性和对蜂产品质量的影响，应杜绝滥用农药如敌百虫、杀虫脒等。另外，最好不要长期使用同一种药物，以免蜂螨产生抗药性。

治螨的药物种类很多，可根据具体情况选用。

（1）敌螨熏烟剂（硫化二苯胺20%、硝酸钾25%、细锯木屑55%），先用适量水将硝酸钾溶化，加入锯木屑拌匀，晒干，再拌入硫化二苯胺。应在傍晚蜜蜂回巢后使用。标准箱单箱群，每群使用2g，继箱或十六框卧式箱，每群使用3～4g，每隔5～7d熏治一次，可连续熏治4～5次。使用时将盛药纸袋放入蜂箱无蜂脾一边的一块瓦片上，点燃后立即将蜂箱盖严，熏治20～30min后，打开蜂箱取出灰渣，整理好蜂群，次日清晨收集落下的蜂螨烧掉。此法对大、小蜂螨均有良好的防治效果，但有伤蜂和引起围王的缺点。

（2）萘硫合剂（萘粉70%、升华硫磺30%），宜在气温18℃以上时使用；有大量新蜂出房的蜂群，应等新蜂出光后2～3d再使用，以免引起新蜂大批死亡。使用时，将这种粉剂均匀地撒布于蜂路之间。每条蜂路用0.3g左右。继箱群的上、下蜂箱按同样剂量撒布。对大、小蜂螨均有效，但必须严格掌握用量和用药时机，以减少对蜜蜂的药害。

由于蜂螨在幼虫巢房，特别是雄蜂幼虫房内产卵繁殖，所以，割除雄蜂脾也可降低蜂螨的寄生率。

（3）蜂螨清为人工合成的杀蜂螨剂。该药使用方便，每箱内悬挂两片蜂螨清，即可有效地控制蜂螨危害，对大、小蜂螨均有效，能在24h内迅速杀灭大蜂螨，药效可长达6周。安全性好，对人、畜均无害。

主要参考文献

板垣四郎，板垣博．1983．家畜寄生虫学 [M]．东京：金原出版株式会社．

陈淑玉，汪溥钦．1994．禽类寄生虫学 [M]．广州：广东科技出版社．

陈心陶．1985．中国动物志：扁形动物，吸虫纲，复殖目（一）．北京：科学出版社．

蒋金书．2000．动物原虫病学 [M]．北京：中国农业大学出版社．

孔繁瑶，李祥瑞．1994．中国伊氏锥虫的无动基体株 [J]．中国兽医杂志，（11）：3-5.

孔繁瑶．2010．家畜寄生虫学 [M]．2 版（修订版）．北京：中国农业大学出版社．

柳佳，李永秀，梅汝蕃，等．2020．猫源胎儿三毛滴虫的形态学观察及分子鉴定 [J]．畜牧兽医学报，51（9）：2324-2328.

唐仲璋，唐崇惕．1987．人畜线虫学 [M]．北京：科学出版社．

熊大仕，孔繁瑶．1955．中国家畜结节虫的初步调查研究报告及一新种的叙述 [J]．北京农业大学学报，（1）：147-164.

熊大仕，孔繁瑶．1956．叶氏夏伯特线虫新种——中国绵羊及山羊的一种新寄生线虫 [J]．北京农业大学学报，（2）：115-122.

徐保海．2011．中国虱蝇总科记述（昆虫纲：双翅目）[J]．中国人兽共患病学报，27（1）：67-71.

杨荣笙，汪天平．2023．并殖吸虫实验室检测方法研究进展 [J]．热带病与寄生虫学，20（5）：290-294.

殷佩云，孔繁瑶，蒋金书．1983．家鸭球虫病（综述）[J]．中国兽医杂志，（8）：56-58.

Adam RD. 2021. *Giardia duodenalis*: biology and pathogenesis [J]. Clinical Microbiology Reviews, 34 (4): e0002419.

Adl SM, Simpson AGB, Lane CE, et al. 2012. The revised classification of eukaryotes [J]. Journal of Eukaryotic Microbiology, 59 (5): 429-514.

Ahmadpour E, Rahimi MT, Ghojoghi A, et al. 2022. *Toxoplasma gondii* infection in marine animal species, as a potential source of food contamination: a systematic review and meta-analysis [J]. Acta Parasitologica, 67 (2): 592-605.

Alba A, Vazquez AA, Hurtrez-Boussès S. 2021. Towards the comprehension of fasciolosis (re-) emergence: an integrative overview [J]. Parasitology, 148 (4): 385-407.

Almeria S, López-Gatius F. 2013. Bovine neosporosis: clinical and practical aspects [J]. Research in Veterinary Science, 95 (2): 303-309.

Almeria S, Murata FHA, Cerqueira-Cézar CK, et al. 2021. Epidemiological and public health significance of *Toxoplasma gondii* infection in wild rabbits and hares: 2010-2020 [J]. Microorganisms (Basel), 9 (3): 597.

Almeria S. 2013. *Neospora caninum* and Wildlife [J]. ISRN Parasitol, 2013: 947347.

Alvarez GG, Davidson R, Jokelainen P, et al. 2021. Identification of oocyst-driven *Toxoplasma gondii* infections in humans and animals through stage-specific serology-current status and future perspectives [J]. Microorganisms, 9 (11).

Andersen LO, Stensvold CR. 2016. *Blastocystis* in health and disease: are we moving from a clinical to a public health perspective? [J]. Journal of Clinical Microbiology, 54 (3): 524-528.

Anvari D, Saberi R, Sharif M, et al. 2020. Seroprevalence of *Neospora caninum* infection in dog population worldwide: a systematic review and meta-analysis [J]. Acta Parasitologica, 65 (2): 273-290.

Aregawi WG, Agga GE, Abdi RD, et al. 2019. Systematic review and meta-analysis on the global distribution, host range, and prevalence of *Trypanosoma evansi* [J]. Parasit Vectors, 12 (1): 67.

Arifin N, Hanafiah KM, Ahmad H, et al. 2019. Serodiagnosis and early detection of *Strongyloides stercoralis* infection [J]. J Microbiol Immunol Infect, 52 (3): 371-378.

Badri M, Olfatifar M, Wandra T, et al. 2022. The prevalence of human trichuriasis in Asia: a systematic review and meta-analysis [J]. Parasitology Research (1987), 121 (1): 1-10.

Bai X, Hu X, Liu X, et al. 2017. Current research of trichinellosis in China [J]. Frontiers in Microbiology, 8: 1472.

Baker EW, Evans TM, Gould DJ. 1956. A Manual of Parasitic Mites of Medical or Economic Importance [M]. NewYork: National Pest Control Association.

Baker EW, Wharton GW. 1952. An Introduction to Acarology [M]. New York: Macmillan Press.

Baltzell P, Newton H, O'Connor AM. 2013. A critical review and meta-analysis of the efficacy of whole-cell killed *Tritrichomonas foetus* vaccines in beef cattle [J]. Journal of Veterinary Internal Medicine, 27 (4): 760-770.

Baneth G, Nachum-Biala Y, Birkenheuer AJ, et al. 2020. A new piroplasmid species infecting dogs: morphological and molecular characterization and pathogeny of *Babesia negevi* n. sp. [J]. Parasites & Vectors, 13 (1): 130.

Barta JR, Schrenzel MD, Carreno R, et al. 2005. The genus *Atoxoplasma* (Garnham 1950) as a junior objective synonym of the genus *Isospora* (Schneider 1881) species infecting birds and resurrection of *Cystoisospora* (Frenkel 1977) as the correct genus for *Isospora* species infecting mammals [J]. Journal of Parasitology, 91 (3): 726-727.

Bastos BF, Almeida FMD, Brener B. 2019. What is known about *Tritrichomonas foetus* infection in cats? [J]. Revista Brasileira de Parasitologia Veterinaria, 28 (1): 1-11.

Beesley NJ, Caminade C, Charlier J, et al. 2018. Fasciola and fasciolosis in ruminants in Europe: identifying research needs [J]. Transboundary and Emerging Diseases, 65: 199-216.

Benavides J, Gonzalez-Warleta M, Arteche-Villasol N, et al. 2022. Ovine neosporosis: the current global situation [J]. Animals (Basel), 12 (16): 2074.

Ben-Harari RR. 2019. Tick transmission of toxoplasmosis [J]. Expert Review of Anti-infective Therapy, 17 (11): 911-917.

Beugnet F, Moreau Y. 2015. Babesiosis [J]. Rev Sci Tech, 34 (2): 627-639.

Blair D. 2022. Lung flukes of the genus *Paragonimus*: ancient and re-emerging pathogens [J]. Parasitology, 149 (10): 1286-1295.

Bochkov AV. 2010. A review of mammal-associated Psoroptidia (Acariformes: Astigmata) [J]. Acarina, 18 (2): 99-260.

Bogitsh BJ, Carter CE, Oeltmann TN. 2019. Human Parasitology [M]. London: Academic Press, 409.

Boughattas S. 2017. *Toxoplasma* infection and milk consumption: meta-analysis of assumptions and evidences [J]. Critical Reviews in Food Science and Nutrition, 57 (13): 2924-2933.

Bowman DD. 2021. Georgis' Parasitology for Veterinarians [M]. 11th. Louis: Elsevier.

Bruin J, van der Geest LPS. 2009. Diseases of Mites and Ticks [M]. Dordrecht: Springer Netherlands.

Buonfrate D, Bisanzio D, Giorli G, et al. 2020. The global prevalence of *Strongyloides stercoralis* infection [J]. Pathogens, 9 (6): 468.

Cacciò SM, Lalle M, Svärd SG. 2018. Host specificity in the *Giardia duodenalis* species complex [J]. Infection, Genetics and Evolution, 66: 335-345.

Calero-Bernal R, Fernández-Escobar M, Katzer F, et al. 2022. Unifying virulence evaluation in *Toxoplasma gondii*: a timely task [J]. Front cel Infect Microbiol, 12: 868727.

Caravedo MA, Cabada MM. 2020. Human fascioliasis: current epidemiological status and strategies for diagnosis, treatment, and control [J]. Res Rep Trop Med, 11: 149-158.

Cardona GA, Carmena D. 2013. A review of the global prevalence, molecular epidemiology and economics of cystic echinococcosis in production animals [J]. Veterinary Parasitology, 192 (1): 10-32.

Castro-Hermida JA, González-Warleta M, Martínez-Sernández V, et al. 2021. Current challenges for fasciolicide treatment in ruminant livestock [J]. Trends in Parasitology, 37 (5): 430-444.

Chand KK, Lee KM, Lavidis NA, et al. 2016. Tick holocyclotoxins trigger host paralysis by presynaptic inhibition [J]. Scientific Reports, 6 (1): 29446.

Chen J, Liu Q, Liu GH, et al. 2018. Toxocariasis: a silent threat with a progressive public health impact [J]. Infect Dis Poverty, 7 (1): 59.

Coddington JA, Colwell RK. 2001. Arachnids [M]//Encyclopedia of Biodiversity. New York: Elsevier.

Current WL, Garcia LS. 1991. Cryptosporidiosis[J]. Clinics in Laboratory Medicine, 11(4):873-897.

Czeresnia JM, Weiss LM. 2022. Strongyloides stercoralis [J]. Lung, 200 (2): 141-148.

Dabritz HA, Atwill ER, Gardner IA, et al. 2006. Outdoor fecal deposition by free-roaming cats and attitudes of cat owners and nonowners toward stray pets, wildlife, and water pollution [J]. J Am Vet Med Assoc, 229 (1): 74-81.

de Barros LD, Miura A C, Minutti A F, et al. 2018. *Neospora caninum* in birds: a review [J]. Parasitology International, 67 (4): 397-402.

Dennis J, Mark F, Lynda G, et al. 2016. Principles of Veterinary Parasitology [M]. Oxford: Wiley Blackwell.

Desquesnes M, Dargantes A, Lai D, et al. 2013. *Trypanosoma evansi* and Surra: a review and perspectives on transmission, epidemiology and control, impact, and zoonotic aspects [J]. BioMed Research International, 2013: 321237.

Desquesnes M, Holzmuller P, Lai D, et al. 2013. *Trypanosoma evansi* and Surra: a review and perspectives on origin, history, distribution, taxonomy, morphology, hosts, and pathogenic effects [J]. BioMed Research International, 2013: 194176.

Dhaliwal BBS, Juyal PD. 2013. Parasitic Zoonoses [M]. New York: Springer.

Díaz-Godínez C, Carrero JC. 2019. The state of art of neutrophil extracellular traps in protozoan and helminthic infections [J]. Bioscience Reports, 39 (1): BSR20180916.

Diptyanusa A, Sari I P. 2021. Treatment of human intestinal cryptosporidiosis: a review of published clinical trials [J]. Int J Parasitol Drugs Drug Resist, 17: 128-138.

Dixon BR. 2021. *Giardia duodenalis* in humans and animals: transmission and disease [J]. Research in Veterinary Science, 135: 283-289.

Donadeu M, Bote K, Gasimov E, et al. 2022. WHO *Taenia solium* endemicity map—2022 update [Z]. Geneva: World Health Organization.

Dubey JP, Calero-Bernal R, Rosenthal BM, et al. 2015. Sarcocystosis of Animals and Humans [M]. 2nd. Boca Raton: CRC Press.

Dubey JP, Cerqueira-Cézar CK, Murata FHA, et al. 2020. All about *Toxoplasma gondii* infections in pigs: 2009-2020 [J]. Veterinary Parasitology, 288: 109185.

Dubey JP, Cerqueira-Cézar CK, Murata FHA, et al. 2020. All about toxoplasmosis in cats: the last decade [J]. Veterinary Parasitology, 283: 109145.

Dubey JP, Fayer R, Rosenthal BM, et al. 2014. Identity of *Sarcocystis* species of the water buffalo (*Bubalus bubalis*) and cattle (*Bos taurus*) and the suppression of *Sarcocystis sinensis* as a nomen nudum [J]. Veterinary Parasitology, 205 (1-2): 1-6.

Dubey JP, Lindsay DS. 2019. Coccidiosis in dogs—100 years of progress [J]. Veterinary Parasitology, 266: 34-55.

Dubey JP, Murata FHA, Cerqueira-Cézar CK, et al. 2020. *Toxoplasma gondii* infections in horses, donkeys, and other equids: The last decade [J]. Research in Veterinary Science, 132: 492-499.

Dubey JP, Murata FHA, Cerqueira-Cézar CK, et al. 2021. Epidemiologic significance of *Toxoplasma gondii* infections in turkeys, ducks, ratites and other wild birds: 2009-2020 [J]. Parasitology, 148 (1): 1-30.

Dubey JP, Pena HFJ, Cerqueira-Cézar CK, et al. 2020. Epidemiologic significance of *Toxoplasma gondii* infections in chickens (*Gallus domesticus*): The past decade [J]. Parasitology, 147 (12): 1263-1289.

Dubey JP. 2018. A review of coccidiosis in water buffaloes (*Bubalus bubalis*) [J]. Veterinary Parasitology, 256: 50-57.

Dubey JP. 2018. A review of *Cystoisospora felis* and *C. rivolta*—induced coccidiosis in cats [J]. Veterinary Parasitology, 263: 34-48.

Dubey JP. 2020. Coccidiosis in Livestock, Poultry, Companion Animals, and Humans [M]. New York: CRC Press.

Dubey JP. 2021. Outbreaks of clinical toxoplasmosis in humans: five decades of personal experience, perspectives and lessons learned [J]. Parasit Vectors, 14 (1): 263.

Dubey JP. 2022. Toxoplasmosis of Animals and Humans [M]. New York: CRC Press.

Else KJ, Keiser J, Holland CV, et al. 2020. Whipworm and roundworm infections [J]. Nature Reviews Disease Primers, 6 (1): 44.

Fayer R, Esposito DH, Dubey JP. 2015. Human infections with *Sarcocystis* species [J]. Clinical Microbiology Reviews, 28 (2): 295-311.

Feng Y, Ryan UM, Xiao L. 2018. Genetic diversity and population structure of *Cryptosporidium* [J]. Trends in Parasitology, 34 (11): 997-1011.

Florin-Christensen M, Schnittger L. 2018. Parasitic Protozoa of Farm Animals and Pets [M]. Cham: Springer International Publishing.

Fredriksson-Ahomaa M. 2019. Wild boar: a reservoir of foodborne zoonoses [J]. Foodborne Pathogens and Disease, 16 (3): 153-165.

Frenkel JK, Smith DD. 2003. Determination of the genera of cyst-forming coccidia [J]. Parasitology Research (1987), 91 (5): 384-389.

Garcia HH, Gonzalez AE, Gilman RH. 2020. *Taenia solium* cysticercosis and its impact in neurological disease [J]. Clinical Microbiology Reviews, 33 (3) e00088-19.

Gebrekidan H, Perera PK, Ghafar A, et al. 2020. An appraisal of oriental theileriosis and the *Theileria orientalis* complex, with an emphasis on diagnosis and genetic characterization [J]. Parasitol Res, 119 (1): 11-22.

Giesen KMT. 1990. A review of the parasitic mite family Psorergatidae (Cheyletoidea: Prostigmata: Acari) with hypotheses on the phylogenetic relationships of species and species groups [J]. Zoologische Verhandelingen, 259: 1-69.

Givens MD. 2018. Review: risks of disease transmission through semen in cattle [J]. Animal, 12: s165-s171.

Gomez-Morales MA, Garate T, Blocher J, et al. 2017. Present status of laboratory diagnosis of human taeniosis/cysticercosis in Europe [J]. Eur J Clin Microbiol Infect Dis, 36 (11): 2029-2040.

Gookin JL, Hanrahan K, Levy MG. 2017. The conundrum of feline trichomonosis: the more we learn the 'trickier' it gets [J]. Journal of Feline Medicine and Surgery, 19 (3): 261-274.

Hall MJR, Wall R. 1994. Myiasis of humans and domestic animals [J]. Advances in Parasitology, 35: 258-334.

He L, Bastos RG, Sun Y, et al. 2021. Babesiosis as a potential threat for bovine production in China [J]. Parasit Vectors, 14 (1): 460.

Hemphill A, Stadelmann B, Rufener R, et al. 2014. Treatment of echinococcosis: albendazole and mebendazole—what else? [J]. Parasite, 21: 70.

Hublin JSY, Maloney JG, Santin M. 2021. *Blastocystis* in domesticated and wild mammals and birds [J]. Research in Veterinary Science, 135: 260-282.

Ito A, Budke CM. 2021. Genetic diversity of *Taenia solium* and its relation to clinical presentation of cysticercosis [J]. Yale J Biol Med, 94 (2): 343-349.

Jacobs D, Fox M, Gibbons L, et al. 2016. Principles of Veterinary Parasitology [M]. Hoboken: Wiley Blackwell.

Jalovecka M, Hajdusek O, Sojka D, et al. 2018. The complexity of piroplasms life cycles [J]. Front Cell Infect Microbiol, 8: 248.

Jalovecka M, Sojka D, Ascencio M, et al. 2019. *Babesia* life cycle—when phylogeny meets biology [J]. Trends in Parasitology, 35 (5): 356-368.

Jones KR. 2021. *Trichuris* spp. in animals, with specific reference to neo-tropical rodents [J]. Vet Sci, 8 (2): 15.

Joyner LP, Norton CC, Davies SFM, et al. 1966. The species of coccidia occurring in cattle and sheep in the southwest of England [J]. Parasitology, 56:536.

Kellerová P, Tachezy J. 2017. Zoonotic *Trichomonas tenax* and a new trichomonad species, *Trichomonas brixi n. sp.*, from the oral cavities of dogs and cats [J]. International Journal for Parasitology, 47 (5): 247-255.

Kettle DS. 1987. Medical and Veterinary Entomology [M]. New York: Wiley.

Khan A, Shaik JS, Sikorski P, et al. 2020. Neosporosis: An overview of its molecular epidemiology and pathogenesis [J]. Engineering, 6 (1): 10-19.

Khurana S, Singh S, Mewara A. 2021. Diagnostic techniques for soil-transmitted helminthes-recent advances [J]. Research and Reports in Tropical Medicine, 12: 181-196.

Klimov VV. 2019. From Basic to Clinical Immunology [M]. Cham: Springer.

Kornacka-Stackonis A. 2022. *Toxoplasma gondii* infection in wild omnivorous and carnivorous animals in central Europe—A brief overview [J]. Veterinary Parasitology, 304: 109701.

Lapage G. 1962. Monnig's Veterinary Helminthology and Entomology [M]. Baltimore: Williams & Wilkins.

Laurent F, Lacroix-Lamandé S. 2017. Innate immune responses play a key role in controlling infection of the intestinal epithelium by *Cryptosporidium* [J]. International Journal for Parasitology, 47 (12): 711-721.

López Ureña NM, Chaudhry U, Calero B R, et al. 2022. Contamination of soil, water, fresh produce, and bivalve mollusks with *Toxoplasma gondii* oocysts: a systematic review [J]. Microorganisms (Basel), 10 (3): 517.

Love D, Fajt VR, Hairgrove T, et al. 2017. Metronidazole for the treatment of *Tritrichomonas foetus* in bulls [J]. BMC Vet Res, 13 (1): 107.

Lu LL, Suscovich TJ, Fortune SM, et al. 2018. Beyond binding: antibody effector functions in infectious diseases [J]. Nature Reviews Immunology, 18 (1): 46-61.

Madison-Antenucci S, Kramer LD, Gebhardt LL, et al. 2020. Emerging tick-borne diseases [J]. Clinical Microbiology Reviews, 33 (2): e0083-18.

Mans BJ, Gothe R, Neitz AW. 2004. Biochemical perspectives on paralysis and other forms of toxicoses caused by ticks [J]. Parasitology, 129 Suppl: S95-S111.

Marín-García P, Planas N, Llobat L. 2022. *Toxoplasma gondii* in foods: prevalence, control, and safety [J]. Foods, 11 (16): 2542.

Maspi N, Nayeri T, Moosazadeh M, et al. 2021. Global seroprevalence of *Toxoplasma gondii* in Camelidae: a systematic review and meta-analysis [J]. Acta Parasitologica, 66 (3): 733-744.

McGuinness DH, Dehal PK, Pleass RJ. 2003. Pattern recognition molecules and innate immunity to parasites [J]. Trends in Parasitology, 19 (7): 312-319.

McManus DP, Dunne DW, Sacko M, et al. 2018. Schistosomiasis [J]. Nature Reviews Disease Primers, 4 (1): 13.

Mehlhorn H. 2016 Animal Parasites: Diagnosis, Treatment, Prevention [M]. Gewerbestrasse: Springer.

Mehmood K, Zhang H, Sabir AJ, et al. 2017. A review on epidemiology, global prevalence and economical losses of fasciolosis in ruminants [J]. Microbial Pathogenesis, 109: 253-262.

Meng CQ, Sluder AE. 2018. Ectoparasites: Drug Discovery Against Moving Targets [M]. Weinheim: Wiley-VCH.

Meng X, Li M, Lyu C, et al. 2021. The global prevalence and risk factors of *Cryptosporidium* infection among cats during 1988-2021: a systematic review and meta-analysis [J]. Microbial Pathogenesis, 158: 105096.

Mönnig HO. 1947. Veterinary helminthology and entomology [M]. Baltimore: Williams & Wilkins Press.

Morrison WI. 2015. The aetiology, pathogenesis and control of theileriosis in domestic animals [J]. Rev Sci Tech, 34 (2): 599-611.

Mullen GR, Durden LA. 2019. Medical and Veterinary Entomology [M]. 3rd. London: Academic Press.

Nappi AJ, Vass E. 2002. Parasites of Medical Importance [Landes Bioscience Medical Handbook (Vademecum)] [M]. Texas: Landes Bioscience.

Noack S, Harrington J, Carithers DS, et al. 2021. Heartworm disease: overview, intervention, and industry perspective [J]. Int J Parasitol Drugs Drug Resist, 16: 65-89.

O'Connell EM, Nutman TB. 2016. Molecular diagnostics for soil-transmitted helminths [J]. The American Journal of Tropical Medicine and Hygiene, 95 (3): 508-513.

Ohiolei JA, Yan HB, Li L, et al. 2021. A new molecular nomenclature for *Taenia hydatigena*: mitochondrial DNA sequences reveal sufficient diversity suggesting the assignment of major haplotype divisions [J]. Parasitology, 148 (3): 311-326.

Olsen A, van Lieshout L, Marti H, et al. 2009. Strongyloidiasis—the most neglected of the neglected tropical diseases? [J]. Transactions of the Royal Society of Tropical Medicine and Hygiene, 103 (10): 967-972.

Olsen O. 1974. Animal Parasites, Their Life Cycles and Ecology [M]. New York: Dover.

Overgaauw PAM, van Knapen F. 2013. Veterinary and public health aspects of *Toxocara* spp. [J]. Veterinary Parasitology, 193 (4): 398-403.

Pan M, Lyu C, Zhao J, et al. 2017. Sixty years (1957-2017) of research on toxoplasmosis in China: an overview [J]. Frontiers in Microbiology, 8.

Pechman RD. 1980. Pulmonary paragonimiasis in dogs and cats: a review [J]. Journal of Small Animal Practice, 21 (2): 87-95.

Pennisi MG, Persichetti MF. 2018. Feline leishmaniosis: is the cat a small dog? [J]. Veterinary Parasitology, 251: 131-137.

Pienaar R, Neitz A, Mans BJ. 2018. Tick paralysis: solving an enigma [J]. Vet Sci, 5 (2).

Popruk S, Adao DEV, Rivera WL. 2021. Epidemiology and subtype distribution of *Blastocystis* in humans: a review [J]. Infection, Genetics and Evolution, 95: 105085.

Ralston KS, Solga MD, Mackey-Lawrence NM, et al. 2014. Trogocytosis by *Entamoeba histolytica* contributes to cell killing and tissue invasion [J]. Nature, 508 (7497): 526-530.

Rashid M, Rashid MI, Akbar H, et al. 2019. A systematic review on modelling approaches for economic losses studies caused by parasites and their associated diseases in cattle [J]. Parasitology, 146 (2): 129-141.

Reichel MP, Alejandra AAM, Gondim LFP, et al. 2013. What is the global economic impact of *Neospora caninum* in cattle—the billion dollar question [J]. International Journal for Parasitology, 43 (2): 133-142.

Reichel MP, McAllister MM, Nasir A, et al. 2015. A review of *Neospora caninum* in water buffalo (*Bubalus bubalis*) [J]. Veterinary Parasitology, 212 (3-4): 75-79.

Ribeiro RR, Michalick MSM, da Silva ME, et al. 2018. Canine leishmaniasis: an overview of the current status and strategies for control [J]. BioMed Research International, 2018: 1-12.

Roberts LS, Janovy J, Nadler S, et al. 2013. Foundations of Parasitology [M]. 9th. New York: McGraw Hill.

Rodrigues AA, Reis SS, Moraes EDS, et al. 2022. A systematic literature review and meta-analysis of *Toxoplasma gondii* seroprevalence in goats [J]. Acta Tropica, 230: 106411.

Rodriguez-Vivas R I, Jonsson NN, Bhushan C. 2018. Strategies for the control of *Rhipicephalus microplus* ticks in a world of conventional acaricide and macrocyclic lactone resistance [J]. Parasitology Research, 117 (1): 3-29.

Rosenthal BM. 2021. Zoonotic sarcocystis [J]. Research in Veterinary Science, 136: 151-157.

Rousseau J, Castro A, Novo T, et al. 2022. *Dipylidium caninum* in the twenty-first century: epidemiological studies and reported cases in companion animals and humans [J]. Parasit Vectors, 15 (1): 131.

Ryan U M, Feng Y, Fayer R, et al. 2021. Taxonomy and molecular epidemiology of *Cryptosporidium* and *Giardia*: A 50 year perspective (1971-2021) [J]. International Journal for Parasitology, 51 (13): 1099-1119.

Saijuntha W, Sithithaworn P, Petney TN, et al. 2021. Foodborne zoonotic parasites of the family Opisthorchiidae [J]. Research in Veterinary Science, 135: 404-411.

Sanchez-Sanchez R, Vazquez P, Ferre I, et al. 2018. Treatment of toxoplasmosis and neosporosis in farm ruminants: state of knowledge and future trends [J]. Curr Top Med Chem, 18 (15): 1304-1323.

Scala A, Urrai G, Varcasia A, et al. 2016. Acute visceral cysticercosis by *Taenia hydatigena* in lambs and treatment with praziquantel [J]. J Helminthol, 90 (1): 113-116.

Schar F, Trostdorf U, Giardina F, et al. 2013. *Strongyloides stercoralis*: global distribution and risk factors [J]. PLoS Negl Trop Dis, 7 (7): e2288.

Schorderet-Weber S, Noack S, Selzer PM, et al. 2017. Blocking transmission of vector-borne diseases [J]. Int J Parasitol Drugs Drug Resist, 7 (1): 90-109.

Selde PA. 2017. Arachnids [M]//Reference Module in Life Sciences. New York: Elsevier.

Shariatzadeh SA, Sarvi S, Hosseini SA, et al. 2021. The global seroprevalence of *Toxoplasma gondii* infection in bovines: a systematic review and meta-analysis [J]. Parasitology, 148 (12): 1417-1433.

Showler AT, Saelao P. 2022. Integrative alternative tactics for ixodid control [J]. Insects, 13 (3): 302.

Shwab EK, Zhu X, Majumdar D, et al. 2014. Geographical patterns of *Toxoplasma gondii* genetic diversity revealed by multilocus PCR-RFLP genotyping [J]. Parasitology, 141 (4): 453-461.

Siles-Lucas M, Becerro-Recio D, Serrat J, et al. 2021. Fascioliasis and fasciolopsiasis: current knowledge and future trends [J]. Res Vet Sci, 134: 27-35.

Silva RC, Machado GP. 2016. Canine neosporosis: perspectives on pathogenesis and management [J]. Vet Med (Auckl), 7: 59-70.

Simón F, Diosdado A, Siles L M, et al. 2022. Human dirofilariosis in the 21st century: a scoping review of clinical cases reported in the literature [J]. Transboundary and Emerging Diseases, 69 (5): 2424-2439.

Sinnott FA, Monte LG, Collares TF, et al. 2017. Review on the immunological and molecular diagnosis of neosporosis (years 2011-2016) [J]. Veterinary Parasitology, 239: 19-25.

Sivakumar T, Hayashida K, Sugimoto C, et al. 2014. Evolution and genetic diversity of *Theileria* [J]. Infection, Genetics and Evolution, 27: 250-263.

Smart J. 1956. A Handbook for the Identification of Insects of Medical Importance [M]. London: Trustees of the British Museum Press.

Soulsby EJL. 1982. Helminths, Arthropods and Protozoa of Domesticated Animals [M]. 7th. Philadelphia: Philadelphia.

Sparagano OAE. 2009. Control of Poultry Mites (Dermanyssus) [M]. Dordrecht: Springer Netherlands.

Suarez CE, Alzan HF, Silva MG, et al. 2019. Unravelling the cellular and molecular pathogenesis of bovine babesiosis: is the sky the limit？ [J]. International Journal for Parasitology, 49 (2): 183-197.

Tamarozzi F, Deplazes P, Casulli A. 2020. Reinventing the wheel of Echinococcus granulosus sensu lato transmission to humans [J]. Trends in Parasitology, 36 (5): 427-434.

Tang ZL, Huang Y, Yu XB. 2016. Current status and perspectives of Clonorchis sinensis and clonorchiasis: epidemiology, pathogenesis, omics, prevention and control [J]. Infect Dis Poverty, 5 (1): 71.

Tariq KA. 2015. A Review of the epidemiology and control of gastrointestinal nematode infections of small ruminants [J]. Proceedings of the National Academy of Sciences, India Section B: Biological Sciences, 85 (2): 693-703.

Taylor MA, Coop RL, Wall RL. 2007. Veterinary Parasitology [M]. 3rd. Oxford: Blackwell Publishing.

Taylor MA, Coop RL, Wall RL. 2016. Veterinary Parasitology [M]. 4th. Hoboken: John Wiley and Sons, Inc, 1.

Thamsborg SM, Ketzis J, Horii Y, et al. 2017. Strongyloides spp. infections of veterinary importance [J]. Parasitology, 144 (3): 274-284.

Traub RJ, Zendejas-Heredia PA, Massetti L, et al. 2021. Zoonotic hookworms of dogs and cats – lessons from the past to inform current knowledge and future directions of research [J]. International Journal for Parasitology, 51 (13): 1233-1241.

Traversa D, Frangipane D R A, Di Cesare A, et al. 2014. Environmental contamination by canine geohelminths [J]. Parasites & Vectors, 7 (1): 67.

Uilenberg G, Franssen FFJ, Perié NM, et al. 1989. Three groups of Babesia canis distinguished and a proposal for nomenclature [J]. The Veterinary Quarterly, 11 (1): 33-40.

Viney ME, Lok JB. 2015. The biology of Strongyloides spp. [J]. WormBook, 16: 1-17.

Wall R, Cruickshank I, Smith KE, et al. 2002. Development and validation of a simulation model for blowfly strike of sheep [J]. Medical and Veterinary Entomology, 16: 335-346.

Wall RL, Shearer D. 1997. Veterinary Ectoparasites: Biology, Pathology and Control [M]. 2nd. London: Blackwell Science.

Wang Y, Zhang K, Chen Y, et al. 2021. Cryptosporidium and cryptosporidiosis in wild birds: a one health perspective [J]. Parasitology Research (1987), 120 (9): 3035-3044.

Watts JG, Playford MC, Hickey KL. 2015. Theileria orientalis: a review [J]. New Zealand Veterinary Journal, 64 (1): 3-9.

Wen H, Vuitton L, Tuxun T, et al. 2019. Echinococcosis: advances in the 21st century [J]. Clinical Microbiology Reviews, 32 (2) e00075-18.

White MAF, Whiley H, Ross KE. 2019. A review of Strongyloides spp. environmental sources worldwide [J]. Pathogens, 8 (3): 91.

Williams RE, Hall RD, Broce AB, et al. 1985. Livestock Entomology [M]. New York: John Wiley and Sons.

Woolsey I D, Miller A L. 2021. Echinococcus granulosus sensu lato and Echinococcus multilocularis: a review [J]. Research in Veterinary Science, 135: 517-522.

World Health Organization. 2021-05-17. Echinococcosis [EB/OL]. https://www.who.int/news-room/fact-sheets/detail/echinococcosis.

World Health Organization. 2021-06-22. Foodborne parasitic infection Trichinellosis (trichinosis) [EB/OL]. https://www.who.int/publications/i/item/WHO-UCN-NTD-VVE-2021.7.

World Organisation for Animal Health. Manual of diagnostic tests and vaccines for terrestrial animals [EB/OL]. https://www. woah. org/en/what-we-do/standards/codes-and-manuals/#ui-id-2.

World Organisation for Animal Health. Terrestrial animal health code [EB/OL]. https://www. woah. org/en/what-we-do/standards/ codes-and-manuals/terrestrial-code-online-access/.

Wulcan JM, Ketzis JK, Dennis MM. 2020. Typhlitis associated with natural Trichuris sp. infection in cats [J]. Veterinary Pathology, 57 (2): 266-271.

Xu L, Li X. 2024. Conserved proteins of Eimeria and their applications to develop universal subunit vaccine against chicken coccidiosis [J]. Veterinary Vaccine, 27:100068.

Yamaguti S.1958. Systema Helminthum [M]. London: Interscience Publishers LTD.

Yorke W, Maplestone PA. 1926. The Nematode Parasites of Vertebrates [M]. London: J & A Churchill Press.

Zajac AM, Conboy GA, Little SE, et al. 2021. Veterinary Clinical Parasitology [M]. 9th. Pondicherry: Wiley Blackwell.

Zarlenga D, Thompson P, Pozio E. 2020. Trichinella species and genotypes [J]. Research in Veterinary Science, 133: 289-296.

Zibaei M, Nosrati MRC, Shadnoosh F, et al. 2020. Insights into hookworm prevalence in Asia: a systematic review and meta-analysis [J]. Transactions of the Royal Society of Tropical Medicine and Hygiene, 114 (3): 141-154.